AGRICULTURE

Clichy. — Impr. Paul DUPONT, rue du Bac-d'Asnières, 12. (400, 7-4.)

AGRICULTURE

MANUEL D'ÉCONOMIE RURALE

PAR M. GEORGES RENAUD

Lauréat de l'Institut
Rédacteur au Ministère de l'Agriculture et du Commerce
Membre de la Société d'économie politique
et de la Commission de géographie commerciale

ORNÉ DE TROIS CARTES COLORIÉES DES CLIMATS, ZONES DE CULTURE ET FAUNES

PARIS

GARNIER FRÈRES, LIBRAIRES-ÉDITEURS

6, RUE DES SAINTS-PÈRES ET PALAIS-ROYAL, 215

1874.

INTRODUCTION

« Aucun être, pas plus l'homme que les ani-
« maux, n'a le pouvoir d'ajouter un atome de
« matière à la matière qui existe dans le monde,
« ni d'anéantir un seul atome de cette matière.
« Ils ne peuvent qu'en changer la forme, en com-
« biner et en décomposer les éléments (1). »

En un mot, l'homme ne crée pas la matière,
mais il la plie à ses desseins et à ses besoins, il
la rend *utile* ; la seule chose qu'il crée, c'est *l'utilité* qui transforme la matière en *richesse*, en
permettant la mise en œuvre des *forces naturelles*
inhérentes à sa substance. Or, toute matière,
originairement, antérieurement à toute espèce

(1) Levasseur, *Cours d'économie rurale, industrielle et
commerciale.*

de transformation, n'est que de la terre. La substance de l'animal est une simple modification immédiate de certains produits végétaux, et, s'il s'agit d'un carnassier, la chair dont il se nourrit n'est elle-même que la résultante de végétaux antérieurement consommés. « *De la chair, c'est de l'herbe* (1). » Ces végétaux proviennent du sol. Nous sommes donc bien autorisé à dire que toute richesse matérielle, quelle qu'elle soit et sous quelque forme qu'elle se présente, émane du sol. Ou on l'en a extraite directement, ce qui est la mission de l'*industrie extractive* ou *minière*, ou, en vertu des lois et des forces naturelles, on l'a obtenue en soumettant le sol à l'action de telles ou telles combinaisons préparées à l'avance. Cette première forme de la richesse, qu'on appelle *matière première*, l'*agriculture* seule peut nous la procurer. Mais les produits de l'agriculture et de l'industrie extractive ne suffisent point à donner satisfaction à tous les besoins des hommes. Le complément d'utilité qu'ils doivent recevoir pour répondre aux exigences les plus variées de la vie humaine, l'*industrie* a mission de le leur incorporer, mission considérable, bien que Sully l'ait traitée de « babiole. »

1 Madame Hip. Meunier, *Le Docteur au village, Entretiens sur la botanique.*

Ce n'est pas tout. Un produit est plus ou moins utile, suivant qu'il se trouve, dans telles ou telles localités, à la disposition des personnes qui en éprouvent un besoin plus ou moins pressant. L'étude des besoins du consommateur, la mise à sa portée des produits qui lui sont nécessaires et le transport de ces marchandises à destination y ajoutent encore de l'utilité. C'est là le rôle du *commerce*.

Nous n'avons à nous occuper dans ce volume ni du commerce, ni des différentes branches de l'industrie, pas même de l'industrie extractive. Ils feront l'objet d'ouvrages séparés. Pour le moment, nous nous bornerons à l'*agriculture* et nous suivrons le programme du ministère de la guerre. Conformément aux indications qu'il renferme, nous avons divisé notre Manuel en dix parties :

I. *Natures diverses des terrains au point de vue de la culture.*

II. *Engrais et amendements.*

III. *Climats, saisons, leurs rapports avec la culture.*

IV. *Moyens d'utiliser les eaux ou de s'en préserver.*

V. *Instruments ou machines agricoles.*

VI. *Méthodes et procédés de culture.*

VII. *Conservation des récoltes.*

VIII. *Bestiaux et animaux domestiques.*

IX. *Comptabilité agricole.*

X. *Débouchés des principaux produits agricoles de la région.*

On ne devra pas s'étonner si cet ouvrage présente des lacunes considérables. Nous nous sommes efforcé, autant qu'il nous a été possible, d'y condenser les éléments fondamentaux de toutes les branches de l'agriculture, afin de permettre aux candidats des professions les plus diverses d'y trouver une réponse aux questions qui leur seraient posées. On jugera peut être que le développement de plusieurs de ces parties est par trop sommaire ; mais il nous a été impossible de faire autrement, pour ne pas dépasser les limites du cadre restreint qui nous était imposé.

1er août 1874.

MANUEL
D'ÉCONOMIE RURALE

PREMIÈRE PARTIE.

Natures diverses des terrains au point de vue de la culture.

CHAPITRE PREMIER.

LE SOL.

Il n'y a de végétation possible que sous l'influence combinée du sol, de l'atmosphère, de la chaleur et de l'humidité, ou, comme on dit dans le vulgaire, sous l'action réunie des quatre *éléments :* la terre, l'air, le feu et l'eau.

Les combinaisons de ces divers agents peuvent se présenter en nombre infini, et ce sont ces variations indéfiniment multipliées qui font surgir du sol cette végétation si puissante, si grandiose, si différente d'elle-même, qui est à la fois notre force et notre charme ; cette végétation, qui nous fournit la subsistance du corps, en même temps qu'elle nous procure

le repos des yeux et la tranquillité de l'âme. Il nous
importe donc, avant tout, de connaître sous quelles
influences elle se développe ou s'étiole, et de voir si
elle ne se modifie point selon les milieux de toute
espèce, si différents les uns des autres, dans lesquels
elle se trouve et qui ne sont que la résultante des mélanges, incessamment variés et variables, des quatre
éléments dont nous parlions tout à l'heure. De ces
combinaisons diverses jaillit tantôt une délicate graminée et tantôt un arbuste, un champ de blé doré ou
une forêt de chênes vigoureux. Pour arriver à pouvoir tirer de ces forces naturelles tout le parti possible , il faut en étudier, il faut en connaître
le jeu ; sinon, on n'est que leur esclave , on se
trouve abandonné à leur merci, on devient le jouet
des caprices du hasard. L'homme, pour rester le maître des circonstances, doit s'efforcer de prévoir ; il
doit prendre en main la direction du monde et de
la nature ; et, pour que cette direction elle-même ne
soit pas une entreprise aveugle, pour qu'elle sache
où elle va et comment elle y peut aller, il lui importe
d'être à même de savoir au juste quelle part revient à
chaque élément ; il lui importe d'apprécier exactement le rôle qu'elle joue dans cette grande féerie végétative, dont le spectacle, toujours le même et cependant toujours nouveau, se reproduit chaque
année sous ses yeux avec une régularité et une constance qu'il ne peut se lasser d'admirer.

Pour arriver à distinguer le rôle de chacun de ces
quatre éléments dans l'ensemble des phénomènes
agricoles, il faut les prendre à part un à un, les étudier
isolément dans leur nature intime et dans leur mode

d'action extérieur. Une fois que nous aurons surpris les secrets qu'ils renferment en eux-mêmes, il nous sera possible de comprendre et peut-être même d'accomplir ces merveilles de l'agriculture flamande, qui est parvenue, dans le département du Nord, à faire rendre à un seul hectare de terrain jusqu'à 60 hectolitres de froment (1).

Le *sol* peut être étudié dans sa superficie et dans sa profondeur, dans sa distribution extérieure ou dans sa constitution physique et, en quelque sorte, moléculaire. C'est surtout la nature du sol et celle du sous-sol qui déterminent la valeur d'une terre, ses qualités ou ses défauts. Le sol se compose d'abord de ce qu'on appelle *terre arable* ou *terre végétale* (*fig.* 1). C'est la couche superficielle sur laquelle croissent tous les végétaux. « Elle est le pro-« duit de la désagrégation « ou de l'altération du sous-« sol. Elle doit sa couleur « plus ou moins foncée aux

Fig. 1. — Coupe verticale des couches terreuses qui composent le sol.

« matières organiques qui s'y trouvent mélangées et « qui proviennent, soit des engrais, soit de débris « végétaux ou animaux décomposés sur place (2). » Le plus souvent, il y a un rapport de décomposition incontestable entre le sol et le terrain sur lequel il repose immédiatement et qui constitue le *sous-sol*.

Le sol joue dans le phénomène de la végétation

(1) *Bulletin de la Société d'agriculture de Meaux.*

(2) Meugy, *Leçons élémentaires de géologie appliquée à l'agriculture.*

un double rôle : un rôle *mécanique* ou *physique* et un rôle *chimique*. Il est certain que son action ne sera pas la même, s'il est léger ou s'il est compacte, s'il est sec ou s'il est humide, s'il est riche en matières organiques ou s'il en est absolument déshérité. La légèreté du sol est favorable à l'extension des racines et à l'action des instruments agricoles ; sa compacité nuirait plutôt à la culture, car c'est la porosité qui permet à l'air et à l'humidité de pénétrer à l'intérieur de la couche arable et de concourir efficacement à l'alimentation de la plante. Mais les deux extrêmes, marqués par les *terrains sableux* et les *terrains glaiseux* ou *terres fortes*, sont également nuisibles.

En résumé, le sol végétal est composé de deux catégories d'éléments fort distinctes : les *éléments organiques*, provenant de détritus végétaux ou animaux de toutes sortes, et les *éléments minéraux*, au nombre de trois principaux : l'*argile*, le *sable siliceux* et le *calcaire* ou *carbonate de chaux*.

Cette couche a généralement une profondeur de 12 à 16 centimètres. Cependant, il y a nombre de cas où elle va jusqu'à 30 ou 40. Au delà de cette limite, l'augmentation de profondeur ne présente qu'un médiocre intérêt, parce que les racines des principales récoltes ne pénètrent pas plus loin. Quelquefois cette couche du sol fait absolument défaut ou, du moins, ne se compose que de l'une des premières couches inférieures, sableuses, argileuses ou marneuses, qui se succèdent au-dessous d'elle. Quand celle-ci est assez mince, qu'elle n'a que $0^m,50$ à 1 mètre d'épaisseur, il peut arriver qu'elle entre tout entière dans la formation de la terre végétale.

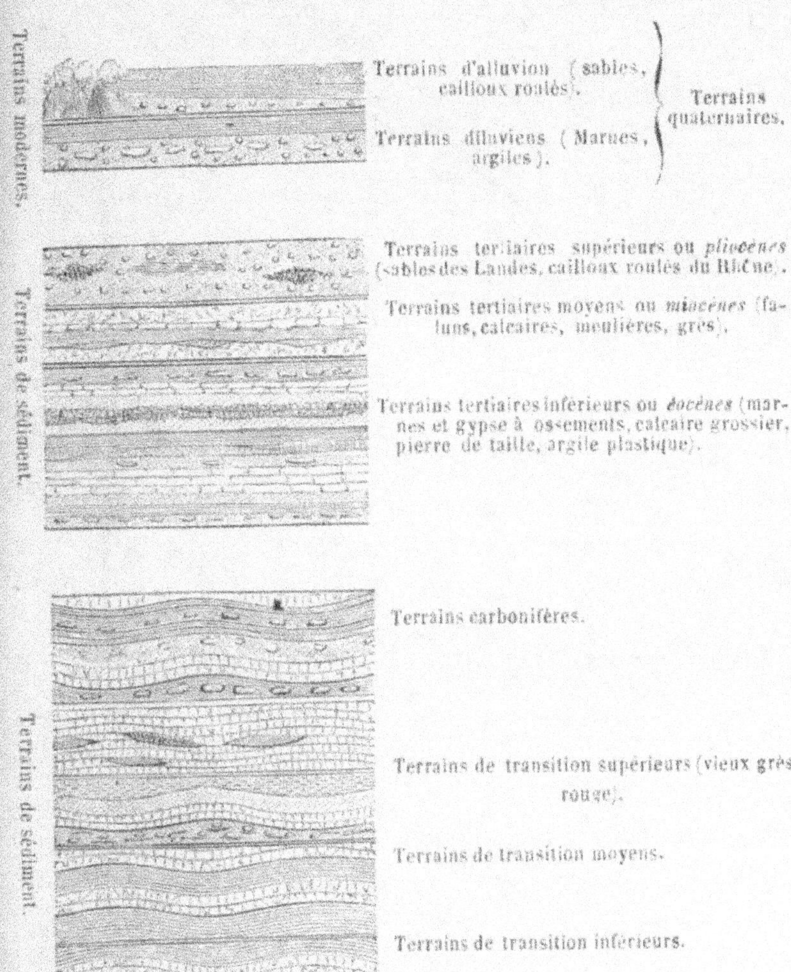

Fig. 2. — Classification des terrains.

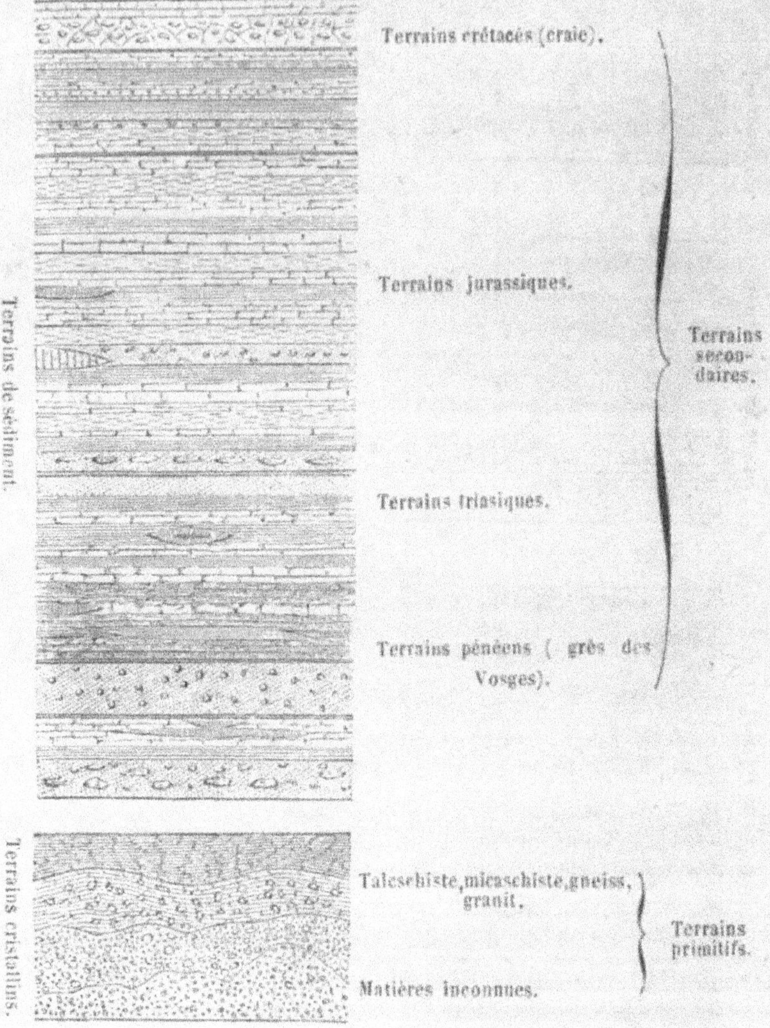

Fig. 2 *bis*. — Suite de la classification des terrains.

Quant au restant du sol, il y entre des terrains fort divers, classés d'après leur origine et

d'après l'ordre de succession de leurs formations.
Ainsi, au-dessus de tous les autres, on trouve le plus
souvent les *terrains quaternaires*, comprenant les

Fig. 3. — Nouveau grès rouge du Cheshire.

terrains d'alluvion, composés de sables, de cailloux
roulés et de débris de toutes sortes, qui proviennent
de roches de formation antérieure et ont été entraînés
par les eaux, puis déposés en différents endroits. Des
contrées entières sont de simples nappes d'alluvions,
analogues à ces amoncellements de sable et de limon
que forment les rivières à leur embouchure ou sur
leurs bords. Viennent ensuite les *terrains* d'origine

diluvienne, parmi lesquels figurent certaines espèces de *marnes* et *d'argiles*.

En pénétrant plus avant dans l'intérieur du sol, on rencontre les *terrains tertiaires*, les *terrains secondaires* et les *terrains de transition*, qui paraissent avoir été formés au milieu des eaux et que, pour cette raison, on nomme *terrains de sédiment*, s'étendant en longues couches horizontales très-épaisses et très-nombreuses. Certains *schistes*, les *calcaires*, les *craies*, les *marnes*, les *grès* (*fig*. 3), les *argiles*, les *plâtres* appartiennent à cette grande division.

Fig. 4. — Granit cristallin.

Enfin, tout à fait à la base de ce grand nombre d'accumulations successives de terrains, nous trouvons les *terrains primitifs* ou *terrains cristallins*, évidemment formés par voie de cristallisation après avoir subi la fusion ignée. Ce sont les *granits* (*fig*. 4), les *porphyres* (*fig*. 5), les *masses de cristal de roche ou de quartz*, etc. Ils constituent les plus hautes monta-

Fig. 5. — Porphyre euritique.

gnes du globe et se retrouvent également aux plus grandes profondeurs du sol.

Ces terrains ne coexistent pas toujours sur les différents points du globe. La série ne se présente point partout absolument complète. Au contraire, le plus souvent, il y a un grand nombre de lacunes : tantôt c'est telle couche qui manque, et tantôt c'est telle autre. Souvent même, il y a des interver-

Fig. 6. Coupe hypothétique de terrain.

sions, comme on peut le voir par le diagramme ci-joint (*fig*. 7). Si la surface du sol est horizontale et que ces couches soient inclinées, elles viennent affleurer à la superficie, et, sur toute l'étendue du contact AA'B'B (*fig*. 6), le mélange s'opère entre les terrains en ques-

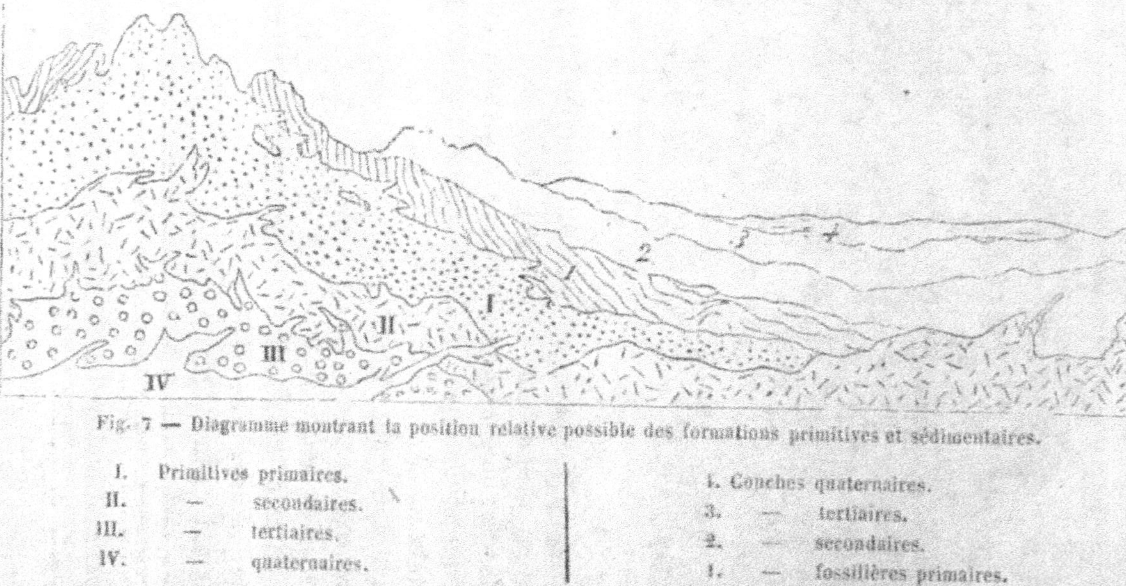

Fig. 7 — Diagramme montrant la position relative possible des formations primitives et sédimentaires.

I. Primitives primaires.
II. — secondaires.
III. — tertiaires.
IV. — quaternaires.

4. Couches quaternaires.
3. — tertiaires.
2. — secondaires.
1. — fossillères primaires.

tion et la couche végétale. C'est ainsi que nous sommes amené à constater dans la terre arable la présence de l'*argile*, du *sable siliceux*, du *calcaire* ou *carbonate de chaux* et d'autres éléments semblables provenant du sous-sol. Les proportions différentes de ces divers terrains dans la couche supérieure en modifient notablement les propriétés physiques et les propriétés chimiques. Chimiquement, ils agissent en fournissant directement aux végétaux leurs principes nutritifs et en produisant des décompositions ou des combinaisons qui rendent possible l'assimilation des matières inertes par elles-mêmes. Physiquement, ils facilitent plus ou moins l'aération du sol, en augmentent la consistance ou maintiennent sa légèreté dans une juste mesure, suivant que c'est le sable qui domine, ou bien l'argile, ou enfin le calcaire.

L'*argile* se compose de *silice* et d'*alumine*. Quand elle est pure, cette substance est compacte et onctueuse au toucher; elle happe à la langue et absorbe facilement l'humidité. Sa propriété caractéristique est d'être tout à fait imperméable à l'eau, une fois qu'elle en est imbibée. Sa couleur varie suivant les matières auxquelles elle se trouve mêlée ; elle est ou blanchâtre, ou grisâtre, ou bleuâtre, ou jaunâtre.

Les *sables siliceux* se présentent en grains plus ou moins gros et diversement colorés. L'eau les traverse comme un crible, et ils absorbent facilement la chaleur pour la conserver avec obstination ; c'est ce qui explique comment les grands déserts sont si redoutables aux caravanes.

Quant au *carbonate de chaux*, il se présente sous l'aspect de la craie champenoise, parfois mélangée avec

l'une des deux substances précédentes. En forte proportion avec l'argile, il donne ce qu'on appelle la *marne*, mélange naturel qu'il est impossible de produire
artificiellement. C'est lui qui constitue le sous-sol
de la partie de la Champagne la plus déshéritée, qu'on
a surnommée, pour cette raison, la *Champagne pouil-*

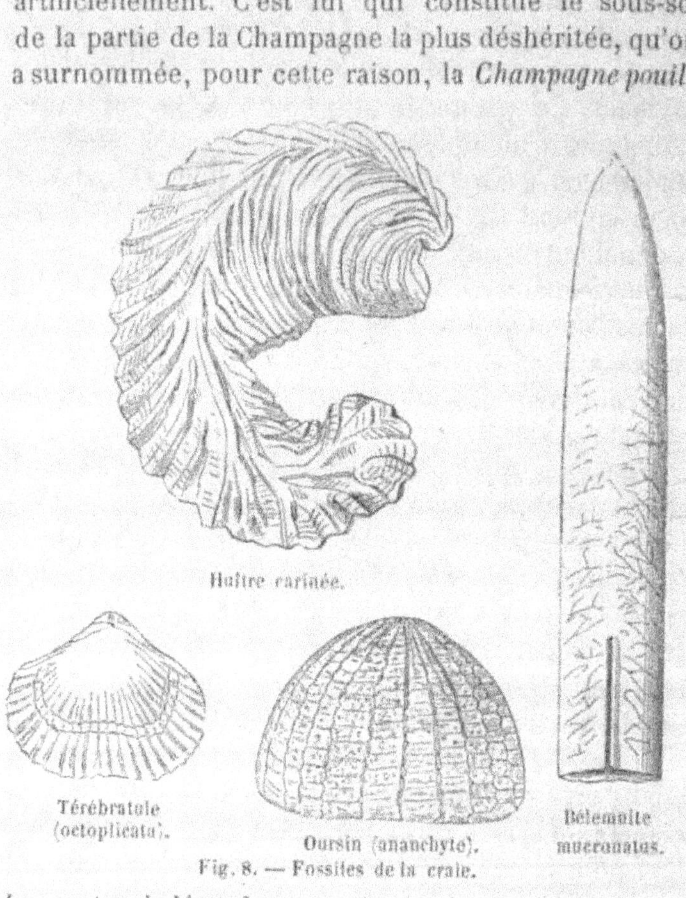

Fig. 8. — Fossiles de la craie.

leuse, et qui s'étend aux environs de Troyes. Le terrain crayeux, formé par l'agglomération d'une foule
innombrable de coquillages microscopiques fossiles
(*fig.* 8), est blanc et poreux, ce qui lui permet de réflé-

chir la chaleur et de s'humecter d'eau, sans pouvoir la
retenir, et le rend sec et froid. Le carbonate de chaux
n'a pas toujours cet aspect crayeux, lorsqu'il se
trouve dans un état d'agrégation différent et qu'il
est mêlé à d'autres substances.

Les proportions de ces trois éléments fondamentaux varient beaucoup dans les différents terrains.
L'un d'eux prédomine toujours et il devient alors
la caractéristique du sol en question, qui prend,
d'après cela, la dénomination de sol *sableux, calcaire* ou *argileux*. On admet, du reste, ordinairement,
que la réunion à parties à peu près égales de ces trois
substances constitue un bon terrain; mais ce fait présente de nombreuses exceptions, et il semble plus
vrai de dire qu'un bon terrain est celui où les quantités d'argile et de sable sont telles, qu'elles se
corrigent mutuellement, sans qu'une forte proportion
de carbonate de chaux soit indispensable. L'argile
donne au sable de la valeur, en lui communiquant
une certaine compacité, en le rendant plus apte à retenir les liquides, qui facilitent l'assimilation des éléments du sol, et en diminuant sa mobilité qui ne
permettrait pas aux racines de s'y fixer d'une manière durable. D'autre part, le sable diminue l'imperméabilité de l'argile, qui s'opposerait à l'action
des deux éléments les plus indispensables au développement de toute espèce de végétation, l'air et l'eau.

« Il est clair qu'une terre un peu trop sableuse, si
« on la considère isolément, peut être bonne, si elle
« recouvre un sous-sol peu perméable propre à y
« entretenir une certaine humidité, comme une terre
« dans laquelle domine l'argile peut être excellente,

« si elle repose sur une roche perméable qui la dé-
« barrasse des eaux en excès. Une *bonne terre* n'est
« donc pas susceptible d'une définition rigoureuse et
« absolue d'après sa composition seule, qui peut varier
« sans inconvénients dans certaines limites, pourvu
« que les qualités physiques qui caractérisent les
« bons terrains ressortent de sa nature, combinée à
« son épaisseur et aux propriétés du sous-sol (1). »

Il est certain qu'un sol est d'autant plus favorable
à la culture qu'il renferme plus d'éléments divers.
C'est ce qui arrive dans les vallées dont le sous-sol
est composé, sur une assez grande profondeur, de
détritus de roches, ayant subi l'action érosive des
eaux, et de débris animaux, végétaux ou minéraux
de toutes sortes, qui, dans les débordements, se dé-
posent à la surface du sol et constituent un puissant
élément de nutrition des plantes.

Au contraire, les sols les plus défavorables sont les
sols plats complétement nus ou complétement boisés. Ainsi, les sols plats et nus sont généralement des
déserts de sable ou des plaines crayeuses, où la végétation est difficile et rare. L'aspect en est triste et
morne. Les pays argileux, au contraire, portent d'assez épaisses forêts, difficiles à défricher à cause des obstacles que présente la culture du sous-sol. La cause
de cette différence est bien simple : c'est que les arbres ne peuvent croître sans eau, et, par conséquent,
les sols secs, formés de calcaire ou de sable pur, leur
sont absolument défavorables. Aussi n'y vivent-ils

(1) Meugy, *Leçons élémentaires de géologie appliquée à l'agri-culture.*

guère ou y végètent-ils tristement, ne produisant que des individus chétifs et rabougris.

Examinons maintenant un peu plus en détail chacune de ces trois grandes catégories de terrains : *siliceux, calcaires* et *argileux*.

1° *Terrains siliceux*. — La *silice*, pour le chimiste, est un composé d'oxygène et de silicium qui, tout à fait pur et cristallisé, constitue le minéral que l'on désigne sous le nom de *quartz (fig.* 9) ou sous celui de *cristal de roche*. C'est encore la silice qui est la base essentielle de la *pierre meulière*, avec laquelle sont faites les meules de moulins qui servent à écraser le blé ; du *caillou* ou *silex proprement dit ;* du *grès,* si utile pour aiguiser les faux ; enfin des *sables* de toutes couleurs. Dans un grand nombre d'autres minéraux terreux ou

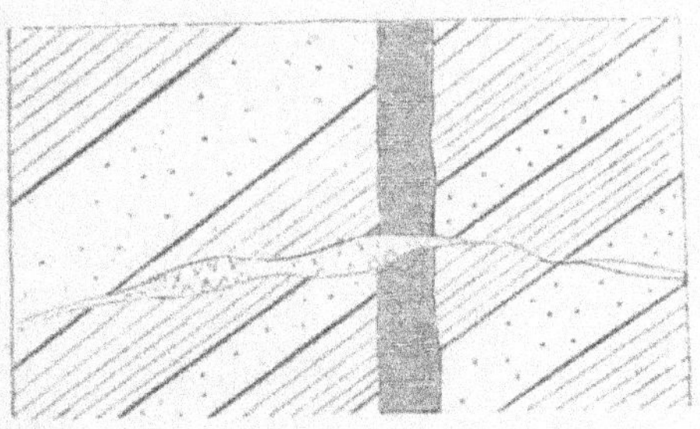

Fig. 9. — Veine de quartz traversant le gneiss et le greenstone.

de pierres, elle se trouve à l'état de combinaison avec plusieurs substances et forme avec celles-ci des produits qui portent le nom de *silicates*. En un mot, la silice est une des substances minérales les plus répandues. Aussi la rencontre-t-on dans tous les sols connus. A l'état de pureté, elle se présente sous la forme d'une poudre blanche, impalpable, sans odeur ni saveur. Le *quartz* n'est que de la silice cristallisée. Elle ne fond pas au feu ; mais, lorsqu'elle y a été desséchée et rougie, elle devient tout à fait insoluble dans l'eau et les acides et, par conséquent, absolument impropre à la nutrition de la plante, qui ne pourrait se l'assimiler sous une forme aussi défavorable.

A l'état de sable, elle peut retenir, dans une certaine proportion, l'eau avec laquelle on l'arrose. Le sable à grains ténus en absorbe 30 % de son poids, tandis que celui à gros grains n'en peut conserver que 20.

Presque en totalité, les matières terreuses, formées de silice fine qualifiée de *tripoli*, de *limon siliceux*, et déposée dans les anses de l'Océan ou de la Méditerranée, sont des dépôts provenant de l'accumulation d'infusoires microscopiques (*fig.* 10), munis d'une carapace siliceuse, dont il faut plus de 2 millions d'individus pour faire 1 millimètre cube.

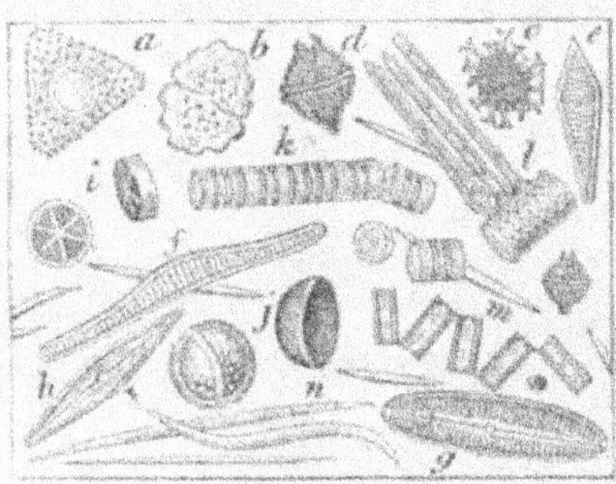

Fig. 10. — Infusoires fossiles.

Les terres arables prennent le nom spécial de terres *siliceuses* ou *sablonneuses*, lorsqu'elles renferment plus de 70 % de sable ou de silice. Mais tous les terrains en contiennent une certaine proportion à l'état soluble, soit de 5 à 20 centièmes des substances que l'eau enlève à la terre.

Nous disions tout à l'heure que les racines ne peuvent absorber la silice qu'à l'état soluble. Elle s'accumule, en effet, principalement dans les feuilles. Les tiges de beaucoup de plantes en possèdent également une assez forte proportion, notamment celles des céréales. Ainsi, elle entre pour 68 à 70 % dans la paille du blé, pour 64 % dans celle du seigle, pour 57% dans celle de l'orge et pour 40 % dans celle de l'avoine.

Les tiges du blé et des autres graminées doivent évidemment leur rigidité à la présence de la silice ; c'est elle qui leur donne la force de supporter le poids d'un épi relativement lourd. Aussi, lorsque les terres ne renferment pas une proportion suffisante de silicates assimilables aux céréales ou que le trouble des saisons fait prédominer les autres éléments de composition de la tige sans que la silice s'y trouve dans les proportions voulues, les blés sont sujets à se coucher ou à *verser*, selon l'expression consacrée, ce qui amoindrit singulièrement leur rendement.

Les terres sableuses manquent de consistance, et les eaux les ravinent facilement. La culture en est facile et peu coûteuse, en raison de l'incohérence de leurs parties constitutives ; elles n'exigent pas d'aussi fréquents labours que les autres, puisqu'elles sont facilement pénétrables par les racines, d'une part, et par l'air, de l'autre. Il en résulte, à la vérité, que les mauvaises herbes y germent et s'y multiplient à l'infini ; mais on les y détruit bien plus facilement que dans les sols argileux. Enfin, autre avantage, le déchaussement des plantes à la suite de la gelée et du dégel s'y manifeste moins fréquemment, et les produits y sont plus précoces.

Convenablement améliorés, ces sols conviennent fort bien à la culture de toutes les espèces d'herbages et de grains, moins cependant au blé, mais plus à l'orge, au seigle et à l'avoine, et davantage encore aux

plantes bulbeuses ou tuberculeuses, de préférence à
celles dont les racines sont fibreuses. C'est le vrai sol
de la pomme de terre (*fig.* 11), dont le produit y est

Fig. 11. — Plant de pomme de terre.

ordinairement très-considérable et sauf de maladie;
il en est de même du trèfle et de la luzerne (*fig.* 12).
La racine de la luzerne est pivotante et s'enfonce à

plus d'un mètre de profondeur. Aussi souffre-t-elle rarement de la sécheresse, à laquelle ces sols sont extrêmement sujets.

Parmi les arbres à taillis, propres au sable, mentionnons le bouleau, le hêtre, le charme, le châtaignier, le chêne, si le sable est profond et fin. Le premier se plante, les autres se sèment. Parmi les arbres de haute futaie se fait remarquer entre tous le *pin maritime* (*fig*. 14) cet arbre miraculeux, presque providentiel, qui a permis à Brémontier de fixer les dunes (*fig*. 13) des côtes océaniques et de rendre exploitables, avec profit pour tous, des masses de sable, jusque-là menaçantes et périlleuses pour les habitations hu-

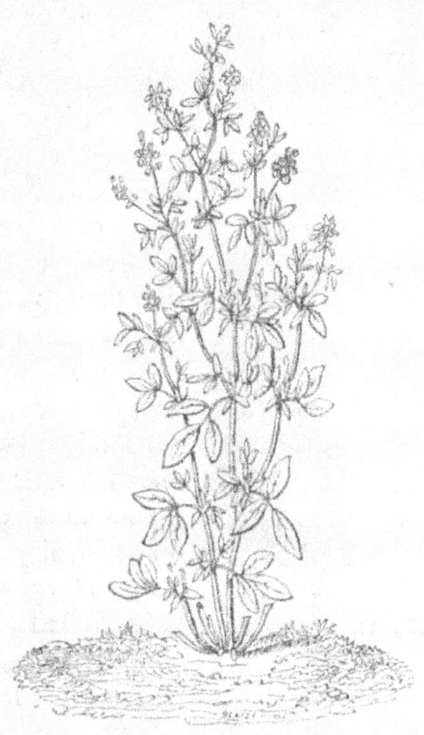

Fig. 12. — Luzerne cultivée.

maines du voisinage. A côté du *pin maritime* se dressent le *pin sylvestre* (*fig*. 15) ou pin d'Ecosse, le châtaignier, le cerisier, le peuplier blanc, dont Du Breuil père a planté les sables arides de la rive gauche de la Seine, en face de Rouen.

Le succès a été aussi complet que celui de l'exploitation par les espèces résineuses.

Fig. 13. — Mouvement des dunes.

Les sols sablonneux se subdivisent en *sols sablo-argileux*, *sols sablo-argilo-calcaires*, *sols sablo-calcaires* et *sols de sable pur*. Ces dénominations pourraient presque suffire pour caractériser chaque classe de terrains. Cependant, il y a lieu de remarquer que les *sols sablo-argileux* ne diffèrent des sols *argi-lo-sableux* ou *terres franches* qu'en ce que, chez les premiers, le sable prédomine, tandis que c'est l'argile chez les autres. Les premiers sont moins boueux que les seconds et, du reste, il y a une succession infinie de terrains intermédiaires qui rendent la transition insensible.

Fig. 14. — Cône du pin maritime.

Les terres sablo-argileuses, nommées *boulbènes* dans le midi et *terres blanches* dans le nord, se couvrent naturellement d'herbes et sont particulièrement propres aux graminées de qualité supérieure et au petit trèfle. Ce sont, du reste, les terrains les plus fertiles et les plus faciles à cultiver. On les rencontre principalement dans les vallées luxuriantes et renommées par leur productivité ou sur les bords de quelques rivières.

Telles sont les alluvions récentes, sujettes aux inondations, se recouvrant, grâce au mouvement alternatif des eaux, d'un limon onctueux, doux au toucher, qui renferme beaucoup d'argile ou de calcaire très-

Fig. 15. — Pin sylvestre.

divisé et des matières organiques en décomposition, comme sur les bords du Nil, de la Loire ou du

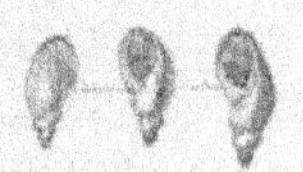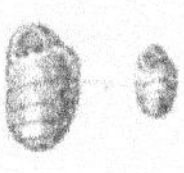

Succinea elongata.　　　Helix plebeia.　　　Pupa muscorum.

Fig. 16. — Fossiles du limon.

Rhin, où il prend le nom de *læss* (caractérisé par la présence de certains coquillages particuliers (*fig*.16), ou enfin, dans les prairies arrosées par la Seine et la plupart des îles submersibles. Les forêts y croissent admirablement.

Les terres *sablo-argilo-calcaires* viennent au second rang comme fertilité, en raison des proportions presque égales dans lesquelles y entrent les trois éléments du sol. « On les rencontre fréquemment sur le bord des fleuves et des rivières. Dans ce cas, leur fertilité est encore augmentée, d'abord par l'état de division extrême de leurs éléments, puis surtout par la quantité assez forte de matières organiques en décomposition qu'elles renferment (1). »

Les terres *sablo-calcaires* sont moins favorables que les précédentes, en raison de la faible proportion d'argile qui s'y trouve. Quant aux *sols de sable pur*, ils constituent les

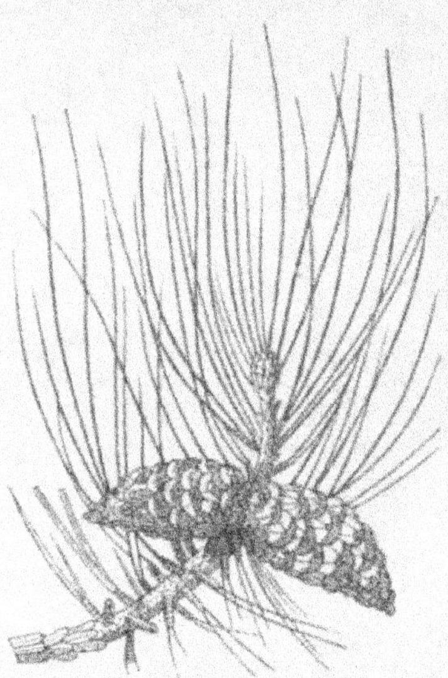

Fig. 17. — Pin Laricio.

dunes dont nous venons de parler et certaines plaines de sable mouvant, comme celles qui existent sur les côtes méridionales de l'Océan. Généralement rebelles à la culture, cependant, engraissés et amendés sous un climat pluvieux, ils sont uti-

(1) Girardin et Du Breuil, *Traité d'agriculture.*

lisables. Comme fourrage, on y peut approprier la spergule, et, comme arbres, les pins sylvestre et maritime, le laricio, le cèdre, qui y atteignent un assez beau développement. Aux environs de Quillebœuf, en remontant même la vallée de la Seine jusqu'à

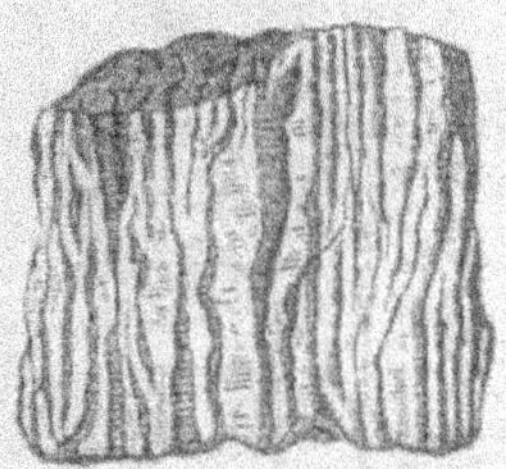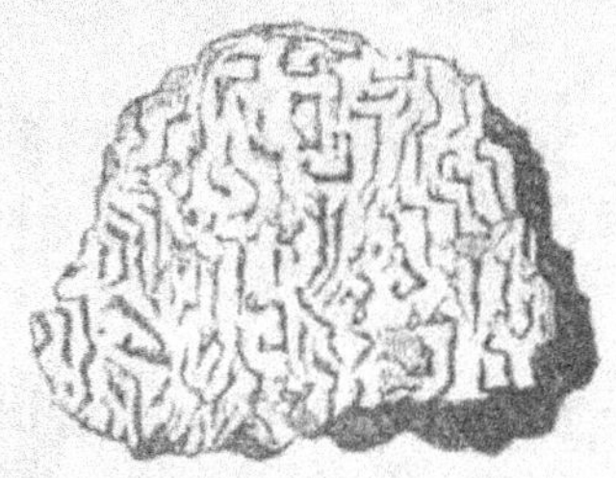

Fig. 18. — Granit graphique.
Coupe parallèle aux lames. — Coupe perpendiculaire aux lames.

Pont-de-l'Arche, on trouve ces terrains cultivés en seigle, en légumes, surtout en pommes de terre et en navets.

C'est dans le voisinage des sols sableux et siliceux que l'on doit classer les *terres quartzeuses*, composées de fragments plus ou moins volumineux de quartz, soit fixés à la roche sous-jacente, comme c'est le cas pour la roche qu'on appelle *granit graphique* (*fig*. 18) (mélange de feldspath et de quartz), soit libres et mouvants, comme en Vendée et en Bretagne. Les *sols caillouteux* sont plus difficiles à cataloguer, car les cailloux peuvent être argileux, siliceux ou calcaires ; cependant l'élément siliceux l'emporte généralement. On les rencontre plutôt au pied des montagnes et dans la Crau, dans la vallée du Rhône ou à son embouchure, dans les plaines de *Graves* (rives gauches de la Gironde et la Dordogne). Ces sols sont assez peu favorables à la culture et assez peu susceptibles de recevoir des labours. On n'y peut guère effectuer que des plantations, et encore seulement des plantations d'arbres

Fig. 19. — Vieux châtaignier.

et d'arbustes à longues racines. La vigne y prospère généralement.

Enfin, encore un mot des *terres granitiques*, composées d'un sable argileux , très-aride par lui-même et formé par la désagrégation des roches granitiques. Suivant les proportions de sable argileux et de graviers quartzeux qui proviennent de cette décomposition du granit, le sol, presque toujours de qualité inférieure, est susceptible d'un produit plus ou moins considérable. Dans la Corrèze et les Cévennes, le quartz en grande abondance rend le sol stérile et à peine susceptible de supporter quelques châtaigniers sans rapport. Cependant, il y a quelques cantons privilégiés où le granit s'est transformé en une couche végétale de 33 centimètres d'épaisseur et d'une admirable fertilité ; les châtaigniers (*fig.* 19) et les chênes y acquièrent de superbes dimensions, par exemple, au nord de Pompadour, dont les magnifiques prairies nourrissent en même temps les plus beaux bœufs du Limousin ; mais il convient d'ajouter que le seigle, le sarrasin, les pois, la pomme de terre y viennent seuls avec succès jusqu'ici, l'avoine et le blé n'y donnant que de très-pauvres produits. Le châtaignier est ce qui convient le mieux au granit, ainsi que les arbres verts et la vigne (Condrieu, l'Ermitage, Saint-Péray, etc.).

Quant aux terres volcaniques, elles sont assez rares; ce sont des débris de laves anciennes ou modernes, transformées en terres légères, noires ou noirâtres, souvent pulvérulentes, ou en fins débris de ponce rougeâtres ou grisâtres, comme aux environs de Naples, au pied du Vésuve, d'où provient le *lacryma-christi* et où la pomme de terre acquiert un développement extraordinaire. Nous pourrions encore citer comme exemple la Limagne. Ces terres sont, du reste, très-fertiles, pourvu qu'on leur procure, pendant l'é-

2.

té, une quantité d'eau suffisante. Elles doivent cette fertilité, avant tout, aux alcalis (potasse et soude) qu'elles renferment et qui deviennent assimilables par la désagrégation des laves et de la ponce.

Nous avons à parler ensuite des sols *sablo-argilo-ferrugineux*, de couleur foncée, s'agglomérant sans cesse en poudingues plus ou moins compactes, très-riches en peroxyde de fer et, par suite, fort arides et peu propres aux cultures ordinaires. Le bouleau et le

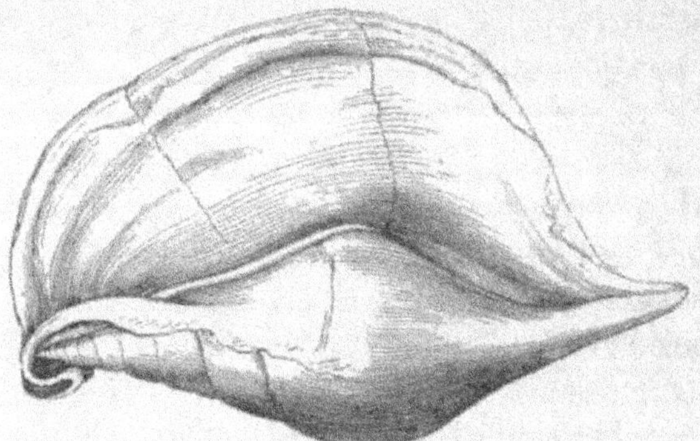

Fig. 20. — Rostellaria ampla.

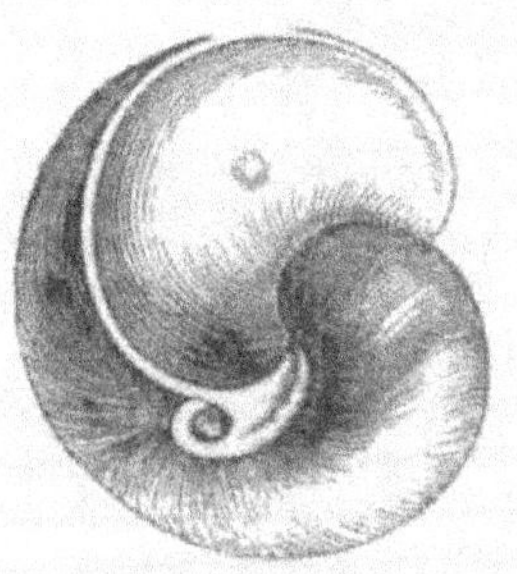

Fig. 21. — Nautilus centralis.

châtaignier constituent la meilleure plantation qui permette d'en tirer un parti avantageux.

2° Les *sols argileux* ne supportent spontanément qu'un petit nombre de plantes, notamment l'*yèble* (sorte de sureau), caractéristique absolument certaine des terres fortes et d'ailleurs fertiles. Il y a peu de plantes, du reste, qui s'accommodent de terrains très-différents les uns des autres ; généralement,

il existe une relation marquée entre le terrain et la végétation qui le recouvre. Celle-ci constitue la physionomie spéciale du sol. Les terrains argileux sont fort
sujets aux crevasses durant la sécheresse et se couvrent
d'eau, au contraire, pendant la pluie. Après le labour,
ils se divisent en mottes ayant une forte consistance.
Ils renferment, du reste, nombre de *coquilles fossiles* caractéristiques. Ainsi, dans l'argile de Londres
on a trouvé le *rostellaria ampla* (*fig.* 20), le *nautilus
centralis* (*fig.* 21), etc.

En vertu de leur
grande force d'agré-
gation, ils se mon-
trent assez rebelles
à la culture. Pour les
rendre productifs, il
faut les labourer sou-
vent, et souvent les
diviser par tous les
moyens possibles.
Les labours doivent
être profonds, car
généralement la cou-
che cultivable pré-
sente une grande
épaisseur ; mais ils
sont difficiles, exi-
gent plus de force et
un temps favorable.
Il faut que le sol ne
soit ni trop humide
ni trop durci par la
sécheresse.

Fig. 22. — Chiendent.

En vertu de leur compacité, ils sont difficilement perméables à l'eau et exigent, à cet égard, des travaux particuliers d'assainisement, de même qu'une grande quantité d'amendements.

En résumé, la culture de ces sols est beaucoup plus coûteuse et donne moins de profit que celle des sols légers. Les produits en sont tardifs et, fort souvent, de qualité médiocre; enfin le chiendent (*fig.*22) y pousse avec une telle persistance, qu'il est extrêmement difficile de les en purger. L'herbe naturelle qui s'y développe est grossière et peu succulente. Les prairies artificielles, les légumes, les racines y viennent mal ; les plantes à racines bulbeuses ou tuberculeuses y gagnent en volume ce qu'elles perdent en saveur. Les pommes de terre y sont très-exposées à la maladie, y étant de moins bonne qualité, ainsi que les fruits. Les choux, le trèfle et les fèves y font merveille, et encore plus les froments d'automne ; mais l'effet contraire se produit pour ceux de printemps et pour le seigle, l'orge et l'avoine. Jusqu'aux arbres, qui y perdent de leur prix, à cause du moins de dureté de leur bois.

Les principales variétés de sols argileux sont : *a*) les *argilo-ferrugineux*, subdivisés en terrains rouges, noirs et jaunes. Dans les noirs, l'oxyde de fer est un peu nuisible; mais il l'est surtout dans les jaunes, fort peu favorables à la culture, à moins qu'ils ne renferment une grande masse de matières organiques. Au feu, ils deviennent d'un rouge très-prononcé et on les emploie de préférence pour la fabrication des briques.

b) Les *argilo-calcaires*, renfermant le carbonate de

chaux à l'état de sable ou de petits graviers, ce qui les rend fort analogues aux sols *argilo-sableux*, ou encore à l'état de mélange tout à fait intime et homogène ; ces argiles prennent alors le nom d'*argiles marneuses*. Ces terrains conservent l'eau de pluie plus encore que les argiles proprement dites. Ils s'en pénètrent facilement à de grandes profondeurs, et il n'est pas rare de les voir réduites en bouillie bien avant dans le sol, ce qui fait que, dans les années pluvieuses, il n'y a pas à compter sur leurs produits. Ce qui y vit le mieux, quand le sol est drainé, ce sont les pommes de terre, les navets, les vesces et le blé.

Quand l'argilo-calcaire sert de sous-sol à des sables presque purs, il est possible d'obtenir, sans trop de frais, un excellent sol par le mélange de ces deux mauvais terrains, puisqu'ils se corrigent l'un l'autre.

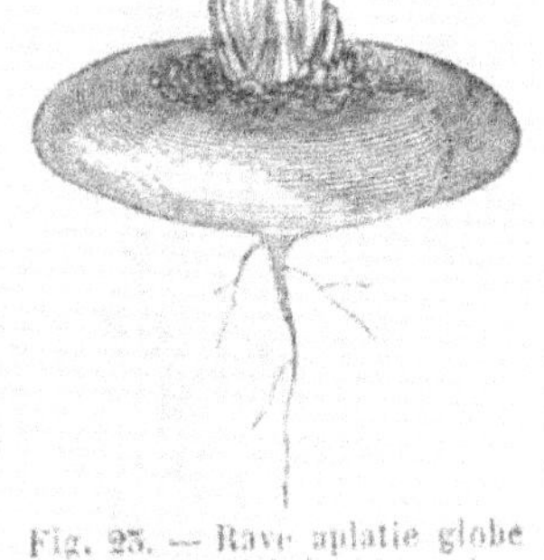

Fig. 23. — Rave aplatie globe rouge (variété de turneps).

c) Les *argilo-sableux*, subdivisés en *terres fortes* et *terres franches*. Les premières, très-analogues aux sols argilo-calcaires, présentent les mêmes difficultés et les mêmes inconvénients ; les produits en sont fort médiocres et souvent précaires, surtout dans le nord et le centre de la France. On y doit cultiver de préférence les fèves, les trèfles, les turneps (*fig.*23) et les choux, et l'on fait encore mieux de les planter en bois blancs qui s'y développent fort bien. Les *terres franches* sont moins lourdes et moins froides que les *terres fortes* et ressemblent beaucoup aux terrains *sablo-ar-*

gileux. Elles conviennent à la plupart des végétaux usuels, les trois éléments des terrains y étant réunis dans des proportions à peu près égales. Ce sont, en somme, des sols de premier ordre et d'une fertilité exceptionnelle.

3° Il nous reste à passer en revue la troisième catégorie de terrains, les *terrains calcaires*, caractérisés par la prédominance du carbonate de chaux. Ils sont généralement blancs, peu tenaces, assez friables, secs et arides, peu profonds. La pluie les transforme en boue, et la sécheresse en une croûte plus ou moins épaisse qui, bien que friable, joint à l'inconvénient de se fendiller, comme les argiles, celui de ne se laisser traverser ni par l'air ni par les pluies légères. Le frêne, le noisetier, le coquelicot (*fig.* 25), la gaude (*fig.* 24) caractérisent, par leur présence, ces sols qui, d'ailleurs, sont peu productifs. Leur blancheur réverbère les rayons solaires qui n'y peuvent pénétrer et brûlent la végétation. Quant à la gelée, elle les sou-

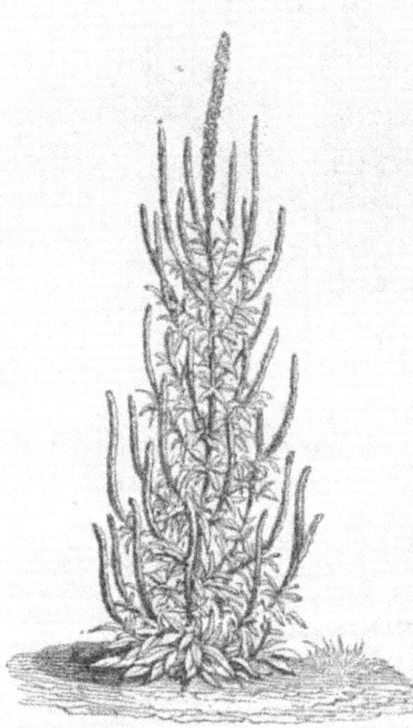

Fig. 24. — Gaude.

lève en déchaussant les racines. Il leur faut, en somme, beaucoup d'engrais.

On ne saurait en tirer un meilleur parti qu'en y cultivant le sainfoin en prairies artificielles, laissant toutefois les pentes rapides à l'état de prairies naturelles, composées de plantes vivaces fourragères, la coronille variée (*fig*. 26), le trèfle flexueux, des plus

Fig. 25. — Coquelicot (Papaver Rhœas).

rustiques et fort goûtées du bétail. Sur les points les plus élevés, il y a lieu de planter les espèces d'arbres qui leur conviennent, comme la Sainte-Lucie, le merisier, le faux ébénier ou cytise, l'arbre de Judée, le noisetier, l'if, le cyprès.

Les *sols calcaires* forment trois classes :

Les *sols calcaires proprement dits*, fort analogues aux *sols graveleux* et aux *sols siliceux*. Légers et poreux, ils ne sont pas sujets au déchaussement des plantes l'hiver. Ils sont très-propres à la culture du sainfoin et même, fumés, à celle du seigle, de l'orge et de l'avoine. Quand ils sont profonds, les arbres, les légumes, la vigne, les mûriers s'y trouvent fort à leur aise.

Les *sols crayeux*, si communs en Champagne et dans une partie de la haute Normandie, sont à peu près stériles, surtout dans les pays chauds et secs. Sous les climats humides, ils donnent une herbe délicate, parfaite pour le bétail. Tels sont les herbages des South-Downs (*fig.* 27), et des côtes de Sussex en Angleterre. Dans ces sols, il importe de multiplier les prairies artificielles pour les améliorer. Cependant, si la craie repose sur une couche imperméable d'argile, elle retient facilement l'eau et devient assez productive, comme en Touraine.

Les *sols tufeux* doivent leur nom au *tuf*, carbonate

Fig. 26. — Coronille variée.

de chaux plus compacte que la craie ordinaire, assez dur pour servir en construction. A nu, il est infertile ; ramené par un labour trop profond dans un sol fertile, il le stérilise ; mais, mélangé avec de l'argile et du sable, avec le temps, il s'améliore et devient propre à la culture du sainfoin, de la luzerne, du trèfle. etc.

Enfin il nous reste à mentionner les *sols marneux*, qui constituent souvent la surface cultivable d'une contrée entière. Ils ne possèdent qu'une fort médiocre puissance de fertilité. Ils se rapprochent plus ou moins, suivant leur composition, des *sols argilo-calcaires* ou des *sols crayeux*, selon que les proportions de l'argile ou du calcaire y dominent. Dans une position inclinée, ils se trouvent exposés à de fréquents glissements, entraînés comme ils le sont alors

Fig. 27. — Bélier Southdown.

par leur propre poids. Du reste, l'intérêt principal qui s'attache à ces terrains ne vient que de leur rôle comme amendement.

En dehors des différentes classes de terrains dont nous avons parlé, mention doit être faite des *terrains gypseux*, riches en plâtre (sulfate de chaux), qui possèdent de nombreux fossiles. C'est à cette

classe de terrains qu'appartiennent les premières re-
constitutions ostéologiques de Cuvier, notamment le
palæotherium (*fig.* 28). Signalons enfin ceux qu'on a
qualifiés de *magnésiens*.

La magnésie, à l'état de carbonate, n'a aucune
mauvaise influence sur la végétation. Plus abondante
et associée à parties égales avec du carbonate de chaux,
elle constitue la substance à laquelle on a donné
le nom de *dolomie*. Elle agit alors absolument comme
le calcaire pur. Ces calcaires magnésiens se rencon-

Fig. 28. — Palæotherium magnum.

trent surtout en Angleterre, en Allemagne et en Italie, où on les cultive avec succès. La magnésie n'est
pas une cause de stérilité. Les terres les plus fertiles
en renferment de notables quantités, notamment les
alluvions du Nil, certains sols du Languedoc et le
Lizard, l'une des terres les plus riches du comté de
Cornouailles.

En résumé, presque tous les sols arables, quoique offrant une grande diversité de composition chimique, renferment les principes essentiels : *silice, alumine* et *carbonate de chaux*.

La silice a été ainsi nommée du *silex* ou pierre à fusil et à briquet, laquelle en est formée presque uniquement. C'est un composé oxygéné de *silicium*, doué de propriétés acides. Pur et cristallisé, il donne le *cristal de roche* ou le *quartz*. Quant au silicium, c'est un métalloïde, analogue au carbone, sans intérêt pour nous.

L'*alumine* est une combinaison de l'oxygène avec le métal connu sous le nom d'*aluminium*. Elle est extrêmement rare à l'état de pureté dans la nature, tandis qu'on la retrouve sous forme de combinaison dans la plupart des minéraux terreux, pierres, schistes, kaolins, ocres, et surtout dans les *argiles*, comme nous l'avons déjà dit. L'aluminium, qui en est la base importante, est un métal blanc comme l'argent, mais moins éclatant et légèrement bleuâtre, dont on fait aujourd'hui, dans l'industrie et dans l'orfévrerie, un usage des plus fréquents.

Inutile sans doute de décrire ici le carbonate de chaux qui forme de hautes collines (*fig.* 29), des montagnes, et même des chaînes de montagnes, comme les Pyrénées, le Jura, les Vosges, les Apennins. Il se présente sous mille formes : les *marbres*, les *pierres de taille*, la *craie*, l'*albâtre*, les *marnes calcaires*.

En dehors de ces trois principes fondamentaux, on trouve dans les sols arables certains autres composés chimiques indispensables, mais combinés dans des proportions beaucoup plus faibles :

Fig. 29. — Escarpement crayeux des collines des Southdowns (Sussex). — *a* Promontoire cachant la ville de Steyning. — *b* Église d'Edburton. — *c* Route. — *d* Rivière Adur.

Le carbonate de magnésie, les oxydes de fer et de manganèse, des alcalis et des sels, comme silicates, phosphates et sulfates de chaux, de potasse et de magnésie, des chlorures de potassium, de sodium, de calcium et de magnésium, de l'ammoniaque et des sels ammoniacaux, des azotates de potasse, de chaux, de magnésie, d'ammoniaque ; enfin, des matières organiques difficiles à définir, constituant le *terreau* ou *humus*. On distingue l'*humus végétal* ou *humus proprement dit* et l'*humus animal*. Le premier est formé de la poussière obtenue par la décomposition des végétaux qui meurent, ou des débris de végétaux qui s'en séparent à une époque quelconque de l'année ; le second résulte de la décomposition des animaux, de leurs excréments ou de telles parties de leur corps qui s'en trouvent isolées, comme le sang, la chair, les os, la plume, les poils, etc.

L'*humus végétal* mérite ici une mention spéciale. C'est le premier produit que l'on obtienne par la décomposition des végétaux. Par exemple, tous les ans, les feuilles qui tombent des arbres ou qui se détachent des plantes herbacées, les débris d'écorce, les organes de fleurs desséchées, etc., etc., peu à peu s'altèrent sous l'action combinée de l'air, de l'eau et de la chaleur. Tous ces détritus se transforment en une matière noire, onctueuse au toucher, susceptible de perdre, par la dessiccation, l'eau absorbée et de brûler alors en répandant une odeur de foin ou de corne. Cette matière noire, c'est l'*humus,* ou, comme on dit vulgairement, le *terreau.* La qualité des différents sols dépend, en général, de la quantité de terreau qu'ils renferment. Une trop grande quantité d'humus les rendrait impropres à la végétation. La proportion ordinaire qu'en renferment les terres végétales est de 3 à 5 $^0/_0$. Les terrains d'alluvion en contiennent jusqu'à 8 $^0/_0$.

Les terres qui possèdent une forte proportion de débris organiques, mais sous une forme autre que l'humus, sont classées sous le nom de *sols humifères.* Généralement peu propres à la culture, elles ne deviennent productives qu'à l'aide de modifications de toutes sortes. On en distingue trois catégories différentes :

1° Les *terres de bruyère*, consistant en sable fin plus

ou moins ferrugineux, associé à une assez forte quantité de terreau ou d'humus provenant de l'altération des bruyères, genêts, fougères, rhododendrons (*fig.*30) et autres plantes extrêmement riches en tannin et en fer. Elles sont préférables à d'autres, pour la culture

Fig. 30. — Rhododendron.

des plantes de jardin, mais n'offrent que fort peu d'avantages dans la grande culture. Elles ont peu de consistance, peu de profondeur, et sont fort arides en été. Exemples : les landes de Bretagne, de Sologne, du sud-ouest de la France.

2° Les *terres tourbeuses*, variété d'humus produite par la décomposition des plantes sous l'eau. Elles brûlent facilement. Les conferves, les sphaignes, les prêles (*fig.* 31) sont les principaux végétaux dont l'altération produise la tourbe ; ils caractérisent particulièrement les sols tourbeux, en général fort acides. Dans l'état naturel, ces terrains sont assez peu favorables à la culture. Aussi est-il plus avantageux de les exploiter pour le combustible. Chaulés, ils constituent des sols très-légers, parfaitement propres à la culture de l'orge et de l'avoine, mais ayant beaucoup à redouter de l'action solaire l'été. On est obligé de les préserver en recouvrant la terre avec des roseaux qui la dérobent aux rayons solaires. Les trèfles rouges et blancs s'y plaisent fort. Le mieux, c'est de convertir ces terrains en prairies à faucher, à la manière des Écossais, qui n'enlèvent qu'une coupe et laissent pourrir la seconde sur le sol, de manière à transformer les marais tourbeux en prairies à foin perpétuelles.

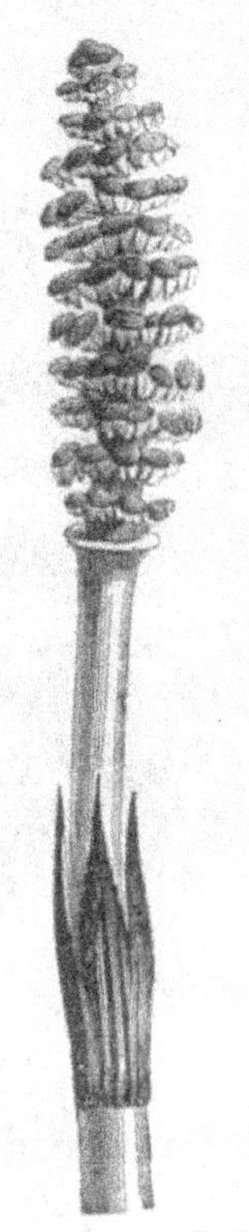

Fig. 31. — Prêle des champs.

3° Les *terres marécageuses*, recouvertes d'eaux stagnantes, au moins une partie de l'année. Quand cette immersion ne dure pas, en effet, l'année entière, les sols de cette nature peuvent fournir des foins; mais ils sont toujours de mauvaise qualité. Les saules, les peupliers (*fig*. 32 et 33), les aunes, les bouleaux y sont à leur place et contribuent à les assainir. Il vaut mieux les transformer en étangs, pour diminuer l'insalubrité. Aux bords de la mer, les marais peuvent à la longue se transformer en terres très-fertiles, pourvu qu'on les abrite contre les grandes marées. On commence par les dépouiller de leur excès de sel marin par la culture de plantes utilisées pour l'extraction de la soude. Plus tard, on en obtient des fourrages d'excellente qualité, auxquels est due la réputation des animaux de boucherie qu'on y engraisse,

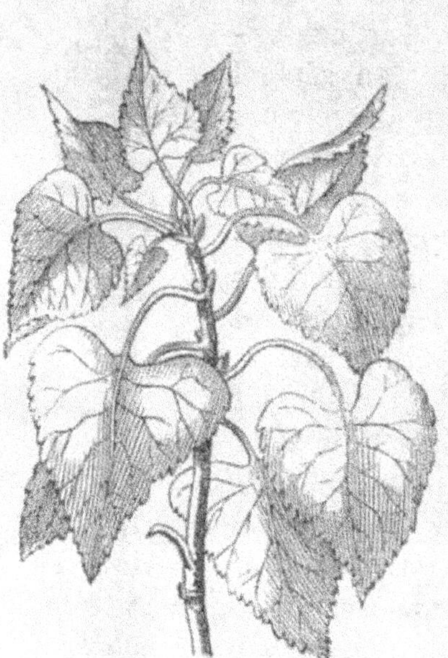

Fig. 32. — Peuplier noir.

notamment dans la Charente-Inférieure et en Normandie. Enfin, dans le Vaucluse, les marais ou *palus* sont devenus des terres excessivement productives, enrichies de détritus animaux et végétaux, et propres à la culture de la garance, surtout quand leur couche est profonde et que le sous-sol est frais, sans retenir toutefois d'eaux stagnantes.

Nous avons eu maintes fois à parler de l'influence du sous-sol sur le sol lui-même. Le voisinage d'un sous-sol sablonneux, par exemple, est très-favorable à un

sol argileux et réciproquement, parce qu'ils se corrigent l'un l'autre. Les *sous - sols* se classent, du reste, absolument de la même façon que les sols eux-mêmes : *argileux*, *sableux* ou *calcaires*, et, selon leur nature, ils sont *perméables* ou *imperméables*.

Fig. 33. — Peuplier blanc.

De là l'intérêt des cartes agronomiques et géologiques (*fig.* 34) qui permettent aux cultivateurs d'une région de se rendre compte exactement de la nature comparée des sols et des sous-sols, et de la situation relative des localités où se trouvent des gisements d'engrais minéraux, phosphate, plâtre, cendres, etc. De là aussi l'importance des *analyses de laboratoire*, au moyen desquelles le chimiste met immédiatement l'agriculteur à même de savoir ce qui manque à sa terre, d'apprécier le genre de culture qui lui serait le mieux approprié et de connaître avec précision le parti qu'il pourrait tirer de son sous-sol pour l'amélioration de la terre arable.

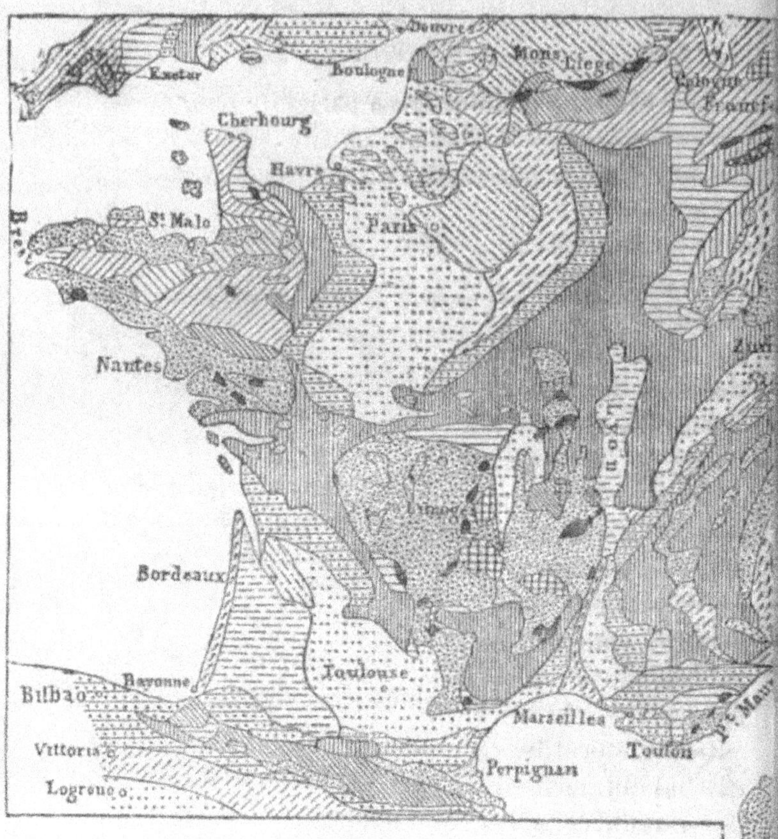

Fig. 34. *Carte géologique de la France.*

Granite, siénite, gneiss de tout âge.			
Terrain cambrien.		Terrain crétacé inférieur. . . .	
Terrain silurien.		Terrain crétacé supérieur. . . .	
Terrain dévonien.		Terrain parisien.	
Dépôts houillers.		Terrain de molasse.	
Dépôts pénéens.		Terrain subapennin.	
Grès vosgien.		Dépôts diluviens et modernes.	
Terrain triasique.		Roches volcaniques.	
Terrain jurassique.		Porphyres.	

CHAPITRE II.

RAPPORTS DU SOL AVEC L'ATMOSPHÈRE.

Le sol n'est pas le seul nourricier des plantes. Elles puisent encore une assez grande partie de leurs éléments de nutrition dans l'atmosphère. Tantôt cette atmosphère agit directement par les feuilles sur le végétal ; tantôt elle ne fait sentir son influence qu'au travers des sols, au contact des racines. Or, cette masse d'air résulte du mélange, en proportions notablement constantes, des deux gaz qui portent le nom d'*oxygène* et d'*azote*, joints à quelques éléments variables et à certaines impureté s ; et de ces deux gaz, l'élément aérien par excellence est l'oxygène, sans lequel il n'y a ni végétation ni vie d'aucune espèce.

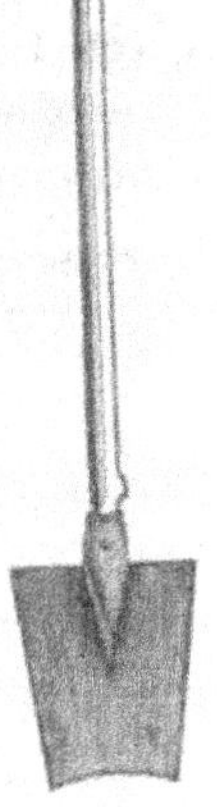

Fig. 35.
Bêche.

« Lorsqu'on retourne à la bêche (*fig*. 35) ou à la charrue le sol d'un champ, épuisé par la culture, lorsqu'on draine un terrain compacte ou qu'on divise sa masse en y incorporant des matières siliceuses grossières, il est évident que plusieurs phénomènes distincts ont lieu sous l'influence du contact de l'air ainsi provoqué ; mais, parmi ces phénomènes, on peut affirmer que le plus important est, sans contredit, l'oxygénation du sol et de ses principes combustibles. *Aérer le sol*, c'est surtout gazéifier et rendre assimilables par les végétaux les aliments solides qu'il tenait en réserve, et telle est, d'ailleurs, l'aptitude de ces éléments organiques ou minéraux à s'approprier l'oxygène, que, dans l'eau provenant des tuyaux de drainage, ce gaz a presque entièrement disparu (1). »

Lorsque des matières organiques se putréfient au contact des sulfates, il se dégage de l'acide sulfhydrique, qui empoisonne aussi bien les plantes que les animaux. Tout le monde connaît l'odeur d'œufs pourris qui se produit quand on agite la vase de certains marécages ou la boue des ruisseaux des rues ; c'est le gaz sulfhydrique qui se manifeste. Au contact des alcalis, il forme des sulfures fixes ; mais, si dans la réaction se trouvent survenir certains acides organiques mis en liberté par la putréfaction des matières animales ou végétales contenues dans le sol, ce gaz sulfhydrique peut être rendu libre, lui aussi, et agir sur la végétation de la façon la plus nuisible. Eh bien ! c'est ici que l'influence de l'air se fait sentir utilement, en fournissant de l'oxygène aux sulfures qui pourraient exister et en prévenant ainsi la formation du gaz sulfhydrique. Quand il n'y a pas de sulfures, cet oxygène brûle directement les matières organiques, surtout en présence des alcalis, ce qui prévient la formation de tout corps pouvant exercer une action funeste sur la végétation.

Lorsque le sol est riche en oxyde de fer, le manque d'une quantité d'air suffisante amène ce résultat,

(1) Ad. Bobierre, *L'atmosphère, le sol et les engrais.*

que les matières organiques en putréfaction enlèvent à cet oxyde une partie de son élément gazeux pour brûler lentement. Il abandonne tout

Fig. 36. — Pyrite cuivreuse.

l'oxygène qu'elles lui prennent. Le sol devient bientôt
improductif, si le renouvellement de l'air ne peut s'y
opérer régulièrement.

Les sulfures de fer ou pyrites (*fig.* 36), quand le sol en renferme, ce qui est assez fréquent, ne présentent aucun danger pour la végétation, si le sol peut être aéré, car l'oxygène de l'air transformera le soufre en acide sulfurique et oxydera le fer. Sans air, les terres pyriteuses, même fumées, resteront, sinon stériles, au moins peu fertiles (1).

Tout cela nous explique pourquoi les eaux non oxygénées et stagnantes sont impropres à la végétation, aussi bien que l'eau distillée, et comment les plantes y pourrissent en se transformant en gaz fétides et insalubres. Au contraire, agitez souvent les vases infectes des fossés, la tourbe acide, retournez-les fréquemment, puis multipliez leur contact avec l'air, et peu à peu les propriétés de ces substances seront modifiées par l'oxygène et pourront s'employer avec succès pour l'amélioration du sol.

Mais nous n'avons encore parlé que du rôle de l'oxygène. Que devient donc l'azote pendant ce temps-là ? Serait-il, contrairement aux admirables lois de la nature et aux résultats constants de l'observation et de l'expérimentation, serait-il donc absolument inutile, et sa présence resterait-elle superflue ?

Le rôle de l'azote varie suivant les circonstances. Dans l'atmosphère, il semble appelé à tempérer l'action trop vivace de l'oxygène ; mais il devient réellement actif, du moment qu'il est mis en présence des substances poreuses du sol, car il entre alors dans des combinaisons de toutes sortes, fondamentales pour la végétation.

Sous l'influence de l'électricité, l'azote se combine

(1) Barral, *Traité du drainage.*

avec l'oxygène de l'air pour former de l'acide azotique
et nous retrouvons cet acide dans l'eau de pluie; c'est
là pour la végétation une source azotée des plus
précieuses.

Or, il importe de savoir qu'en dehors des principes minéraux, les plantes renferment de la matière
organique, et cette matière
organique est composée d'o-
xygène, d'hydrogène, d'a-
zote et de carbone. Le rôle
de cette matière organique
est d'autant plus important
que sa richesse en azote est
plus grande. Ainsi, tous les
jeunes organes foliacés, plus
directement alimentés par
la séve ascendante, renferment abondamment des
substances azotées, et généralement, affirme M. Payen,
dans ces parties aériennes,
la quantité est en raison
directe des facultés de développement et en raison
inverse de l'âge de chacun
de ces organismes végé-

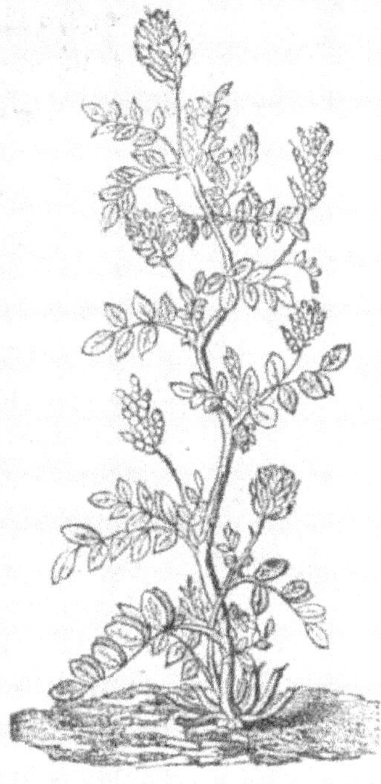

Fig. 37. — Sainfoin d'Espagne.

taux. Par exemple, M. Isidore Pierre a observé que,
pour le trèfle, la luzerne et le sainfoin (*fig.* 37), les
fleurs et les feuilles sont plus riches en azote que la
tige, dans la proportion du simple au double.

Or, cette matière organique végétale a son pendant
dans l'animalité, où les tissus sont, eux aussi, de sim-

ples combinaisons d'azote, d'oxygène, d'hydrogène et de carbone. Mais la substance animale organisée n'est qu'une transformation de la substance végétale, et cette substance végétale elle-même se forme aux dépens de l'atmosphère et du sol simultanément. C'est dans le grain de froment (*fig.*38) que nous trouvons, tout élaborées, l'albumine, la fibrine, la caséine, qui peuvent se produire, d'une manière moins abstraite, sous l'aspect de la viande, du blanc d'œuf et du fromage.

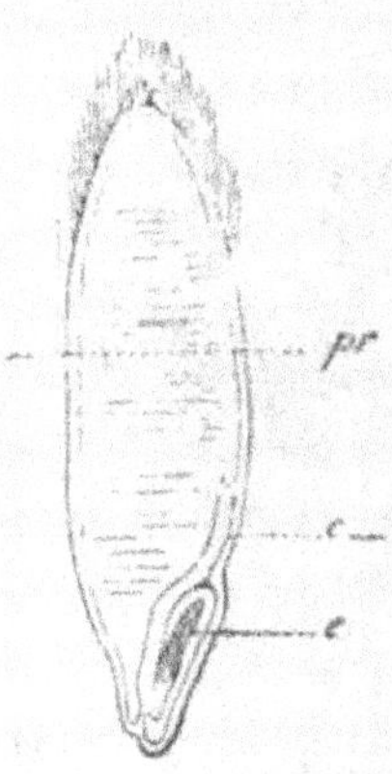

Fig. 33. — Grain de blé. — *ec* embryon, *e* plantule, *c* cotylédon, *pr* périsperme ou albumen farineux

Dans le végétal, la proportion d'azote paraît faible ; mais, chez l'animal, la condensation devient notable; on peut même dire que c'est la caractéristique de toute substance animale, de renfermer de l'azote à haute dose. D'où vient cet azote ? Évidemment, de l'atmosphère. Mais par quelle voie s'assimile-t-il ? C'est précisément le point important de cette étude.

L'atmosphère ne renferme pas que de l'oxygène et de l'azote; il s'y trouve encore une abondante proportion d'eau répandue sous forme de vapeur. C'est là une source importante d'oxygène et d'hydrogène, où la végétation pourrait puiser. Enfin, on y constate aussi la présence de l'acide carbonique. Cet acide carbonique provient de l'expiration des animaux, du dégagement des fermentations, des combustions de toutes sortes, et la proportion en monte à quatre ou six dix-millièmes. Sous l'influence de la lumière, les parties vertes des végétaux décomposent cet acide carbonique, séparent le carbone de l'oxygène et s'assimilent le premier. Cette opération profite à la végétation, dont elle augmente la puissance, et à l'animalité, puisqu'elle purifie sans cesse l'atmosphère, sans cesse corrompue par la respiration des êtres animés. Elle s'effectue par la voie des orifices dont est criblée chaque feuille des plantes et qu'on appelle du nom de *stomates* (*fig.* 39). Les opérateurs ne sont autres que les *cellules* dont l'agglomération constitue l'ensemble de la feuille.

L'atmosphère n'est donc qu'un vaste réservoir où se trouvent réunis les quatre éléments organiques fondamentaux, azote, oxygène, hydrogène et carbone. Voyons maintenant comment les plantes peuvent s'assimiler l'azote de l'air.

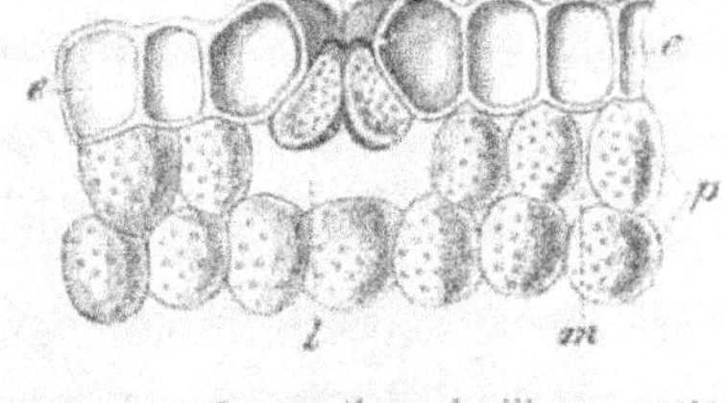

Fig. 39. — Coupe d'une feuille. — *s* stomate, *p* cellules, *m*, *l* vides entre les cellules.

On a cru longtemps que c'était l'engrais qui fournissait à la plante tout l'azote dont elle avait besoin. Mais, à Bechelbronn, M. Boussingault observa que les récoltes renfermaient plus d'azote que les engrais dont on avait fait usage. Il s'agissait de rechercher la provenance de ce gain, qui ne montait pas à moins de 19 kilogrammes par hectare chaque année.

Sous les influences électriques, avons-nous dit précédemment, il se forme de l'acide azotique. Mais, d'autre part, il se dégage à tout instant une certaine quantité d'ammoniaque, renfermant l'azote à l'état de combinaison avec l'hydrogène. Cette ammoniaque s'unit elle-même à l'acide azotique. Il se forme alors de l'azotate, dont se charge l'eau de pluie pour l'amener dans le sol ; il s'y présente alors comme un nouvel aliment pour les végétaux. Sous cette forme, l'azote devient assimilable, tandis qu'il ne l'est pas à l'état de liberté. Ainsi s'explique, d'une façon toute

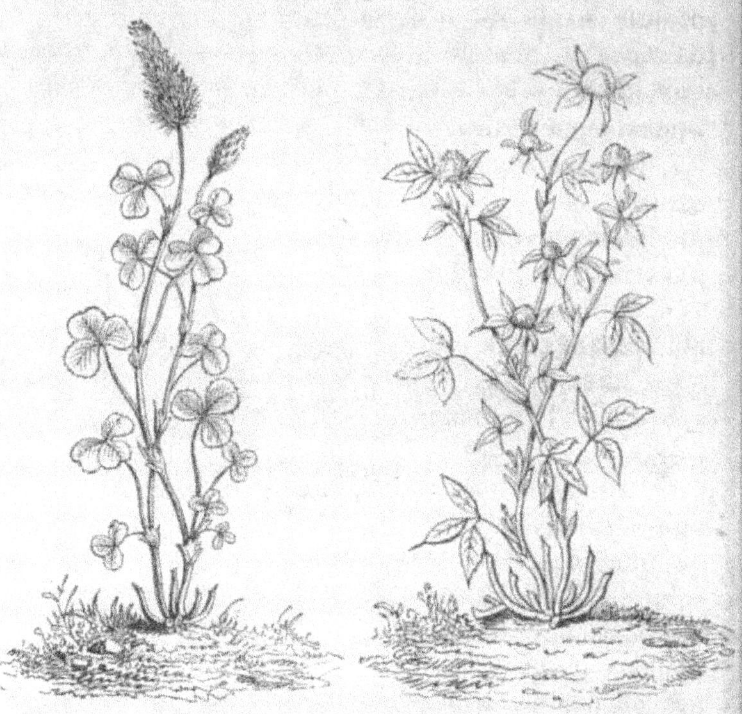

Fig. 40. — Trèfle incarnat.   Fig. 41. — Trèfle rouge.

normale, l'anomalie apparente de Bechelbronn, reproduite journellement, dans laquelle le sol paraîtrait rendre plus qu'il n'avait reçu et qu'il ne contenait à la fois. C'est ce qui motivait l'usage de la *jachère* dans l'ancienne agriculture et l'explique encore aujourd'hui dans l'agriculture de certaines contrées ou localités. On avait observé qu'un champ rendait plus, quand on le laissait reposer de temps à autre. « La terre, disait-on, s'épuiserait à produire trop longtemps de suite ; le repos lui est donc nécessaire pour réparer la déperdition de force qu'elle éprouve par une exploitation continue. » On ne se rendait pas alors un compte exact des faits ; on les avait constatés sans les analyser et sans en comprendre l'enchaînement. Ce n'était pas le repos, en lui-même,

Fig. 42. — Trèfle blanc.

qui, dans la jachère, était nécessaire au sol ; la terre est tout simplement un instrument et ne saurait se lasser jamais de fonctionner. Seulement, cette année de jachère permettait au sol de faire une provision d'azote assimilable plus considérable, qui restait en réserve pour les années suivantes et se répartissait alors sur les récoltes successives obtenues ultérieurement.

Il est certaines plantes, comme les légumineuses, (*fig.* 40, 41 et 42), qui absorbent une quantité importante d'azote, puisée dans l'atmosphère. Le blé (*fig.* 43) l'emprunte de préférence aux engrais.

Nous avons dit plus haut que l'azotate d'ammoniaque est entraîné dans le sol par la pluie. La pluie joue donc dans la végétation un rôle important, ne fût-ce que comme véhicule des gaz assimilables qui se forment, sous l'influence de circonstances particulières, dans l'atmosphère même, aux dépens de ses propres éléments. Or, la pluie n'est autre que le produit de la condensation de la vapeur d'eau, en suspension dans l'air. Cette vapeur d'eau provient de l'évaporation continue soit des surfaces liquides, soit même du sol ou de la respiration et de la transpiration des êtres vivants. Cette vapeur, devenue eau, dissout au passage les substances gazeuses qu'elle rencontre, acide carbonique, ammoniaque, azotate, etc., entraînant même avec elle des substances minérales ou organiques solides. On a vérifié, par l'observation, que l'air des villes est bien plus chargé d'ammoniaque que celui de la campagne. On a aussi constaté que les fortes pluies appauvrissent assez promptement l'atmosphère d'ammoniaque, et que, par suite, les dernières gouttes d'une ondée n'en renferment que des traces insignifiantes.

Fig. 43.— Blé d'hiver commun.

M. Barral a observé, à la suite de ses nombreuses expériences, qu'un hectare, en un an, sous le climat de Paris, reçoit environ 31 kilogrammes et demi d'azote, tant sous la forme d'ammoniaque que sous celle d'acide azotique. La pluie renferme, en outre, avons-nous dit, des éléments solides. Le fait n'est pas douteux. Ces substances fixes proviennent, soit de l'eau de la mer, soit de la terre elle-même, et les vents les ont fait tourbillonner dans l'espace. Par l'évaporation, on en obtient un dépôt salin mélangé avec des substances organiques partiellement décomposées. On y trouve des chlorures, des sulfates de soude, de potasse, de chaux, de magnésie. La quantité de sel marin en suspension augmente dans le voisinage des mers ; aussi les pluies violentes amenées par les vents de mer peuvent-elles détruire les céréales, brûler les feuilles et transporter au loin des quantités considérables de chlorures alcalins. A New-Haven, aux

Fig. 44. — Pluviomètre. — A, couvercle en forme d'entonnoir percé d'un trou, par lequel l'eau pénètre dans le vase cylindrique. — C. Le tube en verre. — B sert à indiquer le niveau de l'eau dans l'intérieur de ce vase.

États-Unis, à la suite d'une tempête, toutes les vitres des maisons furent couvertes de sel.

En résumé, d'après M. Isidore Pierre, le sol reçoit en France une moyenne d'eau de pluie de soixante centimètres , mesurée au *pluviomètre* (*fig.* 44). Pour

cette quantité de pluie, l'apport des matières minérales peut s'élever à 145 ou 150 kilogrammes, dont 44
de sel marin, 16 d'autres chlorures, 17 d'acide sulfurique, 33 de sulfates divers et 26 de chaux. Ceci nous
fait bien comprendre pourquoi l'action de la pluie est
fécondante, et nous ne devons pas oublier qu'il y a une
foule d'autres substances qui échappent à l'analyse
chimique, par suite des proportions infinitésimales
dans lesquelles elles y figurent, le soufre, l'iode, des
matières organiques, du phosphore. Aussi M. de Humboldt avait-il bien raison d'écrire à M. Boussingault :
« Les perles des poëtes, déposées sur les calices des
« fleurs et à la pointe des herbes, contiennent tout ce
« qu'il faut pour faire du lait et de la viande. » Oui,
ajouterons-nous, mais avec le concours du sol.

Les rapports de ce dernier élément avec l'atmosphère et avec les principes constitutifs qu'elle renferme sont assujettis à des lois d'une régularité absolue ; c'est d'après ces lois que se règle l'évaporation
à la surface du sol, aussi bien que l'absorption par
ce dernier de l'humidité de l'air.

Cela varie suivant les propriétés physiques des sols,
plus encore que selon leurs propriétés chimiques. Elles
ont une influence plus directe sur la manière dont les
éléments chimiques de l'air se comportent à l'égard
des plantes, des agents atmosphériques, de l'eau, des
instruments de culture. « Le plus ou moins de ténuité
« des matières minérales dont sont formés ces ter-
« rains, la cohésion, la ténacité, l'adhérence de leurs
« parties, leur perméabilité à l'air et à l'eau, leur fa-
« culté d'absorption pour l'humidité et les gaz, leur
« pouvoir d'absorber et de retenir la chaleur, etc.,

« exercent bien plus d'influence qu'on ne l'a cru sur
« les propriétés relatives à l'agriculture.

« L'aptitude des terres à restituer plus ou moins
« vite à l'air atmosphérique l'humidité dont elles sont
« chargées n'a pas moins d'importance pour la végé-
« tation que la faculté de la retenir, et il est toujours
« avantageux que le sol se dessèche plus ou moins
« promptement (1). »

Sur certains sols, l'action de l'air se fait sentir d'une
façon très-énergique ; elle les dessèche rapidement ;
ce sont là des sols *secs* et *chauds*. Sur d'autres, elle
est peu sensible ; on les dit alors *humides* et *froids*.

Les sols secs et chauds sont faits de sable et
de gypse ; au contraire, les sols humides et froids
sont ceux qui contiennent le plus de carbonate de
magnésie. Entre ces deux ex-
trêmes nous observons que le
calcaire se comporte d'une
manière fort variable, suivant
les différentes formes sous lesquelles il se présente. Le *sable
calcaire* est très-chaud ; la *terre
calcaire fine* est très-humide
et agirait presque comme l'argile sans ses propriétés alcalines, qui lui permettent d'exercer une influence chimique sur
l'humus et lui donnent quand

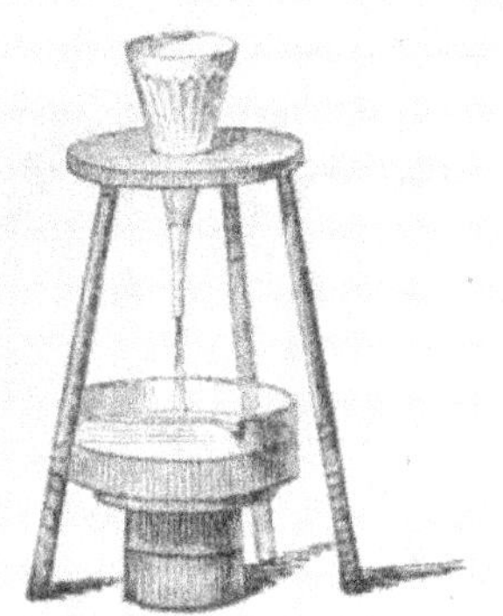

Fig. 45. — Filtre pour
l'analyse des terres.

même le caractère d'une terre *légère*.

Si l'argile est sableuse, elle se dessèche plus ra-

(1) Girardin et Du Breuil, *Traité d'agriculture.*

pidement. Quant à l'humus, il retient l'eau plus énergiquement et se dessèche moins vite que les terres ordinaires. Aussi, n'en faut-il qu'une faible quantité pour entretenir une humidité utile dans une terre arable.

Suivant que le sol est couvert ou dégarni de végétation, l'évaporation est plus ou moins sensible. Mais pour être propre à la culture, il ne doit retenir que la proportion d'eau convenant le mieux aux différentes espèces de plantes, sinon il ferait pourrir les racines. Au contraire, s'il se dessèche à une trop grande profondeur, les racines ne peuvent lutter contre sa dureté, et la plante languit d'autant plus, qu'elle a à vaincre plus d'obstacles, et des obstacles insurmontables. Le sol trop léger agit en sens inverse ; il ne profite pas à la plante en proportion de l'humidité qu'il reçoit, parce qu'il la perd beaucoup trop vite.

Fig. 46. — Vases en verre servant à mesurer le poids spécifique des terres.

Une terre est dite *saine* quand elle n'est ni trop sèche ni trop humide, c'est-à-dire quand, deux ou trois jours après les plus fortes pluies, elle ne renferme pas plus de la moitié de sa capacité aqueuse et qu'au mois d'août, après huit jours de sécheresse, elle en renferme encore au moins le dixième de son poids. On appelle *terres fraîches* celles qui, à 33 centimètres de profondeur, retiennent une quantité d'eau variant de 15 à 23 °/₀ de leur poids. Les terres *sèches* conservent moins du dixième. Quand le sol ne possède point cette quantité d'eau, l'herbe commence à jaunir.

Une terre saine convient à toutes les cultures, même
aux prairies; une terre fraîche, aux plantes cultivées pour
leur feuillage. Quant aux terres sèches, il n'y a guère
à en attendre de récoltes d'été ou d'automne. Dès
les premières chaleurs, les plantes y commencent à
jaunir et à se dessécher. Mais l'excès contraire est
souvent aussi funeste, surtout pour une terre forte;
plus l'accès de l'air est difficile entre ses molécules, et
plus l'accumulation de l'eau y est nuisible.

La contre-partie de l'évaporation, l'absorption de
l'humidité atmosphérique, n'est pas moins importante
à étudier. Le pouvoir qu'ont les terres d'absorber, à
l'état sec, l'humidité de l'air, est des plus favorables
au développement de la végétation, surtout en temps
de sécheresse. Cette absorption se produit la nuit ; elle
fait compensation à l'énorme évaporation de la journée; elle diminue d'autant plus qu'elle a duré plus
longtemps. Il n'y a cessation qu'au moment où
l'on arrive à saturation. L'humus, entre toutes
les terres, enlève le plus d'humidité à l'atmosphère ;
le carbonate de magnésie ne vient qu'en second. Le
sable siliceux et le gypse sont les seules terres où l'absorption soit, pour ainsi dire, nulle, et qui forment un
sol aride. Il n'en est plus ainsi pour le gypse, dès
l'instant qu'on le calcine.

Les terres n'absorbent point que de la vapeur d'eau.
Elle possèdent une semblable propriété d'absorption pour l'air et les gaz dont il est composé, notamment pour l'oxygène ; mais il faut qu'elles soient humides, et le phénomène se produit lors même qu'elles
sont recouvertes d'une couche d'eau. C'est encore
l'humus qui tient ici le premier rang. L'oxygène le dé-

compose, lui enlève une certaine quantité d'hydrogène, pour former de l'eau, et provoque un dégagement
d'acide carbonique. Les terres ferrugineuses (*fig.* 47)

Fig. 47. — Fragment d'un filon ferrugineux.

viennent en second lieu. Le fer détermine une assez
forte condensation de l'oxygène, qui a pour résultat
de le suroxyder.

Mais, jusqu'ici, il ne s'est agi que de l'absorption des gaz par voie de combinaison chimique. Il se produit, en outre, une sorte d'absorption physique, d'*adhésion* plutôt, et il n'y a besoin, pour cela, ni de fer ni d'humus ; par exemple, nous observons surtout ce fait pour le calcaire en poudre fine et pour le carbonate de magnésie, dont la porosité est si grande. Cela se passe absolument comme pour les corps spongieux et le charbon. Cette propriété du sol permet aux fluides, comme l'oxygène, l'azote, l'acide carbonique, de se trouver à la portée des racines des plantes ou des graines ensemencées, et dans un état de condensation qui les rend plus propres à servir d'aliments. C'est là un fait capital, car la présence de l'air est aussi nécessaire que celle de l'eau à la germination ; et, quand ces deux éléments lui font défaut, les semences trop profondément enfouies ne lèvent point. De là l'utilité des labours qui divisent la terre, la rendent plus poreuse, exposent un plus grand nombre de points de sa surface à l'air et augmentent sa capacité pour les fluides fécondants, sans lesquels il ne peut y avoir de végétation. Entre les diverses couches arables,

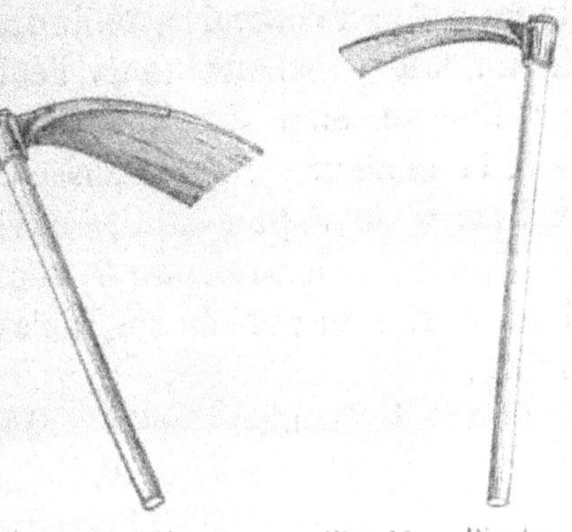

Fig. 48. — Houe.   Fig. 49. — Pioche.

les plus fertiles sont celles qui se trouvent en contact avec l'atmosphère ; et, à composition chimique égale, celles qui ont été amenées le plus récemment à la surface sont les moins productives. On dit alors que ce sol n'est pas *mûr*; et, lors du défoncement ou du défrichement d'un terrain soustrait à l'action de l'atmosphère, il faut avoir grand soin de le remuer à la pioche (*fig.*49), à la houe (*fig.*48), à la herse, à la charrue, de lui procurer enfin le plus haut degré de porosité possible, afin que l'air et l'humidité en puissent imprégner toutes les parties. Le *drainage* précisément favorise, d'une façon notable, l'aération du sol jusque dans les parties les plus profondes. L'air se trouve ainsi à la portée des semences et des racines et mis en contact avec les engrais.

Un mot enfin de la chaleur du sol. Elle est très-variable, suivant l'heure de la journée et suivant la nature du terrain.

Dans la couche superficielle du sol arable, la température est supérieure à celle de l'atmosphère pendant le jour et, au contraire, moindre pendant la nuit. C'est là un fait constant; mais l'échauffement du sol se produit de bien des manières différentes. En plein été, la chaleur du sol dépasse celle de l'air libre, vers 2 heures de l'après-midi, d'environ 14 degrés et, par les temps couverts, de 7 seulement. La pluie met l'infériorité du côté du sol, mais pas d'une manière durable.

Quant à la neige, elle préserve le sol du froid dans une proportion notable. C'est une sorte d'écran, interposé entre le sol et l'espace.

La couleur du sol a une grande influence sur la puissance d'absorption des rayons solaires. Plus la couleur est foncée, plus l'absorption est grande;

plus elle est claire, plus, au contraire, elle diminue. Ainsi, la température de l'argile, dans un vase blanc

exposé au soleil, augmente de 16°, et, dans un vase noir, de 24. Il y a un grand parti à tirer de cette propriété calorifique du sol. De là vient l'habitude de répandre au printemps des cendres ou de la terre sur la neige afin de la faire fondre plus vite. Les habitants de Chamonix, paraît-il, emploient cette méthode pour pouvoir ensemencer leurs champs. De la même façon, l'époque de la maturité des pommes de terre (*fig*. 50) varie de huit à quinze jours, selon la couleur du sol où elles sont plantées.

La capacité calorifique varie encore selon la nature du sol. Représentons-la par

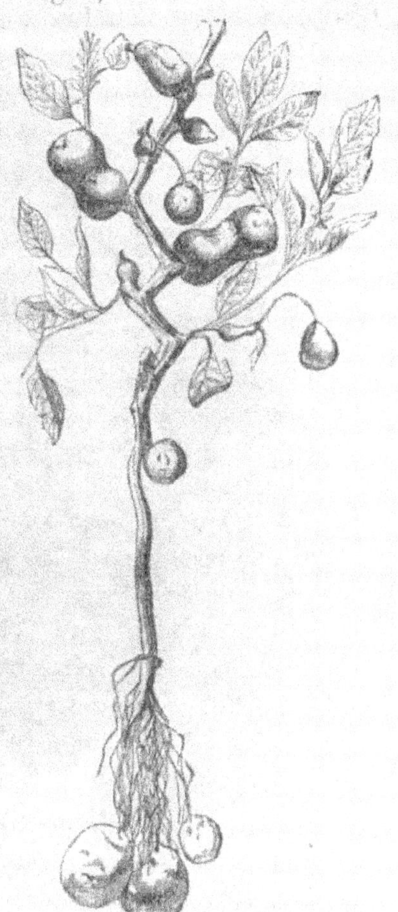

Fig. 50. — Plant de pomme de terre, dont quelques rameaux aériens sont devenus tuberculeux.

100 pour le sable calcaire ; elle tombe à 95 pour le sable siliceux, à 77 pour l'argile maigre, à 73 pour le

gypse, à 67 pour l'argile pure, à 49 pour l'humus et jusqu'à 38 pour le carbonate de magnésie. Cette faculté d'absorption est en raison du poids.

Fig. 51. — Vigne.

Enfin, le degré d'humidité influe également d'une manière fort sensible sur le plus ou moins d'échauffement du sol. Elle le diminue ou bien elle y met obstacle. Aussi les pluies inopportunes retardent-elles les récoltes et refroidissent-elles le sol. La vigne *(fig.*51) exige, pour mûrir, à Madère 27°, et 24 à Bordeaux. Les pluies de septembre et d'octobre peuvent, à ce point de vue, avoir une action des plus désastreuses.

L'inclinaison du sol par rapport aux rayons solaires influe beaucoup sur la chaleur qu'il peut acquérir; plus ils se rapprochent de la perpendiculaire, et plus l'absorption en est considérable; plus, au contraire, ils sont inclinés sur le terrain, et plus il s'en perd.

Les influences combinées de la couleur, de l'humidité et de la direction des sols par rapport aux rayons solaires peuvent produire des différences de températures s'élevant jusqu'à 14 et 15°, et même de 19 à 25.

Une dernière circonstance qui agit beaucoup sur la qualité des terres, c'est la profondeur de la couche arable. Cette terre est d'autant meilleure qu'elle est plus profonde, soit naturellement, soit par l'effet des améliorations dues à la culture. Les plantes y viennent mieux, y peuvent croître plus rapprochées, et cela, en ayant beaucoup moins à souffrir de la sécheresse et de l'humidité que dans un *sol superficiel.*

Appareil de chimie.

DEUXIÈME PARTIE.

Engrais et Amendements.

CHAPITRE III.

L'ANALYSE CHIMIQUE ET LA COMPOSITION DES PLANTES.

Il est un principe, acquis aujourd'hui en science, qu'on pourrait s'étonner d'avoir à considérer comme un principe moderne, car il semble qu'il tombe sous le bon sens, c'est que, de même que rien ne se perd dans la nature, on peut affirmer encore que *rien ne vient de rien*. Ce principe si simple, il n'y a pourtant pas longtemps qu'en agriculture on en comprend la portée, et ce n'est que du jour où l'on en a saisi toute l'importance qu'il a pu exister une véritable science des engrais. C'est, du reste, là un fait commun à toutes les vérités scientifiques. Il nous semble, aujourd'hui qu'elles sont entrées dans nos habitudes et dans le courant de nos idées, qu'il n'ait jamais été possible de vivre sans elles, et l'on ne comprend le progrès réalisé que lorsqu'on récapitule les efforts, les travaux, les recherches de toutes sortes qu'il a fallu pour arriver à y songer, à les découvrir, et encore plus à les faire accepter, en dépit du préjugé et de la routine.

Si rien ne vient de rien, comme les plantes puisent tous les aliments qui leur sont indispensables dans l'atmosphère et dans le sol, il est inévitable que l'atmosphère et le sol doivent renfermer tous les principes qui sont nécessaires à leur croissance. L'absence d'un seul de ces éléments suffit pour compromettre leur développement. Nous avons vu quelles sont les substances que la végétation puise dans l'atmosphère ; il nous faut maintenant examiner celles qu'elle emprunte au sol.

D'abord, posons cette vérité digne de M. de la Palisse, c'est que le sol ne peut fournir au végétal que les éléments qui s'y trouvent. Si donc le végétal exige, pour la constitution de sa tige ou pour l'épanouissement de ses fleurs, ou pour la maturation de son fruit ou de sa graine, un minéral quelconque ou une substance organique qui ne se trouve pas dans le sol, ou l'on n'obtient aucun produit, ou ce produit est chétif et malingre, et alors il est impropre à remplir le but que l'on poursuit. En somme, le sol est le laboratoire ou le creuset dans lequel s'élabore la substance de la plante; il faut, au moins, rassembler dans ce creuset ce qui doit entrer dans la composition du végétal. Quand un cuisinier veut faire une omelette, il commence par prendre des œufs, puis il les casse. La science agricole est presque tout entière renfermée dans cet axiome. Pendant un temps, sans doute, au début de sa formation, la plante vit en totalité sur les

provisions au milieu desquelles le germe se trouve renfermé dans l'intérieur de la graine; mais, plus tard, ces
provisions une fois épuisées, il faut chercher ailleurs
des aliments plus réparateurs et plus abondants. A
ce moment, commencent les préoccupations du cultivateur.

Pour pouvoir fournir à la plante ce qu'elle exige,
il faut d'abord bien connaître quels sont ses besoins; l'habitude, la tradition, l'observation superficielle sont des moyens de renseignement qui suffisent à la plupart des hommes; mais il s'y mêle toujours une part de routine et d'ignorance qui altère
promptement l'exactitude des faits. En outre, tout le
monde ne sait pas observer; je dirai même qu'il faut
être bien habile et bien expérimenté pour savoir
observer d'une manière exacte et complète. Du reste,
tous ces moyens ne peuvent donner que des à peu

Fig. 52. — Appareil pour l'analyse d'un engrais azoté.

près. Or, le progrès moderne ne se contente plus
d'approximation; il lui faut une exactitude rigou-

reuse, et cette rigueur, *l'analyse chimique* (*fig.* 52) seule la lui fournit.

L'art d'analyser les sols et les plantes est une des opérations les plus délicates de la chimie, quand on veut y apporter la précision et la minutie qui, seules, permettent d'en tirer quelque enseignement sérieux. On choisit d'abord avec le plus grand soin ses échantillons, quant aux sols. Puis on les soumet à une dessiccation des plus complètes, et on isole les diffé-

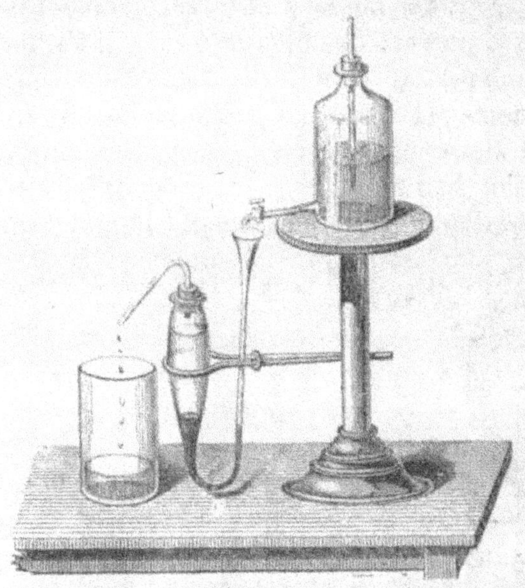

Fig. 53. — Appareil pour la lévigation des terres.

rents produits que donne cette dessiccation. On les décompose alors par les moyens chimiques usités à cet effet. Quant aux plantes, on les brûle; on recueille, d'une part, les gaz qui se dégagent par le fait de cette incinération, et, de l'autre, on conserve les cendres qui en sont le résidu. Ces cendres, traitées par les réactifs chimiques appropriés (*fig*. 53), livrent le secret de la composition minérale de la plante.

Tout végétal se compose de deux parties bien distinctes : la *partie organique*, dans laquelle entrent comme éléments le carbone, l'oxygène, l'hydrogène et l'azote, quatre corps simples en tout, se présentant sous l'aspect d'un nombre infiniment varié de combinaisons ; mais quatre corps en tout, jamais davantage ; la *partie minérale*, bien plus complexe, puisqu'elle est formée de dix corps simples, et, cependant, de beaucoup la moins abondante, car elle comprend tout au plus 5 °/₀ du poids total.

« Quelle que soit la plante sur laquelle porte notre « investigation, on trouve toujours dans la consti- « tution de cette plante quatorze éléments, pas un « de plus, pas un de moins. Ces éléments se combi- « nent selon des modes variés; suivant que ces modes « changent, vous avez une betterave ou une céréale, « un arbre ou une mousse (*fig*. 54), mais le fond com- « mun sur lequel l'activité végétale opère est inva- « riablement le même (1). »

Les quatre corps simples, constituant la matière organique dont nous venons de parler, y figurent en proportions inégales et des plus variables. « Ainsi, « l'analyse laisse voir qu'en faisant abstraction de « l'eau, le carbone forme la moitié environ du poids « de la plante sèche, et l'oxygène les quarante centiè- « mes, tandis qu'il n'y entre que 5 à 6 °/₀ d'hydro- « gène et 2 à 2 1/2 °/₀, au plus, d'azote (2). » Ces

(1) Georges Ville, *les Engrais chimiques jugés par la tradition.*
(2) Meugy.

proportions restent suffisantes pour permettre au carbone de former, avec l'oxygène, de l'acide carbonique et
de l'eau.

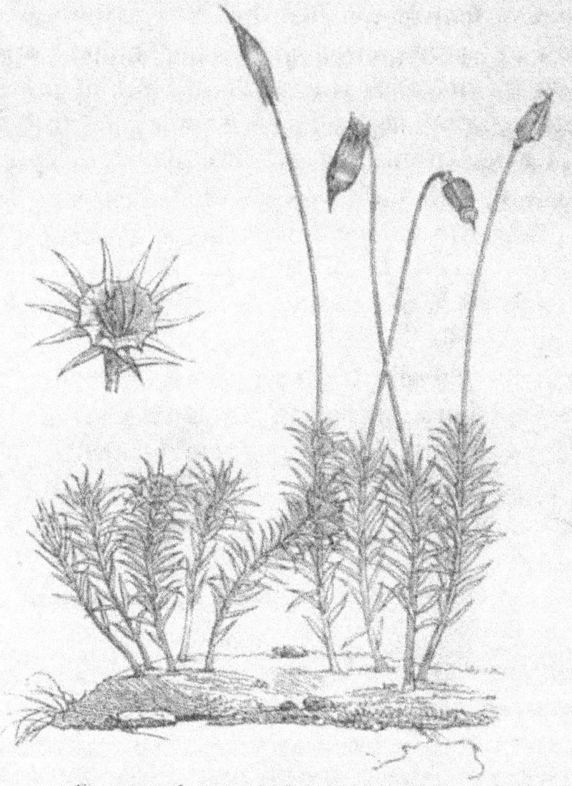

Fig. 54. — Le polytric (espèce de mousse).

La partie minérale se compose de dix corps simples,
à l'état d'oxydes ou de sels le plus souvent, savoir :

Le phosphore, le soufre, le chlore, le silicium, le
fer, le manganèse, le calcium, le magnésium, le sodium
et le potassium.

Ceux-là, les végétaux les puisent dans le sol, mais inégalement. Ainsi, voilà un fait important bien établi par l'observation des faits : c'est l'invariable fixité de composition de la plante, quant à l'espèce des éléments et à leur nombre.

Ce sont les différences de quantité, seules, qui produisent les variations si nombreuses du règne végétal. Les silicates et les phosphates prédominent dans les céréales ; les alcalis et les carbonates terreux, dans les plantes racines (pomme de terre, betterave,

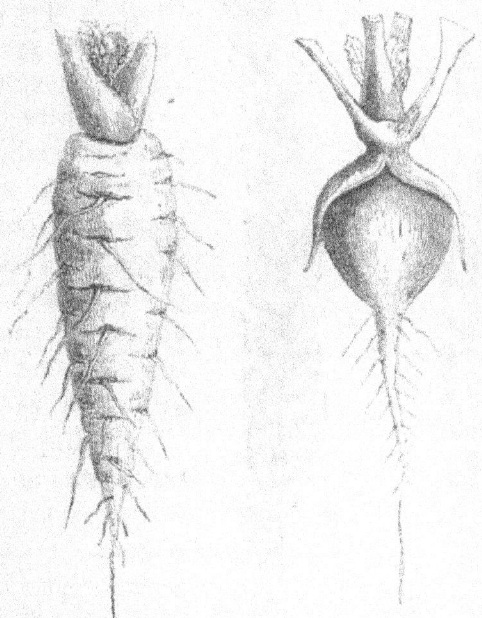

Fig. 55. — Carotte.   Fig. 56. — Radis.

patate, topinambour, carotte (*fig*. 55), panais, navet, radis (*fig*. 56), salsifis, poireau, etc.); les phosphates et les sels de chaux dans les légumineuses (pois, fèves, haricots, lentilles, etc.); la chaux, la magnésie et les alcalis dans les prairies artificielles ; les alcalis, la chaux et l'acide phosphorique dans les plantes potagères; les carbonates de potasse et de chaux dans les arbres; la silice dans les plantes de forêts ou de marécages.

On a, d'autre part, constaté que, dans une même graminée, l'acide phosphorique se concentre dans le grain, et la silice dans la paille. En outre, la potasse y entre en proportions bien plus considérables que la soude, et, parmi les acides, c'est l'acide sulfurique et l'acide chlorhydrique qu'on rencontre le moins fréquemment. Aussi, comme ce sont les moins répandus, les végétaux en paraissent d'autant plus avides.

Fig. 57. — Seigle d'hiver. Fig. 58. — Blé anglais.

On pourrait être amené à déduire de tout cela
comment doit être composé le terrain qui convient
à telle et telle plante. Il n'y a là rien d'absolu, puisqu'il y intervient d'autres influences dont il y a
lieu de tenir compte. Ainsi, le blé (*fig*. 58) et le seigle (*fig*. 57) ont, à peu de chose près, la même composition chimique, et cependant les mêmes terres
ne leur conviennent pas également. Le blé est une des
plantes qui mûrissent le plus tardivement. Il faut qu'il
trouve dans le sol une humidité convenable jusqu'au
moment de la formation du fruit; mais une quantité
exubérante d'eau deviendrait nuisible à son tour, en

Fig. 59. — Poirier de Bon-Chrétien d'hiver.

favorisant, outre mesure, la partie herbacée au détriment du grain. Aussi a culture du blé exige-
t-elle une terre argileuse, surtout en vue des chaleurs
de l'été. Le seigle, au contraire, mûrit de bonne heure,
avant que le sol ne soit séché. Il est moins sensible
au froid que le blé et redoute bien plus l'excès
d'humidité. Le seigle réussit donc dans les sols sablon-

neux et à une altitude assez élevée. De là vient que, dans le Midi, les mauvais terrains où, faute de calcaire, le blé ne vient pas, sont qualifiés de *ségalas*, c'est-à-dire de *terres à seigle*.

La fève exige un sol compacte un peu humide ; la lentille veut, au contraire, du sable. La luzerne et le trèfle sont essentiellement calcaires. Les racines de la luzerne (*fig.* 64) peuvent atteindre jusqu'à 2 mètres ; les terrains profonds perméables lui conviennent donc tout particulièrement. Le poirier (*fig.* 59) enfonce sa racine verticalement et veut un sol perméable ; les racines du pommier sont, au contraire, relativement superficielles et se complaisent dans un sol moins léger. La vigne, enfin, redoute les excès de température. C'est dans les terrains calcaires qu'elle se trouve le mieux à sa place, et surtout sur les coteaux découverts et exposés au midi.

La proportion des principes minéraux constitutifs d'un végétal varie dans les différentes parties d'une même plante. Ainsi, pour les arbres, les feuilles donnent la plus forte proportion de cendres, 8 à 10 % de leur poids ; le bois n'en donne que 1 ou 2. Or, les cendres renferment à peu près tous les éléments minéraux du végétal. Même observation pour la betterave, le navet, la pomme de terre. Le maximum de résidus provient des feuilles ; en second lieu se classent les tiges, puis enfin les racines et les graines. Le grain de blé (*fig.* 60) donne 1 % de cendres, et la paille 5 ; mais la proportion des cendres diminue au fur et à mesure que l'on approche de l'époque de la maturité.

L'analyse chimique nous signale un autre fait qui

est la contre-partie ou le complément de celui-ci. De même que l'on trouve dans la partie supérieure de

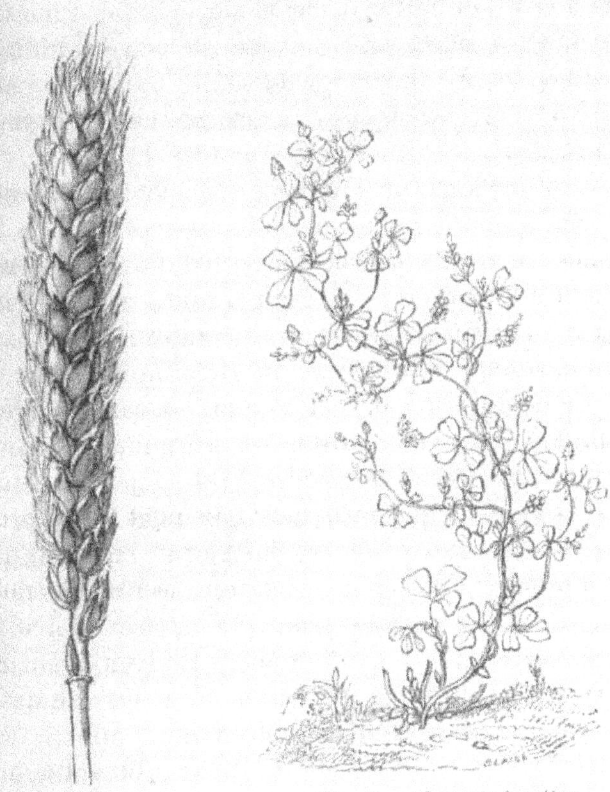

Fig. 60. — Blé saumon.   Fig. 61. — Luzerne lupuline.

la plante, et dans la graine surtout, la quantité minimum de cendres, de même on y constate le maximum d'azote. Les fleurs et les feuilles du trèfle, de la luzerne (*fig*. 61), du sainfoin, sont les parties les plus azotées de ces plantes. Chez les céréales et les légumineuses, la partie la plus élevée, l'épi, est également la plus riche en azote.

En résumé, ce qu'il est indispensable de noter, c'est que le grain et la paille renferment des quantités d'azote très-différentes. Le grain de blé en contient 2 1/2 $^0/_0$, et le chaume à peine 1/2 $^0/_0$. L'azote paraît donc se concentrer dans le grain, aussi bien que le phosphore.

La connaissance des différents éléments que renferme une plante ne permet pas précisément de déterminer la nature du sol qui lui est favorable. Mais elle suffit à éliminer un certain nombre de terrains qui ne lui conviendraient pas. Comme rien ne vient de rien, que la plante tire sa subsistance minérale exclusivement du sol, il faut que ce sol renferme, au moins, les matériaux qui lui sont indispensables pour venir à bien et répondre à ses exigences chimiques. Les éléments organiques, elle peut les emprunter à l'atmosphère, qui les lui fournit en quantités inépuisables. Si la terre ne renferme pas naturellement les minéraux en question, on sera obligé de les lui fournir, pourvu que l'on croie y trouver avantage. Le choix des cultures n'est plus alors qu'une question de prix de revient et de profit net, variables suivant la nature des débouchés, qui se trouvent le plus facilement accessibles au producteur, et la masse de capitaux dont il lui est loisible de disposer pour ses opérations. Mais il y a autre chose en jeu que la composition chimique ; il y a les propriétés physiques du sol qui peuvent avoir besoin d'être modifiées ou améliorées. On a recours, pour cette préparation, à différentes substances minérales susceptibles de diminuer la légèreté ou la compacité du sol, d'en accroître la perméabilité ou la cohésion, comme la marne, la chaux, le plâtre, etc. Elles modifient la nature physique du sol et s'appellent des *amendements*.

Une fois cette préparation de la terre terminée, on y dépose les substances dont la plante peut avoir besoin pour sa nourriture et qui font défaut dans le terrain destiné à la porter. Celles-là prennent le nom d'*engrais*.

Quelquefois ce sont les mêmes corps qui jouent simultanément le rôle d'amendements et celui d'engrais ; cela dépend des circonstances, de l'état du sol et de mille et mille autres influences, impossibles à prévoir et à énumérer.

Une terre végétale renferme le plus généralement du sable siliceux, de l'argile, c'est-à-dire du silicate d'alumine mêlé d'oxyde de fer et de manganèse, des carbonates de chaux et de magnésie, et de l'eau contenant en dissolution des chlorures et des sulfates. Ce qui y fait défaut, parmi les quatorze corps simples que nous énumérions tout à l'heure, c'est l'azote, le potassium, le sodium et le phosphore. Encore le sodium, à l'état de soude (*fig.* 62), est-il assez répandu, en dissolution dans les eaux, ou bien dans les terrains formés par la décomposition des roches primitives, et enfin dans les argiles. Le potassium est beaucoup plus rare, et cependant les plantes renferment plus de potasse que de soude. Le phosphore, d'autre part, est encore plus rare que le potassium. De sorte que c'est le phosphore, parmi les principes minéraux, et l'azote, parmi les principes gazeux,

qu'il est le plus nécessaire de fournir en quantité
suffisante pour la nutrition végétale. Aussi apprécie-

Fig. 62. — Appareil pour le lessivage de la soude.

t-on surtout la valeur des engrais d'après leur richesse en azote et en acide phosphorique. Ce sont là,
comme a dit M. Boussingault, les deux pivots de
la science des engrais.

CHAPITRE IV.

LES AMENDEMENTS.

Nous venons de dire que ce n'est pas tout, en agriculture, que de procurer au sol les engrais qui lui
sont nécessaires ; il faut encore, et avant toute autre
chose, mettre ce même sol en état de les recevoir et
d'en faire profiter les plantes qui viendront les y

chercher. L'engrais ne doit être déposé qu'en second lieu, sinon on s'expose à perdre temps et argent. Un engrais liquide, répandu sur un sol sableux, par exemple, filtrera jusqu'à la première couche moins perméable qu'il rencontrera. Il sera donc entièrement perdu pour la végétation. Dans ce cas, on doit commencer par diminuer la perméabilité du sable, en y mêlant de l'argile ou de la marne, de façon à modifier le milieu dans lequel il s'agit d'opérer. On comprend combien, pour arriver à un semblable résultat, il peut être utile d'avoir une exacte connaissance de la nature géologique du sol et du sous-sol. Le calcaire, le sable, la glaise, l'argile sableuse, la marne, forment quelquefois des couches d'une faible épaisseur, assez rapprochées les unes des autres, qu'on pourrait mélanger entre elles, dans certains cas, sans beaucoup de frais, au moyen d'un *défoncement*. Il arrive, par exemple, que la glaise supporte un sol léger et peu profond. Il suffit d'un fort labour avant l'hiver pour en ramener à la surface une partie, qui se mélange avec le sol, surtout une fois que la gelée l'a complétement délitée. L'argile retient l'humidité, absorbe et conserve les gaz, et sa décomposition produit de la potasse, de la soude et de la chaux. Autant que possible, il est préférable de la diviser, de la déposer par petites quantités à la fois et de le faire souvent. L'argile contribue, du reste, fort peu à la nourriture des plantes ; aussi est-elle d'un emploi fort coûteux devant lequel on recule parfois, lorsque, ne la trouvant pas dans le sol même, on est obligé de la transporter au moyen de tombereaux. Les frais de manutention et de transport dépasseraient ou, au moins, absorberaient les profits à réaliser. Si on la calcine, comme cela se voit dans certaines exploitations anglaises, elle se pulvérise facilement, mais elle n'est plus apte à augmenter la consistance du sol.

La *silice gélatineuse*, le *terreau*, la *tourbe*, la *vase*, même le *carbonate de chaux* produisent les mêmes effets que l'argile proprement dite. Cependant l'emploi en est plus avantageux, en raison des éléments de subsistance qu'y puisent les plantes. Les *eaux limoneuses* sont excellentes pour donner de la cohésion à la terre et pour agir en imprégnant de silice et d'alumine les interstices du sol qu'elles recouvrent. En outre, le *limon* est riche en matières azotées et, généralement, en toutes espèces de débris d'êtres organisés, animaux ou végétaux, coquilles terrestres ou coquilles fluviatiles (*fig.* 63), branches et troncs de bois disséminés. C'est ce qui lui permet de jouer le rôle d'un puissant engrais. Ceci explique comment les inondations sont un moyen de fécondation si vigoureux.

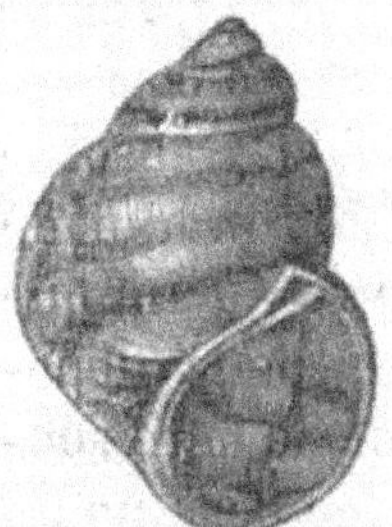  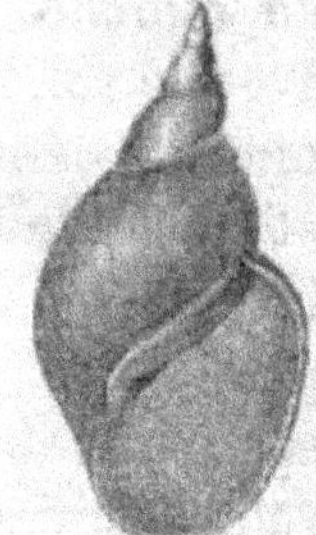

Paludina vivipara.   Planorbis corneus.   Limnea stagnalis.
Fig. 63. — Coquilles du limon.

Les *sables* servent à amender les terres argileuses, les terres fortes, grasses, tenaces, froides, humides. Elles deviennent, sous son influence, plus poreuses et moins compactes ; mais il faut employer ledit amen-

dement à haute dose, ce qui rend ce moyen d'amélioration beaucoup trop dispendieux, à moins qu'il ne joue
en même temps le rôle d'engrais calcaire ou qu'il ne
provienne du sous-sol servant de base à l'argile. Dans
ce cas, il suffirait de défoncer le sol et de le labou-

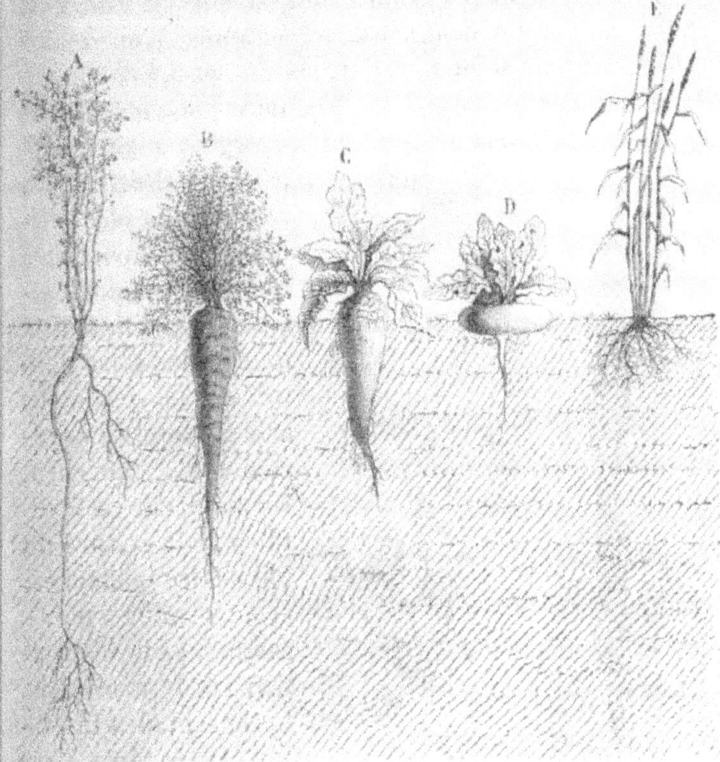

A. luzerne; B, carotte; C, betterave; D, navet; E, blé.
Fig. 64. — Longueur comparée des racines de plusieurs plantes.

rer profondément, comme il convient pour les plantes à longues racines (*fig*. 64).

Il nous faut classer le *gravier*, les *scories pulvéri-*

sées et l'argile *cuite* à côté du sable. Ils agissent dans le même sens et, comme lui, contribuent presque uniquement à diviser le sol.

Nous arrivons à la *chaux*, obtenue par la calcination de la craie ou des pierres calcaires, en général, et nécessaire à tous les sols qui en sont dépourvus. Cette espèce de chaux est très-grasse, c'est-à-dire très-pure, sans mélange d'argile. Elle prend beaucoup de volume et foisonne énergiquement en s'éteignant dans l'eau. Elle est des plus efficaces pour diviser les terres fortes, combattre le trop d'humidité de certains sols, neutraliser les principes acides des terrains récemment défrichés. Du reste, elle est favorable à la culture du blé, des légumineuses, et contribue puissamment à la destruction des mauvaises herbes et des insectes. On la répand en poudre, à doses variables suivant l'épaisseur et la nature de la terre végétale. Les terres argileuses et humides en exigent plus que

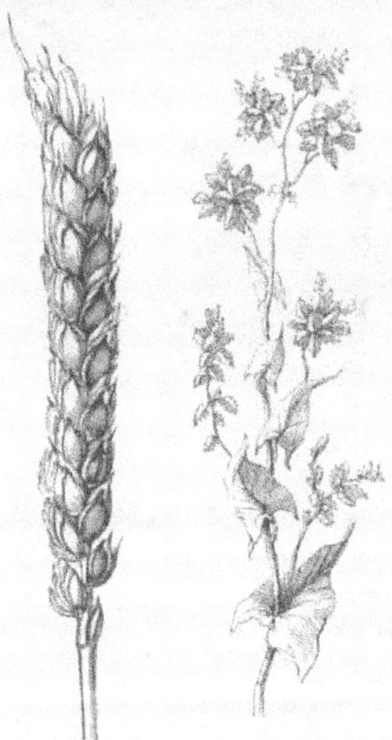

Fig 65. — Blé de Hongrie.   Fig. 66. — Sarrasin de Tartarie.

les terres légères, mais avec l'addition d'une quantité proportionnelle d'engrais. En Angleterre, on donne jusqu'à 20 et 27 mètres cubes de chaux par hectare aux sols argileux, 13 à 17 aux sols légers, 60 aux sols tourbeux. C'est un chaulage qui n'a lieu qu'une seule fois peut-être par siècle, tandis qu'en France on donne de 4 à 5 mètres cubes de chaux par hectare, sauf à recommencer tous les dix ans. Les sols argileux en reçoivent une plus forte dose, mais les sols sableux et légers beaucoup moins. Le *chaulage* transforme en terres à blé et à trèfle de mauvaises terres, qui ne produisaient naturellement que du seigle, des pommes de terre et du sarrasin (*fig.* 66). Ainsi, dans presque tous nos départements se trouvent des terres rapportant à peine de 14 à 15 hectolitres de seigle par hectare, et qui, chaulées, rendent de 40 à 50. Cultivées en froment (*fig.* 65), elles donnent jusqu'à 20 et 25 hectolitres à l'hectare. Le chaulage a rendu possible la culture du trèfle et de la luzerne dans nombre de sols impropres même au sainfoin.

La chaux rend la paille forte et moins sujette à la verse, le grain gros, plein, luisant et riche en farine. Elle fournit à la nutrition des plantes des éléments qu'elles ne trouvent point naturellement dans le sol. Elle favorise l'absorption par les racines de matières fertilisantes, jusqu'alors improductives. Elle excite, en un mot, la plante à consommer une plus grande quantité d'éléments nutritifs. Elle pousse donc à un épuisement plus rapide du sol, lorsque ce sol n'est pas convenablement fumé. Quand, au contraire, la dose de fumure est suffisante, on obtient des résultats qui, comparés à l'agriculture d'autrefois, pourraient paraître presque miraculeux.

La *marne* est formée de carbonate de chaux, d'argile et de sable Les nombreuses variations de composition des marnes permettent d'en faire usage sur tous les terrains. Elles ameublissent le sol, en se délitant, et y apportent les principes minéraux qui peuvent y faire défaut. Le simple bon sens indique qu'une terre calcaire ne doit pas être amendée avec de la marne calcaire, mais avec une marne argilo-sableuse. Pour la même raison, sur un sol sableux il faut répandre une marne argileuse, et sur un sol glaiseux une marne sableuse ou calcaire.

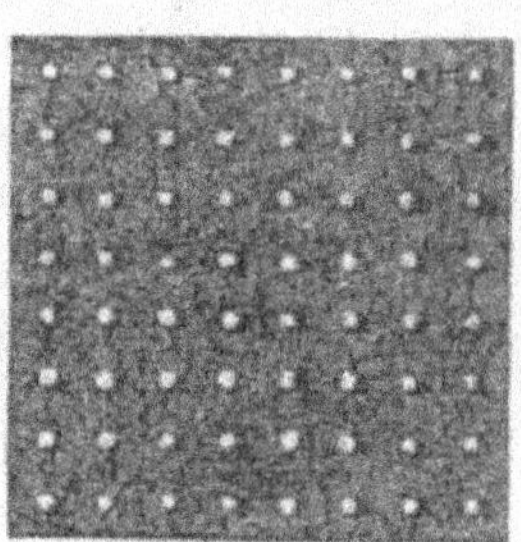

Fig. 67. — Répartition de la marne à la surface du champ.

La proportion minimum de marne à appliquer annuellement est de 3 hectolitres par hectare (*fig.* 67). On porte cependant quelquefois cette dose à 12 hectolitres et plus. La pratique a démontré, en somme, que 16 mètres cubes de marne, répandus sur un hectare de terre argileuse, font sentir leur effet pendant 20 années, pourvu qu'on n'oublie pas de fumer convenablement le sol marné. Cela revient environ à 8 hectolitres par an.

On préfère la marne à la chaux, parce que la chaux caustique absorbe promptement l'acide carbonique de l'air et qu'au lieu d'agir énergiquement comme le lui permettraient sa solubilité dans l'eau et son action sur l'argile, dont elle rend la silice soluble, elle ne

joue plus que le rôle de carbonate de chaux extrêmement divisé. La marne ne présente point cet inconvénient ; l'effet en est beaucoup plus prolongé ;
elle se délite successivement, n'ouvre, par conséquent,
que peu à peu les pores du sol, facilite l'accès de l'eau
et de l'air et favorise l'assimilation de l'azote de l'air
et des engrais.

La mer dépose sur ses bords des sables, de la vase,
des débris de madrépores (*fig*. 68), de millepores et
des coquillages. Ces dépôts ont reçu différents noms ;
mais, dans l'ouest de la France, les mélanges de
sables et de coquillages s'appellent *trez* ou *treaz* ;

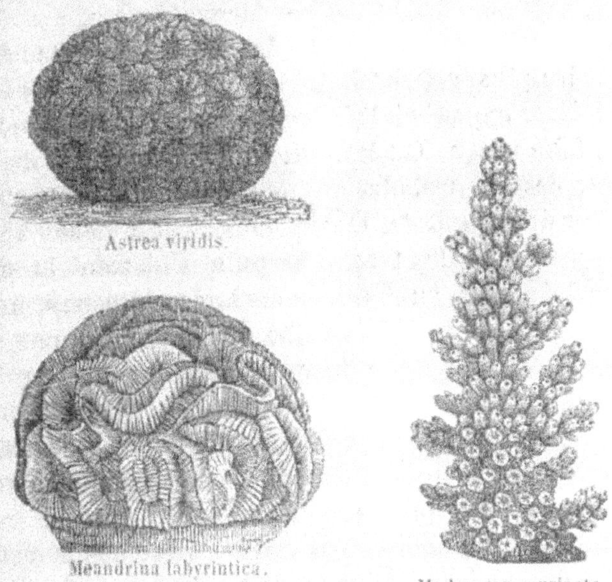

Fig. 68. — Madrépores.

ceux de madrépores, de coraux et de coquillages constituent le *merl* ou *maërl* ; enfin, on a donné le nom de

tangue à la vase qui est formée de sable fin en même temps que de coquillages. La tangue argileuse est dite *grasse*; la tangue sablonneuse, *maigre*; la tangue calcaire, *vive*.

Le *maërl*, d'après l'analyse chimique, contient 3/4 de carbonate de chaux, 1/5 d'eau, de la silice, des matières azotées, enfin des traces de fer, de manganèse, de sulfate de chaux. La *tangue* renferme beaucoup moins de carbonate de chaux, mais il s'y trouve des matières organiques, de l'acide sulfurique et de l'acide phosphorique combinés avec de la chaux, de la magnésie carbonatée ou non, de la soude, de la potasse, du chlore, de l'argile, de l'oxyde de fer, etc.

Tous ces débris servent à diviser le sol compacte ou à rendre plus consistantes les terres légères. Il faut les laisser exposés à l'air quatre ou cinq mois avant d'en faire usage. On les mêle quelquefois avec de la terre, des mottes, des feuilles, du fumier, pour en former des *composts*. On en met de 25 à 35,000 kilogrammes dans les terres fortes, et seulement de 12 à 25,000 dans les autres. Les matières animales qui s'y trouvent et leur composition chimique compliquée permettent de les employer indéfiniment sur les mêmes sols.

Quant aux coquilles modernes ou fossiles, elles sont relativement riches en phosphate de chaux, bien que la base de leur formation ne soit autre que le carbonate. On trouve des amas de ces coquilles fossiles (*fig*. 69) dans les terrains tertiaires, et on les a baptisés du nom de *faluns*. On les utilise sur les terres argileuses ou siliceuses.

Il nous reste à dire un mot du *plâtre*, l'un des

amendements le plus fréquemment employés et que l'on classe parmi les engrais dits *stimulants*. On sait combien il abonde dans le sol parisien. C'est un amen-

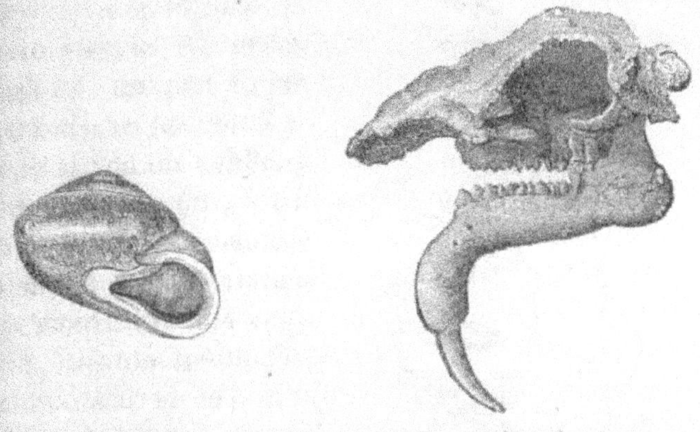

Fig. 69. — Fossiles des faluns de la Touraine.

dement qu'il est on ne peut plus facile de se procurer, et son action fertilisante, dans certains cas, est indéniable.

Franklin, pour en convaincre ses concitoyens, saupoudra de cette substance un champ de luzerne aux environs de Washington, de manière à tracer sur le sol à peu près ces mots : *Effet du plâtre*. Il furent bientôt traduits en lettres saillantes d'herbe, qui ne purent laisser de doute dans l'esprit de qui que ce fût. Depuis cette époque, cette substance a été fort employée pour fertiliser les prairies artificielles ; cuit ou cru, il active puissamment la végétation du trèfle, de la luzerne et du sainfoin, mais il reste sans effet sur le blé. On le répand au printemps, par un temps humide, au moment où les plantes sortent de terre. Quelquefois on l'introduit dans le sol en même temps que la semence, par doses de 200 à

Fig. 70. — Avoine commune.

600 kilogrammes à l'hectare. Mais, qu'on ne s'y trompe point, le plâtre ne saurait jamais remplacer un engrais organique. Le *plâtre* ou *gypse* se compose de deux cinquièmes de chaux et de trois cinquièmes d'acide sulfurique. La chaux est généralement assimilée dans les trois mois qui s'écoulent entre le plâtrage et la fauchaison, quand il s'agit de cultures de trèfle, de luzerne et de sainfoin.

L'usage du plâtre en agriculture date de 1768. Il fut signalé à la *Société économique de Berne* à cette époque. De la Suisse, l'usage s'en répandit dans le Dauphiné, le Lyonnais, le nord de la France et ensuite, grâce à Franklin, aux États-Unis d'Amérique. Les Américains ne tardèrent pas à faire venir le plâtre renommé de Montmartre ou de Belleville pour fumer leurs prairies artificielles. Nous disions tout à l'heure qu'il donnait peu de résultats sur le blé. Il en est de même sur le seigle et l'avoine (*fig*. 70) ; il agit à peine sur les pommes de terre, la betterave et les prairies artificielles ; il agit bien plus sur le sarrasin, le chanvre, le colza, le lin.

Quelquefois, après avoir produit beaucoup d'effet sur un champ, le plâtre cesse d'agir. Il ne faut en remettre de nouveau qu'après s'être assuré que le sulfate de chaux précédemment répandu est épuisé : il serait inutile d'en répandre davantage. Si le sol ne donnait pas le rendement qu'on est en droit d'en attendre, c'est qu'il lui manquerait l'un de ses éléments indispensables de fertilité.

CHAPITRE V.

LES ENGRAIS STIMULANTS ET LES ENGRAIS PROPREMENT DITS.

« L'efficacité des engrais dépend encore de la pré« sence et des proportions de divers sels *stimulants* :
« la plupart des sels neutres ou alcalins, en petite quan« tité, paraissent utiles à toutes les plantes, et cela
« peut tenir à la conductibilité et aux courants électro« chimiques qu'ils favorisent.

« Il importe d'autant plus de ne pas confondre l'ac-
« tion de ces substances avec celle des engrais, que,

Fig. 71. — Chambres de plomb pour la fabrication de l'acide sulfurique.

« loin de servir eux-mêmes d'aliments aux plantes,
« ils les rendent plus actives dans leur végétation et

« capables d'assimiler une plus forte dose des pro-
« duits des engrais ; que, par conséquent, on doit
« augmenter la proportion de ceux-ci lorsqu'on ajoute
« les stimulants convenables. C'est sous cette condi-
« tion, et toutes autres circonstances étant favora-
« bles d'ailleurs, que l'on obtient de ces deux sortes
« d'agents un plus grand effet utile (1). »

Toutefois, il ne serait pas entièrement juste de
croire que ces substances ne contribuent en aucune
façon à l'alimentation des plantes. Sans doute, elles
n'y entrent que pour une part très-faible, et leur
influence est d'une nature toute spéciale. Elles se distinguent des amendements en ce que ceux-ci modifient les propriétés physiques du sol, sans entrer précisément dans la circulation vitale de la plante : ils re-
médient à l'exagération que peut présenter le sol, tant
sous le rapport de la compacité que sous celle de
la légèreté, tandis que les stimulants agissent sur les
propriétés physiques beaucoup plus intimes, et il s'y
mêle évidemment en même temps une action chimique.

Nous avons parlé du plâtre, qui nous a servi de
transition entre les amendements et les stimulants.
Quelquefois, pour suppléer cette substance comme
stimulant, on substitue à l'emploi du sulfate de chaux
celui pur et simple de l'acide sulfurique (*fig.* 71),étendu
de 8 à 900 fois son volume d'eau. De cette façon, on
peut quelquefois réaliser des économies sur les frais
de transport. L'acide agit sur les carbonates de chaux
renfermés dans le sol ; il se forme du sulfate, c'est-
à-dire du plâtre. L'expérience réussit très-bien dans
certains endroits.

(1) Payen, article *Engrais, Maison rustique du XIXe siècle.*

Les *plâtres de démolition* sont souvent d'un emploi très-avantageux, non-seulement en raison de leur nature spongieuse, qui les rend extrêmement divisibles, mais aussi à cause des matières organiques et des nitrates qui s'y sont peu à peu introduits et viennent en supplément aux engrais et aux stimulants du sol.

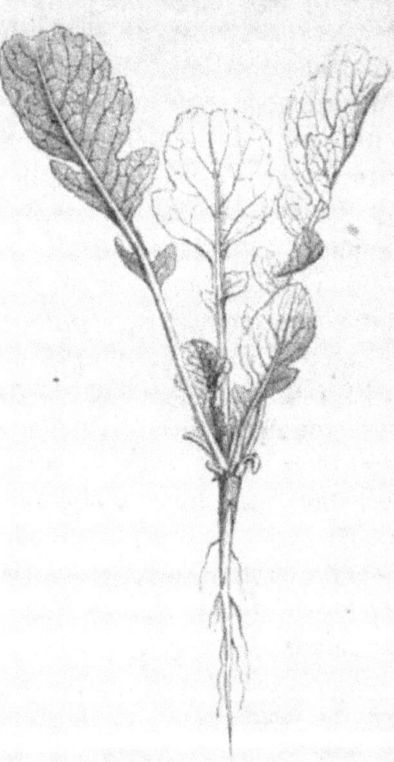

Fig. 74. — Jeune navet.

Nous arrivons aux *cendres noires*, formées de sulfures métalliques ou d'alumine, que l'on rencontre en Picardie ou dans le Soissonnais, au milieu même de l'argile plastique. On en répand un mètre cube par hectare, surtout si le sol est calcaire. On s'en sert aussi dans le nord de la France sur des terrains argileux, mais mélangés avec de la chaux. Seulement, on les expose auparavant à l'air pendant plusieurs mois, ce qui transforme les sulfures de fer, au contact de l'argile, en sulfates d'alumine et de fer. Le mélange avec la chaux produit du sulfate de chaux. L'addition de chaux est évidemment inutile lorsqu'il s'agit d'un sol calcaire. La réaction s'opère d'elle-même. Les cendres noires, du reste, ne s'emploient pas seulement sur les prairies artificielles, mais aussi sur les blés et les plantes dites *sarclées*, comme la pomme de terre, les navets, la betterave, etc.

Voici une troisième catégorie de *stimulants* ; ce sont les *sels ammoniacaux*, l'eau ammoniacale du gaz et le sulfate d'ammoniaque. L'eau ammoniacale est d'un prix peu élevé, mais elle présente l'inconvénient de contenir du goudron et une huile bitumineuse qui la rendent nuisible à la végétation ; on ne peut en faire usage que mélangée avec des substances susceptibles de neutraliser l'ammoniaque et l'huile essentielle. On arrive à ce résultat par l'acide sulfurique, ou encore, de préférence, par l'acide chlorhydrique.

Quant au sulfate d'ammoniaque, il renferme un cinquième d'azote et est utilisé principalement dans le Nord, dans le Pas-de-Calais et en Alsace. On l'emploie en poudre et par un temps sec. Il brûle les plantes humides. On le répand à la dose de 100 kilogrammes et moins, pour les bonnes terres. En plus grande quantité, il favorise par trop la verse pendant les années pluvieuses. Dans tous les cas, il paraît indifférent de sulfater le sol au commencement ou à la fin de l'hiver.

Les azotates de potasse, de soude et de chaux peuvent être employés pour procurer aux plantes de la potasse, de la soude et de l'azote. Mais ils sont d'un prix assez élevé, à moins qu'on ne les obtienne par l'action directe de l'air sur les plâtres, la chaux éteinte et la marne, mélangés avec du fumier ou arrosés de

sang, d'urine et de purin. Quant au chlorure de sodium, bien que son action favorable sur le développement de la végétation ne puisse pas être contestée,
il ne paraît pouvoir être utilisé avec profit que dans
un petit nombre de localités éloignées de la mer, éloignées des sources salées, éloignées des roches felds-
pathiques, et sur quelques terrains fréquemment
lavés par les eaux.

S'il faut du sodium et du chlore aux plantes pour
vivre, à plus forte raison ont-elles besoin de phos-

Fig. 73. — Vache normande.

phore. Plus une récolte est riche, et plus elle appauvrit le sol de cette substance. Nous avons vu, en effet,
qu'entre toutes les parties de la plante, c'était surtout
le grain qui s'en nourrissait. On cite certains pays,
quelques contrées de l'Italie, dont la fertilité a diminué par l'exportation constante des céréales produites
dans le pays. On a remarqué, en Angleterre et en

Normandie, que les vaches à lait (*fig.* 73) appauvrissent plus vite les herbages que les bœufs à l'engrais. Cela tient assurément à la proportion considérable de phosphore que renferme le lait.

Longtemps on crut que le seul phosphate assimilable était le phosphate d'origine animale, comme la poudre d'os. On ne songeait pas que le *phosphate minéral* ou *phosphorite fossile* est, lui aussi, de provenance animale, puisqu'il se compose uniquement de débris de coquillages qui n'existent plus aujourd'hui.

Dans les derniers temps, on en a découvert des gisements assez étendus en Bretagne et en Champagne, ainsi que dans les Ardennes (Rethel, Vouziers, Grand-Pré) et dans certains départements du sud-est de la France. On en extrait annuellement aujourd'hui 24,000 tonnes environ dans les départements des Ardennes et de la Meuse. Le prix en était, il y a peu de temps, de 15 à 18 francs par tonne. On vient d'en découvrir d'autres dépôts non moins intéressants et beaucoup plus riches en acide phosphorique, entre la vallée de la Dordogne et celle de la Garonne. On les rencontre généralement dans le terrain crétacé ou dans les sables verts, et ils peuvent présenter alors une richesse de 15 à 21 % d'acide phosphorique. Ils seront d'une assez grande utilité, le jour où l'on aura découvert le moyen de leur communiquer une puissance d'action plus considérable. En Espagne, il en existe des montagnes entières. Les immenses dépôts de Logrosan, dans l'Estramadure, sont célèbres par leur richesse.

Quant au phosphate des os (*fig.* 74), son utilité n'est pas contestable pour les sols où dominent la silice et l'argile, et, en ce qui concerne les blés, dans les terres argilo-ferrugineuses nouvellement défrichées. C'est encore le phosphate qui donne au noir animal sa principale action fertilisante (environ 60 %). Malheureusement, le prix élevé du noir a poussé le commerce à le sophistiquer sur une large échelle au moyen de la tourbe. Quand il est riche en azote, on doit le réserver pour les sols cultivés de longue date

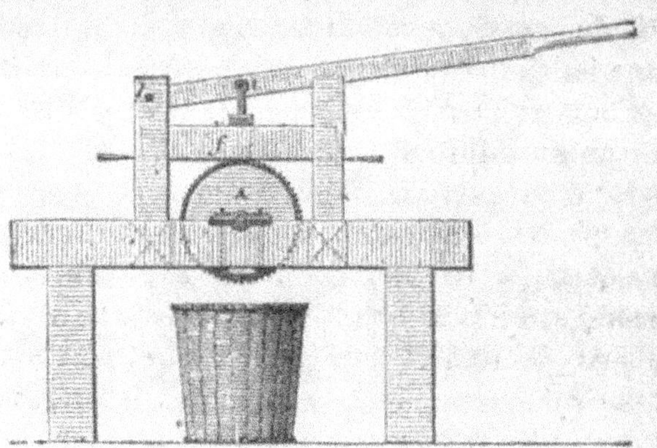

Fig. 74 — Moulin pour broyer les os.

et pauvres en terreau ; quand, au contraire, la proportion de l'azote diminue et que celle du phosphate augmente, il est préférable de le répandre dans les landes et sur les sols de vieux gazons riches en terreau. Les résultats sont moins bons sur une terre fertile.

Enfin, les cendres varient d'intensité suivant leur origine. Celles des végétaux sont loin d'avoir une composition uniforme. Les unes sont plus riches en soude, les autres en potasse. Celles du bois flotté le sont moins, en raison de la dissolution dans l'eau des sels alcalins renfermés dans le bois. Il en faut environ 3 mètres cubes par hectare, soit 1,800 kilogrammes, à renouveler tous les cinq ou six ans.

Généralement, on se sert des cendres lessivées, nommées *charrées*; elles sont moins chères et moins riches en sels solubles, elles n'ont point une action aussi énergique et ne sont pas exposées à brûler les plantes, comme cela arrive quelquefois aux cendres vives. Du reste, le lessivage n'enlève aux cendres qu'une faible partie de l'alcali qu'elles renferment. On se sert de la charrée surtout dans la vallée de la Saône, la Loire-Infé-rieure, les départe-ments avoisinant le Jura, et la Basse-Normandie, vers Fa-laise, par exemple. Elle convient, avant tout, aux sols argi-leux et compactes, profite à toutes les

Fig. 75. — Manière de produire les cendres de tourbe.

récoltes et peut être répandue à n'importe quelle époque de l'année, sauf l'hiver.

C'est évidemment dans les pays de tourbières, comme la vallée de la Somme, le nord de la France, la Belgique, la Hollande, l'Angleterre, etc., que les *cendres de tourbe* (*fig.* 75) sont appliquées comme engrais. Le résultat en est merveilleux pour le trèfle; aussi dit-on proverbialement, dans le Nord, que celui qui achète des cendres pour sa pièce de trèfle fait un bon mar-ché, tandis que celui qui n'en achète point le paye deux fois. Aussi bien que les *cendres de houille*, essentiellement siliceuses, les cendres de tourbe agissent sur les terres fortes par l'alumine calcinée qu'elles renferment. Les premières servent encore à colorer en noir les terres gypseuses et blanches. On les emploie avec succès pour les pâturages, les pommes de terre, le seigle, le trèfle, à raison d'environ 40 hectolitres à l'hectare, tantôt en couverture et tantôt comme engrais à enfouir.

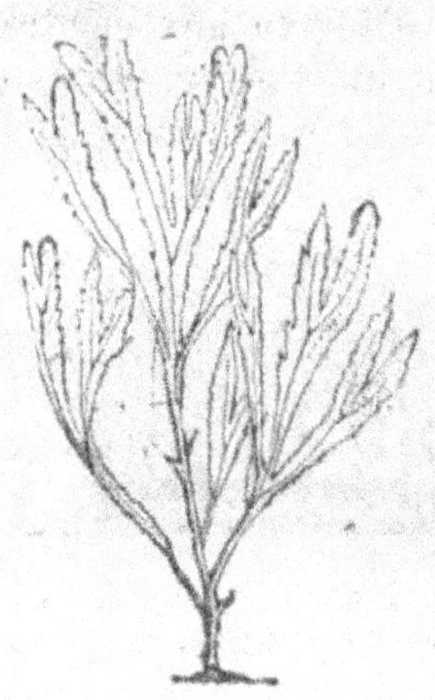

Fig. 76. — Varech.

Il nous reste à mentionner les cendres de plantes marines, fucus, varechs (*fig.*76) ou goëmons. Ces cendres se rassemblent en masses noirâtres et se vendent sous la dénomination de *soude de varech*. C'est une soude sans valeur, uniquement utilisable comme engrais, comme cela se pratique en Bretagne et en Angleterre, vers l'embouchure de la Clyde.

En résumé, les cendres conviennent principalement pour les *défoncements de landes et de bruyères*, et surtout sur les sols, riches en débris végétaux. Leurs principes insolubles agissent sur les matières solubles du terreau et contribuent simultanément à la nourriture des plantes.

La *suie* ferme la série des engrais dits *stimulants*. Elle contient les mêmes sels que les cendres. Seulement, on y trouve, en plus, des matières azotées. Aussi

est-ce un excellent engrais. On la répand en couverture à la dose de près de 2 mètres cubes par
hectare. Son action est des plus efficaces sur les
trèfles et sur les blés, ainsi que sur les prés
humides, d'où elle fait disparaître joncs
(*fig.* 77), prêles, mousses et autres mauvaises
herbes. La suie de houille est préférée
à toute autre, en raison de sa plus grande
richesse en azote.

Il ne nous est guère possible de passer
sous silence le *brûlis* ou *écobuage*, qui
consiste à brûler les herbes ou plantes
ligneuses, se trouvant à la surface du sol,

Fig. 78. — Bêche en trident.   Fig. 79. — Bêche anglaise.

Fig. 77. — Heleocharis palustris (jonc des marais).

et à répandre uniformément sur ce sol les cendres
obtenues dans cette combustion.

C'est un procédé bien ancien en agriculture, antérieur à Virgile même, usité aujourd'hui dans toutes les contrées civilisées. On l'applique surtout aux terres incultes, couvertes de bruyères, d'ajoncs, de genêts ou de mauvaises herbes, ou bien aux vieilles prairies naturelles ou artificielles, aux pâtures, aux marais nouvellement desséchés et aux tourbières. On commence par détacher le gazon en plaques régulières à la charrue ou au tranche-gazon (*fig.* 80), ou encore à bras d'homme au moyen d'instruments *ad hoc* (*fig.* 78 et 79). On les fait sécher, puis on les brûle. On brûle encore assez souvent les chaumes et même, dans le Lincolnshire, de la paille que l'on répand à la surface du sol.

Les cendres des végétaux nous servent de transition pour passer des engrais minéraux aux *engrais animaux et végétaux* ou *engrais organiques*. On peut poser en axiome qu'un engrais est plus ou moins *complet*, suivant qu'il réunit un plus ou moins grand nombre de principes utiles, et

Fig. 80. — Tranche-gazon.

il ne sera parfait et applicable à toute espèce de terrain, qu'autant qu'il contiendra les divers éléments nutritifs des plantes, de manière à rendre à la terre tous ceux que les récoltes lui enlèvent. Néanmoins un engrais, quoique incomplet, pourra convenir aux terres suffisamment pourvues de l'élément dont cet engrais manque.

De la durée de la décomposition des engrais dans la terre dépend, avant tout, leur effet utile. Les engrais agissent d'autant plus utilement que leur décomposition est mieux proportionnée au développement des plantes. Il est, du reste, toujours possible de les modifier de manière à ce qu'il en soit ainsi, soit en ralentissant la décomposition des engrais trop actifs, soit en accélérant celle des engrais trop lents.

Il est important de tenir compte des qualités physiques et chimiques du sol pour l'application des engrais, car la *fécondité du sol* résulte de la *richesse du sol* en engrais, soit naturel, soit artificiel, combiné avec la *puissance du sol*, c'est-à-dire avec son plus ou moins de pénétrabilité par les différents agents de l'atmosphère, tels que la chaleur, l'humidité, l'air.

On distingue trois espèces d'engrais proprement dits : les *engrais végétaux*, les *engrais animaux* et les *engrais mixtes*.

1° Les engrais végétaux comprennent des végétaux frais ou desséchés et des débris de parties végétales utilisés dans l'industrie.

Les engrais, composés de végétaux frais, forment ce qu'on appelle les *engrais verts*. Sous ce nom, on comprend certaines plantes qu'on enfouit en vert au moment de leur floraison, c'est-à-dire au moment où elles ont puisé dans l'atmosphère et dans les profondeurs du sol la plus grande partie de leur nourriture.

Les légumineuses, par exemple, conviennent admirablement à cet usage, puisqu'elles ont les organes foliacés plus développés et les racines plus étendues. Elles sont donc particulièrement propres à condenser à la surface du sol les principes nécessaires à la végétation disséminés dans l'atmosphère ou dans la terre. Il faut, du reste, que ces plantes s'adaptent à la nature du terrain et y poussent avec assez de vigueur pour couvrir entièrement le sol et n'y laisser aucun espace disponible pour la croissance des mauvaises herbes. Dans les terres légères, le seigle, le lupin (*fig.* 81) et le sarrasin sont parfaitement appropriés à ce rôle; la vesce, les féverolles, les pois (*fig.* 82), la navette, le trèfle, le colza conviennent mieux pour les sols argileux. La préférence n'est déterminée que par une question de prix de revient, car évidemment il y a lieu de choisir la graine la moins chère.

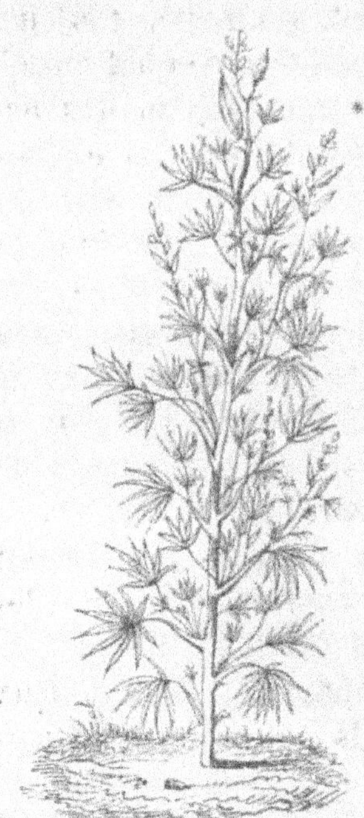

Fig. 81. — Lupin à feuilles étroites.

Les engrais verts sont utiles dans les champs éloignés ou d'un accès difficile; mais les sols qui ne seraient soumis plusieurs années de suite qu'à ce seul mode de fumure, finiraient par s'épuiser. Le mieux est de le faire alterner avec des fumiers d'étable. Du

reste, l'enfouissement en vert convient plutôt aux
climats chauds et aux terrains secs, la décomposition

Pois de Marly.   Pois de Clamart.   Pois normand.
Fig. 82.

y étant plus rapide. Dans certains pays de montagne,
c'est le genêt, la bruyère, le buis et les autres arbrisseaux couvrant le sol qui servent d'engrais verts. En
Provence, on fume les oliviers avec les roseaux des
étangs, enterrés au pied des arbres ; enfin, dans beaucoup de vignobles, on parait obtenir de bons résultats

Fig. 83. — Nymphæa alba.

de l'enfouissement des sarments au pied des souches
de vigne.

On peut utiliser encore ainsi les *feuilles de betteraves,*

contenant de 3 à 4 1/2 $^0/_0$ d'azote, les *pampres de pommes de terre*, qui en renferment 3 $^0/_0$, les feuilles de carottes, de raves. Dans l'Isère et les Hautes-Alpes, on enfouit de la même façon certaines plantes aquatiques, comme les *potamogétons* et les *nymphæas* (nénuphars) (*fig.* 83). En résumé, on cultive, pour les enfouir comme engrais, des plantes à végétation vigoureuse qui viennent sans fumure sur des terres maigres.

Nous avons vu employer les cendres de plantes marines comme engrais stimulant ; mais on fait encore usage de ces plantes sans les brûler. Elles sont fort riches en azote, en iode, en sel marin, et toujours mélangées de débris d'animaux et de coquillages, qui augmentent d'autant leur matière fertilisante. C'est, notamment, le *goëmon*, que l'on récolte deux fois par an, aux époques fixées par l'autorité administrative. Les Bretons le cueillent avec un curieux empressement, quelquefois par centaines, hommes et femmes, se jetant à la mer avant le retrait de la marée.

Enfin, parmi les engrais végétaux se classent les résidus, provenant des plantes mises en œuvre par l'industrie, et dont on forme des *tourteaux*. Il s'agit ici principalement des résidus des semences oléagineuses, œillette, colza, lin. Les détritus de la fabrication de l'huile sont employés, en Flandre, pour la culture des céréales, des betteraves et des plantes oléagineuses elles-mêmes. Ceux de colza contiennent à peine 2 $^0/_0$ d'azote, mais ceux de lin possèdent jusqu'à 5 1/4 $^0/_0$ d'azote et 2 1/4 $^0/_0$ d'acide phosphorique, ceux d'œillette (*fig.* 84) 5 1/3 $^0/_0$ d'azote et 4 1/3 $^0/_0$ d'acide phosphorique. On se sert aussi de tourteaux de pavot blanc. Ces différents composés, au contact de l'humidité, se décomposent rapidement et constituent un engrais des plus actifs pour tous les sols, mais surtout pour les plus perméables.

2° Au premier rang des engrais animaux nous trouvons le *sang*, qui ne peut guère être appliqué que desséché; mais ce produit est tellement dispendieux, qu'il est extrêmement rare d'en pouvoir faire un usage profitable. Le sang desséché se présente sous la forme d'un engrais pulvérulent extrèmement puissant. Il s'exporte en grandes quantités pour les riches cultures des colonies.

Les *chairs musculaires* des animaux morts dans les fermes s'utilisent de la même façon. On les enfouit purement et simplement dans sol le. Mais, dans les grands établissements d'équar-

Fig. 84. Pavot œillette.

rissage, on les traite par la vapeur, afin de les séparer des os, et, en les desséchant alors, on obtient un engrais vigoureux, qui s'en va, lui aussi, féconder les cannes à sucre des colonies.

Nous arrivons à l'*engrais de poisson* ou *de penbron*, formé de débris de poissons de mer et de chairs d'animaux, additionnés de matières terreuses. L'odeur en est fétide. Il renferme environ 2 % d'azote et 3 % d'acide phosphorique. Sur le bord de la mer, en Angleterre, on emploie les poissons frais, les ha-

Fig. 85. — Hareng.

rengs (*fig.* 85), par exemple, pour fumer le sol. Les effets sont merveilleux sur les terres même les moins fertiles.

La *laine*, les *chiffons*, les *poils*, les *plumes*, les *cheveux*, etc., sont extrêmement riches en azote. 3,000 kilogrammes par hectare, telle serait à peu près la dose ; cette quantité peut remplacer jusqu'à 45,000 kilogrammes de fumier, et son effet durer trois ans. Malheureusement ces engrais sont très-difficiles à diviser. On arrive à en tirer maintenant ce qu'on appelle de la *poudre de laine*, que l'on fait alterner avec le fumier. Les cheveux se vendent 20 centimes le kilogr. et servent surtout d'engrais pour les vignobles.

La *corne* renferme de 14 à 17 1/2 % d'azote. Les

ràpures et rognures des fabriques de peignes, les
cornes, sabots, onglons des animaux qui meurent

Fig. 86. — Pigeon ramier.

dans les fermes ou qui sont abattus pour la boucherie,

peuvent fournir un engrais dont l'action se prolonge
pendant plusieurs années.

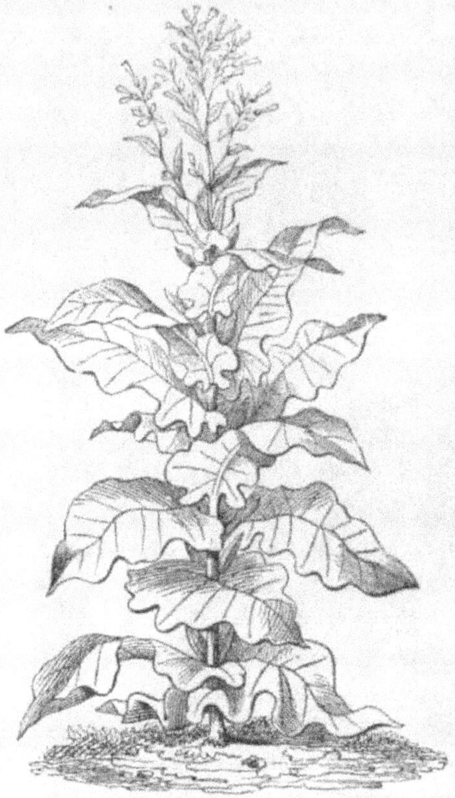

Les résidus des fonderies de suif, des tanneries, les rognures de cuir des cordonniers et des carrossiers, sont extrêmement riches en azote et se décomposent rapidement. De même pour la *colombine*, renfermant de 8 à 9 % d'azote et une quantité notable de phosphore.

Une voiture est le produit annuel d'un pigeonnier de 6 à 700 volatiles (*fig*. 86) et se paye 100 francs.

Fig. 87. — Tabac à larges feuilles.

La colombine convient à toutes les récoltes, aussi bien au lin et au tabac (*fig*. 87) qu'au trèfle. La *fiente de poule* ou *poulaille* est moins active, mais elle a encore une bonne influence.

Il y a guano et guano, surtout de nos jours. Le *guano* proprement dit est un engrais naturel qu'on considère comme formé par l'accumulation des excréments d'immenses quantités d'oiseaux de mer. Il existe en dépôts considérables dans plusieurs îles voisines des côtes du Chili et du Pérou, notamment aux îles Chinchas, où il forme des couches qui atteignent jusqu'à 20 mètres d'épaisseur. D'après un document publié par le Congrès de Lima, il y avait encore, en 1865, 8 millions de tonnes de guano à extraire des îles Chinchas. Or, l'exploitation annuelle montait, à cette époque, à 4 ou 500,000 tonnes par an. Sur ces 500,000 tonnes, 150,000, en moyenne, étaient employées en Angleterre, et 50,000 en France.

En dehors des îles Chinchas, il y a encore d'autres dépôts de qualité à peu près égale aux îles Lobos, Macabi et Guanapa, et la masse de leur guano donnerait un chiffre de 8 millions de tonnes (1). On a retrouvé tout récemment sur le continent, dans le sud du Pérou, notamment à Tarapaca, des gisements souterrains exploités déjà par les civilisations antérieures.

Il existe d'autres guanos naturels aux environs du cap de Bonne-Espérance, dans quelques îlots avoisinant le cap Tenez, en Algérie, aux Antilles et, enfin, sur les côtes désertes de la Patagonie.

Le guano a une couleur jaunâtre, une odeur ammoniacale fortement piquante et une saveur salée assez sensible. Il renferme 15 à 25 $^0/_0$ d'eau, de 12 à 16 d'azote, 5 de chlorures et de sulfates alcalins, 25 de phosphate double de chaux et de magnésie. En dehors de ces limites, les guanos peuvent être suspectés quant à leur provenance.

Leur richesse en azote paraît intimement liée à la proportion d'eau qu'ils retiennent. Cela provient de

(1) *Enquête sur les engrais industriels*, 1865.

ce qu'ils se décomposent trop facilement quand ils sont secs, et cependant il ne faut pas les imbiber d'eau, car on diminuerait ainsi la proportion des sels ammoniacaux et alcalins. Sous les climats pluvieux, le guano est donc plus pauvre que dans les contrées où il pleut rarement comme aux îles Chinchas.

Le guano du Pérou pèse généralement de 70 à 80 kilogrammes l'hectolitre, et on en consomme environ 350 kilogrammes par hectare. L'emploi en est avantageux, mélangé avec la moitié de son poids de plâtre en poudre, qui transforme les sels ammoniacaux volatils du guano en sulfate d'ammoniaque, sel qui, de sa nature, est beaucoup plus fixe.

Cet engrais se sème à la volée, en ayant soin de le mêler préalablement avec une certaine quantité de terre fine ou de sable, afin de le répartir plus uniformément sur le sol. On trouve même avantage à le répandre en deux fois. Le guano pur, renfermant 80 % de substances utiles à la végétation, possède une énergie qui ne doit pas surprendre, surtout pour les prairies. Mais il n'est pas applicable à tous les sols, attendu qu'il manque de silice et que, par exemple, répandu sur du blé semé dans un terrain crayeux, où la silice fait déjà défaut, il favorise la verse, vu la faiblesse matérielle de la tige. Il n'agit, du reste, que pour un temps fort court, en raison même de son extrême facilité de décomposition.

Il existe d'autres engrais qui portent le nom de *guanos*. Ils sont artificiels et parfois fort suspects. Cependant il y en a qui méritent d'être mis à part, comme le *guano d'Angleterre*, formé de plâtre et de sel marin, mélangés avec du sulfate de soude, de la poussière d'os, des eaux ammoniacales et du coke d'usine à gaz.

Pour combattre la sophistication des engrais, si fréquente et si difficile à atteindre, une loi spéciale a été promulguée, le 27 juillet 1867.

Le commerçant doit annoncer et livrer loyalement ce qu'il vend. S'il a dissimulé la composition chimique de l'engrais, s'il a vendu cet engrais pour une substance autre que celle qui faisait l'objet de la transaction, s'il a déguisé son origine en un mot, il est puni de l'emprisonnement et de l'amende.

Aucune substance, aucun mélange ne sont donc prohibés ; mais il faut qu'ils soient loyalement annoncés à l'acheteur et que ce dernier sache ce qui lui sera livré ou puisse se faire rendre compte des qualités fertilisantes de l'engrais. Cette législation donne aux agriculteurs les moyens de se soustraire aux conséquences des fraudes commises par les fabricants et les marchands industriels, et aux tribunaux une arme pour frapper les vendeurs déloyaux qui auraient, sans cela, échappé à leur censure. En un mot cette loi laisse au commerce des engrais industriels toute liberté.

Après le guano, l'un des engrais qui jouent le plus grand rôle est l'*urine* ou le *purin*. Elle est, en grande partie, formée de matières azotées rejetées par le corps de l'animal. Les urines les plus riches en matières animales sont d'abord celle du lion, ensuite celle de l'homme, en troisième lieu celle du bœuf, en quatrième celle du cheval (*fig*. 88). Celle du porc en est extrêmement pauvre.

La richesse en azote ne suit pas celle des matières

animales; l'urine du cheval renferme environ 1 1/2%
d'azote, celle du mouton 1,68 %, tandis que celle de

Fig. 88. Cheval breton.

l'homme oscille entre 1/3 et 1 1/2. C'est chez l'homme
que nous trouvons le plus d'acide phosphorique; ensuite vient le porc.

Dans les fermes bien tenues, l'urine est recueillie
au moyen de réservoirs. Colorée par le fumier provenant des étables, elle s'écoule dans des *fosses à
purin*, où l'on rassemble les urines, le jus du fumier
et les eaux ayant servi au lavage des étables. On em-

pêche la déperdition du carbonate d'ammoniaque par l'addition d'une certaine quantité de plâtre, de sulfate de fer ou d'un autre sulfate analogue ; 40 grammes de sulfate suffisent pour 1 hectolitre d'urine. Cette précaution est inutile quand on peut arroser le sol avec l'urine fraîche ; mais alors on doit l'étendre de quatre fois son volume d'eau pour l'empêcher de détruire les plantes. Il serait à désirer que l'usage de la *fosse à purin* (*fig.* 89) se répandît dans toutes nos

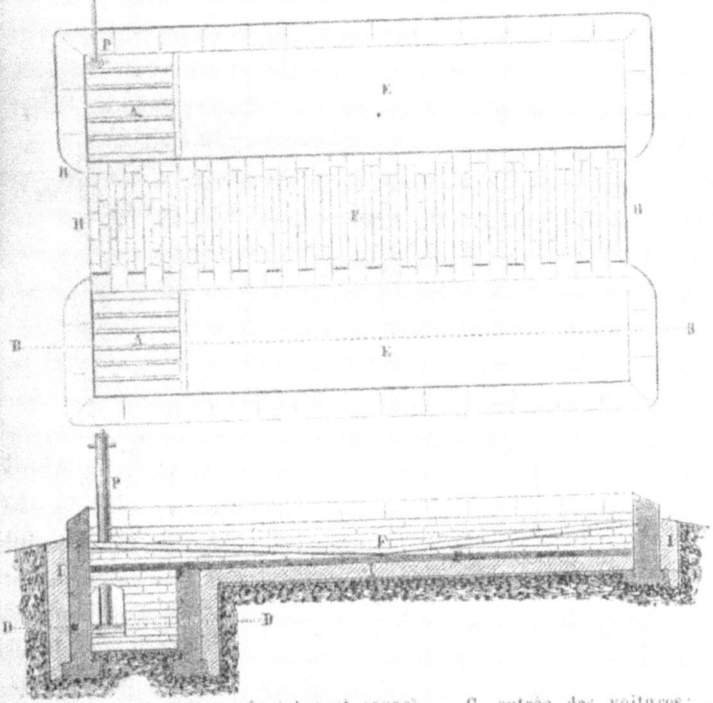

Fig. 89. — Fosse à purin (plan et coupe). — G, entrée des voitures ; H, sortie ; de G et H a F, pentes douces ; AA, réservoirs à purin ; P, pompe aspirante pour arroser le fumier.

campagnes ; il y aurait là une épargne de richesse, en

même temps qu'un moyen d'assainissement efficace pour les habitants de la ferme.

L'homme sécrète, en moyenne, par 24 heures, 1 litre 1/4 d'urine et environ 1/4 de litre de matière solide, à l'état humide, le tout renfermant 73%/$_0$ d'eau et pesant 200 grammes. Il y a plus d'azote et moins d'acide phosphorique dans l'urine que dans la matière solide, en ne considérant que les quantités absolues; mais, à poids égal, la matière solide fraîche est plus avantageuse. On constate le fait contraire chez les herbivores.

Fig. 90. — Tonneau flamand pour répandre l'engrais liquide.

En Angleterre, quelques propriétaires distribuent les engrais liquides par des *canaux souterrains* qui les amènent dans des citernes, où on les mêle avec de l'eau et d'autres engrais. Une pompe à vapeur les refoule, dans des tuyaux en fonte, jusque sur les terres qu'il s'agit de fertiliser par cette irrigation. Il y a en Ecosse des fermes de 200 hectares qui sont fumées par cette méthode.

Les *matières fécales* renferment d'assez fortes proportions de chaux, d'acides phosphorique et sulfurique et d'azote, provenant d'aliments mal digérés et de produits excrétés par l'appareil digestif. Aussi le produit des fosses d'aisance, la *vidange* ou *gadoue*, quoique renfermant beaucoup d'eau, constitue-t-elle un puissant engrais, riche en phosphore et en azote. Malheureusement, on ne peut guère en faire usage qu'après *désinfection* par le sulfate de fer ou le sulfate de zinc, moyen facile et peu dispendieux.

La gadoue s'emploie, répandue telle quelle sur le sol. En Flandre, on la dépose d'abord dans de grandes fosses pavées en grès et d'une contenance de 1,500 à 3,000 hectolitres.

L'engrais enlevé des villes séjourne deux ou trois mois dans ces citernes (*fig.* 91), et la matière, devenue visqueuse sous l'influence d'une certaine fermentation,

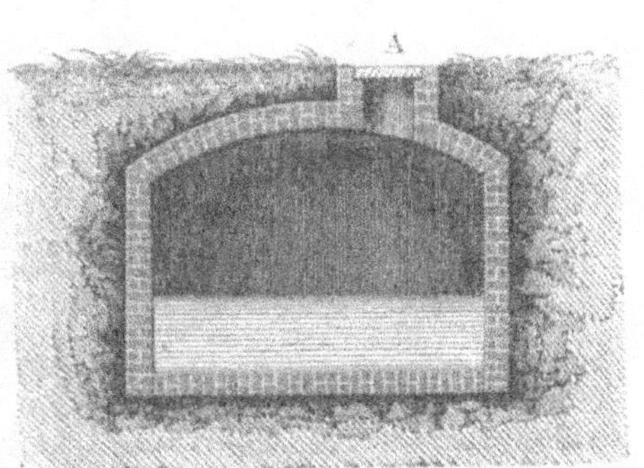

Fig. 91. — Citerne pour l'engrais flamand. A, voûte.

constitue ce [qu'on appelle l'*engrais flamand* ou *courte graisse*. Les effets de cet engrais ne durent guère qu'une année. Dans le Nord, on l'épand (*fig.* 90) sur le colza et la betterave, et, en Alsace (*fig.* 99), sur le tabac et le chanvre. Le transport s'en effectue au moyen de petits chariots particuliers appelés *beignots* (*fig.* 92).

Le *parcage*, qui n'est guère pratiqué qu'avec les bêtes à laine, a précisément pour but de fumer les terres au moyen des déjections du mouton, en même temps que de tasser le sol, surtout quand il est léger et sablonneux. Il importe de niveler exactement le terrain, afin que les animaux se couchent indifféremment sur tous les points de la surface du sol.

3° Dans les *engrais mixtes* on classe en première ligne le fumier, puis tous les engrais d'ordre industriel, bien que quelques-uns d'entre eux, comme la poudrette, appartiennent à l'une des deux catégories précédentes.

Le *fumier de ferme*, formé de la litière des animaux et de leurs excréments, en dehors de quelques produits industriels fabriqués *ad hoc*, est le seul engrais qui convienne aux terres exclusivement calcaires et

Fig. 92. — Beignot pour le transport de l'engrais flamand.

qui puisse leur fournir de la silice assimilable. C'est bien un engrais mixte, puisqu'il se compose de paille, formée, pour les 3/4, de silice et mêlée aux principes azotés et minéraux que renferment en quantités notables les déjections animales. On emploie généralement, pour faire la litière des animaux, de la paille de blé, de seigle ou de colza (*fig.* 93), des feuilles d'arbres, des roseaux, de la mousse, de la bruyère, des joncs, du foin gâté, des genêts, etc.

On peut, en moyenne, obtenir annuellement 20,000 kilogrammes ou 26 mètres cubes de fumier

par tête de gros bétail soumise à la stabulation permanente, et le dixième de cette quantité par tête de
menu bétail. Le meilleur fumier est celui qui provient
des *carnivores*; celui des *granivores* se place au second rang, et celui des
herbivores vient en troisième. C'est cependant
de ce dernier fumier,
le plus commun, du
reste, que l'on se sert
le plus souvent. Il cons-
titue le fumier d'étable,
divisé en *fumier chaud*
et *fumier froid*. Le
premier provient du
mouton et du cheval et
convient aux terres ar-
gileuses et froides. Les
fumiers froids sont ceux
de la vache (*fig.* 94) et
du porc. Ils sont bien
appropriés aux terres
chaudes et légères, en
raison de leur action
lente et moins énergi-
que, et parce qu'ils y conservent de l'humidité.

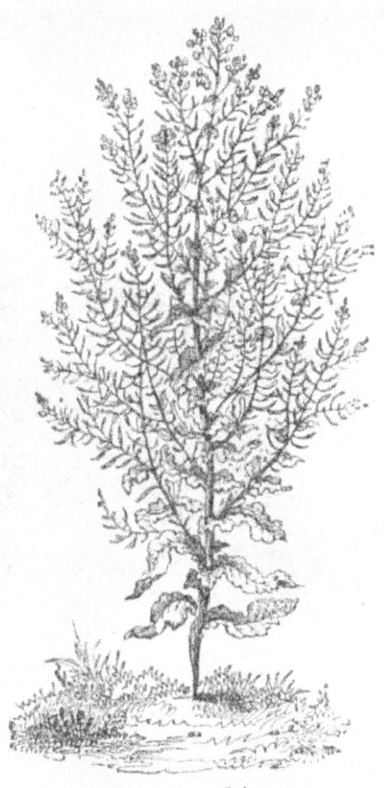

Fig. 93. — Colza.

On distingue encore le *fumier long*; c'est celui qui
est en paille. On appelle *fumier court* celui qui se
trouve dans un état complet de pourriture.

On épand le fumier sur le sol, soit frais, soit *consommé*, c'est-à-dire postérieurement au travail de fer-

mentation qui se produit quand on le laisse séjourner
plusieurs mois dans la cour de la ferme. Le fumier
frais divise mieux le sol et convient aux terres fortement glaiseuses; le fumier consommé est mieux approprié aux sols sableux et calcaires et, de plus, présente l'avantage de ne point apporter dans le champ
les semences de mauvaises herbes. La quantité de
fumier à donner à la terre varie selon sa nature. Les

Fig. 94. — Vache laitière des Pyrénées.

sols argileux peuvent être fumés vigoureusement en
une seule fois, pourvu qu'on ait soin d'enterrer le
fumier par un labour. Les terres sableuses deman-
dent, au contraire, des fumures légères et fréquentes,
faites autant que possible en couverture. Pour les
terres fortes argileuses, on emploie par hectare

de 50 à 60 mètres cubes, soit 50,000 kilogrammes,
au moins, de fumier pour trois années.

Le fumier, dont on veut obtenir de bons résultats,
doit être conservé avec soin. Il est fort important de
le mettre en tas et d'en choisir l'emplacement au
nord, à l'abri de l'ardeur du soleil et des vents violents. On le dispose légèrement en pente et on l'entoure d'une rigole et d'un relèvement en terre, afin

Fig. 97. — Pompe à purin.

de le protéger contre les eaux de pluie. On reçoit le
jus du fumier ou *purin* dans une fosse, et on l'utilise
comme engrais, ou bien, le plus souvent, il sert à
arroser les tas de fumier pendant les grandes sécheresses, pour les préserver du *blanc*. On emploie à
cet effet une pompe fixe en bois, qui plonge dans
le réservoir renfermant le liquide. Il est bon de couvrir le tas, monté à cinq ou six pieds de haut, avec

de la paille sèche ou du gazon, si on doit le conserver quelque temps. Il faut surtout éviter de laisser
le fumier s'échauffer et *fermenter*, parce qu'il perd,
sous forme de gaz, une partie des substances auxquelles il doit sa qualité.

Le fumier est le plus important de tous les engrais.
C'est un fait reconnu de longue date (*fig.* 96).

Fig. 96. — Saint Waast propageant l'emploi du fumier dans les campagnes
des Gaules en 540.

Il est presque le seul qu'emploient un grand nombre
de cultivateurs, et c'est sur lui qu'ils doivent tous le
plus compter. Il constitue l'engrais par excellence,
d'un usage général, convenant à tous les sols et à
toutes les récoltes. Malgré cela, il ne saurait suffire
à lui seul; il ne saurait être un engrais absolument

complet, et, du reste, son prix de revient est beaucoup trop élevé. En effet, avons-nous dit, rien ne vient de rien. Il sort de la ferme du bétail et du grain; les résidus seuls restent sous la forme de fumier. On conviendra bien, avec nous, que le moins ne saurait donner le plus. Il faut rendre au sol les éléments qui ont été exportés de la ferme sous la forme de viande et de blé et que le fumier ne renferme pas.

De là la nécessité de recourir à un auxiliaire pour compléter le fumier. Cet auxiliaire, c'est *l'engrais chimique*. L'illustre chimiste allemand, Liebig, et le professeur du Muséum, M. Georges Ville, prétendaient même, à l'origine de leurs travaux, le substituer d'une façon absolue à toute autre espèce d'engrais, partant de cette supposition que l'ensemble des éléments de la partie organique de la plante pourrait être fourni par le sol et par l'atmosphère. M. Ville, aujourd'hui, considère un engrais comme complet, quand il renferme une matière azotée, de la

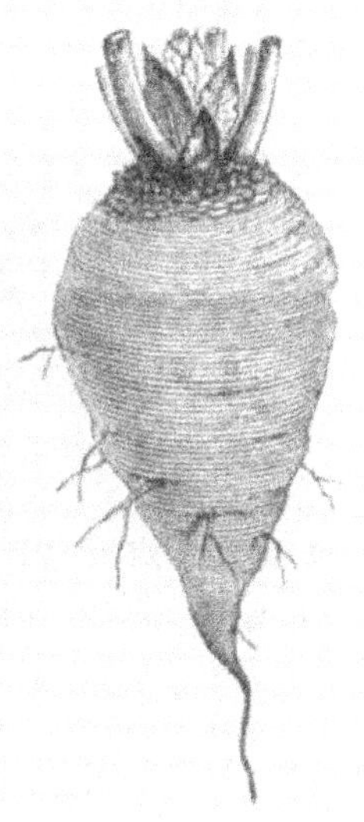

Fig. 97. — Betterave blanche de Silésie.

chaux, de la potasse et du phosphate de chaux ; et il en modifie la formule suivant le genre de culture. Dans ses diverses combinaisons chimiques il fait entrer, tantôt les unes, tantôt les autres, des substances suivantes : sulfate d'ammoniaque, phosphate acide de chaux, carbonate de potasse, chaux, superphosphate de chaux, azotates de potasse ou de soude, sulfate de chaux. Exemple : s'il s'agit de la betterave (*fig.* 97) cultivée avec du fumier de ferme, il est recommandé d'employer en couverture 400 kilogrammes d'azotate de soude, à titre de fumure complémentaire.

En somme, il est utile de faire usage de l'engrais chimique, non pas en le substituant absolument au fumier, mais en combinant l'emploi de l'un et l'emploi de l'autre. Il convient de le faire avec réserve, car l'engrais chimique renferme bien les principales substances utiles à la végétation, mais il ne les renferme pas toutes ; on n'y trouve, par exemple, ni silice, ni chlore, ni acide carbonique, et cependant ce sont là des substances qu'il est absolument indispensable d'entretenir dans le sol.

Depuis quelque temps, on a fait des essais multipliés pour l'utilisation comme engrais des boues et immondices des villes. La valeur de ces détritus est des plus variables. A Paris, le balayage du macadam n'est bon que l'été. Celui des quartiers populeux donne un engrais dans lequel on trouve, en assez forte quantité, des substances alcalines, des produits animaux et des débris de végétaux. Les balayures des environs de halles sont, en tout temps, très-riches en matières organiques. Il faut laisser ces débris six mois à l'air avant de les utiliser ; du reste, ils renferment tous les éléments nécessaires à la fumure des terres. Ils donnent de fort bons résultats aux environs de Sheffield et aux alentours de Paris pour le jardinage.

On cherche à tirer le même parti des eaux d'égouts, au lieu de les laisser infecter les cours d'eau. Ces liquides, qui portent encore le nom d'*eaux-vannes,* ont une richesse fort variable : moins d'un gramme d'ammoniaque par litre dans les quartiers riches, tandis que la moyenne est de 4 grammes. On les expédie de Paris en Champagne, par bateau, sur le canal de l'Ourcq ou sur la Seine ; mais la pauvreté de cette eau en matière fertilisante rend son transport trop coûteux. Cependant on en tire parti en Chine. On a essayé en Europe (*fig.* 98) quelque chose d'analogue

Fig. 98. — Ferme d'expériences.

en la traitant par le sulfate de magnésie. On a obtenu des résultats avantageux aux environs de Newcastle et d'Edimbourg ; et, près de Paris, à Gennevilliers, M. Mille fait des expériences en grand dans le même sens. A l'exposition agricole du Palais de l'Industrie de février 1874, on pouvait voir dans un bocal une coupe du terrain de cette presqu'île, qui n'est guère naturellement que du sable stérile. Au-dessus du sol, l'engrais a déposé une épaisse couche de matières organiques, et l'on y obtient maintenant de superbes légumes, dont les échantillons entouraient, à ladite exhibition, le bocal renfermant la terre irriguée.

Les *engrais industriels*, dont il nous reste à dire un mot, sont fort nombreux. Ce sont d'abord les *composts*, mélangés d'engrais et de diverses matières, qu'on obtient en les disposant par couches alternatives, de manière à hâter la décomposition des parties les plus stables et à retarder, au contraire, celle des parties le plus sujettes à se putréfier. On y fait entrer des boues de villes, des balayures, de la vase, des vidanges, des cadavres d'animaux, des feuilles et de mauvaises herbes. On les travaille avec de la chaux vive, qui s'éteint en se délitant et favorise leur décomposition par l'absorption de l'eau. On peut les employer au bout d'un temps fort court. Toutefois, il ne faut pas exagérer la proportion de la chaux, car on transformerait une partie de l'azote en ammoniaque. Un quart ou un cinquième de chaux suffit. Les vases, retirées de l'eau des rivières ou des marais, renferment autant d'azote que le fumier frais.

Fig. 99. — Arrosoir portatif pour répandre l'engrais liquide.

On peut faire encore entrer dans les composts du plâtre, des cendres, du phosphate de chaux, des débris de démolition, des épluchures, les plumes et les intestins des volailles, la poussière des appartements. L'ensemble de ces substances donne un mélange de matières organiques et minérales, très-propres à exercer une heureuse action sur la végétation.

Les avantages des composts n'ont guère été compris que depuis les travaux de *Jauffret*, auquel nous devons l'engrais portant son nom et qui n'est qu'un compost obtenu en entassant, en forme de meule (*fig.* 100), des herbes, roseaux, genêts, mauvaises pailles, etc. On arrose le tout avec l'eau d'une mare voi-

Fig. 100. — Meule d'engrais Jauffret.

sine, dans laquelle on a mêlé des urines, du crottin ou toute autre matière d'une facile putréfaction, puis encore de la suie, des cendres, du plâtre, etc. Cette masse s'échauffe et fermente ; quinze jours après, ayant été arrosés trois ou quatre fois, ces débris végétaux sont assez décomposés pour pouvoir servir d'engrais.

Nous n'avons point parlé du *marc de colle*, formé

de toutes les rognures de peaux, de cornes, muscles, tendons, etc. Ces substances, matières premières de la colle-forte, sont préalablement macérées dans l'eau,

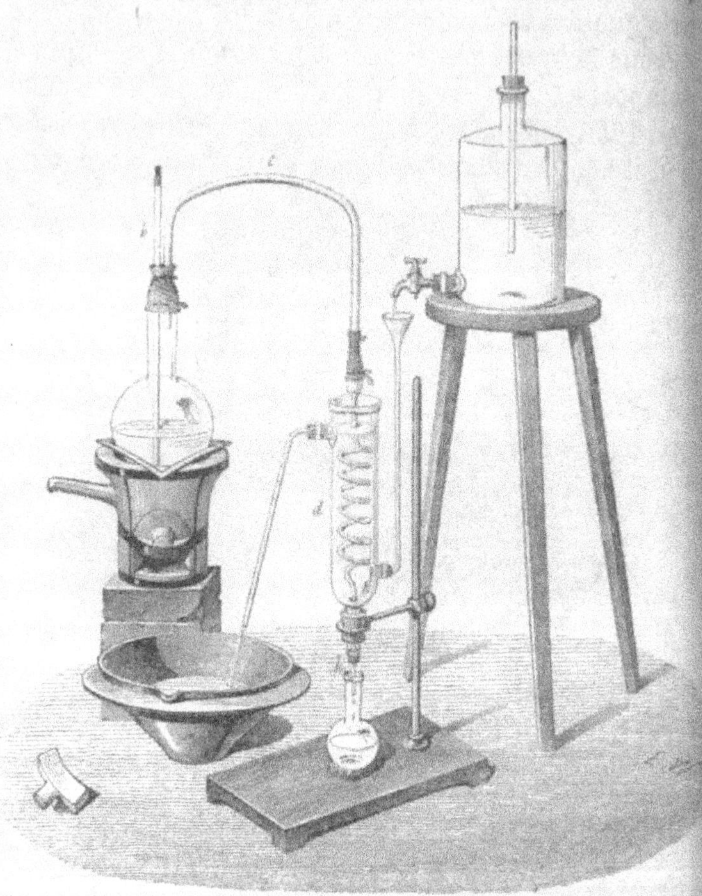

Fig. 101. — Filtre pour doser l'ammoniaque. — *b*, tube qui sert à introduire l'eau nécessaire à la réaction ; *c*, tube recourbé conduisant la vapeur dans le réfrigérant *d* ; *h*, matras où l'on réunit le liquide obtenu par la condensation.

ce qui les préserve de toute altération. Elles donnent un marc utile comme engrais, assez riche en azote, employant à la dose de 600 kilogrammes par an, à l'hectare. Nous n'avons rien dit, non plus, des *pains de reton*, résidus des fonderies de suif, composés surtout de membranes du tissu graisseux des animaux, avec un peu de sang et de muscles. Ils sont très-riches en azote (11 à 12 %) (*fig.* 101) et s'épandent à la dose de 800 à 1000 kilogr., à l'hectare, pour 3 ou 4 années.

On s'est demandé si, en rendant les matières animales susceptibles de se conserver, on ne diminuerait pas leur vertu fertilisante. Il n'en est rien; au contraire, quelquefois, les préparations tendant à les conserver ajoutent à leur richesse. C'est ainsi qu'on transforme la matière fécale en *poudrette*. On laisse reposer les matières liquides et solides dans de vastes bassins, où elles séjournent assez longtemps pour pouvoir se séparer. Les *eaux-vannes* surnagent et on les fait écouler. La matière déposée se dessèche et on la met en tas qui fermentent et se réduisent en poudre. Ce procédé est fort imparfait, car il fait certainement perdre à la poudrette, par le séjour prolongé à l'air, une portion notable de ses principes de fertilisation. On la répand, à l'époque des labours, à la dose de 22 hectolitres, soit 1,760 kilogr. à l'hectare. Par concession pour les préjugés de certains cultivateurs, on la désinfecte au moyen du poussier de charbon, du sulfate de fer ou du plâtre.

TROISIÈME PARTIE.

Climats, saisons; leurs rapports avec la culture.

CHAPITRE VI.

CLIMATS DIVERS.

L'illustre Karl Ritter a écrit que « c'est l'accord de
« la physique et de la politique qui, dans l'histoire
« du monde, a toujours favorisé et avancé le progrès
« des peuples et des États (1). » En effet, comme
Napoléon Ier l'a fort nettement dit, « sous quelque
« rapport que l'homme soit envisagé, il est autant le
« produit de son atmosphère physique et morale que
« de son organisation. » L'influence du climat ne
saurait donc être en aucune façon contestée.

Jadis les géographes entendaient par *climat* l'une
des trente divisions dans lesquelles ils avaient partagé
la surface du globe, du pôle à l'équateur (*fig.* 102).
Ce partage avait été établi d'après le rapport de la
durée de la nuit à celle du jour, lors du solstice
d'été. Il y avait d'abord vingt-quatre climats, dits *de
demi-heure*, c'est-à-dire que, de l'extrémité méridio-

1. *Géographie générale comparée.*

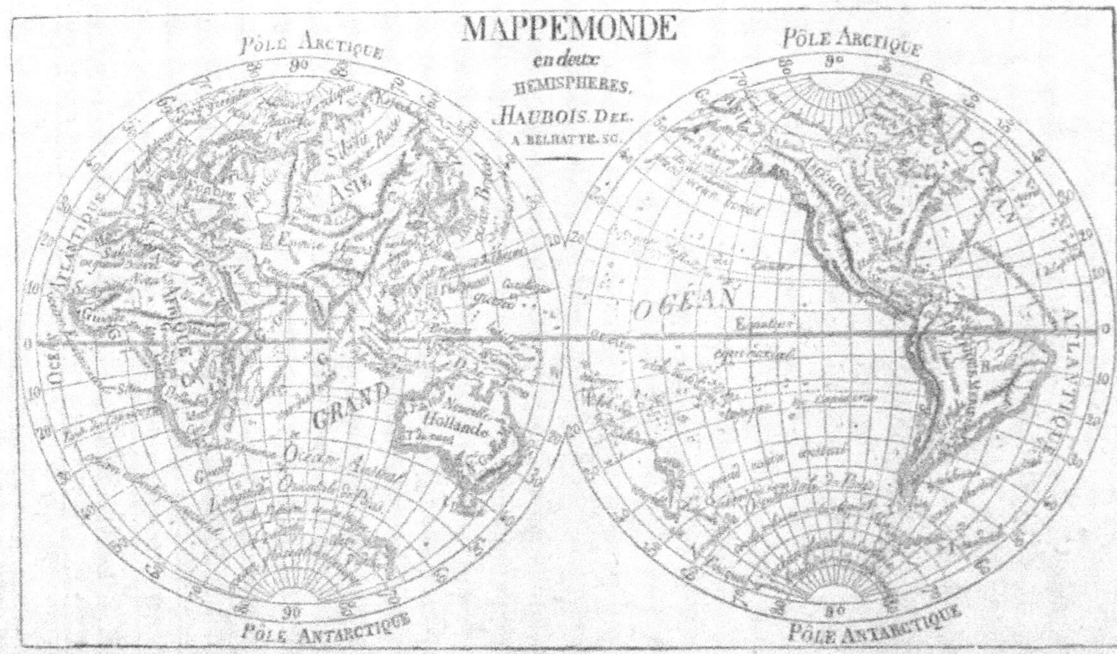

Fig. 102. — Mappemonde. — Chaque zone de 30 degrés de latitude comprend dix climats de demi-heure, c'est-à-dire que, de l'extrémité N. à l'extrémité S., on trouve une différence de cinq heures de jour à l'époque du solstice de l'été.

nale de l'un de ces climats à son extrémité septentrionale, on constate une différence d'une demi-heure de jour. Les six autres, du cercle polaire au pôle, étaient dits *de mois,* par une raison analogue.

Depuis M. de Humboldt, on en est arrivé à prendre le mot *climat* dans un sens tout différent et à le considérer comme « l'ensemble des variations atmos-« phériques qui affectent nos organes d'une ma-« nière sensible, la température, l'humidité, les « changements de la pression barométrique, le calme « de l'atmosphère, les vents, la tension plus ou moins « forte de l'électricité atmosphérique, la pureté de « l'air ou la présence de miasmes plus ou moins dé-« létères, enfin le degré ordinaire de transparence « ou de sérénité du ciel (1). » Or, les variations atmosphériques dépendent de la situation géographique du lieu, de sa latitude, de son altitude, de sa situation hydrographique, de la configuration des continents ou du relief du sol ; enfin elles dépendent même de la nature du sol, du plus ou moins de perfection de la culture, du plus ou moins d'activité de l'homme. L'étude de l'influence des climats sur l'homme et la société équivaut donc à l'étude de l'action de tous les éléments de la nature réunis sur le moral de l'homme. Mais il n'est pas possible, sans se hasarder dans la voie de l'erreur, de séparer et d'isoler les causes diverses produisant les résultats extérieurs qui frappent les sens. On ne peut déterminer où finit, par exemple, l'action de la nature du sol, l'action de la température, l'action des vents, l'action de la configuration géographique ou du re-

(1) *Cosmos.*

lief du sol. On doit donc envisager l'ensemble des caractères physiques propres à chaque localité, sans isoler chacun d'eux, et c'est cet ensemble qui constitue ce qu'on appelle le *climat*.

« Les diverses conditions du climat, température, « lumière, humidité, direction et force des vents, « marche des courants maritimes, courants magné- « tiques, influent sur la distribution des plantes à la « surface de la terre. Le fait capital, dans cette répar- « tition des végétaux sur le pourtour du globe, est la « richesse croissante des flores dans la direction des « pôles vers l'équateur. Ainsi l'île de Spitzberg, la « mieux explorée des terres de la zone glaciale, a « seulement quatre-vingt-dix espèces, tandis qu'à « surface égale, la Silésie en a treize cents, la Suisse « deux mille quatre cents, et que la Sicile, d'une « étendue moins considérable, en possède deux « mille six cent cinquante (1). » — On peut partager la terre en zones de végétation, suivant les climats :

1° La *zone équatoriale*, comprise entre les lignes isothermes des localités qui présentent une moyenne annuelle de température de 25 à 28° centigrades et s'étendent jusqu'à 15° de latitude de chaque côté de l'équateur. Elle est caractérisée par une exubérance de végétation et une abondance de sucs extraordinaire. Les *fougères* y deviennent plus hautes que nos ormes et nos châtaigniers. C'est la région par excellence du *palmier*, l'arbre le plus précieux entre tous, et de ses compagnons le *bananier* (*fig.* 103) et le *cocotier*. C'est de là que sont originaires le *cacaoyer*, le *caféier* (*fig.* 104), le *cotonnier*, la *canne à sucre*, le *tabac*, etc.

(1) *Cosmos.*

2° La *zone tropicale*, entre 25 et 20 degrés de chaleur moyenne, s'étendant à peu près du 15° degré de
latitude au tropique; nous retrouvons encore ici le palmier, le bananier et la *fougère arborescente* (fig. 105);
mais la caractéristique de la région est constituée
principalement par le
figuier d'Inde (fig. 106),
le *caféier*, l'*arbre à thé*,
le *cotonnier*, la *canne
à sucre*, l'*ananas*, le
dattier et le *bambou*.

3° La *zone sous-tropicale*, de 20 à 15 degrés de chaleur, s'étendant du tropique au 35°
degré de latitude. Les
lauriers (fig. 107) et les
myrtes de grande taille
et d'autres arbres à
feuilles toujours vertes préparent la transition de la végétation
tropicale à celle des
régions tempérées.

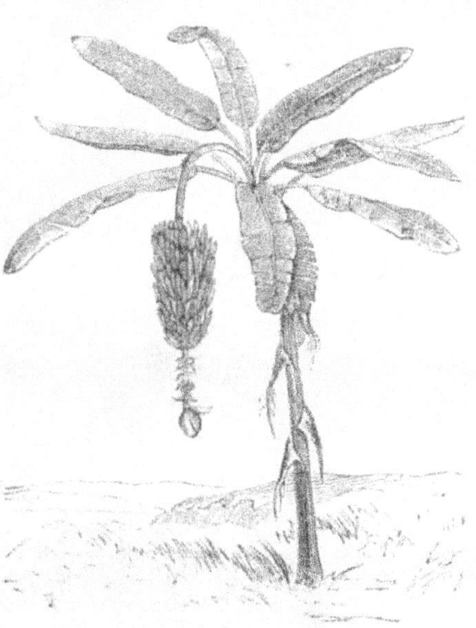

Fig. 103. — Bananier.

4° La *première zone tempérée* ou *zone tempérée
chaude*, de 15 à 10 degrés de chaleur, est comprise
entre le 35° et le 45° degré de latitude. L'*oranger*, la
vigne, le *cèdre*, le *cyprès*, le *chêne-liége*, le *platane*, l'*olivier* (fig. 108) forment l'ensemble de sa végétation
caractéristique. Les prairies y sont encore rares, et
déjà les espèces arborescentes perdent de leur splendeur et de leur éclat.

8.

5° La *seconde zone tempérée* ou *zone tempérée froide*, de 10 à 5 degrés de chaleur moyenne, s'étend entre le 45ᵉ et le 58ᵉ degré de latitude et est caractérisée par l'apparition d'espèces d'arbres perdant leurs feuilles pendant l'hiver, *chêne (fig. 109)*, *mélèze*, *hêtre*,

Fig. 104. Caféier.

peuplier, *saule*, *pin* et *sapin*. A la limite nord de cette zone s'arrête la culture double. On y trouve encore des régions à tourbières et à forêts, mais c'est aussi le territoire par excellence des prairies et, comme nous venons de l'indiquer, on y trouve des bois appartenant aux espèces les plus variées. Paris et Lyon appartiennent à cette zone.

6° La *zone sous-arctique*, entre 5 degrés et 0 degré de chaleur moyenne, soit de 58 à 70 degrés de latitude, voit disparaître graduellement tous les arbres, le hêtre au 60e degré, le chêne au 61e, le sapin au 68e, le pin vers le 70e ; le bouleau commun un peu plus haut. C'est l'Amérique anglaise et la Russie septentrionale, caractérisées par les tourbières et les forêts de pins et de sapins, de mélèzes et de bouleaux, etc.

7° La *zone arctique* n'a que des *arbustes rabougris*, des *bruyères* et des *mousses*.

C'est là qu'en descendant du pôle « se mon-

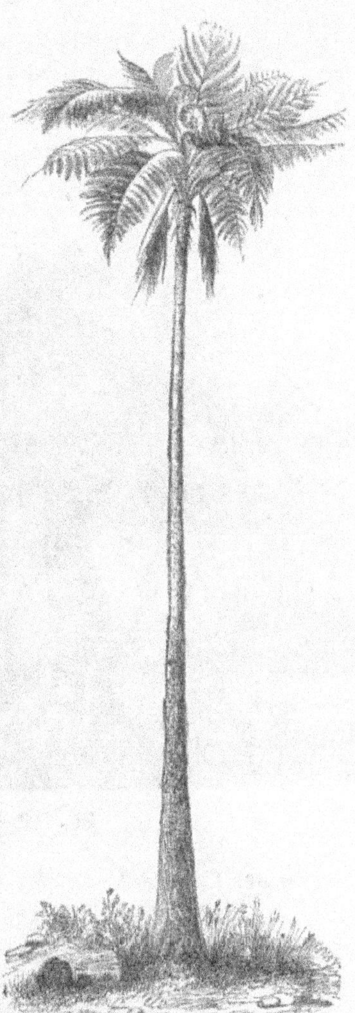

Fig. 105. — Fougère arborescente.

trent les premiers arbres et les premières cultures (1). »

8° Enfin la *zone polaire*, où la végétation reste
ensevelie sous la neige la plus grande partie de l'année pour se réveiller quelques semaines et donner
naissance à de chétifs végétaux, comme les *champignons*, les *mousses*, les *lichens* (*fig.* 110), les *algues*

Fig. 106. — Figuier.

marines. Elle comprend l'archipel glacial de l'Amérique, le Groënland, le Spitzberg, la Sibérie du nord.
Les forêts y font absolument défaut et les lichens,
« ces derniers végétaux, y couvrent la dernière des

(1) Élisée Reclus, *les Phénomènes terrestres*, *les Mers et les
Météores*.

Fig. 107. — Laurier sassafras.

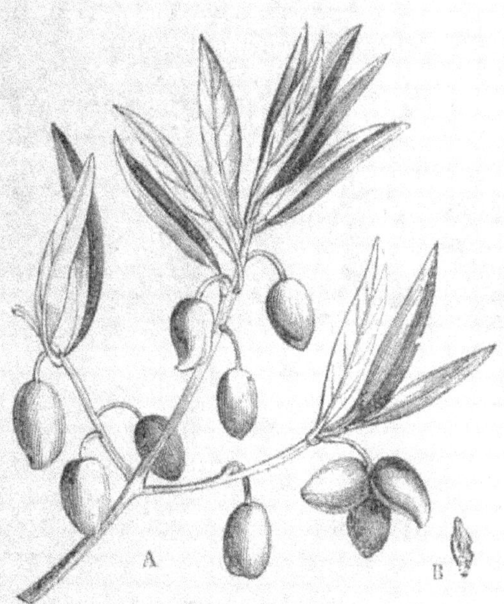

Fig. 108. — Olivier.

terres (1). » Plus de froment en Islande, des broussailles au lieu d'arbustes (2).

Au sud de la ligne équinoxiale, les flores se succèdent dans un ordre inverse jusqu'au pôle antarc-

Fig. 109. — Chêne.

tique et peuvent donner lieu à la division du second
hémisphère en autant de zones absolument sembla-

(1) Linné.
(2) Élisée Reclus.

bles aux précédentes. « D'ailleurs, on le comprend
« bien, ces divisions sont, en grande partie, arbi-
« traires, et, en réalité, les transitions s'opèrent
« de zone à zone d'une manière insensible. Une des
« zones les plus tranchées se trouve précisément
« partagée en deux par un vase bassin maritime.
« C'est la zone de végétaux qui entoure la Méditer-
« ranée tout entière, du golfe du Lion au delta du
« Nil. La flore méditerranéenne est aussi une étroite

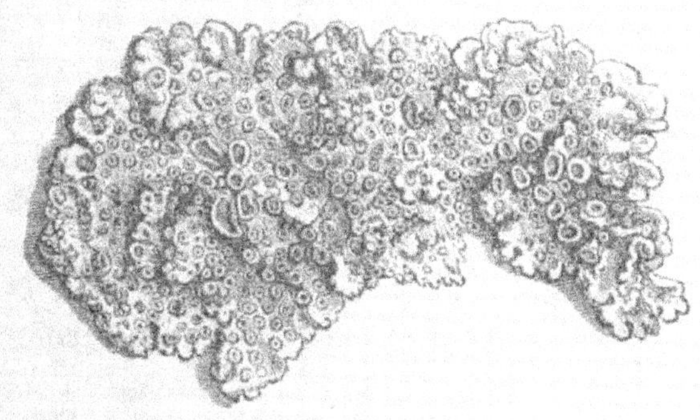

Fig. 110. — Lichen.

« bande circulaire de 8,000 kilomètres de dévelop-
« pement (1). »

L'Europe se trouve comprise entre la ligne *isotherme*
de 0 degré, c'est-à-dire entre la ligne des localités
présentant dans l'ensemble de l'année une moyenne
de température de 0 degré (elle passe au nord de l'Islande, au cap Nord et dans le nord-est de la Russie), et
la ligne isotherme de 20 degrés, plus particulière à
la côte méditerranéenne de l'Afrique, mais confi-

1 Elisée Reclus.

nant cependant à l'Europe, vers la partie du Portugal qui avoisine le cap Saint-Vincent. La ligne isotherme, marquant la température moyenne de l'Europe, est celle de 10°, qui passe au sud de l'Islande, coupe obliquement l'Angleterre du nord du pays de Galles à l'embouchure de la Tamise, passe au-dessus du Zuyderzée et se dirige ensuite vers le sud-est, en longeant les monts de Bohême et en traversant la Hongrie, la Valachie et la Crimée.

L'action de l'Océan se fait sentir surtout sur les *lignes isochimènes*, marquant la suite des localités qui jouissent de la même température moyenne pendant l'hiver, et sur les *lignes isothères*, formées de la succession des localités ayant la même température moyenne pendant l'été. L'Océan adoucit les hivers aussi bien que les étés; il contribue donc à relever vers le nord les lignes de température de l'hiver et à abaisser celles de l'été vers le sud, produisant ainsi, dans la partie occidentale de l'Europe, des *climats tempérés*, tandis que les climats continentaux de l'est de l'Europe sont essentiellement des *climats excessifs*. A mesure qu'on s'avance de l'Atlantique vers l'Oural, on constate facilement, du reste, que la *quantité de pluie qui tombe annuellement diminue* et que le nombre de *jours de pluie* diminue également (208 sur la côte est de l'Irlande, 141 dans les plaines allemandes, 90 à Kazan). Enfin, la distribution de la pluie, suivant les saisons, varie également à l'infini. La *saison pluvieuse* par excellence est l'*hiver* dans le sud de l'Espagne, la Sicile, l'Italie méridionale et le Péloponèse; c'est l'*automne* dans le reste de l'Espagne et la plus grande partie de la

France, les Alpes, l'Italie, l'Angleterre, la Scandinavie; c'est enfin l'*été* dans le centre et l'est de l'Europe (1).

Ces influences météorologiques, combinées avec le relief et la constitution géologique du sol, la direction des vallées, la distribution des eaux, donnent naissance à des climats nombreux, que l'on peut répartir dans quatre principaux groupes :

1° Les *climats hyperboréens*, dans le voisinage de l'océan Glacial. Les longues nuits l'hiver s'y prolongent pendant 24 heures et plus ; la température moyenne est des plus rigoureuses pendant les deux tiers de l'année et inférieure à zéro. Aussi la culture proprement dite n'y existe-t-elle pas. C'est à grand'peine que l'*orge* (*fig.*111) et l'*avoine* y peuvent pousser dans quel-

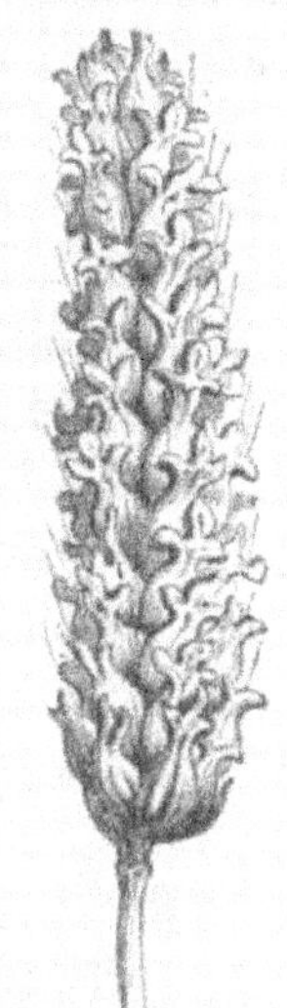

Fig. 111.-Orge trifurquée.

ques terrains bien exposés, deux ou trois mois de chaleur pouvant suffire à leur maturation, quel qu'ait été le froid de l'hiver. Les *sapins* (*fig.*112) et les *pins* y gèlent ; le sapin ne dépasse guère 68 degrés de latitude, et le pin 70. En Suède et en Norwége, le peuplier, le hêtre et le

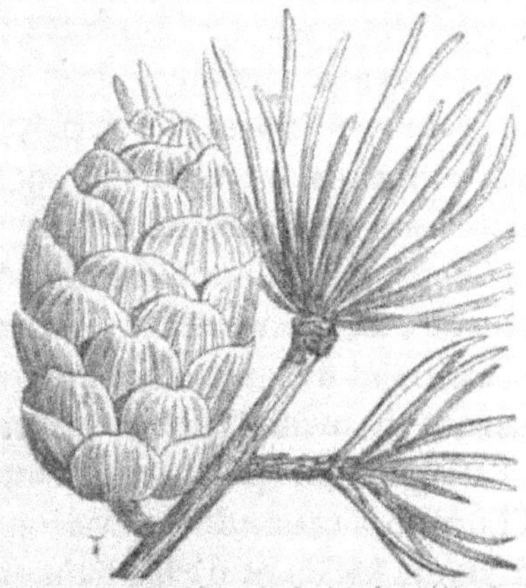

Fig. 112. — Abies larix (sapin méleze).

(1) E. Levasseur, *l'Europe.*

chêne s'arrêtent au 62° degré, et, près de l'Oural, ils ne vont pas au delà du 55°. Le hêtre même, vers la Caspienne, ne s'élève plus au delà du 42°.

2° Les *climats continentaux*, présentant de grands écarts entre les températures d'hiver et d'été et, le plus souvent, sans transition. A Moscou, par exemple, la moyenne du mois le plus froid est de 10 degrés au-dessous de zéro, et celle du mois le plus chaud de 17 au-dessus : l'écart est de 27°. Il est encore plus considérable à Kazan, puisqu'il s'y élève à 34° (de 16 au-dessous à 18 au-dessus).

3° Les *climats océaniques* ou *marins*, dont les hivers et les étés présentent une douceur relative, grâce aux vents d'ouest et à l'abondance des pluies d'automne (Norwége, Danemark, Iles Britanniques, Pays-Bas et région de la Manche, Pyrénées et Alpes).

4° Les *climats méditerranéens*, plus chauds générament que les précédents, soustraits à l'influence des vents pluvieux de l'Atlantique, mais en revanche exposés aux vents qui, par suite de la raréfaction de l'air dans le Sahara, soufflent vers l'Afrique ou qui, au contraire, reviennent, par des contre-courants, d'Afrique en Europe. Nous y trouvons la *région ibérique*, presque africaine dans l'Andalousie, Valence, Murcie, et même dans le midi du Portugal, où les pluies sont des plus abondantes et où souffle le *solano*, parent immédiat du *simoun*. Le plateau central de l'Espagne est plus sec qu'aucune autre contrée de l'Europe, à cause de l'élévation du sol et de l'alternance d'hivers froids et d'étés brûlants. A Madrid, l'écart des températures moyennes d'hiver et d'été monte à 18° ; il n'est que de 10° à Lisbonne. La *région italique,* dans sa

partie nord, jouit successivement d'un hiver froid
et d'un été chaud; mais, au sud-ouest des Apennins et
surtout en Sicile, la température devient plus également
ment chaude, au point de rendre possible la culture

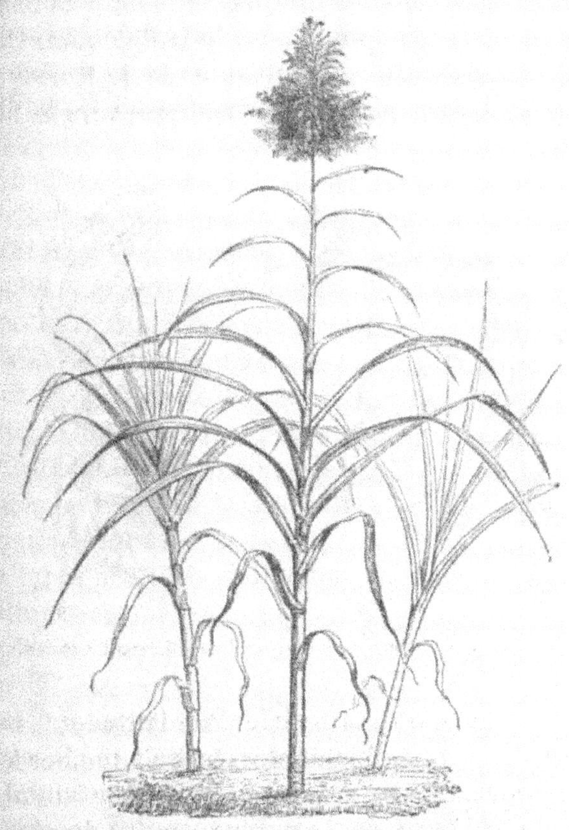

Fig. 113. — Cannes à sucre.

du coton et celle de la canne à sucre (*fig.*113). Quant à
la *région hellénique*, les climats y sont très-divers, en
raison de son sol mouvementé ; mais la température y

est généralement moindre que dans les deux autres
subdivisions des climats méditerranéens.

Nous avons indiqué les limites des zones de l'orge
et de l'avoine, du pin, du sapin, du peuplier, du hêtre
et du chêne. Le bouleau (*fig.*114) monte plus haut et
atteint presque l'embouchure de la Petchora. Quant
au blé, on le rencontre jusqu'au golfe de Murray, en
Ecosse, et il s'avance encore davantage vers le nord.

Fig. 114. — Chatons du
Bouleau blanc.   Fig. 115. — Avoine de Hongrie.

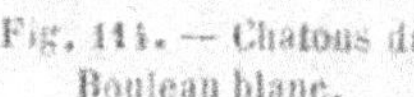

en Scandinavie, où il atteint 58° de latitude; la limite
de cette culture s'infléchit alors jusqu'à tomber à 55°,
à la hauteur de l'Oural. Ainsi, au nord de la latitude de
Saint-Pétersbourg, on ne cultive, en fait de céréales,
que l'orge, le seigle et l'avoine (*fig.*115) ; mais, au midi
de Saint-Pétersbourg, le seigle commence à devenir
plus abondant. Le froment fait ensuite son apparition.
Néanmoins, c'est encore le seigle qui domine jusqu'à la

latitude de York et de Berlin, 52° 1/2. Au-dessous de
cette ligne s'étend le domaine proprement dit du froment et, surtout, du blé tendre, qui se prolonge jusqu'à la région méditerranéenne. Dans cette nouvelle
région à blé, produisant principalement du blé dur,
apparaissent le riz et le maïs (*fig.*116). La courbe de la
vigne est des plus capricieuses. De l'embouchure de la
Loire elle s'élève jusqu'à Paris, puis
jusqu'à Berlin, s'infléchit légèrement et se dirige à l'Est presque
sans dévier de l'horizontalité. Quant
au châtaignier, avide d'humidité
mais ennemi du froid, il ne dépasse guère la pointe de Cornouailles, non plus que la latitude
de Bruxelles, et se dirige ensuite
en ligne droite sur la Bessarabie et
la Crimée.

Le climat méditerranéen convient
au mûrier et au ver à soie. Mais
il se subdivise lui-même en régions
différentes. Les limites de la région
de l'olivier se confondent presque
avec celles de ce climat, tandis que
celles de l'oranger laissent en dehors

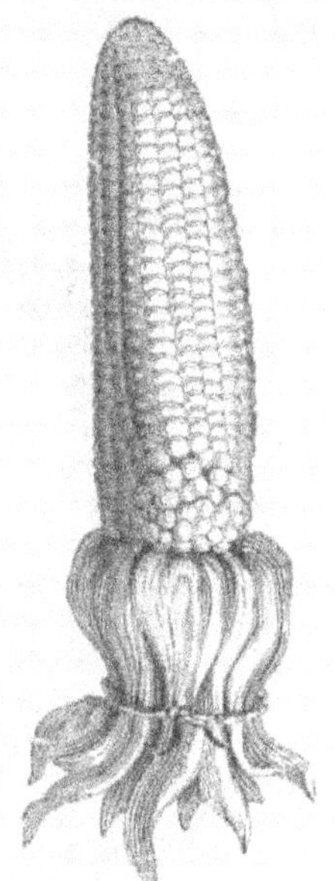

Fig. 116. — Maïs d'été
ou d'août.

tout le nord-ouest et toute la partie montagneuse du
nord de l'Espagne. La limite de la zone de l'oranger (*fig.*
117) passe ensuite au cap Creux, enveloppe la Provence,
toute la partie de l'Italie située au midi de Turin, de
Plaisance et de Ravenne, l'ouest de l'eyalet de Janina,
la partie de la Grèce qui se trouve au sud-ouest du Pinde
et de ses ramifications, enfin les environs d'Athènes

et la Morée. Une dernière subdivision du climat méditerranéen est celle de la région du dattier, qui ne
s'élève pas au delà de Lisbonne et de Valence, de l'île
Mayorque, de la partie centrale de la Sardaigne, de
Naples et de Voggia, en Italie, du lac d'Ochida, en

Fig. 117. — Oranger.

Roumélie, et s'infléchit devant le Rhodope pour traverser ensuite la mer de Marmara. L'amandier et le
citronnier recherchent également les régions les

plus favorisées du soleil, de même que le palmier, dans la plaine d'Alicante, et le cotonnier, en Sicile et dans la campagne de Salonique (1).

Les variations de climats modifient parfois le genre d'existence des plantes. Ainsi, le réséda et le ricin, vivaces en Égypte et même en Algérie, deviennent annuels dans le nord de la France, étant régulièrement brûlés par les premiers froids de l'hiver.

Le climat de la France n'est autre que le résumé des climats européens. « Au nord, les brumes, mais « aussi l'humidité féconde de la Hollande et de « l'Angleterre ; au centre, la tiède température de « l'Orléanais et de la Touraine, qui rappelle celle de « la Lombardie ; à l'ouest, l'égalité des climats mari- « times ; au sud, le soleil de l'Espagne et de l'Italie, « et les derniers souffles de ces vents brûlants qui « dessèchent les plaines sablonneuses de l'Afri- « que (2). » Toutefois, « la France, située tout entière « dans la zone tempérée, ne connaît ni les froids « excessifs, qui engourdissent la végétation, ni les « chaleurs qui la dessèchent : l'écart entre la tempé- « rature moyenne de l'hiver et celle de l'été ne « dépasse point 16 à 18 degrés centigrades. » La température moyenne générale de toute la France est d'environ 12 degrés centigrades et demi; mais elle varie d'une manière sensible selon la latitude, la proximité de la mer, l'altitude, la configuration des lieux, la nature du sol, la direction des vents prédominants et les saisons. Ainsi, la température moyenne est de 15° dans les départements situés au pied des Pyrénées et

(1) E. Levasseur, *l'Europe.*
(2) Pigeonneau, *Géographie commerciale de la France.*

sur la côte méditerranéenne. Le refroidissement devient sensible en avançant vers le nord. La ligne isotherme de 15° passe vers Bayonne, Pau, Foix, et décrit deux courbes, laissant au sud de son tracé les plaines de Nîmes et de Montpellier, ainsi que la partie de la Provence, voisine de Toulon, Draguignan et Nice, dont la moyenne est plus élevée, exposées comme le sont ces contrées au souffle des vents dévorants du midi.

Pour, de la ligne isotherme de 15°, gagner celle de 12° 1/2, il faut remonter le long des côtes de l'Atlantique jusqu'à Saint-Brieuc, tandis que, dans le milieu des terres, il n'y a besoin de s'élever que de Pau à Poitiers ou de Foix à Guéret. L'écart est plus grand entre Marseille et Semur, et il devient minimum entre Draguignan et Chambéry.

Si l'on compare les différentes régions de la France au point de vue de la température moyenne de l'été, on voit que les étés sont aussi chauds dans les Vosges et en Alsace qu'à l'île d'Oléron, en Saintonge, à Niort et à Guéret ; que l'hiver est aussi froid dans les Basses-Alpes, vers Digne, qu'à Privas, Aurillac, Périgueux, à l'île d'Oléron et dans la pointe du Finistère. C'est que les influences de latitude et de chaleur se compliquent des influences d'altitude et d'exposition. « La vigne, qui couvre les coteaux de la « Côte-d'Or, s'arrête au pied des Cévennes et des « monts du Morvan (*fig.*118) ; et telle vallée de l'Isère « exposée au midi produit le mûrier et la vigne, tandis « que la vallée voisine, ouverte aux vents du nord, ne « saurait cultiver même le froment (1). »

(1) Pigeonneau, *Géographie commerciale de la France.*

Quant aux pluies et aux vents, ils sont en quelque sorte la résultante de l'influence du Gulf-Stream. Dans le Finistère, il tombe jusqu'à 91 centimètres de pluie par an ; dans le reste de la Bretagne et dans la Manche, 80 ; dans les autres parties de la région océanique et dans la région des Pyrénées, 65, chiffre qui représente, à peu de chose près, la moyenne de

Fig. 118. — Vignerons transportant du raisin.

la France entière. Le vent du sud-ouest y domine, amenant de la mer des vapeurs, qui se condensent sur le continent en nuages (*fig.* 119) et en pluie, ou se heurtent contre les sommets des hautes montagnes neigeuses, produisant ce même effet de condensation. Aussi,

ÉCONOMIE RURALE.

dans le voisinage des Alpes, retrouvons-nous une moyenne de 91 centimètres de pluie par an, comme dans le Finistère; de même, nous rencontrons, à peu près dans la direction de la ligne de partage des eaux, partant du nord de la chaîne des Vosges et passant par le massif montagneux du centre de la France, une ligne moyenne de 67 centimètres de pluie, presque parallèle à celle de la région océanique. Seulement, sous l'influence des vents du voisinage de la Méditerranée, elle abandonne la ligne des faîtes et les Corbières, s'infléchissant vers l'est, sauf à décrire une forte concavité à la hauteur de la Provence, de manière à laisser isolée cette contrée particulièrement aride. Si l'on prend la moyenne des quantités de pluie qui tombent l'été, on observe que la proportion est plus forte dans le nord-est et à proximité des montagnes. Mais la concavité, décrite par la courbe des localités où la proportion des pluies d'été est de 20 %, s'écarte bien plus encore de la Méditerranée que la ligne de 67 centimètres de pluie, abandonnant à une sécheresse parfois funeste toute la partie de la vallée du Rhône située au midi de Tain et de Tournon, une partie des Hautes et des Basses-Alpes, la Provence, le Languedoc, en un mot, tout le sud et le sud-est de la France.

On a été amené, par l'ensemble des observations, à distinguer en France cinq régions climatériques:

1° Le *climat des Vosges*, aux hivers rigoureux et longs et aux étés chauds. La température moyenne y est de 9°,6. Le vent du nord-est, sec et glacial, y provoque de fréquents orages l'été et y fait tomber une plus grande quantité d'eau pendant cette saison. Il est délimité par le plateau de Langres au sud, par les Ardennes au nord-ouest; mais il renferme toute la haute Seine jusqu'au delà de Bar-sur-Seine.

2° Le *climat du bassin de la Seine* s'étend jusqu'à l'embouchure de la Loire et à une ligne droite allant de Tours à Nevers. Il y a des différences considérables de température entre les différents départements de cette région. Ainsi, la pointe du Finistère, dont la température est relativement douce et uniforme, ne peut être comparée à la Beauce, dépourvue de cours d'eau et desséchée l'été. La température moyenne de la région est de 10°, 9. Le vent du sud-ouest et les pluies d'automne y dominent; aussi les jours pluvieux y sont-ils plus nombreux que dans les autres parties de la France.

3° Le *climat de la Gironde*, d'une température plus élevée (moyenne 12° 7), présente des écarts plus sensibles entre l'hiver et l'été. Ici, l'observation que je viens de faire se représente avec encore plus de force. On ne saurait comparer les vallées des Pyrénées aux

Fig. 120. — Montagnes du centre de la France (Mézenc, etc.).

plaines de la Garonne, ni surtout aux montagnes du Limousin, de l'Auvergne et des Cévennes (*fig.* 120) qui jouissent d'un climat propre, qu'on pourrait appeler le *climat du plateau central.*

4° Le *climat du Rhône* (température moyenne 11°) comprend les vallées de la Saône et du Rhône jusqu'à la hauteur de La Voulte et de Privas. Il est des plus tempérés, exposé cependant à quelques brusques variations quand les vents du nord ou du sud s'engouffrent dans ces longues vallées.

5° Le *climat de la Méditerranée* (température moyenne 14°, 8) est très-caractéristique et comprend toute la partie du territoire contiguë à la mer. Vers la vallée du Rhône, la zone gagne du terrain dans le nord ; elle s'élargit et reste à peu près telle jusqu'aux Alpes. L'été est chaud et sec : c'est le soleil d'Italie qui se fait sentir ici ; la pluie y tombe moins souvent, mais elle y est néanmoins extrêmement abondante, surtout par les orages d'automne (1).

« Tel est le pays harmonieusement équilibré où
« vivent les Français, d'une plage septentrionale où le
« froid humide tuerait la vigne, à la rive éclatante où
« le vent du midi secoue les palmes du dattier
« d'Afrique. Telle est la France avec ses grandes
« régions : le *nord*, agricole, minier, manufacturier,
« commerçant ; le *nord-est*, encore boisé, sagement
« cultivé, manufacturier aussi ; le *nord-ouest*, agricole,
« pastoral et marin ; le *sud-ouest*, vinicole et frugifère ;
« le *sud*, terre des vins forts, de l'huile et du mûrier
« (*fig.* 121) ; l'*est*, puissamment montagneux, réserve

(1) Levasseur, *La France et ses colonies.*

« d'hommes vigoureux et tenaces comme le sont
« aussi les paysans, les terrassiers et les bergers du
centre » (1).

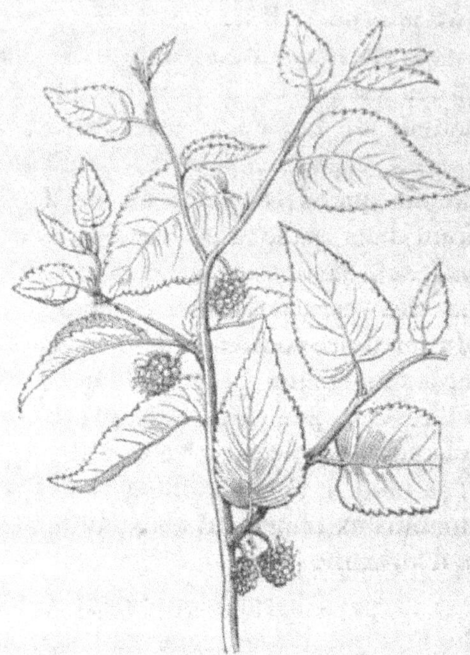

Fig. 121. — Mûrier.

Pour la France, comme pour l'Europe, il existe sept
zones agricoles, subordonnées à la distribution des
climats :

1° La *zone des céréales*, qui se confond avec la
France elle-même tout entière, sauf sur quelques
rivages de l'Océan et les sommets d'un certain nombre
de montagnes. Seulement, elles ne croissent pas indifféremment toutes dans les mêmes sols. Nous trouvons

(1) Onésime Reclus, *Géographie.*

le froment dans les sols riches, le seigle dans les sols pauvres, sous les climats froids et dans les régions élevées. L'orge craint l'humidité, et l'avoine (*fig*.122) la sécheresse.

2ª La *zone de la vigne*, qui, de l'embouchure de la Loire, s'élève jusqu'au-dessus de Paris et gagne les vallées de la Meuse et de la Moselle, vers leur sortie du territoire français. La vigne peut supporter les froids intenses, lorsque les chaleurs de l'été sont assez fortes pour les compenser. Elle ne réussit en aucune façon sous les climats humides et brumeux de Flandre, de

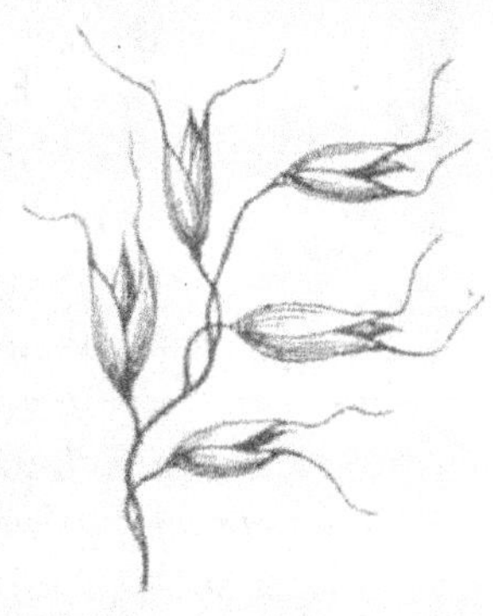

Fig. 122. — Avoine courte.

Normandie et de Bretagne ; elle mûrit, au contraire, en Alsace et en Lorraine.

3º La *zone du pommier* est, en quelque sorte, le complément de la précédente. Le pommier s'arrête, à quelque chose près, là où la vigne cesse de monter vers le nord. Par rapport à la ligne de démarcation, c'est le nord qui appartient au pommier, tandis que le midi est le domaine de la vigne.

4º La *zone du maïs* (*fig*.123), dont la limite septentrionale se confond à peu près avec une ligne tirée de l'île d'Oléron à Wissembourg, vers le confluent du Rhin et de la Lauter. Cette plante se plaît dans le midi, mais réussit aussi sur les plateaux du centre et résiste assez bien aux vents glacés du Limousin et aux gelées de l'Alsace.

Fig. 123. — Maïs nain à poulets.

5° La *zone du mûrier* ne dépasse pas Mâcon, non plus que la rive méridionale du lac de Genève. Vers l'ouest, elle ne franchit pas les Cévennes, mais envahit le climat girondin, en les contournant, et n'est délimitée que par une courbe qui passe à Cahors, Montauban, Toulouse, Carcassonne et Narbonne. Tout le sud-est est compris dans cette zone.

6° La *zone de l'olivier* se confond à peu près avec le *climat méditerranéen*. Elle s'arrête aux Cévennes et ne dépasse pas Valence dans la vallée du Rhône.

7° La *zone de l'oranger*, fort restreinte, située sur les bords de la Méditerranée, dans quelques cantons de la Provence et du comté de Nice, abritée par les Alpes de Provence contre les vents du nord.

Ces indications ne sont pas absolues. Par exemple, on cultive du maïs en Bretagne et même en Flandre.

A Cherbourg enfin et même au Havre, grâce aux tièdes émanations de la Manche, on fait venir en pleine terre des plantes qui ne poussent à Paris que dans des serres (1).

Le climat ne fait pas moins sentir son influence sur la faune que sur la flore du globe. Cela se comprend fort bien, par la nécessité où sont les animaux de manger des végétaux pour se repaître, à moins qu'ils ne soient carnassiers. Dans ce dernier cas, l'action du sol et de la végétation se fait sentir par l'intermédiaire des herbivores ou des insectivores dont

(1) Lavasseur, *La France et ses colonies.*

ils font leur nourriture. Les végétaux varient suivant les
climats; les animaux qui en vivent doivent varier éga-

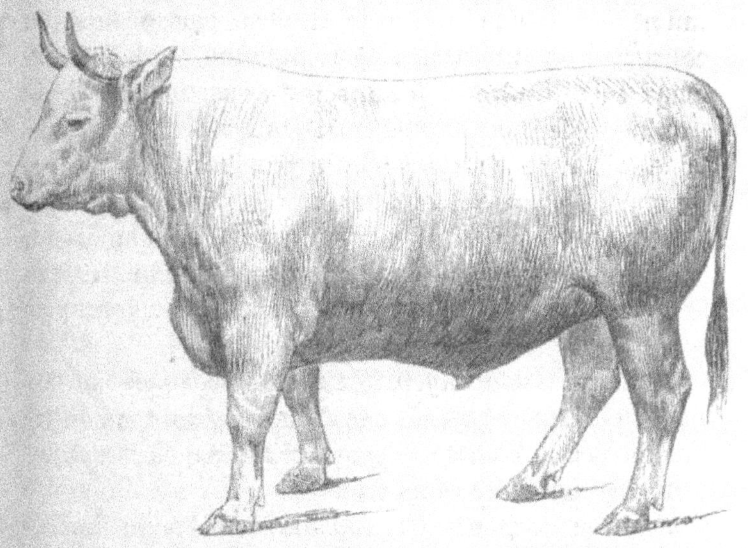

Fig. 124. — Bœuf charolais.

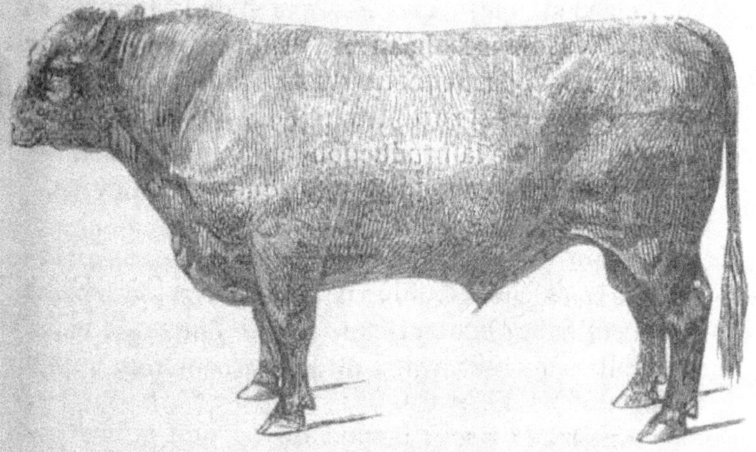

Fig. 125. — Taureau d'Angus (race sans cornes).

lement. Mais il faut tenir compte aussi de l'influence
plus directe de la température et de l'atmosphère.
Ainsi, le bœuf charolais (*fig*.124) se plaira dans le Morvan et la vallée de la Saône ; il sera impossible de le
conserver dans le bassin de la Garonne. Le bœuf normand se répandra bien dans les départements limitrophes de la Normandie, mais il s'arrêtera à une certaine distance et ne descendra pas jusqu'à la Loire.
De même pour le bœuf flamand ou hollandais, qui
s'est répandu jusques assez loin au midi de Paris. Et,
si nous sortons de France, il y a un abîme entre le
bœuf de Durham et nos races naturelles, entre le
bœuf du Simmenthal et le *bazadais*, entre le bœuf de
Hongrie et l'*angus* (*fig*.125). Le mouton monte moins
haut dans le nord que le bœuf, mais il descend peut-
être plus avant dans le désert africain. Le cheval paraît
plus cosmopolite. Encore trouvons-nous une singulière
opposition entre le cheval d'Algérie ou d'Arabie (*fig*.126)
et le percheron ou le carrossier normand, entre le
cheval des steppes de la Pologne et de la Hongrie et
nos précieuses races de Tarbes et du Limousin. L'âne
et le mulet appartiennent à des régions parfaitement
circonscrites. C'est surtout dans l'ouest et dans le midi
de la France que la production en a pris de sérieux
développements, ou alors en Afrique et en Égypte.

Il existe pour tous ces animaux des zones naturelles. Elles sont troublées par les perturbations
qu'y occasione l'action incessante de l'homme ; mais,
en dépit des croisements et des soins extrêmes qu'il
apporte dans l'élevage des animaux domestiques,
s'il se relâche un seul instant de ses efforts, les in-

fluences naturelles reprennent le dessus et les races
primitives reparaissent, à moins toutefois qu'elles

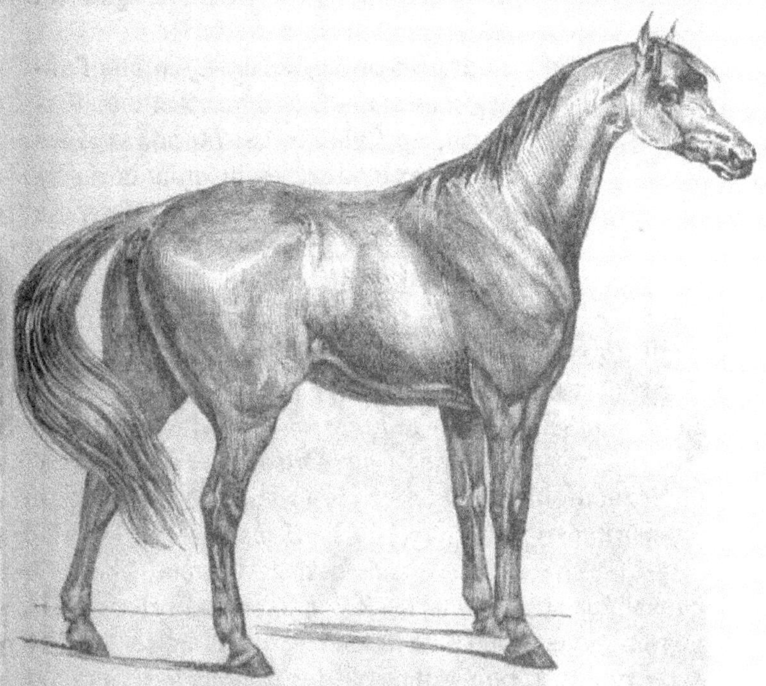

Fig. 126. — Cheval arabe.

ne disparaissent par suite de l'insouciante négligence
et de la coupable ignorance de ceux qui exploitent
les richesses du sol.

On a divisé le globe en six zones animales :

1° La *zone arctique*, pauvre en animaux, nourrissant,
avec ses poissons, d'immenses quantités de *phoques*,
de *morses*, de *pingouins*, d'*eiders*, et des animaux à
fourrure épaisse, comme la *gerboise* (*fig.*128), le *lièvre
polaire*, et, en approchant de la limite septentrionale

des forêts, la *martre* et le *renard* au fin pelage. Dans cette zone, l'animalité domestique ne se compose guère encore que du *chien* et du *renne* (*fig.*127).

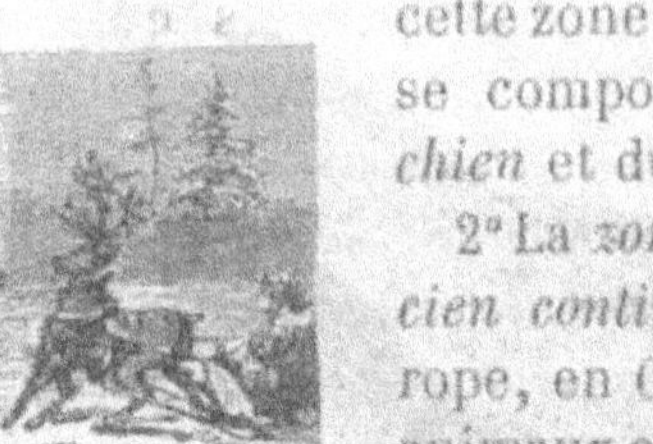

Fig. 127. — Renne.

2° La *zone tempérée boréale de l'ancien continent*, comprenant : en Europe, en Chine et au Japon, tous les animaux et insectes que nous connaissons : *cygnes, oies, abeilles, vers à soie, pigeons, canards, perdrix, moi-*

Fig. 128. — Gerboises.

Fig. 429. — Hémione.

Fig. 430. — Lièvre.

*neaux, poules, cailles, faisans, sarcelles, porcs, cerfs,
bœufs, moutons* (Europe occidentale), *chevaux, aurochs*

Fig. 131. — Bison.

(Caucase) ; dans l'Asie centrale, l'*hémione* (*fig.* 129),
l'*onagre,* le *yak* ; dans la région méditerranéenne, le
scorpion, la *petite tortue de terre*, la *perdrix*, la *caille*,

Fig. 132. — Lama.

Fig. 133. — Casoar.

la *pintade,* le *lièvre* (*fig.* 130), le *chacal* (Afrique) et le
mouflon.

3° La *zone tempérée boréale du nouveau continent*, comprenant : le *corbeau*, le *geai*, le *pigeon migra-*

Fig. 134. — Civette.

teur, le *dindon*, l'*écureuil*, la *marmotte*, le *chien des prairies*, le *bison* (*fig.* 131), le *lièvre*, etc.

4° La *zone tropicale*, riche en oiseaux et en animaux de toute sorte, mais présentant, en fait d'espèces utilisables : en Amérique, le *cabiai*, l'*agouti*, le *tapir*, le *lama* (*fig.*132), l'*alpaca*, la *vigogne*, etc.; en Afrique et dans l'Inde, l'*autruche*, le *buffle*, le *zèbre*, la *gazelle*, l'*antilope*, l'*éléphant*, le *dromadaire*; en Océanie, le *casoar* (*fig.*133).

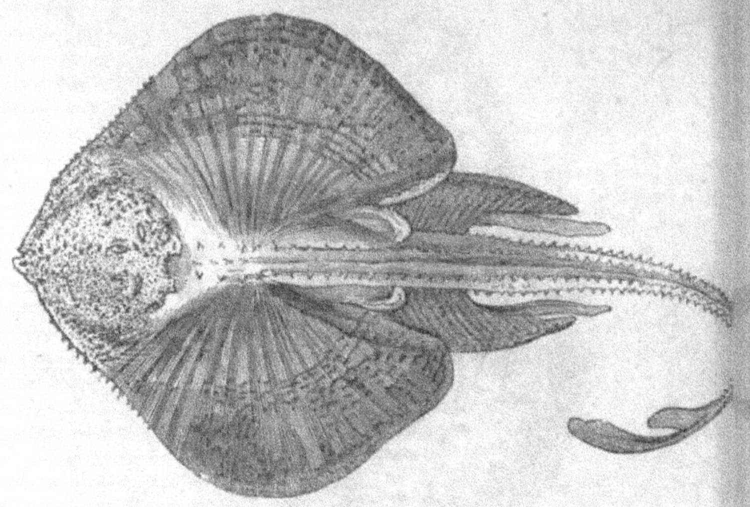

Fig. 135. — Raie Batis.

5° La *zone tempérée australe*, donnant : en Amérique, le *mara* (analogue au lièvre) et le *grison*; en Afrique, le *zèbre*; et le *bœuf de Cafrerie*; à Madagascar, la *civette* (*fig.*134); en Australie, le *casoar*, le *dinormis*, le *cygne noir*, le *kangourou*; dans la Nouvelle-Zélande, l'*aptéryx*.

6° La *zone de l'Océan*, présentant la *baleine*, le *phoque* et le *morse* au sud des pôles, le *saumon*, l'*alose*, le *hareng*, la *sardine*, la *morue*, le *maquereau*, le *turbot*, le *thon*, la *sole*, la *raie* (*fig.* 135), dans les régions tempérées ; le *cachalot* et le *lamantin*, sous les tropiques.

Les cinq premières zones n'ont rien de bien rigoureux. Leurs faunes se croisent et s'entre-croisent par suite de l'intervention de l'homme. Aussi ne faut-il jamais les prendre rigoureusement à la lettre et ne les envisager que comme des indications tout à fait approximatives.

CHAPITRE VII.

DES SAISONS.

Nous avons étudié jusqu'ici deux des éléments exerçant sur la production végétale l'action la plus considérable : la nature du sol et le climat. Mais ce climat, dans un lieu donné, quel qu'il soit, ne reste pas le même uniformément du commencement de l'année jusqu'à la fin. Il se présente, suivant les époques, sous des aspects

divers dont l'ensemble seul lui donne son caractère
propre. Ces modifications, qu'il subit dans le courant
de l'année et qui, dans de certaines limites assez fixes,
se reproduisent régulièrement dans le même ordre
sont dues à l'évolution réelle, annuelle et régulière, de
la terre autour du soleil, ou, ce qui revient au même, à
l'évolution *apparente* du soleil autour de la terre
(*fig.* 137). Ce sont les changements successifs de la
position de la terre par rapport au soleil qui déterminent les différences de température constatées à sa
surface aux diverses époques de l'année. Ces changements sont bien les mêmes, en principe, pour tout le
globe ; mais ils se produisent avec des divergences
nombreuses et de notables écarts suivant les variations résultant de l'influence de la situation géo-

Fig. 136. — Inclinaison des rayons solaires sur le sol. A, soleil ;
ABC, terrains subissant l'action solaire.

graphique des localités. L'action solaire est d'autant
plus puissante, que la direction des rayons se rap-

proche davantage de la perpendiculaire (*fig*. 136). C'est ce qui fait que, sous les tropiques, les saisons ne se présentent point de la même façon que dans nos climats tempérés. Dans les pays de la zone équatoriale, on ne constate guère que deux saisons : l'*été* et l'*hiver*. Les saisons intermédiaires, le *printemps* et l'*automne*, y restent à peu près inconnues. Le même fait se reproduit dans les régions polaires. Mais le caractère de ces étés et de ces hivers diffère absolument de celui des étés et des hivers de nos climats. L'hiver des pays chauds ressemble presque à un de nos étés les plus doux; l'été des pays froids présente une grande analogie avec notre printemps.

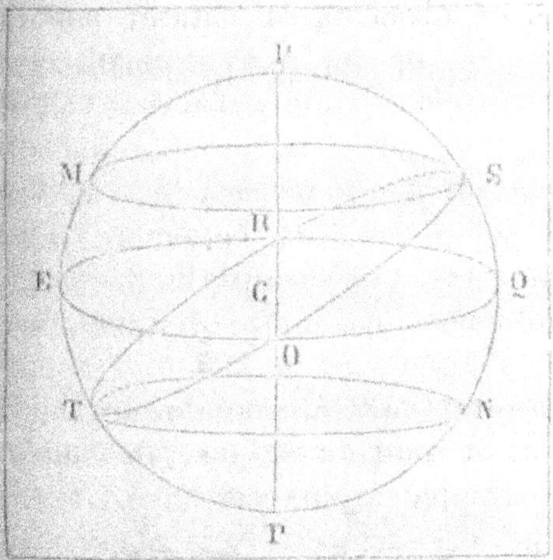

Nous n'avons à nous occuper ici que des saisons de nos climats tempérés. Ils s'étendent à peu près sur toute la partie du globe comprise entre les tropiques et les cercles polaires présentant néanmoins des exceptions partielles, pouvant s'appliquer à toute une contrée et, d'autres fois, se limitant à des localités isolées.

Fig. 137. — Mouvement apparent du soleil par rapport à la terre. OSRT, écliptique apparent; C,Terre ; OQRE, plan de l'équateur céleste; parallèle MS, tropique du Cancer ; parallèle NT, tropique du Capricorne ; OR, points équinoxiaux; S, solstice d'été ; T, solstice d'hiver.

Lorsque le soleil paraît traverser l'équateur le 21 mars et le 23 septembre, il se trouve à égale distance des deux pôles de la terre. Les deux hémisphères sont également éclairés, et les jours ont la même durée que les nuits. Ces deux époques s'appellent les *équinoxes*, c'est-à-dire *nuits égales*. Lorsqu'au contraire, arrivé à l'un ou l'autre tropique, il paraît s'arrêter et cesse de s'avancer vers le pôle correspondant pour revenir dans la direction de l'équateur, soit le 20 ou 21 juin, soit le 20 ou 21 décembre, ces deux époques ont reçu le nom de *solstices*. Ce sont les solstices et les équinoxes combinés qui déterminent la division de l'année en *saisons*.

« Le printemps, ce réveil de la nature, stimule
« l'esprit d'observation. Les plus rétifs semblent alors
« résolus à regagner le temps perdu.... On veut voir de
« plus près tout ce qui vit, jusqu'aux insectes qui bour-
« donnent autour des oreilles du promeneur... Mais ce
« beau zèle n'a, hélas ! qu'une durée éphémère ; il est
« fugace comme un arome. A mesure que les merveilles
« de la nature se multiplient, leur charme diminue, l'œil
« s'y habitue ; à l'habitude succède bientôt l'indiffé-
« rence, et, aux approches de l'été, le nombre des objets
« à étudier s'accroît au point de dérouter, de fatiguer
« l'attention de l'observateur le plus déterminé. L'année
« suivante ramènera la même cause et le même effet.
« Non, ce n'est pas au printemps, mais en *hiver*, qu'il
« faut commencer l'étude de la nature... La richesse,
« c'est la belle saison ; la pauvreté, c'est l'hiver. Voyez
« plutôt. Quand la végétation s'est dépouillée de sa
« parure, la plus humble fleur que vous rencontrez
« vous cause la plus agréable surprise ; six mois plus tôt

« vous l'auriez foulée aux pieds ; vous vous baissez
« maintenant pour la cueillir... Elles sont bien peu
« nombreuses, les plantes qui, dans nos champs, fleu-
« rissent et fructifient en hiver. Il est donc facile de
« les cueillir et de les étudier toutes... (1) »

C'est par l'hiver, en effet, qu'il faut aborder l'é-
tude des saisons, en agriculture comme en histoire
naturelle. L'*hiver* commence au solstice d'hiver et finit
à l'équinoxe du printemps, c'est-à-dire qu'il dure du
20 ou 21 décembre au 21 mars, soit 89 jours 2 heures
2 minutes. Sa température moyenne, à Paris, est de
3° 3 ; celle de la France entière est un peu plus élevée,
à peu près 5°. On se souvient de la direction suivie
par la ligne isochimène de 5° ; elle représente la
moyenne de la France entière. Les trois mois qui appartiennent, à proprement parler, à l'hiver, sont donc
ceux de *janvier, février* et *mars*. A cette époque, le cultivateur emploie son temps, suivant la situation météoro-
logique de l'atmosphère, *en labours de défoncement,*
en *défrichements,* en premiers labours (*fig.*138) pour
betteraves, carottes, etc. C'est le moment de transporter sable, marne, chaux et pierres pour l'amendement du sol et la construction des murs de clôture ;
ou bien d'épierrer les *terres* et de *ferrer les chemins,*
d'ouvrir des fossés pour les dessèchements, de nettoyer les prés, de ramasser les feuilles, d'élaguer les
arbres et les haies, d'arracher les ronces, de fumer les
herbages, surtout s'il s'agit d'y déposer des engrais
qui ne soient pas entièrement faits et dont il y ait lieu
d'enlever les paillis ultérieurement. C'est avant la fin

Ferdinand Hoefer, *Les Saisons.*

de l'hiver qu'on fait les premières semailles des prairies annuelles et que l'on commence les ensemencements de printemps (avoine, orge, betterave, carotte).
L'hiver, enfin, on procède au battage des grains (*fig.* 139).

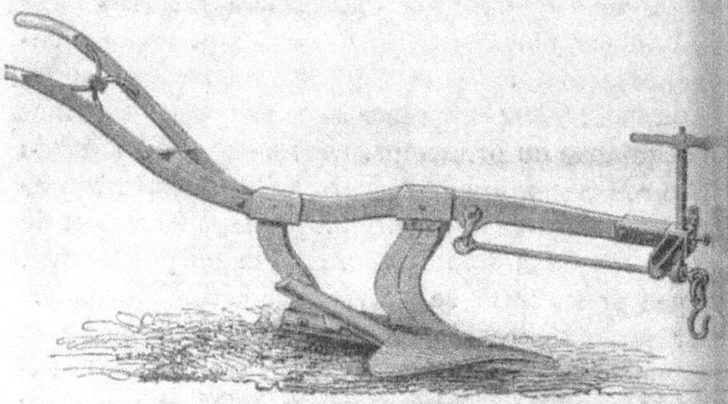

Fig. 138. — Charrue sous-sol.

et des fèves, on fait l'inventaire des instruments
et des produits de la ferme. La plus grande partie
des animaux sont nourris à l'étable, et l'on doit éviter,
avec le plus grand soin, de les exposer à des variations
de température trop brusques et trop considérables (1).

L'hiver, les brebis mettent bas et l'on engraisse
le plus généralement les bestiaux, car c'est le moment
le plus favorable. On possède alors les aliments les plus
propres à cette opération: tourteaux, châtaignes, orge,
féverolles, pois en grains ou en farine. En outre, les
animaux fatiguent moins; on peut donc, avec
moins d'inconvénients, leur faire consommer des

(1) Magne, *Traité d'agriculture pratique.*

Fig. 139. — Machine à battre de Renaud et Sotz, mue par une locomobile.

fourrages peu nutritifs, comme pailles et foins de marais.

La température moyenne de *janvier* à Paris oscille autour de 2° 3. Elle est un peu plus basse dans le reste du département de la Seine, mais elle est plus élevée pour la France entière. Pendant ce mois, de préférence, on laboure et on transporte les engrais et les amendements, on cure les fossés et les rigoles.

Février, à Paris, se présente avec une température moyenne de 4° 5. C'est le mois le plus court de l'année et aussi l'un des plus sujets à la pluie. On continue le labourage et les fumures, on herse (*fig.* 140) les terres en semencées à l'automne, on commence les semailles du printemps.

Mars (moyenne de température, à Paris, 6° 3) marque la transition, au point de vue de la végétation, entre l'année ancienne et la nouvelle. La séve se prépare à prendre son élan. Mars ferme l'hiver et inaugure le printemps. C'est un moment de grande activité ; on laboure, on fume et on herse plus que jamais ; enfin, on s'y trouve en pleines semailles (*fig.* 141) de printemps.

Le *printemps* commence à l'*équinoxe de printemps*, le 21 mars, pour finir au solstice d'été le 20 ou 21 juin. Il dure 92 jours 21 heures 74 minutes. Sa température, en moyenne, à Paris, s'élève à 10° 3. Les mois qui lui appartiennent en propre sont ceux d'*avril*, de *mai* et de *juin*.

Avril est l'un des mois les plus décisifs pour les arbres à fruits, alors en pleine floraison. Le rendement en est assuré ou détruit, selon le plus ou moins de régularité de la saison. C'est le moment de

Fig. 140. — Herse suédoise.

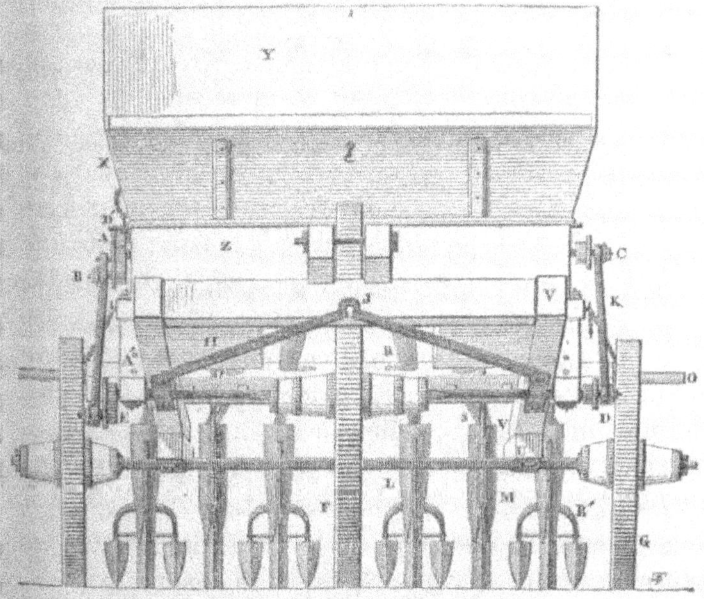

Fig. 141. — Semoir vu par devant. — X, caisse en bois supportée par trois roues FGG; M, coutres précédant chaque tube conducteur de la semence ; B', racloir en fer qui recouvre la semence de terre ; B, cylindre de l'auge antérieur ; A, cylindre de l'auge postérieure ; R, tube conducteur.

la terrible *lune rousse* et, selon le dicton,

> Tant que dure la lune rousse,
> Les fruits sont sujets à fortune,

ou, comme ajoute le paysan de la Drôme,

> La lune rousse est la lune des abîmes.

En effet, on peut répéter, avec les Berrichons, que

> La lune rousse est toute bonne ou toute mauvaise,

et, avec le cultivateur du Forez :

> Récolte point n'est arrivée,
> Que lune rousse ne soit passée,

car c'est l'époque de ces gelées tardives qui causent tant de dégâts à l'agriculture presque chaque année et dont on cherche à se préserver maintenant au moyen de *nuages artificiels*.

La température s'élève notablement (moyenne de Paris, 10°1) ; les semailles se terminent, ainsi que le hersage et le roulage (*fig.*142) des sols ensemencés. On se met déjà à sarcler et à biner.

Mai commence à permettre au cultivateur d'établir quelques prévisions à l'égard des espérances qu'il aura le droit de concevoir. La température devient plus stable (moyenne de Paris, 14°2). On bine plus activement que jamais pour détruire les mauvaises herbes et ameublir le sol, de façon qu'il absorbe mieux l'humidité. On fume et on laboure les jachères, on repique la betterave et le tabac, on effectue les derniers semis de colza, de lin et de chanvre (1).

(1) Boursin, *Manuel d'agriculture*.

Avec *juin*, nous abandonnons le printemps pour entrer en plein été. Ce n'est pas que la température

Fig. 142. — Rouleau Crosskill.

moyenne soit beaucoup plus élevée qu'en mai (17°1, en moyenne, à Paris, au lieu de 14°2); mais elle est plus soutenue. On sarcle les avoines, on fume les jachères, on donne aux vignobles le second labour, enfin on *butte* les pommes de terre, c'est-à-dire qu'on relève la terre en *buttes* sur leurs racines soit avec la *houe*, soit avec la *bêche*, soit avec une *charrue à butter* (*fig.*143) qui, en parcourant les espaces ménagés entre les lignes de pommes de terre, déverse à droite et à gauche la terre qu'elle prend dans le sentier et butte ainsi les plants placés de chaque côté (1).

Pendant toute la durée de cette saison, la végétation éclate comme une sorte d'explosion de la nature. Sous l'action de chaleurs fortes et de pluies fréquentes à cette époque, les céréales s'enracinent vigou-

(1) *Cours complet d'agriculture* de MM. de Morogues, Mirbel, Payen, etc.

reusement, les pâturages deviennent fort riches.
Les animaux changent de poils; pour eux c'est la

Fig. 143. — Buttoir. I, versoir.

saison des amours et de la reproduction. Ils exigent,
à ce moment, d'assez grands soins. Les journées deviennent longues, les chaleurs fortes, les travaux
pressants. Les bêtes d'attelage ont besoin de recevoir
une nourriture plus substantielle. On met les bestiaux *au vert*, ce qui est généralement avantageux,
surtout pour ceux qui ont reçu des aliments secs
et poudreux et perdent difficilement leurs poils
d'hiver. *La saillie* des juments, commencée en
mars et avril, et même, dans certaines régions de
la France, en février, continue. En Bretagne, en raison de l'humidité extrême du climat, le mois de
juin est le moment de toute son activité.

Si l'on ne veut pas les faire saillir et qu'on cherche, au contraire, à les conserver au travail ou à l'engraissement, l'époque est propice à leur *castration*. Enfin, on sèvre les agneaux et l'on commence à éduquer les poulains. Mais, nous le répétons, l'instabilité de la température dans cette saison, sujette à d'importantes variations, impose de grandes précautions, car l'animal, successivement exposé aux vives chaleurs du jour et aux extrêmes fraîcheurs de la nuit, peut contracter des catarrhes, des maladies de poitrine, des rhumatismes.

Le solstice d'été, le 20 ou 21 juin, ouvre donc l'*été* proprement dit, qui récompense l'agriculteur de ses peines d'une façon plus ou moins fructueuse. Il finit le 23 septembre, après avoir duré 93 jours 13 heures 58 minutes ; c'est la plus longue des saisons, tandis que l'hiver en est la plus courte. Sa température moyenne, à Paris, monte à 18°1. Très-active

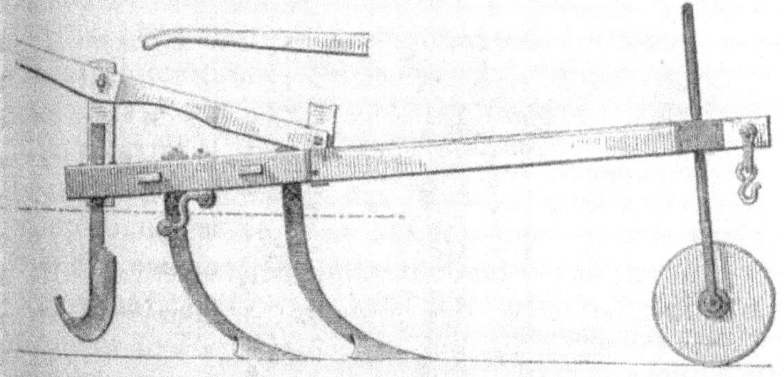

Fig. 144. — Houe à cheval.

encore au début, la végétation ne tarde pas à se ralentir, surtout dans le Midi. Les pluies y sont rares

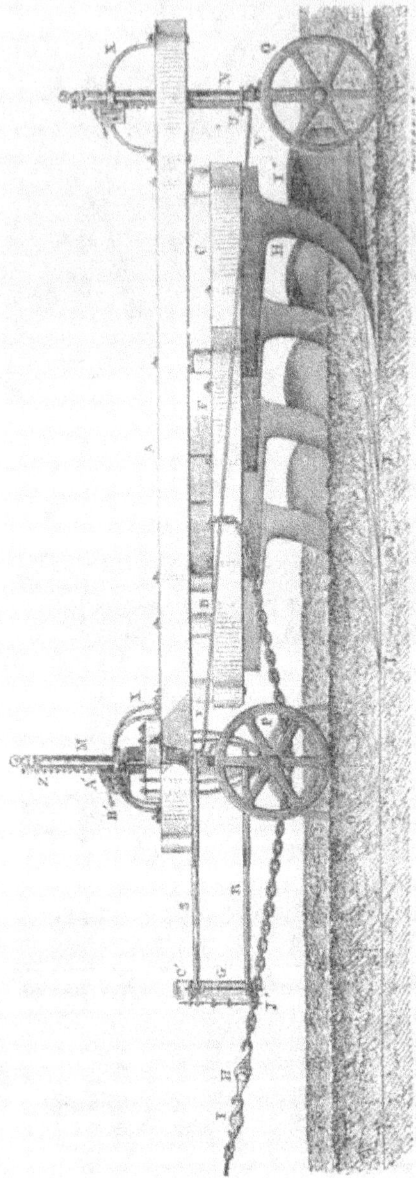

Fig. 145. — A, flèche du maître-âge, toutes les pièces de l'appareil venant y aboutir; B, grandes branches du parallélogramme porte-soc; C, petite branche du porte-soc; D, E, pièces de bois servant à éloigner ou rapprocher le porte-soc de la flèche; H, maître palonnier; T, M, N, essieux des roues; O, P, Q, roues; V, bielle qui rend les trois roues solidaires; X, régulateur de la chaîne d'attelage; Z, crémaillère; G', âges en fonte; I' versoirs; J' socs en fer.

et il y tomb[e] à peine 15 cen[-] timètres d'ea[u] pendant le[s] mois d'été, qu[i] sont surtou[t] ceux de juillet, d'août et de sep[-] tembre.

En *juille[t]* (températur[e] moyenne, à Pa- ris, 18°8), on la[-] boure, on fume, on herse tou[-] jours les jachè- res, on sarcle et on bine avec la houe à cheval (*fig.* 144); par exemple, on sè- me les navets, le sarrasin et le trèfle, on fauche le foin, on com- mence même à moissonner.

Suit le mois d'*août* (tempé- rature moyen- ne, à Paris, 18°6), avec le coup de feu de la moisson (*fig.* 146), la hâte à apporter dans la rentrée des récoltes, les soins à prendre pour la mettre à l'abri et en assurer la conservation. On termine les labours de jachères, on sème le colza, le navet, le trèfle, etc.

Septembre nous introduit en automne avec une moyenne de 15°7 de température. Les récoltes sont terminées, rentrées ou mises à l'abri. Le sol redevient vacant; il faut, sans perdre de temps, le rouvrir avec la charrue (*fig.*145), le déchausser, l'aérer, l'engraisser, afin de préparer les semailles d'automne; puis on se recueille pour procéder à la vendange.

Ceci nous fait gagner l'*équinoxe* d'*automne* et la date du 23 septembre, qui ouvre cette saison, la plus agréable peut-être de l'année (température moyenne, 11°2 à Paris). Elle est presque toujours fort belle dans nos climats et n'a guère une durée plus longue que celle de l'hiver (89 jours 16 heures 47 minutes).

Octobre est le vrai mois des vendanges. D'autre part, on procède à l'ensemencement des terres préparées dès septembre, de même qu'aux semis des forêts (*fig.* 147).

Puis, en *novembre*, on termine les semailles d'automne et l'on songe déjà à labourer les autres sols destinés aux ensemencements de printemps, enfin on plante la vigne.

L'évolution agricole est close par *décembre*, consacré au calme et au repos. On profite de ce mois d'inactivité pour effectuer le transport des marnes et des fumiers; on taille la vigne et l'on vaque aux travaux intérieurs de la ferme.

Dès le commencement de la saison, on *sème des prairies* pour le printemps, mais on continue encore vers le milieu d'octobre et à la fin de novembre, afin d'avoir, l'année suivante, de la nourriture aqueuse jusqu'au

Fig. 145. — Les travaux de la moisson.

moment où l'on pourra faucher les prairies vivaces ou les fourrages semés après l'hiver. Vers la fin de l'automne, on remplace les plantes herbacées par les racines alimentaires.

C'est alors aussi qu'il faut procéder à l'*écobuage* et aux brûlis de toutes sortes, en mettant le feu aux ronces, ajoncs, bruyères, qu'on ne veut pas arracher. Enfin, on doit sevrer les poulains et les génisses, en livrant de bons pâturages aux jeunes animaux et en réduisant la nourriture des mères.

Telle est la succession des saisons avec leurs caractères propres. Leur diversité est favorable à l'économie animale et entretient dans l'exercice des fonctions un équilibre nécessaire à la santé.

« Les années, disaient les anciens, sont salubres,
« quand le printemps est chaud et tempéré par des
« pluies douces, l'été chaud et sec, l'automne froid
« et sec, l'hiver froid et humide, et que ces carac-
« tères sont tranchés sans être exagérés.

« Les saisons *régulières* sont aussi favorables au
« bon emploi des attelages et à la réussite des ré-
« coltes, que salutaires à la santé des êtres vivants. »
Au contraire, les saisons *irrégulières*, empiétant les

Fig. 147. — Intérieur d'une ferme à la fin d'octobre.

unes sur les autres, sont ordinairement fort dangereuses, car elles contrarient les travaux agricoles, compromettent les récoltes et altèrent la santé des animaux. Mais ce qui produit le plus de mal, c'est le

froid et le chaud survenant dans des temps anormaux.
C'est ensuite la sécheresse, enfin la persistance des
pluies, qui rendent parfois le printemps et l'été aussi
humides que l'hiver. La gelée, non pas tant violente
qu'intempestive, cause, chaque année, des dégâts incalculables. On a vu, ces dernières années, des gelées
tardives, en mai et même en juin jusqu'au 24, faire
perdre à l'agriculture française plus de 20 à 30 millions
de francs dans une seule nuit.

QUATRIÈME PARTIE

Moyens d'utiliser les eaux et de s'en préserver.

CHAPITRE VIII.

DES DESSÉCHEMENTS ET DU DRAINAGE.

L'eau, avons-nous vu, est, avec l'air, l'un des éléments absolument indispensables à toute espèce de végétation. Les proportions seules varient. Sans doute, il y a une différence considérable entre le besoin d'humidité du *cereus giganteus*, qui pousse dans les déserts salés du Colorado, et celui du *palmier (fig.* 148), ne vivant que le pied plongé dans une source, celui du *riz*, qui ne prospère que dans un sol recouvert d'une nappe d'eau. Le rôle de celle-ci est surtout de servir de véhicule à la matière nutritive, en facilitant son assimilation par l'action dissolvante qu'elle possède sur un grand nombre de substances. Beaucoup de corps, en effet, sont absolument perdus pour la végétation, sous leur forme la plus ordinaire, et ne deviennent utilisables qu'à l'état de dissolution.

Cette eau, si indispensable, si nécessaire pour

Fig. 143. — Palmier.

l'entretien de la vie lorsqu'elle est sagement et oppor-
tunément répartie, se transforme en un danger parfois
sérieux, si elle n'est point régularisée et qu'elle s'accumule en masses stagnantes ou qu'elle envahisse le sol
par voie d'inondation ou d'infiltration. De là, pour
l'homme, deux séries de précautions à prendre : les
unes ayant pour objet de se préserver de l'envahisse-
ment de l'eau en temps inopportun et en quantité surabondante ; les autres, au contraire, consistant à en
ménager des réserves, pour combattre la sécheresse,
et à la répartir sur toute l'étendue des cultures qui
en ont besoin pour prospérer.

Il y avait, en 1861, en France, 7,290,346 hectares
de landes, pâtis, pâtures et autres terres incultes.
Dans ce nombre figurent des espaces plus ou moins
grands, presque continuellement couverts d'eaux
stagnantes, autrement dit, de *marais*. Ces terrains, qui produisent à peine quelques herbes grossières et de mauvaise qualité, peuvent, lorsque le
desséchement du sol est convenablement exécuté,
devenir d'une remarquable fertilité ; nous citerons
l'exemple des riches pâturages du pays de Bray
et du pays d'Auge, en Normandie. A l'origine, ce
n'étaient que des marais inabordables. C'est ainsi
que, « par ses forces associées, l'homme change
la faune et la flore, détruit les espèces animales et
végétales qui lui sont nuisibles, et fait multiplier, en
d'énormes proportions, celles qui lui sont utiles.
Il draine les terrains marécageux, assèche les lacs
et les golfes pour les conquérir à l'agriculture,
supprime les déserts en y conduisant l'eau des
rivières ou en faisant jaillir à la surface les nappes

11.

d'eau souterraines, perce les montagnes et franchit les fleuves pour y faire passer les chemins, rectifie le cours des rivières, abat les promontoires, construit des îles artificielles et change la forme des rivages maritimes. L'homme fait plus encore : il modifie les climats. Toutefois, il faut le dire, c'est d'une manière inconsciente qu'il a commencé cette œuvre, et trop souvent c'est à vicier l'atmosphère ou bien à rendre plus brusques et plus désagréables les alternatives de chaleur et de froid, qu'il emploie son activité (1). »

Les marais et les marécages, outre l'improductivité du sol, ont pour l'homme d'autres inconvénients sérieux; c'est l'insalubrité de l'atmosphère et la multiplication des fièvres pernicieuses ou intermittentes. Il a donc tout intérêt à les faire disparaître. Aussi, aujourd'hui, loin de suivre l'exemple des seigneurs du moyen âge et même du xviie siècle, qui multipliaient artificiellement, dans la Sologne et dans la Dombes, les étangs pour y cultiver du poisson, en vue d'en tirer profit pendant le carême, nous empressons-nous de les dessécher, en faisant écouler les eaux par des canaux et des fossés.

Le plus sûr moyen de faire disparaître un marais, c'est de le remblayer, de le *colmater ;* mais l'insuffisance de terres ou le prix trop élevé de la main-d'œuvre ne permettent pas toujours de recourir à ce procédé. Il en faut alors employer d'autres, variables suivant la cause qui a donné naissance au marais; mais il y a nombre de cas où le colmatage est fort

(1) Elisée Reclus, *les Phénomènes terrestres.*

praticable, par exemple, au moyen de dépôts formés par les eaux limoneuses ou par les cours d'eau, comme les alluvions à l'embouchure des fleuves. Quelles ressources on a là et comme on les néglige le plus souvent! Ainsi, le Rhône, à la hauteur de Beaucaire, renferme 18 kilogr. 08 de limon par mètre cube, ce qui donne, pour le total de matières solides charriées par le fleuve dans l'année, un chiffre de 21 millions de mètres cubes.

Le marais à dessécher peut, par exemple, s'être formé par suite de l'imperméabilité des couches inférieures du sol, composées de glaise ou d'argile. Il en résulte l'accumulation d'eaux souterraines qui se frayent un chemin vers la surface et y restent sans écoulement, si l'endroit où elles se trouvent est entouré de points plus élevés. Il n'y a ici qu'une chose à faire, amener les eaux souterraines à la surface, puis s'en débarrasser. Si le niveau du sol avoisinant s'y prête, rien n'est plus simple, car il n'y a qu'un fossé à creuser et quelques trous de sonde à pratiquer.

Quand le marais en question, au contraire, est produit par la conformation de la superficie du sol et que son existence résulte de la position plus basse où il se trouve, par rapport aux points environnants, en même temps que du peu de perméabilité du sous-sol, il suffit de creuser un puits absorbant. On le place au centre du terrain (en E, *fig*. 149) ou plutôt vers la partie la plus basse de ce sol. On pratique une excavation de 5 mètres de diamètre et de 6 mètres de profondeur, en ayant soin de donner à ce creux la forme d'un cône tronqué reposant sur sa plus petite base. Au fond, on pratique un sondage se prolongeant au-dessous de la couche imperméable ; on introduit ensuite dans le trou de sonde un tube (*fig.*150)

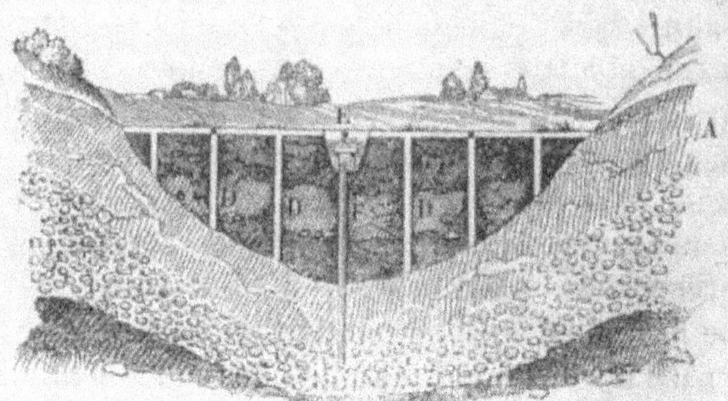

Fig. 149. — Coupe verticale d'un marais en état de desséchement. D, trous de sonde destinés à faire arriver l'eau à la surface du sol. A, couche imperméable.

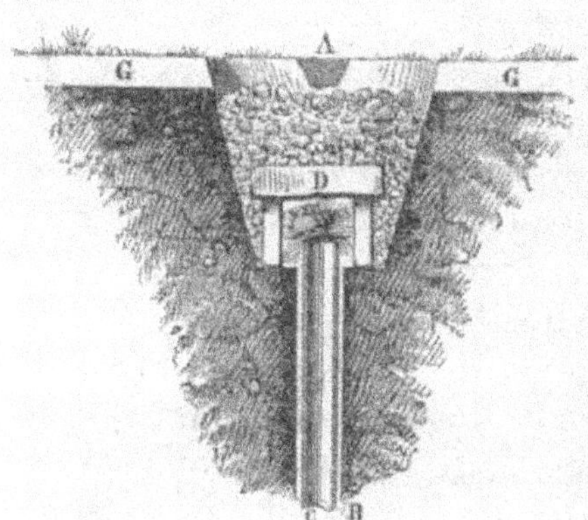

Fig. 150. — Puits absorbant.
A, excavation ayant un orifice de 5 mètres ;
B, tube de sondage ;
D, pierre plate.

de bois d'aune, d'orme ou de chêne, et, pour l'empêcher de s'engorger, on en couvre l'orifice avec des branches d'épine chargées d'une grosse pierre plate, soutenue latéralement par deux autres pierres semblables. On amène l'eau par des pentes douces vers ce puits qui l'entraîne au loin dans les profondeurs de la terre ; c'est ce qu'on appelle le drainage vertical , imaginé par Elkington , fermier du War-

wickshire. Cependant, si le marais a plus d'un hectare
de superficie, ce moyen est insuffisant. Il faut alors
le rendre inaccessible aux eaux qui descendent des sols
élevés, en l'isolant au moyen d'une digue A (*fig*.151),
assise sur un sol imperméable ; sinon, la filtration s'effectuerait par-dessous. On agira de même, si le marais

Fig. 151. — Dessèchement d'un grand marais. A. digue; B, fossé d'écoulement ; D, couche de terre imperméable servant de base à la digue.

résulte de l'abaissement du sol au-dessous du niveau
d'un cours d'eau du voisinage. Ces travaux doivent
s'effectuer l'été, à cause de la longueur des journées et
du moins d'humidité de la terre qui permet d'effectuer
les transports nécessaires.

En dehors des marais, il y a encore beaucoup de
terres labourées et de prairies naturelles qui exigent
d'être préservées contre la surabondance de l'humidité,
car cet inconvénient s'oppose à l'aération de la terre et
enlève aux engrais une partie de leur puissance fertilisante. On ne peut les cultiver que fort tard au printemps, et les travaux qu'on y exécute nécessitent l'emploi d'attelages plus nombreux. La sécheresse même
les rend plus dures que les autres. L'ensemencement y
est tardif et ne donne que des produits chétifs, quand
toutefois la semence ne pourrit point. Enfin, la ma-

turité elle-même ne s'y accomplit que fort tard, ce qui
ne permet de récolter que dans une saison défavorable. En somme, il est important, à tous les points de
vue, d'*assainir* la terre en l'*égouttant*. On a recours,
pour arriver à ce résultat, soit aux *fossés en tranchées
ouvertes*, soit aux *rigoles couvertes* ou *coulisses*, soit
aux *drains proprement dits*, soit enfin au *colmatage*
et à l'*empierrement*.

Le système des tranchées ouvertes est praticable
dans les sols d'une facile perméabilité, à la condition
toutefois que les ondulations du sol rendent possible
l'utilisation de sa pente générale et la réunion de
toutes les eaux surabondantes dans un fossé com-
munal ou autre.

« Admettons que la pièce à assainir ait une étendue
d'un hectare, qu'elle offre la conformation ci-contre
et qu'elle ait une légère pente dans le sens de la
ligne AB (*fig.*152). On entoure d'abord le terrain d'un
fossé d'écoulement, destiné à empêcher l'eau du champ
voisin d'arriver sur celui qu'on veut égoutter; on
pratique, de 40 en 40 mètres, des rigoles qui suivent
le sens de la pente du terrain, en naissant du fossé
supérieur et se prolongeant jusqu'au fossé inférieur E. Ce travail peut encore être complété
dans les terres labourées. Chaque année, après l'ensemencement du sol, on trace, à l'aide de la charrue,
des raies obliques de 20 en 20 mètres, destinées à
porter dans les rigoles et dans les fossés les eaux
surabondantes de la surface (1). » Quand les moyens
d'écoulement font défaut pour les entraîner, on pra-

(1) Girardin et Du Breuil, *Traité élémentaire d'agriculture.*

ique vers le bas du terrain le puits absorbant dont
ious avons précédemment parlé. C'est là le mode

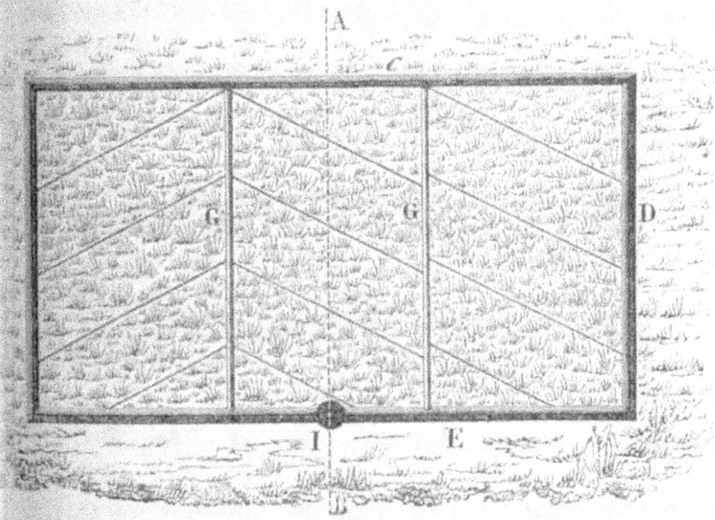

Fig. 152. — Assainissement d'un terrain au moyen de tranchées ouvertes.
AB, sens de la pente ; CDEF, fossé d'écoulement ; GG, rigoles prenant naissance au fossé supérieur C et finissant au fossé inférieur E ; I puits absorbant
vers lequel on pratique une pente dans les deux parties du fossé E.

d'égouttement le plus généralement usité, en même
temps que le plus simple. Cependant, quand les terres
argileuses ont besoin d'être asséchées, on divise le
terrain par planches, auxquelles on donne, au moyen
du labour, une pente factice vers leurs deux bords ;
l'eau s'écoule par les raies, ainsi formées de chaque côté
de ces planches. C'est là ce qu'on appelle *labourer en
billons* (*fig.* 153). Cette méthode est fort imparfaite et
peut présenter de graves inconvénients pour la culture.

En raison de l'insuffisance et des inconvénients de
l'égouttement par fossés ouverts, on a le plus souvent

recours aux fossés couverts, aux coulisses ou aux
drains. Cette méthode constitue le *drainage* proprement dit, ainsi nommé du mot anglais *drain* (sécher
égoutter) ; toutefois le mot *drainage* a encore un
sens plus restreint ; il signifie surtout le « *desséchement
des terres au moyen de tuyaux en poterie placés dans*

Fig. 153. — Labour en billons.

le sol. Il a été le plus perfectionné en Angleterre,
dont le climat brumeux rend plus nuisible que partout
ailleurs l'excès d'humidité du sol.

On emploie des drains de longueurs diverses et on
les dispose dans le sol en ramifications absolument
semblables à celles des vaisseaux sanguins dans le
corps humain. On emploie des tuyaux plus petits pour
les *canaux primitifs*, les *saignées* ; ils correspondent
aux vaisseaux capillaires. De même que ceux-ci amènent le sang, suivant sa nature, dans l'artère aorte ou
dans les veines caves supérieure et inférieure, qui
en sont les collecteurs généraux, de même les *drains
primitifs* conduisent l'eau et la concentrent dans des
tuyaux de plus forte dimension, qui constituent les
canaux secondaires. Ceux-ci se rassemblent eux-mêmes
dans un conduit commun, d'un débit plus considérable,
qu'on appelle *canal de décharge*, à moins qu'on ne

fasse aboutir les canaux secondaires à un puits absorbant.

Il faut, avant toute chose, étudier son terrain, arrêter la direction, la pente et la profondeur des *tranchées*, la distance qui doit les séparer et la longueur qui leur convient. On s'assure de la manière dont les couches diverses du sol sont superposées, de leur nature, de leur épaisseur, de leur inclinaison respective. On ouvre donc des tranchées transversales à la base et au sommet du champ ; on évalue la quantité d'eau probable qui

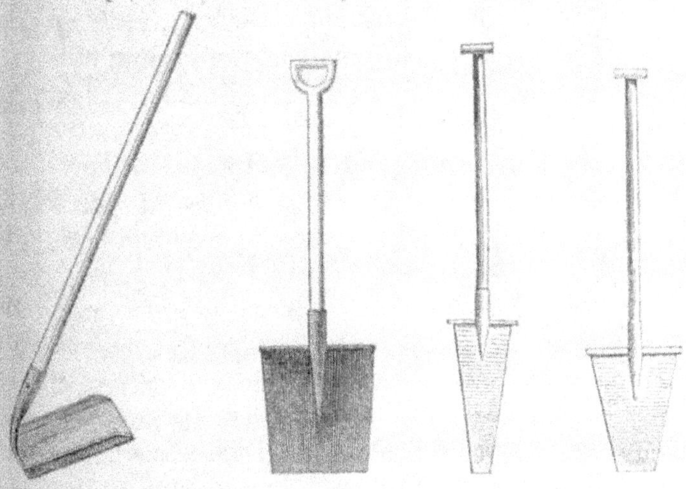

Pelle a puiser
pour vider les drains.

Bêches pour creuser les drains.

Fig. 134.

doit s'écouler et on recherche si elle provient de la surface, c'est-à-dire des eaux de pluie réduites à l'état stagnant, ou des couches inférieures, par exemple de petites sources persistant pendant la plus grande partie de l'année.

Les travaux de drainage exigent l'emploi d'outils

fort variés, tels que : bêches planes ou courbes (*fig*. 154), pics, pelles, dames, cuillers en forme de pioche, à long manche, et broches servant à la pose des tuyaux.

Pour abréger, on emploie une charrue, dite *charrue draineuse*, qui creuse des raies de 50 à 80 centimètres de profondeur ; le reste du travail se fait alors à la main ; mais la *charrue-taupe* termine tout le travail à elle seule.

Une fois les plans dressés, on ouvre les fossés, après en avoir tracé la direction au cordeau, et l'on commence par la partie la plus basse, afin de n'être pas gêné par les eaux qui pourraient s'écouler des parties hautes. Les fossés sont creusés aussi étroits que possible, mais assez profonds pour renfermer les tuyaux : 6 à 8 centimètres de largeur pour les canaux primitifs, 15 à 20 pour les autres. Dans les sols faciles à s'ébouler, il faut soutenir les côtés des tranchées avec des planches. Mais on doit toujours prendre garde de déplacer le moins de terre possible. Seulement, comme la culture ordinaire remue le sol à 0 m. 20 c. de profondeur, que les labours de défoncement peuvent pénétrer jusqu'à 0 m. 45, on place les drains au delà de 0 m. 50 pour que les travaux de culture ne les dérangent point. Cette profondeur n'a rien de fixe ; elle varie avec la nature du sous-sol. Si l'on trouve à 0 m. 70 ou 0 m. 80 une couche imperméable, il est inutile de descendre plus bas. Il suffit de pénétrer jusqu'à la couche où l'eau s'accumule.

Le drain doit être déposé de manière à avoir sur toute sa longueur la pente nécessaire (*fig*.155). Quand le sol présente des ondulations étendues, il faut éta-

blir plusieurs séries de drains. Les canaux de desséchement doivent se réunir au canal secondaire suivant un angle aigu en amont, afin que l'eau se dirige
dans le sens de la pente sans produire de remous, qui
détermineraient des ensablements. Du reste, l'inclinaison des drains prévient l'engorgement des tuyaux,

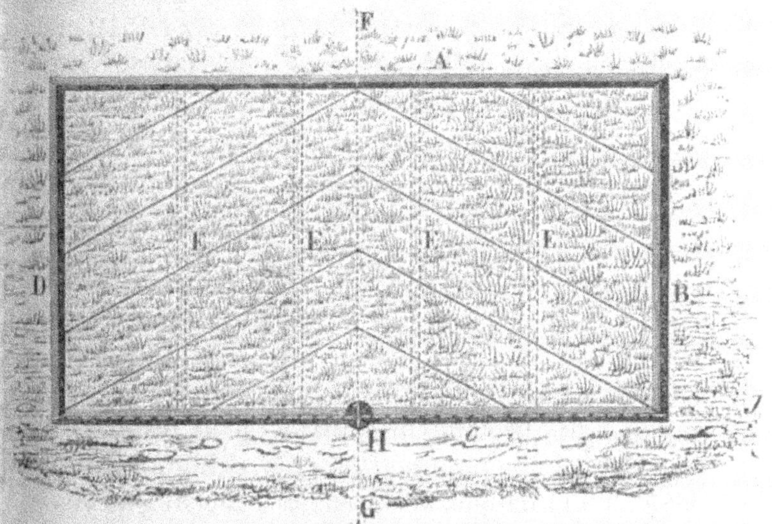

Fig. 155. — Drainage complet au moyen d'un seul système de drains.
A B C D, surface à assainir ayant une pente uniforme de F en G ;
E, drains ; C, fossé inférieur ; H, puits absorbant.

car la vitesse d'écoulement , en augmentant, rend
proportionnellement plus difficile le dépôt des matières
en suspension dans l'eau.

Les drains, situés à 80 ou 90 centimètres de profondeur, doivent être espacés de 8 à 10 mètres. Si la
profondeur est de 1 mètre à 1 mètre 30, l'espacement
s'écarte et peut être de 12 à 15 mètres ; si elle varie
entre 1 mètre 80 ou 2 mètres, il sera de 20 à 25 mètres.

Il importe, en effectuant le *tracé* des drains, que chacun d'eux forme une ligne parfaitement droite, afin que l'eau ne rencontre point d'obstacle. On se sert, à cet effet, de quelques jalons, d'un cordeau et d'une bêche tranchante. Ce n'est qu'après ces opérations préliminaires que l'on procède au *creusage*.

Cette opération s'effectue soit avec la pioche, soit avec la bêche, soit avec la pelle à puiser (*fig.*154); mais, comme le fossé doit aller en se rétrécissant vers le fond, on emploie pour finir le travail un outil plus étroit. Quant à la pioche, on n'en fait usage que pour les terrains inaccessibles à la bêche.

Il faut avoir soin, en creusant, de ménager une pente régulière, indispensable pour que l'eau ne séjourne pas dans les drains. Un demi-mètre pour cent mètres donne une inclinaison fort satisfaisante, pourvu qu'elle soit uniforme et absolument indépendante des ondulations du sol; mais il faut maintenir constamment les drains à une profondeur suffisante pour rester à l'abri des travaux que peut nécessiter la culture à la superficie ou à l'intérieur des premières couches du sol.

Pour couvrir le drain, on ménage au fond du fossé

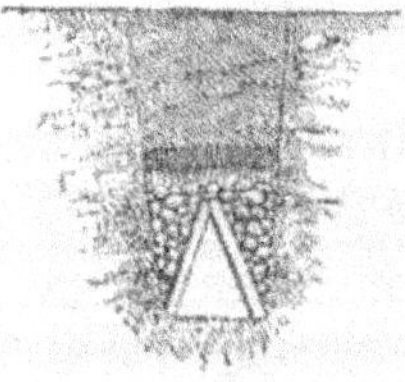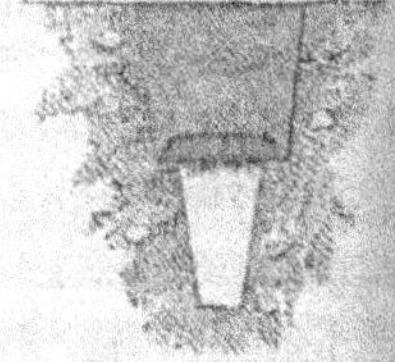

| Drain construit avec des gazons et des pierres. | Drain construit avec des gazons et des fagots. | Drain construit au moyen de gazons. |

Fig. 156.

deux petits épaulements, sur lesquels on fait reposer

une motte de gazon, l'herbe en dessous (*fig.*156); cela coûte peu, mais ne dure guère non plus, quinze années environ. On emploie, dans d'autres localités, les broussailles. On dispose, dans le fond, deux supports en croix, sur lesquels on assujettit des fagots en épines ; on couvre ensuite celles-ci d'une couche de gazon renversée, puis de terre. Ce système est plus cher, mais il peut durer pendant 30 ou 40 ans. Enfin, une troisième méthode consiste à former au fond du fossé un conduit de forme triangulaire, par exemple, au moyen de grosses pierres, plates et brutes, convenablement placées, que l'on recouvre de cailloux. On dispose sur le tout une tranche de gazon et de la terre. L'établissement de ces drains exige une

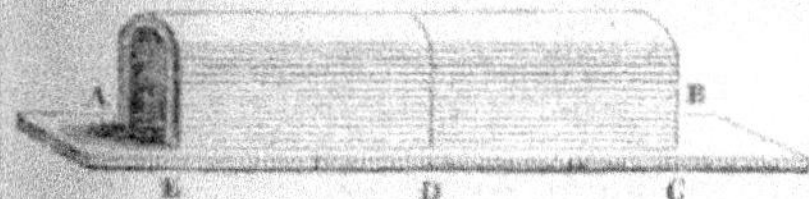

Fig. 157. — Tuiles à drains AB , supportées par des semelles EDC.

bien plus grande mise de fonds, mais ils peuvent fonctionner pendant des siècles.

En Angleterre, il y a des contrées qui sont dépourvues de pierres. On y emploie alors des tuiles fabriquées, dites *tuiles à drain*. On adapte une tuile courbe sur une tuile plate, un peu plus longue et un peu plus large, qu'on appelle la *semelle* (*fig*. 157). Il faut que ces tuiles soient assez résistantes pour pouvoir supporter le poids d'un homme. Ce conduit a 8 centimètres de largeur, et l'eau s'y infiltre par les intervalles dejonction. En général, la longueur du drain doit être subordonnée à la quantité de pluie qui tombe en 24 heures, à sa propre largeur et à sa pente. Pour une largeur de 25 à 35 millimètres, on admet une longueur de 250 à 350 mètres. Cependant, il paraît préférable de ne point dépasser 200 mètres

Il existe un quatrième mode de drainage, moin
cher et plus facile à établir. Comme drains primitif
on y emploie des tuyaux cylindriques de 30 à 35 cen
timètres de largeur, de 2 ou 2 centimètres 1/2 d

Fig. 158. — Conduits de formes diverses A, et B, pour drains.

diamètre et d'un centimètre d'épaisseur (*fig*. 158
Comme drains secondaires, on a recours à de
tuyaux plus gros (4 à 8 centimètres de diamètr
intérieur). Avant de les soumettre à la cuisson, on c
choisit un certain nombre, auxquels on pratiqu
une ouverture ronde pour y raccorder un autr
tuyau ayant une direction perpendiculaire ou obli
que par rapport à la direction des premiers. S'il s'a
git de drains placés à la suite les uns des autres, o
emploie des *colliers* ou *manchons* pour les assujett
(*fig*. 159).

Fig. 159. — Conduits munis de manchons.

Il n'est point avantageux de mettre les canaux pri
mitifs en communication directe avec le canal d
décharge ; on a souvent intérêt à retenir l'eau pou
l'utiliser. Quant aux tuyaux, il importe de les fabrique
de préférence, avec une terre malléable, tenace e

cependant se séchant sans se dessécher, ne renfermant pas de carbonate de chaux, lequel se décomposerait par la cuisson et se transformerait en chaux, susceptible de faire se délayer les tuyaux.

Dans la pose de ceux-ci et dans le comblement des tranchées au fond desquelles ils sont établis, on a soin de ménager de distance en distance des *regards*, pour pouvoir découvrir les parties où a pu survenir une obstruction. Ces regards sont des vases dans lesquels aboutissent les tuyaux situés en amont, et d'où partent ceux situés en aval, un peu au-dessous du niveau des autres, afin d'assurer la rapidité du courant d'écoulement.

Pour dessécher les *tourbières*, on a préconisé deux systèmes, dont le plus simple consiste à enlever des mottes de tourbe solide, à les creuser sur une face en gouttière, à les faire sécher, les appliquer deux par deux, afin de les disposer en tuyaux, qu'on établit ensuite au fond de la tranchée. Ce drainage est économique et fort durable.

Il y a une époque à préférer pour se livrer aux opérations du drainage; c'est généralement la fin de l'été et le commencement de l'automne ; la longueur des jours, l'état de sécheresse du sol qui permet d'effectuer des charrois sans pratiquer d'ornières profondes dans le sol, sont deux causes déterminantes pour faire choix de cette époque de l'année. On peut, en outre, laisser pendant quelques jours les rigoles à l'air, avant d'y placer les matériaux, quels qu'ils soient, et de les combler; le sol peut ainsi s'aérer et s'échauffer plus facilement. C'est principalement pour les terrains marécageux, les terres molles et coulantes, que l'on re-

commande l'*été*; il n'en est pas de même des sols exposés à des éboulements; pour eux, le moment le

plus favorable est entre la fin de mars et le commencement d'*avril*.

Les desséchements ont une très-grande importance en agriculture : car la place laissée vacante par le liquide est prise par l'air, les terres deviennent plus *légères* et plus faciles à travailler; la température du sol s'élève, ce qui permet, comme on l'a vu en Angleterre et en Écosse, de cultiver le froment là où jusqu'alors il n'avait jamais pu mûrir, ou bien d'obtenir la maturité des arbres fruitiers quinze jours plus tôt et de leur faire produire des fruits alors qu'ils seraient restés stériles dans les conditions antérieures.

Le 28 juillet 1860, une loi fut votée pour faciliter le dessèchement et la mise en valeur des marais et des terres incultes appartenant aux communes ou sections de commune, dans le cas où leur exploitation serait reconnue utile.

Ces travaux peuvent être déclarés d'utilité publique et exécutés par l'État, si les communes ou sections de commune sont dans l'impossibilité de les entreprendre ou s'y refusent. Dans les deux cas, l'État se rembourse de ses avances par la vente d'une partie des terrains améliorés.

Cette question, longtemps agitée sans succès, a reçu ainsi une solution pratique qui permet d'espérer que, dans un laps de temps peu éloigné, les yeux ne seront plus attristés par le spectacle de ces landes incultes ou par celui de ces marais fangeux, qui n'étaient souvent, pour les populations voisines, qu'autant de foyers pestilentiels.

La Sologne, les Landes et les Alpes (*fig.* 161) ont profité déjà du bénéfice de cette loi; les améliorations qu'on y remarque ne sont que le début d'une transformation aussi profitable aux habitants de ces contrées déshéritées qu'à la masse de la popula-

Fig. 161. — Une sapinière déboisée.

tion, dont les ressources sont ainsi augmentées.

6,011 communes étaient, en 1865, susceptibles de tomber sous l'application de cette loi. Les terrains en question avaient une superficie de 9,310,000 hectares. La dépense de mise en valeur a dépassé 65 millions, et la plus-value est estimée à 172 millions environ.

27,000 hectares sont aujourd'hui mis en valeur, soit d'office par l'administration, soit par les communes elles-mêmes.

Le prix du drainage est extrêmement variable, selon le plus ou moins de difficultés qu'oppose le sol à ces opérations. Le drainage au moyen de cailloux peut coûter de 5 à 700 francs par hectare, et seulement 2 à 300 francs, quand il est pratiqué au moyen

Fig. 162. — Parc à moutons.

de conduits en terre cuite. Il a suffi pour élever le revenu de plus d'un domaine, dans la proportion de 6 à 10,000 francs.

Les bons effets du drainage sur la santé des bestiaux sont encore plus sensibles que sur celle des hommes. Il préserve les moutons de la clavelée et de la pourriture, et l'instinct de ces animaux les pousse à se réunir de préférence sur les parties drainées de leurs pâturages (*fig.* 162).

On a drainé en Angleterre et en Écosse, de 1846 à 1872, plus de 500,000 hectares, soit plus du trentième du territoire agricole ; en Irlande, 236,000. En France, la loi du 17 juillet 1856 a ouvert au gouvernement un crédit de 100 millions, destiné à être employé en avances aux propriétaires qui voudraient drainer leurs propriétés.

Avant 1854, le propriétaire d'un fonds inondé par les eaux, ou simplement humide, pouvait, aux termes de l'article 640 du Code Napoléon, obliger son voisin à recevoir ces eaux, si elles s'écoulaient naturellement sur le fonds de celui-ci ; mais il ne pouvait rien faire qui aggravât la servitude du fonds inférieur. Le champ frappé de stérilité par l'excès d'eau devait rester improductif.

La loi du 10 juin 1854 donne à tout propriétaire, qui veut assainir son fonds par le drainage ou tout autre mode d'assèchement, le droit de traverser, moyennant indemnité, les fonds qui le séparent du cours d'eau dans lequel il se propose d'écouler ses eaux nuisibles ; la même faculté est accordée aux associations de propriétaires, qui peuvent toujours se constituer en *associations syndicales*, et lorsque les travaux d'assèchement sont exécutés par des syndicats, des communes ou des départements, ils peuvent être déclarés d'utilité publique. Enfin les contestations, auxquelles donnent lieu l'établissement et l'exercice de la servitude, sont vidées en premier ressort par le juge de paix.

La loi du 10 juin 1854 a cherché à répondre à des besoins vivement sentis depuis longtemps et auxquels avaient voulu en vain pourvoir les dispositions incomplètes de l'article 3 de la loi du 29 avril 1845. Elle concède certains droits aux propriétaires de terrains susceptibles d'asséchement ; celle du 17 juillet 1856 leur fournit des moyens d'action et des facilités pour le remboursement des avances, en scindant les payements en annuités.

En vertu de la loi du 28 mai 1858, la société du Crédit foncier de France a été substituée à l'État pour faire les avances aux propriétaires qui veulent drainer leurs terrains ; mais aucun des bénéfices que l'acte de 1856 assurait à ces derniers n'a été amoindri. Aussi le drainage, encore inconnu en 1850 de la plupart des cultivateurs et à peine appliqué à titre d'essai sur quelques parties de domaines appartenant à de riches propriétaires agriculteurs, amis du progrès, a pris un développement rapide, surtout pendant les années humides.

Terres arables, prairies, vignes, bois, partout le drainage a été appliqué, et toujours avec succès.

Une enquête, faite en 1859, a révélé qu'au 31 décembre 1858 l'étendue des terrains drainés atteignait le total de 59,666 hectares 06 ares 67 centiares pour 81 départements, les cinq autres n'ayant point répondu aux questions qui leur avaient été adressées. C'était donc, depuis 1854, une surface moyenne de plus de 11,000 hectares drainée chaque année; mais cette proportion était beaucoup plus considérable dans les derniers temps. En 1865, la superficie des terrains drainés était de 179,000 hectares; 47 millions avaient été dépensés pour ce travail, et il en résultait une plus-value de 143 millions en capital. La superficie drainée paraît s'accroître d'un dixième par année moyenne.

Afin d'apprécier les avantages réalisés par l'application de cette pratique, et, conséquemment, la portée des dispositions législatives édictées en 1854 et 1856, il faut comparer le montant de la dépense avec l'augmentation de produit réalisée.

Le prix de revient du drainage pour un hectare était, d'après les renseignements recueillis dans l'enquête de 1859, de 840 fr. au maximum, 100 fr. au minimum, et 271 fr. 75 c. pour la moyenne générale.

La plus-value maxima que le sol eût obtenue, par hectare drainé, s'élevait à 7,592 fr., la plus-value minima à 374 fr., et la moyenne pour tous les départements était de 1,196 fr. 34 c. Auparavant, un hectare de ces terrains donnait un revenu d'environ 5 fr.; c'était le taux du prix de location.

L'intérêt du capital dépensé présentait un maximum de 94 fr. pour 100, un minimum de 6 pour 100 et un chiffre moyen de 27 fr. 36 c. pour 100 fr.

Il est probable qu'une nouvelle enquête révélerait des bénéfices plus élevés encore, car aujourd'hui les fabriques de tuyaux de drainage sont plus nombreuses (on en comptait 396 en 1856), les procédés pour l'exécution des travaux mieux connus et pratiqués par un plus grand nombre d'ingénieurs, d'entrepreneurs et d'ouvriers, les conditions générales d'un bon système mieux étudiées.

Enfin, l'enquête a fait connaître que trois ans de culture suffisaient généralement pour acquitter les dépenses du drainage, lorsque les opérations avaient été suffisamment étudiées d'avance et bien conduites jusqu'à leur terme.

Le crédit, mis, de ce chef, à la disposition du gouvernement par l'Assemblée nationale, est de 40,000 francs pour 1874, au lieu de 24,000 en 1873. Avant les événements de 1870, il s'élevait à 80,000 francs.

CHAPITRE IX.

DES IRRIGATIONS ET DES INONDATIONS. DÉBOISEMENT ET REBOISEMENT.

Nous venons de passer en revue les différents moyens mis en usage pour se préserver des eaux quand elles sont nuisibles. Passons maintenant à l'examen des procédés à mettre en œuvre pour les utiliser. Il n'y a rien de plus redoutable pour l'agriculteur que la sécheresse. Elle suscite parfois de terribles famines, comme en Algérie, en 1871, où cent mille Arabes périrent de faim ; comme dans la province d'Orissa, en 1872, où un million de personnes trouvèrent la mort ; et comme dans le Bengale, en 1874, où le déficit de la récolte du riz (*fig.* 153) s'élève à 300,000 tonnes. Certaines régions de la France ont à souffrir aussi plus particulièrement de la sécheresse, la Beauce et la Provence, par exemple, par suite de l'insuffisance du nombre des cours d'eau ; mais il n'y a pas à y redou-

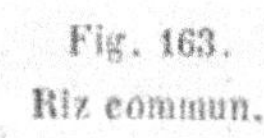

Fig. 163.
Riz commun.

ter les désastres épouvantables de l'Inde ni de l'Algérie, en raison du grand nombre de voies de communication qui les traversent, et de la sécurité qui permet à la liberté du commerce d'exercer son action bienfaisante.

Il faut pratiquer l'*arrosement* de manière à fournir aux récoltes l'eau qui leur manque, et l'on est obligé, à cet effet, d'exécuter de grands travaux de barrage (*fig.* 164) et de canalisation ou d'*irrigation*, ayant pour objet de permettre la fertilisation des terres. — Longtemps continuées, les irrigations modifient la nature du sol. Les eaux, même les plus limpides, charrient toujours avec elles, pendant les pluies, des limons précieux et des sels terreux dissous, qui s'infiltrent dans la terre et finissent par en améliorer la nature. L'*eau de pluie* est chargée de différentes substances qui se forment dans l'atmosphère, proviennent de la mer ou s'élèvent du sol. Cette eau, en traversant les couches terrestres, perd une partie de ses principes; elle se charge, en revanche, de matières contenues dans le sol en devenant *eau de source;* elle est alors, selon les circonstances, siliceuse, feldspathique, micacée ou calcaire ; et, si elle se corrompt, elle renferme des parasites animaux et végétaux de toutes sortes, *comme* les *bactéries*, *les vibrions*, *les linéoles*, *les monades*, *es microzoaires*, *les spirales* (*fig.*165), dont le rôle dans la vie végétative n'est pas bien défini.

Les *eaux des ruisseaux* varient dans leur action

Fig. 164. — Barrage établi sur un cours d'eau.

fertilisante selon leur origine. Quant aux *eaux de fleuves ou de rivières*, elles présentent une composition moins constante et conviennent à l'irrigation de presque toutes les terres. Elles sont plus propres à l'irrigation en aval des villes qu'en amont, en raison des détritus dont elles se chargent dans la traversée de celles-ci. C'est ce qui se produit sur les bords du Furens, aux environs de Saint-Étienne, où les prés se vendent à un prix plus élevé à la sortie de la ville, qu'à ceux qu'elle arrose avant d'y entrer. Les eaux *limoneuses*, chargées de sels ammoniacaux, sont bonnes pour l'arrosage ; quant aux eaux *limpides*,

on les apprécie ou on les redoute, selon qu'elles donnent naissance à des plantes sapides, comme le cresson, la véronique, ou à des joncs et des carex (*fig.* 167).
L'eau des marais est dans ce dernier cas ; l'acidité

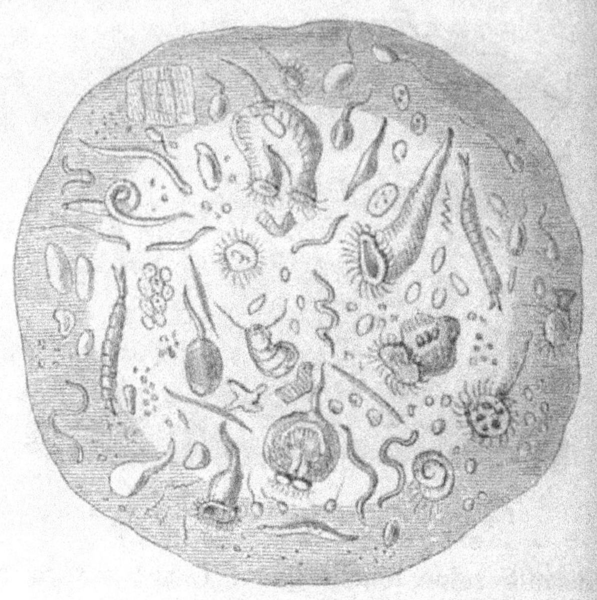

Fig. 165. — Goutte d'eau corrompue vue au microscope.

de cette eau, rougeâtre et superficiellement irisée,
est défavorable à la végétation. L'eau des mares est tout
le contraire ; elle est excellente, quoique ou plutôt
parce qu'elle est plus corrompue. Les mauvaises eaux
se corrigent aisément ; il faut les laisser reposer dans
des réservoirs (*fig.* 168) et retenir dans des canaux, à
pente très-douce., celles qui sont trop froides, de
façon à en élever la température.

Répandue sur les prés au fur et à mesure, l'eau provenant de sources peu considérables s'évapore

Fig. 106. — Les marais de la Seine, antérieurement à toute espèce de travaux de desséchement.

parfois sans résultat sensible pour les plantes. On trouve alors avantage à la retenir, elle aussi, dans des réservoirs analogues, ce qui, quelquefois, lui fait perdre une partie du gaz qu'elle tient en dissolution, mais ce qui le plus souvent l'améliore.

Fig. 167. — Le Carex des rives.

L'eau est d'autant plus nécessaire et agit avec d'autant plus d'énergie, que la température est plus élevée et la lumière plus intense, la transpiration aqueuse des plantes devenant plus puissante, et leur action vitale plus active. Elles s'assimilent une plus grande quantité de principes aqueux ou salins.

Fig. 168. — Réservoir artificiel pour les irrigations.

Les irrigations sont donc plus indispensables dans le midi de la France que dans le centre; au contraire, dans le nord, elles seraient souvent plus nuisibles qu'utiles. Cependant il y a des exceptions; par exemple, c'est à une irrigation remarquablement entendue que la Hollande doit son extrême fertilité. Il est vrai que la distribution admirable des cours d'eau dans cette contrée lui a notablement facilité cette tâche. Au midi, l'irrigation fait merveille dans les plaines de la Lombardie et dans la province de Murcie, où l'on suit à cet égard les traditions mauresques.

13

L'eau n'agit pas seulement sur la plante par l'hu
midité qu'elle lui apporte ; elle agit aussi chimi
quement, avons-nous dit, et enfin elle opère comm
moyen de transport de l'engrais. On a trop longtemp
négligé l'irrigation en France ; on s'en occupe da
vantage de nos jours. L'irrigation a joué un gran
rôle dans la transformation de la Brenne dans l'Indre
dans l'Isère, aux abords de la Romanche, aux envi
rons de Grenoble, dans les vallées des Alpes, au Va
Godemard et dans le Briançonnais. Sans les irriga
tions, dit-on même, le Briançonnais ne pourrait nour
rir tous ses habitants. Il faut citer enfin les irrigation
des Vosges, où chaque exploitation possède une source
particulière, dont l'eau sert à irriguer ses prés. Dan
la vallée du Rhône, grâce aux travaux effectués pa
le gouvernement, les canaux d'irrigation se sont mul
tipliés à l'infini, et on se préoccupe de faire mieux
en cherchant à utiliser l'eau du fleuve au moyen d'u
canal dont le projet, dû à M. Dumont, est soumis en c
moment à l'Assemblée nationale. De même à Aix, dan
les Bouches-du-Rhône, puis dans les pays situés su
les bords de la Loire, et surtout dans ceux qui avoisi
nent la Garonne, aux environs du canal du Midi.
Enfin une école d'irrigation a été fondée dans le Fi
nistère, au Lézardeau ; elle rend de très-grands ser
vices à l'agriculture bretonne, que transformeront
complétement, dans un avenir peu éloigné, l'irrigation et le drainage réunis et combinés intelligemment.

L'arrosement du sol peut s'effectuer par *infiltration*, par *immersion* ou par *déversement*.

Par infiltration, quand la propriété à irriguer est
entourée ou sillonnée de réservoirs et de canaux.

L'eau parvient aux racines des plantes en s'infiltrant de proche en proche.

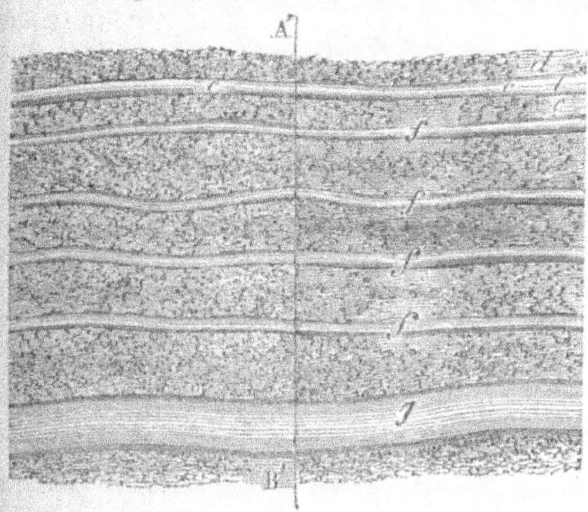

Fig. 169. — Aspect de l'irrigation par reprise d'eau. *fff*, rigoles d'arrosage *e*, canal d'amenée; A' B', pente du terrain.

Par *submersion*, quand on recouvre d'eau le sol à arroser. On divise le sol aplani en carrés au moyen de

Fig. 170. — Terrain disposé en planches pour l'irrigation. A, rigole culminante de la planche, répandant l'eau à droite et à gauche; B, rigole à la base de la planche, recueillant les eaux qui s'écoulent.

petites digues. Ce système a surtout pour but de fertiliser la terre, de la fumer, de détruire les animaux

nuisibles et de produire des fourrages très-abondants.
Les prés qu'arrosent les grands canaux de la Lombardie fournissent jusqu'à six et sept coupes par an.

Les *inondations* sont des arrosages par immersion.
Les gazons qui y sont exposés sont les plus recherchés, malgré les inconvénients qu'elles entraînent avec elles. C'est ainsi que le Nil fait la richesse de l'Égypte, et qu'en France l'on rencontre nos plus belles prairies sur le parcours de quelques-unes de nos grandes rivières.

Par déversement enfin, quand, après avoir nivelé le sol, on le fait parcourir par de minces couches d'eau, assez lentes pour y déposer tout ce qu'elles charrient, sans demeurer stagnantes, et pour ne pas enlever les sucs fertilisants, déchausser les plantes ni entraîner la terre.

La *prise d'eau* s'effectue au moyen d'un barrage (*fig.* 171 et 173) dont la construction varie suivant l'importance du cours d'eau qui la donne. Elle doit être ménagée de manière à permettre de répandre, par exemple, dans le midi de la France, 86 mètres cubes d'eau par jour, ou 15.552 pendant six mois, sur un hectare de prairie.

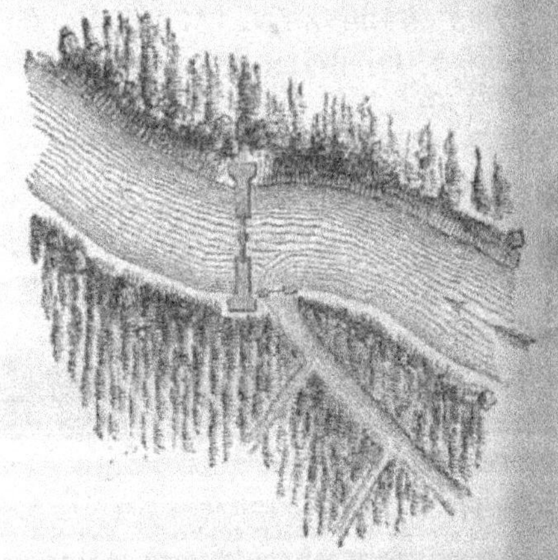

Fig. 171. — Barrage complet pour l'irrigation. Le courant est dans le sens de la flèche.

Ces irrigations s'effectuent de préférence le soir, ou encore le matin ; dans la journée, l'eau fraîche pourrait agir sans transition sur la plante et compromettre sa vigueur. L'été est l'époque désignée pour les pratiquer, quand il s'agit de combattre la sécheresse ; sinon, c'est de l'automne au printemps que l'eau est le plus propre à fertiliser le sol, parce qu'alors elle est très-chargée de matières étrangères, de limons fort riches.

Lorsqu'une prairie est privée de cours d'eau, on peut y tracer, si le sol est en pente, des *rigoles* (*fig*. 170), destinées à réunir dans un réservoir artificiel (*fig*. 168) les eaux de pluie qui tombent sur le sommet des pentes. On forme ce réservoir au moyen d'un barrage construit en terre et disposé en talus du côté intérieur.

Le point essentiel, dans l'irrigation, c'est de donner au sol une pente uniforme. On crée des versants, en divisant le sol en planches qui suivent son inclinaison (*fig*.170). Au point culminant, on dispose une ri-

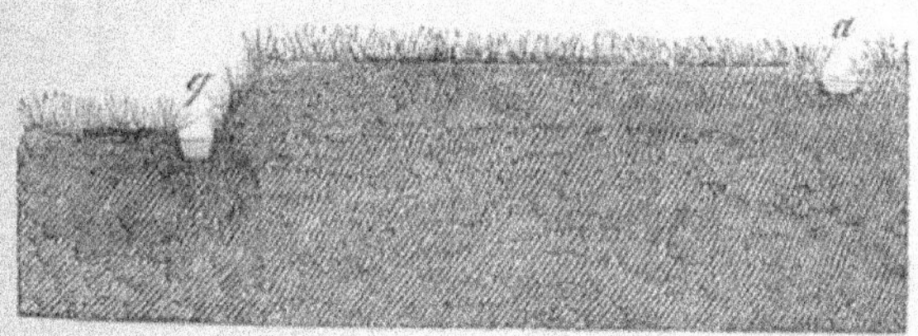

Fig. 172. — Rigoles d'irrigation.

gole *a* destinée à répandre l'eau, et, à la base, on en creuse une autre *q* qui recueille celle qui s'écoule et la porte hors de la prairie.

On construit ensuite un *canal de dérivation*, des *rigoles principales*, des *rigoles secondaires*, des *canaux de réunion*, des *rigoles d'égouttement*.

Le canal de dérivation reçoit l'eau directement de la rivière sur laquelle est établie la prise d'eau, au-

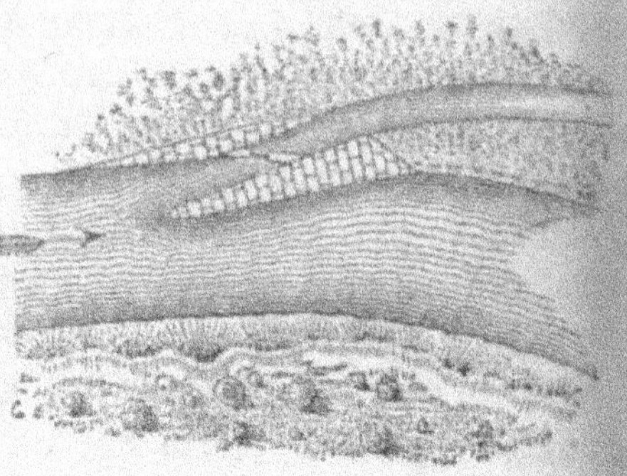

Fig. 173. — Barrage partiel pour l'irrigation.

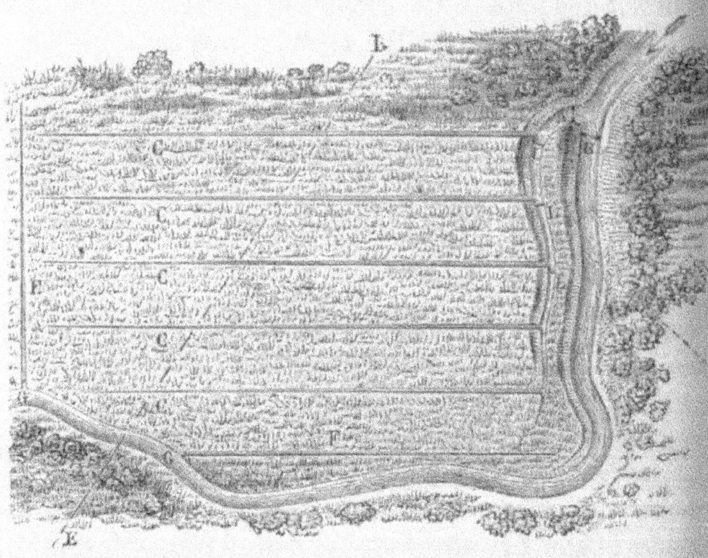

Fig. 174. — Arrosement au moyen d'un canal de dérivation. A, canal de dérivation; CC, rigoles principales d'irrigation; DE, direction de la pente générale du terrain; E, rigoles d'écoulement; GG, embouchures des rigoles d'écoulement dans la rivière; LL, prises d'eau des rigoles principales.

dessus du barrage (*fig.*174). Il permet de régler la quantité d'eau dont on a besoin, et il sert de préservatif

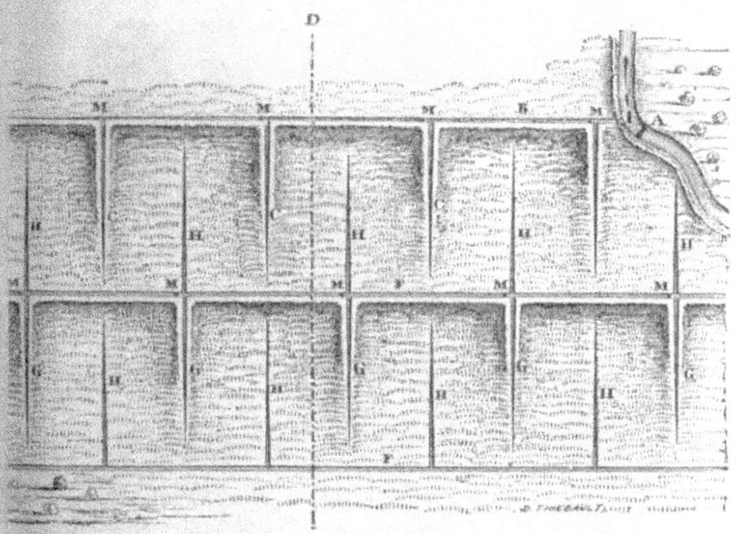

Fig. 175. — Arrosement par reprise d'eau. DE, direction de la pente générale du terrain ; HH, rigoles d'écoulement pour la distribution de l'eau ; GG, rigoles secondaires ; A, canal de dérivation ; CC, rigoles secondaires ; FF, rigoles principales ; MM, points où les rigoles secondaires naissent des rigoles principales.

contre les ravinements par la rivière dans le cas de la rupture du barrage. De ce canal partent les *rigoles principales* (*fig.*175), auxquelles il fournit l'eau nécessaire et qui doivent être dirigées perpendiculairement à la pente générale du terrain ; les *rigoles secondaires* complètent l'action des précédentes. On divise, en outre, le sol de 20 mètres en 20 mètres, dans le sens de sa pente, par des canaux de la même dimension que les rigoles principales ; ce sont les *canaux de réunion* qui recueillent les eaux de la partie supérieure et les redistribuent dans la partie inférieure au moyen de rigoles secondaires (*fig.* 176). Ce système constitue un *arrosement par reprise d'eau.* C'est de la promptitude

Fig. 176. — Arrosement d'un sol en pente. *c,* rigole principale ; *ff,* ri
goles secondaires ; *g,* rigole d'écoulement.

avec laquelle on fait passer l'eau d'un terrain sur un autre que dépend le succès de l'irrigation.

L'hiver, l'arrosement est inutile, ou alors il faut inonder absolument le sol, puis l'égoutter entièrement quand arrive la gelée. L'eau, en assez grande quantité, préserve la plante du froid. Si, au contraire, il n'y a que peu d'humidité, la gelée soulève et détruit les racines.

Lorsque commence la végétation, au printemps, on peut continuer encore les arrosages de longue durée, quinze jours ou trois semaines ; mais il faut, quand la température s'élève, commencer à laisser égoutter le sol, de loin en loin, et assez longtemps pour lui permettre de s'échauffer. Puis on raréfie l'arrosement, on en diminue la durée. Pendant l'été, on doit arroser le soir, la nuit, ou quand le ciel est couvert.

L'irrigation exerce une influence salutaire sur le climat ; elle diminue les variations brusques de température ; elle atténue les gelées blanches du printemps, les chaleurs de l'été et les froids de l'hiver ; enfin, tout en facilitant le reboisement des montagnes et la croissance de l'herbe, l'irrigation restreint les dégâts occasionnés par les inondations. Les arbres garnis de feuilles et de mousse, les gazons, les feuilles pourries retiennent, au moment des grandes pluies, d'immenses quantités d'eau. Les branches entrecroisées ne la laissent tomber que goutte à goutte et suinter lentement à travers les feuilles mortes et le chevelu des racines. S'écoulant ensuite, elle entretient la fraîcheur, au lieu de dévaster le pays en se rendant, avec rapidité, directement et simultanément tout entière dans les cours d'eau eux-mêmes ou en formant des torrents temporaires. Au lieu de descendre souterrainement vers les bas-fonds et de surgir en fontaines fertilisantes, elle glisse à la surface et va se perdre dans les rivières et les fleuves ; la terre se dessèche en amont, le volume des eaux courantes augmente en aval. Les canaux, réservoirs, établis pour l'irrigation, diminuent d'autant la masse des eaux et en ralentissent l'écoulement. Les inondations deviennent donc à la fois et plus rares et moins nuisibles, les coteaux arrosés se couvrant de gazon et se trouvant moins exposés à être ravinés par les orages.

De cette façon l'homme modifie les *climats*, mais trop souvent il le fait d'une manière inconsciente ;

trop souvent il a employé son activité « à vicier l'at-

Fig. 177. — Marais formés par les inondations du Rhin, où se trouvent installées des canardières.

mosphère ou bien à rendre plus brusques et plus désagréables les alternatives de chaleur et de froid. » C'est ainsi encore que, « dans la campagne, les déboisements à outrance ont eu, en plusieurs contrées, pour résultat de troubler l'harmonie première de la nature. Par ce fait seul que le pionnier défriche un sol vierge, il bouleverse le réseau des lignes isothermes, isothères, isochimènes, qui passent au travers du pays. Aux États-Unis, les défrichements considérables des versants alléghaniens semblent avoir rendu la température plus inconstante et avoir fait empiéter l'automne sur l'hiver, l'hiver sur le printemps. On peut dire, d'une manière générale, que les *forêts*, comparables à la mer sous ce rapport, atténuent les différences naturelles de température qui existent entre les diverses saisons, tandis que le *déboisement* augmente l'écart entre les extrêmes de froidure et de chaleur et donne une plus grande violence aux courants atmosphériques. Souvent aussi, les fièvres paludéennes et d'autres maladies endémiques ont fait leur apparition dans un district lorsque des bois ou de simples rideaux d'arbres protecteurs sont tombés sous la hache. Quant à l'écoulement des eaux et aux conditions de climat qui en dépendent, on ne saurait douter que le déboisement ait eu pour conséquence d'en troubler la régularité. Les crues se changent en *inondations*, d'immenses désastres s'accomplissent, pareils à ceux que causèrent la Loire et le Rhône en 1856 (1). » Il en est de même dans la vallée du Rhin, où toutefois les marécages formés par les inondations pério-

(1) E. Reclus, *les Phénomènes terrestres.*

diques du fleuve, sont utilisés pour la conservation et la chasse des canards sauvages (*fig.*177). Il en est de même enfin dans la vallée de la Seine, encore aujourd'hui aux environs de Maisons-Alfort, en amont de Paris, et aux environs de Mantes et de Rouen, en aval. Elles s'étendaient même autrefois en permanence, lors des premiers habitants de Paris, entre les buttes Montmartre et des Moulins, d'une part, entre Sèvres et Versailles, de l'autre. Les travaux de l'homme ont transformé tout cela (*fig.* 180).

Fig. 178. — Hirondelles.

Ces déboisements, résultat de l'imprévoyance humaine et du gaspillage aveugle des richesses naturelles du sol, se généralisent avec une rapidité effrayante dans toutes les contrées qui ont été le théâtre de puissantes civilisations. Toute l'Italie commence à être déboisée d'une façon inquiétante, surtout dans les provinces napolitaines ; les bois de France disparaissent peu à peu ; le midi n'a plus guère de forêts et, aux environs de Paris, il ne faudra pas bien longtemps, pour que nous en arrivions au même point. L'Espagne et surtout la Grèce se font remarquer par leur aridité. Les terribles sécheresses de l'Inde et du midi de la Chine ne paraissent pas non plus avoir d'autre cause. Il est temps de songer à la grandeur du mal et de régir l'exploitation forestière, non plus d'après un intérêt fiscal et les expédients d'une politique de casse-cou, mais d'une manière raisonnée et conforme aux vrais intérêts économiques du pays, non pas en vue du présent, mais surtout en vue de l'avenir. « Le mal qu'il a fait, l'homme peut le défaire. Il sait que, par le *reboisement*, il a le pouvoir de rapprocher les extrêmes de température et d'égaliser les pluies : il sait qu'il peut accroître la précipitation de l'humidité en développant le système des irrigations, ainsi que le prouvent les observations faites en Lombardie depuis un siècle ; enfin, il peut assainir le territoire en desséchant les marécages, en débarrassant le sol des matières corrompues, en modifiant les genres de culture. C'est ainsi qu'en Toscane, la vallée, jadis presque inhabitable, de la Chiana, où l'hirondelle (*fig*.178) même n'osait s'aventurer, a été complétement délivrée de miasmes paludéens par la rectification d'une pente indécise, couverte de mares et de lagunes. De même, les Maremmes de l'ancienne Etrurie sont devenues beaucoup moins dangereuses depuis que les ingénieurs toscans ont comblé les marécages du littoral et pris soin d'empêcher le mélange des eaux douces et des eaux salées, qui s'opérait à l'embouchure des rivières (1). »

(1) E. Reclus, *les Phénomènes errestres.*

La puissance d'action de l'irrigation n'est pas contestable. Prenons l'exemple de la luzerne, qui nous donne des récoltes fourragères d'une vigueur et d'une continuité inconnues avant son introduction en France par M. de La Rochefoucauld-Liancourt en 1780. Ses racines pivotantes allant trouver la fraîcheur à de grandes profondeurs, les sécheresses les plus intenses ne font qu'atténuer sa végétation sans la suspendre, dans les contrées méridionales. Cette plante fait succéder une certaine abondance à la disette ; plus au nord, sa troisième coupe se développe sous le soleil torride du mois d'août ; mais qu'on l'irrigue, et ses produits se décuplent. Un ami de M. de Cherville, rédacteur agricole du *Temps*, envoyé vers 1864 pour mettre en valeur les propriétés que l'ex-impératrice possédait en Andalousie, a raconté qu'une luzernière arrosée par une dérivation du Guadalquivir lui fournissait tous les mois une admirable récolte.

Il y a donc lieu de se préoccuper particulièrement d'aménager l'eau de manière à en régulariser l'action. Aussi les agriculteurs et forestiers réunis à Vienne, en 1873, en congrès, afin d'inaugurer pour ces matières un accord international, ont-ils recommandé aux gouvernements européens « une entente internationale pour empêcher la marche envahissante des défrichements qui troublent le régime des eaux pluviales, favorisent l'ensablement des fleuves, entraînent des éboulements sur les rives et provoquent les crues qui ravagent les terres en culture jusque dans les contrées les plus lointaines. D'un autre côté, il faut s'occuper de reboiser, avec le pin le plus souvent, les sables mobiles, les croupes, les sommets et les pentes des montagnes, sur les côtes maritimes et autres lieux pareillement exposés (*fig.*179) ; et, pour terminer, obtenir des gouvernements des études statistiques spéciales, afin de connaître la situation, l'é-

Fig. 179. — Reboisement des rives du lac de Zurich.

tendue et la constitution des forêts reconnues propres à protéger chaque pays contre les perturbations culturales causées ou susceptibles d'être causées par le gaspillage des forêts. »

Des mesures ont été prises en France pour modifier la législation en ce qui touche les défrichements et les reboisements. Le 18 juin 1859, des dispositions

nouvelles ont modifié celles du titre XV° du Code forestier, relatives au défrichement des bois des particu-

Fig. 180. — Les inondations de la Seine, antérieurement au défrichement du sol parisien.

liers. Aux termes de cet acte législatif, l'opposition au
défrichement, dont le droit est toujours réservé au
gouvernement, ne peut être formée que pour des
causes déterminées : la protection de l'agriculture,

celle des côtes et des dunes, la défense du territoire et la salubrité publique.

Telle est la modification essentielle apportée à l'ancienne législation. Celle-ci laissait la porte ouverte à l'arbitraire, en permettant à l'administration de former opposition au défrichement sans en faire connaître le motif déterminant. La loi nouvelle indique et circonscrit les causes de cette opposition qui sont, avec raison, basées sur l'intérêt public. Mais l'État semble trop souvent négliger d'en faire usage pour combattre l'imprévoyance des particuliers, imprévoyance dont, du reste, l'administration forestière gouvernementale est malheureusement la première à donner l'exemple.

Le défrichement permet de rendre à la culture des terrains qui, complantés en bois, ne fournissent qu'un produit inférieur; mais il est nécessaire de donner à la culture forestière une compensation. Il est indispensable surtout de faciliter et même, en certains cas, d'exiger le reboisement des montagnes, que des principes mal entendus ont, surtout vers la fin du siècle dernier, fait dénuder par des défrichements et des dépaissances imprudemment exécutées. Ce retour vers les saines maximes économiques fut signalé par la promulgation de la loi du 28 juillet 1860.

D'après l'article 1er, des subventions peuvent être accordées aux communes, aux établissements publics et aux particuliers pour le reboisement des terrains situés sur le sommet ou sur la pente des montagnes. Ces subventions consistent en graines ou plants, ou en argent. On les délivre en raison de l'utilité des travaux, au point de vue de l'intérêt général, et en ayant égard, pour les communes et les établissements publics, à leurs ressources, à leurs sacrifices et à leurs besoins, ainsi qu'aux sommes allouées par les conseils généraux pour le reboisement. Les primes en argent accordées à des particuliers ne peuvent être délivrées qu'après l'exécution des travaux. Dans le cas où l'intérêt public exige que ces travaux soient rendus obligatoires, par suite de l'état du sol et des dangers qui en résultent pour les terrains inférieurs, il est procédé dans les formes suivantes : un décret, rendu en conseil d'État, déclare l'utilité publique des travaux, fixe le périmètre des terrains dans lesquels il est nécessaire d'effectuer le reboisement, et règle les délais d'exécution. Ce décret doit être précédé d'une enquête, d'une délibération des conseils municipaux des communes intéressées, et enfin des avis émis séparément par une commissisn spéciale, par le conseil d'arrondissement et le conseil général.

A la fin de 1867, 70,000 hectares étaient déjà entièrement reboisés.

CINQUIÈME PARTIE.

———

Instruments et machines agricoles.

———

CHAPITRE X.

———

MACHINES ET INSTRUMENTS POUR LES TRAVAUX D'EXTÉRIEUR DE LA FERME.

Par *machines* nous entendons, suivant la définition d'un ouvrier anglais célèbre, « tout ce qui, au delà des ongles et des dents, sert à travailler. » Ce sont ces *organes complémentaires* qui s'ajoutent à la force musculaire de l'homme et lui permettent d'en opérer la concentration sur un point donné, à un moment précis, sans que la faible contexture de l'épiderme qui recouvre le corps humain en soit blessée.

Les machines et instruments d'agriculture se classent en deux sections : 1° ceux qui sont destinés aux travaux d'extérieur de la ferme; 2° ceux qui se rapportent aux travaux d'intérieur.

PREMIÈRE SECTION. — Charrues propres à tous labours, — aux labours profonds, — aux labours en sols légers (*fig.* 181), — aux terres fortes; — Charrues tourne-

oreilles, — défricheuses, — défonceuses, — à poser les
drains, — à plusieurs socs, — pour le labourage à la

Fig. 181. — Charrue à avant-train perfectionnée. A, régulateur horizontal; B, régulateur vertical; EE, roues supportées sur les tiges FF.

vapeur. — Herses pour les terres fortes et pour les
terres légères. — Cultivateurs. — Scarificateurs. —
Extirpateurs. — Rouleaux propres à briser les mottes,
pour les grandes et les petites exploitations, pour les
terres ensemencées et les prairies. — Semoirs en lignes
à toutes graines, pour les grandes ou pour les petites
exploitations, répandant en même temps la semence
et l'engrais pulvérulent ou liquide, — semant les céréales à la volée et les graines de prairies artificielles,
— à betterave, — à carotte, etc. — Houes à cheval
pour céréales ou autres cultures. — Machines à moissonner les céréales. — Machines à faucher les prairies
naturelles et artificielles. — Faneuses. — Râteaux à
cheval. — Charrettes à un cheval. — Chariots à plusieurs chevaux. — Machines à répandre l'engrais liquide. — Harnais propres aux usages agricoles. —
Pompes. — Ruches (*fig*.182). — Collections d'instruments à main pour les travaux d'extérieur.

Charrues. — L'invention de la charrue se perd dans

la nuit des temps. A l'origine, ce ne fut qu'un simple
pic (*fig.*183), composé d'un soc grossier et manœuvré
par un seul homme. Celle des Romains n'était encore

Fig. 182. — Ruches.

qu'un crochet à deux branches, dont l'une pénétrait
dans le sol et dont l'autre servait à la traîner. Autrement
dit, on ne connaissait que ce que l'on appelle *le la-*

bour à bras, le seul encore possible, dit M. Lecouteux (1), dans les terrains dont l'inclinaison dépasse 5 centimètres par mètre. Ces labours à bras peuvent s'exécuter au moyen de la bêche, de la fourche, de la houe pleine et de la houe à crochet (*fig.* 183). Cette dernière se rapproche, par sa forme, de la charrue romaine primitive, dont on aurait supprimé le manche. L'homme était donc obligé de labourer son champ, entièrement courbé. Un semblable instru-

Fig. 183.

ment ne pouvait longtemps rester aussi grossier. On commença par ajouter au soc un *versoir* ou *oreille*, destiné à retourner la bande de terre détachée par le soc; puis on y adjoignit un *coutre* (*fig.*184), devant couper verticalement la bande de terre enlevée par le versoir. Les Gaulois inventèrent des charrues à roues et y ajoutèrent enfin un *avant-train*. On perfectionna l'*age* de la charrue; on y adapta des *manches* ou *mancherons*, puis un *sep*, partie de la charrue qui glisse

(1) Défrichements, travaux usuels, instruments (*Les cent traités*).

sur le sol et qui assure la régularité et la stabilité de l'instrument. Enfin, on y ajouta un *régulateur*, servant à modifier la profondeur et la largeur de la raie.

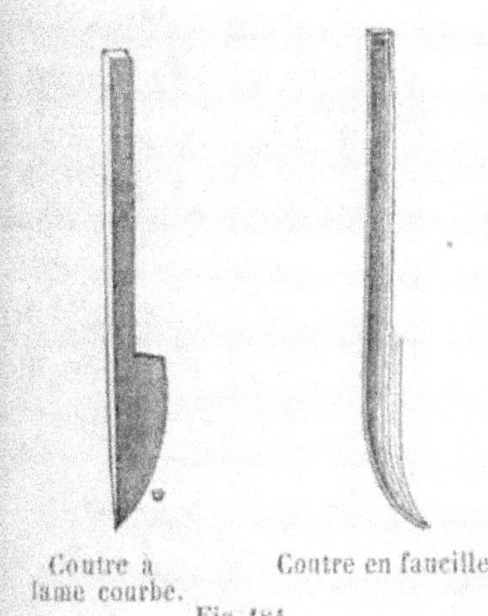

Coutre à lame courbe.

Coutre en faucille.

Fig. 184.

De perfectionnement en perfectionnement, on en est arrivé à donner à la charrue la forme la plus générale que nous lui connaissions (*fig.*185). Or, n'est-il pas préférable de voir le paysan conduire sa charrue traînée par des chevaux, donnant l'impul-

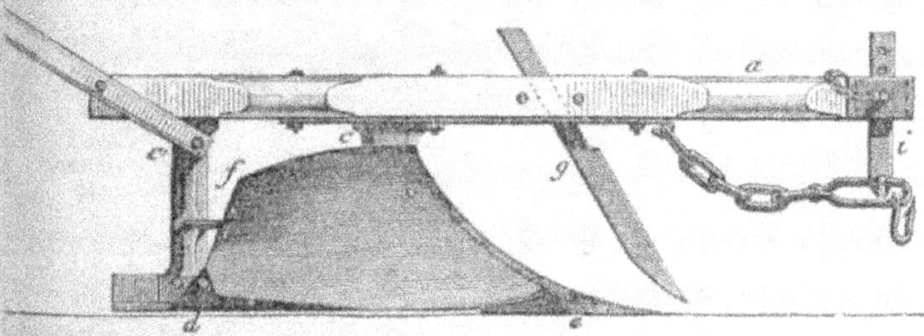

Fig. 185. — Araire Dombasle. *d*, sep fixant la partie inférieure des deux étançons *cc'*; *d'*, talon; *f*, versoir ou oreille; *e*, *souche* ou *douille*, servant à fixer le soc au corps de la charrue.

sion et la direction aux travaux sans avoir à supporter le poids de l'instrument, que de le voir courbé tout le jour sur le sol et ployant seul sous le faix de sa besogne. Le premier est un grand seigneur qui a pour vassaux sa charrue et ses chevaux ; il se sent plus homme, et sa condition est plus digne, plus intelligente. Celui qui travaille à la main rappelle, au contraire, l'esclave des temps passés.

Chaque jour la charrue se perfectionne, et son prix s'abaisse. Son emploi se généralise dans les contrées les plus déshéritées, car pour 120 ou 130 francs on a aujourd'hui une très-bonne charrue (1).

Le prix de revient du labour se compose de la valeur du temps employé par l'homme et les animaux, en même temps que des frais d'entretien et du coût de l'usure de la charrue. Il importe que l'instrument ne nécessite que l'effort de traction le plus faible possible. A ce point de vue, on divise les char-

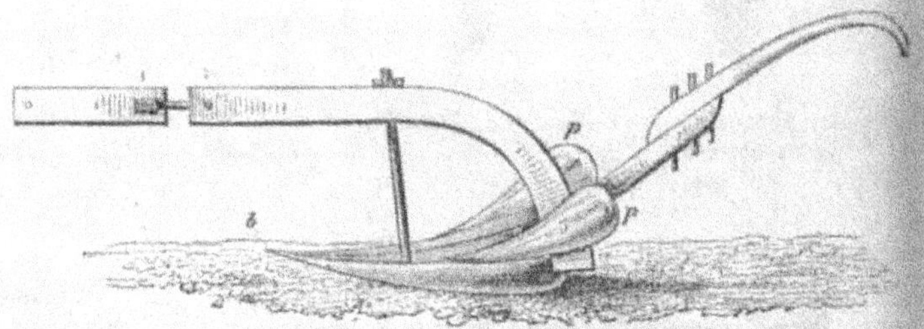

Fig. 186. — Araire de Provence. *b*, soc pointu ; *p*, oreilles en bois en forme de coins.

rues en trois groupes : *araires* (*fig.*186) ou charrues simples ; *charrues à avant-train ; charrues à supports.* L'araire simple coûte de 35 à 65 francs. Il lui faut une force de traction moindre et il est d'un emploi bien plus économique. Seulement, il exige du laboureur un peu plus d'attention, car il doit guider l'araire au lieu que souvent il préfère se laisser traîner par sa charrue.

Il est difficile d'espérer atteindre des prix inférieurs

(1) Casanova, *les Premiers Pas dans l'agriculture.*

à ceux-ci : 35 francs pour une charrue ! La modicité de cette somme rend possible la vulgarisation de l'instrument chez nos plus petits propriétaires des campagnes. Peu prévoyants en général, ils sont bien gênés quand il leur faut trouver le capital, si faible qu'il soit, qui leur serait nécessaire pour l'achat des moyens d'exploitation les plus indispensables.

On adapte souvent à la charrue un avant-train. (*fig.*181) Mais ce système complique souvent inutilement l'instrument et en augmente le prix (*fig.* 187).

Fig. 187. — Avant-train de la charrue Dombasle. *a*, age de l'araire ; *j*, crochet auquel s'adapte la chaîne *k* ; *mm*, pitons dans lesquels s'emmanche le goujon *l* ; *n*, boîte à coulisse glissant sur la traverse *n'* au moyen de la vis de pression *a'* ; *b'*, genou pouvant se ployer en tous sens ; *pp*, montants entre lesquels glisse la traverse *n'*.

Que n'a-t-on pas imaginé pour perfectionner la charrue ? Le laboureur est souvent embarrassé en arrivant à l'extrémité de son champ pour retourner son instrument. Il perd beaucoup de temps dans cette manœuvre ; quand il laboure un terrain en pente, il lui faut pouvoir déposer la terre, enlevée par le versoir, toujours du même côté, afin de l'empêcher de retomber dans la raie. On a donc inventé des *charrues tourne-oreille*, à *versoir mobile*. Malheureusement, comme cela se voit trop souvent, ce ne sont pas ceux qui auraient le plus vivement besoin de profiter d'un perfectionnement qui en jouissent, à cause de l'élévation considérable du prix ; c'est ce qui arrive pour ces charrues, coûtant au moins 90 francs (*fig.*188).

Fig. 188. — Charrue tourne-oreille.

On a plus tard créé la *charrue bisoc*, qui, attelée de trois chevaux, fait plus de travail, dans le même temps, que deux charrues simples, attelées chacune de deux chevaux. De là, pour l'homme, une économie de temps et d'argent, puisqu'il lui faut un cheval de moins. La traction est, en outre, plus régulière et l'instrument plus stable. On trace ainsi deux raies à la fois au lieu d'une. Le bisoc peut revenir à 125 francs.

On a été encore plus loin. On a construit des *charrues polysocs* (*fig.*145). Elles avaient été condamnées par le rapporteur de l'Exposition universelle de 1855. Mais les faits sont venus lui donner tort. Celles qui ont été médaillées au concours national de Paris, en 1860, se composaient de 4 socs doubles. Elles coûtent plus de 300 francs et sont très-employées dans les fermes d'essais de la Champagne. Deux chevaux et un homme suffisent à traîner cette charrue.

Or, comparons les frais des labourages pratiqués avec ces divers appareils.

L'araire le plus simple coûte 35 francs; attelé de 2 chevaux et dirigé par un homme, il permet de labourer 35 ares dans une journée de dix heures. Le prix de

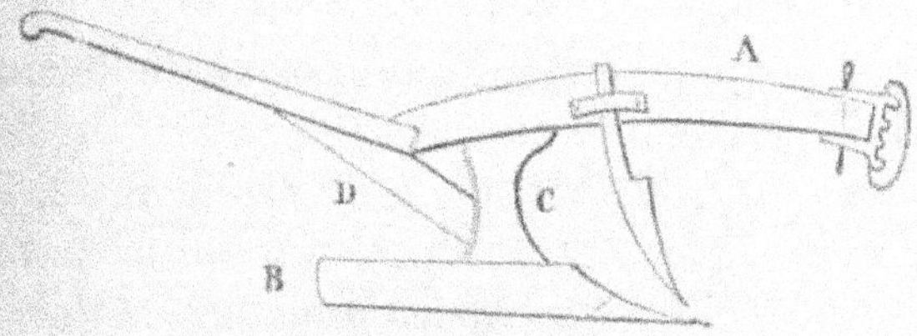

Fig. 180. — Charrue de défoncement sans étançon postérieur. A, age de la charrue; B, sep; C, étançon antérieur; D, pièce de bois.

l'heure d'un cheval est de 0 fr. 12 cent., et celui de l'heure du laboureur, de 0 fr. 21 cent. environ.

Pour labourer un champ de 5 à 6 hectares, il faut, avec cet araire simple, 14 jours 3 heures, soit une dépense de 64 fr. 35.

Avec la charrue bisoc, on laboure 80 ares par jour, dans les mêmes conditions au moyen de 3 chevaux, soit pour 5 hectares six jours et deux heures et demie. Le prix du labour, pour la même surface, s'élève donc à 38 fr. 12.

Enfin, avec la charrue à quatre socs mentionnée plus haut, qui, tirée par deux chevaux, laboure 2 hectares 1/2 dans une journée, il ne faudrait que deux jours pour labourer le même champ, soit une dépense de 9 fr.

Tous ces chiffres, établis d'après des données déjà anciennes, pour être exacts, doivent être augmentés d'un quart. Dans cette mesure, on peut tenir les indications ci-dessus comme fort suffisamment approximatives.

Certes, les frais d'entretien de cette charrue sont plus élevés que pour le bisoc, et ceux du bisoc plus élevés que pour l'araire simple (1). En outre, le capital d'achat est aussi incomparablement plus considérable; mais, en revanche, le bénéfice s'accroît dans des proportions qui dépassent de beaucoup celles de l'augmentation du prix d'achat.

En Angleterre, la charrue, qui n'était autre, à l'origine, que la *charrue romaine*, introduite à la suite de la conquête du pays par les soldats de César, s'est transformée. Elle a été remplacée par la *charrue saxonne*, lourde et informe, machine munie d'un avant-train et d'un versoir fixe; puis est venue la *charrue normande*, moins défectueuse et restée en grand usage jusque vers la fin du xviiie siècle. Il existe un document authentique qui témoigne de l'état arriéré de l'Angleterre à cette époque; c'est un acte du Parlement, de l'année 1634, intitulé : *Acte contre la coutume d'attacher les bœufs à la charrue par la queue et d'arracher la laine des moutons.* C'était le procédé d'alors pour tondre les bêtes ovines.

Les charrues dont nous avons parlé répondent bien aux besoins les plus généraux des cultivateurs. On employait en France, en 1862, 2,411,785 charrues de pays et 794,736 charrues perfectionnées. Mais la

____

(1) On estime ceux-ci de 40 à 70 centimes par jour.

science a marché, et l'agriculture a été amenée à reconnaître que la culture intensive est aujourd'hui, dans la plupart des cas, le seul moyen d'arriver à la fortune. Or, les instruments qu'elle possédait étaient insuffisants pour répondre aux exigences de ce nouveau mode de culture et défoncer le sol à 15 ou 20 centimètres de profondeur, soit qu'on voulût conquérir le sous-sol, soit qu'on y recherchât simplement les amendements nécessaires à la mise en culture de la superficie. Dans ce dernier cas, souvent on doit effectuer le défoncement(*fig.*189)jusqu'à 40 centimètres.

On fut ainsi amené à faire usage des *charrues soussol* (*fig.*138), dites *fouilleuses*, ou encore *défonceuses*. M. Vallerand, le premier en France, construisit une charrue de cette espèce, qu'il baptisa du nom de *Révolution*. Mais cette charrue ne pouvait que servir de modèle, puisqu'elle nécessitait l'emploi d'un attelage de 12 bœufs. Cependant l'idée était nouvelle et devait provoquer une révolution culturale ; elle se transforma dans la charrue double Demesmay, ne coûtant que 80 francs et labourant jusqu'à 35 centimètres de profondeur.

Mais la plus usitée en France, maintenant, est la charrue Cotgreave, qui est à la fois une charrue simple et une charrue défonceuse, introduite en 1861 par M. J. Bodin. Elle se compose d'un très-grand versoir, d'un soc formant une deuxième charrue et enfin d'une tige garnie d'un soc en acier. Le corps de charrue renverse la bande de terre superficielle ; le grand versoir et le soc vont chercher au fond de la raie une seconde bande qu'ils renversent sur la première, et la tige remue le sous-sol sans le ramener à la surface. On comprend toute l'économie de temps et d'attelages qui peut résulter de l'emploi de cette charrue.

La *charrue sous-sol* Clamageran est le plus puissant de tous les instruments de ce genre. Le labour ordinaire ayant 25 centimètres de profondeur, cette charrue permet de l'approfondir de 30 à 35 centimètres, ce qui donne jusqu'à 60 centimètres de profondeur, c'est-à-dire plus d'un demi-mètre.

Nous ne finirions pas, si nous voulions parler de toutes les destinations spéciales auxquelles l'intelligence humaine a su approprier la charrue. Il nous suffira de mentionner encore la *charrue vigneronne*, qui permet, dans la culture généralement fructueuse du vignoble, de suppléer au manque de bras et a mis, dans un grand nombre de circonstances, ce genre de culture à l'abri de la cherté de la main-d'œuvre. Si l'on devait remuer la terre des vignobles à bras, l'opération ne se terminerait jamais. On a inventé une espèce particulière de charrue pour labourer sur les coteaux et approcher des ceps le plus possible sans les blesser, la pointe du soc étant rejetée en dedans et la disposition de l'axe de la charrue étant modifiée.

Aujourd'hui, il est peu de viticulteurs qui ne fassent usage de charrues vigneronnes attelées de chevaux, de mulets ou de bœufs. C'est à cette amélioration qu'il faut attribuer l'extension si considérable qu'ont pris les vignobles en France dans ces dernières années. L'espacement des ceps est plus grand; grâce à cette légère modification du mode de culture, on a pu substituer le travail à la charrue au travail à la pioche.

Ce fait a une très-grande portée, car, sans cet important progrès, il ne serait point possible à nos viticulteurs de cultiver des étendues aussi considérables de vignes.

On a encore construit *des charrues* spéciales pour opérer *l'épierrement* d'un champ quelconque, travail pénible, pour ne pas dire impraticable, et auquel il eût semblé difficile d'appliquer l'action des machines. « L'épierrage à la main est impraticable, non-« seulement parce qu'il est ruineux, mais aussi parce « qu'il est impossible dans les champs où il y a des « quantités innombrables de cailloux et de pierres « dont le diamètre est de 1, 2, 3 et jusqu'à 10 centi-« mètres. Il faudrait des armées entières d'hommes « et de femmes, occupées à ne ramasser que les « cailloux qui sont dans les champs; jugez si cela est « possible. Que faire alors? renoncer à cultiver cette « terre? c'est bien pénible. La *charrue épierreuse* « *Casanova* comble cette lacune. Elle fait un travail « complet dans l'épierrage; de plus, elle peut se « transformer instantanément en ramasseuse de boues « et en ratisseuse. Veut-on la convertir en houe à « cheval ou en rayonneuse? L'heureuse configura-« tion de la charrue permet tous ces changements « avec une facilité extrême. (1) » D'un prix très-peu élevé, elle n'exige qu'un cheval, car elle est très-légère. L'épierrage s'opère d'une manière parfaite, et l'on peut ainsi facilement transformer une terre stérile en terre légère.

Mentionnons enfin la *charrue arracheuse*, qui, elle

____

(1) Casanova, *les Premiers Pas dans l'agriculture.*

aussi, économise une quantité notable de main-d'œuvre et sert à récolter les tubercules, pommes de terre, betteraves, etc. (*fig.* 190).

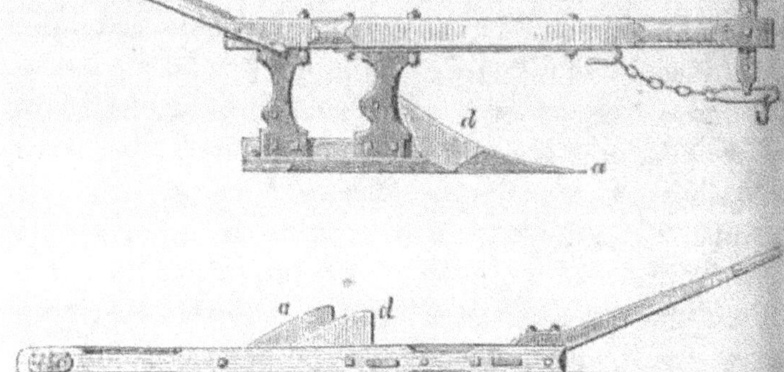

Fig. 190. — Charrue pour arracher les betteraves (araire sans coutre); *d*, versoir; *a*, soc.

Après la charrue, le premier instrument auquel on doit avoir recours pour les travaux des champs, c'est *la herse*, qui permet d'ameublir la couche superficielle du sol et d'en augmenter la porosité, afin de laisser les sucs nutritifs s'infiltrer sans obstacle et de rendre la terre accessible à l'action de l'atmosphère.

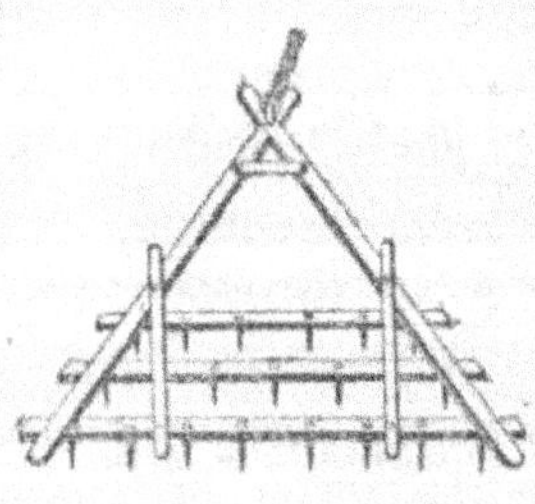

Fig. 191. — Herse triangulaire.

Primitivement, cet instrument se composait d'un seul triangle (*fig.* 191), difficile à manœuvrer et exécutant peu d'ouvrage. Aujourd'hui, soit qu'on éunisse plusieurs herses en une seule (*fig.*193), soit qu'on emploie des *herses articulées* (*fig.*192), on ar-

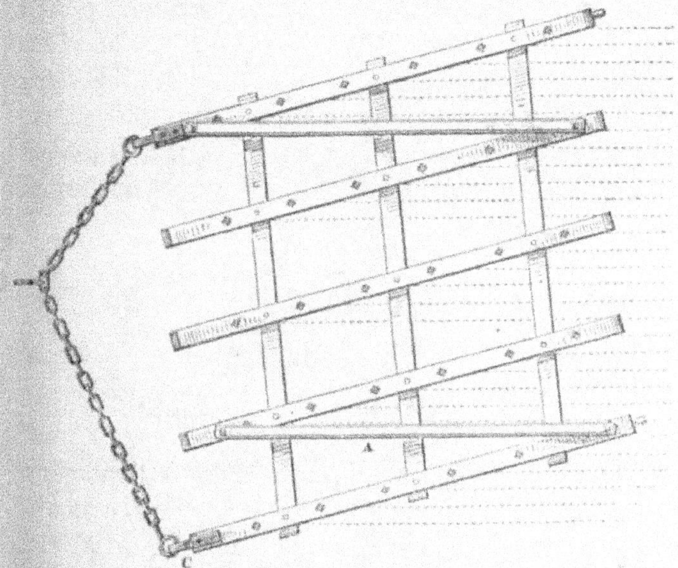

Fig. 192. — Herse oblique de Valcourt.

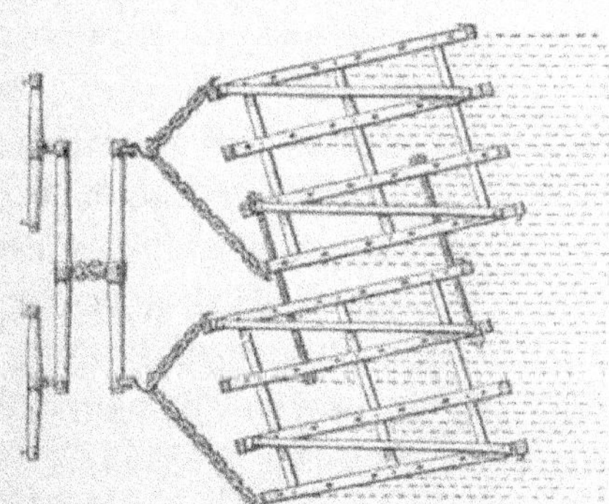

Fig. 193. — Herse double de Valcourt.

rive à faire beaucoup de besogne en peu de temps,

ce qui est essentiel pour ne pas laisser trop à découvert la semence répandue dans les sillons.

La *herse triangulaire* a été abandonnée pour la herse *parallélogrammatique* (*fig.*192). Puis on a perfectionné l'instrument et l'on a construit des *herses trapézoïdales* ou *courbes* brisées ou accouplées, avec lesquelles on travaille, d'un seul coup, une planche de 2^m,30 de largeur (*fig.*194). Des herses accouplées

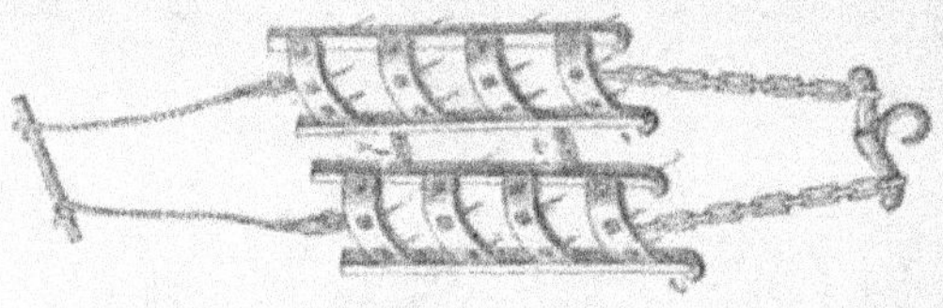

Fig. 194. — Herse double courbe pour travailler deux billons à la fois.

on passa aux herses en zigzags. Mais, à l'apogée du perfectionnement, nous trouvons la *herse articulée*, toute en fer, de Howard, à mancherons. Attelée de 3 chevaux, elle peut berser une surface de 3 mètres de large. Enfin, tous les systèmes précédents sont dépassés par la *herse chaîne*, de Howard, l'un des plus puissants instruments de ce genre.

On a aussi imaginé des *herses tournantes*, qui, par une combinaison ingénieuse, sont animées d'un mouvement de rotation autour d'un pivot central. On obtient ainsi un hersage circulaire, ameublissant le sol d'une manière bien plus parfaite. Cette herse est très-employée en Amérique, en Allemagne, en Russie, quoique laissant encore fort à désirer.

On a enfin amélioré le mode d'après lequel sont disposées les dents, de façon à diminuer, autant que possible, l'effort de la traction.

Le *hersage* terminé, on procède au *roulage*. Un coup
de rouleau (*fig*.195) met obstacle au développement des
plantes parasites qui encombrent les récoltes et permet
de les détruire plus facilement ; il sert aussi à façon-

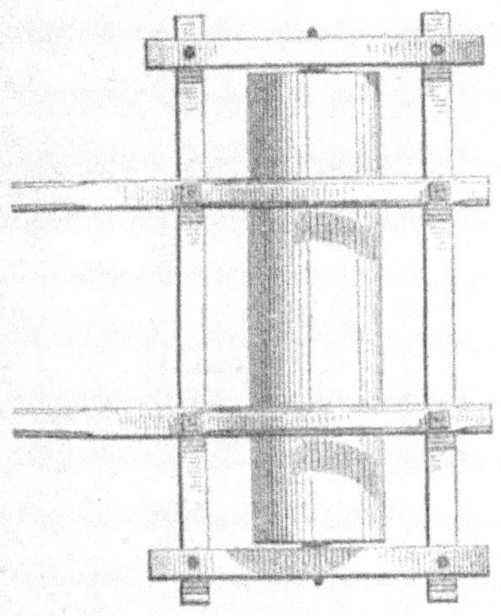

Fig. 195. — Rouleau ordinaire.

ner les prairies au printemps et à en accroître le rendement, en facilitant la récolte
du foin. Il ameublit, tasse,
nivelle. Souvent le rouleau
est en bois. Cependant les
rouleaux en fer commen-
cent à se répandre, ceux
en bois poussant souvent
en avant les mottes avec
les graines et les herbes,
ce qui est un inconvénient
très-fâcheux.

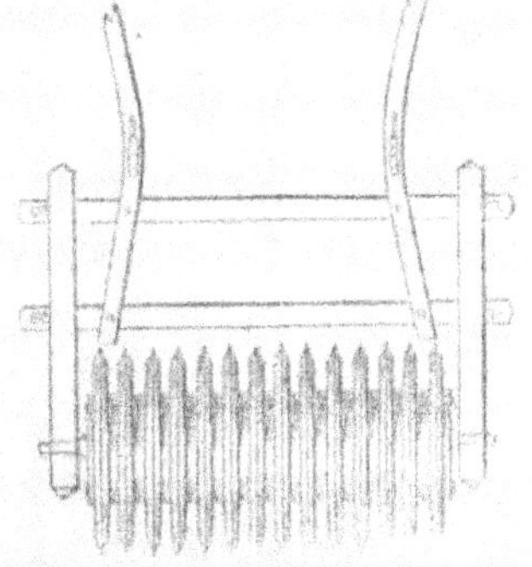

Fig. 196. — Rouleau squelette
de Dombasle.

On construisait autrefois de longs rouleaux, tout
d'une pièce, ayant jusqu'à 2 mètres de longueur. On

en a reconnu les défectuosités et on les a divisés en segments; on a obtenu ainsi des *rouleaux brisés*. Mais le rouleau n'est valable qu'autant qu'il est doué d'une grande énergie. On ne s'est plus contenté du simple rouleau et l'on a imaginé le *rouleau à disques et à charge variable*, qui n'est autre que celui de Dombasle perfectionné (*fig*.196). L'instrument, chez lequel cette énergie a été portée à son maximum, est le rouleau Crosskill (*fig*.142), formé d'une série de disques montés sur un même axe et armés de dents. Avec de semblables rouleaux, qui coûtent depuis 120 francs jusqu'à 360, on trouve, en réglant le prix de revient sur ce dernier chiffre, que, par hectare, le prix du roulage est de 7 fr. 10 c. environ.

Je mentionne encore ici une espèce particulière de rouleau, dit *rouleau arroseur*, dont le principe repose sur la facilité de déplacement d'un cylindre rempli de liquide. Il est disposé de manière à se vider entièrement et à laisser l'eau s'écouler avec la même vitesse de projection jusqu'à la dernière goutte.

Enfin, comme curiosité, nous signalerons un instrument très-employé en Ecosse et qu'on appelle le *land-presser*. On avait remarqué que les céréales, faites sur un labour frais, levaient plus inégalement et étaient bien plus assujetties à *se déchausser* que celles faites sur un labour *rassis*. On avait observé aussi que, partout où une voiture avait passé, la trace des roues se signalait par une végétation plus vigoureuse. Cela suffit à un observateur pour créer ce nouvel instrument. Le *land-presser* se compose d'un bâti en bois portant un essieu en fer sur lequel sont montés plusieurs disques en fonte, que l'on peut écarter plus ou moins suivant les besoins de la culture, la nature des plantes et la force que l'on emploie.

Une fois le hersage et le roulage terminés, le moment est venu de répandre les semences. Primitivement, on semait à la main, *à la volée*. Mais ce mode de semailles, encore très-répandu aujourd'hui, est trop inégal et trop irrégulier. On se sert aussi de *plantoirs;* le *plantoir flamand* est un modèle du genre, non encore perfectionné et dont on fait grand usage en Flandre pour la plantation du colza (*fig.* 197). Signalons aussi celui de M. Portal, de Meaux, qui sert à planter le maïs et qui permet d'enterrer, en toute certitude, la semence à une profondeur régulière. Le *semoir-tube* évite les pertes de graines et permet à l'ou-

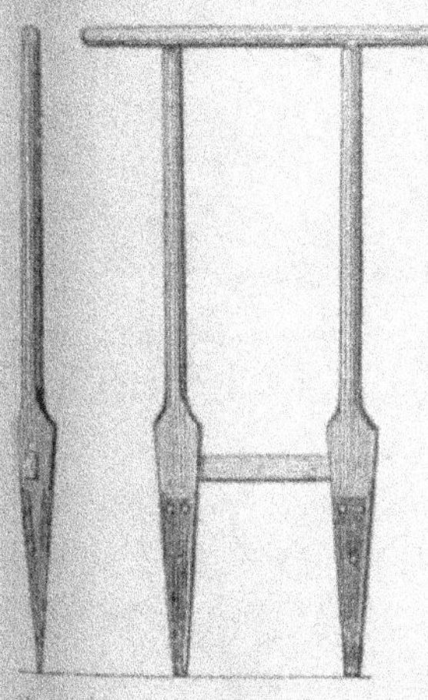

Plantoir simple   Plantoir à branche double.
Fig. 197.

vrier de ne pas continuellement se baisser et se relever, et d'éviter les courbatures.

Nous arrivons enfin à un perfectionnement considérable, le *semoir américain* ou *semoir à la volée*, introduit en France par M. Gaud. Au moyen de cet instrument, le premier venu peut semer mieux et plus promptement que le semeur le plus adroit et le plus expérimenté. L'instrument est combiné de manière à permettre de répandre les graines les plus

fines aussi bien que celles qui atteignent la grosseu
des féveroles ; la graine est projetée sur un rayon d
cinq à sept mètres, de sorte que l'homme peut facile
ment ensemencer sept hectares par jour, et beau

Fig. 198. — Semoir américain.

coup plus régulièrement que ne le ferait le meilleu
semeur (*fig.* 198). Les semoirs les plus usités en France
jusqu'à présent sont les *semoirs-brouettes* (*fig.* 199), pou
la petite culture, et les *semoirs à cheval*, dont la cher
ne les rend utilisables que pour la grande culture. O
ensemence par ce moyen aussi régulièrement qu'o
peut le désirer. Le semoir à cheval le plus perfe

onné est le *semoir Smyth*, mais il est encore d'une va-
ur trop élevée. Dans les prix inférieurs, signalons le
moir *Bodin*, dont la valeur ne dépasse guère 120 fr.
nfin, il y a encore le *semoir rouleur* (*fig*. 200), qui

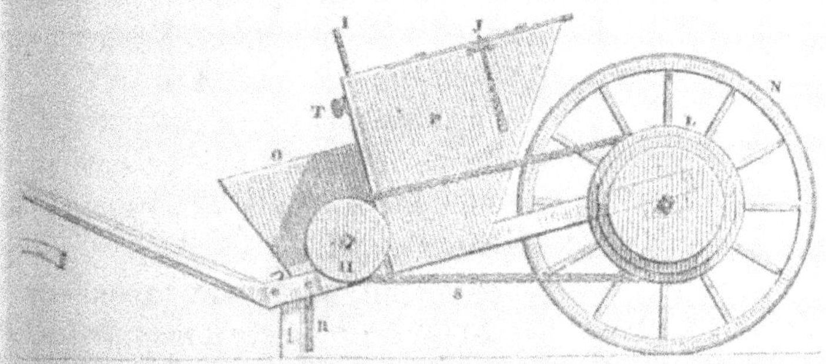

ig. 199. — Semoir-brouette. P, compartiment qui reçoit les semences et
d'où elles passent dans le compartiment O au moyen de la coulisse I qui
en règle la quantité.

oule le sol en l'ensemençant. On l'emploie plus par-
iculièrement pour la culture des raves.

ig. 200. — Semoir rouleur. *b*, rouleau qui supporte la machine et aplatit
le sommet des billons; 1, 1, 4, renflements qui roulent dans les sillons;
c, socs creux en fer ; *d*, rouleaux postérieurs qui recouvrent la graine ;
a, coffre sans fond.

Certes, s'il est une opération qui doive répugn
à l'ouvrier, c'est l'épandage des engrais. Des espèces d
semoirs, ou *distributeurs d'engrais*, accomplisse
aujourd'hui cette opération avec une régularité
une uniformité vraiment remarquables, et mêm
certains de ces instruments répandent l'engrais e
même temps que la semence.

Au moment des semailles, il faut évidemment qu'u
instrument ouvre la raie où doivent être enterré
les graines. Ce sont les instruments dits *rayonneur*
qui remplissent cet office (*fig*.201).

Les semoirs à cheval sont munis de rayonneur
mais il n'en est pas de même pour le *semoir-brouet*
ni pour le semoir rouleur, le seul qu'emploie la petit
culture. Il faut alors faire ouvrir la voie par un *rayon
neur* qui marche devant le semoir, comme le *rayon
neur Dombasle*.

Signalons aussi les *scarificateurs* (*fig*.202), *déchau
meurs* et *extirpateurs*, qui servent à débarrasser un
terre des mauvaises herbes ou à en ôter le chaum

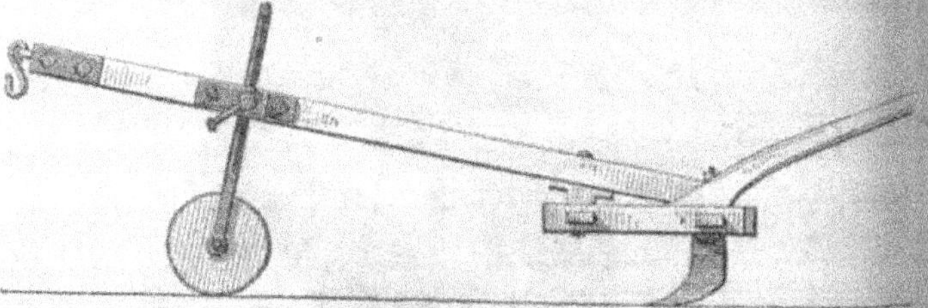

Fig. 201. — Rayonneur.

quand on veut faire subir au sol des préparations nou
velles.

Une fois la terre travaillée, tous les soins nécessaire
pour s'assurer un produit rémunérateur ne sont pa

ncore pris. Il faut surveiller la croissance des plantes
surtout celle des plantes fourragères et grainières,
çonner la terre pour la maintenir fraîche, l'aérer et

Fig. 202. — Scarificateur Colmann.

faire profiter des principes nutritifs contenus dans
atmosphère ambiant. On emploie à cet effet la *houe*

Fig. 205. — Extirpateur Valcourt. E, lames; C, roue régularisant la
profondeur du binage.

cheval (*fig*. 144), par laquelle on a remplacé la

houe à main (*fig*. 204), le *sarcloir à main*, la *binett*
(*fig*. 205), etc. Elles permettent de biner un hectare e
demi par jour et n'occupent qu'un homme et un che

Fig. 204. — Houe à main de Hugues.

val. C'est là un travail essentiel au succès des récoltes

Fig. 205. — Binette Lecouteux.

En perfectionnant les houes à cheval, on a ét
amené à construire ce qu'on appelle des *bineuses*, qu
travaillent sur une plus grande étendue à la fois e
sont fort employées en Angleterre.

La *charrue-herse* n'est qu'une variété des bineuse
pouvant à volonté être transformée en extirpateur o
en scarificateur (*fig*.206).

Quant aux *butteurs* ou *buttoirs*, ils servent à relève
et émietter la terre, de manière à l'amonceler au pie
de certaines plantes, telles que le maïs, les choux

e colza, les betteraves, cultivées sur ados. C'est, en définitive, une espèce de charrue à deux versoirs.

Avant de labourer, avons-nous dit précédemment, l est souvent indispensable de drainer. Nous ne ferons que mentionner les appareils que l'on a construits pour

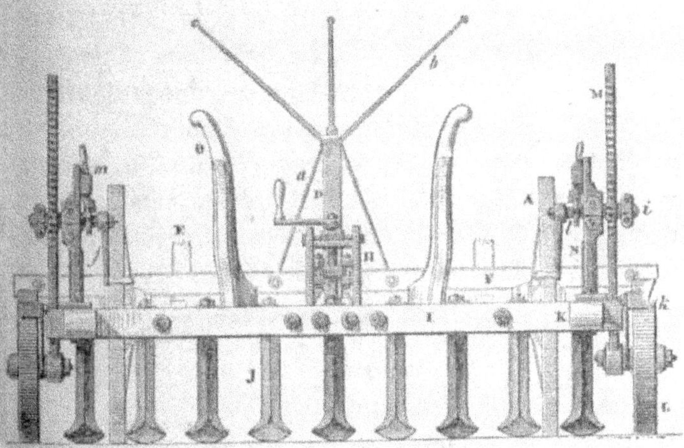

Fig. 200. — Charrue-herse vue par derrière. J, dents en fer forgé, au nombre de 9; I, grand côté du châssis de l'arrière-train; M, crémaillères en fer, portant les tourillons des roues; c, écrou; d, vis de rappel; E, timons en bois.

broyer les terres à drains : ce sont les *malaxeurs* et ceux destinés à étirer les tuyaux de drainage. L'une de ces machines, entre autres, peut fabriquer de 4 à 5,000 tuyaux par jour, sous la direction de deux ouvriers aidés de deux enfants. Si ces mêmes ouvriers étaient obligés de faire ces tuyaux à la main, ils n'en obtiendraient qu'à grand'peine 500 à la journée.

Une fois les récoltes mûres, il importe de les rentrer aussitôt que possible, pour les soustraire aux inconstances du temps. Hommes et chevaux sont à ce moment tous rassemblés sur le champ de la ré-

colte et sur la route qui le relie à la ferme. Chacun
se presse, chacun redouble de zèle. C'est alors que la
moissonneuse rend d'immenses services. Exemple :
un agriculteur du département du Cher, dans une
lettre adressée le 12 septembre 1866 au *Journal
d'agriculture progressive*, appréciait fort cette machine,
qui lui avait permis de couper en neuf jours 32 hectares de froment, soit près de 3 hectares et demi par
jour, et de les rentrer avant l'arrivée des pluies inces-
santes de cette déplorable année. La moissonneuse
permet souvent de sauver une récolte qui, sans son
secours, serait perdue ou fort endommagée, comme
cela arriverait dans le cas où l'on se verrait obligé de
couper les céréales à la faucille (*fig.* 207).

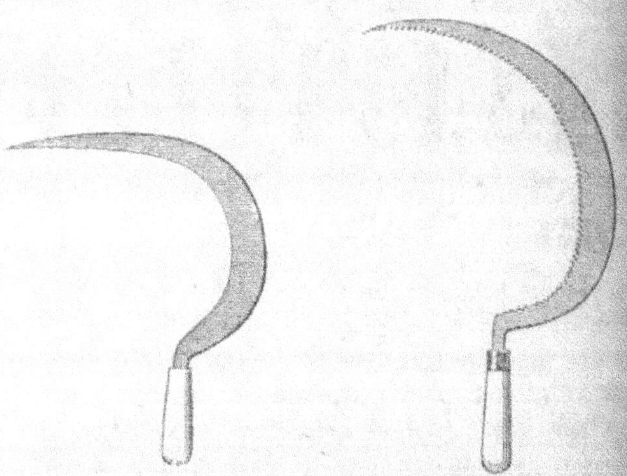

Fig. 207.

La moissonneuse moderne est originaire d'Écosse.
Elle fut l'objet de bien des tâtonnements. On considérait le problème comme insoluble, lorsque le prince

Lichnowski rapporta des États-Unis la machine construite en 1845 par Mac-Cormick, fermier des environs de Chicago.

« Avec deux hommes et deux chevaux, cette
« machine moissonne environ 50 ares par heure
« ou 4 à 6 hectares par jour; mais il lui faut un
« terrain uni, et la culture en billons étroits et
« bombés l'empêche de bien fonctionner; elle coûte
« 625 francs. Le calcul suivant, fait en Angleterre,
« d'après le résultat de quelques expériences et la
« connaissance de ce qui se passe en Amérique, fera
« juger des avantages que promet cette machine et
« permettra à nos agriculteurs d'établir des calculs
« semblables pour leurs localités respectives.

Méthode ordinaire.

« Moisson de 15 acres (à 40 ares 46), à 11 fr. 25
« cent. (9 sh.), 168 fr. 75 cent.

Avec la moissonneuse.

« Chevaux et hommes pendant \
« un jour.............. 12 f. 50 c. |
« Pour lier 15 acres de   } 59 f. 45 c.
« céréales, à 3 f. 13 c. par |
« acre................ 46. 95   /

« Différence en faveur de la ma-
« chine à moissonner, pour 15 acres
« ou un peu plus de 6 hectares...   109   30 (1) »

Nous rappellerons que ces chiffres sont déjà anciens et qu'il faut les élever dans la proportion d'un quart

Rapport de M. Moll à l'Exposition universelle de 1851.

15.

environ. Cela ne changera rien, du reste, au rapport des dépenses occasionnées par l'emploi des deux procédés.

Enfin on s'accorde à dire que, dans une journée de travail de 12 heures, un conducteur et un javeleur peuvent moissonner 4 hectares 56 ares. Les 4 bœufs qui traînent la machine doivent être relayés de 6 heures en 6 heures. Le prix de revient, pour toute la durée de la moisson, est de moins de 5 francs par hectare. Comparez avec le travail accompli à la main, et jugez des immenses avantages de temps et d'argent qu'on en peut retirer.

Cette machine l'emporte de beaucoup sur toutes ses concurrentes. Dans la première expérience, le travail parfait étant représenté par le nombre 20, la machine Mac-Cormick obtint le quotient 19,5; elle mit 1 heure 25 minutes à moissonner un hectare, c'est-à-dire qu'en une heure elle moissonnait 70 ares 6.

Dans la seconde expérience, on fit fonctionner les machines en même temps que six faucheurs suivis de six javeleurs. Ceux-ci avaient à faire le travail de la même étendue de terrain que chaque machine. Les moissonneurs employèrent 25 minutes à moissonner les 12 ares, surface d'une parcelle ; la machine Mac-Cormick mit 12 minutes; les moissonneurs faisaient le travail d'un hectare en 3 heures 32 minutes, et la dite machine en 1 heure 42 minutes. En une heure de travail, les moissonneurs mettaient à nu 18 ares 4, et la machine 60.

Enfin, dernier point de comparaison : la surface moissonnée par un homme, suivi d'un javeleur,

étant de 4,73 et ce travail étant représenté par 1, la
surface moissonnée par la machine Mac-Cormick équi-
valait au chiffre 60. Elle exigeait deux hommes
et deux chevaux, et son travail était représenté par le
chiffre 12,69. Ainsi, ces deux hommes, au moyen de
cette machine, faisaient environ 12 fois et demi plus
d'ouvrage que le faucheur aidé de la javeleuse.

Depuis vingt ans, ces machines ont subi d'immenses perfectionnements. MM. Burgess et Key (*fig.*208)
ont remplacé l'ouvrier javeleur par la machine même,

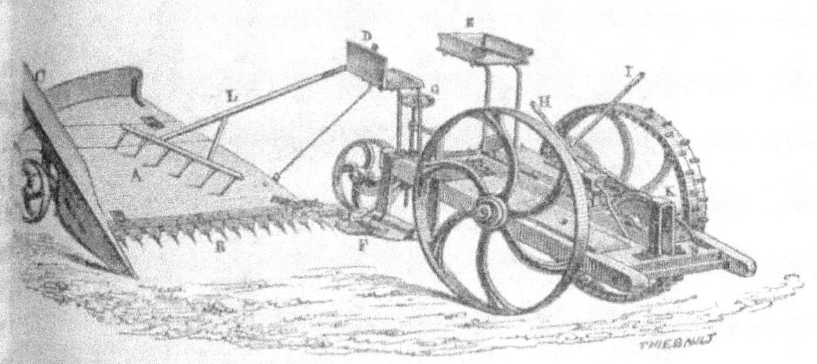

Fig. — Moissonneuse Mac-Cormick perfectionnée par MM. Burgess et Key. B, rangée de
?; S, scie ayant un rapide mouvement de va-et-vient; C, séparateur en bois; A, plate-
... qui reçoit les tiges coupées; J, roues motrices; K, couronne dentée transmettant le
... ment; H, levier pour embrayer ou débrayer la machine.

qui confectionne l'*andain* (javelle) mécaniquement.
Cependant, il est bon qu'une femme ou un enfant
la suive avec une fourche pour prévenir l'engorgement des rouleaux. Cette moissonneuse, d'un prix fort
élevé, ne peut servir que pour la grande culture. Pour
la moyenne culture, on construit des machines plus
simples et moins chères, comme celle de M. Mazier,
à un seul cheval, et coûtant 600 francs. Le cheval est

attelé sur le côté. Il faut un homme pour le conduire et un autre pour rassembler la javelle et la jeter de côté.

Les *moissonneuses* servent en même temps de *faucheuses*. L'économie, que procure le fauchage mécanique comparé au fauchage à bras, est en proportion du travail que fait la machine et varie de 2 hectares et demi à 5, suivant le système employé, le nombre de jours pendant lesquels la machine fonctionne, et le salaire payé dans la contrée aux ouvriers faucheurs

Fig. 209. — Séparateur C de la figure précédente.

ou moissonneurs. Ainsi, en admettant que la machine ait 100 hectares à couper et qu'elle fasse 4 hectares par jour, le prix de revient s'établirait de la manière suivante :

Intérêt et amortissement sur 1,000 francs, à
15 p. 100 = 25 jours.   6   »
Journée de 2 chevaux.   5   »
   »   de 2 hommes.   4   »
Graissage et entretien.   3   »
                                             ————
          Total de la dépense par jour. . . 18   »

soit, par hectare, 4 fr. 50 c., prix excessivement minime comparé à celui que l'on paye aux ouvriers. Il faut encore ajouter à cette économie première celle résultant du travail fait à temps, qui évite une perte de grains, estimable, sans exagération, à deux hectolitres par hectare, pour le blé, et à trois hectolitres pour l'avoine.

Nous ajouterons ici une mention pour la *moissonneuse automate* de M. Alkin, construite par M. Wright, de Chicago (États-Unis d'Amérique), qui fait tout par elle-même, coupe le blé, le renverse sur les plateformes et dépose sur le côté les épis réunis en javelles, qu'il ne reste plus qu'à lier. Les deux chevaux, attelés comme aux machines précédentes, sont conduits par un charretier assis sur un siége élevé. Le bras automatique de cette machine, conduit par un engrenage, se compose

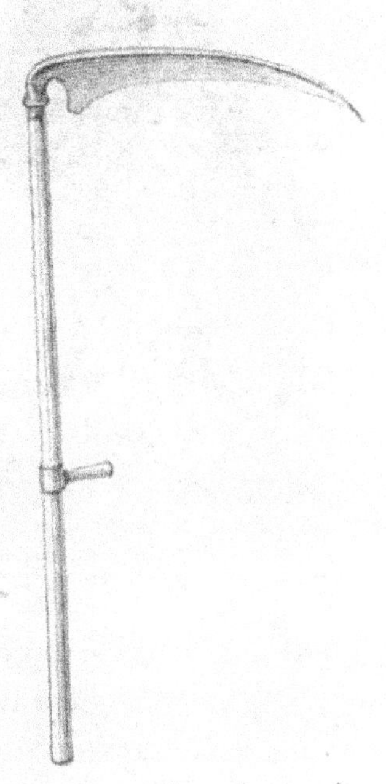

Fig. 210. — Faux champenoise.

d'une tige articulée, armée d'un râteau, qui glisse sur la plate-forme où tombe le blé coupé, réunit le blé en javelles, le dépose doucement à terre puis, s'étendant d'un seul coup, le rejette en dehors sur le côté de la machine, pour se replier de nouveau et exécuter les mêmes opérations.

Parmi les machines d'extérieur de ferme se placent encore les *faneuses*, d'origine anglaise (*fig.*211). Cette catégorie d'instruments s'est promptement acclima-

tée en France. Celles de Smyth et Ashby notamment,
avec un seul charretier et un seul cheval, exécutent le

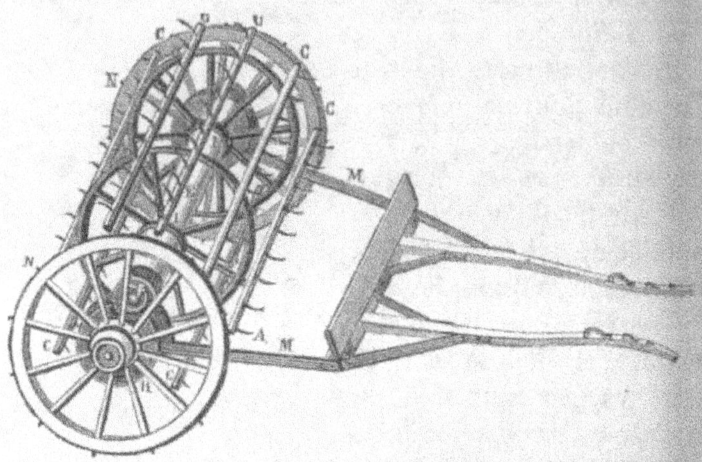

Fig. 211. — Machine à faner anglaise. N, roues de la machine; C, huit
barres en bois portant chacune 8 à 10 dents de fer A; B, ressorts fixés sur les
cercles L et maintenant les dents des râteaux dans la direction des rayons.

travail de quinze femmes dans le même laps de
temps (1). La faneuse Howard paraît être plus satis-

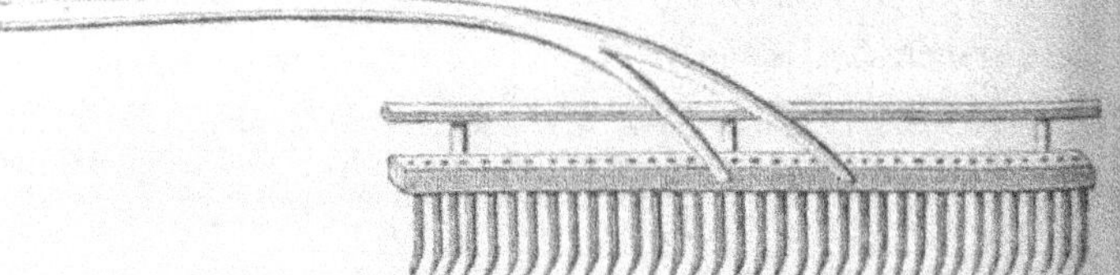

Fig. 212. — Râteau de Parme pour faner.

faisante encore. Elle se compose de quatre séries de
râteaux, fonctionnant deux à deux.

Viennent enfin les *râteaux* qui servent à rassem-

(1) Rapports de l'Exposition universelle de 1855.

bler le foin. Ils sont traînés par un homme (*fig.*212) ou un cheval (*fig.*213), selon les circonstances. Signalons le *râteau à cheval américain* perfectionné, fonctionnant aussi bien que le râteau en fer dans les prairies artificielles. Un cheval léger suffit à sa traction, et un ouvrier très-ordinaire peut le diriger. Il râtelle facilement

Fig. 213. — Râteau à cheval de Howard.

1 hectare par heure. Il a 3 mètres de long, pèse 40 kilogrammes et coûte 80 francs. On passe le râteau sur toutes les prairies après l'enlèvement des récoltes de trèfle, de luzerne, de féveroles, etc. Il a l'avantage de gratter le sol et d'en arracher la mousse et le chiendent. Du reste, la construction en est fort simple et facile à exécuter pour le premier charron venu.

Dans les fermes, l'une des substances fertilisantes les plus précieuses pour la culture, avons-nous dit, est le *purin*. Mais beaucoup d'ouvriers n'aiment pas se livrer aux travaux nécessaires pour l'utiliser et le transporter. On a donc imaginé de construire des *tonneaux pneumatiques* (*fig.* 214), composés d'un cylindre autoclave en forte tôle, monté sur un chartil à deux brancards et supporté par deux roues à larges jantes. Sur le cylindre, dont la contenance est très-variable, on dispose une pompe (*fig.* 215) destinée à faire le vide, et l'on opère comme avec une pompe ordinaire, en

Fig. 214. — Tonneau d'arrosement.

méttant le tonneau en communication avec la masse de purin au moyen d'un long tuyau. Il existe toutes sortes de *pompes à purin*, dont nous regrettons de ne pouvoir parler. Nous avons suffisamment insisté à ce sujet précédemment.

Il nous reste à signaler ici une machine ingénieuse, qui n'est autre qu'une *tondeuse de gazon*. Elle a sur la faux l'avantage de couper plus uniformément, de raffermir le gazon, de faucher plus rapidement et de pouvoir être maniée par la première personne venue. Nos voisins d'outre-Manche, qui ont étendu les bienfaits de la mécanique aux plus petites choses, se servent beaucoup de cette machine pour leurs pelouses.

Enfin, nous ne saurions passer sous silence les services immenses que rendent dans les jardins, et même dans les marais, les *pompes mobiles* qui, au moyen de longs tuyaux, permettent à la personne qui arrose d'aller vite en besogne, sans fatigue.

Le *labourage à la vapeur* est fort en usage en Angleterre, et surtout en Amérique. En France, on commence seulement à le mettre en pratique dans quelques grandes exploitations. Au concours de Bourges, en 1862, au concours de Roanne en 1864, on fit de nombreuses expériences de labourage à vapeur, qui n'ont pas peu contribué à éveiller l'attention des intéressés.

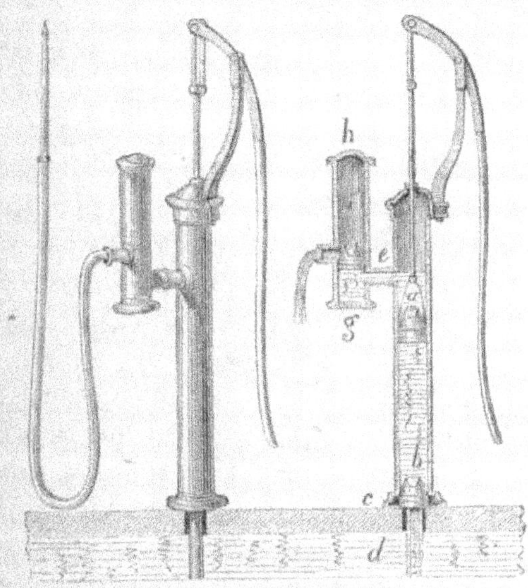

Fig. 215. — Pompes à purin aspirantes et foulantes. *h*, chapeau supérieur de la pompe et boîte à étoupe ; *e*, déversoir ; *f*, réservoir d'air dont le chapeau inférieur *g* se dévisse.

Les premières machines employées en Angleterre étaient dues à Smyth et furent perfectionnées depuis par Fowler, puis par Howard, qui en a abaissé le prix de revient au quart de la valeur primitive.

La charrue Fowler possède jusqu'à 8 socs, 4 socs par corps de charrue, disposés dos à dos. Cet instrument est mis en mouvement par une locomobile restant fixe à l'une des extrémités du champ à labourer.

On estime, dit M. Londet, à 19 fr. 20 c., la journée étant de dix heures, le prix de revient du labourage d'un hectare. Or, on peut labourer 5 hectares en 10 heures, tandis qu'avec la charrue à 4 socs ordinaire, traînée par des animaux, il faut 2 jours; cela donne donc moins de 4 francs par hectare, et notons que le labour à vapeur ne vient que de naître.

Le plus souvent, la machine ne se déplace point. Mais, dans le système Grafton, il y a des rails qui se déploient au fur et à mesure que la machine s'avance, mue par 2 locomobiles placées de chaque côté du champ. L'appareil est une immense plate-forme sur laquelle se fixent les instruments devant agir sur le sol. On peut étendre au-dessus de la plate-forme une toile qui garantisse les travailleurs des ardeurs du soleil. Ce colossal engin qui, dans les pays où l'on ne peut se procurer le travail des esclaves, serait fort utile pour la culture du coton, ne saurait s'appliquer au nôtre. Une commission s'est formée à Londres pour mettre en œuvre le système Grafton dans les colonies anglaises et dans les Indes.

On a inventé aussi des *piocheuses-défonceuses à vapeur*. Les piocheuses sont au nombre de 6 et divisées en deux services qui fonctionnent alternativement; on peut donner ainsi de 25 à 35 coups par minute et labourer 1 hectare 1/2, même 2 hectares par jour. Cette machine, d'invention toute française, semble être, par sa construction simple quoique ingénieuse, mieux appropriée à notre pays que les machines anglaises, souvent si compliquées.

Le rapport du jury de Roanne considère le labourage à vapeur comme une solution praticable , au point de vue économique, dans le cas où le sous-sol n'est pas trop rocheux et dans les champs d'une très-grande étendue. « Les frais de déplacement des « appareils Howard étant d'environ 10 francs, il de « viendra facile à tout agriculteur, ayant reconnu « qu'il y a profit pour lui à cultiver à la vapeur, de « déterminer, d'après la différence de prix de revient « à l'hectare par les procédés ordinaires et par la « culture à vapeur, quels seront les champs qu'il « sera avantageux pour lui de façonner à la vapeur ou « avec ses attelages ordinaires. »

Le système Howard doit avoir une vitesse de 1 mètre par seconde (force de 8 chevaux-vapeurs 6); il faudrait, au moins, 12 chevaux ordinaires pour accomplir le même travail.

Ceux qui voudraient faire les calculs arriveraient à ce résultat final , tous frais compris de part et d'autre : « *surface double labourée dans les mêmes con* « *ditions de temps, et dépenses réduites d'un tiers.* »

M. Pépin-Lehalleur, dans le rapport en question, croit que l'avenir ne peut que confirmer ces résultats et favoriser la culture à vapeur; car, dit-il, « le « cheval-vapeur coûtait, il y a quelques années, « 1,200 francs, puis 1,000 francs, enfin aujourd'hui « seulement 800 francs, et ce coût est encore appelé « à diminuer avec le progrès de l'industrie dispo « sant d'un outillage de plus en plus important et « perfectionné. » Aujourd'hui, à surface égale labourée dans le même temps, la dépense est le tiers de celle qu'occasionnerait le labourage ordinaire.

En 1862, un directeur de ferme-école de la Charente-Inférieure exposait ainsi l'avenir qu'il entrevoyait pour le labourage à la vapeur. « Notre département, disait-il, ne livre annuellement à la boucherie que 7,000 bœufs à l'âge de 9 ans; il nourrit
cependant 60,000 bœufs de travail (*fig*. 216). La vapeur pourrait facilement remplacer les deux tiers de
ces bœufs, soit 40,000 ; s'ils étaient livrés à la bouche-

Fig. 216. — Bœuf maraîchin.

rie à 4 ans, notre département pourrait vendre chaque
année 20,000 bœufs, sans que les fermes en aient une
tête de plus à nourrir; ce serait trois fois plus qu'on
n'en livre actuellement. Ce résultat serait immense,
aussi bien pour l'alimentation publique que pour les
bénéfices du cultivateur. Ce n'est pourtant là qu'un
seul des résultats de l'emploi de la vapeur uni à l'adoption des races précoces. » Ceci permet d'entre-

voir l'importance de l'introduction du labourage à vapeur dans la culture.

Enfin des essais plus récents ont été faits par un agriculteur des Basses-Alpes, M. Gueyraud, sur un plateau à sous-sol de poudingue crayeux. Les résultats ont été tout à fait satisfaisants; on a pu creuser jusqu'à 58 centimètres, dont moitié au moins était dans le poudingue, et on a travaillé ainsi plus de 3,000 mètres carrés par jour. En somme, pour une dépense de 2,400 francs, on a opéré le défoncement, à des profondeurs variant entre 45 et 58 centimètres, de 8 hectares de terrain. Ce défoncement eût été impraticable avec des animaux et, à bras, eût coûté 6,400 francs au moins.

Plus de 600 appareils de culture à vapeur fonctionnent maintenant en Angleterre: 400 des systèmes Howard et Smyth, et 200 du système Fowler.

Ce résultat fait sourire quand on pense à l'opinion, émise par des hommes distingués et d'une grande autorité, il y a quelque vingt-cinq ans. Ils doutaient de la possibilité du labourage à vapeur et déclaraient que, du reste, s'il se développait, un tel accroissement de consommation de la houille ferait tellement renchérir ce combustible et épuiserait si vite les mines exploitées, qu'on n'y trouverait plus d'avantage!!!

CHAPITRE XI.

MACHINES ET INSTRUMENTS POUR LES TRAVAUX D'INTÉRIEUR DE LA FERME.

Cette catégorie comprend :

Machines à vapeur fixes, applicables à la machine à battre ou à tout autre usage agricole. — Machines à vapeur mobiles, applicables à la machine à battre ou à tout autre usage agricole. — Machines à battre fixes ou mobiles rendant le grain tout nettoyé, propre

Fig. 217. — Machine à battre Fauchet. D, cylindres alimentaires, F, table recevant une gerbe déployée en travers ; B, batteur ; E, contre-batteur ; L, levier ; M, roue placée à l'extrémité de l'arbre de couche du manége ; N, roue à manivelle imprimant au vanneur un mouvement de va-et-vient.

à être conduit au marché. — Machines à battre fixes ou mobiles rendant le grain vanné (*fig.*217).—Machines à battre fixes ou mobiles ne vannant ni ne criblant. — farares.—Cribles et trieurs.—Concasseurs de grains, coupe-racines. — Hache-paille à bras, à manége ou à vapeur. — Machines à écraser le trèfle.— Machines à égrainer le maïs. — Instruments à teiller et à façonner la filasse. — Instruments propres à briser les plantes l'ajonc ou les plantes analogues destinées à l'alimentation du bétail.— Barattes à bras, à manége ou à vapeur. — Appareils propres à opérer la cuisson des aliments destinés aux animaux. — Instruments à main pour les travaux d'intérieur.

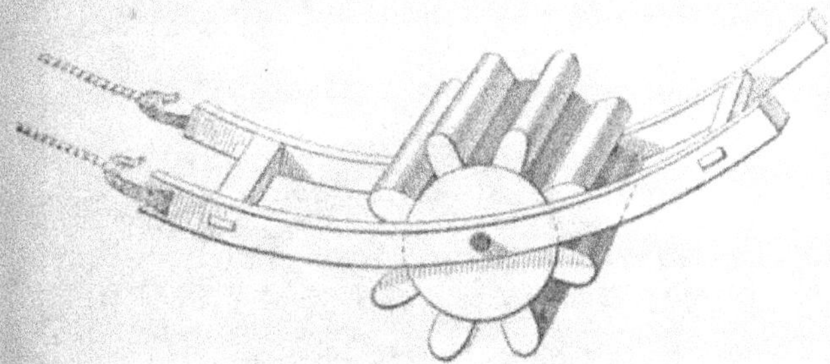

Fig. 213. — Rouleau à côtes saillantes.

Les machines à battre ont pris naissance dans les pays où l'on battait au fléau. Il est impossible de contempler le spectacle de ce pénible travail, longtemps continué, sans être porté, par un sentiment d'humanité, à y substituer un procédé qui délivre l'homme d'un tel assujettissement. Les peuples du Midi l'avaient fait en adoptant le *dépiquage*, procédé par lequel on obtient la séparation du grain et de la paille, en les faisant fouler aux pieds des chevaux ou en les travaillant avec un *rouleau* spécial(*fig*.218). Ce reste de pratiques barbares devait disparaître devant les progrès de la civilisation et de la mécanique.

Renvoyer le battage à l'hiver, c'est s'obliger à construire des granges et à élever des meules; c'est immobiliser un capital relativement considérable. Mais, d'autre part, si l'on bat immédiatement après la moisson, au mois d'août, le battage se prolonge jusqu'en octobre, occupant hommes, femmes et enfants, déjà fatigués des travaux de la récolte. Aussi est-il nécessaire d'aller vite en besogne; de là, l'invention de la machine à battre. La France l'accepta avec plus d'empressement que les autres contrées de l'Europe (*fig.*219).

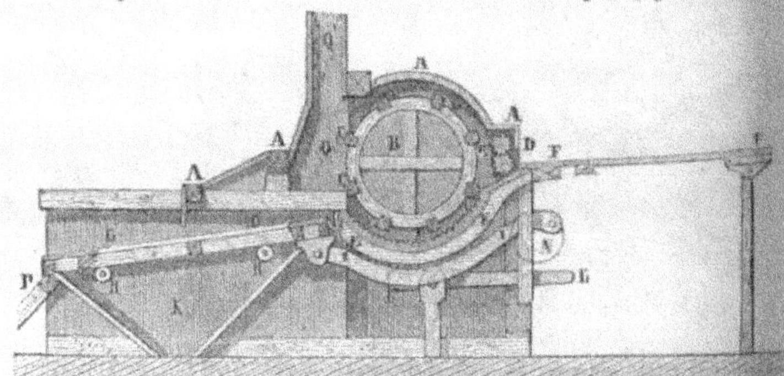

Fig. 219. — Coupe de la machine Fauchet. B, batteur; E, contre-batteur; D, cylindres alimentaires; G, vanneur; K, tarare; P, grillage sur lequel glisse la paille; H, roulettes; I, levier cintré; O, poulies de renvoi.

Les premières importées étaient d'origine suédoise. On les perfectionna, en imaginant le *battage en travers* pour conserver la paille. Bien construites, elles parvinrent, avec quatre chevaux, à battre 400 ou 500 gerbes de blé par jour. Les Anglais y ajoutèrent un *straw-shaker* ou *secoueur* de Clayton et Shuttleworth qui, par le mouvement particulier des barres qui le composent, fait sortir la paille en cou-

hes régulières, pouvant facilement être bottelées pour
vente. Enfin, on a atteint l'idéal en rendant ces
machines mobiles, faciles à démonter et pouvant être
transportées, avec le manége, sur deux ou quatre
roues, à toute distance. En Angleterre, des entrepreneurs vont, avec ces machines portatives, de ferme
en ferme, s'arrêtant partout où ils trouvent du travail.

La première machine à battre date de 1786 et est
due au mécanicien écossais, Andrew Meykle. En
1852, on comptait en France 59,981 machines à
battre et, en 1862, 100,733. La machine Dombasle a

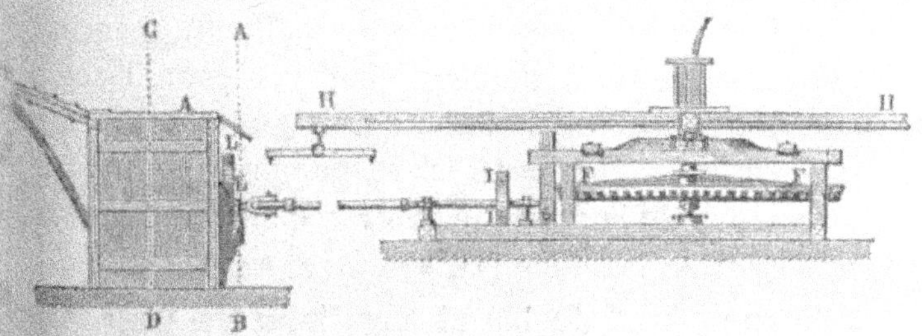

Fig. 220. — Machine à battre de Ransomme. B, batteur à 4 battants ; C,
claire-voie en fonte, séparant le grain de la paille ; D, plan incliné ; H,
manége ; F, roue d'angle ; G, pignon de la roue I, engrenant avec la roue K.

té la première vulgarisée en France. Aujourd'hui,
parmi les plus simples, on peut mentionner la machine Ransomme (*fig.* 220), la *batteuse en bout* de
M. Pinet, et surtout la petite batteuse Damey, qui
n'exige qu'un cheval et deux hommes ; elle est un
modèle du genre ; mais les machines Renaud et Lotz,
de Nantes, remportent la palme par leur solidité et
leur simplicité (*fig.* 139). Les unes sont mues par des
machines à vapeur de la force de quatre chevaux, les
autres par un manége aussi perfectionné que la ma-

chine elle-même. Ce système permet de battre en grange, en mettant seulement le batteur à l'abri dans le bâtiment, tandis que le manége reste dehors. Son travail équivaut, comme résultat, à dix journées d'ouvriers. Effectué à la vapeur, le prix de revient du battage peut s'abaisser à 0 fr. 45 c. par hectolitre tandis qu'il est d'un franc environ avec une force motrice animale.

« La faible étendue des exploitations n'est pas un obstacle à l'emploi des machines à battre. Plusieurs cultivateurs peuvent s'associer entre eux pour acquérir une machine et s'en servir en commun, ou encore des individus quelconques peuvent en acheter une et la louer à raison de tant par jour. Une machine Lotz, qui ne fonctionnerait que dix jours par an, devrait être louée 15 fr. 25 par jour, pour que le possesseur de la machine rentrât dans ses déboursés sans faire de bénéfice (1). »

En supposant du blé ni trop long ni trop inégal de paille, moyennement adhérent à sa balle et bien venu, on peut admettre qu'avec un fléau léger (1 k. 600 au plus), à batte tournante, de 0 m. 70 de longueur environ, un homme ordinaire, sachant bien disposer ses gerbes, battra sans excéder ses forces, et d'une manière satisfaisante, c'est-à-dire en ne laissant pas plus de 7 pour 100 de grain dans l'épi : en été, au soleil, journée de 12 heures, 50 gerbes de blé de 11 kilogrammes chacune, ou 550 kilogrammes de paille et de grain, donnant 250 litres de grain propre (ou 34 pour 100 du poids total); soit, par heure

____

(1) Londet, *Traité d'économie rurale.*

près de 46 kilogrammes de gerbes ; en *hiver*, journée de 10 heures, par les temps humides, 22 gerbes ; par les froids secs, 34 ; moyenne, 28, pesant 308 kilogr. et donnant 130 litres de grain propre ; donc, par heure, environ 30 kilogr. de gerbes.

Le terme moyen entre 46 et 30 est 38 kilogrammes, qu'il convient néanmoins de réduire à 34, attendu que le battage d'hiver est plus fréquent que celui d'été.

Ainsi un homme, avec le fléau (*fig*. 221), battrait, en moyenne, 34 kilogrammes de gerbes par heure.

Il est difficile de se rendre exactement compte des efforts déployés pour obtenir ce résultat, car plusieurs éléments échappent complétement au calcul. Il suffit de savoir que le battage proprement dit n'occupe que des deux tiers aux trois quarts du temps affecté à cette occupation, le reste étant employé à délier les gerbes, à étaler, retourner, secouer et lier la paille.

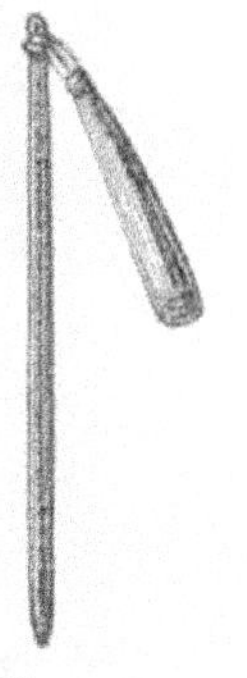

Fig. 221. — Fléau.

Pendant les 40 ou 45 minutes employées au battage, l'ouvrier donne environ 40 coups de fléau par minute. La batte, qui pèse à peu près 1 kilogramme, s'élève (le centre de gravité) à trois mètres. Donc le battage de 34 kilogrammes de gerbes exigerait, en moyenne, 1,700 coups de fléau, soit une somme d'efforts équivalant à 5,100 kilogrammètres ; et le battage de la quantité de gerbes, correspondant à 1 hectolitre de blé (225 kilogr.), nécessiterait 11,250 coups et un total d'efforts de 33,750 kilogrammètres.

Mais il y a, d'un côté, l'élasticité de la couche de paille qui fait rebondir le fléau et, de l'autre, la force très-variable avec laquelle le batteur abaisse son instrument, deux choses qui exercent une très-grande influence mais qu'il est impossible de traduire en données numériques.

Ce qu'on peut dire de plus positif, c'est qu'un ouvrier ordinaire accomplit ce travail pendant une longue série de jours, sans en être incommodé, et qu'il souffre moins de la fatigue que de la poussière ou de la chaleur.

En admettant qu'un cheval ordinaire de culture soit équivalent à 8 hommes, un cheval-vapeur à 13, on aurait, d'après les précédentes données 272 kilogrammes de gerbes par heure comme produit du premier, et 442 comme produit du second.

Il ne s'agit ici que du fléau. L'homme le plus habile ne bat pas, dans une journée de dix heures

Fig. 222. — Machine pour séparer la graine de trèfle de son enveloppe. A, trémie; C, cylindre en bois; B, forte toile dont une des extrémités est fixée en F, et dont l'autre est tendue par le rouleau fixe D, muni de deux roues à rochet E.

plus d'un hectolitre et demi. Or, dans une heure, la machine à vapeur Renaud et Lotz accomplit dix fois le même travail.

On a encore appliqué la mécanique à l'*égrènement du trèfle* (*fig*. 222), mais avec peu de succès, de même que pour le maïs (*fig*. 223), dont jusqu'ici l'on séparait le grain d'avec la paille simplement à la main.

L'*égreneuse à lin* est plus satisfaisante ; son travail est meilleur que celui accompli par la main de l'homme; elle ne casse, ni n'altère, ni ne mêle les tiges... La machine (*fig*. 224) n'exige que le quart de

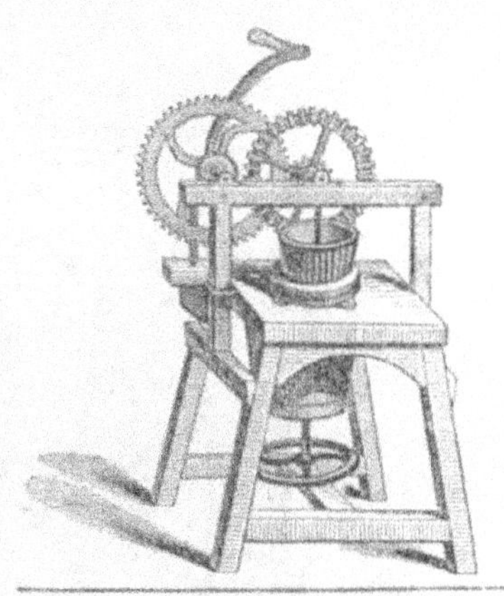

Fig. 223. — Machine à égrener le maïs.

Fig. 224. — Peigne à égrener le lin.

la force d'un cheval pour égrener 4,000 kil. de lin par
jour. Mise en mouvement par un homme, elle n'égrène
que la moitié de cette quantité. Son prix varie de
400 à 750 francs. Le lin de l'égrenage revient à peine
à 0 fr. 20 cent. par 100 kilogrammes de lin (1).

Quant aux *tarares* (*fig.* 225) et aux *trieurs*, ils ser-

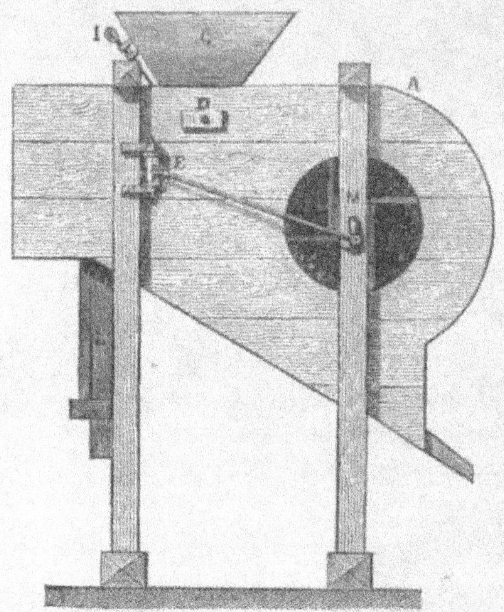

Fig. 225. — Tarare. C, trémie ; D, cylindre cannelé ; F, grille.

vent à nettoyer le grain, « opération très-avantageuse,
« qui rapporte plus du quintuple de ce qu'elle coûte.
« Il n'est pas rare de voir des blés dépréciés de
« 1 à 2 francs l'hectolitre par les marchands, lors-
« qu'il eût suffi d'une dépense de 25 à 40 centimes
« par hectolitre pour les rendre propres (2). » Le
« tarare Dombasle est l'un des plus parfaits.

(1) Crussard, *Principes d'agriculture.*
(2) Vianne, *Culture économique.*

Le *cylindre trieur* Pernollet se recommande par sa simplicité. Un enfant peut le faire fonctionner toute une journée, sans fatigue, au moyen d'une manivelle. Il se compose d'un cylindre divisé en 4 compartiments, où se rassemblent les diverses qualités de blé.

Mais l'appareil le plus ingénieux qui ait été appliqué à ce genre de travail est un système américain,

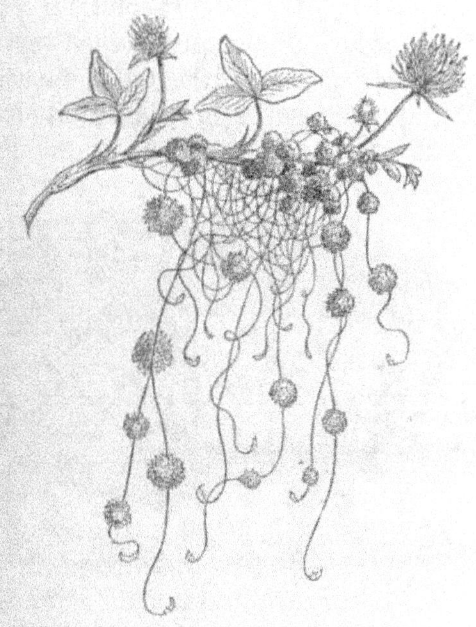

Fig. 225. — Cuscute.

encore peu connu en Europe, mais fort répandu aux États-Unis sous le nom d'*energical selector*, où il est d'un emploi général pour purifier les semences. C'est l'instrument le plus perfectionné pour séparer les mauvaises graines, et surtout la cuscute (*fig.* 226) du trèfle et des luzernes. Sous ce rapport, il rend les plus grands services à l'agriculture.

Enfin, comme curiosité, il nous faut parler de la *brouette ensacheuse*, qui sert à faire en une seule fois le mesurage et l'ensachage et n'exige pour cette double opération que le temps d'une seule personne au lieu de deux.

On a pu s'assurer par l'observation qu'il y a grand profit à préparer les graines que l'on fait manger aux animaux. Des expériences suivies ont démontré catégoriquement que les grains broyés se digèrent plus promptement et plus complétement que lorsqu'ils

Fig. 227. — Porc d'Essex.

sont absorbés à l'état naturel. « On a reconnu aussi « que, pour les chevaux principalement, il suffisait « d'aplatir les grains, tels que maïs et féveroles; ils « en profitent mieux lorsqu'on les leur donne concassés, c'est-à-dire divisés en morceaux. Pour le

« nourriture des porcs (*fig.* 227), il est plus avanta-
« geux de moudre grossièrement les graines fari-
« neuses et de les distribuer délayées dans de l'eau. »

De là l'emploi d'appareils spécialement destinés à
la préparation des aliments donnés aux animaux. De
là l'invention des *concasseurs-aplatisseurs* mécaniques. La dépense d'achat, 75 francs environ, peut
être considérée comme rentrant dans les frais généraux d'engraissement du bétail. On fait usage aussi
de *concasseurs de tourteaux* qui remplacent avec avantage une main-d'œuvre dispendieuse.

De même, pour diviser la paille, on a recours aux

Fig. 228. — Brisoir allemand pour écanguer le lin.

hache-paille, qui font un bon travail régulier, plus
satisfaisant que celui de l'homme. Signalons encore
les *laveurs*, qui servent à enlever le sable des racines,
les *coupe-racines*, les *dépulpeurs*, etc.

On a enfin imaginé des appareils particuliers pour la cuisson des aliments du bétail. On a reconnu que les animaux les préfèrent et en tirent plus de profit lorsque la cuisson les a rendus plus assimilables. Cette cuisson s'effectue à la vapeur, et l'on a imaginé à cet effet toutes sortes de combinaisons, jusqu'à des régénérateurs à vapeur qui, timbrés à deux atmosphères, permettent, sous cette pression, de cuire les aliments beaucoup plus rapidement qu'à la vapeur libre.

Fig. 229. — Machine à teiller le lin.

Nous indiquerons encore ici une machine qui n'est pas, à proprement parler, une machine agricole, mais qui se rapporte à une industrie absolument voisine de l'agriculture. Elle sert à *écanguer le lin (fig.228)*, c'est-à-dire à en séparer la paille. Cette machine, qui peut coûter 150 francs, met un seul ouvrier à même de faire l'ouvrage de cinq. En effet, depuis ces dernières années, dans le nord de la France, où le teillage (*fig.* 229) du lin s'opère généralement au milieu de la ferme même, cette opération ne s'accomplit plus à la main ; on a simplifié cette longue opération, si funeste pour la santé des ouvriers, en y appliquant la mécanique. Ces instruments ont été, du reste, notablement modifiés et perfectionnés à la suite de l'importation des machines anglaises et belges.

Nous avons passé en revue les instruments dont la ferme peut avoir besoin pour la culture. Resteraient les véhicules et les instruments de pesage, que l'on a également perfectionnés, mais qui n'offrent rien de bien particulier.

Les barattes mécaniques présentent plus d'intérêt.

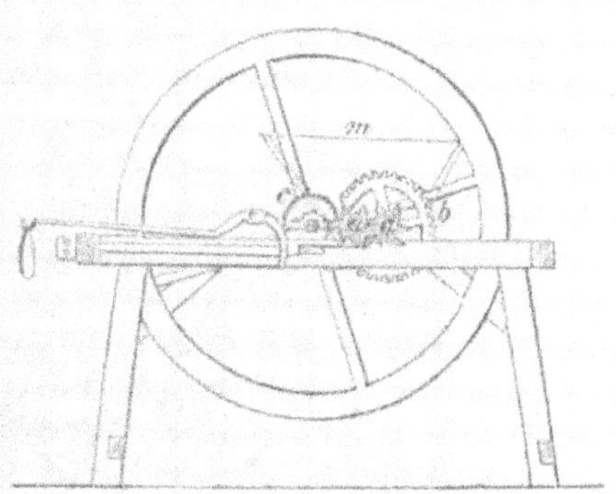

Fig. 230. — Pressoir à cidre. *m*, trémie ; *a*, noix en fonte qui, en engrenant, écrasent les pommes.

C'est aux Américains que revient l'honneur de cette invention, et c'est M. Gaud qui a modifié ces machines de façon à les rendre plus conformes aux besoins français. Grâce à elles, on n'a plus besoin de battre le beurre à la main. Il suffit de tourner une manivelle, et le battage s'opère d'une manière plus complète et plus parfaite que s'il était fait à tour de bras.

Laissons de côté les égreneurs à coton, les brise-

pommes et les pressoirs pour la fabrication du cidre
(*fig.* 230), afin de nous occuper des *fouloirs* qu'on
emploie en viticulture et qui rendent de grands services. Le *foulage* ou *écrasage* consiste à égrener toutes
les grappes et à écraser les grains de manière à constituer une masse liquide, au sein de laquelle demeu-
rent en suspension les parties solides fournies par la
râfle (partie de la grappe qui sert de support aux
grains de raisin), les pepins et les pellicules. La mécanique seule a permis de faire ce travail d'une manière satisfaisante. Le fouloir, placé au-dessus de la
cuve même, est mû par un seul homme et suffit à 50
vendangeurs; on gagne 1/7 du produit, qui était perdu
par les autres procédés, et on économise 20 p. 100 sur

Fig. 231. — Pressoir à vin.

la main-d'œuvre. Il est composé, du reste, de cylindres dentelés, entre lesquels passent les grappes.

C'est aussi dans l'intérieur de la ferme que sont
installés les moteurs à vapeur destinés à donner l'impulsion à toute la machinerie agricole. Nous ferons
exception pour certaines locomobiles appelées à fonctionner en plein champ ou sur les routes.

L'application, chaque jour plus générale, de la va-

peur à l'industrie a enfin nécessité la transformation
et l'amélioration des locomobiles. Elle a nécessité le
perfectionnement de la locomobile routière. Ce perfectionnement est tel aujourd'hui, qu'il en rend l'em-

Fig. 232. — Cheval percheron.

ploi vraiment praticable dans beaucoup de campagnes
et même dans les pays montagneux. Celles du concours régional de Versailles, en 1865, et de l'Exposition
universelle, en 1867, ont donné des résultats satisfaisants. L'usage de la vapeur amènera évidemment

17

avec le temps, une révolution en agriculture. Son développement considérable depuis 20 ans est l'un des faits les plus caractéristiques qui se soient produits dans cette branche de la production, et on ne peut prévoir encore tout l'avenir de cette réforme.

Un homme, tirant horizontalement, produit un résultat triple de celui qu'il obtient en puisant de l'eau, et six fois plus grand que lorsqu'il élève des terres avec une pelle à 1 m. 60 de hauteur. Un homme rend, en moyenne, un travail mécanique de 216,000 kilogrammètres par journée de dix heures, soit 6 kilogrammètres par seconde.

Le cheval de trait (*fig.* 232), de force moyenne, bien entretenu, donne, dans le même temps, 1,162,000 kilogrammètres, soit 45 par seconde ; le bœuf (*fig.* 233), bien nourri, 1,188,009 kilogrammètres, soit 53 par seconde ; le cheval-vapeur, 2,520,000 kilogrammètres dans le même temps, soit 70 par seconde.

Mais il n'est pas toujours possible de remplacer l'un par l'autre et, de plus, il faut, autant que possible, employer la plus grande partie de la force du moteur. C'est ainsi qu'il n'est utile de se servir d'un bœuf ou d'un cheval pour puiser de l'eau ou pour hacher la nourriture des animaux qu'autant qu'on peut l'employer pendant un certain temps ; car, sans cela, la perte de temps pour l'attelage, la mise en travail, le retour à l'écurie, etc., absorberait l'économie.

M. Vianne a donné encore d'autres chiffres bien plus déterminants :

Une machine à vapeur locomobile de 4 chevaux, force ordinaire, pour les besoins agricoles, consomme de 3 à 5 kilogr. de bon charbon par heure

et par force de cheval, soit, en moyenne,
16 kilogr., à 4 fr. les 100 kilogr............   0 64
lle nécessite, pour entretien, graissage et menues réparations, une dépense que l'on peut
estimer à 1 fr. 50 par jour, soit, par heure,
à raison de 10 heures de travail ....   » 15
faut un chauffeur, payé en moyenne 3 fr. par
jour, soit par heure.....................   » 30
ne machine à vapeur locomobile coûte de 4 à
5,000 fr. et peut durer de 8 à 24 ans, soit, en
moyenne, 16 ans; il faut donc compter l'amortissement sur 16 années, à 150 journées de
travail par an, soit, par jour..............   1 87
ntérêt moyen, soit, 2 1/2 %, par jour.......   » 75

Total............   3 71

u, par journée de cheval-vapeur, 0,93 centimes ;
ais il faut tenir compte, en outre, de la docilité et
e la régularité du moteur, ainsi que de la diffé-
ence du travail accompli. Ainsi :
la vapeur donne par jour 2,520,000 k. pour
3 cent., soit   0ᶠ,037
ar 100,000 kilogrammètres.
r, le cheval produit 1,620,000 k. pʳ 2ᶠ50, soit 0,154
Le bœuf ...... 1,188,009 k. pʳ 1,25, soit 0,105
L'homme ..... 0,216,060 k. pʳ 2,00, soit 0,925
Donc, considérant le travail de l'homme comme 1,
our la même dépense, le bœuf donnerait 8,8, le
heval 6, et la vapeur 25. En outre, on ne compte
u'une journée de dix heures pour le moteur à va-
eur, mais on pourrait la faire plus longue, ce qui
iminuerait d'autant le prix de revient.
Ainsi, le cheval-vapeur produit le triple du travail

du bœuf et présente l'avantage de pouvoir fonctio
ner sans interruption.

On a inventé et perfectionné les machines à vape
locomobiles, verticales ou horizontales, de manière
les rendre plus accessibles à l'agriculture. Ce ser
sortir de notre cadre que d'entrer ici, à ce sujet, da
de plus grands détails.

Mais il serait à propos de ne pas oublier dans not
énumération des diverses forces motrices, employé

Fig. 233. — Bœuf de Salers

par l'agriculture, l'eau et le vent qui servent à mett
les *moulins* en mouvement. Ils ont eu leur part d
progrès général.

Dans l'Egypte antique, le moulin était mu à bra
on y employait des esclaves. Samson tourna la meu
chez les Philistins ; plus tard, l'illustre comiq
Plaute dut faire de même. Le moulin à eau ne da
que de l'ère chrétienne, et c'est chez les Romai

qu'il fit son apparition, de même que le moulin à vent
(fig. 234) remonte aux Arabes, qui l'auraient inventé
vers 650 et nous l'auraient transmis par l'intermédiaire des pèlerins de Jérusalem, d'une part, et de
ceux de la Mecque, de l'autre.

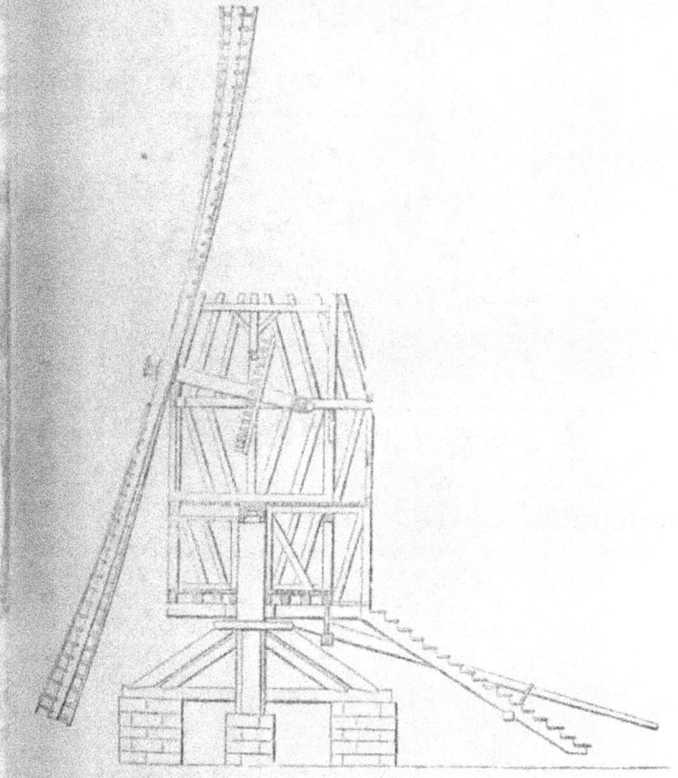

Fig. 234. — Moulin à vent.

Enfin, dans nombre de fermes, le paysan fabrique
lui-même son pain ; par ce motif, le *pétrin mécanique*
a le droit de figurer dans ce chapitre.

Comme l'a dit M. Barral dans son ouvrage *sur le blé*

et le pain : « On est honteux de la barbarie qui règ...
« dans la fabrication du pain.... Des hommes n...

Fig. 235. — Mitrons pétrissant la pâte du pain.

« (fig. 235), couverts de sueur, atteints souvent de m...
« ladies cutanées ou d'affections que nous ne voulo...

« pas nommer, ont la moitié inférieure ducorps plon-
« gée dans la pâte. En outre, ils fatiguent d'une façon
« déplorable et exercent un métier aussi rude qu'insa-
« lubre. Au xixᵉ siècle, il y a encore des boulangeries
« où le geindre pétrit le pain avec les pieds. »

Cependant, malgré ces souffrances de l'ouvrier et
cette barbarie de la fabrication, la routine résiste
obstinément au progrès et aux perfectionnements de
la mécanique.

Cela tient, en partie, au peu de capitaux qui s'est
porté jusqu'ici vers cette industrie. Le jour où le pétrin mécanique sera accepté par la boulangerie, cette
industrie réalisera une économie importante.

Le pétrissage du pain se compose de quatre opérations : le *délayage*, mélange de l'eau et du levain ; le
frasage, addition de la farine audit mélange ; le *contre-
frasage*, qui complète le frasage en forçant, par la
pression, la malaxation et l'étirage, toutes les parties
de la pâte à se souder les unes aux autres ; enfin le
découpage ou *pâtonnage*, opération par laquelle le pétrisseur fait entrer de l'air dans la pâte, de manière à
en emprisonner le plus possible, pour développer
l'élasticité du gluten.

On comprend, en effet, combien un semblable travail est dur et pénible, quand on réfléchit que c'est un
homme qui l'exécute avec ses pieds et ses mains. Exigeant d'énormes efforts, il engendre de nombreuses
affections de cœur et de poitrine, et cependant les
boulangers de Bruxelles, se plaignant des progrès
qu'ils devaient accomplir pour être en mesure de soutenir la concurrence, ont osé qualifier ce procédé
« d'*antique et respectable procédé, ferment naturel et*

indispensable ! » — « Pratique meurtrière d'ailleurs
« car, à ce métier-là, l'homme le plus vigoureux n
« dure guère : à trente ans, à vingt-cinq parfois,
« est usé, *fini*, c'est le mot (1). »

Quel est donc ce travail à bras ? Comment est-i
exécuté ? Ecoutez ce qu'en disait, il y a 9 ou 10 ans
un boulanger, M. Lebaudy, ancien directeur géran
de la boulangerie centrale, dans une lettre adressée
l'*Opinion nationale* :

« Notre pétrissage se faisait à bras, et il en résul
« tait que nos rendements variaient à l'infini, suivan
« que les ouvriers travaillaient plus ou moins le
« pâtes et les amenaient à des degrés de sécheress
« différents ; que les levains, produisant la fermenta
« tion, étaient bien ou mal dirigés ; et que, dans le
« travaux multipliés de la nuit, *la fatigue accablan
« le pétrisseur*, la farine avait été ou non, en terme d
« métier, *bloquée* dans le pétrin. Enfin, les même
« farines nous donnaient des variations de 5 à 1
« pains de 2 kilogrammes par sac. Faire des obser-
« vations ou des reproches aux ouvriers est impos-
« sible : *le pétrissage dépend non seulement de leu
« volonté, mais de la vigueur de leurs bras*, et, DANS C
« TRAVAIL INHUMAIN, *peut-on exiger ce qui dépasse les
« forces de l'homme ?* »

Ainsi, voilà un homme du métier qui déclare hau
tement qu'il faut souvent que l'homme outre-passe
ses forces pour fabriquer de bon pain.

Notre insistance sur ce point fera mieux ressortir

____

(1) Frédéric Passy, *les Machines et leur influence sur le développement de l'humanité. —* Voir aussi la *Notice sur le pétri
Sourd*, de Toulon.

combien il est urgent de substituer le travail mécanique au travail à bras, dussions-nous, nous autres consommateurs, en manger du pain moins blanc, moins bien fait ou plus cher d'un ou deux centimes. Quand il s'agit d'épargner la vie humaine, il ne doit pas y avoir un seul instant d'hésitation ni de doute.

Mais que les gourmets et les délicats se rassurent. Le pain que l'on obtient par les procédés mécaniques est au moins aussi parfait que celui produit par le travail à bras. Le même M. Lebaudy va nous le dire, d'après des essais personnels :

« L'importance de notre établissement exigeait une « réforme ; j'ai commencé par supprimer le pétris- « sage à bras en installant des *pétrins mécaniques* et « aussi une machine à vapeur pour les faire fonction- « ner.... Cette nouvelle organisation du travail fut « acceptée avec un très-bon vouloir par nos ou- « vriers. »

Le premier pétrin mécanique a été inventé et employé en 1811 par un certain M. Lambert, à Paris. Cet instrument était armé de palettes en bois, simplement droites, mais dirigées obliquement. Depuis, il a été perfectionné, notamment en 1847 par M. Boland, qui imagina le pétrisseur à lames hélicoïdales multiples qui porte son nom. Cet appareil est employé avec succès dans beaucoup d'établissements en France. Le mouvement rotatoire, imprimé au système hélicoïdal de l'intérieur, rejette toujours la pâte vers le centre de l'appareil.

Le pétrin, tout en métal, peut contenir, en moyenne, 350 kilogrammes de pâte ; il fonctionne à la boulangerie centrale de l'Assistance publique, qui em-

ploie dix pétrisseurs produisant ensemble journellement 22,000 kilogrammes de pain.

Il existe des pétrins de plus petite dimension, pouvant contenir, par exemple, 150 kilogrammes de pâte;
et même, pour les campagnes, on a construit un appareil pétrissant 80 kilogrammes de pâte en dix minutes. Le prix des pétrins varie entre 1,400 et
350 francs. Ils se sont assez rapidement répandus en
Angleterre, surtout le sys-
tème Ebenezer Stevens,
adopté également dans les
colonies, les administra-
tions publiques, les ménages et jusque sur les na-
vires. Ce système consiste
en un vase à double fond.
Il est recouvert d'une toile
métallique qui empêche la
farine de se répandre dans
l'atmosphère. On intro-
duit dans le double fond un
jet de vapeur ou de l'eau
chaude pour entretenir la
température au degré favorable à la fermentation.

L'économie résultant de
l'emploi du pétrin méca-
nique est d'environ 1 sac
de farine sur 60. Or, les
43,000 boulangers de France
employant, en moyenne,
chacun 2 hectolitres de

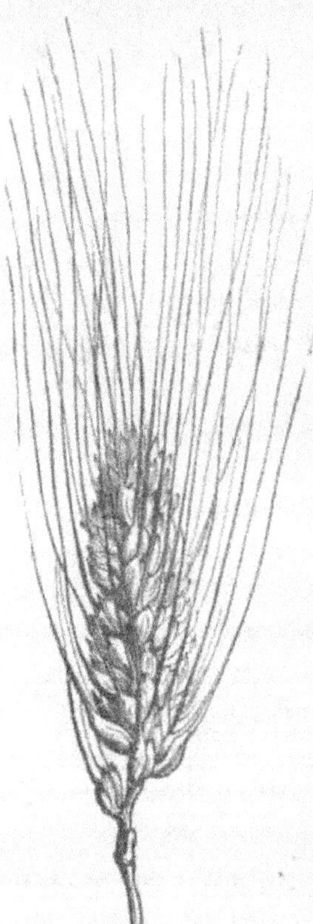

Fig. 236. — Blé hérisson.

froment (*fig*.236) par jour, soit 730 pour l'année, l'usage du pétrin se traduirait, pour chacun d'eux, par une économie annuelle de 12 hectolitres, soit, à raison de 20 francs l'un (prix moyen), 240 francs et, pour l'ensemble de la boulangerie française, 10 millions de francs.

Remarquons, en outre, que la boulangerie ne produit que la moitié du pain nécessaire à la consommation des habitants de la France ; le reste se fabrique dans les ménages.

Il est à désirer que la mécanique agricole continue

Fig. 237. — Charrue Bonnet.

à se généraliser et à se perfectionner. « Son rôle est « de simplifier, d'amoindrir la somme d'efforts hu- « mains en les mettant à la charge des agents natu- « rels (1). » C'est aux paysans de le comprendre et d'accepter résolûment cette transformation nécessaire.

L'un d'eux faisait usage d'une bêche informe, d'un usage peu productif. On lui en signale une autre : « Oh ! ceci, dit-il, c'est une bêche de paresseux. »

____

(1) Baudrillart, *Manuel d'économie politique*.

C'est bien là le langage de la routine. Tant qu'il prévaudra, l'agriculture ne cessera de souffrir.

L'institution des concours agricoles régionaux a eu une certaine influence sur le perfectionnement et la propagation des machines et des instruments d'agriculture, depuis les plus puissants jusqu'aux plus humbles, depuis les appareils les plus compliqués jusqu'à la plus simple charrue (*fig.*237) et à la plus modeste baratte, dont le travail autrefois si fatigant a été rendu si facile par la substitution du mouvement circulaire au mouvement vertical. Le nombre

Fig. 238. — Manivelle des maraîchers. C, timon d'attelage; D, palonnier pour atteler le cheval; EE, porte-poulies en bois.

des instruments figurant dans les concours est considérable : plus de 6,200 pour l'année 1868, et plus de 80,000, en tout, depuis l'origine de ces exhibitions, c'est-à-dire depuis 1849. La nécessité aussi a donné une grande impulsion au dévelopement et à l'utilisation des engins nouveaux : la rareté des bras, produite par l'émigration des populations rurales vers les villes, imposait aux constructeurs l'obligation de modifier, de perfectionner l'outillage agricole. Aussi s'est-il formé, sur différents points de la France, de nombreux ateliers. Une industrie, presque inconnue autrefois et maintenue d'ordinaire au village, s'est créée dans les grands centres; de véritables manufactures se sont établies. Tel manége (*fig.* 238), par exemple, répandu, grâce aux concours, dans les diverses régions agricoles, a fait la fortune de son inventeur.

La diminution des frais de production et l'accroissement des profits de l'agriculture ne sont pas les seuls avantages à tirer de la substitution des instruments et des machines à la main-d'œuvre. Il faut enregistrer aussi, comme un fait heureux, la disparition de métiers qui épuisent les forces et altèrent la santé de ceux qui s'y livrent. Il résultera donc à la longne de cette transformation une amélioration notable dans la condition des ouvriers agricoles. Ceux-ci voient chaque jour diminuer les fatigues de ces travaux qui, autrefois, coûtaient souvent la vie à un grand nombre d'entre eux ou, tout au moins, l'abrégeaient.

SIXIÈME PARTIE.

Méthodes et procédés de culture.

CHAPITRE XII.

DÉFRICHEMENTS ET TRAVAUX DIVERS DE CULTURE

On appelle *défrichement* la mise en culture, non pas seulement d'un sol inculte, mais même d'un bois ou d'une prairie naturelle.

Fig. 259. — Arau à cheval pour façonner les sols défrichés.

Après avoir donné aux cultivateurs le droit d'entreprendre les grandes améliorations foncières, telles que le drainage, le reboisement, la mise en culture des sommets et des pentes de montagnes, il était essentiel de leur faciliter l'exécution des grands travaux d'ensemble qui exigent l'unité de vues, un long espace de temps et des ressources financières permanentes.

L'une des principales préoccupations des quelques gouvernements sérieux qui ont eu le pouvoir dans les mains a donc toujours été d'accroître l'étendue des terres arables par l'exploitation des terres incultes et par le dessèchement des marais. C'est ainsi qu'on a songé à tirer la Sologne de l'état de stérilité et d'insalubrité où elle est plongée, et lui rendre la splendeur dont elle jouissait alors que, sous les Gaulois, ses plaines portaient d'abondantes moissons. La création de fermes d'essais dans les diverses parties de la France, restées jusqu'alors stériles, telles que la Sologne, la Champagne, la Dombes, la Brenne, les landes de Gascogne, provoqua les efforts de l'agriculture entière. Les réformes économiques de 1860 obligèrent l'État à faire encore plus et à donner une nouvelle impulsion aux défrichements des terres stériles. Le rapport de M. Magne constatait, à cette date, en France l'existence de 2,706,672 hectares de terres incultes, dont 185,460 de marais. 63,400 seulement appartenaient à l'État. Sur le reliquat de l'emprunt de 1859, on affecta 100 millions aux améliorations des ponts et des routes et à des travaux agricoles.

Les dunes de Gascogne, d'une étendue totale de 60,000 hectares, étaient déjà, sur 46,500, transformées en belles forêts de pins maritimes, qui ont fixé les sables. On consacra une somme de 2,200,000 fr. à la continuation de ces plantations. 177,000 hectares de terres incultes ont été, en outre, mis en valeur dans les landes avoisinantes.

Dans les départements de la Charente-Inférieure, de la Vendée, du Morbihan, de la Loire-Inférieure, du Finistère et de l'Hérault, sur 14,000 hectares de dunes, 6,000 étaient plantés, et 1,600,000 francs furent consacrés à la fixation des 8,000 hectares qui restaient.

La Sologne, la Dombes et la Brenne, ayant une superficie totale de 650,000 hectares, présentent à peu près les mêmes caractères d'insalubrité et de stérilité : terrain argilo-sicileux, recouvert d'une couche sablonneuse et imperméable à l'eau de pluie, qui reste stagnante ; étangs multipliés à l'infini, leur revenu ayant été longtemps plus productif que celui de la terre. « Rendre la culture profitable, ce sera supprimer la raison d'être de ces lacs (1). » Pour fertiliser ce sol, il fallait lui fournir l'élément calcaire qui lui manquait. Dans la Dombes, les cours d'eau ont tous été curés et régularisés. La construction de routes nombreuses et l'ouverture d'un chemin de fer ont permis d'entreprendre la régénération de cette contrée, dont 6,000 hectares devaient être desséchés et mis en valeur par la compagnie du chemin de fer de Bourg à Sathonay avant l'année 1873. Par suite de l'ouverture de 189 kilomètres de routes agricoles, le défrichement de la Dombes marche rapidement.

En Sologne, on s'est également préoccupé d'ouvrir des routes, de purifier les cours d'eau, de creuser des canaux d'irrigations. Grâce au canal de la Sauldre,

____

(1) Discours de M. Rouher en 1860.

les marnes ont pu pénétrer dans les régions les plus désertes de cette contrée désolée, et, moyennant 500 kilomètres de routes, l'œuvre de défrichement et de transformation doit devenir chose facile. 1,500 hectares se trouveront ainsi assainis, desséchés et propres à recevoir une culture productive. L'État, du reste, s'est également préoccupé de procurer aux cultivateurs de la Sologne les quantités de marne nécessaires à la régénération du sol. Cette marne, provenant de gisements considérables qui existent auprès d'Orléans, était fournie, il y a peu d'années au prix de 2 fr. 50 c. le mètre cube. Onze dépôts étaient établis le long du chemin de fer, sur une étendue de 47 kilomètres; et, en 1860, 110,000 mètres cubes avaient été déjà livrés à l'agriculture, à raison de 35 mètres cubes par hectare, c'est-à-dire que 3,000 hectares, à cette époque, avaient été marnés. D'après les renseignements recueillis dans l'enquête sur les engrais entreprise par le ministère de l'agriculture et du commerce, la consommation de la marne, en Sologne, serait de 20,000 mètres cubes par an, et la zone marnée comprendrait une étendue de 20 à 25 kilomètres.

De grands efforts ont été faits tant par l'État que par la compagnie des chemins de fer d'Orléans, afin de mettre à la disposition du midi de la Bretagne et de la Sologne la marne et la chaux qui leur sont indispensables pour remédier à la pauvreté du sol.

Mentionnons encore les travaux accomplis dans la Dordogne, où l'on a tracé 43 kilomètres de routes agricoles, et dans la Brenne (Indre), où l'on en a exécuté 117.

Les routes empierrées ou pavées une fois construites et les moyens de défrichement une fois mis à la disposition de l'initiative privée, tout n'est pas dit. Il faut rendre plus facile l'action collective des particuliers.

La loi du 21 juin 1865, sur les associations syndicales, a comblé, sous ce rapport, une lacune depuis longtemps signalée.

Jusqu'à cette époque, la loi déterminait les règles à suivre lorsqu'il y avait lieu de réunir, pour cause d'utilité publique, les riverains d'un cours d'eau non navigable afin d'en assurer le curage. Cette association était obligatoire pour l'universalité des riverains, même lorsque la majorité d'entre eux eût voulu s'y opposer. Mais l'application du principe de l'association était bornée à cette circonstance toute particulière, et, dans ce cas, elle était si malencontreusement comprise, qu'elle ne réussissait qu'à entraver la liberté industrielle et à substituer la prévoyance de l'État à la prudence des administrés.

Depuis la loi de 1865, l'association doit être librement consentie par tous les intéressés. Cependant, lorsqu'il s'agit de travaux ayant un caractère d'utilité publique, tels que la défense contre la mer, les fleuves, les rivières, les curages des cours d'eau non navigables et des canaux de dessèchement et d'irrigation, le dessèchement des marais, l'exploitation des marais salants, l'assainissement des terres humides et insalubres, la majorité des propriétaires intéressés peut décider la création de l'association et sa formation en syndicat.

La loi du 21 juin 1865 sur les syndicats établit les règles à suivre, soit pour l'exécution des travaux.

soit pour la détermination des taxes ou cotisations, dont la rentrée est assimilée à celle des contributions directes, soit enfin pour la procédure à suivre en cas de contestations, etc.

Cette loi a assuré aux cultivateurs un concours efficace, tout en laissant à la majorité des intéressés le droit de décider l'opportunité des travaux que l'administration n'a plus le privilége d'imposer, mais qu'elle peut toujours proposer.

Les procédés de défrichement varient nécessairement selon la nature du sol ; on distingue à cet égard trois catégories de terrains : les *terrains non caillouteux*, les *terrains caillouteux* et les *terrains marécageux*.

Pour les premiers, il faut, avons-nous dit, assurer à la couche de terre meuble une profondeur de 40 centimètres. Il est indispensable que les gazons soient suffisamment enterrés pour ne point repousser. Si le terrain à défricher est couvert de broussailles, de joncs marins, d'arbrisseaux, ils doivent être, avant tout, extirpés et brûlés ; les cendres mêmes, répandues sur les gazons, en hâtent la décomposition. Du reste, les travaux divers à effectuer varient suivant le climat.

La charrue ne peut être employée dans les *terrains caillouteux* ; on défonce donc le sol à la pioche jusqu'à 40 ou 50 centimètres de profondeur, afin de débarrasser la couche superficielle du sol des pierres qui pourraient mettre obstacle au travail de la charrue. Si ces pierres ne sont pas utilisables, on les place au fond des tranchées et on les recouvre avec la terre meuble qu'on en a séparée. Les capitaux engagés dans cette spéculation peuvent rapporter plus de 5 0/0, en admettant même que les cailloux extraits restent sans emploi.

Fig. 240. — Manière de réduire les gazons en cendres.

Quant aux *terrains marécageux*, on les dessèche avant tout par l'un des procédés indiqués précédemment. La base en est souvent argileuse et forme une

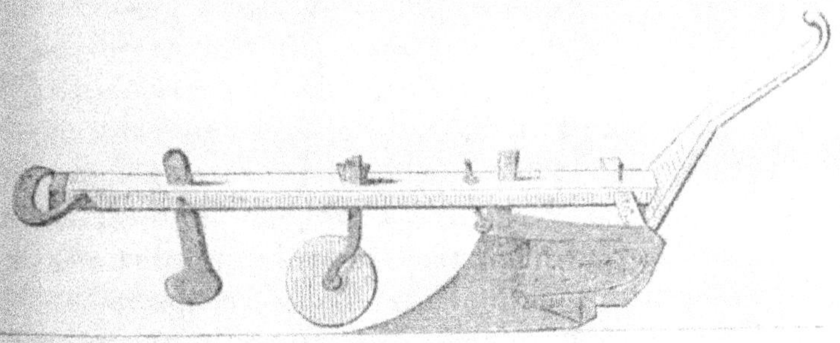

Fig. 241. — Charrue pour couper et renverser le gazon.

couche, d'une épaisseur de 20 centimètres environ, surmontée d'un banc tourbeux, résultant de la décomposition successive des racines d'un grand nombre de plantes marécageuses. Un labour ne produirait pas de résultats. Pour à la fois ameublir ces sols, détruire les plantes nuisibles et les insectes, enfin activer la décomposition des gazons, on a recours à l'*écobuage* (*fig*. 240), dont nous avons parlé dans un précédent chapitre. On ajoute de la chaux aux cendres ainsi obtenues et on répand le mélange uniformément sur le sol. On donne ensuite un labour superficiel (*fig*.241) ; un mois après, et jusqu'à l'hiver, on en applique deux ou trois autres croisés, de 24 centimètres de profondeur, que l'on fait suivre de hersages énergiques. Au printemps suivant, on peut alors ensemencer sans ajouter d'engrais. Le profit du capital engagé dans cette opération varie entre 6 et 8 0/0, selon les circonstances.

Il n'y a d'intérêt à défricher des forêts et des bois, qu'autant qu'on est assuré que la culture du sol qui les supporte donnera un produit supérieur. Ainsi les sols classés dans le cadastre comme étant de première et de deuxième classe donnent, cultivés en bois, un produit moindre que par tout autre mode d'exploitation ; ceux, au contraire, qu'on classe dans la troisième ou la quatrième catégorie peuvent fournir, convenablement boisés, leur rendement le plus élevé par ce genre de culture. Il n'est donc pas bon de défricher tous les sols indistinctement. Cependant les conditions des prix et des marchés peuvent, exceptionnellement, modifier les dispositions à prendre dans de pareilles circonstances.

Pour défricher une surface boisée, il faut en enlever tout le bois, extraire les racines en défonçant le sol à la pioche jusqu'à 40 ou 50 centimètres ou au moyen d'une charrue *ad hoc*, la charrue Trochu, par exemple. Cette charrue est construite de manière à surmonter les obstacles provenant des grosses racines. Ici, comme pour tous autres défoncements, on emploie deux charrues se suivant dans la même raie et creusant chacune

la moitié de la profondeur. Aussitôt après, on donne
au sol un labour ordinaire, puis un
hersage énergique pour niveler,
puis encore un autre labour ordinaire en travers du premier, et
l'on abandonne le terrain à l'action des intempéries de l'hiver jusqu'au printemps. A cette
dernière époque, on relaboure
et l'on herse ; on y met alors
de l'avoine ou des pommes de
terre.

Fig. 242. — Avoine nue.

Avant que la *culture intensive* eût pris dans l'agriculture la place importante qu'elle y occupe, on faisait des prairies naturelles la base du régime agricole
constituant la *culture extensive*. Le développement
pris par les fourrages artificiels, en augmentant le
rendement d'une superficie donnée, tend à diminuer
l'étendue des prairies naturelles avec avantage ; aussi
y a-t-il nombre de cas où l'on a intérêt à les défricher. Cependant, il est telle circonstance où la routine, d'une part, et le manque de capitaux, de l'autre,
la nature du sol, d'une troisième, rendent indispensable
la conservation des prairies naturelles. Ce serait, par
exemple, une faute de défricher des prairies situées
sur des pentes rapides (*fig*.243), où la culture annuelle
est fort coûteuse et entraîne bientôt la terre meuble
vers les parties inférieures ; de même, rien ne peut
remplacer les gazons exposés aux inondations périodiques ; il en est de même, enfin, pour les riches pâturages du pays de Bray, du pays d'Auge, en Normandie,
où la fraîcheur perpétuelle et modérée du sol est si

favorable à la prospérité des prairies naturelles
qu'elles rendent, en qualité et en quantité, bien plus

Fig. 243. — Versant dénudé des monts Coyrons du côté du Rhône.

que ne le pourraient faire les prairies artificielles.

Les travaux de culture n'ont d'autre objet que de
faire subir au sol une préparation mécanique. Les principaux sont les *labours*, qui s'opèrent soit en *planches*

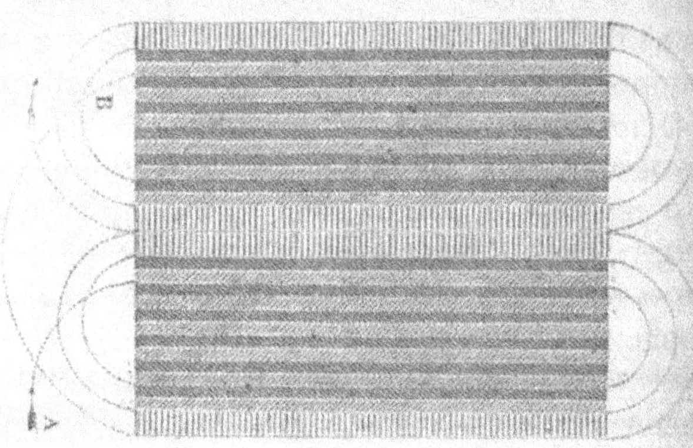

Fig. 244. — Labour en planches.

(*fig.* 244), soit en *billons*, comme nous l'avons vu ; ils
sont *superficiels, moyens* ou *profonds*, selon qu'ils ont

ntre 6 et 12 centimètres de profondeur, 12 et 24, 24 et 34.

Le *défoncement* commence au delà de ce chiffre de 34.

Autrefois on donnait à la terre 5 ou 6 labours ; aujourd'hui on se borne à trois, à moins d'avoir à nettoyer un sol rempli de mauvaises herbes. Ces trois labours portent les noms de *déchaumage, binage* et *labour des semailles* ; mais ils ne suffisent pas toujours dans une terre argileuse. C'est en hiver qu'on les exécute, parce qu'alors la terre est plus facile à travailler ; on sème au printemps, on laboure ensuite à l'automne, aussitôt après la récolte, pour réensemencer sans tarder. Le labour a pour résultat de diviser le sol et d'y rendre plus faciles la pénétration des racines fibreuses et l'accroissement des racines charnues, de faire germer les mauvaises graines, de détruire les insectes et d'émietter le sol pour le rendre perméable aux agents de l'atmosphère. Toutefois, des labours trop multipliés nuisent quelquefois à une terre meuble, en provoquant un dégagement trop abondant les éléments gazeux de fertilité qu'elle renferme. Enfin, ils peuvent rendre l'atmosphère malsaine, en amenant à la surface des éléments de fertilité et d'insalubrité à la fois, dégageant des gaz méphitiques nuisibles à la santé publique. Tous les défrichements occasionnent des fièvres et plus d'un pionnier a trouvé la mort en exploitant les forêts vierges de l'Amérique.

On distingue trois espèces de *labours* : le *labour renversé*, le *labour oblique* (*fig.* 245) et le *labour droit* ; dans le premier mode, la bande de terre est complétement retournée ; dans le second, on ne fait que la relever obliquement ; enfin dans le dernier, elle reste à peu près dans sa position primitive. C'est le *labour ren-*

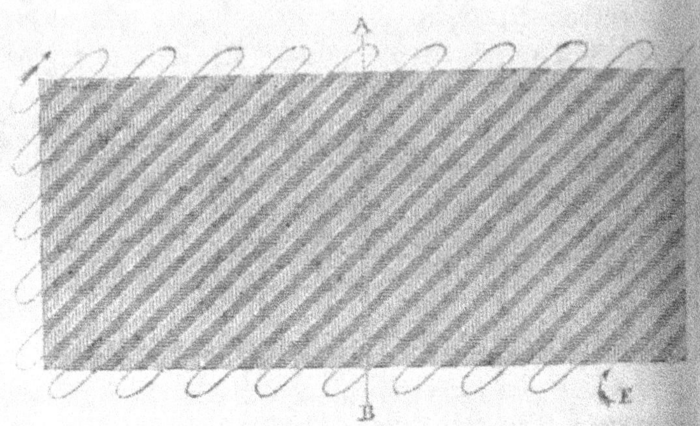

Fig. 245. — Labour oblique de gauche à droite. AB, direction de la pente formant un angle de 45° avec les raies du labour. On prend la première raie en montant en E, puis en descendant en F.

versé qui est le plus efficace pour rompre les gazons et détruire les plantes nuisibles ; le second expose bien le sol au soleil et à la gelée, il l'aère et le mélange convenablement, il facilite enfin l'action de la herse et du rouleau. Nous ne reviendrons pas sur le *labour en planches* et le *labour en billons*, qui ont, l'un et l'autre, leur utilité et leur raison d'être selon les cas; nous nous contenterons de mentionner le *labour croisé*, nom donné à celui qui coupe perpendiculairement les bandes de terres du labour précédent.

Après le labour vient le *binage*, opération qui s'effectue dès que la charrue n'a plus à intervenir et dont le but est de rompre la croûte formée à la surface du sol après les fortes pluies et les grandes chaleurs. Il complète l'action du labourage avant que l'on procède

au *hersage,* au *plombage* accompli avec le rouleau, au
sarclage et au *buttage* (*fig.*246), ayant pour effet de tasser

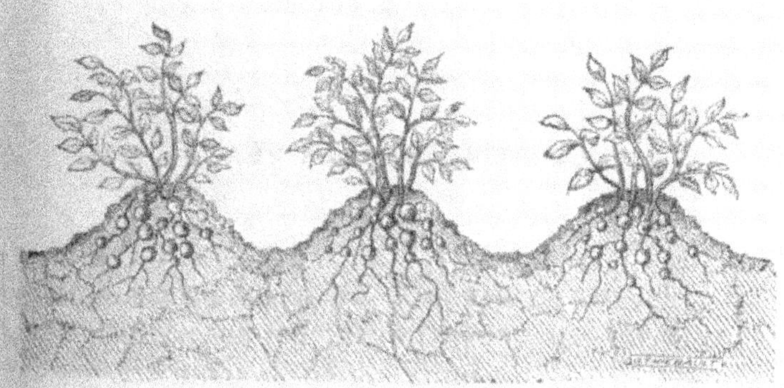

Fig. 246. — Pommes de terre buttées.

la terre au pied des plantes en lignes. Ce dernier mode
de préparation du sol est indispensable pour y maintenir l'humidité ; mais il pourrait devenir funeste, si
on en faisait abus dans les terres légères, parce qu'il en
exagérerait la dessiccation et exposerait les récoltes
à une sécheresse redoutable.

CHAPITRE XIII.

LES ORGANES DE LA PLANTE.

Les plantes sont formées de deux espèces de tissus bien distincts, quoique de même origine. L'un, dit *tissu cellulaire*, est une réunion de petites vésicules, closes de toutes parts, qu'on appelle des *cellules* ou des *utricules* (*fig.* 247). L'autre, dit *tissu vasculaire*,

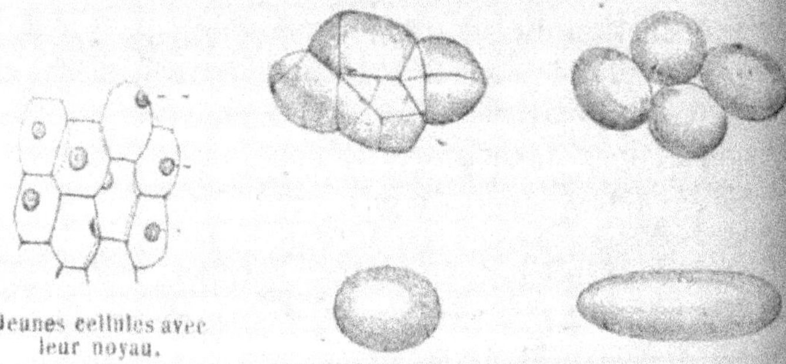

Jeunes cellules avec leur noyau.

Cellules. *a b c*, formes normales; *d*, déformées par leur pression mutuelle.

Fig. 247.

est une agglomération de tubes allongés, auxquels on a donné le nom de *vaisseaux* (*fig.* 248) et qui, réunis en faisceaux, constituent les *fibres* de la plante. Ce sont ces fibres, entremêlées de tissu cellulaire, qui forment a *tige*. De l'allongement et du développement de ces tissus résultent tous les autres organes (1).

Fig. 248. — Fibres.

Les cellules, vésicules sphériques ou ovales, renferment souvent un noyau qu'on a appelé *cytoblaste* ou *nucleus*, entouré d'un liquide de composition très-variable, quelquefois mucilagineux. Quand elles se développent en liberté, elles prennent la forme d'hexagones réguliers (*fig.*249). Ce sont, avons-nous

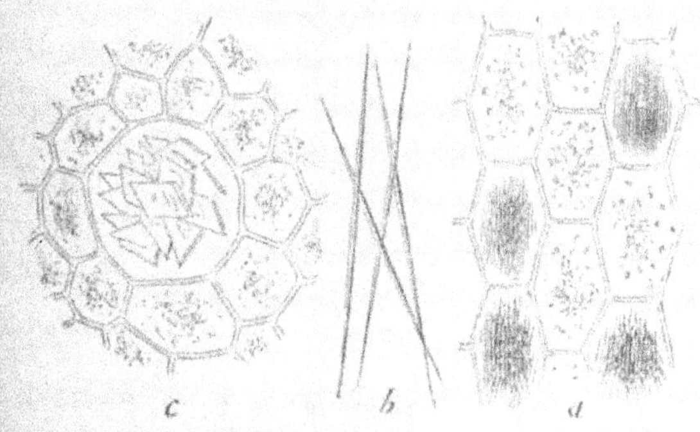

Fig. 249. — *a*, cellules de l'Arum avec groupes de cristaux en forme de paquets d'aiguilles; *b*, mêmes cristaux grossis; *c*, cellules de la betterave (la cellule centrale renferme un groupe de cristaux en tablettes).

dit, des sacs absolument fermés, sans ouvertures et sans pores, et communiquant cependant les uns avec les autres, c'est-à-dire échangeant entre eux

(1) Henri Lecoq, *Botanique populaire*.

18

les liquides qu'elles contiennent, par voie d'*endosmose* en quelque sorte. Le tissu cellulaire est, du reste, d'une faible consistance, et les organes qui s'en trouvent uniquement composés sont très-mous ou très-cassants ; tel est le cas, par exemple, pour la pulpe de certains fruits, la chair des champignons, etc. Il est sans couleur propre ; et, s'il parait coloré, cela est dû aux sucs renfermés dans les cellules. Quelquefois celles-ci, perdant leurs cloisons, s'allongent en se réunissant et forment des espèces de fuseaux allongés se terminant en pointes à leurs deux extrémités, auxquels on donne le nom de *clostres*.

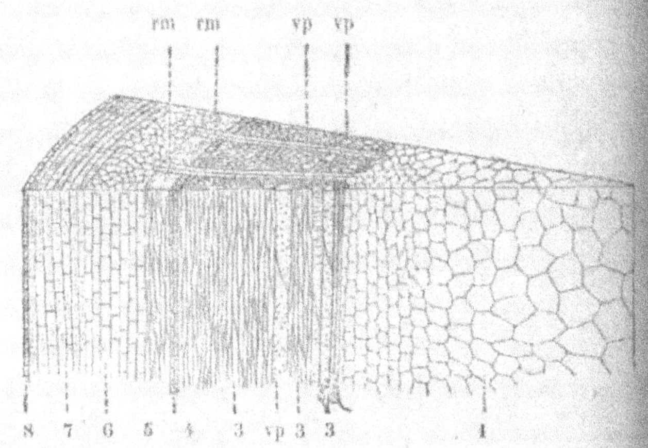

Fig. 250. — Coupe verticale d'un rameau de marronnier d'un an. *rm*, rayons médullaires ; *vp*, gros vaisceaux à surface ponctuée ; 1, moelle centrale ; 2, trachées ; 3, fibres ; 4, *cambium* ou bois en formation ; 5, *liber* ; 6, tissu cellulaire ; 7, enveloppe cellulaire ou *subéreuse* ; 8, épiderme.

Quant au tissu vasculaire, il est difficile de le distinguer absolument du précédent, parce qu'on trouve dans sa trame toutes les transitions des cellules aux vaisseaux (*fig.*251). Tantôt, en effet, ces vaisseaux sont des tubes continus (*fig.*250), sans cloisons ai intervalles, et tantôt des séries de cellules dont

es parois trans-
versales résistent
ou s'oblitèrent. Ils
se rencontrent sur-
tout dans la tige
et y forment une
sorte de squelette
ou de réseau al-
longé, dont les
mailles sont rem-
plies de tissu cel-
lulaire.

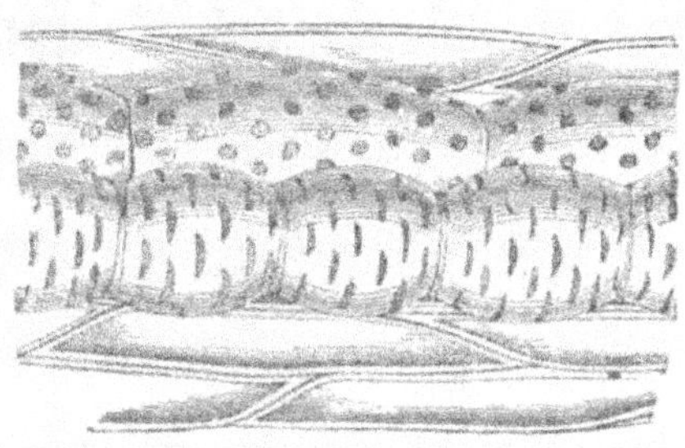

Fig. 251. — Vaisseaux rayés et vaisseaux
ponctués.

Ces deux tissus, cellulaire et vasculaire, sont enveloppés de toutes parts par une membrane mince, di-
latable, de couleur variable, qu'on appelle l'*épiderme*
et dans laquelle se trouvent pratiquées de petites
ouvertures, souvent invisibles à l'œil nu. Ce sont les
pores de la plante ; elles prennent le nom de *stomates*
(*fig.*38), lorsqu'il s'agit de ceux des feuilles. En dessous de chaque pore existe un espace rempli d'air ou
chambre pneumatique ; c'est par là que sont absorbés
ou rejetés les vapeurs et les corps gazeux utiles ou
nuisibles à la plante.

La tige, avons-nous dit, est formée de la combinaison de ces deux tissus. Sa structure est assez
compliquée. Chez un végétal de la famille des dicotylédones, comme le platane, par exemple, nous cons-
tatons tout à fait au centre l'existence d'une colonne
de tissu cellulaire qu'on appelle la *moelle* et qui envoie
dans toutes les directions, vers la périphérie de la
tige, des rayons dits *rayons médullaires* (*fig.* 250). Ils

traversent les couches concentriques, d'épaisse
variable et de couleurs différentes, qui renferme

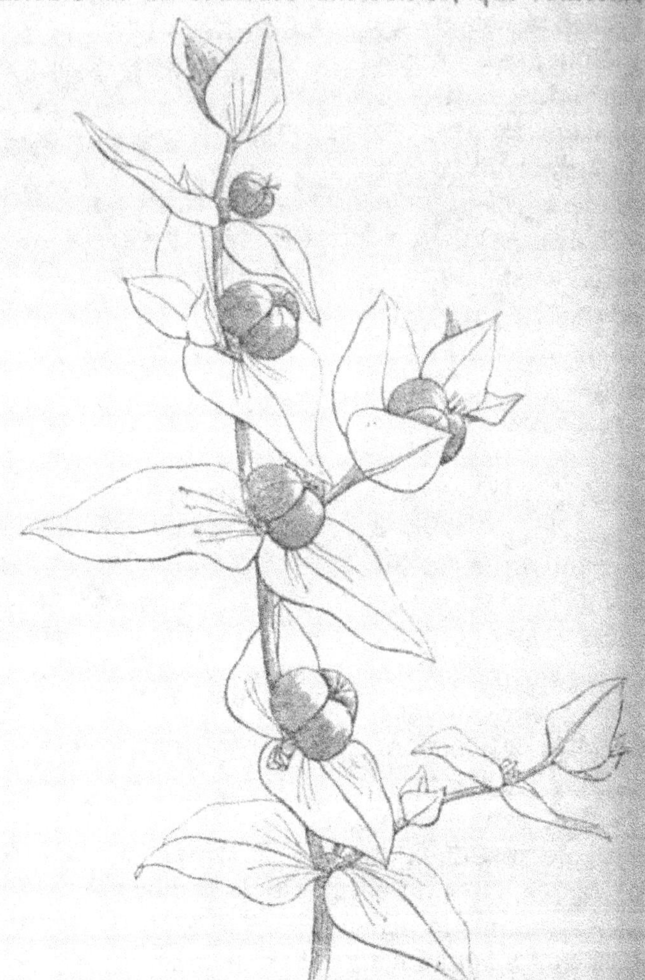

Fig. 252. — Euphorbe épurge.

la moelle, ou *couches ligneuses*, enveloppées à leu
tour par d'autres couches moins distinctes et moin

paisses qu'on appelle les *couches corticales*. D'autres
rayons médullaires se retrouvent encore au milieu de
ces dernières, mais partant cette fois de la *moelle
externe*, tissu cellulaire qui enveloppe le reste de
la tige et qui est recouvert par l'épiderme. Cette
moelle externe constitue, avec les couches corticales,
l'ensemble de l'*écorce* ; le reste de la tige appartient au
corps ligneux.

La *moelle externe* est verte, ce qu'on attribue à
l'action de la lumière ; sous l'influence de cette dernière, elle décompose l'acide carbonique répandu
dans l'atmosphère, moins énergiquement cependant
dans la tige que dans les feuilles. Cette action se
manifeste surtout dans les jeunes rameaux et supplée
à celle des feuilles, quand celles-ci font à peu près
défaut, comme chez certains *cactus* et certaines *eu-
phorbes* (*fig.*252). Il est à remarquer, toutefois, que la
moelle externe n'existe que dans les jeunes tiges.

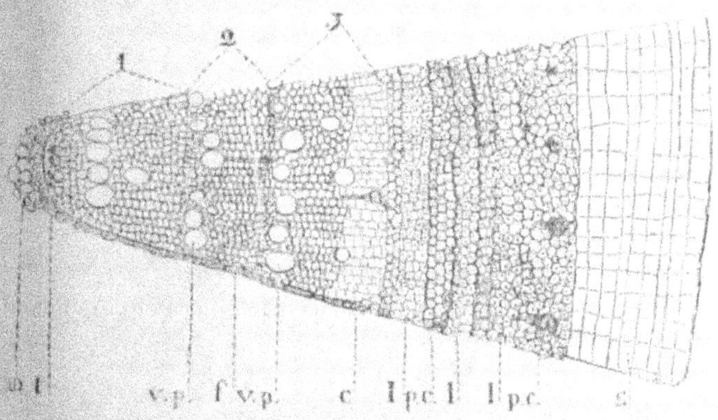

Fig. 253. — Faisceau ligneux d'un rameau de trois ans. 1. moelle (*m*), trachées *t*, vaisseaux ponctués et fibres de la première année,*v p* ; 2. vaisseaux
(*v p*) et fibres (*f*) de la 2ᵉ année ; 3. vaisseaux (*v,p*) et fibres de la 3ᵉ année ; *c, cambium* ; *p c l*, couches verticales.

La *moelle centrale* joue un rôle tout autre. C'
un tissu directement nourricier, indispensable à
jeune plante ; elle abonde, imbibée de séve, dans
jeunes pousses, dans les bourgeons, qui y puisent
éléments indispensables à leur développement. Qu
aux couches ligneuses, elles constituent le *bois*; m
il faut y distinguer le cœur du bois d'avec l'*aubi*
nom donné aux couches ligneuses extérieures de
tige ; enfin, la partie la plus intérieure des couch
corticales (*fig.* 253), qu'on appelle le *liber*, présente
caractère particulier, c'est celui d'engendrer les no
velles couches de l'écorce, absolument comme l'*a
bier* pour le ligneux de la tige.

La séve monte,
par l'intérieur de
la tige, au travers
du tissu cellulaire,
ou par le moyen
des jeunes vais-
seaux; elle acquiert
toutes ses proprié-
tés vitales dans les
organes aériens
des plantes et re-
descend par l'é-
corce. Elle porte
ainsi la nourriture
et la vie dans les di-
vers organes de la
plante. Bon nom-
bre de plantes con-
somment toute la séve qui baigne leurs tissus per

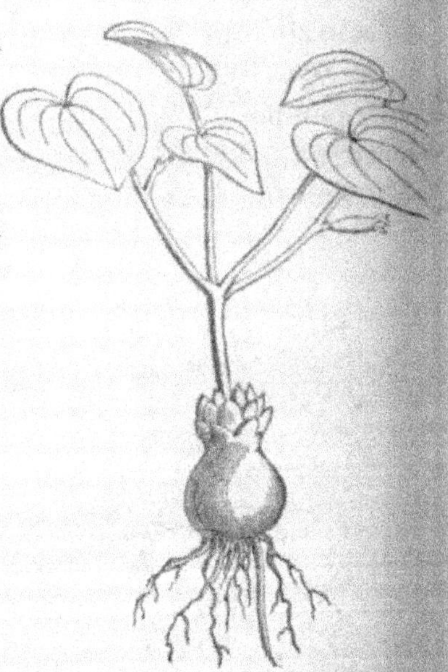

Fig. 254. — Dioscorée (igname);
pied femelle.

lant l'acte de la végétation, les plantes annuelles surtout; alors elles en emmagasinent une certaine quantité
dans leurs graines, comme font les céréales, ou dans
leurs racines, comme c'est le cas pour le navet, la
carotte, la betterave, l'igname. La *séve descendante*
fournit aux végétaux leurs principes immédiats ; aussi
rencontre-t-on généralement dans l'écorce, dans le
liber (*fig.*255), les matières les plus actives. Les tiges
se développent en épaisseur et en longueur. Quand
l'activité du liber paraît se confondre avec celle de

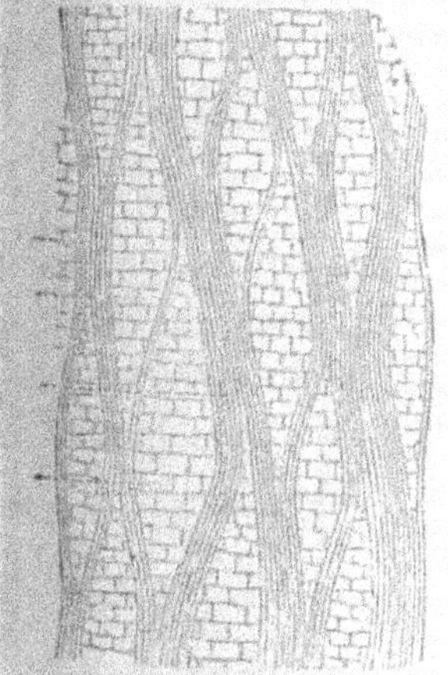

Fig. 255. — Fibres du liber
du marronnier.

Fig. 256. — Coupe verticale
d'une tige de palmier.

l'aubier, c'est surtout en longueur que l'accroissement se produit. Les fibres intérieures nouvelles
pressent les plus extérieures, les écartent bien pendant quelque temps, mais la résistance équilibre
bientôt la pression. Alors les fibres en question s'allongent, comme chez les palmiers (*fig.*256). Ici, plus
de liber, plus de zones de bois distinctes ; chaque

vaisseau réunit les éléments de vie, cellules génératrices ou *cambium* à l'intérieur du faisceau, cellules ligneuses et *vaisseaux libériens* à l'extérieur. Ce fait est général chez les monocotylédones (*fig.* 257).

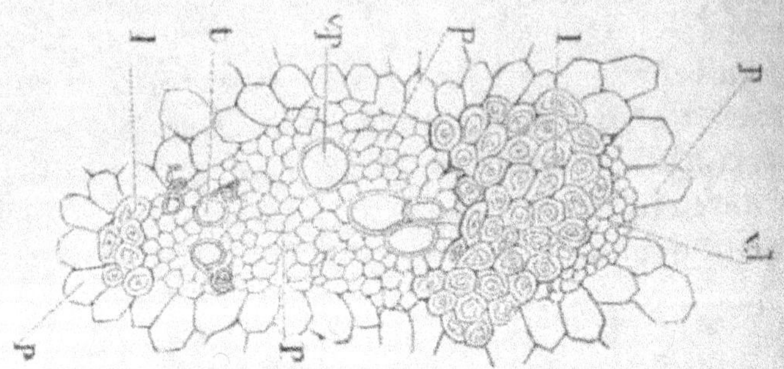

Fig. 257. — Faisceau fibro-vasculaire d'une tige monocotylédone (la région répondant au centre de la tige est à gauche); *l*, liber; *t*, trachées; *p*, cellules; *vp*, vaisseaux rayés ou ponctués.

Les dicotylédones (*fig.* 258), au contraire, ont une double surface d'accroissement, accroissement en hauteur et accroissement en épaisseur. Les nouvelles couches qui se forment rencontrent plus de résistance de

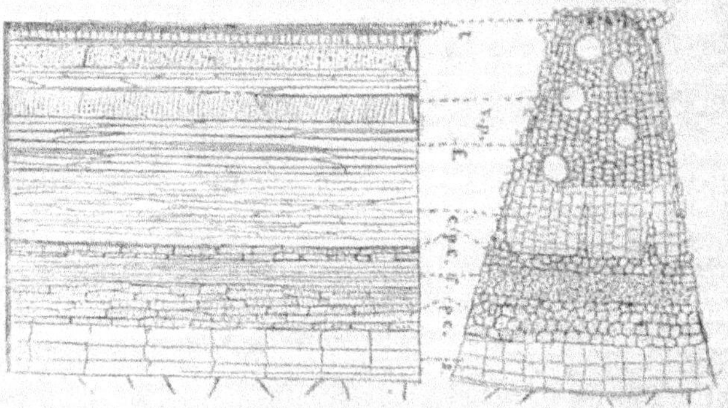

Fig. 258. — Faisceau fibro-vasculaire d'une tige d'Érable (dicotylédone), *c*, zone génératrice; *pc*, moelle corticale; *s*, cellules; *t*, trachées; *f*, fibres.

la part du corps ligneux que des couches corticales, car

celles-ci se fendillent. Le développement en longueur
résulte de celui du bourgeon terminal; il cesse
ordinairement avec celui des feuilles et il est indéfini
quand le bourgeon ne se termine point par une fleur.

La *tige* est fixée au sol par la *racine;* cependant ce

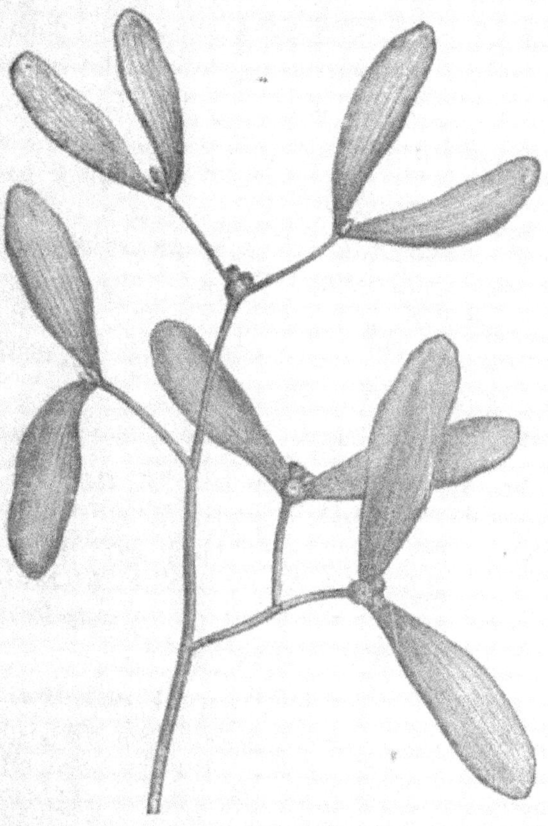

Fig. 257. — Gui.

n'est pas nécessairement là le rôle de celle-ci, puisque parfois elle se développe dans l'atmosphère et

d'autres fois au sein de l'eau ; mais elle présente toujours ce caractère distinctif, de tendre constamment à se diriger vers le centre de la terre. Toutefois, il est des plantes qui font exception, comme le gui (*fig.*257), par exemple, dont la racine se développe fort bien de bas en haut, quand la graine s'applique à la face inférieure d'une branche ; mais, dans cette circonstance, il est évident que la branche est au gui ce que le sol est aux autres plantes. La racine, à la différence de la tige et des branches, ne s'accroît pas par tous ses points, mais seulement par son extrémité ; elle ne présente à sa surface aucun des points particuliers, comme les *nœuds vitaux*, d'où s'échappe soit une feuille, soit un rameau pourvu de feuilles ou de fleurs (1). Elle ne peut jamais devenir verte, même sous l'influence de la lumière, sauf dans ses extrémités libres.

On divise les racines en *racines à base unique* et en *racines à base multiple*. Celles des dicotylédones appartiennent seules à la première catégorie ; elles offrent sur leur axe médian une partie principale, qu'on appelle le *corps de la racine*, de laquelle partent le plus souvent des ramifications ou *branches radicales*, se subdivisant elles-mêmes en *radicelles*.

Les *racines à base unique* sont *rameuses* quand elles sont pourvues de branches radicales, que ces ramifications soient parallèles à l'horizon ou non, qu'elles soient *horizontales*, *rampantes* ou *traçantes* ; d'autres fois, la racine tout entière est *rampante*,

(1) Rodet, *Cours de Botanique élémentaire.*

placée tout près de la surface de la terre et
fréquemment mise à découvert dans quelques-uns
de ses points. Enfin, *la racine à base unique* (*fig.*258)
peut encore être *pivotante* ou *simple*, lorsqu'elle ne
porte que quelques radicelles. On la nomme ainsi
parce qu'en effet elle s'enfonce dans le sol, en quelque
sorte, à la manière d'un pivot.

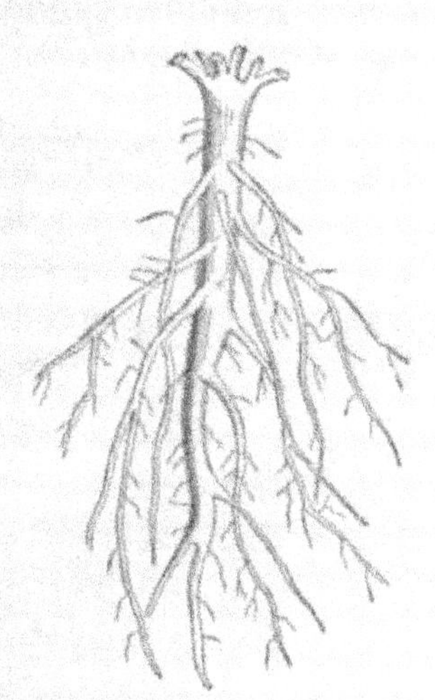
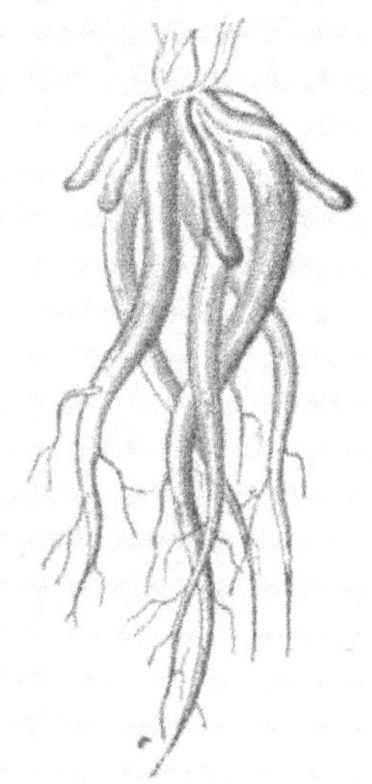

Racine pivotante.   Racine à base multiple.

Fig. 258.

Les *racines à base multiple* se rencontrent chez les
monocotylédones et exceptionnellement chez quelques dicotylédones, comme les renoncules. Ce sont
alors bien plutôt des réunions de racines, possédant
peu de chevelu et absorbant principalement les sucs
nourriciers par le moyen des *spongioles* qui se trouvent à leurs extrémités. Elles sont dites *fibreuses*,
quand elles sont petites et déliées comme des fibres ;

elles sont dites *fasciculées, tubéreuses* ou *tuberculeuses*, quand elles sont épaisses et renflées en tubercules plus ou moins volumineux, charnus, réunis en faisceau, comme chez le dahlia. Ce n'est autre chose alors que des dépôts de fécule destinés à l'alimentation de la plante.

Les racines des arbres monocotylédones, comme les palmiers, sont volumineuses, longues, cylindriques comme de grosses cordes, et ont reçu le nom de

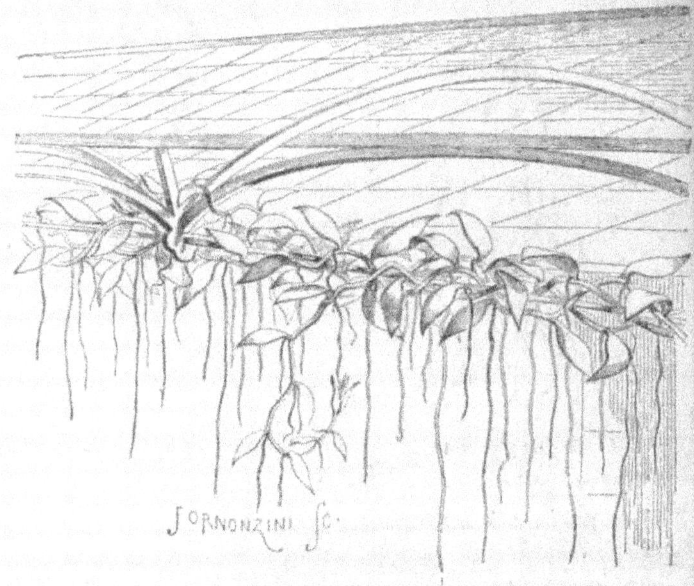

Fig. 259. — Vanille.

racines *funiformes*. Il y a d'autres racines qui prennent leur naissance dans l'épaisseur de l'écorce enveloppant la partie de la plante dont elles font irruption ; on les a baptisées du nom de *racines adventives* ou *aériennes ;* les cas les plus remarquables sont observés sur certains arbres monocotylédones des tropiques : le *pandanus utilis*, le *figuier des pagodes* (*fig*. 106), la *vanille* (*fig*. 259). Mais le fait se manifeste aussi sous nos climats tempérés, chez le maïs entre autres.

Nous avons dit que la fonction de la racine était de rattacher le végétal à la terre ; mais elle n'est pas toute là, car son principal rôle consiste évidemment à puiser dans l'intérieur du sol les sucs nécessaires à l'existence de la plante. « Dans quelques cas assez rares, comme dans « les *lenticules* ou *lemnæ*, les racines ne remplis-« sent que la dernière des fonctions que nous venons « d'énoncer, puisqu'elles sont placées dans un milieu

Fig. 260. — Bourgeon de rosier épanoui.

« mobile, tandis que dans plusieurs plantes grasses « elles paraissent seulement destinées à fixer le vé-

« gétal, qui vivrait très-bien sans racines... Les raci-
« nes semblent douées d'une sorte d'instinct, au
« moyen duquel elles choisissent dans le sol, pour
« se les approprier, une ou plusieurs des matières qui
« s'y trouvent contenues (1). »

Maintenant que nous connaissons la structure intime et les rôles respectifs de la racine et de la tige,
il nous intéresse de savoir comment se développe la
plante et comment se forment les branches qui naissent de la tige. C'est au moyen des *bourgeons* que
s'effectue ce développement. « Le bourgeon n'est
« que le premier âge d'une branche ; toutes les *feuilles*
« y sont ramassées sur un axe extrêmement court
« et sont souvent à peine développées (*fig.* 260) (2). »

Quant aux appendices *foliacés*, qui surgissent sur
la tige à la hauteur des points particuliers, généralement en relief, équidistants les uns des autres, et qu'on
appelle les *nœuds vitaux*, ce sont autant de petits centres d'activité vitale qui laissent échapper chacun, à un
moment donné, tantôt simplement une feuille, tantôt
une feuille accompagnée d'une ou de plusieurs fleurs,
tantôt enfin une feuille et un rameau chargé lui-même
de feuilles et de fleurs. Les feuilles sont disposées sur
la tige ou les rameaux de deux façons : ou elles dé-
crivent, disséminées une par une, une spirale autour
de la tige ou du rameau, — et alors on dit qu'elles sont
alternes, — ou bien elles sont groupées deux à deux, opposées base à base, et alors elles deviennent *verticillées*
(*fig.*263); les feuilles de l'aune (*fig.*262) et du peuplier,
(*fig.* 32 *et* 33.)

(1) Henri Lecoq, *Botanique populaire.*
(2) Payer, *Éléments de botanique.*

sont alternes ; celles de l'*euphorbe épurge* (*fig.* 252) sont opposées.

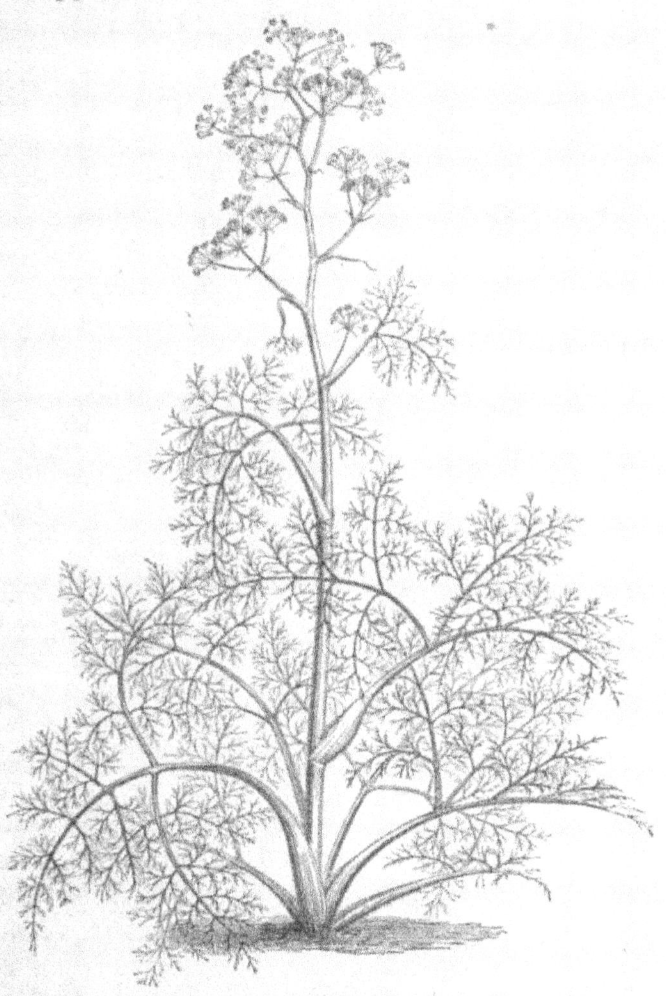

Fig. 261. — Feuilles de la férule.

La structure et la forme des feuilles sont on ne peut

plus variées (*fig.*261). Les unes sont souterraines, les autres aquatiques, et la plupart aériennes. On peut dire, dans tous les cas, qu'elles sont l'épanouissement pur et simple des tissus de la tige en expansions, souvent aplaties (*fig.*264), vertes et toujours destinées à exhaler ou à absorber des gaz ou des vapeurs. Elles constituent, en somme, les principaux agents de la respiration des plantes et sont attachées à la tige par un support qu'on appelle le *pétiole* ou la queue de la feuil-

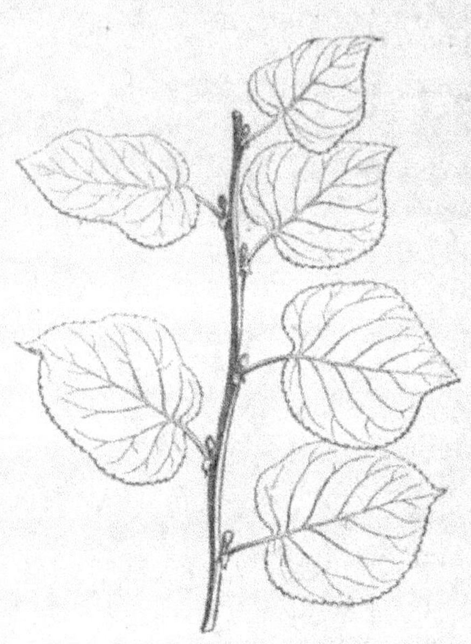

Fig. 262. — Aune.

le. Quelquefois le pétiole fait défaut; alors la feuille prend immédiatement naissance sur la tige ou le rameau, auquel cas on la dit *sessile*. Quant à l'épanouissement qui constitue la partie principale de la feuille, on lui a donné le nom de *limbe*. Les fibres du pétiole se ramifient au travers de ce limbe, le parcourent dans toute sa longueur et forment les *nervures ;* ces nervures se subdivisent à l'infini et donnent lieu à un réseau dont les mailles sont remplies de tissu cellulaire vert, qu'on appelle *parenchyme* et que recouvre lui-même un *épiderme* percé d'un grand nombre de pores (*fig*.266).

Les feuilles sont *simples* ou *composées*. Les premières prennent naissance
sur la tige ou le rameau, et
leur pétiole n'a à supporter
qu'un limbe uniforme, non
divisé. Dans les feuilles
composées, au contraire,
nous trouvons plusieurs
divisions, disposées sur un
même plan , très-étroites
à leur base et figurant,
sur un support commun,
autant de petites feuilles
simples ou *folioles* (*fig*.267).
Ces folioles ne forment bien
qu'un seul tout, car elles
tombent ensemble.

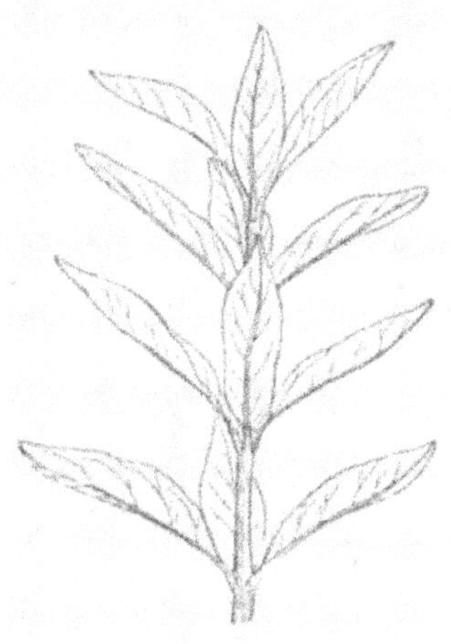

Fig. 263. — Feuilles verticillées
de la Lysimachie.

Il y a des feuilles dont le bord du limbe est continu
dans tout son pourtour, sans la moindre échancrure,
comme dans le laurier-rose et le buis. Le plus souvent, cependant, ce limbe est découpé plus ou moins
profondément, et la feuille est dite *dentelée*, *crénelée*,
dentée en scie, *lobée*, *fendue*, *partite*.

Cette partie de la plante, le plus généralement, tombe
l'année même où elle est née; il y a cependant quelques
exceptions pour certaines espèces, comme l'oranger
(*fig*.117) et le buis. Ces arbres sont donc toujours
couverts de feuilles : de là le nom d'*arbres verts* qu'on
leur a donné. La chute des feuilles, du reste, en général, est en raison de leur plus ou moins de précocité,

sauf toutefois chez le sureau, particulièrement hâtif et cependant ne les perdant que fort tard.

Les feuilles se modifient parfois au point de ne pas même conserver leur aspect ordinaire. Elles se trans-

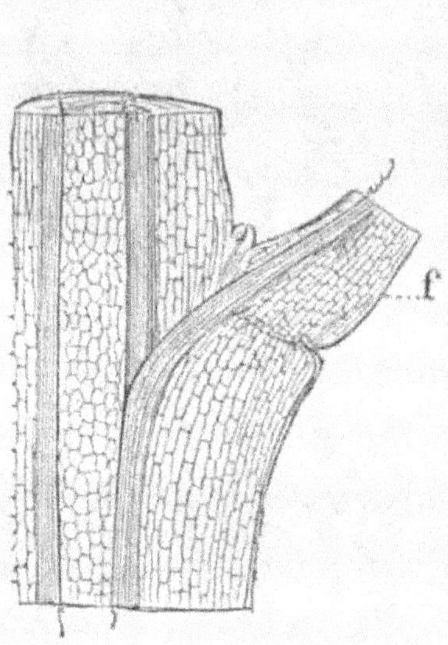

Fig. 264. — Coupe d'un rameau, montrant la naissance du pétiole *f* sur la tige.

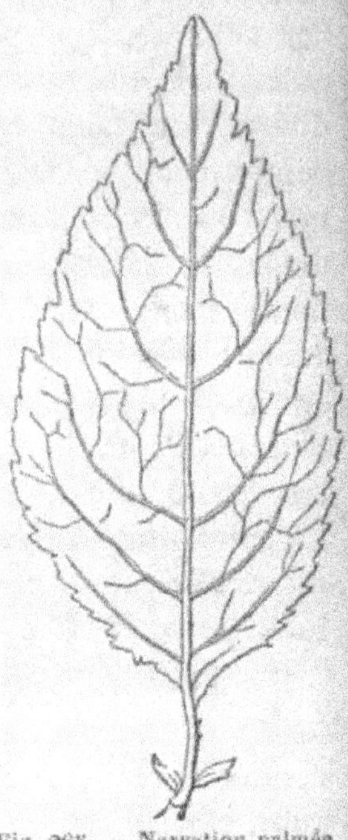

Fig. 265. — Nervation palmée d'une feuille.

forment alors en *écailles*, en *gaînes* ou *épines*, en *vrilles* (fig. 50), comme chez l'*asperge*, le *casuarina*, le *cobœa grimpant* (fig. 268), l'*épine-vinette*, le *lathyrus aphaca* ou *gesse sans feuilles* (fig. 269).

Nous avons dit que la couleur verte du tissu cellulaire était due à l'action de la lumière. Cela est tellement vrai que, si on plonge les feuilles dans l'obscurité, on les fait jaunir : l'absence de la lumière arrête

dans les organes des plantes le développement des
éléments sapides ou vénéneux; les feuilles restent
alors blanches, jaunes, rosées ou violettes. C'est ainsi
qu'on obtient artificiellement les parties blanches ou

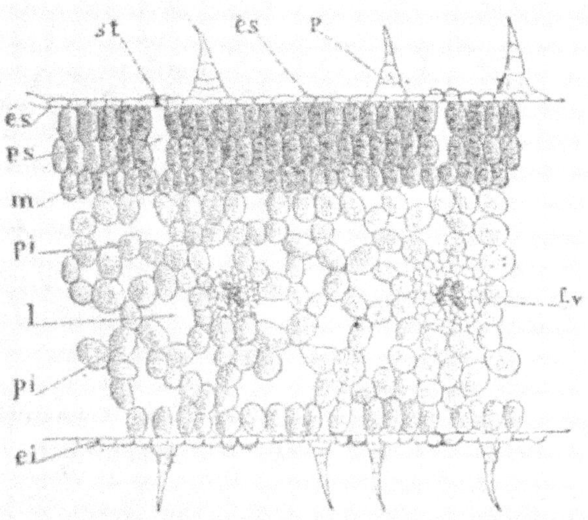

Fig. 266. — Coupe verticale du limbe de la feuille du melon. *p*, poil: *st*,
stomate : *fv*, faisceau fibro-vasculaire: *ps*, cellules oblongues ; *es*, épiderme:
pi, cellules irrégulières ; *l*, méats et lacunes.

étiolées des légumes dans les jardins potagers, en
buttant les céleris, par exemple, en liant les laitues,
romaines, en faisant végéter dans les caves des racines
de chicorée, etc.

La fonction de la feuille est double. Elle consiste
d'abord à exhaler le superflu de l'humidité qui sert de
véhicule aux parties solides nécessaires à la nutrition
et, en second lieu, à nourrir la plante par l'absorption
du carbone que renferme l'acide carbonique en suspension dans l'atmosphère. La première de ces fonctions constitue la *transpiration aqueuse*. Elles s'effec-

tuent par les *stomates* (*fig.*38). La plupart des feuilles horizontales et aériennes respirent et exhalent par leur face inférieure ; celles qui sont verticales, comme chez les graminées et la betterave, respirent par les deux faces. Quant à l'absorption du carbone de l'atmosphère, c'est là, à proprement parler, un acte de nutrition. Ce que les plantes puisent dans le sol par leurs racines a certainement son importance, mais c'est évidemment l'air qui apporte à la nutrition des végétaux le plus fort contingent, ainsi que nous l'avons vu précédemment au chapitre des engrais.

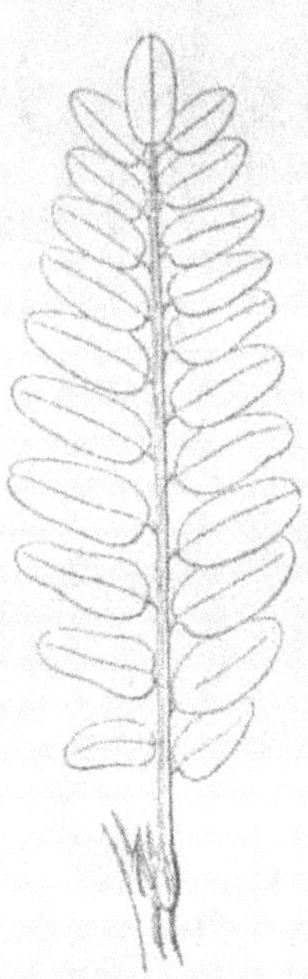

Fig. 267. — Feuille composée.

Obligés de nous borner à un examen rapide des organes les plus essentiels de la plante, laissons là les organes de nutrition et de respiration pour étudier ceux par le moyen desquels s'effectue la reproduction et qui permettent à la plante de se perpétuer à l'infini.

Pour faire bien comprendre à ses enfants ce que c'est qu'une fleur, l'instituteur Klein *des Entretiens familiers du docteur au village* (1) prend une rose. La petite couronne colorée n'est pas la première enveloppe ; elle repose sur un appui qui a tantôt la forme d'une coupe et tantôt celle d'un godet, mais, dans tous

(1) *Entretiens sur la botanique*, par Mme Hipp. Meunier.

les cas, généralement de couleur verte. On lui donne le nom de *calice* et il est divisé en folioles, qu'on appelle les *sépales*. Ces divisions sont en même nombre que celles de la couronne colorée ; seulement les dents de cette seconde enveloppe florale sont plus

Fig. 268. — Cobœa grimpant.

grandes et dépassent de beaucoup les sépales du calice; elles constituent la *corolle*, et chacune des feuilles dans lesquelles elle est partagée a reçu le nom de *pétale*. Ce qui compose la vraie fleur, ce n'est ni la première enveloppe verte, qui formait le *bouton* avant de s'épanouir, ni la seconde, étalée et superbe, mais ce qu'elles renferment et ce qu'elles protègent. « La fleur

Fig. 269. — Gesse aphaca.

« nous fait le fruit : sans fleurs pas de fruits... Dame
« Nature est une prévoyante! elle ne développe, en
« général, les tuniques de ses fleurs qu'au bon soleil
« de mai, suivant les pays et les expositions, bien en-
« tendu ! Et vous allez admirer les merveilles de ses
« combinaisons qui assurent la conservation de l'espèce
« par le développement du fruit. La fleur, dans ses
« formes les plus variées, n'emploie que des feuilles
« *modifiées*. Les sépales et les pétales sont des feuilles
« chargées de supporter la fleur, de l'entourer : et ce
« sont des feuilles encore que vous voyez au centre
« de ce beau lis (*fig.* 270), sous forme de filets min-
« ces, à têtes jaunes et poudreuses. »

En effet, comme le fait remarquer Duchartre (1),

(1) *Eléments de botanique.*

« rien ne semble différer plus complétement d'une
« feuille qu'une *étamine;* cependant, la complète ana-
« logie d'origine de l'une et de l'autre peut être mise en
« évidence sans difficulté. Voyez le nénuphar(*fig.*83).»

Fig. 2 0. — Lis.

Le nombre des étamines varie, mais au milieu s'élève
une sorte de grande baguette qui constitue justement
la fleur *complète*. « On nomme cette baguette le *pistil ;*

« elle est indispensable à la formation de la *graine*,
« qui se développe à sa base dans un renflement ap-
« pelé *ovaire*. Toute la fructification est là. La *pous-*
« *sière florale*, ou *pollen* (fig. 271), qui s'échappe du som-
« met de l'étamine, est composée de grains impercep-

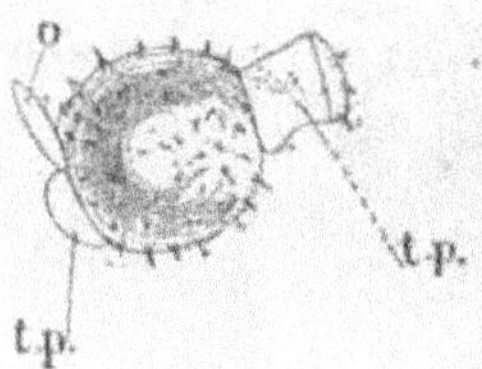
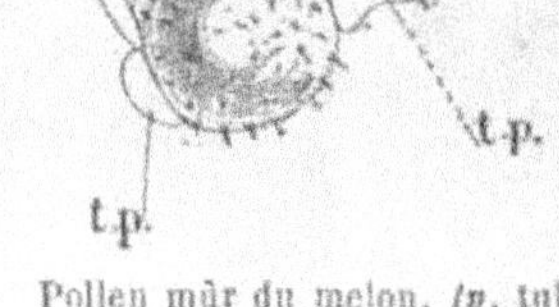
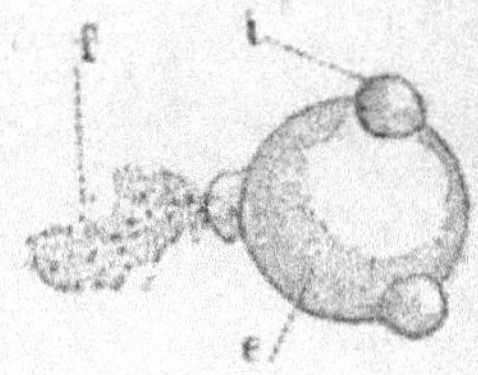

Pollen mûr du melon. *tp*, tube pollinique sortant par deux orifices.

Pollen du cerisier lançant un jet de substance fécondante ou *fovilla*.

Fig. 271.

« tibles ou *cellules de multiplication*, qui tombent sur
« le *pistil* ou *stigmate*, ou encore *style*, et pénètrent
« jusqu'à l'*ovaire*. Alors la transformation du pistil
« en fruit est assurée (1). »

Il ne s'agit là que des *fleurs complètes*. Chez les plantes qui sont *incomplètes*, il existe des individus qui portent les semences, et d'autres individus qui portent
les étamines et le pollen fécondant ; c'est ainsi qu'on
distingue le *chanvre mâle* et le *chanvre femelle*. D'autres fois, les fleurs mâles et les fleurs femelles sont

Fleur mâle.   Fig. 272. — Maïs.   Fleur femelle.

réunies sur le même plant, comme c'est le cas pour
le *maïs* (fig. 272), le *châtaignier*, le *chêne*.

(1) *Entretiens du Docteur au village*, par Mme Hipp. Meunier.

Quelquefois les fleurs de la plante sont réunies dans une même *capitule*, leur servant d'enveloppe

Fig. 273. — Scabieuse.

unique. Linné les a baptisées du nom de *composées* (*fig.* 273), qui leur est resté. Cette famille forme à peu près le septième de toutes les plantes de l'Europe, et on peut dire qu'avec celle des *graminées*,

Fig. 274. — Orobe tubéreux.

elle domine dans le monde entier. Dans d'autres
cas, la fleur toute simple présente la forme d'un

papillon, ce qui a fait donner aux plantes ainsi conformées le nom de *papilionacées* (*fig.* 274) ou celui
de *légumineuses*, non pas parce qu'on y trouve la
plupart des légumes, ce qui serait une grave erreur,
mais parce que les graines sont renfermées dans une
gousse (*fig.* 275), terme dont l'équivalent en latin est le
mot *legumen*. Luzernes, sainfoins, trèfles, lentilles,
haricots, pois, fèves, etc., sont autant de groupes
distincts de cette importante famille.

De la fleur au *fruit,* la transition est immédiate.

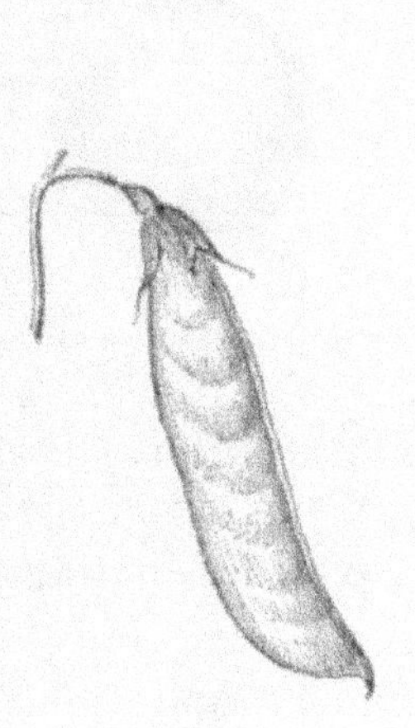

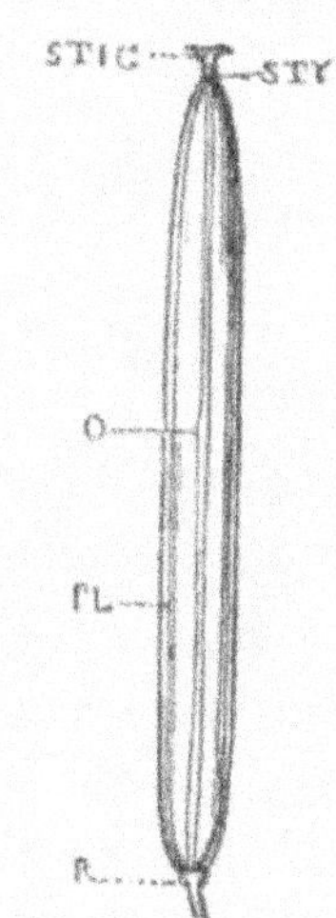

Fig. 275. — Pois des champs.

Fig. 276. — Organe central de la fleur de la giroflée. R, axe ; STY, col rétréci ; O, corps de l'organe ; STIG, fourche.

La première se flétrit et tombe dès qu'elle devient
inutile, faisant place au second, résultat de la fécondation et produit de la fleur. On peut le définir, sans
trop d'inexactitude, *un ovaire fécondé* (*fig.* 275) (1).

(1) Rodet, *Cours de botanique élémentaire.*

Il est des fruits de toutes dimensions, depuis l'imperceptible jusqu'au gigantesque. Généralement leur volume est dans un certain rapport avec celui de la fleur ; il contraste, au contraire, fréquemment avec la taille du végétal qui les porte. Les différentes parties dont se composent les fruits peuvent se partager en deux séries. Les unes résultent de l'accroissement des parois de l'ovaire ; c'est le *péricarpe*. Les autres sont formées par l'accroissement des *ovules* (*fig.* 277 et 278) ren-

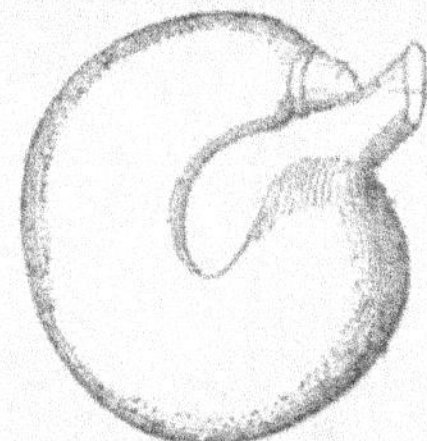

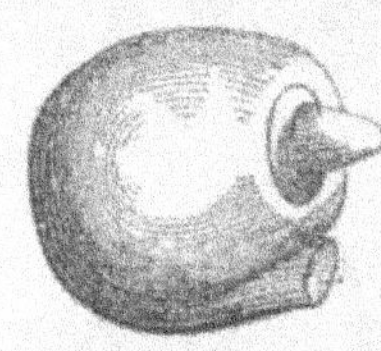

Fig. 277. — Ovule courbe de la girofiée.

Fig. 278. — Ovule du pois dans son second âge.

fermés dans l'ovaire et constituent la *graine*. Tous les fruits possèdent donc un péricarpe qui enveloppe les graines. Il n'y a d'exception que pour les conifères.

Les vaisseaux de la plante se continuent à travers le péricarpe jusque dans les graines. Leur faisceau prend le nom de *placentaire* et se ramifie au moyen des *cordons ombilicaux*. Les vaisseaux traversent les enveloppes de la graine constituant le *spermoderme* et se terminent dans son in-

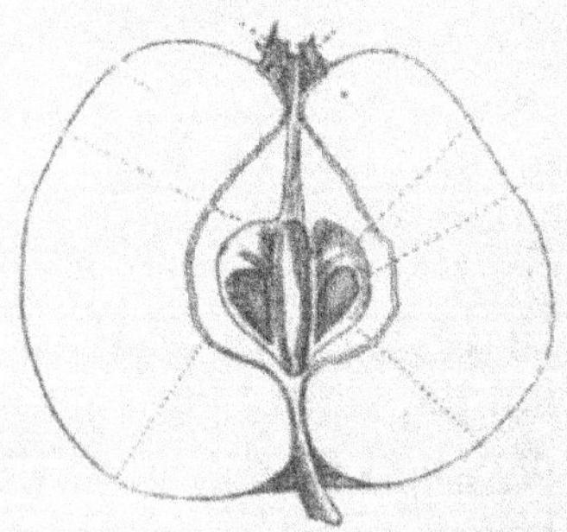

Fig. 279. — Coupe d'une pomme.

térieur. C'est là que leur extrémité, susceptible, en
se développant, de former un végétal semblable à celui qui porte le fruit, prend le nom d'*embryon*.

Dans le péricarpe, on distingue trois parties sup-
perposées. C'est d'abord, en dehors, une membrane
qu'on appelle l'*épicarpe;* puis, à l'intérieur, une autre
membrane dite *endocarpe;* et enfin, entre les deux,
une substance vasculaire et cellulaire qui a reçu le
nom de *mésocarpe* ou *sarcocarpe*. Rien n'est plus
facile que d'observer ces trois éléments du péricarpe
dans une pomme (*fig.* 279).

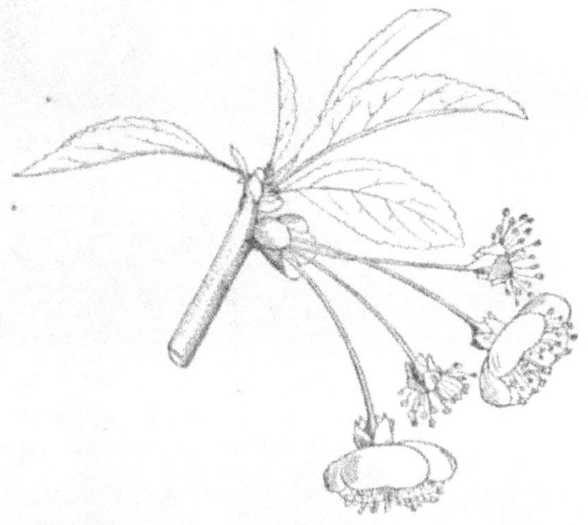

Fig. 280. — Cerisier.

Le pistil, dont nous avons parlé, est formé de l'ensemble des *carpelles*, qui ne sont que des feuilles
profondément modifiées, se transformant en pétales
dans les fleurs doubles, aussi bien que les étamines.
Il y a un ovaire pour chaque carpelle. Ces organes

restent quelquefois indépendants les uns des autres;
d'autres fois, au contraire, ils sont soudés entre eux, et,
dans ce cas, le fruit correspondant est divisé en autant
de *loges* qu'il y avait primitivement de carpelles dans
la fleur, sauf quand il se produit un avortement, ce
qui est assez fréquent. Si les carpelles restent libres,
le fruit devient l'agrégation d'un certain nombre de
loges isolées, et alors on dit qu'il est *multiple*.

On distingue ainsi trois classes de fruits ou de pé-
ricarpes : ceux à une ou plusieurs loges soudées et

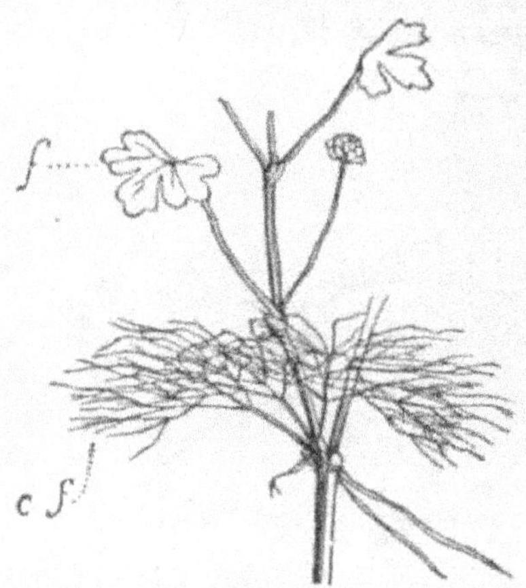

Fig. 281. — Renoncule aquatique.
cf, feuilles submergées sans parenchyme;
f, feuilles non submergées.

provenant d'une seule fleur, comme la cerise (*fig.*280);
ceux à plusieurs loges libres, provenant d'une seule
fleur, comme le fruit de la renoncule (*fig.*281); enfin les
fruits à plusieurs loges soudées, mais produits de plusieurs fleurs, comme la figue (*fig.*282) et la mûre.

Quant à la *graine*, elle est toujours contenue dans
le péricarpe. C'est, en somme, tout simplement l'*ovule*

fécondé qui a pris de l'accroissement. Elle renferme le rudiment d'une nouvelle plante. Le système d'organes, dont l'ensemble constitue la graine, est peut-être le plus compliqué entre tous ceux qui composent un végétal. Il comprend d'abord l'enveloppe extérieure ou *spermoderme*, puis le contenu qui n'est autre que l'*amande*. Le *spermoderme* se subdivise lui-même en trois autres parties : une extérieure, très-

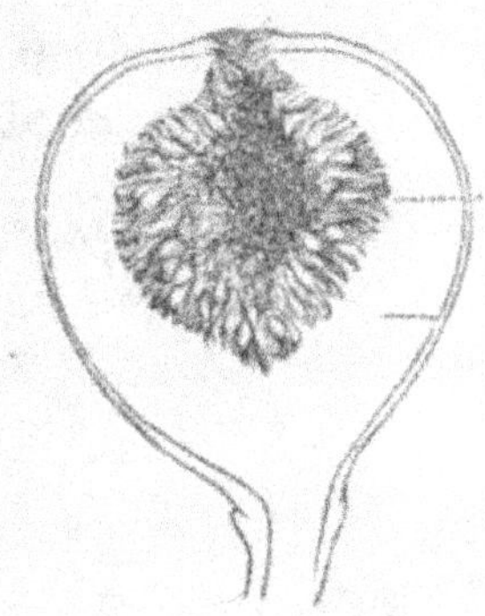

Fig. 282. — Figue.

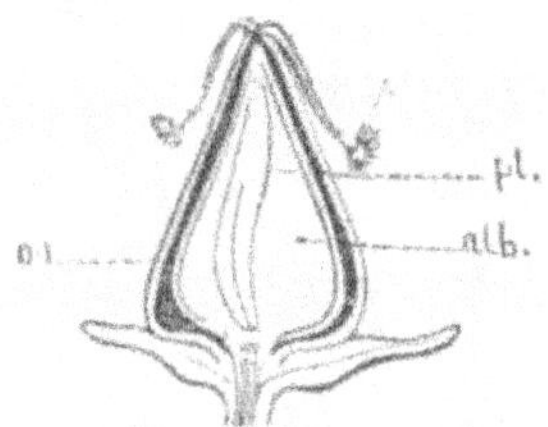

Fig. 283. — Fruit de la Parelle. *ov*, ovaire ; *pl*. plantule ; *alb*, albumen, parenchyme farineux servant à nourrir la plante.

mince, ordinairement lisse et écailleuse, absorbant facilement l'humidité, c'est le *test ;* une intérieure, parfois difficile à distinguer à cause de son étroite connexité avec la couche intermédiaire, c'est l'*endoplèvre*, absolument imperméable à l'eau ; enfin une couche intermédiaire, composée des vaisseaux nourriciers qui communiquent avec l'intérieur de la graine et dite *mésosperme*.

L'amande est quelquefois formée entièrement par le rudiment de la plante ou *embryon*. Cependant, le plus souvent, on l'y trouve réunie à une substance particulière, de forme et de consistance variables, appelée le *périsperme* ou *endosperme*, mais sans qu'il y ait d'adhérence et sans offrir d'organisation vasculaire ; ce n'est que du tissu cellulaire, plus ou moins serré selon sa consistance, destiné à servir de nourriture à l'embryon à un moment donné (*fig.* 283). Tantôt il enveloppe celui-ci complétement, comme chez le pin et le sapin ; tantôt c'est le contraire qui se produit, comme chez la belle de nuit et la cuscute ; tantôt enfin, ils se partagent le sac embryonnaire et se trouvent logés chacun d'un côté ou simplement juxtaposés, comme dans le blé, l'orge et les graminées en général.

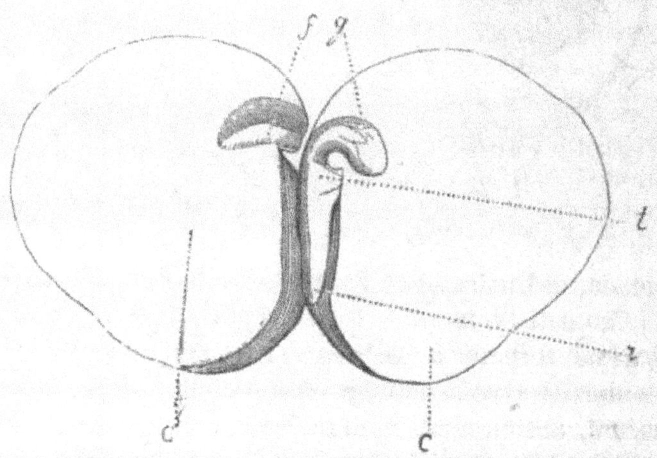

Fig. 284. Plantule du pois. *cc*, cotylédons ; *r*, radicule ; *t*, tigelle *g*, gemmule.

L'embryon, que l'on trouve dans toutes les graines fécondées, comprend trois parties principales (*fig.* 284) : l'une, la *radicule*, ayant déjà l'aspect d'une petite racine, et qui doit, en effet, devenir la racine de la plante ; la seconde, la *plumule*, sorte de tige mu-

nie d'un bourgeon d'où doit sortir la tige du végétal ;
la troisième, enfin, formée d'un ou de plusieurs organes semblables à de petites feuilles, les *cotylédons*,
qui, selon le point où ils se trouvent placés, restent
sous terre ou en sortent à l'époque de la germination. L'ensemble de ces organes constitue la *plantule*.

Ces *cotylédons* ont une importance particulière. Ils
ne sont pas seulement les rudiments des premières
feuilles dont la plante doit être pourvue, mais ils
remplissent en quelque sorte la fonction de *mamelles*
pour le petit végétal contenu dans la graine. Ils s'épuisent pendant la *germination* et disparaissent peu de
temps après. Il y a quelques plantes qui n'ont pas de
cotylédons ; un certain nombre n'en ont qu'un seul ;
la plupart en ont deux et même davantage, quelquefois jusqu'à douze, comme le pin à pignon. Cependant plusieurs botanistes, dans ce dernier cas,
persistent à n'admettre l'existence que de deux cotylédons partagés en un plus ou moins grand nombre
de lanières. L'observation de ces cotylédons a servi
de base à la classification des végétaux.

Cet embryon est destiné, avons-nous dit, à se
transformer en un végétal absolument semblable à
celui dont il provient, après avoir subi un ensemble
de phénomènes qui le fassent sortir de son engourdis-
sement plus ou moins prolongé. Ordinairement, cette
germination ne se produit qu'à des époques déterminées et après un certain arrêt dans le parcours du cycle
de la vie végétative. Entre le moment où la graine parvient à maturité et celui où elle peut germer utilement pour donner naissance à un autre être, il s'é-
coule généralement un certain temps de repos. Ce-

pendant il y a des exceptions à cette règle, car, dans les contrées équinoxiales, il existe des espèces dont la végétation n'est jamais suspendue.

Pour que cette germination puisse se produire, il faut que la graine soit au moins à peu près mûre ; trop jeune, elle resterait stérile. Certaines graines perdent en quelques jours leur faculté germinative : celles-là doivent donc être mises en terre sans délai, comme c'est le cas pour le caféier (*fig.* 104) et le laurier (*fig.* 107); un grand-nombre, au contraire, conservent cette faculté longtemps, presque indéfiniment. Ainsi des graines de melon, âgées de quarante ans, germent

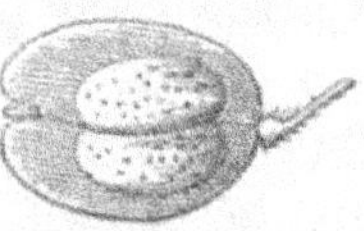
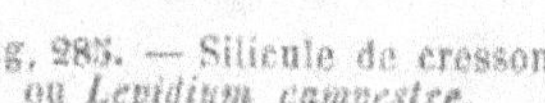
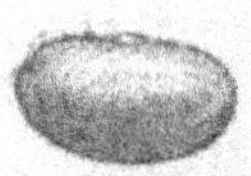

Fig. 285. — Silicule de cresson ou *Lepidium campestre*.

Haricot nain blanc. Haricot sabre.

Fig. 286.

fort bien au bout de cent ans ; on a vu le même phénomène se produire avec des graines de haricot (*fig.* 286) et de sensitive. La germination exige, pour se manifester, le concours de l'eau, de l'air et de la chaleur. C'est pour cette raison, avons-nous vu, qu'on laboure le sol de façon à l'aérer convenablement, qu'on l'amende en raison de sa nature et dans une proportion qui modère son aptitude à retenir l'humidité ou à la perdre. Quant à la chaleur, elle doit être moyenne : c'est lorsqu'elle varie entre 15 et 30 degrés que ce phénomène est susceptible de se produire et qu'elle offre toute l'activité qu'on peut en attendre. La lumière paraît, du reste, lui être nuisible, parce qu'elle empêche la formation de l'acide carbonique, qui est l'une des conditions essentielles de la germination ; la chaux, au contraire, facilite le dégagement de ce gaz.

La semence donc, pendant la germination, com-

Fig. 267. — Rosier des haies ou églantier sauvage.

mence par s'imprégner peu à peu d'humidité; elle augmente insensiblement de volume, jusqu'à déchirer son enveloppe. La substance, qui compose le *corps cotylédonaire* et l'endosperme, change de nature, se dissout, devient émulsive. A ce moment, l'embryon commence à se développer. La radicule pousse de haut en bas, quelle que soit la position de la graine, et la gemmule s'élève vers le ciel, sortant toutes deux de l'épisperme au travers des fissures qui s'y produisent à ce moment. A l'air, sous l'action de la lumière, les cotylédons *épigés* (1) revêtent l'apparence de feuilles, s'étalent, verdissent, s'amincissent et prennent le nom de *feuilles séminales*, puis ils s'épuisent et tombent. La durée de la germination varie selon les espèces; pour le cresson alénois (*fig.* 285), elle est de deux jours; pour le haricot, de trois à quatre. Les melons mettent cinq ou six jours à germer, et les graminées, sept. Quand l'épisperme est épais et dur ou que la graine se trouve renfermée dans un noyau ligneux, la germination exige un séjour fort long dans le sol avant qu'elle se produise; il faut un an à la semence de l'amandier et du pêcher pour donner quelque signe de transformation, et d'un à deux ans pour le noisetier, le rosier et le cornouiller. Du reste, le phénomène est moins lent à se produire avec les graines semées aussitôt après la récolte et qu'on n'a point *laissées vieillir*.

Ici recommence à nouveau la série des phénomènes que nous venons d'esquisser si superficiellement et qui se reproduisent sans cesse dans l'ordre que nous avons indiqué, en repassant par les mêmes phases.

(1) Mot qui désigne les cotylédons sortant de terre avec la tigelle.

CHAPITRE XIV.

CLASSIFICATION DES PLANTES. — LES PLANTES UTILES. — LEUR GÉOGRAPHIE. — DE L'ACCLIMATATION.

Nous n'avons pas à insister longuement sur cette question si compliquée de la classification du règne végétal, bien qu'il importe d'en posséder au moins les éléments et les principes.

Il ne s'agit pas de répartir les végétaux par groupes au hasard. Il faut encore le faire logiquement, de manière à ne rapprocher que des plantes présentant les unes avec les autres une analogie incontestable. De cette façon, l'observation rapide du premier végétal venu permet de lui assigner sa place et d'établir sa parenté. Tournefort et Linné essayèrent de poser quelques jalons dans cet ordre d'idées et d'y jeter quelque lumière. Tournefort divisait le règne végétal en deux groupes : *herbes et sous-arbrisseaux, arbres et arbustes ;* puis il les subdivisait d'après la forme de la corolle. L'incertitude des limites de ces divisions et la difficulté d'observer la forme exacte de la fleur rendent ce système inaccep-

20.

table, car souvent une plante, herbacée sous un climat,
prend les proportions d'un ar-
buste ou même d'un grand arbre
dans une autre région du globe.
Quant à Linné, il procédait d'a-
près les caractères présentés par
les étamines et les pistils. Ainsi,
il établissait deux catégories de
plantes, selon que ces organes
étaient *visibles* ou *non visibles*, et
distinguait les *cryptogames* et les
phanérogames; puis il subdivisait
celles-ci en deux groupes, selon
que les étamines et les pistils
étaient réunis ou non dans la
même fleur, etc.; l'inégalité des
étamines et leur nombre complé-
taient les bases du système; mais
la variabilité du nombre des éta-

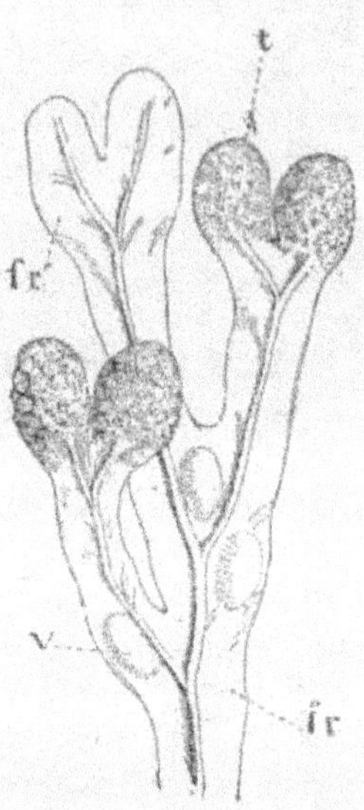

Fig. 288. — Varech vési-
culeux (*Fucus vesiculo-
sus*).

mines chez une même plante le faisait pécher par sa
base même. On reconnut la nécessité de grouper les
végétaux d'après l'ensemble de leurs caractères et le
plus ou moins de permanence que ceux-ci présentent. De là l'abandon des *méthodes artificielles* et
l'invention des *méthodes naturelles*, dont Jussieu a
donné la clef. Depuis, les botanistes n'ont guère fait,
à l'exception de Candolle, que suivre Jussieu dans la
route qu'il avait tracée, en y apportant chacun une
plus ou moins grande part d'améliorations.

La méthode de Jussieu établit la division générale
des végétaux d'après l'existence, la situation, la forme,

la proportion et le nombre des cotylédons, les rapports mutuels des étamines, de la corolle , du calice et
de l'ovaire, des pétales entre eux, l'existence, la situation et la consistance du périsperme, le nombre et
l'adhérence des carpelles, l'organisation du péricarpe,

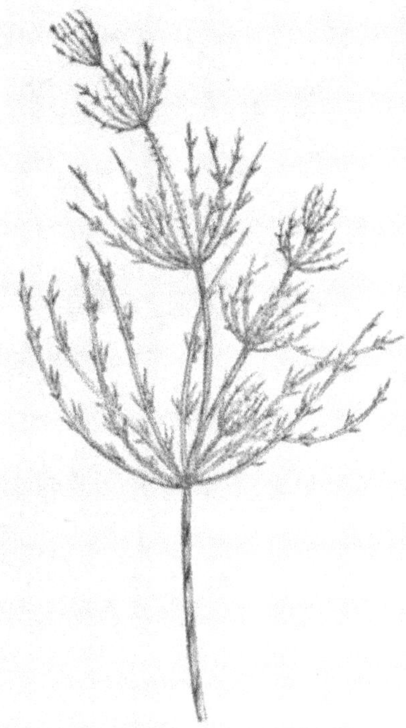

Fig. 289. — Chara fœtida.

la situation des graines, la direction de la radicule,
l'adhérence et la grandeur des sépales, le nombre, la
grandeur, l'adhérence des étamines, la durée du calice, la grandeur des plantes, l'existence et l'adhérence
des styles, la consistance du péricarpe, l'adhérence,
la forme et la disposition des stigmates, les différents

aspects de la plumule, etc. En combinant l'ensemble de ces caractères, on arrive à délimiter les *familles* naturelles et logiques des végétaux. Les familles se subdivisent en *genres*, en *espèces* et en *variétés*. Les familles, qui possèdent un caractère d'une importance

Fig. 290. — Souchet jaunâtre (*Cyperus flavescens*).

supérieure, groupées, forment les différentes *classes*.

On distingue, d'après la méthode de Jussieu, trois grandes classes de plantes : les *acotylédones*, c'est-à-dire celles chez lesquelles les cotylédons font défaut; les *monocotylédones*, c'est-à-dire celles qui ne possèdent jamais qu'un seul cotylédon, et les *dicotylédo-nes*, qui en possèdent deux.

Les *acotylédones* ou *cryptogames* (mot qui veut dire *noce cachée*) ont été partagées en dix familles : les *al-*

Fig. 291. — Narcisse, faux-narcisse.

gues, les *champignons* (*fig.* 293), les *lichens*, (*fig.* 110), les *hépatiques* (jongermanne), les *mousses* (*fig.* 54), les *characées* (chara ou *herbe à écurer* (*fig.* 289), les *équisétacées* (fig. 31) (*prêle des tour-neurs*, qui sert à polir les bois et les métaux), les *lycopodiacées* (*lycopode*, employé en pharmacie et aussi comme matière inflammable dans les feux d'artifice ou au théâtre), les *fougères* (*fig.* 105 et 290) et les *rhizocar-pées* (*rhizocarpe géographique*, qui pousse aux environs de Paris sur les rochers et les grès). Cette classe ne présente guère d'intérêt au point de vue agricole. Il faut dire, du reste, que les quatre dernières familles sont placées par certains botanistes parmi les mono-cotylédones, ce qui démontre la difficulté de consta-ter nettement les caractères distinctifs de ces plantes.

Les *monocotylédones*, qui composent la première

Fig. 232. — Tulipe.

grande subdivision des phanérogames (mot signifiant *noce visible*) comprennent trois classes : 1° les *monocotylédones hypogines*. Chez ces plantes, le *réceptacle,* c'est-à-dire l'extrémité du pédoncule sur laquelle sont insérés les différents organes constitutifs

Fig. 293. — Champignons de couches.

de la fleur, est disposé en forme de cône, dont le sommet est occupé par le *gynécée*, c'est-à-dire par l'ensemble des parties de la fleur qui renferment la jeune graine. Les étamines sont alors insérées sur le réceptacle au-dessous du gynécée et sont qualifiées d'*hypogines*. Elles se répartissent entre les familles ci-après indiquées : les *cycadées* (*cycas*, plante tropicale, rangée par d'autres botanistes parmi les dicotylédones), les *pandanées* (*pandanus* (*fig*. 296) et *carludovica*, dont une espèce sert à fabriquer les chapeaux de

Panama), les *saururées* (1), les *pipérinées* (poivrier, cubèbe), les *aroïdées* ou *aracées* (arum (*fig.* 322), ou

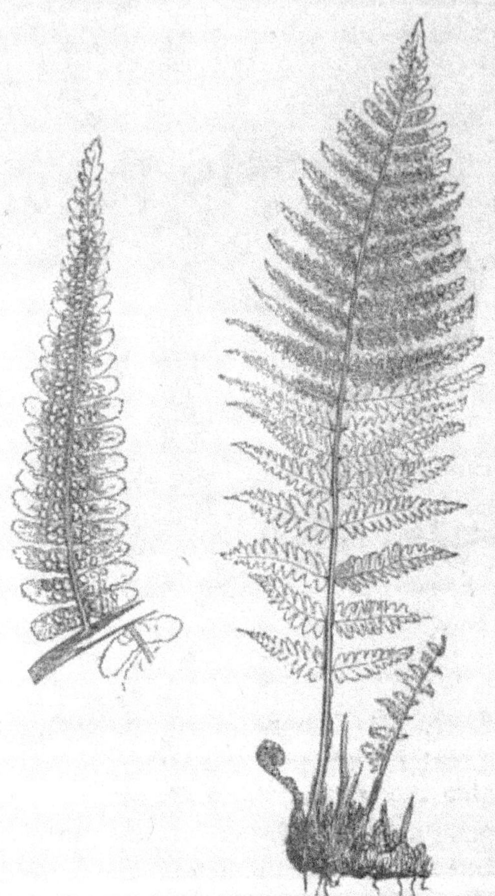

Fig. 294. — Fougère mâle.

gouet, pied de veau (*fig.* 297), *acore*), les *typhacées* (plantes d'eau douce), les *cypéracées* ou *graminées*

(1) Henri Lecoq, *Botanique populaire.*

bâtardes (*carex* fig. 167), *souchet* (fig. 290) *à papier* ou *papyrus d'Egypte*), enfin leurs parentes immédiates,

Fig. 295. — Digitale pourprée.

les *graminées*, famille de la plus haute importance en agriculture, puisqu'elle renferme le *froment* (*fig.* 43, 58, 60, 65 et 236), le *riz* (*fig.* 163), le *seigle* (*fig.* 57), l'*avoine* (*fig.* 70, 115 et 122), l'*orge* (*fig.* 111 et 328), le *maïs* (*fig.* 116 et 123), la *canne à sucre* (*fig.* 113), le *roseau à balais*, les herbes de nos gazons, le *brome de Schrader*, la *fétuque*, le *paturin*, le *vulpin*, *le chiendent* (*fig.* 22), l'*ivraie*, les *bambous*.

Fig. 297. — Pandanus.

2° Les *monocotylédones périgynes*, c'est-à-dire à *éta-mines périgynes*. Chez ces plantes, le réceptacle, au lieu d'être conique, a la forme d'une coupe; les étamines sont insérées sur ses bords, c'est-à-dire sur le calice entourant le gynécée. Ce sont les *palmiers* (*fig*. 148), les

Fig. 297. — Pied de veau

asparaginées (*asperge* (fig. 298), *salsepareille, muguet*), les *dioscorées* (fig. 254) (*igname*, dont le rhizôme fé-

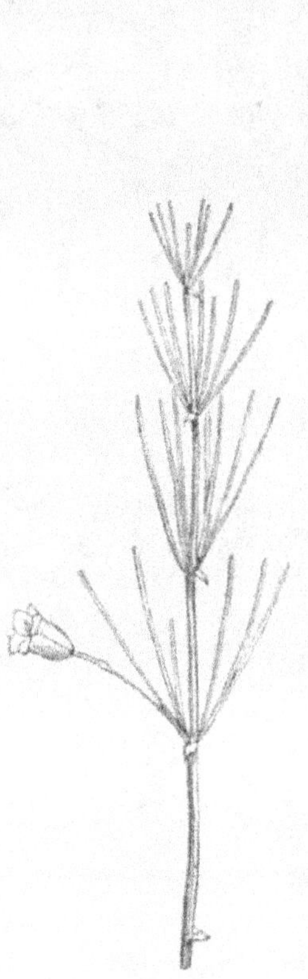

Fig. 298. — Tige d'asperge montrant la disposition des rameaux.

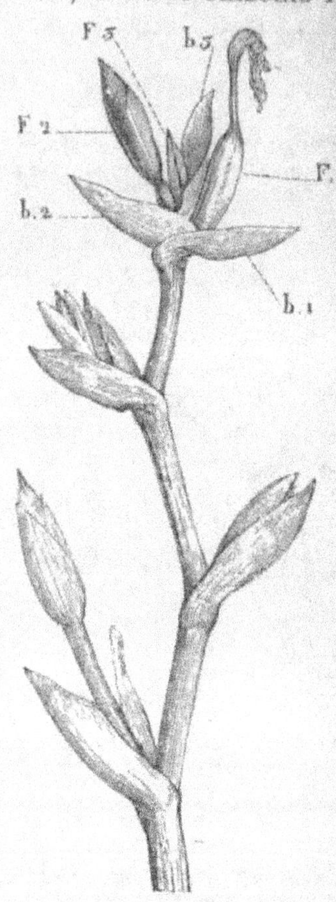

Fig. 299. — Sommet de la tige de l'Iris; *b* 1, 2 et 3, bractées; F 1, bourgeon; *f* 2, seconde fleur; *f* 3, bourgeon.

culent sert d'aliment), les *restiacées* (plantes australes), les *joncées* (jonc ordinaire, *fig.* 77), les *commelinées* (plantes d'Amérique), les *potamées* (qui croissent dans les eaux stagnantes), les *juncaginées* ou *troscarts* (plantes de marais et plantes marines), les *alismacées* (plantain d'eau), les *butomées* (herbes vivaces de marais), les *colchicacées* (*colchique*), les *liliacées*, famille importante dont le *lis* (fig. 270) est le type (*tulipe* (fig. 292), *asphodèle*, *jacinthe* ou *hyacinthe*, *ail*, *tubéreuse*), les *narcisses* (*narcisse* (fig. 291), *amaryllis*, *perce-neige*, *ananas*), les *iridées* (*iris* (fig. 299), *glaïeul*, *safran*).

3° Les *monocotylédones épigynes*, c'est-à-dire à étamines insérées sur le gynécée lui-même. Ce sont les *musacées* (*bananier*, fig. 103), les *amomées* (sorte de *gingembres*), les *orchidées* (*orchis* donnant le *salep*, dont on retire une fécule nourrissante, *vanille* fig. 234), les *nymphæacées* ou *hydrocharidées* (*nénuphar*, (fig. 83), les *balisiers* (plantes herbacées tropicales).

Nous arrivons maintenant aux *phanérogames dicotylédones*, subdivisées en *apétales*, *monopétales*, *polypétales* et *diclines*. Il nous serait impossible d'entrer dans l'énumération de toutes les familles entre lesquelles elles se trouvent réparties. Nous nous arrêterons seulement aux classes et nous ne mentionnerons que les principales entre les familles qui s'y trouvent groupées.

Les *dicotylédones apétales* forment trois catégories de plantes :

1° Les *épistaminées*, à étamines épigynes, c'est-à-dire insérées sur le gynécée lui-même, comprenant l'unique famille des *aristolochiées* (*aristoloche* et *népenthès* (fig. 323).

2° Les *péristaminées*, à étamines périgynes, c'est-à-dire posées sur les bords du réceptacle ou attachées au calice.

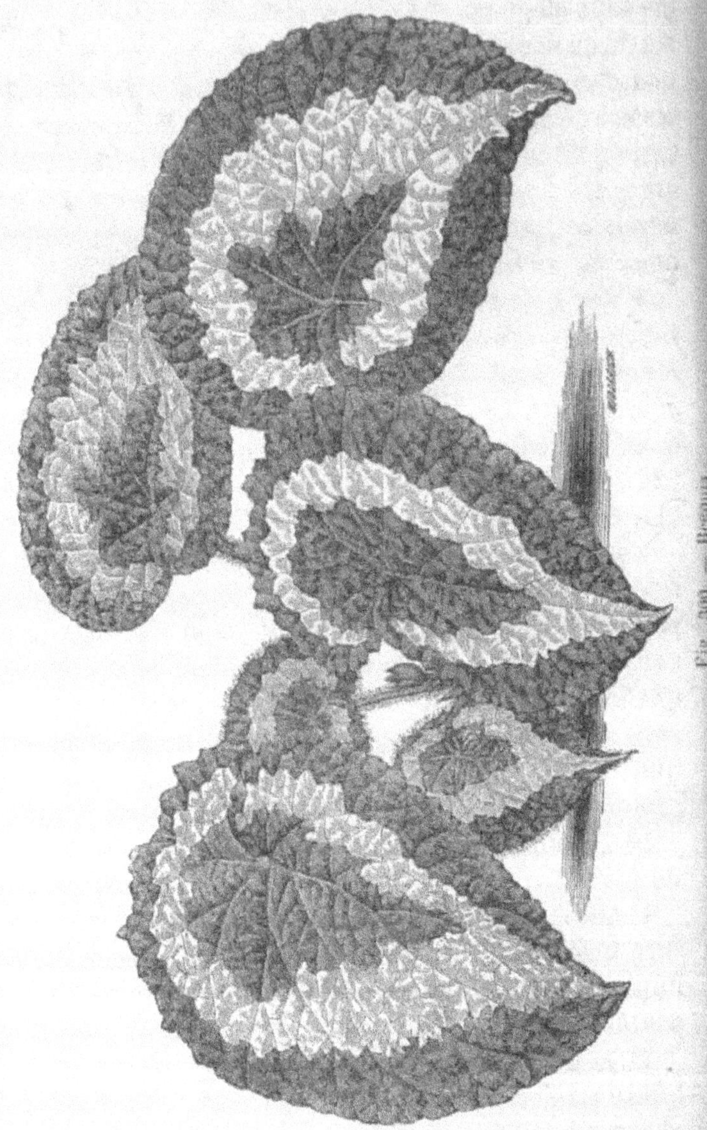

Fig. 503. — Begonia.

Les principales familles sont les *élœagnées* (argousier), les *laurinées* (fig. 107) (*laurier commun* ou *lau-
rier-sauce*, *camphrier*, *cannellier*), les *polygonées*
(*oseille*, *sarrasin* ou *blé noir* (fig. 66), *rhubarbe*), les
bégoniacées (*begonia*, fig. 300) ; les *atriplicées*, autrement appelées *arrochées* ou *chénopodées* (*épinard* et
bette, dont les variétés intéressantes sont la *betterave*
(fig. 97) et la *poirée*).

3° Les *hypostaminées*, à étamines hypogynes, c'est-
à-dire insérées au-dessous du gynécée, parmi lesquelles se trouvent les *amaranthacées* (*amaranthe*).

Les *dicotylédones monopétales* se distribuent entre
quatre classes :

1° Les *hypocorollées*,
dont la corolle est insé-
rée sous le gynécée,
ainsi que les étamines.
C'est une classe fort
importante, puisqu'elle
renferme les *primula-
cées* ou *lysimachiées*
(fig. 263) (*primevère*,
(fig. 301), *mouron des
champs*, qu'il ne faut pas
confondre avec le mou-
ron des oiseaux), les
acanthacées (*acanthe*,

Fig. 301. — Primevère.

fig. 321), les *jasminées* (*olivier* (fig. 108), *jasmin*,
frêne, *lilas*, *jonquille*, *troëne*), les *verbénacées* (*verveine*), les *labiées* (*menthe*, *mélisse*, *lavande*, *romarin*,
sauge, *thym*, *lierre terrestre*, *hysope*, (fig. 302), les *personnées* (*digitale* (fig. 295), *véronique* (fig. 303), *gueule*

de lion), les *solanées* (*stramoine, mandragore, pomme
de terre* (fig. 11), *tomate, piment* ou *poivre-long, bouil
lon blanc, morelle douce-amère* (fig. 305), *tabac* (fig.
295), les *borraginées* (*bourrache, myosotis, vipérine,
héliotrope*), les *convolvulacées* (*liseron,* (fig. 304), *jalap*), les *bignoniacées* (*bignonia, catalpa*), les *gentianées* (*gentiane*), les *apocynées* (*pervenche, laurier-
rose*).

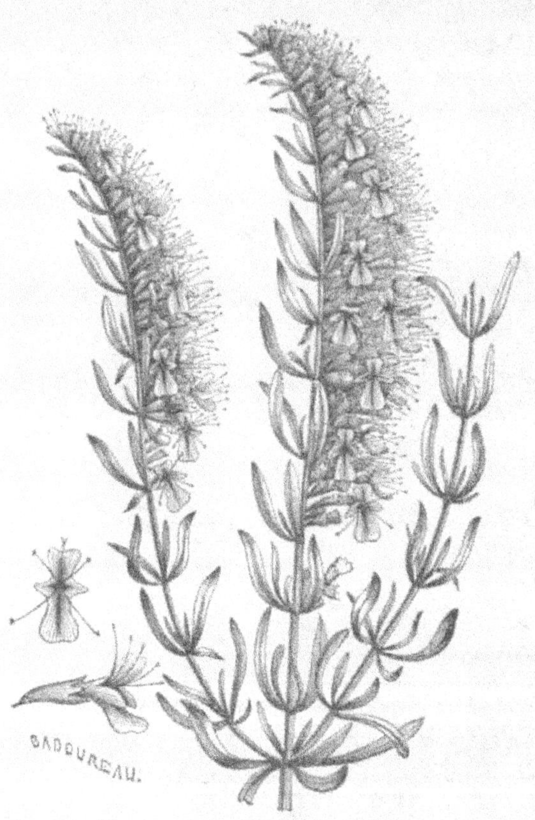

Fig. 302. — Hysope.

2° Les *péricorollées*, dont la corolle est attachée au calice. Ce sont les *ébénacées (ébénier)*, les *rhodoracées (rhododendron,* fig. 30), les *éricinées (bruyère, arbousier)*, les *campanulacées (raiponce)*, les *lobéliacées (lobélia* (fig. 306), poison violent, employé contre l'asthme).

3° Les *épicorollées synanthérées*, dont la corolle est attachée au pistil et chez qui les *anthères*, c'est-à-dire les petits sacs situés à l'extrémité des étamines qui renferment le pollen, sont réunies entre elles.

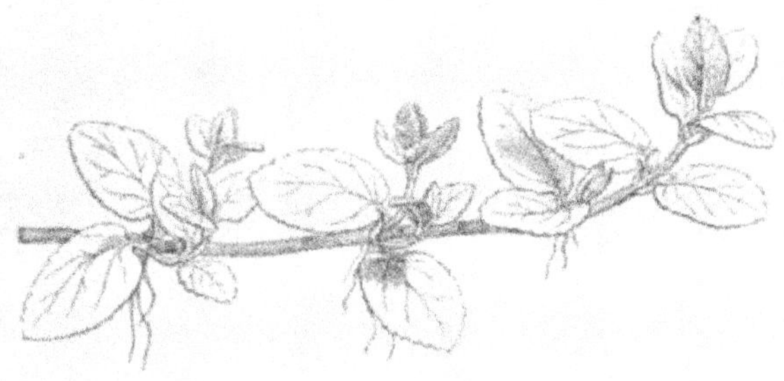

Fig. 303. — Véronique petit chêne.

Ces plantes formaient autrefois deux familles, les *synanthérées* ou *composées* et les *calycérées*. Celles-ci servent, en quelque sorte, de transition entre cette classe et la suivante. Quant au groupe considérable des *composées*, on l'a partagé en *chicoracées* ou *semiflosculeuses (chicorée, laitue, pissenlit* (fig. 307), *salsifis noir* ou *scorsonère)*, en *cynarocéphales* ou *flosculeuses* ou encore *carduacées (centaurée, absinthe, artichaut, cardon, carthame, bleuet des champs* (fig. 308), *chardon blanc)* et en *corymbifères* ou *radiées (souci, asters*, dont fait partie la *chrysanthème* ou *reine-marguerite* (fig. 327), *dahlia, hélianthes*, dont le plus connu est le *soleil des jardins* ou *tournesol, topinambour, œillet* d'Inde, *pâquerette* ou *petite marguerite, camomille*).

4° Les *épicorollées corisanthérées*, chez lesquelles la corolle est encore attachée au pistil sans que cette

Fig. 304. — Liseron.

fois les anthères soient unies. Ici celles-ci sont libres et distinctes les unes des autres. Ce sont les *dipsacées* (*cardère à foulon, scabieuse* (fig. 273), les *valérianées*

(*valériane*, (fig. 309), *mâche*), les *rubiacées* (*bois de fer,
garance, cin* dont on extrait le *quinquina, ipécacuanha,*

Fig. 305. — Douce-amère (Morelle grimpante ou vigne vierge).

caféier (fig. 104), les *caprifoliacées* (*sureau, chèvrefeuille, lierre, cornouillier*).

Nous arrivons aux *dicotylédones polypétales*, c'est-à-dire à celles dont les fleurs sont partagées en un certain nombre de pétales. Elles forment trois classes :

1° Les *épipétalées*, qui présentent le même caractère que les *épicorollées* en général, quant au mode d'insertion des éléments dont l'ensemble constitue la corolle. Ce sont les *araliacées (lierre commun)* et les *ombellifères (cigüe, fenouil, coriandre, angélique* (fig. 310), *anis, panais, carotte* (fig. 55), *céleri, cerfeuil, persil)*.

2° Les *hypopétalées*, chez lesquelles l'insertion des pétales est la même que chez les hypocorollées. Cette classe est immense. Elle renferme les *renonculacées (clématite , anémone, renoncule* (fig. 281), *hellébore* (fig. 311), *aconit, pivoine*), les *papavéracées (pavots* dont l'œillette, (fig. 84), *coquelicot* (fig. 25), *chélidoine, fumeterre*), les *crucifères (chou, navette, navet* (fig. 72), *rave* (fig. 23), *colza* (fig. 93), *moutarde* ou *sénevé, cresson* (fig. 285), *pastel, giroflée, cochléaria)*, les *capparidées* ou *câpriers (câprier)*, les *résédacées (réséda)*, les *acérinées* ou *érables* (fig.

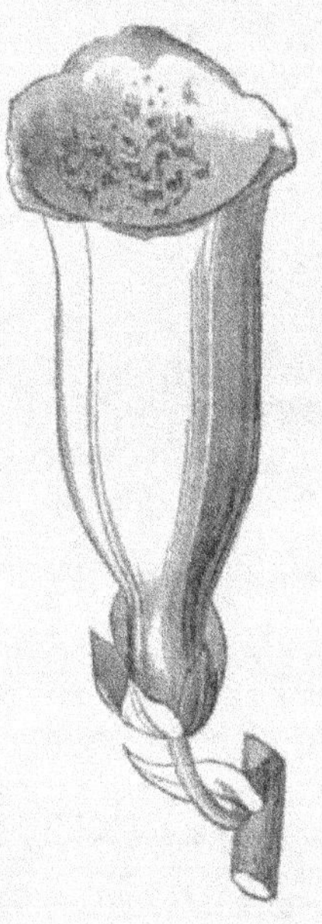

Fig. 336. — Lobelia.

312) (*érable sycomore*), les *hypocastanées (marronnier d'Inde)*, les *hypéricées (millepertuis)*, les *guttifères* (arbres ou arbrisseaux dont le suc donne la *gomme-*

gute), les *aurantiacées* (oranger (fig. 117), *citronnier*), les *ternstrœmiacées* (arbre à thé, camélia), les *vinifères*

Fig. 307. — Pissenlit.

ou *ampélidées* (vigne (fig. 51), *ampélopsis*, les *gérania-cées* (géranium, pelargonium), les *tropœolées* (capucine), les *balsaminées* (balsamine, fig. 316), les *malvacées* (mauve, guimauve, cacaoyer, cotonnier), les *bom-*

bacées (*baobab*), les *magnoliacées* (*magnolia* (fig. 313),
tulipier (1), *badiane*), les *berbéridées* (*épine-vinette*), les

Fig. 308. — Bleuet des champs.

tiliacées (*tilleul*), les *bixinées* (*rocou*), les *ménispermées*
(*colombo*), les *violariées* (*violette* (fig. 314), *pensée*), les

(1) Il ne faut pas le confondre avec la tulipe. Le *tulipier* de
Virginie est un arbre de 20 mètres de haut.

rutacées (*rue commune*), les *caryophyllées* (*œillet, saponaire, morgeline* ou *mouron des petits oiseaux, nielle des blés*), les *linées* (*lin*).

Fig. 309. — Valériane des Pyrénées.

3° Les *péripétalées*, dont les étamines sont insérées sur le calice. Ce sont les *portulacées* (*portulaca* ou *pourpier*), les *tamariscinées* (*tamaris*), les *crassulacées* (*crassula* (fig. 326), *joubarbe*), les *opuntiacées* ou *nopalées* ou *cactées* (fig. 325) (*cactus, ficoïdes cierges*, dont le plus utile est le *nopal* ou *figuier d'Inde* (1) qu'habite la *cochenille*), les *ribésiées* ou *grossulariées* (*groseillier*), les *myrthées* ou *myrtacées* (*myrte, giroflier, grenadier,*

Fig. 310. — Angélique des jardins.

seringat, goyavier, eucalyptus), puis la nombreuse famille des *rosacées* (*rosier*, (fig. 260), *églantier*, (fig. 287),

(1) Il ne faut pas confondre cette plante avec le figuier ordinaire, ainsi qu'une faute d'impression nous l'a fait faire page 137, 7ᵉ ligne ; on nous a fait dire du *figuier d'Inde* au lieu de *figuier des pagodes* ou des *banians*.

pommier, poirier (fig. 59), cognassier (fig. 315).

Fig. 311. — Hellébore.

prunier, pêcher, abricotier, cerisier (fig. 280), néflier,
amandier, fraisier, ronce, framboisier), et celle non

moins considérable des *légumineuses* (*bois de palissandre*, *bois de campêche*, *indigotier*, *genêt*, *casse*, *mélilot*, *tamarin de l'Inde*, *réglisse*, *pois*, *haricot*, *fève*, *lentille*, *luzerne* (fig. 12 et 61), *vesce*, *trèfle* (fig. 40, 41

Fig. 312. — Erable plane.

et 42), *sainfoin* (fig. 37), *pois gris*, *cytise*, *baguenaudier*, *lotus*, *faux acacia* et *acacia véritable*, donnant la *gomme arabique*), les *rhamnées* (*rhamnus* ou *nerprun*, *jujubier*, *houx* (fig. 324), *fusain*), les *aquilarinées* (*bois d'aloès*), les *térébinthacées* (*térébinthe* ou *pistachier*, *aca-*

jou, *baumier* ou *balsamier* qui donne le *baume*, la

Fig. 313. — Magnolia.

myrrhe et l'encens, sumac).

La dernière classe des dicotylédones s'appelle la *diclinie*. On eût pu la considérer comme une quatrième subdivision des apétales, attendu que les fleurs diclines n'ont pas de pétales. Cependant, d'après Jussieu, on a persisté à en faire un groupe à part, à cause du caractère si tranché qui les différencie des autres. Chez un grand nombre de plantes, la fleur

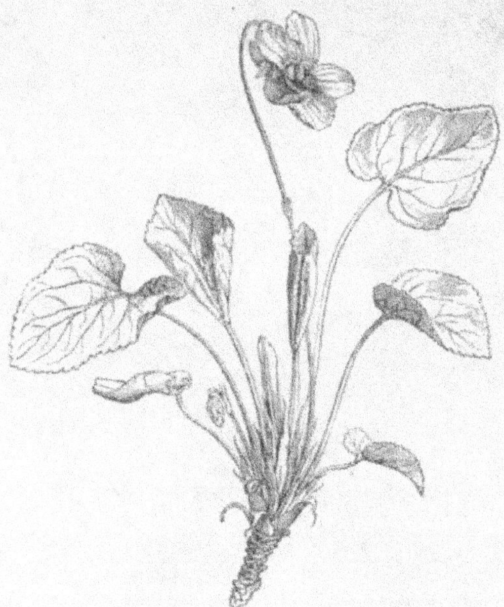

Fig. 314. — Violette parfumée (Viola odorata).

est dépourvue tantôt d'*étamines* et tantôt de *pistil*; dans le premier cas, elle est dite *fleur femelle* et, dans le second, *fleur mâle*; les fleurs complètes sont dites *hermaphrodites*. Sur la même plante on trouve parfois les trois genres de fleurs; c'est une *polygame*; mais, sur bien d'autres, on ne rencontre que des fleurs mâles et des fleurs femelles réunies sur le même pied ; ce sont les *monoïques*. Chez les *dioïques*, les fleurs mâles et les fleurs femelles sont supportées par des pieds différents. Linné réunissait les monoïques et les dioïques sous l'appellation générale de *diclines*. Jussieu l'a réservée pour les *plantes dioïques*, dont il a fait une classe à part. On en trouve bien quelques exemples dans les classes précédentes, mais ils sont rares. Les *diclines* se divisent en *euphorbiacées* (*euphorbe* (fig. 252), *buis*, *ricin* (fig. 317), *croton*, donnant la *teinture de tournesol*, *hévé de la Guyane*, dont une variété produit le *caoutchouc*, *manioc* dont la racine donne le *tapioca*, *mancenillier*), en *cucurbitacées* (*melon*, *pastèque* ou *melon*

Fig. 315. — Cognassier du Japon.

d'eau, concombre qui donne le *cornichon, potiron, courge, citrouille, pandipave* (fig. 318), *coloquinte*), en *myristicées (muscadier)*, en *urticées (ortie, pariétaire,*

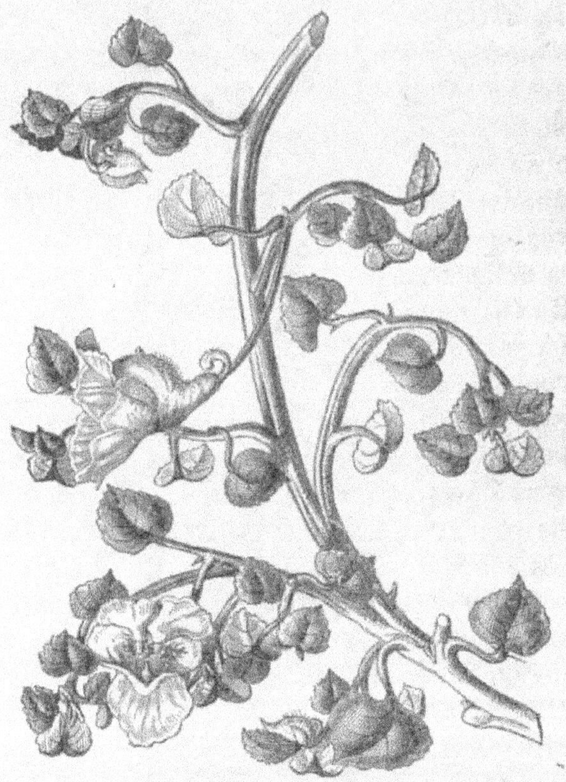

Fig. 316 — Balsamine à tiges rampantes.

houblon (fig. 319), *chanvre*, dont la graine n'est autre que le *chènevis.* enfin le *mûrier*, (fig. 121), le *figuier*, (fig. 106), le *micocoulier*, dont on fait quelquefois une famille à part sous le nom d'*autocarpées*), en *juglandées (noyer)*, en *salicinées (saule, peuplier,* (fig. 32 et 33),

en *bétulinées* ou *bétulacées* (aune, *bouleau*, fig. 114),
en *ulmacées* (orme), en *platanées* (platane), en *cupulifères* (chêne, fig. 109 et 329), *châtaignier* (fig. 19),
hêtre, charme, coudrier, yeuse, chêne-liége), et en
conifères (pin, fig. 14, 15 et 17), *sapin, cèdre du Liban*
fig. 320, *mélèze*, fig. 112, *if, cyprès, genévrier*).

Fig. 317. — Ricin.

Ces classifications, toutefois, ne permettraient point
d'arriver promptement à trouver le nom d'une plante
par des moyens simples. On a donc imaginé ce qu'on
appelle une *clef dichotomique* pour faciliter cette recherche. Nous regrettons de ne pouvoir l'exposer ici,
car elle est on ne peut plus pratique.

Toutes les plantes que nous venons de passer en revue peuvent être partagées en *annuelles, bisannuel-*

les, dont l'existence se prolonge pendant deux années,

et *vivaces*, dont la vie dure indéfiniment, comme le topinambour, la pomme de terre, la luzerne, etc. Les *vivaces* sont ou *herbacées* ou *ligneuses* ; chez les pre-

Fig. 319. — Houblon.

mières, la racine est perpétuelle, mais la tige meurt chaque année ; chez les secondes, la tige est perpétuelle et présente la consistance du bois (1).

(1) Baudry et Jourdier, *Catéchisme d'agriculture*.

« Linné avait reconnu que les *plantes se touchent par des affinités*, comme les territoires par leurs confins sur une carte géographique. A. L. de Jussieu avait admis cette comparaison, mais non d'une manière absolue ; car, observait-il très-judicieusement, les affinités botaniques ne peuvent se mesurer strictement comme les distances géographiques. De nos jours, l'illustre botaniste anglais, R. Brown, l'un de ceux qui ont le plus puissamment travaillé à perfectionner l'œuvre de Jussieu, a écrit en tête de sa flore de la Nouvelle-Hollande : « J'ai « adopté la métho- « de jusséenne, « dont les familles « sont presque tou- « tes vraiment naturelles ; mais je ne me suis pas beau- « coup inquiété de la *série* des familles, que la nature « même n'avoue guère, car elle a lié les êtres vivants « plutôt par un réseau que par une chaîne (1). » Nous constaterons, toutefois, qu'en face de ces affirmations et de ces tendances au parallélisme, il se dresse une

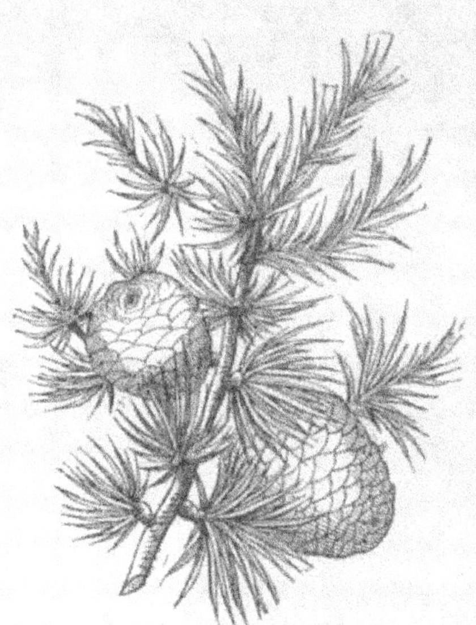

Fig. 320.— Cèdre du Liban.

(1) Le Maout, *Leçons de botanique.*

autre école, inspirée de Lamarck. Sous la direction de Darwin et de Hæckel, elle prétend faire prévaloir les principes contraires, se basant sur les

Fig. 321. — Acanthe sans épines.

études géologiques et constituant une série absolument continue entre les *gamopétales*, d'une part, et, de l'autre, les *monères,* confinant aux monères du règne animal et formant avec celles-ci le groupe des

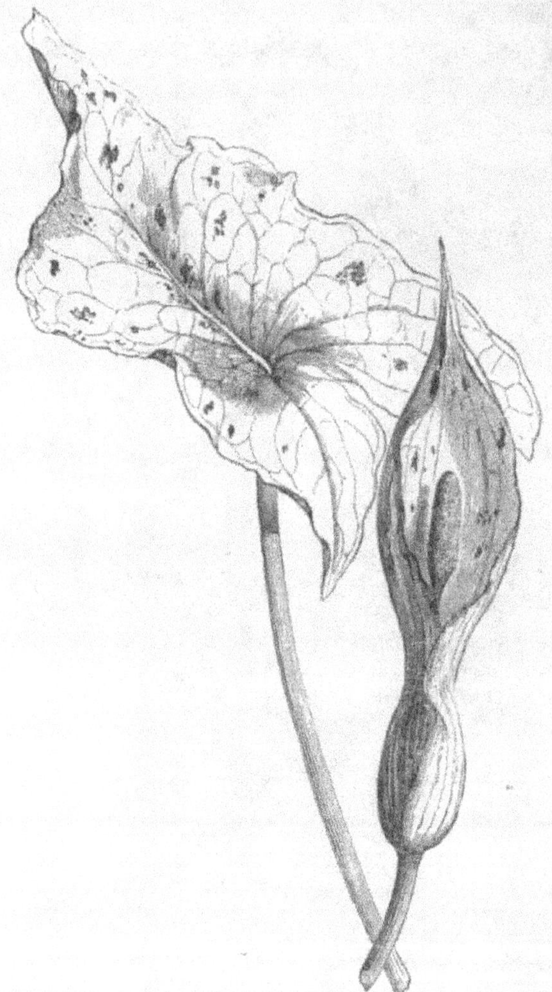

Fig. 322. — Arum maculé.

ètres dont on ne saurait déterminer, au juste, le classement dans l'un ou l'autre règne.

En ce qui concerne la répartition des plantes à la surface du globe, il y a deux choses à distinguer : leur répartition ou leur *géographie naturelle*, c'est-à-dire leur distribution, antérieurement à toute interven-

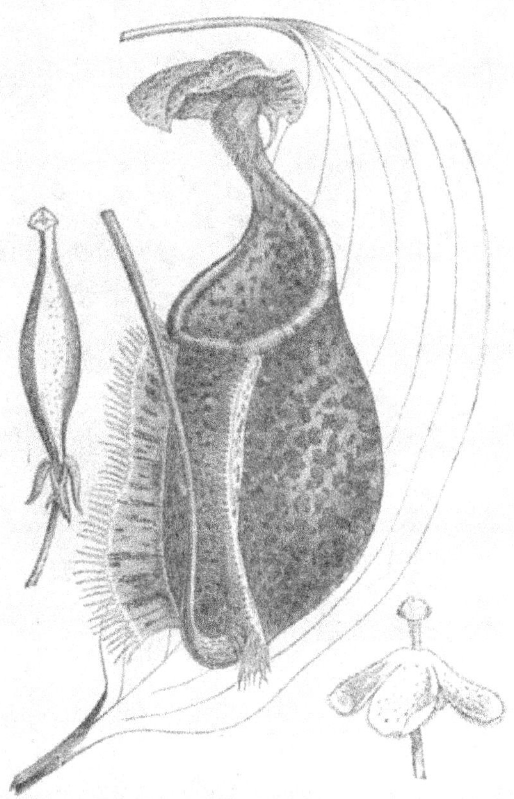

Fig. 323. — Népenthès distillatoire.

tion de l'homme, et leur *répartition artificielle*, c'est-à-dire telle qu'elle résulte des modifications apportées aux climats, aux sols ou aux plantes elles-mêmes,

22.

modifications qui en ont permis la propagation dans des
régionsbien différentes de celles dontelles étaient originaires. Cependant, il y a toujours un certain *milieu* qui

Fig. 324. — Houx.

est indispensable à la plante: sable, marais, eau douce
ou eau salée, etc. C'est ce qu'on appelle la *station* de
cette plante; son *habitation* est l'endroit où elle peut
se nourrir et se reproduire ; la fixité n'en est pas abso-

lue. Elle peut se transporter partout où l'ensemble de
sol et de climat qui lui convient à peu près se répète.
C'est ainsi qu'on a transporté souvent avec avantage

Fig. 325. — Cactus en fleur.

une foule de plantes d'Asie ou d'Amérique en Europe,
et réciproquement.

« Depuis la découverte du Nouveau-Monde, les
deux continents, que la navigation rattache constam-

ment l'un à l'autre, se sont mutuellement enrichis de flores par la naturalisation de nouvelles espèces. Au moins 35 plantes de l'Amérique du Nord se sont acclimatées en Europe, et 172 espèces européennes se sont répandues sur le sol des États-Unis. L'Amérique a donc largement gagné à cet échange. L'Europe a déversé sur le Nouveau -Monde des populations végétales, aussi bien que des populations humaines ; et ces plantes colonisatrices, envahissantes comme les rudes pionniers eux-mêmes, ont en maints endroits déplacé les espèces indigènes ; en moins d'un siècle, le trèfle ordinaire d'Europe a conquis, dit-on, près de la moitié du continent, de la Louisiane aux montagnes Rocheuses (1). »

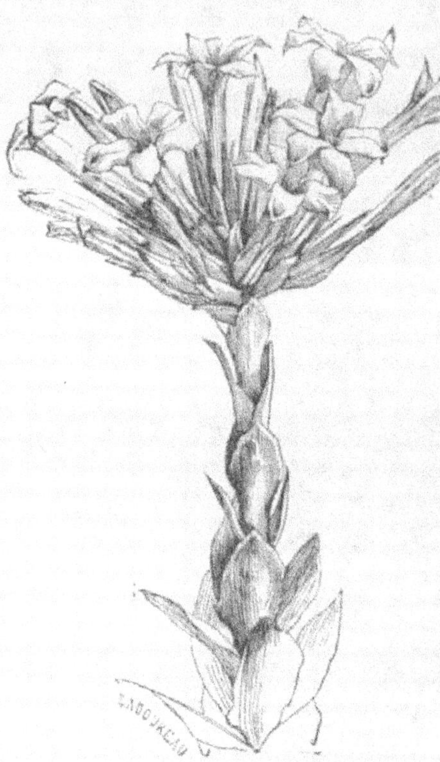

Fig. 526. — Crassula.

(1) Élisée Reclus, *la Terre*.

Que dirons-nous donc du *café*, l'une des principales richesses de l'agriculture des Antilles et de l'Amérique méridionale, issue de l'unique pied importé

Fig. 327. — Grande Marguerite ou Chrysanthème des prés.

aux Antilles par Dubieux? N'avons-nous pas encore
l'exemple de la *canne à sucre*, importée d'Asie à Chypre

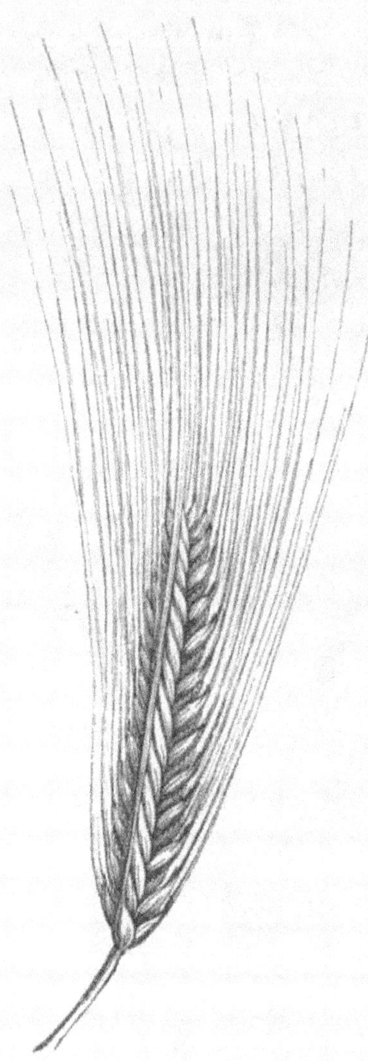

Fig. 328. — Orge escourgeon.

et à Malte, puis à Madère et aux Canaries et, de là, aux Antilles, qui en sont devenues le principal centre de production ? Toutes nos plantes cultivées paraissent avoir également une origine exotique. La pomme de terre n'a-t-elle pas été apportée d'Amérique en Europe par Parmentier ? Le *mûrier* nous vient de l'Asie Mineure et de la Chine; le *cerisier* a été importé d'Asie en Europe par Lucullus, l'*abricotier* d'Arménie, le *pêcher* de Perse, la *vigne* de l'Asie, avec la plupart de nos arbres fruitiers, excepté le pommier et le poirier, le *camélia* du Japon, la *reine-marguerite* de Chine, le *dahlia* du Mexique, l'*héliotrope* du Pérou, le *tabac* des Antilles, la *rhubarbe* de

Chine; le *froment* lui-même est une plante asiatique qui a été importée en Europe, ainsi que les autres céréales, à l'exception du seigle et de l'avoine, par les nombreuses migrations des races qui se sont produites d'Asie en Europe à l'origine de notre histoire.

La vie sur le globe dépend des conditions de chaleur, d'humidité, de lumière. Selon le degré de

Fig. 329. — Jeune branche de chêne. (Les numéros marquent le sens de la spirale décrite par les feuilles.)

chaleur ou de froid, d'humidité ou de sécheresse, de lumière ou d'obscurité, la végétation prospère, s'étiole ou périt... Chaque plante a besoin d'un certain degré de chaleur annuelle pour vivre, d'une chaleur de plus en plus grande pour donner des fleurs et porter des fruits, et une chaleur encore plus forte est nécessaire pour que ces fruits mûrissent. L'orge, par exemple, exige, pour arriver à maturité, une somme annuelle de 1,700 degrés, le froment plus de 2,000, le maïs 2,600, la vigne 2,900, le dattier, 6,000 (1).

Les zones agricoles sont déterminées par un certain nombre de cultures types. L'une par le riz, qui s'étend sur toute l'Espagne, le midi de la France, l'Italie, la Grèce et le sud de la Turquie. Nous avons déjà parlé de celles du maïs et du froment. Nous avons aussi indiqué la limite septentrionale de la culture de la vigne ; au midi, elle ne dépasse point les Canaries (27° de latitude), ne s'écarte guère du littoral de la Barbarie et de l'Égypte et s'arrête en Perse par 28°.

La latitude ne suffit pas à modifier la distribution des plantes ; l'altitude, c'est-à-dire le plus ou moins d'élévation au-dessus du niveau de la mer, produit le même effet. Ainsi, au pied du Canigou (Pyrénées), l'oranger se rencontre d'abord, puis il cède la place à l'olivier, l'olivier au maïs, le maïs au chêne vert, le chêne vert à la vigne. L'olivier s'arrête à 400 mètres de hauteur, la vigne à 550, le châtaignier à 800 ; le rhododendron apparaît à 1,300, pour disparaître à 1,540 ; et, à 1,640, on rencontre les derniers champs de seigle et de pommes de terre ; le hêtre et le sapin prennent la place jusqu'à 1,950 mètres, le bouleau jusqu'à 2,000, le pin jusqu'à 2,400, et enfin le genévrier rabougri persiste jusqu'à 2,780. Cet ordre de succession n'est pas le même pour toutes les montagnes : il se transforme suivant les variations diverses que présente le climat, la nature du sol, etc., et, avant tout, il subit l'influence de la température extrême des hivers ou des étés, aussi bien que de leur durée.

L'homme civilisé, auquel ne suffisent plus les

(1) Antonin Roche, *Géographie physique*.

ductions spontanées que lui offre la terre, et qui

Fig. 330. — Forêt primitive.

cherche à multiplier autour de lui les animaux et les
végétaux pouvant lui servir ou lui plaire, à détruire ceux qui lui déplaisent ou qui lui nuisent, tend
nécessairement à modifier de plus en plus la distribution de ces êtres et la physionomie de la nature

primitive. Nous ne la voyons qu'ainsi altérée dans la
plus grande partie de l'Europe. Les forêts, dans l'état
de nature (*fig.* 330), tendent à s'emparer du sol. C'est le
contraire dans les pays cultivés. Les forêts s'éclaircis-
sent et disparaissent graduellement sous les coups de
l'homme, et celles qu'on conserve, soumises pour la
plupart à des coupes réglées, n'ont plus ni le même
aspect ni la même influence sur la nature environnante. Les conditions du climat ont été ainsi modifiées ; celles du sol le sont sans cesse par la culture,
qui règle d'ailleurs les espèces peu nombreuses qui
doivent le couvrir. Beaucoup de celles qui formaient
la flore spontanée sont ainsi détruites, au moins par
places ; quelques autres, au contraire, sont introduites.
Mais, quelles que soient ces modifications, elles ne
peuvent être tellement profondes que la nature ne
conserve pas toujours ses droits ; elle dirige l'homme
tout en le suivant... Seulement, on doit se rappeler
que l'industrie humaine trouve moyen de *pousser
toute culture avantageuse plus ou moins au delà des
limites*, où s'arrêterait la croissance des mêmes plantes laissées à elles-mêmes. Ces limites ainsi étendues
conservent leur rapport pour les diverses espèces... C'est dans sa région natale qu'un végétal
est cultivé avec le plus de succès. Les climats analogues lui sont ensuite le plus favorables, et, à mesure
qu'on s'éloigne davantage de cette zone, sa culture
devient de plus en plus difficile, sa production de
moindre en moindre. En ayant égard à ces considéra-
tions, la géographie botanique et l'agriculture s'éclai-
rent mutuellement (1).

Nous avons vu quelle était la place occupée sur

(1) Jussieu, *Botanique.*

cette terre par la culture des céréales. La pomme de terre la suit de près, même la dépasse, lorsqu'on choisit des espèces hâtives qu'un été fort court peut amener à maturité. Ainsi, on la cultive maintenant en Islande et dans les Andes par 3 et 4,000 mètres, c'est-à-dire là où le blé ne vient plus.

Le châtaignier sort assez volontiers de ses limites naturelles ; toutefois, au delà de la Belgique et de Londres, il n'y a plus à le cultiver pour son fruit, mais seulement pour son bois ou comme ornement. Il redoute le froid et le chaud ; aussi, dans le Midi, ne croît-il que sur les pentes des montagnes et fait-il absolument défaut au delà de la Méditerranée.

Nous indiquions tout à l'heure les extrêmes de la vigne ; ils se sont modifiés avec le temps. Elle montait plus au nord autrefois, puisqu'on fabriquait du vin en Bretagne et en Normandie et que l'on n'y en fait plus, non pas tant que le climat se soit altéré, que parce que la vigne a cédé la place à des cultures plus avantageuses ou qu'elle n'a pu, avec un produit médiocre et incertain, soutenir la concurrence des crûs supérieurs du Midi. En Amérique, la vigne croît spontanément ; sa culture ne dépasse pas le 37ᵉ degré de latitude sur les bords de l'Ohio et le 38ᵉ dans la Nouvelle-Californie ; elle ne descend pas au sud au delà du 26ᵉ degré à la Nouvelle-Biscaye et du 32ᵉ au Nouveau-Mexique. Dans l'hémisphère austral, elle n'atteint pas la latitude de 40°. Elle se renferme dans le Chili, la province de Buenos-Ayres et une grande partie de la côte du Pérou. Dans la Nouvelle-Hollande et au cap de Bonne-Espérance, elle s'arrête à 34°. Sur les montagnes d'Europe, elle monte à 300 mètres au plus en Hongrie, à 550 dans le nord de la Suisse, à 650 sur le ver-

été la propagation du bananier ordinaire (*musa para-*
sant sud des Alpes, peut approcher de 960 dans l'Apennin méridional et en Sicile, mais ne s'élève pas au delà
de 800 à Ténériffe. En somme, la vigne se règle moins
sur la moyenne de la température annuelle que sur
celle de l'été, qui doit avoir une certaine force et
une certaine durée pour mûrir ses raisins (Jussieu).

Lorsque des circonstances naturelles (vents, cours
d'eau, etc.), disséminant les corps reproducteurs des
êtres organisés, les transportent graduellement dans
des climats différents, cette *translation graduelle* est
souvent suivie d'une *acclimatation naturelle* des
espèces végétales. L'art de l'*acclimatation artificielle*
se borne à imiter ce mode de procéder de la nature.
L'acclimatation est une expérience naturelle ou artificielle qui consiste dans la translation graduelle d'êtres
quelconques d'un climat dans un autre plus ou
moins différent. Les influences extérieures modifient
la constitution de ces corps organisés sans altérer leur santé, simplement en leur apportant des éléments de variabilité. C'est dans ce but que M. Isidore
Geoffroy-Saint-Hilaire a fondé, en 1854, la société d'acclimatation et afin « d'accroître et de varier les ressources alimentaires si insuffisantes dont nous disposons aujourd'hui, de créer d'autres produits économiques ou industriels, et, par là même, de doter
notre agriculture si longtemps languissante, notre
industrie, notre commerce et la société tout entière
de biens jusqu'à présent inconnus ou négligés, non
moins précieux un jour que ceux dont les générations
antérieures nous ont légué le bienfait. » C'est dans le
même but que l'on a créé le jardin du Hamma, près
d'Alger, et le premier résultat que l'on ait obtenu a

disiaca) dans toute l'Algérie, qui a trouvé dans cet arbre exotique un supplément de substances alimentaires fort précieux en tous temps. « Au commencement du printemps, on voit, entre ses feuilles déchirées, à la fois les longs régimes de bananes jaunies qui achèvent de mûrir et les grosses fleurs d'un grenat foncé qui préparent pour le mois de mai une nouvelle récolte » (*fig.*103) (1). C'est encore ainsi que l'Algérie a été dotée de cet arbre du Pérou qu'on appelle le *chérimolier* (*anona cherimolia*), dont les fruits, ayant la forme d'une pomme de pin verte, renferment une sorte de crème qu'on mange à la cuiller. Ils se vendent 50 cent. la pièce sur le marché d'Alger.

CHAPITRE XV.

LES CÉRÉALES. — LEURS MALADIES. — ALCOOLS DE GRAINS. — BIÈRE. — LA FARINE ET LA MINOTERIE. — LA BOULANGERIE ET LE PAIN. — LE COMMERCE DU BLÉ ET LA TAXE DU PAIN.

Sous ce nom général de *céréales*, on réunit ordinairement le *blé*, le *seigle*, l'*orge*, l'*avoine*, le *sarrasin*, le *riz*, le *maïs*, le *millet*, le *sorgho*.

Les *blés*, variétés du genre *triticum* de Linné, se partagent en *froments* et en *épeautres*. Les froments présentent ce caractère particulier, que leurs grains se détachent nus de l'épi par le battage. On distingue parmi les froments :

1° Le *froment touselle*, à tige mince, lisse et creuse,

(1) Clamageran, *l'Algérie, impressions de voyage*, 1874.

à épis carrés oblongs, à grains courts, obtus et tendres, dont les principales variétés sont le *blé d'hiver commun* (*fig.* 43), le *blé anglais* ou *blé rouge d'Écosse* (*fig.* 58), le *blé de mars commun* ou *trémois*, le *blé blanc de Flandre*, un des plus beaux et des plus productifs ; le *blé de Hongrie* (*fig.* 65), propre aux terres de consistance moyenne pas trop humides ; le *blé saumon* (*fig.* 60), la *touselle blanche de Provence*, le meilleur froment qui convienne au midi de la France, le *blé d'Odessa*, le *blé de Saumur* (*fig.* 331), le *blé de haies* (*fig.* 339), espèce précoce, ainsi que le *blé du Caucase* et le *blé carré de Sicile*.

2° Le *froment seisette*, généralement coloré, à paille plus ferme, à épis barbus. Principales variétés : *Blé barbu du printemps* (*fig.* 345), *blé à cha-*

Fig. 331.   Fig. 332.
Blé de Saumur.   Blé à chapeau.

peau (*fig.* 332) ou *marzolo de Toscane*, dont la paille fine sert à la fabrication des chapeaux d'Italie ; la *seisette de Provence*, qui ne réussit guère dans le Nord ; le *blé hérisson*.

3° Le *froment poulard* ou *pétanielle*, très-convenable

pour les défri-
chements et les
sols humides à
demi tourbeux,
où les autres
espèces verse-
raient. Le *pou-
lardcarré(f.333)
à barbes* noires,
le *poulard carré
velu*, le *blé de
miracle(fig.336)
ou blé d'Égyp-
te*, en sont les
principales va-
riétés, connues
sous le nom
de *gros blés*.

4° Le *froment
aubaine* ou *du-
relle*, à épi car-
ré, barbu et in-
cliné, de grain
très-dur et de-
mi-transparent.
On apprécie
l'*aubaine de Ta-
ganrok*, que l'on
cultive dans le
Midi et que
l'on sème au
printemps, et
l'*aubaine à épi*

Fig. 333. — Blé poulard
carré.

comprimé (*fig.* 334), magnifique variété, cultivée en
Égypte.

Quant à l'épeautre. il se présente sous la forme du

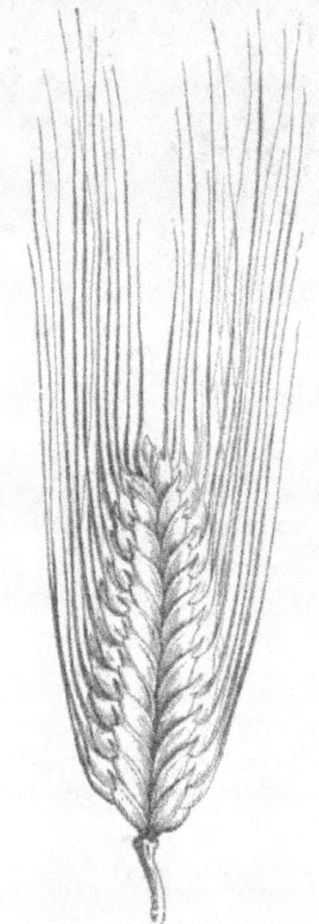

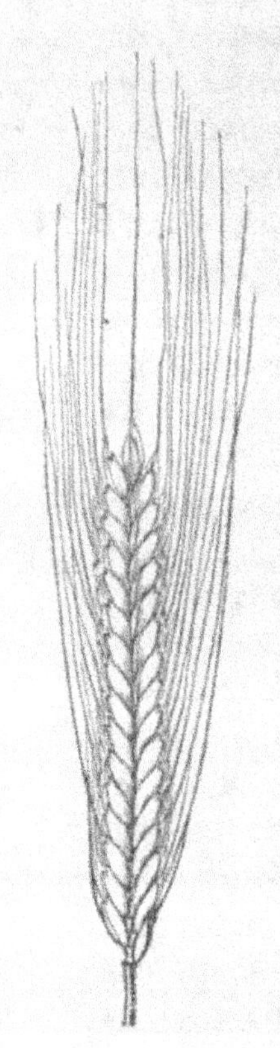

Fig. 334. — Blé aubaine à épi
comprimé.

Fig. 335. — Petit épeautre.

petit (*fig.*335) et du *grand épeautre* (*fig.*338). La *balle*,
c'est-à-dire l'enveloppe du grain, reste adhérente
après la maturité, ce qui fait peu rechercher les blés

de cette catégorie. Le grand épeautre, cependant, est plus rustique, moins difficile quant au terrain, et résiste mieux à l'humidité. Le petit épeautre est peu productif, mais il a la propriété de croître dans les sols les plus mauvais, là même où ne viendrait ni seigle ni avoine. On le cultive dans le Berry et le Gâtinais (Montargis), où on le sème à l'automne ; on en extrait le plus fin et le meilleur de tous les gruaux.

Nous avons indiqué que, parmi les divers froments sus-dénommés, il y en avait de robustes et de délicats, de hâtifs et de tardifs. Les précoces se sèment en mars, les autres à l'automne.

« Le froment s'accommode tant bien que mal de tous les terrains, mais il ne s'accommode pas également de tous les climats. Les pays trop chauds, comme les pays trop froids, ne lui conviennent point. Bien qu'il ne soit pas difficile sur le choix des terres, pourvu qu'elles aient été bien labourées et bien fumées, on lui donne cependant, de préférence à toutes autres, les terres argileuses convenablement ameublies, les alluvions siliceuses qui bordent les grandes rivières ou les fleuves, les terres granitiques. Il y réussit mieux qu'autre part ; sa farine est de bonne qualité (1). »

En se rapprochant beaucoup de l'équateur, il ne trouve plus une humidité suffisante. Il a besoin de rencontrer dans le sol une humidité convenable, mais non surabondante, jusqu'au moment de sa fructification ; sans cela, la nutrition cesse et l'épi ne peut se former ; au contraire, la partie herbacée prend alors trop de développement.

(1) Joigneaux, *Agriculture.*

Fig. 336. — Blé de miracle.

Quand on sème du froment dans un champ où l'on a cultivé du trèfle ou des féveroles, de la betterave, des pommes de terre, un seul labour préparatoire suffit; il en faut deux après le lin, le chanvre, le pavot, les pois, la vesce, le colza. On ne prend pour semence que de la graine bien mûre, bien nettoyée. Il est bon de la préparer soi-même sur un champ séparé et de la répandre en lignes, puis d'attendre, pour la récolte, une maturité complète et de choisir parmi les épis. Tantôt on sème ce grain tel qu'il sort de l'épi, et tantôt on lui fait subir une préparation pour le préserver des maladies, notamment de la *carie* et du *charbon*.

On le *praline*, c'est-à-dire
qu'on le plonge dans un liquide visqueux et qu'on le
saupoudre ensuite d'engrais,
ou bien on l'immerge dans
du jus de fumier pas trop con-
centré pour ne pas brûler le
germe de la semence. On imprègne celle-ci d'eau, de colle,
de cendres et de guano mélangés, auxquels on ajoute de la
chaux, puis on la laisse se gonfler avant de la semer, sans toutefois lui permettre de s'échauffer. Cette préparation abrége la
germination, rend les plantes
plus vigoureuses et éloigne, en
outre, les insectes par les substances qu'elle renferme.

Le *chaulage* combat efficacement la *carie*, en détruisant
les sporules des champignons
parasites. On chaule avant de
praliner. Pendant longtemps ce
chaulage consista dans la simple
immersion du grain dans un
lait de chaux; dans la suite, on
le pratiqua *par immersion*, *par
aspersion* ou *à sec*. A la chaux
on ajoute soit du *sulfate de
cuivre*, soit du *sulfate de zinc*
ou du *sel marin*, du *carbonate*

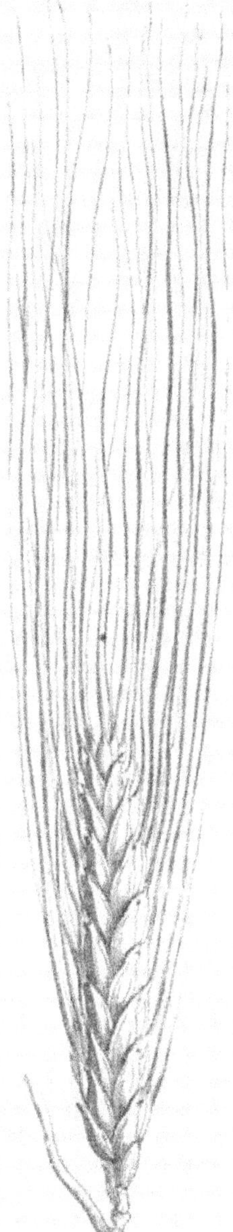

Fig. 337. — Blé aubaine
de Taganrok.

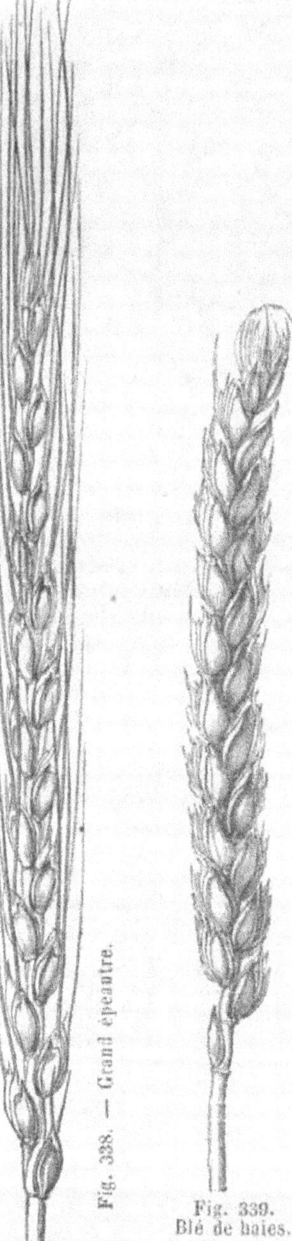

Fig. 338. — Grand épeautre.

Fig. 339.
Blé de haies.

de potasse, du *carbonate de soude*, etc. Toutefois, le sulfate de soude et le sulfate de cuivre doivent être préférés. Pour combattre les *anguillules* ou la *nielle*, l'acide sulfurique étendu d'eau paraît efficace ; dans ce cas, on y plonge le grain pendant 24 heures, puis on laisse égoutter et on saupoudre avec de la chaux.

Une fois la semence et le terrain prêts, on sème, dans le Midi, du 15 ou 20 octobre jusqu'à la fin de novembre; dans l'Est, du 15 septembre à la fin d'octobre; aux environs de Lille, du 15 octobre au 15 novembre ; en Belgique, du 20 septembre à la fin d'octobre. Voilà pour le blé d'hiver ; pour celui de printemps, mars est l'époque propice ; en avril, il commencerait déjà à être trop tard. Il faut plus de grain pour les sols argi-

leux que pour les autres : 2 hectolitres 1/2 par hectare
pour les premiers, 2 hectolitres au plus pour les seconds (ce chiffre peut varier entre 1 hectolitre 20 et
3 hectolitres 50).

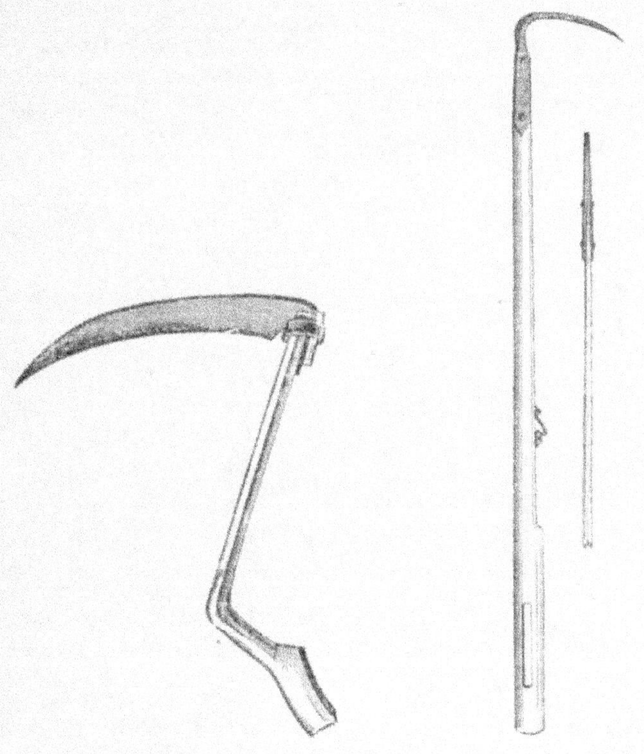

Sape flamande.   Crochet de la sape flamande.

Fig. 340.

Il s'agit là de l'ensemencement à la volée ; avec le semoir mécanique, on en dépense assurément moins.
Le semis fait, on enterre le grain avec la herse ou la
charrue. A la fin de l'hiver, il faut rouler les blés des
terres légères, et, en mai ou juin, enlever les mau-

vaises herbes. Enfin, lorsque le grain est formé mais encore laiteux, les effets de la chaleur solaire sont à craindre, succédant à des nuits de forte rosée. Il convient de *corder* le froment, ce qui consiste à agiter

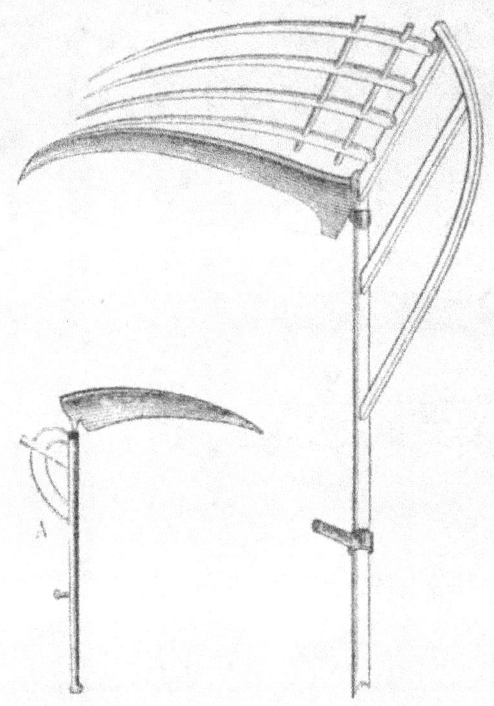

Faux munie d'un ployoir A.   Faux munie d'un râteau.

Fig. 341.

les épis au moyen d'un cordeau promené par deux personnes, pour faire tomber la rosée pendant huit ou quinze jours. Le vent se charge, au besoin, de cette fonction.

Quant à la moisson, il y a lieu d'y procéder : dans le Midi de la France, vers la seconde quinzaine de

juin ou la première semaine de juillet, au plus tard ;
dans le Nord, en Flandre par exemple, durant la seconde quinzaine d'août. Pour couper le blé, on peut

Moyette à tiges droites non coiffée.

Moyette ordinaire.

Fig. 342.

employer la *faucille à dents de scie* (*fig.*207) ou à *tranchant continu* ; mais, dans le Nord, on ne la trouve pas
assez expéditive et l'on y substitue la *sape*, plus commode pour couper les
récoltes versées et tour-
billonnées. Avec la *sape* et
le *crochet* (*fig.*340), le mois-
sonneur peut arranger
convenablement les *ja-
velles*. La *faux* (*f.*210), toutefois, est encore plus efficace, soit seule, soit garnie de son *ployon* (*fig.*341)
râteau, *engerai* ; elle coupe ras de terre mais fait

Fig. 343. — Moyette coiffée.

égrener les récoltes, si elles sont trop mûres, et convient peu pour le blé versé. Dans ce dernier cas, la sape
est préférable. Aujourd'hui, on substitue souvent à la

faux l'une des moissonneuses (*fig.* 208) dont nous avons parlé.

Si on commence la moisson avant que les épis soient tout à fait mûrs, on met les *javelles* en *moyettes* (*fig.* 342 et 343) pour que la maturation s'achève sur le terrain ; la *moyette* est un assemblage de tiges dressées obliquement les unes contre les autres, de manière à former un cône tronqué, dont la partie

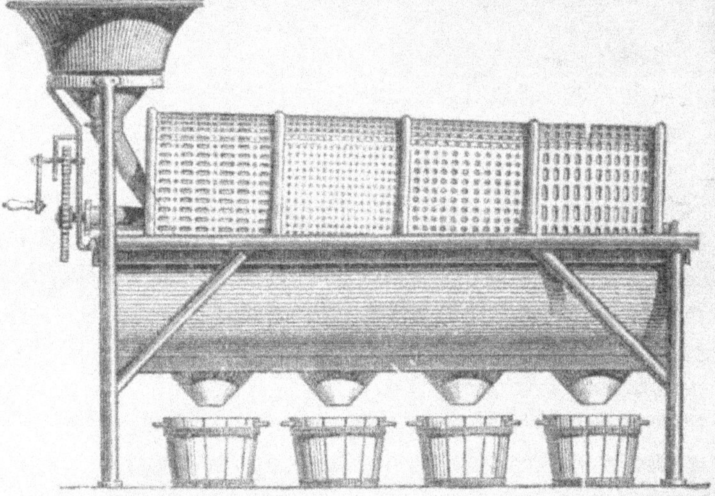

Fig. 341. — Trieur Pernollet.

supérieure est recouverte par une gerbe renversée. Si le blé est bien mûr, on dispose les javelles en *gerbes*, du poids de 15 kilogrammes environ, et les gerbes en *meules*, quand la grange n'est pas assez grande pour les contenir.

On bat le grain l'hiver, au fléau ou à la machine, selon le plus ou moins d'intérêt que l'on trouve à employer l'un ou l'autre procédé. On vanne ensuite,

soit avec le *van*, soit avec l'un des *tarares* ou trieurs
(*fig.* 344) dont nous avons parlé ;
on le mesure, on le transporte au
grenier et on l'y étend sur une
épaisseur de 40 ou 50 centimètres
au plus ; il s'échauffe moins dans
ces conditions qu'en gros tas.

Le produit de la récolte varie à
l'infini, suivant les intempéries de
l'année ou le caractère particulier du climat ou du sol de la localité où l'on se trouve. En France,
18 à 20 hectolitres à l'hectare ne
représentent qu'un très-faible
rendement ; pour en tirer un
bénéfice sérieux, il faut atteindre
le chiffre de 30. Quant au produit
en paille, il est ordinairement en
proportion du poids du grain ; on
a ainsi 250 kilogrammes de paille
(y compris la *balle*) pour 100 kilogrammes de grain d'après M. Lecouteux, 200 de paille seulement
selon M. Boussingault. Or, le
poids de l'hectolitre de froment
varie entre 75 et 80 kilogrammes ;
on a donc une *bonne* récolte quand
un hectare, déduction faite de la
semence, rend 2,400 kilogrammes de grain et 5,000 de paille.
Si l'on arrive à 3,000 de grain et

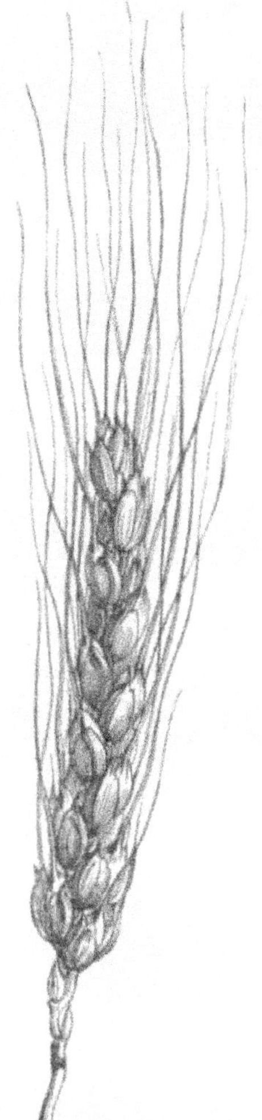

Fig. 345. — Blé barbu
du printemps.

6,300 de paille, la récolte est dite *très-forte*.

La culture du froment a pris, depuis 20 à 30 ans, une extension considérable en France.

En 1847, on cultivait 5,979,000 hectares de blé ; en 1852, 6,090,049 hectares ; en 1867, 7,062,241 ; en 1869, 7,034,087, ou près de 12,000 de plus qu'en 1847. En 1847, la récolte était de 97 millions d'hectolitres ; en 1853, mauvaise année, de 64 ; en 1866, mauvaise année également, de 85 millions, et en 1868, de 116, chiffre le plus élevé du siècle, déjà atteint en 1863. Mais à l'année 1863 appartient le plus fort rendement moyen à l'hectare pour la même période. Le rendement le plus faible depuis 1847 a été constaté en 1853 : il était de 10 hectolitres 26. Les chiffres des années suivantes ne sont jamais retombés si bas. Le progrès est donc incontestable. En même temps, le prix moyen du blé dans les années de cherté s'est tenu d'une manière notable au-dessous des prix moyens des années de cherté antérieures à 1852. En 1847, le prix moyen pour toute la France était de 29 fr. 46 ; il a dépassé 30 francs en 1856 ; mais jamais depuis il n'est remonté si haut ; il n'a même plus atteint 27 francs. En 1850 et 1851, il tombait à 14 fr. 33 et 14 fr. 63 ; depuis, il n'est pas descendu au-dessous de 16 fr. 40. En somme, l'écart des oscillations extrêmes a diminué sensiblement. En examinant la liste des récoltes obtenues depuis 1820, on voit celles de plus de 100 millions d'hectolitres se manifester pour la première fois en 1857, et plus on avance vers notre époque, plus elles se multiplient.

En 1862, la superficie du sol cultivé en froment n'était que de 6,881,613 hectares, produisant 99 millions d'hectolitres de blé, d'après les renseignements de la direction de l'agriculture, au ministère du commerce ; d'après la statistique générale de France, cette superficie aurait été, à la même époque, de 7,373,000 hectares, produisant 108 millions d'hecto-litres, au lieu de 95 millions en 1852 et de 70 en 1840. Ceci représentait les cultures de blé d'hiver ; il y aurait à y ajouter 84,000 hectares de blé de printemps, ren-

Fig. 346. — Bœuf du Morvan.

dant 1,317,000 hectolitres de blé, et 16,000 hectares en-semencés en épeautre, produisant 332,000 hectolitres de grains. Sur le total de cette production, 15 millions d'hectolitres étaient affectés à l'ensemencement, 4 mil-lions aux besoins de l'industrie, 1/2 million à la nour-riture des animaux (*fig*.346). Quant à la production en paille, elle s'élevait, en 1862, à 146 millions de quintaux au lieu de 124 en 1852. Le prix moyen du quintal de paille s'élevait, en même temps, à 3 fr. 88 au lieu de 2 fr. 79 en 1852. En résumé, à cette époque, la valeur de la récolte totale du blé en France était de 2,322 millions de francs (moins les 63 millions provenant de l'Alsace-Lorraine) pour le grain, et de 561 millions pour la paille (moins les 21,377,000 de l'Alsace-Lorraine). En 1873, on a recensé 6,825,948 hectares ensemencés en froment, produisant 81,892,667 hectolitres de grains, soit un rendement moyen de 11,99 à l'hectare.

Le *seigle* tient le second rang, parmi les céréales, pour la nourriture de l'homme dans les pays tempérés. Il est très-rustique et peut croître

Fig. 347. — Ane du Poitou.

même sur un sol pauvre, car il a assez de force pour dominer les mauvaises herbes. C'est, ajoute M. Joigneaux, « le froment des pauvres contrées et des pauvres gens. On le dit facile à élever et se contentant de peu. Il est absolument comme l'âne (*fig.* 347), cette autre providence du pauvre, animal gourmand, qui n'en a pas moins une grande réputation de sobriété. Le seigle, lui aussi, passe pour être sobre, quoique passablement vorace. Vertu forcée ! Il aime les gros terrains; on ne lui en donne que de maigres, le calcaire aride, le sable, le schiste, le granit, les landes écobuées. Dès que ces maigres terrains s'enrichissent un peu, on y remplace le seigle par des récoltes plus délicates et plus exigeantes. »

On ne connaît qu'une seule espèce de seigle, subdivisée en variétés qu'on appelle *seigle d'hiver* (*fig.* 57) ou *seigle multicaule, seigle de mars, seigle de Russie*. Le seigle d'hiver est préférable, aussi bien sous le rapport du grain que sous celui de la paille. Le seigle de printemps produit peu.

Cette céréale résiste mieux au froid que le blé et mûrit plus vite, sauf quand ses tiges ont poussé avant l'hiver. Elle s'accommode bien des sols légers qui perdent leur humidité au commencement de l'été. Les terres siliceuses et les micaschistes feuilletés lui plaisent particulièrement. Aussi les appelle-t-on dans le Midi *ségalas* ou *terres à seigle*. Elle nécessite peu de travaux. Le pâturage des champs où elle croît, par le bétail, est utile, quand il s'agit de récoltes fortes et que le temps y favorise le développement de touffes drues, au centre desquelles elle jaunirait.

Le seigle rend 22 hectolitres, pesant 1,584 kilogr., à l'hectare, et 3,500 kilogr. de paille, soit 100 de grain frais pour 222 de paille et de balle, et 100 de grain sec pour 292 de paille. Il faut de 1 hectolitre 1/2 à 2 de semence par hectare, et moins pour les sols riches que pour les autres. L'ensemencement doit être effectué en septembre. Il est bon de herser et de rouler après l'hiver, d'enlever les mauvaises herbes en avril ou en mai. Le seigle mûrit 8 ou 15 jours avant le blé. On le moissonne et on l'engrange sans retard, la pluie pouvant causer beaucoup de mal aux javelles. On a une *bonne* récolte, quand l'hectare rend 20 hectolitres de grain et un peu plus de 3,000 kilogrammes de paille ; elle est *très-bonne* quand, en bonne terre, ce rendement s'élève à 30 ou 40 hectolitres de grain et à 5 ou 7,000 kilogrammes de paille.

On ne bat point le seigle de la même manière que les autres céréales. Sa paille diminuerait de valeur, si elle était broyée par le fléau ou mâchée par la machine. Il faut l'égrener, en n'attaquant que l'épi, soit contre un billot, soit avec le fléau, soit enfin avec la machine, pourvu qu'on ne lui abandonne point la paille. Ensuite on vanne et on crible le grain avec soin ; car le seigle est sujet à l'*ergot*, maladie dans laquelle les épis présentent des espèces de cornes (*fig.* 348) semblables aux ergots du coq. L'ergot est un poison violent, qui tend à se développer lorsque l'eau a séjourné sur les emblaves ou que l'année a été pluvieuse. On remarque alors de longs et gros grains bruns aux épis. Cet ergot est considéré par la plupart des botanistes comme un champignon, par

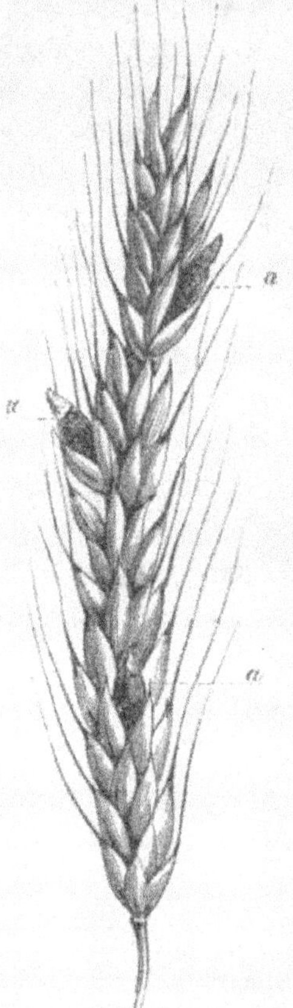

Fig. 348. — *a a a*, ergot du seigle.

d'autres comme une gale.

Le seigle, en vert, constitue un excellent fourrage.

Sa farine donne un pain agréable qui, grâce à la
gomme et à la dextrine qu'elle renferme, se conserve
longtemps frais, mais est moins nourrissant que
celui de froment. En distillant son grain, on obtient
l'eau-de-vie connue sous le nom de *genièvre* en Belgique, de *schiedam* en Hollande, de *gin* en Angleterre,
ou enfin tout simplement sous celui *d'eau-de-vie de*

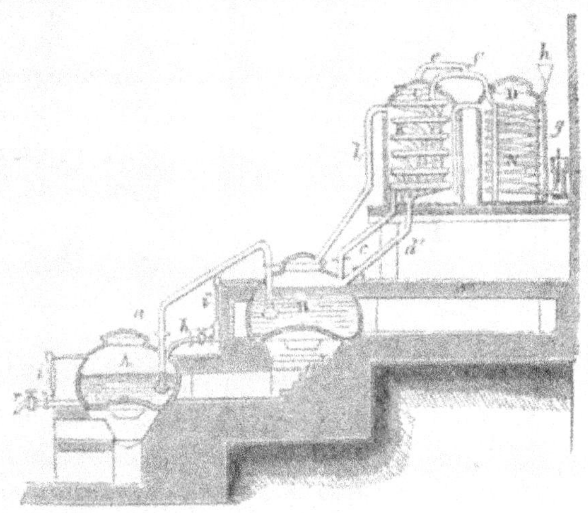

Fig. 349. — Alambic de distillerie. A, B, chaudières communiquant par les
tubes *a* et *b*; *ii*, indicateurs en verre; C, rectificateur; D, condensateur.

grain. La plus estimée vient de Hollande, et on l'y
prépare en faisant fermenter à la manière ordinaire
un moût formé de 2 parties de seigle de Riga et d'une
partie de malt d'orge ou drèche. On distille ce moût
et l'on obtient une eau-de-vie de grain faible, que l'on
soumet à une seconde distillation (*fig*.349), en ajoutant
des baies de genièvre. Un hectolitre de grain ainsi
traité donne de 28 à 33 litres de genièvre.

La distillation des grains, entravée autrefois par les règlements relatifs aux céréales, mais rendue aujourd'hui à une entière liberté, occupe le premier rang. Elle présente une certaine utilité dans les opérations agricoles, mais seulement dans des cas particuliers, puisque un hectare produit 1,500 kilogrammes de seigle, ne donnant guère que 415 litres d'alcool. Or, on en retire 1,575 d'un hectare de betteraves; en outre, les résidus de la fabrication de l'alcool de seigle ne peuvent nourrir qu'une quantité de bétail dix fois moindre que les

Fig. 330. — Race de La Flèche.

résidus de l'alcool de betterave; ils fournissent aussi trois fois moins d'engrais que les derniers. Ce qui décide généralement un propriétaire à distiller ses grains, c'est le bas prix de la denrée ou l'absence de débouchés rémunérateurs. A cette distillation on a longtemps appliqué le procédé

Fig. 331. — Lien tordu.

Dombasle, qui n'a guère été perfectionné que dans ces dernières années par M. Dubrunfaut.

L'enquête industrielle de 1861-1865 a constaté que le prix moyen de l'alcool de grain était de 96 fr.

Elle établissait que, dans 100 francs de produit fabriqué, l'intérêt du capital entrait pour 0 fr. 93, la main-d'œuvre pour 2,78, la matière première pour 55,78 et le combustible pour 6,23.

Le grain de seigle grillé remplace le café chez les pauvres en Angleterre et y joue le même rôle qu'ailleurs la chicorée. Ce grain sert encore à nourrir et à engraisser les volailles (*fig*. 350). On le transforme aussi en *gruau*, nom donné aux grains des céréales qui sont privés de leurs pellicules. Ce sont les gruaux de froment et d'orge qu'on emploie pour fabriquer le pain estimé portant ce nom ; et, dans l'usage populaire, le gruau d'avoine est le plus répandu. Avec le seigle enfin, on fabrique le pain que l'on donne quelquefois aux chevaux.

La paille de seigle sert à couvrir les maisons, à empailler les chaises communes, à fabriquer des abris de jardin, des paillassons, des nattes, des corbeilles pour le pain, des ruches, des liens pour la moisson (*fig*.351), des ligatures pour accoler les plantes aux tuteurs ; enfin on l'emploie comme *litière* ou pour fabriquer des chapeaux communs.

En 1840, la France produisait 27,800,000 hectolitres de seigle sur une superficie de 2,777,000 hectares (1,897,730 en 1873) ; en 1862, quoique comptant 3 départements de plus, elle ne donnait qu'une récolte de 26,900,000 hectolitres, et la superficie cultivée se réduisait à 1,080,000 hectares. Ce chiffre a été dépassé trois fois : en 1863 (29 millions 1/2), en 1864 (28 1/2) et en 1868 (28,9). En 1873, il était de 20,320,023 hectolitres, soit 10,70 par hectare. La récolte de 1862 représentait, en grains, à raison de

13 fr. 66 l'hectolitre, une valeur de 340 millions de francs et, en paille, pour 34,577,000 quintaux, à 3 fr. 75 l'un, 130 millions de francs. 3,900,000 hectolitres étaient employés pour l'ensemencement, 15,391,000 pour l'alimentation, 1,577,000 pour la nourriture du bétail, et 600,000 seulement étaient utilisés par l'industrie. Il est regrettable que les renseignements officiels nous fassent défaut pour des époques plus récentes.

Il nous faut dire un mot du *méteil* ou *métou*, nom donné à un mélange formé ordinairement par moitié de seigle et de froment, semés sur le même sol. L'inégalité de précocité des deux plantes et la variété des sols, qui leur sont respectivement indispensables, rendent souvent difficile cet accouplement. Le choix d'un sol frais, réclamé par le seigle, est préférable. La différence qui existe entre les deux plantes a aussi ses avantages, puisqu'elles n'ont pas la même composition et ne réclament pas les mêmes principes pour se développer. Ces mélanges ne donnent pas de produits à porter sur le marché, — ils s'y vendraient mal, — mais des produits à consommer dans la ferme et susceptibles de mettre le petit cultivateur à l'abri de la disette. Ils conviennent pour fournir à bon marché la nourriture des travailleurs, puisqu'ils prospèrent sur des terres médiocres et qu'ils y rendent une récolte de bonne qualité. Vers 1840, 910,000 hectares, en France, étaient ensemencés en méteil; en 1862, on n'en comptait plus que 515,000 (505,502 en 1873); la récolte en grains était, dans le même temps, tombée à 7,972,000 hectolitres, pesant chacun 72 kilogr. et valant, à 17 francs l'hectolitre, 136 millions de francs; pour ces 5,740,000 quintaux de grains, on en avait obtenu 11,540,000 de paille, soit 2 de paille pour 1 de grain. La paille, à 3 fr. 61 le kilogr., représentait une valeur totale de 42 millions de francs. 1,058,000 hectolitres de grain étaient consacrés à l'ensemencement. 6,529,000

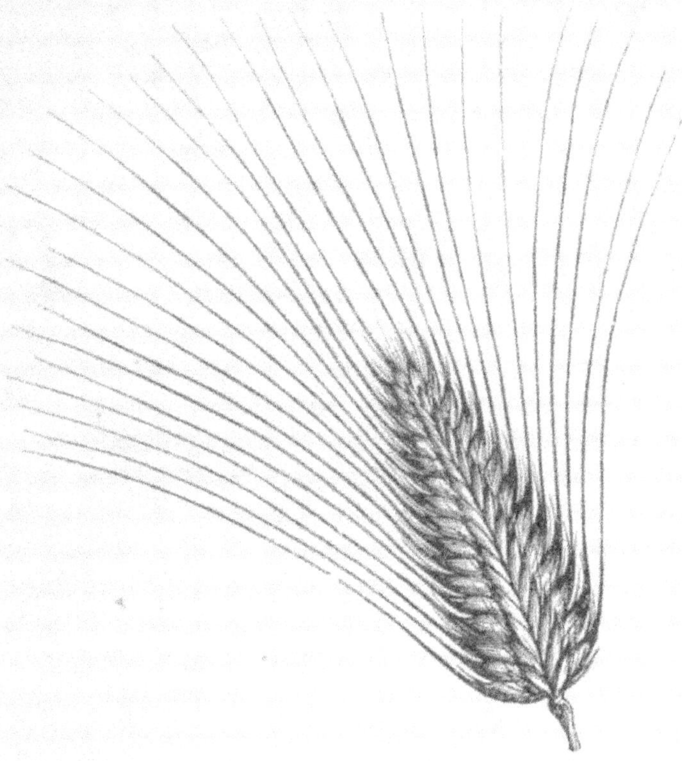

Fig. 322. — Orge éventail.

à l'alimentation, le reste à la nourriture du bétail et à l'industrie. La récolte de 1869 a été encore plus élevée (8,597,000 hectolitres), mais la plus forte récolte de méteil (10,040,000) date de 1863. Pour 1873, le chiffre est de 6,355,423 hectares, soit 12,57 à l'hectare.

On n'emploie guère l'*orge* pour en faire du pain ; le Nord l'utilise pour fabriquer la *bière*, dont il fait sa boisson habituelle. C'est le résidu de cette utilisation qui s'appelle la *drèche* et qui sert d'engrais.

Le grain d'orge est affecté parfois, mais après avoir été grossièrement concassé, à la nourriture des chevaux, des vaches, des volailles. Il peut provenir de l'une des quatre espèces ci-après nommées : 1° l'*orge commune* ou *carrée*, dont les grains sont disposés sur six rangs et restent couverts de leur balle. Elle est pâle, ne supporte pas le froid de nos hivers, mais est assez hâtive. On la cultive plus en Allemagne qu'en France. De l'*orge commune* descendent : l'*orge escourgeon* (*fig.*328), la plus cultivée en France comme orge d'hiver ; l'*orge céleste* (*fig.* 354), exigeant un sol riche mais donnant un très-bon grain ; l'*orge de l'Himalaya* ou *orge Nampto*, très-vigoureuse, très-productive et très-hâtive. 2° l'*orge à deux rangs*, qui mûrit en trois mois, espèce le plus ordinairement cultivée en France comme orge de printemps ; 3° l'*orge éventail* (*fig.* 352), aux grains adhérents à la balle, assez lourds, supérieurs en qualité, réussissant dans les sols médiocres et les situations froides ; 4° l'*orge trifurquée* (*fig.* 111), dont l'épi ressemble à celui du froment et n'a pas de barbes.

L'orge est la céréale qui s'avance le plus loin, aussi bien au Nord qu'au Midi. Elle pénètre jusqu'en Egypte et en Arabie. Elle donne ses plus beaux produits dans les sols de consistance moyenne ; cependant, la plupart des terrains lui conviennent, pourvu

qu'ils ne soient pas trop humides. Dans les sols
secs et sous un climat doux, il la faut semer en février ; sous un climat plus froid, seulement en avril ;
et, si la terre est compacte, on peut retarder jusqu'en
mai. L'orge exige, bien plus que le blé, un sol profondément et parfaitement ameubli, qu'il faut préparer
de très-bonne heure pour les orges d'hiver, et avant
l'hiver pour celles de printemps. On sème l'orge très-
dru, à raison de 3 hectolitres pour les sols maigres
et de 2 hectolitres 65 pour les terres bien fumées. Généralement, on ne fume pas directement le sol pour
la culture de l'orge, mais on la sème, au contraire, dans

Fig. 353. — Porc du Hampshire.

une terre en bon état. Quelquefois, cependant, on fait
bien d'arroser le sol avec du purin étendu d'eau, avant
l'ensemencement. On doit moissonner fin juillet ou
commencement d'août, quand la récolte est jaune sur
pied. Attendre qu'elle blanchisse, ce serait attendre
trop tard ; la paille se rompt alors au-dessous de l'épi

et les grains se détachent trop aisément. On laisse les
javelles seulement 2 ou 3 jours sur le sol avant de
gerber ; un plus long séjour sur la terre ternirait le
grain. Un hectare d'escourgeon bien soigné doit ren-

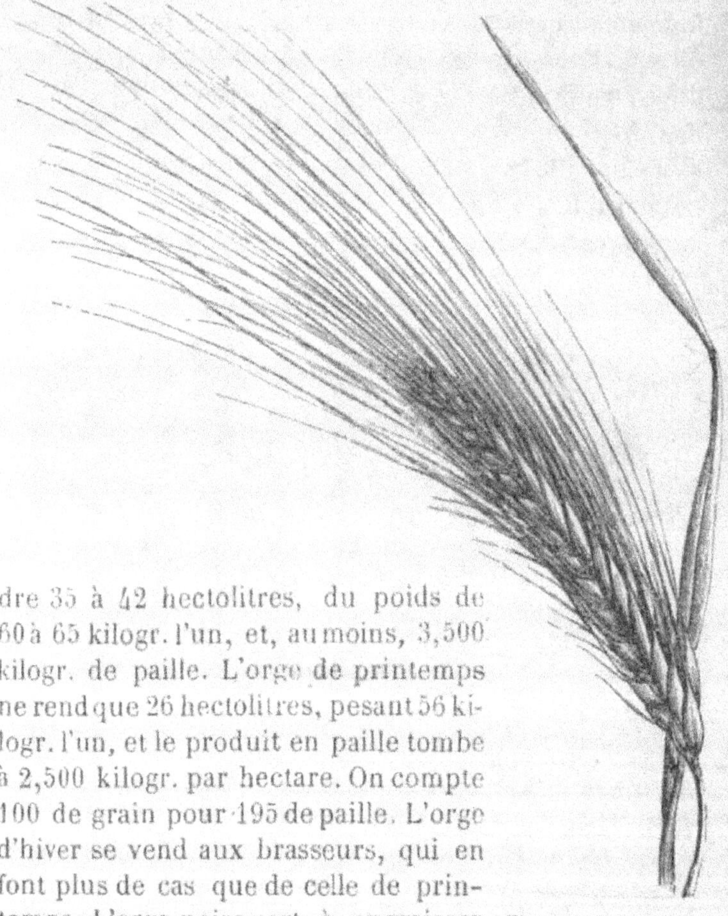

Fig. 354. Orge celeste.

dre 35 à 42 hectolitres, du poids de
60 à 65 kilogr. l'un, et, au moins, 3,500
kilogr. de paille. L'orge de printemps
ne rend que 26 hectolitres, pesant 56 kilogr. l'un, et le produit en paille tombe
à 2,500 kilogr. par hectare. On compte
100 de grain pour 195 de paille. L'orge
d'hiver se vend aux brasseurs, qui en
font plus de cas que de celle de printemps. L'orge noire sert à engraisser
les cochons (*fig.*353) et la volaille.

On cultive encore l'*orge d'été*. On répand alors 2 hectolitres 1/4 de semence par hectare ou 2 hectolitres seulement s'il s'agit de l'orge céleste. On choisit une terre bien fumée et bien labourée. On enterre avec la herse. Le rendement est de 20 à 25 hectolitres par hectare et de 160 à 200 kilogr. de paille par 100 kilogr. de grain; ces hectolitres ne pèsent guère plus de 50 à 55 kilogrammes.

La statistique de 1862 constatait l'existence en France de 1,087,000 hectares cultivés en orge contre 1,188,000 en 1840 (1,096,472 en 1873). Le rendement à l'hectare était de 19 hectolitres contre 16 en 1852 et 14 en 1840 (17,29 en 1873), pesant chacun, en 1862, 61 k. 24. En résumé, la production totale de l'orge était, en 1862, de 20 millions 1/2 d'hectolitres (18,965,077 en 1873), valant 10 fr. 52 l'hectolitre, soit 216 millions de francs, et celle de la paille, de 16 millions de quintaux, valant 49 millions de francs. Sur cette production totale, 2,364,000 hectolitres étaient consacrés à l'ensemencement, 6 millions à l'alimentation, 5,400,000 à la nourriture des animaux, 4,051,000 à l'industrie. Le chiffre de 1869 est sensiblement le même ; il n'a été dépassé qu'en 1862 (21,976,000), en 1863 (21,510,000) et en 1864 (22,556,000). Il faut déduire de ces chiffres environ 1,500,000 hectolitres de grain et 1 million de quintaux de paille pour la part de l'Alsace-Lorraine.

Avec l'orge on fait un pain de mauvaise qualité, à moins qu'il ne s'agisse de la farine de l'orge céleste, qu'on peut mélanger avec celle de froment. L'orge est employée dans le Midi pour nourrir les chevaux (*fig.* 355) et surtout les cochons et les volailles. L'industrie livre au commerce de *l'orge mondé*, c'est-à-dire de l'orge dépouillée de sa pellicule amère, et de

Fig. 355. — Cheval métis navarrin.

l'orge perlé, c'est-à-dire de l'orge à laquelle on a enlevé sa pellicule et ses deux extrémités. Elle sert pour préparer des tisanes. Quant à la paille d'orge, elle n'est bonne que comme litière.

La production de la *bière* a pris un développement

inattendu depuis quelques années, surtout dans les départements du Nord et en Alsace. Lyon les suivait dans cette voie, mais il ne paraît plus être en état de soutenir la concurrence. La bière est une boisson légèrement alcoolique. On l'obtient en transformant d'abord en sucre l'amidon renfermé dans les graines de certaines céréales, notamment de l'orge ; puis ce sucre lui-même devient de l'alcool après addition des principes aromatiques et amers du houblon.

On commence par mouiller l'orge pour la faire germer, ce qui est possible lorsque le grain peut plier sur l'ongle sans se briser. La *germination* est obtenue dans des caves chauffées à 12 ou 15° ; la couche d'orge s'é-

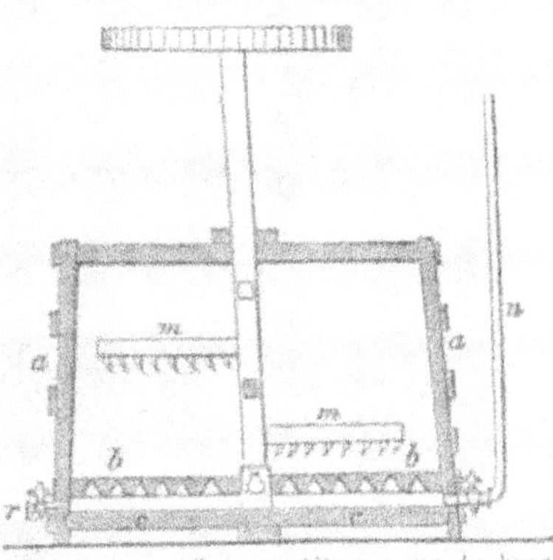

Fig. 356. — Cuve-matière pour le brassage de la bière. *aa*, cuve ; *bb*, double fond, à 5 centimètres du fond véritable *cc* ; *mm*, agitateurs mécaniques.

chauffe et il s'y développe un principe qu'on appelle la *diastase*, et qui doit ultérieurement transformer l'amidon en matière sucrée. On dessèche ensuite l'orge, on sépare le grain des radicelles qui se sont développées et qui rendraient la bière amère ; on moud ce grain et on obtient ce qu'on appelle le *malt*. Reste à *saccharifier* ou à *brasser* le malt par l'action de l'eau chaude. Le liquide qui en résulte renferme le sucre en dissolution, qu'on appelle le *moût* et auquel on mélange du *houblon*. On fait *fermenter* le tout avec de la levûre de bière (*fig*. 357), et le sucre se transforme en alcool (1). La production de la bière, de 6,807,000 hectolitres en 1858, était montée à 7,350,000 en 1869. La perte de l'Alsace-Lorraine a diminué ce chiffre de 334,000 hectolitres.

La statistique industrielle de 1861-1865 constate que dans le prix de 20 fr. 30 par hectolitre la main-d'œuvre

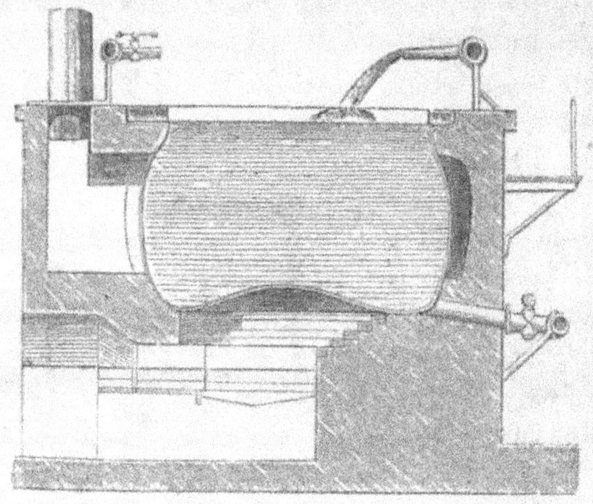

Fig. 357. — Chaudière de cuite en cuivre pour la fabrication de la bière.

entre pour 1 fr. 07, la matière première pour 11 fr. 23, le combustible pour 0 fr. 83, et l'intérêt du capital pour 0 fr. 96.

L'*avoine* n'est guère employée pour la nourriture de l'homme qu'à l'état de *gruau*. Sa paille est une des plus riches substances nutritives, et on la donne surtout aux vaches. Toutefois, l'importance principale de l'avoine lui vient de son grain qui, dans le Nord

____

(1) Paul Poiré, *Simples Lectures sur les principales industries.*

et le centre de l'Europe, est utilisé pour la nourriture des animaux de travail. Dans le Midi, en Asie et en Afrique, on lui préfère l'orge, l'avoine étant trop stimulante pour les races ardentes de ces contrées. On distingue quatre espèces d'avoine : *l'avoine commune* (fig. 70), qui a servi de souche à *l'avoine com-*

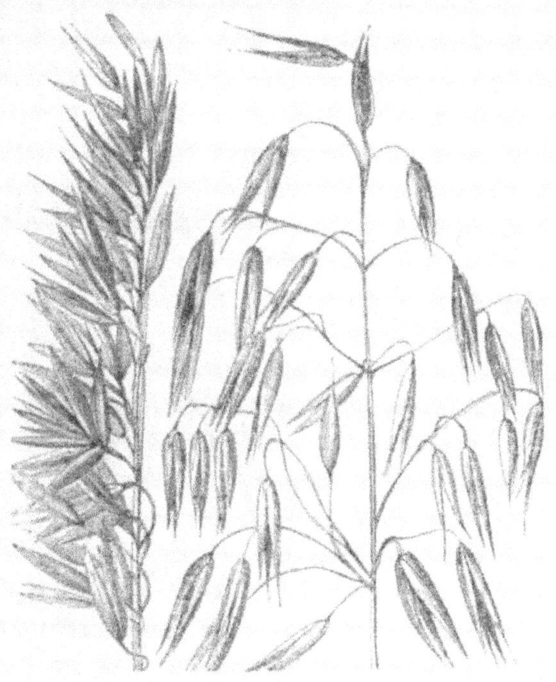

Fig. 338. — Les deux formes principales d'épi de l'avoine.

mune d'hiver*, à *l'avoine commune du printemps*, à *l'avoine de Géorgie* ou de *Sibérie*, à *l'avoine patate*, et dont les fleurs sont disposées en panicules lâches; *l'avoine de Hongrie* (*fig.* 115) ou *de Hollande*, qui a ses fleurs disposées en panicules serrées et dont les grains,

tantôt blancs, tantôt noirs, sont portés sur de courts pédoncules; l'*avoine courte à deux barbes* ou *pied-de-mou-
che* (*fig*. 122), dont les fleurs (*fig*.359) forment des panicules lâches, légers, unilatéraux, et dont le grain est
petit, court et peu abondant en substances nutritives ;
enfin l'*avoine nue* (*fig*. 242) ou *avoine de Tartarie*,

Fig. 359. — Fleur d'avoine.

dont les épillets comptent chacun quatre à cinq fleurs
réunies en petite grappe.

L'avoine craint les grands froids. Les deux dernières
espèces ne conviennent qu'aux terrains maigres et aux
climats durs. La plus recherchée est la première de
cette liste, surtout la *variété de printemps*, du reste
fort accommodante quant au sol, s'appropriant à tous
les terrains, à moins qu'il ne s'agisse de sables arides ou de terrains trop calcaires; elle préfère toutefois

les climats et les terrains frais. Elle réclame les mêmes
soins que le froment ; les terres argileuses, les marais,
les étangs desséchés lui conviennent fort. Les avoines
se moissonnent en août sous les climats tempérés et,
dans le Nord, fin septembre, avant même qu'elles
soient bien mûres ; on doit laisser les javelles six ou
sept jours sur champ, pour que la maturation se
complète. Généralement, on cultive mal l'avoine ; on
n'en retire que 20 hectolitres, en moyenne, par hectare,
pesant environ 50 kilogr. l'un. Sur récolte sarclée ou
sur prairies rompues, on en obtient de 30 à 40 ; en
Flandre, par exemple, où l'on soigne cette culture,
on arrive à 48 hectolitres, pesant 44 kilogrammes l'un.
On atteint même 60 et 70, mais tout à fait exceptionnellement. La moyenne de la statistique de 1862 est
de 24 hect. 40, pesant chacun 46 kilogr. 89. On doit
être satisfait avec 2,500 kilogr. de grain et 4,000 de
paille. La moyenne de 1862, s'écartant peu d'une bonne
année, ne s'élevait qu'à 1,774 kilogrammes de paille.
Il faut environ 4 hectolitres de semence à l'hectare :
3 dans les sols très-fertiles, 5 dans les terres légères. La statistique de 1862 ne relève qu'une moyenne
de 2 hectol. 146 par hectare. En 1873, 3,231,469
hectares ont été cultivés en avoine, produisant
76,772,124 hectolitres de grain, soit 23,75 à l'hectare.
Il importe de semer en automne dans le Midi, en février dans le Centre, et d'enterrer assez profondément.

Dans certains pays, les gens pauvres font du pain
noir ou de la bouillie avec l'avoine. La balle du grain
est fort convenable pour bourrer des traversins et
remplir des paillasses de lits d'enfants. L'avoine en
vert est un délicieux fourrage.

Il y avait, en 1862, environ 3,300,000 hectares consacrés à la culture de l'avoine, rendant ordinairement 81 millions d'hectolitres de grain et 59 millions de quintaux de paille. En 1840, il ne se produisait en France que 49 millions d'hectolitres. Il est vrai que de ce chiffre de 1862 il y a lieu de déduire 2,400,000 hectolitres de grain et 1,735,000 quintaux de paille pour la part de l'Alsace - Lorraine. Le prix moyen de l'avoine, à la même époque, était de 7 fr. 52 l'hectolitre pour le grain, et de 3 fr. 10 le quintal pour la paille, ce qui donnait à la production totale du grain d'avoine une valeur de 610 millions de francs et de 177 pour la paille. Plus de 8 millions d'hectolitres étaient employés en semence, 42 pour la nourriture des animaux, 3 pour l'industrie, 1 1/2 pour l'alimentation de l'homme. Ce chiffre de 1862 a été le plus élevé de la période 1859-1869 ; il a varié, dans ce même laps de temps, de 54 millions 1/2 (en 1859) à 76 (en 1869).

Fig. 360. — Sarrasin commun.

Le *sarrasin* ou *blé noir* sert à la nourriture de l'homme comme à celle des animaux. Sa farine, en Bretagne, est employée à faire des galettes et de la bouillie assez nutritives ; mais l'enveloppe assez dure de son grain oblige à le concasser avant de le donner aux animaux (*fig*. 361). On l'utilise encore comme fourrage frais et comme engrais vert ; dans ce dernier cas, on l'enterre au moment de sa floraison. On distingue le *sarrasin ordinaire* (fig. 360) et le *sarrasin de Tartarie* (fig. 66), qui diffère du premier par ses petites fleurs verdâtres, ses graines plus dures, plus petites, munies de dents sur les angles. Ce dernier est préférable comme engrais vert, et l'autre comme substance alimentaire.

Fig. 361. — Cheval anglais pur sang.

Le sarrasin est extrêmement sensible aux influences atmosphériques. Le succès en est incertain, sauf en Bretagne, dont la douce température d'été, l'humidité du climat, l'absence de gelées tardives et de vents froids et desséchants, conviennent seules à sa prospérité. Dans ces conditions-là, le sarrasin devient une plante précieuse, peu exigeante, se contentant de sols pauvres, sableux et calcaires, et redoutant aussi bien l'humidité que l'excès d'engrais.

Il ne faut donc pas le semer avant le 15 mai; dans le Midi, on attend même juin ou juillet. Dans les contrées chaudes, la semence doit être drue, 1 hectolitre par hectare ; sous les climats tempérés, 60 à 80 litres suffisent; et enfin sous les climats humides, en se rapprochant du Nord, on ne doit pas dépasser 35 à 40. Le sarrasin pousse vite et mûrit en trois mois au plus ; on le coupe dès que la moitié des grains paraît mûre, en septembre ou en octobre ; on pose les javelles debout, par petits tas écartés du pied, et on les laisse ainsi quelques jours sur le sol, pour attendre que la paille soit suffisamment sèche ; on bat alors le grain. On doit obtenir 20 ou 25 hectolitres à l'hectare. En Bretagne, le produit est de 15, pesant chacun 58 kilogr. En Flandre, on obtient jusqu'à 50 hectolitres. Quant à la paille, c'est une mauvaise litière, et elle n'est bonne qu'à jeter dans la fosse à purin, pour y pourrir à la longue.

On cultive en France 669,000 hectares de sarrasin (le chiffre de 1873 a même été de 690,824), produisant 11 millions d'hectolitres de grain (9,222,047 hectol. en 1873, soit 13 hectol. 34 à l'hect.), pesant 62 kilogr. 20 l'un et valant 9 fr. 05, soit un revenu total de 98 millions de francs. Quant aux 9 millions de quintaux de paille, à 1 fr. 43, ils ne représentent pas plus de 12 millions 1/2 de francs. 5 millions 1/2 d'hectol. de grain servent à l'alimentation de l'homme, 2 millions pour le bétail (*fig.* 362), et 1/2 million pour l'ensemencement. De 1859 à 1869, la récolte a varié de 10,761,000 hectolitres à 6,658,000, montant en 1866, jusqu'au chiffre maximum de 13,092,000.

La production du *riz* n'a qu'une importance fort

restreinte pour l'agriculture de la France. On ne l'y cultive guère. Il réussit dans le Midi de l'Europe, en Asie et en Amérique. On a essayé maintes fois de l'introduire en Auvergne, dans le Roussillon, dans la Camargue, dans les Landes. Le plus souvent on y a renoncé, à cause des exhalaisons malfaisantes qui s'élevaient des rizières. Toutefois, l'essai des Landes a été couronné de succès; cette plante paraît s'y ac-

Fig. 362. — Vache bretonne.

climater et donner d'excellents produits, grâce aux efforts de la *Société des Rizières de la Teste*.

Le riz, en somme, ne nous offre guère d'intérêt qu'en ce qu'il est l'un des principaux revenus de notre colonie de Cochinchine. On distingue le *riz sans barbes* et le *riz impérial chinois*, variétés d'une même espèce, le *riz commun* (*fig.* 163) ou *nostrano*. Ils ne prospèrent, les uns et les autres, que sous une température élevée, continue pendant 4 à 5 mois. Ils ne sauraient dépasser en Europe le 46ᵉ degré de latitude en allant vers le Nord.

Le riz est une plante aquatique, assez indifférente
à la nature du sol, mais non à celle de l'eau qui le

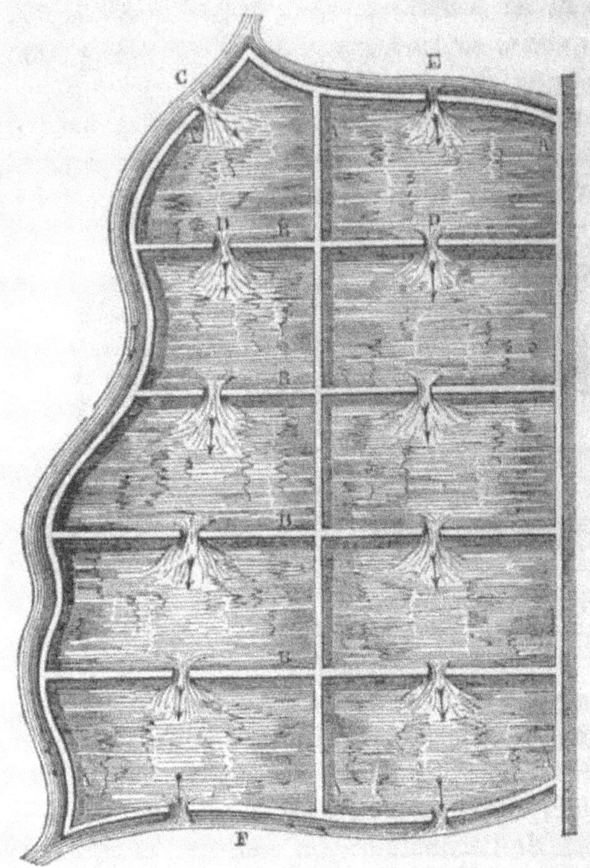

Fig. 363. — Rizière. A, digues longitudinales parallèles à la direction du
labour et au mouvement des eaux. B, digues transversales. C, E, ouvertures donnant accès à l'eau. F, fossé d'écoulement.

baigne. Cette eau lui est d'autant plus favorable,
qu'elle renferme une plus grande quantité de principes organiques et qu'elle est plus chaude. L'eau de

rivière et d'étang lui convient, mais non celle de
source. Il faut un courant d'eau de 1 mètre cube par
minute pour irriguer 13 hectares de rizières, à terrain
d'une perméabilité moyenne, en y entretenant constamment une couche d'eau de 0^m13. Les rizières
sont essentiellement malsaines et engendrent des
fièvres intermittentes, qui se développent par la fermentation du sol, due à ce qu'il est alternativement

Fig. 364. — Bœuf bazadais.

inondé et exposé aux rayons d'un soleil ardent. C'est
ce qui fait que la culture en est si restreinte en Europe.
A la Teste, les rizières ont 330 hectares d'étendue ; on
emploie 100 mètres cubes d'eau par jour et par hectare pendant toute la durée des arrosages. On y cultive les deux variétés de riz sus-indiquées. On récolte
fin septembre ou en octobre, en coupant à la faucille.
Les bestiaux mangent fort bien la paille de riz. Le

rendement est de 35 hectolitres. Les frais généraux de premier établissement se sont élevés à 120 fr. par hectare. Le rendement habituel varie entre 18 et 60 hectolitres, 40 en moyenne, pesant, non décortiqué, 75 kilogrammes l'un, dont moitié représente le poids de la balle. La plante donne, en outre, environ 3,800 kilogr. de paille ; la proportion, en poids, de la paille au grain varie, du reste, comme 130 à 100.

Le *maïs* occupe aujourd'hui une place considérable parmi les céréales. Cette plante, sans le secours de laquelle la civilisation eût été de beaucoup retardée dans la vallée du Mississipi, a pris une part non moins large dans le développement de la richesse nationale, surtout dans le Centre et le Midi. Le grain qui en provient est utilisé sous bien des formes différentes,

Fig. 365. — Poularde de la Flèche, avec les deux appendices caractéristiques de la race.

d'abord pour la nourriture de l'homme, en bouillie épaisse ou *gaude*, et en gâteau bouilli ou *polenta*. On en fait également du pain, en le mêlant à la farine de froment. Si on le laisse fermenter, on peut le substituer à l'orge ou au blé dans la préparation de la bière. C'est, d'autre part, un excellent aliment pour tous les animaux, chevaux, porcs, oiseaux de basse-cour (*fig*. 365). La paille, très-spongieuse, donne l'une des meilleures litières. Enfin les spathes qui enveloppent l'épi sont parfaites pour remplir les paillasses et les coussins, ainsi que pour alimenter le bétail.

Fig. 366. — Maïs de Pennsylvanie.

Le maïs ou *blé de Turquie* nous vient de l'Amérique du Sud. C'est une plante du Midi, mais qui monte encore assez haut vers le nord. Cependant la culture en devient bien incertaine vers Paris, et, plus avant dans le Nord, ce n'est qu'une plante d'amateur. Il lui faut un climat doux, une terre riche, un peu fraîche, bien fumée et convenablement divisée par les labours. Il craint le froid; aussi ne doit-on le semer qu'alors que les gelées du printemps ne sont plus à redouter, fin avril ou commencement de mai.

Le *maïs commun*, la seule espèce cultivée, se partage en plusieurs variétés : le *maïs d'été* (*fig.* 116), à grain jaune orangé, dont 100 épis donnent 7 à 8 kilogr. de grains (il y en a 12 à 15 rangées de 30 à 35 par épi) et dont l'hectolitre pèse 78 kilogrammes (hauteur de la tige 1^{m}12) ; le *maïs d'automne* ou *maïs tardif*, jaune orangé vif (10 à 12 rangées de 35 à 40 grains par épi), dont 100 épis produisent 12 kilogrammes de grain et dont l'hectolitre pèse 75 kilogrammes (hauteur de la tige (*fig.* 367), 2 mètres) ; le *maïs quarantain*, à végétation très-rapide et à grains d'un jaune pâle (par épi, 8 à 10 rangées de 24 à 28 grains), dont 100 épis rendent 5 à 6 kilogrammes et dont l'hectolitre en pèse 75 (hauteur de la tige 0^m,60 à 0^m,70) ; le *maïs nain* ou *maïs poulet* (*fig.* 123), qui ne dépasse jamais un demi-mètre, très-précoce et donnant un poids de 3 kilogrammes pour 100 épis ; le *maïs de Pennsylvanie* (*fig.* 366), à grains aplatis, très-gros, d'un jaune clair, haut de 2 mètres à 2^m,50 (8 à 10 rangées, de 50 à 60 grains chacune, par épi), rendant 14 à 18 kilogrammes de grains par 100 épis, et pesant 75 kilogrammes à l'hectolitre. Il mûrit de 12 à 15 jours après le maïs d'été. En France, on préfère les variétés très-productives et à production lente. Il leur faut 4 à 5 mois pour terminer leur végétation et, pendant ce temps, une température élevée et soutenue, ce qui fait qu'elles ne dépassent guère 47° de latitude. Tous les sols leur conviennent, sables blanchâtres de la Sarthe, sols pierreux ou granitiques des Pyrénées, argiles compactes du Languedoc, pourvu qu'on les ait suffisamment ameublés et convenablement fumés. Toutefois elles donnent leurs plus beaux produits dans les terres de consistance moyenne. On répand de 30 à 50 litres de grain à l'hectare.

L'hectare de grand maïs rend très-communément 25 hectolitres dans des terres de fertilité moyenne. Il en atteint 80 dans d'excellents sols. La différence entre le Midi et le Centre est dans la proportion de 60 à 30. Le poids de l'hectolitre varie entre 60 et 75 kilogrammes. Ajoutons, pour le produit de chaque hectare, 3,000 à 4,500 kilogrammes de paille par hectare, soit 206 ki-

logrammes de ti-
ges pour 100 de
grains, 26 de
spathes (c'est la
balle du maïs),
et 48 de *râfles*
(nom donné à
la carcasse de
l'épi). En 1862,
on cultivait en
France 586,000
hectares de maïs,
soit une diminu-
tion de 45,500 sur
1840 ; mais ils
rendaient, à rai-
son de 14 hecto-
litres 3/4 de grain
à l'hectare, un
total de 8,648,000
hectolitres à 12 f.
92, valant 112
millions de fr.
Ajoutons à cela
16 quintaux de
paille par hec-
tare ou, en tout,
6,632,000, valant
20 millions de fr.
à 3 f. 04 l'un. C'est
une augmenation
de valeur sur 1840

Fig. 307. — Tige
de maïs.

d'un tiers pour le grain, avec une augmentation
de récolte d'un million d'hectolitres. La récolte de la
paille s'est accrue de moitié, et le prix en a presque
doublé (3 fr. 04 le quintal, au lieu de 1 fr. 77).

« Pas de meilleur lard que celui des porcs nourris au
« maïs, pas de plus fines poulardes, pas de meilleures
« dindes (*fig.* 368), de meilleures oies grasses que celles
« qui ont été soumises à ce régime de choix... Enfin le
« maïs, semé à la volée et coupé en vert, donne un
« fourrage abondant « et de toute première « qualité (1). »

A l'apparition de la troisième ou de la quatrième feuille de maïs, on procède à un premier binage; on enlève alors les plants trop rapprochés, en maintenant une distance de 0^m,80 entre les lignes et de 0^m,54 entre les plants, comme dans le Languedoc, ou de 0^m,65 pour les lignes et de 0^m,32 pour les plants, comme dans le Centre.

Fig. 368. — Dindon.

Dans ces intervalles, il est avantageux de semer des haricots, des choux repiqués, des laitues, des navets, des rutabagas ou des courges (*fig.* 369). On resème les places vides et, quinze jours après, on donne une seconde façon, consistant dans un premier buttage. Quand la plante a 40 centimètres de haut, nouveau binage et nouveau

(1) Joigneaux, *Agriculture*.

buttage. Lors de la floraison, on enlève les ramifications des nœuds inférieurs de la tige, qui épuiseraient
la tige principale, et on les donne au bétail. L'épi femelle une fois fécondé, ce qu'on reconnaît au noircisse-
ment et au dessèchement des pistils, on peut enlever

Fig. 369. — Citrouille de Touraine.

les épis mâles, ce qui permet d'obtenir un fourrage vert
excellent (*fig*. 370). La quantité et la qualité des produits sont très-modifiés par cette opération.

Le *millet* ou *panis* peut entrer dans la confection du
pain ; on en mange aussi le grain à la façon du riz ; mais
il sert plutôt à nourrir les animaux domestiques, et ses

tiges sèches chauffent fort bien le four. On distingue
le *millet commun* (fig. 371) et le *millet d'Italie (fig. 372)*,
qui donne un peu plus de grains, mais plus petit et
moins estimé. Il leur faut le même climat qu'au maïs et
un sol de consistance moyenne ; cependant, ils réussissent encore dans les terrains sablonneux, dont le manque
d'humidité repousse toute autre végétation. Un labour,
suivi d'un hersage, suffit à préparer le sol qui doit rece-

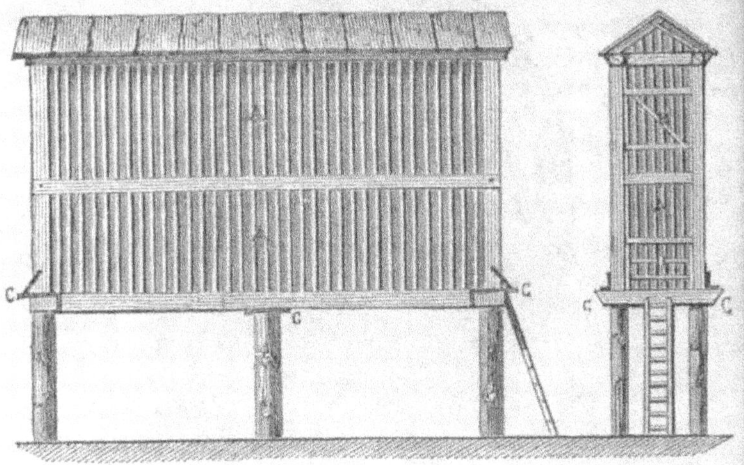

Fig. 370. — Séchoir pour le maïs.

voir cette céréale; mais il lui faut force engrais, car c'est
une plante épuisante au premier chef. Elle rend à l'hectare
32 hectolitres, d'un poids moyen de 70 kilogrammes, et
3,900 kilogrammes de paille, moyennant une quantité de
semence de 30 à 38 litres. On a avantage à semer en
lignes à la main ou, ce qui vaut mieux encore, au semoir. On ne cultivait en France, en 1862, que 38,805
hectares de millet, rendant, à raison de 8 hect. 94, d'un

poids de 63 kil. 34 l'un,
une récolte totale de
346,865 hectolitres de
grains ; à 13 fr. 55 l'hectolitre, cela donne une valeur de 4 millions et demi;
d'autre part, les 338,000
quintaux de paille repré-
sentent environ une som-
me d'un million de francs.
En 1873, la production
du maïs et du millet
réunis a absorbé la cul-
ture de 673, 617 hectares
et s'est élevée à 9,521,885
hectolitres, soit un rendement moyen de 14 h. 13
à l'hectare.

C'est par le *sorgho à
balai* (fig. 373), *houlque*
ou *grand millet d'Inde,*
que nous terminerons cette
revue des céréales. C'est
une plante forte et droite,
analogue au maïs, dont
la tige s'élève à 1 ou
2 mètres et porte de larges
feuilles. On la cultive
pour ses panicules, dont
on fait des balais, et pour
son grain qu'on donne à
la volaille. Ses tiges servent de combustible ou de

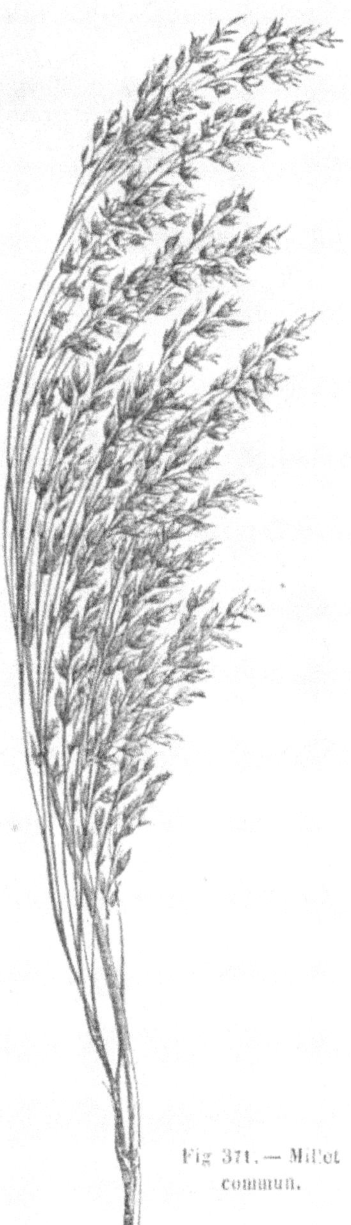

Fig 371. — Millet
commun.

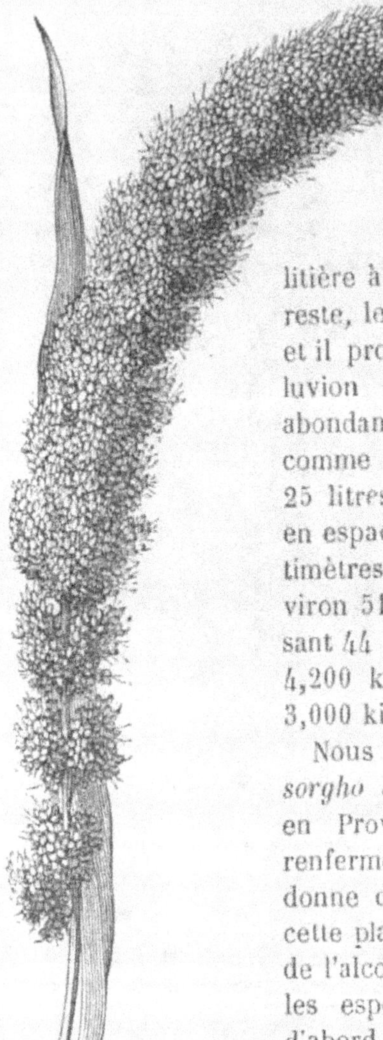

Fig. 372. — Millet d'Italie.

litière à volonté. Il lui faut, du reste, le même climat qu'au maïs, et il prospère dans les terres d'alluvion riches et substantielles, abondamment fumées et préparées comme pour le maïs. On répand 25 litres de semence par hectare, en espaçant les lignes de 90 centimètres. Le rendement est d'environ 51 hectolitres de grain, pesant 44 kilogrammes l'un, et de 4,200 kilogrammes de balais, plus 3,000 kilogrammes de tiges.

Nous devons mentionner ici le *sorgho à sucre*, importé de Chine en Provence et en Algérie, qui renferme beaucoup de sucre et donne de l'alcool. La culture de cette plante, en vue de l'extraction de l'alcool, n'a pas réalisé toutes les espérances qu'on en avait d'abord conçues. « On lui reproche, et avec raison, d'épuiser le sol plus que le maïs et de rendre

moins la plupart du temps (1). »
Sa culture est la même que pour
ce dernier, mais ses grains ne
mûrissent réellement qu'au
midi de la Loire. Pour se pro-
noncer, il y a lieu d'attendre les
résultats que donneront de nouvelles expériences.

Les céréales sont fréquemment atteintes par des maladies qui causent parfois d'assez
graves dégâts.

Nous ne nous occuperons ici
que des maladies causées par
les influences atmosphériques ;
nous reviendrons en temps utile
sur celles qui sont dues à des
parasites végétaux ou animaux.
Les gelées tardives, la grêle,
les pluies continues, les rosées
abondantes, les brouillards qui
succèdent aux jours chauds, nuisent aux céréales, notamment
au blé, lorsque le grain commence à mûrir. Il survient ce
qu'on appelle la *ventaison*, et
l'on en retire du *blé échaudé*
ou *retrait*. Le brouillard du
matin imbibe le blé ; le soleil,
paraissant ensuite tout à coup
clair, ardent, fait monter in-

(1) Le *Livre de la Ferme*.

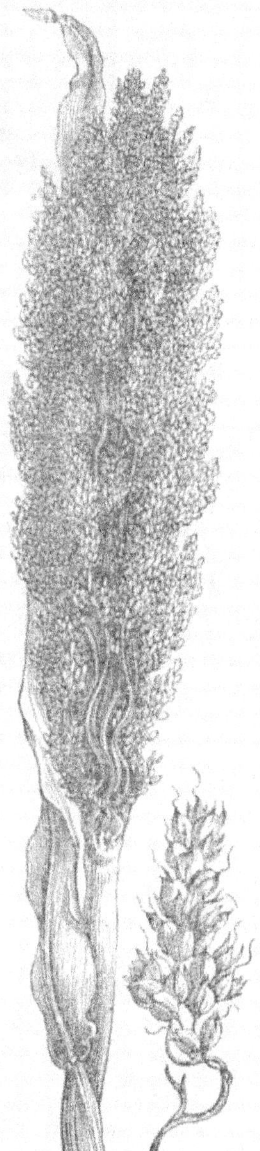

Fig. 373. — Sorgho à balai.

stantanément la température du grain de blé de 15° à 45 et plus. L'eau absorbée par ce grain se dilate, brise l'enveloppe, et la fécule, encore à l'état laiteux, s'écoule par l'ouverture, ne laissant que du gluten à l'intérieur du grain. On prévient cette maladie au moyen de cette opération du *cordage des blés,* dont nous avons parlé précédemment.

Le blé donne la *farine*, et la farine le *pain*. Un mot donc sur la **minoterie** et la **boulangerie**.

Les moulins, qui datent du temps d'Auguste, ne se sont répandus en Europe que vers la fin du quatrième siècle. La mouture est restée à l'état de barbarie jusqu'au dix-huitième. Parmentier affirme qu'en 1709 on ne tirait d'un setier de blé, pesant 240 livres, que 90 livres de farine. C'est à M. Touaillon que l'on doit la réforme de la minoterie, l'introduction en France du système *anglais*, et le remplacement des meules de 6 pieds par les meules de 1ᵐ30 rayonnées (1).

La mouture se divise en trois opérations principales : le *nettoyage des grains*, le *moulage* et le *blutage*. Pour débarrasser le grain des matières étrangères qui s'y trouvent mêlées, on le fait passer sur un *émottoir* composé d'un cylindre spécial ou d'une grille en tôle, percée d'ouvertures longitudinales et rondes ; les corps plus gros que les grains restent à l'intérieur du cylindre ; les autres passent avec ceux-ci au travers des trous, et un ventilateur emporte les otons, cloques, balles et grains très-légers. Les grains, débarrassés de ces matières, tombent dans une ramonerie, dont le tambour

(1) Ch. Touaillon fils, *la Meunerie*.

décrit 300 tours à la minute ; cette ramonerie les sépare énergiquement des germes et des barbes. On ventile encore une fois, puis on crible ; restent les petites pierres qu'il importe de ne pas laisser arriver sous les meules. A cet effet, on fait passer tout ce qui sort du cribleur entre des cylindres compresseurs, qui aplatissent le grain mais brisent les corps durs. Au sortir de ces cylindres, le tout s'écoule sur une grille inclinée ou un auget, dont le fond est en toile métallique. Le grain glisse jusqu'à l'extrémité de la grille ou de l'auget et va tomber dans le boisseau à blé propre, destiné à alimenter les meules. Les corps durs divisés passent au travers de la toile métallique et n'arrivent pas jusqu'aux meules. Une paire de meules se compose de deux cylindres de pierre dure, formés généralement de morceaux cimentés avec du plâtre très-fin et cerclés de fer. La meule supérieure est fixe ; l'autre seule est mobile. Le grain est entraîné entre elles par la rotation de la *meule courante* ; il se prend entre les rayures et se trouve broyé, moulu et en même temps porté à la circonférence ; cette farine mêlée de son, ou *boulange*, tombe par un orifice latéral dans un *refroidisseur*, cylindre muni d'un râteau mobile, qui empêche l'altération du produit, trop échauffé par le frottement de la meule.

Nous ne reviendrons pas sur le *blutage* ; nous en avons déjà parlé au chapitre des instruments d'intérieur de ferme.

Quant au pain, on l'obtient en délayant la farine dans l'eau pour en faire une pâte, à laquelle on ajoute une certaine quantité d'une substance nommée *levain*, propre à déterminer dans la masse un phénomène de fermentation et à décomposer l'amidon du blé en al-

cool et en acide carbonique. Dans le four, la chaleur
arrête la fermentation et fait dilater toutes les bulles
de gaz, qui distendent la pâte et rendent le pain moins
compact et plus facile à digérer. Le levain qu'on emploie peut être de la *levûre de bière*; mais, bien plus
souvent, c'est du *levain de pâte*, obtenu en abandonnant de la pâte dans un endroit chaud. On pétrit ensuite, soit à bras, soit au moyen du *pétrin mécanique*
dont nous avons parlé. La pâte doit son extensibilité
et son élasticité au *gluten*, substance particulière contenue dans la farine et formée d'un mélange de glu-
tine, de fibrine, de caséine, d'albumine, de matières
grasses, de phosphates, de magnésie et de chaux, du
reste fort nutritive. Grâce à ce gluten, elle peut se
gonfler par la cuisson. On cuit dans des fours de forme
elliptique, et l'on reconnaît qu'on a atteint le but
quand le pain est ferme, d'un jaune doré, d'une odeur
agréable et aromatique, et qu'il résonne quand on
frappe le dessous avec les doigts.

Il nous faudrait parler maintenant des *pâtes alimentaires, biscuit, semoule, vermicelle, macaroni*, etc., qui
sont l'objet de si nombreuses affaires pour Clermont-
Ferrand, Paris, Marseille, Lyon, Nancy et Poitiers, et
à la fabrication desquelles on emploie les beaux blés
durs d'Auvergne, les blés durs d'Algérie, enfin les
farines de divers froments (durs, demi-durs et tendres) que l'on améliore quelquefois, surtout à Paris,
en y ajoutant le gluten obtenu dans la préparation de
l'amidon.

La place particulièrement importante qu'occupent
le blé et le pain dans l'alimentation générale a, sous
la pression de vues politiques incomplètes, souvent

déterminé les gouvernements à réglementer le commerce des céréales ainsi que celui du pain, sous prétexte d'empêcher le prix de ces denrées de s'accroître au delà d'une certaine mesure par l'action de la spéculation. Ils ne réfléchissaient pas qu'on n'enraye jamais le mal par ces entraves. On ne parvient qu'à le faire dévier, et les entraves imaginées ne nuisent qu'au commerce régulier et honnête, en détournant les capitaux qui ont besoin de sécurité et de garanties de toute sorte. On avait inventé l'*échelle mobile*. Ce tarif, qui a régi le commerce des céréales en France pendant un demi-siècle environ, consistait principalement à mettre à l'importation un droit croissant, à mesure que s'abaissait le prix de vente sur les marchés français, et à interdire toute importation quand le prix descendait au-dessous d'une certaine limite... On ne parvint pas même à donner de la fixité aux prix et à empêcher les grandes baisses, car, sous l'empire de cette législation, l'hectolitre valut tantôt 40 francs et tantôt 12. L'échelle mobile a été supprimée par la loi du 15 juin 1861 et la liberté du commerce des grains établie, moyennant un droit fixe de 50 centimes par hectolitre à l'importation. Le principal effet du nouveau régime économique a été de permettre au commerce de *faire*, dans le cas de mauvaise récolte, *ses approvisionnements avec sécurité*, sans que le négociant ait désormais à redouter, entre l'époque de l'achat à l'étranger et l'époque de l'introduction en France, une surélévation de droit ou une interdiction absolue ; partout, le principal résultat a été de *modérer* , en temps de cherté, par des importations plus considérables, la hausse du blé (1) » et aussi la baisse, ajouterons-nous, par des effets inverses. En un mot, « *la liberté commerciale est le plus sûr pourvoyeur des nations.* » Dans les dernières années, l'importation des grains et farines a varié entre 15 millions 1/2 d'hecto-litres (en 1861) et 1 million 1/2 (1865), et l'expor-tation entre 8 millions 1/2 (1865) et 1 1/2 (1861), variations se traduisant, en définitive, d'une année à l'autre, par une dette d'environ 300 millions de francs ou par une créance de 150 millions.

Il en est de même de la *taxe du pain.* Autrefois, la boulangerie était l'objet d'un monopole et soumise à une réglementation absurde et injuste. Le boulanger est un commerçant comme un autre, plus nécessaire qu'un autre, et l'on ne peut avoir aucun droit de lui enlever la rémunération qu'il juge à propos de ré-clamer pour ses services. Le gouvernement impérial a rétabli la liberté de la boulangerie, tout en laissant aux municipalités la faculté de rétablir la taxe. La me-nace de cette taxe, constamment suspendue sur la boulangerie dans nombre de villes, au Mans, à Mar-seilles, à Versailles, a détourné les capitaux de cette branche d'industrie. Les municipalités, pour obéir aux caprices de leurs électeurs ou à leurs propres préjugés, ont cru devoir faire usage de la loi de 1791 ou simplement menacer les boulangers d'y recourir. Elles ont empêché, par cette insécurité permanente, la boulangerie de se perfectionner, de se réorganiser, de s'outiller ; elles ont mis obstacle au développe-ment du colportage du pain par les boulangers am-

(1) Levasseur, *Cours d'économie rurale industrielle et com-merciale.*

bulants, mode de *concurrence* on ne peut plus profitable au consommateur. En un mot, elles n'ont fait que fortifier le monopole existant et empêcher la création du contrepoids naturel qu'il doit trouver dans une *concurrence libre* et normale.

La consommation annuelle du blé, pour toute la France, extrêmement variable d'une année à l'autre, est évaluée, en moyenne, à 90 milions d'hectolitres.

Or, on compte que 3 hectolitres 12 rendent un sac de farine de 163 kilogrammes, devant produire 104 pains de 2 kilogrammes. On a donc, pour la consommation annuelle de la France entière, 2,933 millions de pains de 2 kilogrammes. Sur cette quantité, 2,200 sacs ou 350,000 kilogrammes de farine sont absorbés par Paris chaque jour, ce qui donne, pour l'année entière, 803,000 sacs de farine ou 83 millions 1/2 de pains de 2 kilogrammes.

CHAPITRE XVI.

LÉGUMINEUSES FARINEUSES. — CULTURES SARCLÉES : TUBERCULES ET RACINES. — POMME DE TERRE ET FÉCULERIE. — BETTERAVE ; DISTILLERIE ET SUCRERIE.

Les plantes légumineuses, dont la semence sert à la nourriture de l'homme ou des animaux, sont en assez grand nombre; mais les plus intéressantes, parce que ce sont les plus employées en Europe, et notamment en France, sont les *fèves*, les *haricots*, les *dolics*, les *pois*, les *vesces*, les *lentilles*, les *pois chiches*, les *gesses*. On les a qualifiées de *légumineuses farineuses* pour les distinguer des légumineuses cultivées, soit comme fourrage, soit pour toute autre destination.

On distingue deux espèces de *fèves* : la *fève de marais*, que l'on trouve surtout dans les potagers et les marais, et la *fève gourgane* ou *fève de cheval*, encore dite *féverole* (*fig.* 374), dont les graines (*fig.* 375) sont plus petites et plus nombreuses. La fève se cultive en grand ; elle vient très-bien dans les sols neufs, profonds, argileux, soit qu'on la sème en mars ou en février à la volée pour fourrage, soit qu'on la sème en lignes pour la graine. La semence peut être enfouie de 5 à 10 centimètres ; mais il faut herser vigoureusement avant comme après la levée de la plante, afin de briser la croûte du sol qui s'opposerait à la sortie des jeunes

Fig. 374. — Féverole.

plantes ; on donne ensuite deux binages et l'on butte, quand il s'agit de terres légères ; enfin, il ne faut pas manquer d'étêter les tiges, quand les cosses du bas commencent à se former, afin de fortifier le végétal et de détruire les *pucerons* qui s'attaquent à la cime.

On récolte en août ou en septembre, même en octobre dans le Nord, à la faucille ou à la faux. On a là une immense ressource pour la nourriture des chevaux. On obtient jusqu'à 25 hectolitres à l'hectare, pesant de 80 à 90 kilogrammes l'un. La récolte se fait plus tôt quand on cultive la fève comme

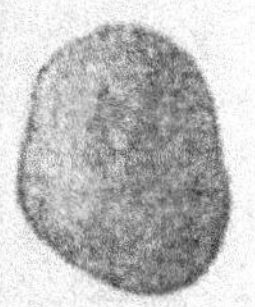

Fig. 375. — Graine de féverole.

fourrage. On doit obtenir 2,500 kilogrammes de fanes sèches à l'hectare. Cette plante est d'un grand prix pour l'agriculture, car elle réussit même là où le maïs, dans le Midi, et la pomme de terre, dans le Nord, viennent difficilement et ne rendent qu'un médiocre résultat. Il se cultivait en France, en 1862, environ 20,000 hectares de fèves et de féveroles, donnant un produit

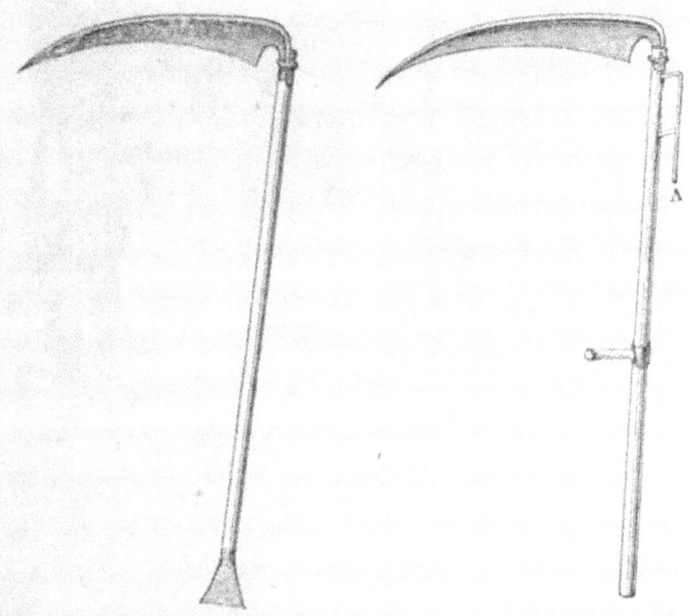

Faux bretonne.   Fig. 376.   Faux picarde.

d'une valeur totale de 36 millions de francs. L'insuffisance des procédés de culture fait que le ren-

26

dement à l'hectare ne dépasse pas 18 hectolitres 1/2 en moyenne, valant de 16 à 17 francs l'un, soit, au total, 2,300,000 hectolitres. Une culture absolument perfectionnée et progressive permettrait d'en obtenir de 35 à 38.

Il existe une *féverole d'hiver*, plus robuste que la

Fig. 377. — Vache comtoise.

précédente, se semant du 15 au 20 septembre à la volée, à raison de 2 hectolitres par hectare au lieu de 2 1/2.

On ne donne pas que les fanes au bétail. On le nourrit aussi avec les graines. « Elles augmentent beaucoup le lait des vaches et engraissent parfaitement le bétail à cornes (*fig.* 377). Elles sont bonnes

aussi pour l'engraissement des cochons, quoique inférieures, sous ce rapport, aux pois et au maïs (1). »

La culture du *haricot* est plus importante que celle
de la fève. Elle s'étendait en 1862 sur une surface de
213,000 hectares. Cette graine donne lieu à un commerce des plus actifs et constitue l'une des richesses
principales de la Côte-d'Or, de
Saône-et-Loire et de l'Aisne.
Aucun insecte n'attaque ce farineux, et il est d'une conservation des plus faciles. Il est,
avec le blé, l'une des principales bases de l'alimentation
dans le sud-est de la France
pour l'homme seulement, car
aucun de nos animaux domestiques ne veut en manger. Les
moutons et les bêtes à cornes
ne recherchent que ses tiges
sèches. Cette plante est peu
usitée dans la grande culture,
surtout en larges pièces. On divise les haricots en deux espè-

Fig. 378. — Haricot de Soissons à rame.

ces : le *phaseolus lunatus* et le *phaseolus vulgaris*. C'est
celui-ci qui a donné naissance à un grand nombre de variétés, réparties entre les deux groupes qui suivent :

Les *haricots ramés*, dont les tiges volubiles ont besoin d'appui ; c'est le *haricot de Soissons* (*fig.* 378
et 379), le *haricot sabre*, le *haricot de Prague* (*fig.* 379)
bicolore ou jaspé, et le *haricot Prédrome*, l'une des
meilleures variétés de *mange-tout*.

(1) Mathieu de Dombasle.

Les *haricots nains,* comprenant le *haricot nain de Soissons* ou *gros-pied,* le *haricot nain blanc sans parchemin,* le *haricot sabre nain,* dont les gousses traînent à terre et qui, par conséquent, ne doit pas être planté dans des terrains humides, le *haricot nain blanc d'Amérique,* le *haricot solitaire,* à grain rouge violet, marbré de blanc et très-productif, le *haricot Suisse gris* et le *haricot gris de Bagnolet.*

Le *phaseolus lunatus,* dont nous parlions tout à l'heure, porte encore le nom de *haricot de Lima ;* ses

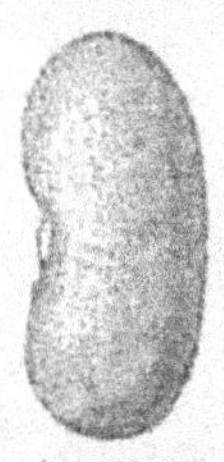   

Haricot de Soissons à rame. jaspé. Haricot suisse gris. Haricot de Prague jaspé. Haricot de Prague rouge.

Fig. 379.

tiges volubiles sont très-élevées et ses grains sont d'un blanc sale. Mentionnons enfin le *haricot du Cap,* aux grains aplatis, plus larges et tachetés de rouge. On a plus d'avantage à choisir le blanc commun ou le soisson gros-pied. On répand 2 hectolitres de semence à l'hectare dans un champ à surface meuble et à fond solide. La maturité se produit en septembre ; on arrache par un temps sec, on dispose le légume en petites bottes qu'on laisse sur le terrain la tête en bas, les pieds en l'air, pendant 3 à 5 jours. On bat plus tard au fléau, et on doit récolter 20 hectolitres à l'hectare, soit 10 pour un. Dans le nord de la France, il n'est pas rare d'en obtenir de 30 à 35. Le haricot n'épuise guère la terre, et on peut le cultiver dans le même sol 3 ou 4 ans de suite, pourvu qu'on

Fig. 380. — Paysans provençaux enfouissant, à l'époque de la floraison, le *dolic à onglet*, utilisé comme engrais vert.

y répande une certaine quantité de cendres de bois. La France produit environ 3,169,000 hectolitres

26.

de haricots par an, à 21 fr. 90 l'un, en moyenne, ce qui donne pour le total de cette production une valeur de 69 millions 1/2 de francs.

Les *dolics*, qui viennent des pays chauds et ne sont guère cultivés en France que par les Provençaux, n'entrent que fort rarement dans la grande culture. On prend alors l'espèce dite *dolic à onglet* ou *banette*, qui demande une terre chaude et légère.

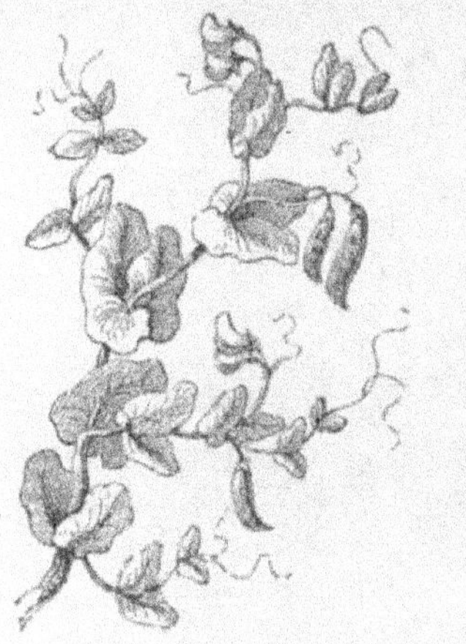

Fig. 381. — Pois des champs
ou pois gris.

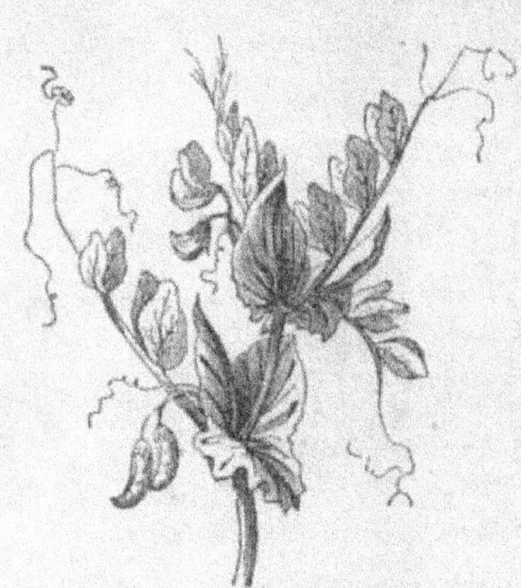

Fig. 382. — Pois cultivé.

Les *pois* sont plus intéressants et constituent une nourriture bien supérieure à celle des fèves et des haricots, soit qu'on les mange secs, soit qu'on les mange frais, à l'état de *petits pois*. Leurs fanes, vertes ou sèches, sont l'un des meilleurs fourrages que l'on puisse donner au bétail.

On distingue d'abord le *pois des champs* ou *pois gris* (*fig.* 381), caractérisé par des fleurs d'un rose violacé et par ses graines brunâtres, plus petites que celles du *pois cultivé* (*fig.* 382). Parmi les variétés des pois des champs citons le *pois gris de printemps* et le *pois gris d'hiver*. Vient ensuite le *pois cultivé*, dont le *pois de Marly*, le *pois de Clamart* ou *pois carré*, le *pois gros-vert* ou *pois normand*, le *pois ridé* ou *pois de Knight*, et enfin le *pois Michaux, hâtif de Hollande*, sont de simples variantes.

Le pois se plaît dans les terrains de consistance moyenne et n'est pas difficile sur le climat. Il lui faut peu de fumier, mais bien pourri. On ensemence en octobre ou en novembre, à raison de 200 à 250 litres de graines de pois nains, de pois Michaux, par exemple. On opère avec la charrue, comme pour la féverole, en ouvrant une raie de 8 à 9 centimètres de profondeur; on y répand les graines à 5 centimètres l'une de l'autre, et ainsi de deux raies l'une, de manière à laisser entre les lignes de pois de 30 à 35 centimètres d'intervalle. On récolte en août; on forme avec les fanes de petites bottes qu'on laisse sur le champ une semaine et, avec ces petites bottes, on en dresse de plus grandes. On obtient 20 à 24 hectolitres à l'hectare, du poids de 88 kilogrammes l'un, plus 4,350 kilogr. de fourrage. Le pois des champs ne rend que 13 hectolitres, pesant 79 kilogr. l'un, plus 2,943 kilogr. de fanes. On en fait un si grand commerce dans le Midi que, sur la ligne d'Orléans, à chaque train express, l'été, on joint un wagon de petits pois, absolument comme pour les fraises qui sont expédiées de Toulouse et de Bayonne à Paris. Si nous en croyons la statistique de 1862, en France, il y aurait 100,000 hectares cultivés en pois, donnant un produit total de 1,662,000 hectolitres, d'une valeur totale de 37 millions de francs. C'est dire que nous sommes bien loin du temps où, selon la chronique, les petits pois firent leur apparition. C'était en 1665. On les paya 100 fr. le litron ; ils montèrent même à 50 écus en 1695.

Les *vesces* sont utilisées surtout comme fourrage ; cependant leurs graines servent à l'alimentation des

Fig. 383. — Vesce commune.   Fig. 384. — Lentille commune.

pigeons et des bœufs. La *vesce commune* (*fig*. 383) présente trois variétés : la *vesce de printemps*, la *vesce blanche* ou *lentille du Canada*, et la *vesce d'hiver*. C'est une plante, du reste, assez facile quant au climat et au mode de culture ou de préparation du sol. Un seul labour, suivi d'un hersage, immédiatement avant l'ensemencement, lui suffit largement. On sème 1 hectolitre 1/2 à l'hectare pour la vesce de printemps et 2 pour la vesce d'hiver ; on répand en même temps un hectolitre de seigle pour soutenir les tiges. Le rendement de la vesce d'hiver est d'environ 15 hectolitres, pesant 80 kilogr. l'un, plus 2,912 kilogr. de paille. La vesce de printemps est un peu moins productive.

Nous arrivons à cette *lentille*, qui entraîna Esaü à faire le sacrifice de son droit d'aînesse. C'est dire combien la culture en est ancienne. On ne lui donne ordinairement qu'un terrain maigre ; aussi n'en obtient-on qu'un médiocre produit. C'est là un détestable calcul. Il lui faut, au contraire, un sol moyen et bien ameubli. Semée en mars à raison de 1 hectolitre 1/2 à l'hectare, à la volée ou en lignes distantes d'un demi mètre, puis recouverte de 2 à 3 centimètres, elle rend 16 hectolitres d'un poids de 85 kilogr. environ, plus 1,785 kilogr. de fanes que l'on donne aux bêtes. La récolte ne se fait qu'autant que les gousses sont d'un jaune brunâtre. On arrache alors les lentilles, on les met en bottes et on les laisse mûrir à terre, les tiges en l'air. On connaît deux espèces de lentille : la *lentille commune (fig.* 384), dont la *grande lentille* et la *petite lentille, lentille à la reine* ou *lentille rouge*, sont de simples variétés ; la *lentille uniflore*, susceptible de résister aux hivers du Nord. Cette plante, du reste, s'accommode fort bien, comme les précédentes, de tous les climats, mais elle redoute les sols compactes et argileux et souffre plus de l'humidité que de la sécheresse. 17,400 hectares sont cultivés en lentilles, rendant 12 hectolitres 80 à l'hectare. Le produit total est de 187,000 hectolitres, valant 4 millions 1/2.

Le *pois-chiche* s'appelle effectivement *pois ciche, pois blanc, garvance* ou *cicérole*. Il est voisin de la lentille et constitue le légume favori du Midi, à cause des excellentes purées que l'on prépare avec son grain. Il préfère les terres sèches et meubles et ne redoute point les sols pierreux. Dans la région de l'oranger, on le sème en automne; mais dans celle

Fig. 385. — Jarosse ou gesse chiche.   Fig. 386. — Gesse cultivée.

de l'olivier, plus au nord, on attend jusqu'au printemps, parce qu'il craint le froid. Il rend environ 4 hectolitres à l'hectare; malheureusement il épuise le sol.

Nous terminerons cette revue des légumineuses farineuses par un mot sur les *gesses*, cultivées dans le Midi, soit pour la nourriture de l'homme, soit pour celle des animaux. À l'usage de l'homme, on sème la *gesse cultivée (fig. 386)*, qu'on appelle aussi *pois carré* ou encore *lentille d'Espagne*. On l'exploite comme le petit pois et on en mange les graines, tantôt en vert, et tantôt sèches, en purée. L'espèce destinée aux animaux est la *jarosse (fig. 385)*, dite *gesse ciche, jarat* ou *pois cornu*, plante annuelle très-rustique, cultivée sur une large échelle dans le Midi ; ses fleurs sont d'un blanc rosé ou d'un rouge sombre, tandis que celles de la précédente sont blanches. Elle se cultive comme les pois chiches et ses tiges donnent un excellent fourrage, meilleur pour les moutons que pour les chevaux.

Des légumineuses farineuses aux cultures sarclées, la pomme de terre est la transition naturelle. On donne le nom de *plantes sarclées* à celles qui reçoivent dans le cours de leur végétation un certain nombre de sarclages destinés à rendre plus complète la destruction des insectes et des mauvaises herbes. Ces cultures ont pour effet de nettoyer le sol et de diviser les engrais ; aussi, généralement, commence-t-on la rotation agricole par elles.

Les cultures sarclées comprennent des *tubercules* et des *racines*. Il y a une importante distinction à établir entre ces deux divisions. Un tubercule est un rameau souterrain qui s'est gonflé de nourriture, pour alimenter les bourgeons qu'il porte, et qui se détache à un moment donné de la plante mère. Ces bourgeons naissent de certains enfoncements ou *yeux*, qui se développent en rameaux, si le végétal est placé dans des conditions favorables. C'est ce qui arrive pour les tubercules vieux ; on les voit s'allonger en rejetons dans l'arrière-saison, ne demandant qu'un peu de lumière pour devenir des tiges. Aussi le cultivateur coupe-t-il le tubercule en quartiers, dont chacun porte au moins un œil, et il obtient autant de nouveaux pieds. Le végétal a des racines tout à fait distinctes des tubercules, et certains de ses rameaux se transforment aisément dans ce sens, lorsqu'on amoncelle de la terre de manière à les envelopper. Il arrive même, dans les années pluvieuses et sombres, que quelques-uns des rameaux ordinaires s'épaissis-

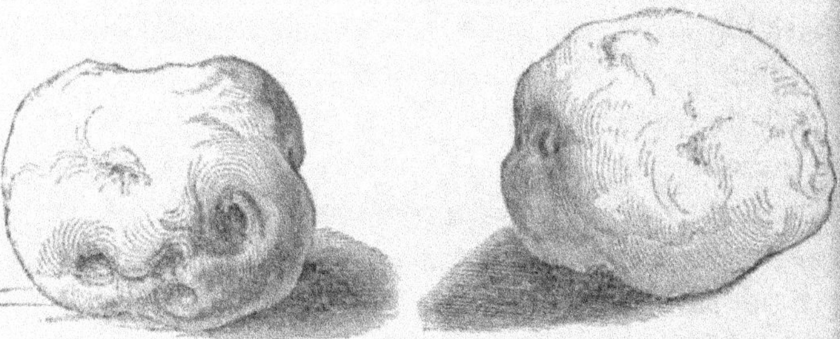

Patraque jaune, ox-noble.　　Fig. 387.　　Patraque jaune, fruit-pain.

sent à l'air libre et prennent la forme de tubercules plus ou moins parfaits (*fig.* 49) (1). Le tubercule, en résumé, se reconnaît aux écailles qui protégent ses bourgeons ; si ce caractère manque, ce n'est plus un tubercule, mais une racine, comme c'est le cas pour la betterave, la carotte, le navet, etc.

Le tubercule, qu'on appelle la *pomme de terre, solanum tuberosum,* est originaire des Andes de l'Amérique du Sud ; il fut rapporté en Angleterre en 1623 par Walter Raleigh. On le connaissait déjà en Espagne

(1) Fabre, *Histoire de la Bûche.*

et en Italie sous le nom de *tartufoli*, truffe de terre.
Il est cultivé en grand dans le Lancashire depuis
1684, en Écosse depuis 1728, en Prusse depuis 1738.
Il apparut en France sur quelques tables en 1763;
mais c'est 20 ans après seulement que Parmentier en
généralisa la culture. Il y en avait déjà 35,000 hectares en 1793, 55,900 en 1815 et 1,235,000 en 1862,
produisant 58 millions d'hectolitres, à 3 fr. 43 l'un.

C'est une plante de la plus haute importance, tant
au point de vue alimentaire que sous le rapport in-

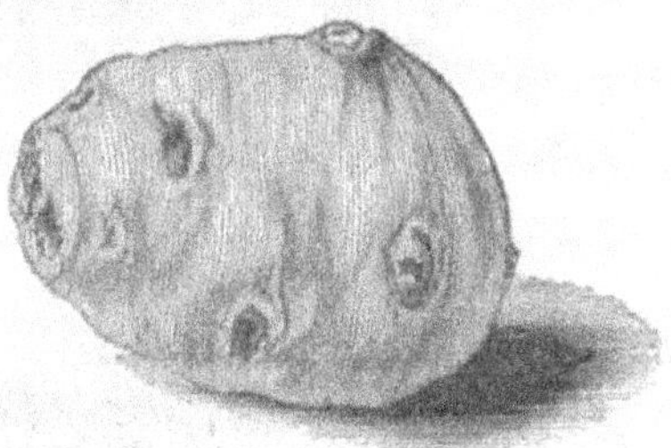

Patraque jaune œil violet ou reinette.   Patraque rose Descroizilles.

Fig. 388.

dustriel. On la mêle souvent au pain. La fécule qu'on
en extrait rivalise avec l'amidon des céréales ; on en
fait de la gomme, du sucre, de l'alcool, des pâtes. Elle
sert de base à l'alimentation du paysan d'Irlande,
d'Écosse, d'Allemagne, d'Alsace, de Lorraine, etc.
Enfin, cuite, on l'emploie encore pour engraisser les
bestiaux.

L'introduction de la pomme de terre dans la grande
culture est un des faits les plus importants de l'agriculture moderne, bien qu'elle soit loin d'être aussi nourrissante que le blé. On distingue un grand nombre de

variétés de cette plante. On les répartit en trois classes : 1° les *patraques* ou pommes de terre rondes, à yeux nombreux et apparents, subdivisées en *patraques blanches* (pommes de terre d'Écosse), *patraques jaunes* (premières Wellington, premiers champions d'août, ox-nobles (fig. 387), premières Hopson, premières Sanderson, premières shaw, mailloches, fruits-pains (fig. 387), américaines hâtives élevées, œil-violet ou reinette, fig. 388), *patraques roses* (rose Descroizilles (fig. 388), rose divergente ou brugeoise, rose de Rohan (fig. 389), rose de Rohan hâtive, rose dite blanche, rose primerouge et rose jaune), *patraques rouges* et enfin *patraques violettes* (de Lankman ou de Chandernagor).

Fig. 389. — Patraque rose de Rohan.

2° Les *parmentières* ou pommes de terre cylindriques aplaties, à yeux peu nombreux et peu apparents, subdivisées en *parmentières blanches, jaunes* (kidney lisse hâtive ou *marjolin* (fig. 390), roses (cornichon français (fig. 391), rouges et violettes (violette précieuse dite rouge).

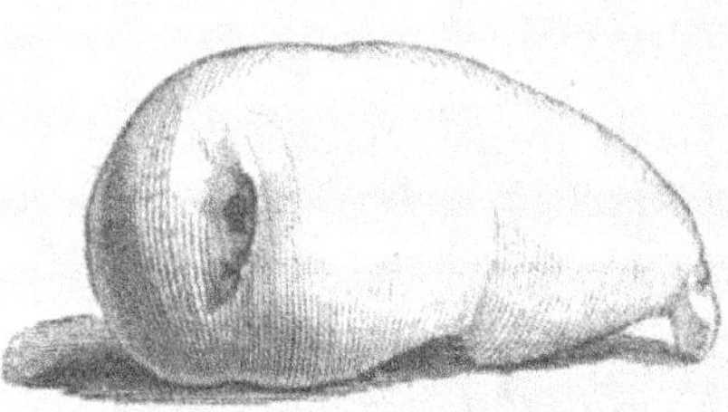

Fig. 390. — Parmentiere jaune kidney lisse hâtive, ou Marjolin.

3° Les *vitelottes* ou cylindriques simples, à yeux très-nombreux, très-apparents, enchâssés dans une cavité profonde. On partage cette classe, comme les précédentes, en *vitelottes blanches, vitelottes jaunes*

Fig. 391. — Parmentière rose cornichon français.

(*jaune imbriquée* (fig.392), *jaune la Pigry*), *vitelottes roses, vitelottes rouges* (*longue de l'Indre*) et *vitelottes violettes*.

On distingue encore les *pommes de terre coureuses* et les *pommes de terre non coureuses*, selon que leurs

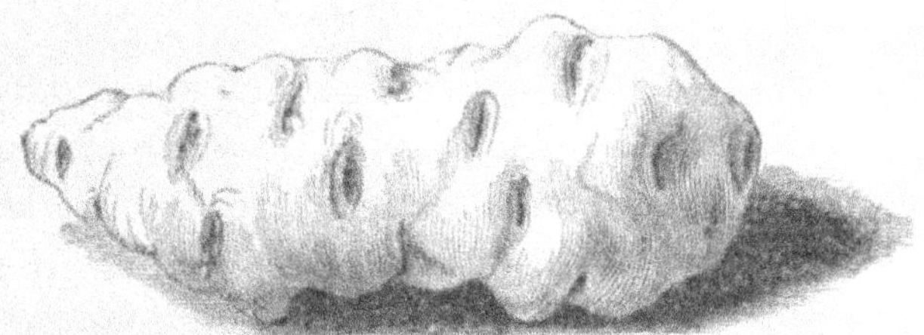

Fig. 392. — Vitelotte jaune imbriquée.

racines s'étendent plus ou moins. On évite les premières dans la grande culture à cause des difficultés qu'elles présentent lors de l'arrosage. Enfin, on les dit encore *hâtives* ou *tardives*, suivant qu'elles parviennent à maturité en août ou en octobre. On cultive les unes ou les autres selon les circonstances, car de celles-ci dépend seulement le plus ou moins de profit qu'on en peut retirer. Près d'une grande ville, ce sera la pomme de terre de table que l'on préférera : l'*espèce marjolin*, les *vitelottes*, la *corne de chèvre*, le *cornichon de Hollande*, le *milord*, la *coquette*. Au contraire, près des féculeries et des pays d'élevage, les grosses races auront le pas, comme l'espèce *chardon*, la *Rohan*, la *patraque rouge*, l'*infernale*, etc., dont quelques-unes, du reste, sont également fort bonnes pour la table.

Il faut à la pomme de terre un sol léger : schiste,

Fig. 393. — Vitelotte rouge longue de l'Indre.

granit calcaire et sable. Elle n'y grossit pas toujours, mais elle y est plus farineuse et y conserve une bonne qualité. Les terres argileuses, marécageuses ou trop fraîches ne lui conviennent point. Elle ne réussit pas non plus sous les climats chauds, en Afrique ou dans le midi de la France. Elle se plaît dans les régions tempérées et s'avance assez loin dans le nord. Cependant, elle craint l'hiver et gèle facilement, ce qui lui enlève beaucoup de sa valeur nutritive et la fait pourrir facilement.

On pourrait reproduire la pomme de terre au moyen de graines ou de boutures ; mais, dans l'usage, on

plante des tubercules, à moins que la maladie ne force
d'en venir aux semis de graines. On choisit des tubercules moyens ; on peut les couper en autant de morceaux
qu'il y a d'yeux (*fig.* 394), mais il est préférable de les
planter entiers. Cette opération
doit s'effectuer en avril ou en
mai, et d'autant plus tôt qu'on
s'avance plus loin dans le Midi
et que le sol est plus léger et
plus chaud. On répand 25 hectolitres à l'hectare, en plantant
les tubercules toutes les trois
raies de labour et en les espaçant d'au moins 30 centimètres.
Dans les terres naturellement
sèches, il est bon de les planter en automne, en les enterrant
à 18 ou 20 centimètres de profondeur. Avant la maladie, on
pouvait compter sur un rendement à l'hectare de 4 à 500 hectolitres, pesant 75 kilogr. l'un ;
maintenant, on se trouve heureux d'atteindre à 200 ou 250 ;
la statistique officielle de 1862
réduit même la moyenne à 70.
La maladie cause à la France

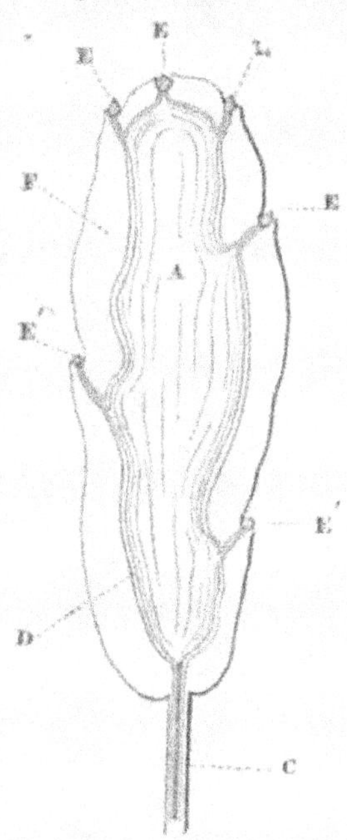

Fig. 394. — Coupe longitudi-
nale d'une pomme de terre
vitelotte. A, tissu cellulaire;
C, canal médullaire de la
tige souterraine ; D, couche
de tissu vasculaire ; F,
couche de tissu cellulaire;
E, E, E, yeux.

une perte d'environ 30 millions d'hectolitres par an.

Il faut biner le sol avant la levée des plants, puis,
dès que les touffes apparaissent, herser dans les deux
sens avec la herse à dents de bois, sans craindre
d'endommager les tiges. En juin, on bine de nouveau

à la houe, et on butte ensuite, dans les terrains trop secs, soit avec la houe soit avec le buttoir (*fig.* 143) ; dans un terrain et sous un climat humides, ce buttage serait extrêmement nuisible.

Après la récolte, on laisse les pommes de terre deux ou trois heures sur le sol, pour qu'elles se ressuient, avant de les mettre en fosse ou en cave, sur

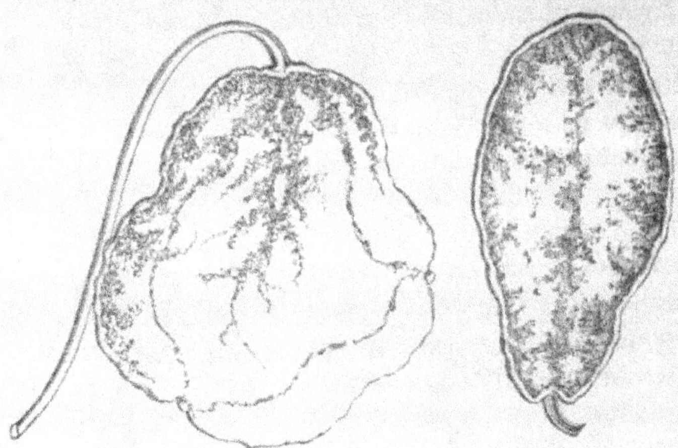

Tubercule de patraque au début de la maladie.　　Tubercule complètement envahi par la maladie.

Fig. 395.

de la paille. On trie celles destinées aux plantations de la culture suivante.

Parmi les différentes maladies qui attaquent la pomme de terre, les unes sont dues à des champignons parasites. Nous y reviendrons. Mais la *gangrène brune* ou *humide* provient tout simplement d'une altération des liquides du végétal et surtout des liquides albumineux, déterminée sans aucun doute par l'action combinée d'une basse température et d'un excès d'humidité, et d'où résulte la désorganisation

du tissu cellulaire. Ce fléau apparaît en juillet ou en
août. Le feuillage pâlit d'abord, jaunit ensuite et se
couvre de taches brunes, qui s'étendent peu à peu
sur divers points de la tige, s'agrandissant incessamment ; les feuilles et les tiges se dessèchent, et toute
la plante offre alors une teinte noirâtre. Les tubercules des touffes avariées sont eux-mêmes presque
toujours attaqués. Les variétés précoces paraissent
être moins exposées à ce fléau que les autres ; tel
est le cas pour la patraque blanche premières fa-

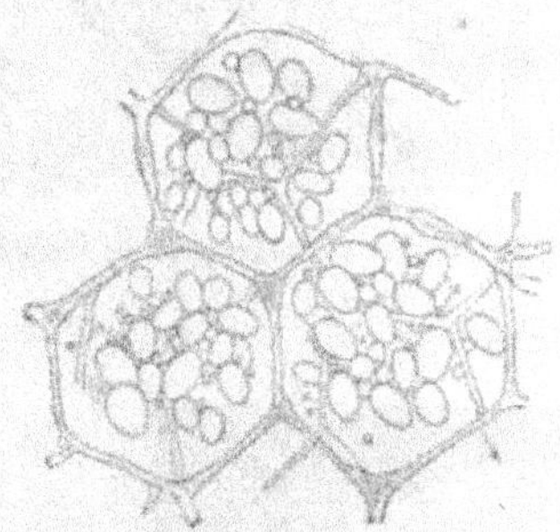

Tissu cellulaire de la pomme de terre au
début de la maladie.
Fig. 396.

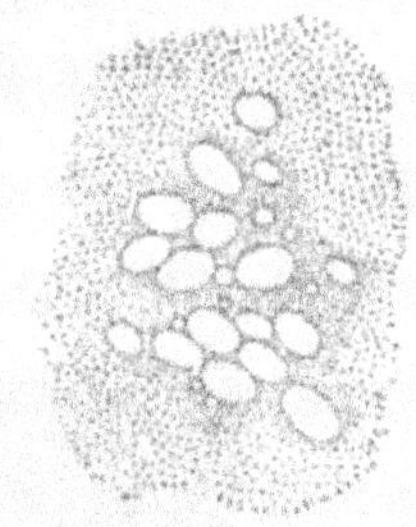

Quatrième degré d'altération
du tissu cellulaire de la pomme
de terre.

çons, la plupart des patraques jaunes, la patraque
rose, dite patraque blanche, et la patraque rose primerouge.

Nous avons constaté dans le grain de blé la présence d'une matière *amylacée*, dite *amidon ;* nous
retrouvons dans la pomme de terre cette même substance sous un autre aspect. Elle prend alors le nom de
fécule (fig. 397, 398 et 399). L'extraction de l'amidon et
de la fécule occupe activement une importante branche d'industrie, concentrée surtout à Paris, à Nancy,

à Essonne et à Poitiers. L'extraction de la fécule
s'effectue mécaniquement. La proportion qu'en ren-

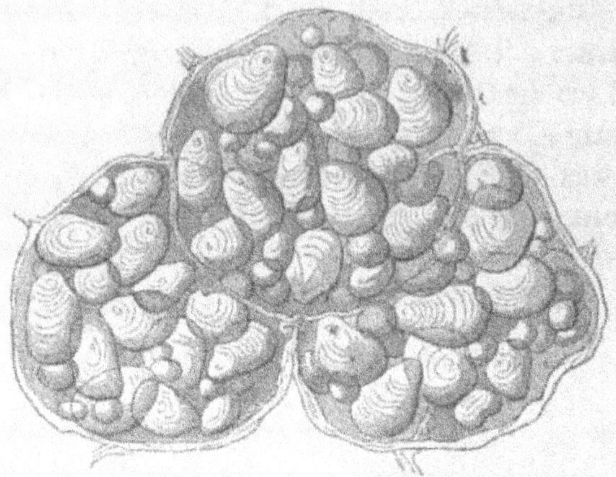

Fig. 392. — Cellules de pomme de terre avec leurs grains de fécule.

ferme la pomme de terre varie suivant l'espèce, le

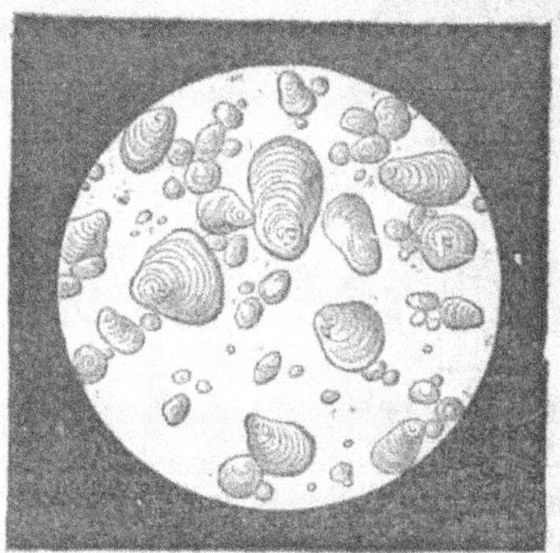

Fig. 398. — Grains de fécule de pomme de terre. *a*, point autour duquel
leurs feuillets se sont déposés.

climat, l'époque du travail. Il y en a plus avant la

germination qu'après. D'après la statistique industrielle du ministère du commerce, le quintal de fécule valant 41 fr. 30, la valeur de la matière première entre dans ce prix pour 31 fr. 75 ; et, sur 100 francs de produit fabriqué, on compte 2 fr. 62 pour l'intérêt du capital, 5 fr. 10 pour la main-d'œuvre, 76 fr.

Fig. 399. — Grain de fécule avec ses feuillets désemboîtés par suite de la maladie.

87 pour la matière première, 3 fr. 91 pour le combustible, et le reste pour les frais d'administration et le bénéfice. Il y avait 34 féculeries en 1852 et 120 en 1869, et la force motrice qu'elles employaient s'élevait dans le même temps de 203 chevaux-vapeur à 978.

La *betterave* (*fig.* 400) joue dans l'alimentation de l'homme un rôle moins indispensable que la pomme de terre ; mais son introduction dans la grande culture a été une véritable révolution. En dehors des cas tout exceptionnels où elle entre dans l'alimen-

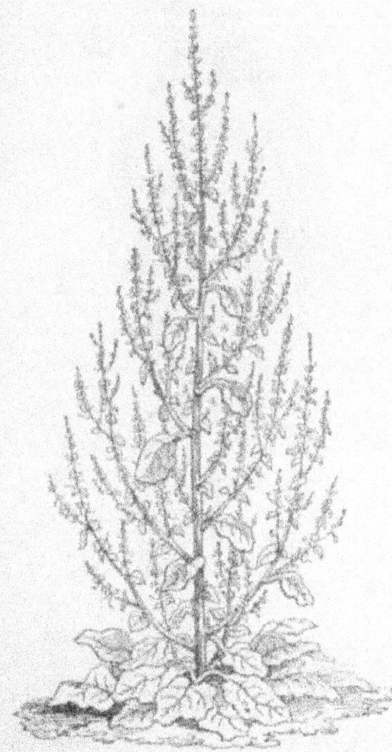

Fig. 400. — Betterave commune.

tation de l'homme, on l'utilise pour la nourriture des animaux en agriculture, et l'industrie en extrait du sucre et de l'alcool.

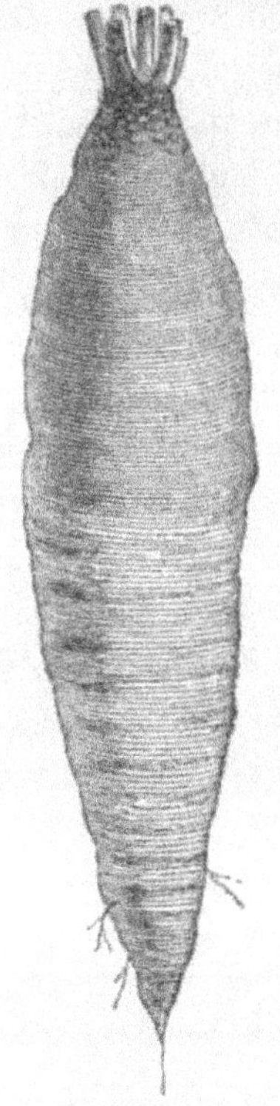
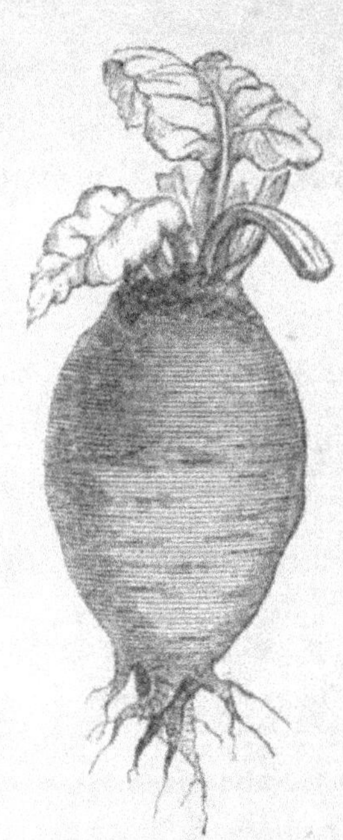

Betterave champêtre.   Betterave globe jaune.

Fig. 401.

Originaire du midi de l'Europe, notamment des côtes d'Espagne et de Portugal, elle fut importée d'Italie en France au XVIe siècle. Elle demeura d'abord reléguée dans les jardins, et ce n'est qu'en 1747 que Margraf découvrit ses propriétés saccharines. Il fallut le blocus continental pour que l'on songeât à tirer un parti pratique de cette indication.

On distingue, parmi les diverses espèces de betteraves, les variétés convenant au potager et celles qui sont propres à la grande culture. Pour la grande culture, c'est la *betterave disette* ou *betterave champêtre* (*fig.*401), longue, à peau rose et à chair blanche et rose, qui acquiert le volume le plus considérable mais qu'on estime le moins comme aliment, malgré son grand rendement. Viennent ensuite la *betterave rose à chair blanche*, la *betterave blanche de Silésie* (*fig.*97), à racine peu allongée, complétement enterrée, la plus riche de toutes en principes sucrés et presque la seule qui soit cultivée pour la distillerie et la sucrerie, malgré la petitesse de son volume. La *betterave globe jaune* (*fig.*401), d'origine anglaise, tient le milieu entre la *disette* et la *Silésienne* ; elle est ronde, sortant tout à fait de terre, plus petite que la disette, mais aussi plus riche en matière nutritive. Signalons encore la *betterave longue rouge* (d'Angleterre), la *longue violette* ou *rouge de Castelnaudary*, l'espèce *globe rouge*, à racine presque sphérique, à peau rouge clair et à chair blanche ; la *betterave rouge de Bassano*, dont la racine est aplatie comme celle d'une rave ; la *jaune de Castelnaudary*, la *jaune à chair blanche*, la *jaune d'Allemagne*, la *blanche à collet vert*, variété due à M. Chenu, dérivant de la Silésienne mais présentant un volume plus considérable, une forme plus allongée, émergeant à moitié du sol. Les globes jaunes sont moins difficiles sur la qualité de la terre.

Il faut, du reste, à la betterave un sol meuble, riche, profond, assez frais, offrant une couche per-

méable d'au moins 50 centimètres d'épaisseur. Les
mêmes variétés, cultivées dans des terrains différents, donnent des rendements tout opposés. Néanmoins, la blanche de Silésie se classe au premier rang
comme rendement, dans tous les sols indistinctement ; mais, pour ceux qui n'ont qu'une faible profondeur, on doit préférer les betteraves qui tendent

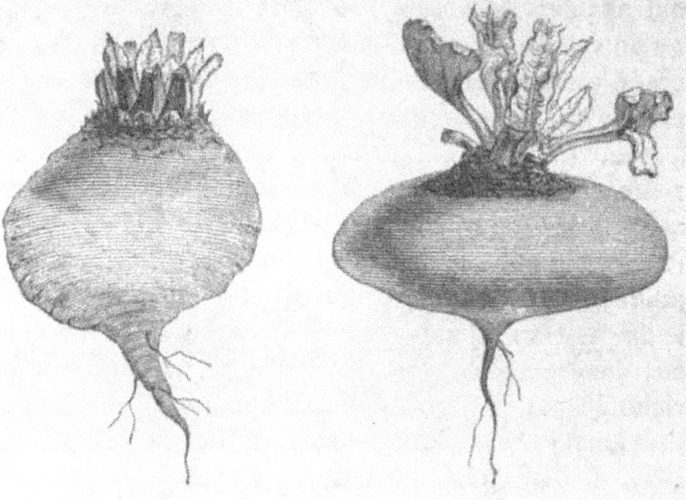

Fig. 402.

à développer une partie de leurs racines au-dessus
de la surface du champ, comme la *disette*, la *jaune
de Castelnaudary*, la *globe jaune* et la *globe rouge*,
la *blanche à collet vert*. Cette plante se prête, du reste, à tous les climats, bien que les tempérés lui
soient surtout favorables.

Il faut donner à la terre un labour profond avant
l'hiver, puis un autre au printemps, suivi d'un hersage. Une fois le danger des gelées passé, entre le

15 avril et le 15 mai, vers la fin de la lune rousse, on prend de la graine de deux ans, on la frotte entre les mains pour la diviser, puis, pendant deux ou trois jours, on la plonge dans l'eau de fumier en vue de la ramollir et de hâter la germination. C'est alors qu'on sème en pépinière ou à demeure. De la pépinière, après un bon sarclage, on enlève les plants pour les repiquer dans le champ, après avoir coupé les feuilles à 10 centimètres du collet. On distance les lignes de 50 à 60 centimètres et les plants, disposés sur chaque ligne, de 30 à 33. Pour les sucreries, on espace moins et on sème sur *ados*, c'est-à-dire sur une *planche de jardinage* disposée en talus. Le repiquage est excellent, toutes les fois qu'il s'agit d'un sol consistant et bien tassé, car on obtient alors de plus belles racines. Dans les terres légères, il vaut mieux semer sur place ; on emploie alors 10 à 12 kilogrammes de graines

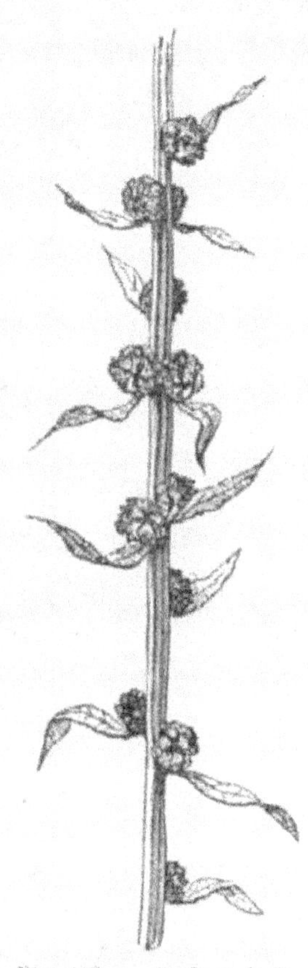

Fig. 493. — Graines de la betterave.

par hectare, à moins qu'on ne sème en lignes, ce qui est préférable.

Dans ce cas-là, la moitié de cette quantité suffit. On ouvre des sillons de 3 à 5 centimètres, dans lesquels on

dépose à la main une douzaine de graines par mètre de
longueur. On peut en semer 6 à 7,000 dans la journée. Ce travail s'effectuerait aussi assez bien à la
charrue, pourvu qu'elle fût suivie de deux personnes
pour faire avec un bâton ces trous dans la bande retournée et y déposer les graines. On roule alors vigoureusement, jusqu'à ce que le sol ne cède plus sous
le pied. Il faut sarcler et biner fréquemment avec
la houe Demesmay (*fig.* 404), mais toujours pendant la

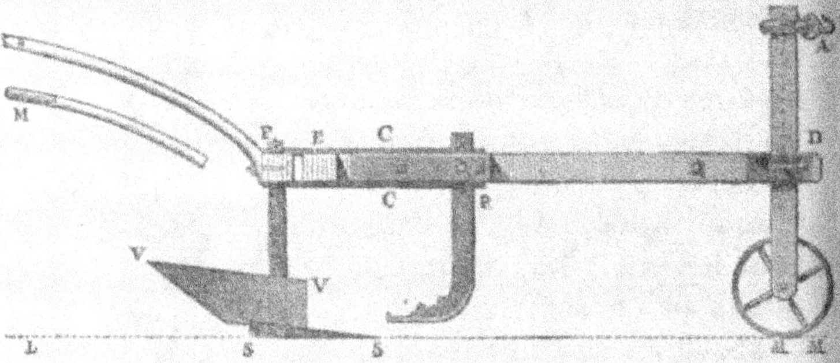

Fig. 404. — Houe Demesmay pour biner et butter les betteraves. D E F, châssis porté par la roue R ; A, pièce d'attelage ; FF, traverse à laquelle sont adaptés les soc
C C C C, tiges parallèles attachant la traverse FF au châssis; MM, mancherons.

sécheresse. On arrache les racines du 15 septembre
à la fin de novembre, par un temps froid, à bras
d'homme ou avec une charrue spéciale (*fig.* 190) due à
Dombasle, en ayant soin de ne pas les contusionner.
Dans une bonne terre, avec une fumure suffisante, on
élève facilement la récolte à 30 ou 40,000 kilogrammes à l'hectare. Dans le département du Nord, on
atteint même les chiffres de 50 à 100,000. Par une
culture de jardin, M. de Gasparin est arrivé, sur quel-

ques mètres, à réaliser un rendement qui corres-
pondrait à 275,000 kilogr. à l'hectare.

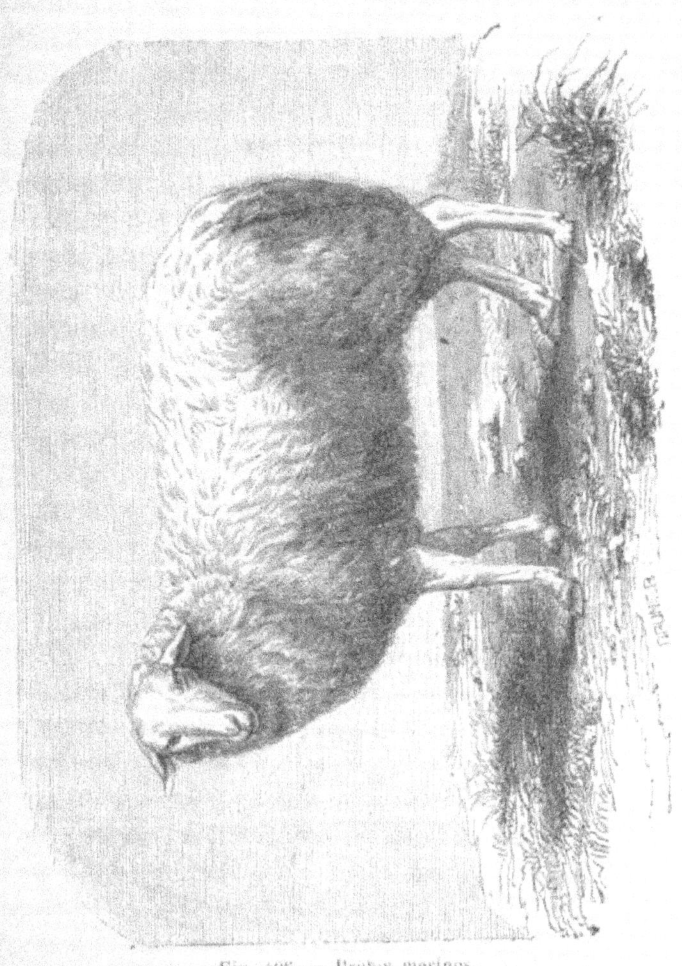

Fig. 405. — Brebis merinos.

La betterave est bien précieuse pour engraisser le

bétail (*fig.* 405) ; 100 kilogr. de racines peuvent en remplacer 145 de foin. Elle fait perdre aux vaches leur lait et les transforme en bêtes de boucherie. Quant aux feuilles, on les sale et on les presse comme on fait de la choucroute ; aussi se conservent-elles très-bien pendant l'hiver.

La production de la betterave a pris en France un développement imprévu. Elle s'étend aujourd'hui sur 136,000 hectares de superficie et s'élève à 44 millions de quintaux, valant 1 fr. 90 l'un. En 1840, il n'y en avait que 58,000 hectares, produisant 16 millions de quintaux. Le rendement moyen à l'hectare, établi par la statistique officielle, ne dépasse pas 33,000 kilogr.

Le développement des industries qui se sont greffées sur l'agriculture, comme la distillerie et la sucrerie, a eu une influence considérable sur les progrès de la grande culture. Elles ont permis à l'agriculteur de donner une grande extension à la culture de la betterave et, par suite, à l'élève du bétail, nourri si fructueusement avec la *pulpe*, déchet qui reste sans emploi dans la fabrication industrielle. En 1852, on ne comptait que 39 distilleries, employant 105 chevaux-vapeur ; en 1869, il y en avait déjà 685, mettant en œuvre 3,857 chevaux-vapeur. Les sucreries ne se sont pas autant accrues en nombre, par suite de la plus grande masse de capitaux qu'elles exigent ; de 1852 à avril 1874, le nombre ne s'en est élevé que de 406 à 524, mais la force motrice qu'elles emploient a passé de 5,193 à 18,188 dans le même délai. L'augmentation porte surtout sur la distillation de la betterave et des mélasses, car celle des féculents est insignifiante. La production du sucre a bien autrement progressé. Au lieu de 67,887,000 kilogr., chiffre de 1852, elle a donné, en 1866, 246,806,000 kilogr. et, en 1873, 415,727,000. Ce développement de la production en France est admirable et a dû recevoir, pour 1873-74, un nouvel essor. 25 fabriques nouvelles étaient en voie d'établissement, pour la campagne actuelle, dans le Pas-de-Calais, la Somme, Seine-et-Marne, l'Oise, et dans divers autres départements en deçà et au delà de Paris. Quelques-unes de ces usines sont considérables et avec annexes de râperies, alimentées par tuyaux souterrains. Ces 25 usines sont certainement l'équivalent, comme puissance d'outillage, de 75 à 80, telles qu'on les établissait il y a une dizaine d'années. On peut juger si, dans de telles conditions, il y a témérité à prédire que le chiffre d'un milliard de kilogrammes sera atteint avant dix ans. La France deviendra donc le plus grand pays exportateur de sucre du monde, et il faudra lui trouver de puissants débouchés chez les peuples qui ne produisent pas cette denrée. La consommation générale, en Europe et aux États-Unis, augmente d'environ 100 millions de kilogrammes par an, et le développement de l'industrie sucrière continentale n'est pas suivi par les colonies, qui manquent de travailleurs. L'île de Cuba, cette grande métropole du sucre de canne, peut seule lutter contre la betterave européenne, sauf perturbations ultérieures dans le cas où l'abolition de l'esclavage deviendrait un fait accompli.

Quant à l'alcool, sans distinction d'origine, la production s'en est élevée, de 1858 à 1869, de 842,591 à 978,000 hectolitres; il y a eu baisse depuis les événements derniers. En 1872, le chiffre n'était que de 767,834.

Lorsqu'on analyse la betterave, on y constate jusqu'à 12 ou 15 0/0 de sucre; la moyenne est de 10 1/2. A son arrivée dans la sucrerie, elle y subit d'abord le lavage, qui la débarrasse de la terre et des petites pierres; puis on la râpe, pour la réduire en une

Fig. 406. — Le bétail de la ferme.

bouillie semi-liquide. On emmagasine le produit dans les sacs que l'on soumet à l'action de la presse hydraulique. Le jus de betterave, sous cette pression d'environ 800,000 kilogrammes, traverse les sacs et s'écoule dans des rigoles qui le conduisent dans de vastes chaudières. Le résidu ou *pulpe*, qui reste dans le sac, est donné au bétail (*fig.* 406). On purifie le jus en le déféquant avec de la chaux délayée dans de l'eau. On obtient alors un *saccharate de chaux*, sur lequel on fait passer un courant d'acide carbonique ; il reste un sirop brun, qu'on soumet à l'évaporation et que l'on cuit ensuite. Le sucre se présente sous forme de petits cristaux bruns foncés. On sépare le sucre blanc des mélasses et autres produits inférieurs en employant des *toupies* ou *turbines* ; on en extrait le sirop restant, au moyen de *filtres-presses*, et l'on aboutit au sucre brut indigène ou *cassonade*, qu'il reste à raffiner.

C'est M. Dubrunfaut qui a le premier perfectionné d'une manière sensible la *distillation* de la betterave, vers 1854. MM. Lacambre, Champonnois, Leplay, Renard et Kessler ont complété la transformation. M. Dubrunfaut employa les acides pour amortir les racines, les macérer à froid et provoquer la fermentation des jus sans levûre ; il substitua à la levûre un ferment analogue, recueilli dans la fermentation du jus de betterave ; il alcoolisa simultanément les mélasses et glucoses et le jus des racines sucrées, il rendit la fermentation des jus continue, utilisa les vinasses dans la macération, substitua les appareils distillatoires de fonte et de tôle à ceux de cuivre et rectifia l'alcool au moyen des alcalis. Enfin, il eut l'idée d'annexer les distilleries aux sucreries, afin que les mêmes appareils pussent être appliqués à produire à volonté du sucre ou de l'alcool. Le procédé Champonnois est venu modifier le précédent. On coupa dès lors la betterave en rubans, que l'on plongea dans un bain de vinasses chaudes. Les sels et les matières azotées sont plus abondants que la matière sucrée dans la partie de la betterave la plus rapprochée du *collet* de la racine. Il faut retrancher ce pre-

mier tiers de la racine ; les deux autres tiers sont livrés
à la sucrerie. Le premier est distillé et la pulpe en est

Fig. 407. — Race hollandaise.

donnée aux animaux (*fig.* 407). Cette manière d'agir fait
gagner à l'agriculteur, par million de kilogrammes de

betteraves récoltées, 3,000 francs de plus que s'il vendait ses betteraves non réduites aux sucriers. Cela
abaisse de 5 ou 6 francs les frais du fabricant de sucre,
qui paye 20 francs les 1,000 kilogr. de betteraves dé-

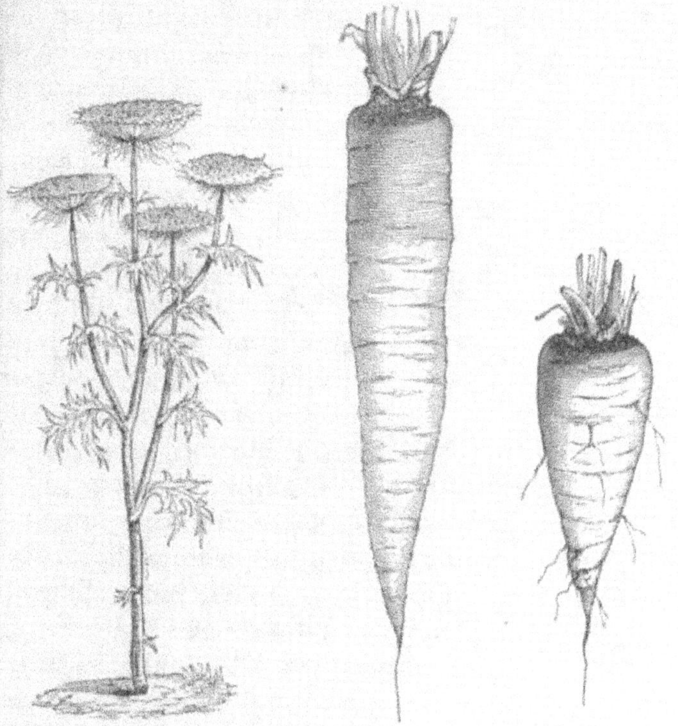

Fig. 408.

colletées, et 16 seulement les betteraves entières
prix fort.

On distille encore les grains et la pomme de terre.
Le procédé Dubrunfaut a permis de tirer de la fécule
plus d'alcool que par les autres méthodes, 46 à 48 li-

tres par 100 kilogr., à 20 0/0 d'eau. Cette opération
est, à peu de chose près, analogue à celle usitée pour
la betterave.

Quant à la distillation des grains, elle est peu répandue en France, mais fort usitée en Pologne et en Allemagne. Un hectare de seigle produit, en moyenne,
1,500 kilogr. de grains, dont on extrait 415 litres d'alcool. La même surface, en betteraves de Silésie, en
rendrait 1,575. On pourrait aussi distiller le topinambour, la racine la plus riche en sucre après la betterave, le panais, la carotte; mais les procédés expéri-
mentés n'ont pas donné de résultats avantageux.

Au premier rang des autres racines, pouvant avoir
quelque intérêt pour nous, nous avons à mentionner
la *carotte*, cultivée depuis fort longtemps comme
plante fourragère dans le comté de Suffolk. C'est de
là qu'à partir de 1761 elle a commencé à se généraliser. Cette plante plaît beaucoup et réussit fort bien
aux animaux, mieux que la pomme de terre et même
que la betterave, à cause du principe aromatique et ex-
citant qu'elle renferme. Pour les chevaux, elle peut
remplacer l'avoine. Moins nutritive que la pomme de
terre, elle est plus productive. Elle donne au lait et
au beurre une qualité supérieure. On distingue la *carotte blanche à collet vert* (fig. 408), la *carotte rouge
longue à collet vert*, la *carotte rouge de Flandre*,
la *carotte blanche de Breteuil* (fig. 408), la *carotte
blanche des Vosges*, préférée par Dombasle à toutes
les autres parce qu'elle s'accommode mieux des terrains peu fertiles, la *carotte sauvage améliorée de
Vilmorin*, les *carottes rouge et jaune d'Achicourt* (fig.
409), la *carotte rouge d'Altringham* (fig. 409), d'ori-

gine anglaise, répandue dans les fermes du Brabant.

La carotte gèle moins que la betterave et supporte assez bien la sécheresse ; elle redoute les sols trop humides ou trop pier-
reux. Elle aime, du reste, un sol profond, riche en vieux fumier d'étable, meuble et frais. Tous les climats lui conviennent. On laboure en automne, on relaboure au prin-temps, puis on herse. On prend de la graine de deux ans, après avoir lais-sé se rasseoir le sol; puis, en mars ou en avril, on sème à la volée, à raison de 5 kilogr. à l'hectare. On recouvre avec la herse à dents de bois et on roule. Il vaut mieux tou-tefois semer en lignes distantes de 50 à 60 cen-timètres. On sarcle avec soin, on éclaircit de ma-nière à espacer les plants sur les lignes de 20 ou 25 centimètres, dès qu'on peut saisir les jeunes ca-rottes et, ultérieurement,

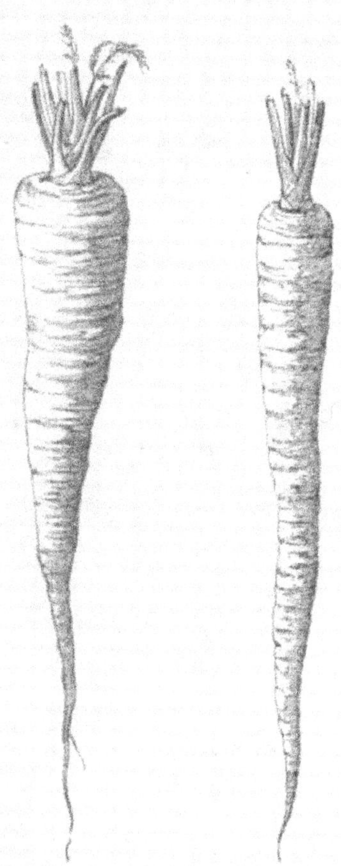

Carotte rouge
d'Altringham.

Carotte jaune
d'Achicourt.

Fig. 409.

de 30 ou 35. On arrache le plus tard possible et par un temps sec. On donne les fanes aux bêtes et on laisse

ressuyer les racines avant de les rentrer. On peut
obtenir à l'hectare 6 à 800 hectol., pesant de 50 à 60
kilogr. l'un; mais la moyenne n'est que de 186 hectol., soit 20,000 kilogr., correspondant à 6 ou 7,000 kilogr. de foin.

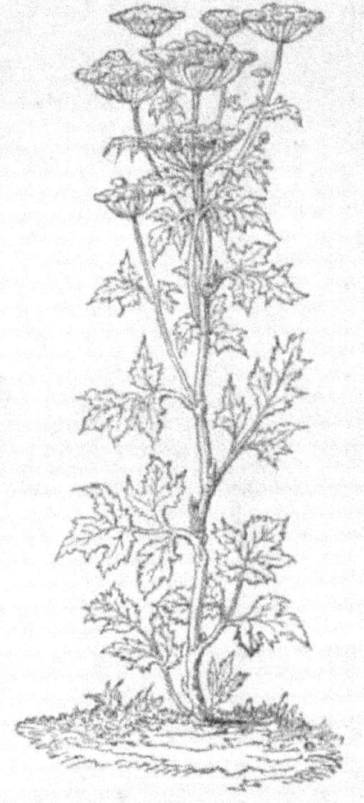
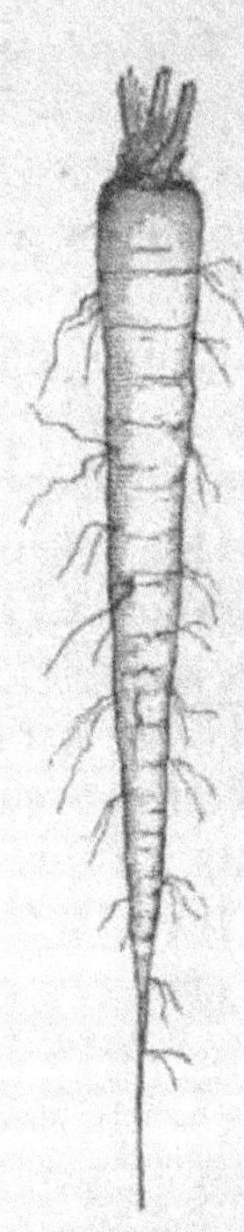

Panais cultivé.   Panais long.

Fig. 410.

Le *panais* (*fig.* 410), généralement cultivé dans les
jardins comme légume, commence à figurer en Belgique et en Bretagne comme fourrage-racine. Mêmes
qualités que la carotte, mais cependant plus nourrissant. Son feuillage est fort recherché du bétail. On

distingue le *panais rond*, cultivé dans les jardins, et le *panais long* (fig. 410 et 411), appartenant à la grande

Fig. 411. — Feuilles du panais long.

culture. Ils veulent un climat doux et humide, et cependant supportent sans souffrir le froid de l'hiver,

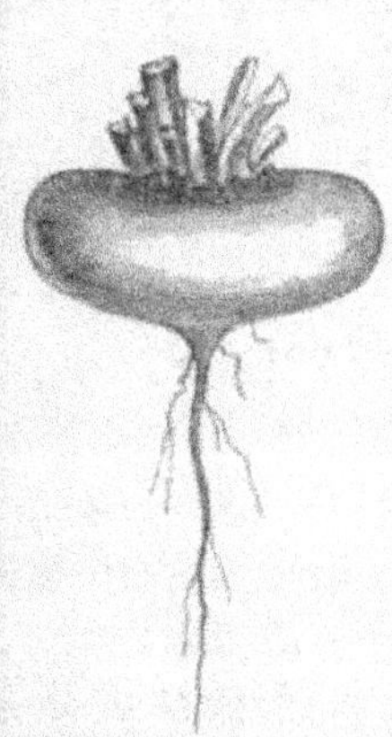

Fig. 412. — Rave aplatie
jaune à tête verte.

ce qui permet de ne faire la récolte qu'au fur et à mesure des besoins. Ce sont les sols calcaires qui leur conviennent le mieux; se classent à sa suite les *sols humifères*, les *sables d'alluvion* et les *sols argileux*. Même culture, du reste, que pour la carotte.

La *rave* s'appelle encore *navet tendre, rabioule* ou *turneps*. Il ne faut pas la confondre avec la rave ou *gros radis* des potagers. C'est la racine la plus cultivée en Angleterre, en Alsace et dans les Pays-Bas, où elle constitue la plus grande partie de la nourriture du bétail, moutons et vaches laitières. Elle peut se

semer très-tard et supporte assez bien le froid. On distingue les *raves aplaties* (*rave aplatie globe vert* ou *verte
ronde* ou *navet turneps, rave aplatie jaune à tête verte*
(*fig.* 412) ou *jaune de Wood* ou *jaune d'Écosse* ou *navet jaune de Hollande* ou de *Malte, rave aplatie globe*

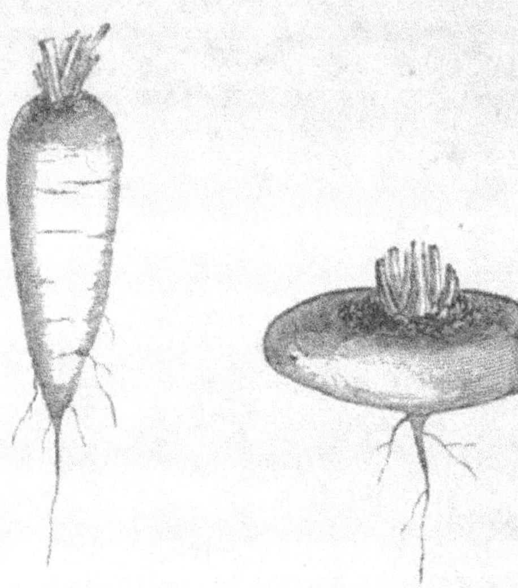

Rave oblongue à tête verte.   Rave aplatie globe rouge.

Fig. 413.

blanc ou *blanche ronde* ou *Norfolk blanc, rave aplatie
globe rouge* (*fig.* 413), très-précoce, *rave aplatie de
Scott* ou *navet de Suède, rave aplatie de Skervings,
rave aplatie jaune à tête pourpre*), et les *raves oblongues* (*rave oblongue rouge Tankard* ou *navet rose du
Palatinat, rave obl. à tête verte* (*fig.*413) ou *navet gros
long d'Alsace, rave obl. blanche Tankard* ou *navet des
Vertus, rave obl. blanche*).

La nature du sol exerce une grande influence sur le

rendement; ainsi, pour la *rave de Skervings*, il peut
varier de 21 kilogr. 1/2 à 5 1/2. Le climat qui convient le mieux à cette plante est un climat humide,
une atmosphère un peu brumeuse, comme en Angleterre. Il lui faut un
sol léger, plutôt cal-
caire, sans être sec.
On sème, durant le
mois de juin ou celui
de juillet, en lignes
ou au semoir. On bine
et on sarcle ensuite
vigoureusement, et la
récolte s'effectue à
partir d'octobre, au
fur et à mesure des
besoins   seulement,
quand toutefois les
gelées ne sont pas
trop à redouter.

Les raves se culti-
vent fort bien soit en
culture   principale,

Fig. 414. — Chou-navet.

soit en culture intercalaire. On les sème entre deux
récoltes principales, particulièrement après l'enlèvement des céréales.

En carottes, navets et panais, la France cultive
72,500 hectares de terres, produisant 19 millions de
quintaux de racines, à 5 fr. 12 l'un, en moyenne.

C'est aussi l'Allemagne qui semble nous avoir doté
du *chou-navet* (*fig*. 414 et 415), par l'intermédiaire
de l'Angleterre, vers 1789. Le *chou-navet* s'appelle

encore *navet de Suède* ou *rutabaga*. C'est la seule racine sarclée qui réussisse très-bien dans les sols argileux, compactes et humides. On distingue le *chou-navet commun de Laponie*, le *chou-navet hâtif*, le *chou-navet rou-*

Fig. 415. — Racines et feuilles du chou-navet.

ge, le *chou-navet à tête verte* ou *rutabaga ordinaire*; le *chou-navet à tête pourpre de Laings* ou *rutabaga à collet violet*. Il faut à ce végétal une terre légère ou neuve. On déchaume en août, on donne deux labours au printemps, puis on entasse du vieux fumier ou des boues de ville ou d'étang. Il faut semer en juin de la graine de deux ans; si l'on repique, ce qui est préférable , l'ensemencement doit avoir lieu en pépinière en avril, et la transplantation à la fin de juin ou au commencement de juillet. L'arrachage, effectué par un temps sec à l'entrée de l'hiver, doit donner 40 à 50,000 kilogr. à l'hectare. Les feuilles constituent une excellente nourriture pour le bétail ; mais les racines, en augmentant la production du lait et du beurre, lui

Fig. 416. — Chou-rave ou Colrave.

communiquent un goût *sui generis*. C'est à tort que l'on confond le *chou-rave* ou *colrave (fig.* 416) avec le chou-navet. Cette autre plante est une simple variété du chou potager modifié par un accident de végétation.

Quant au *navet* proprement dit ou *navet sec*, il a une saveur plus prononcée et plus délicate que les autres. Aussi le consacre-t-on presque exclusivement à la nourriture de l'homme. Le *navet de Freneuse* est la variété la plus célèbre, ainsi nommée du village

28

de Freneuse, peu éloigné de Paris. Le *navet de Martot* vient ensuite, ainsi nommé de la commune de Martot (Eure), puis le *navet des Sablons*, cultivé dans la plaine des Sablons, près Paris. Le premier rend de 14,000 à 16,000 kilogr. de racines à l'hectare et de 1,500 à 4,300 kilogr. de feuilles; le second, de 16 à 19,000 kilogr. de racines et de 11,000 à 18,000 de feuil-

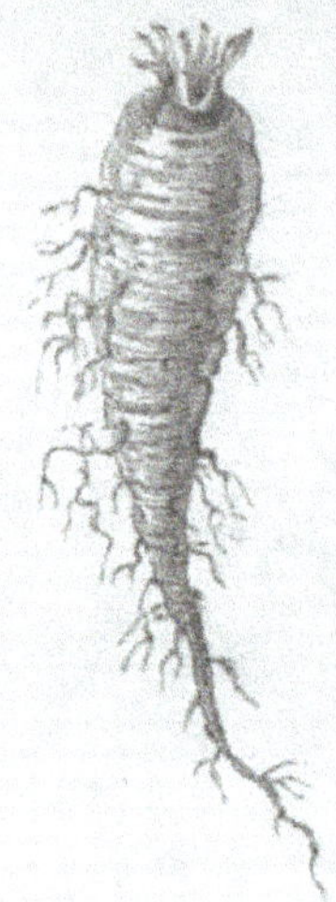

Navet de Freneuse.   Fig. 417.   Navet de Martot.

les; enfin, le dernier, de 44 à 52,000 kilogr. de racines et de 24 à 30,000 kilogr. de feuilles; celui-ci, par contre, est le moins nourrissant des trois. Ce sont les chiffres de la production de l'Angleterre. En France, on n'obtient guère au delà de 9 à 10,000 kilogrammes de racines.

Le navet veut un sol léger, sablonneux, granitique et schisteux, un climat humide et un ciel brumeux.

Le *topinambour* (*fig.* 418) ou *poire de terre* clôt la liste des cultures sarclées. Ce n'est pas une racine comme la betterave et les précédents vé-
gétaux, mais un tubercule comme la pomme de terre. Il est originaire du Mexique. Sa culture reste confinée dans certaines régions de la France, notamment en Alsace, où il fut introduit en 1823. Il ne convient qu'aux domaines éten-
dus, où les terres médiocres ne font jamais défaut. On a avan-
tage à l'y cultiver. Il passe l'hiver en terre et ne se récolte qu'au printemps, au moment où la nourriture à donner au bétail devient rare dans la ferme. Les vaches, les moutons et les porcs en font un bon profit ; on en tire aussi de l'eau-de-
vie, franche de goût. Enfin, on brûle les tiges desséchées. Avec quelque soin qu'on effectue l'arrachage, le topinambour repous-
se chaque année à la même pla-
ce, sans aucun secours. Mais le rendement devient trop faible, et il vaut mieux le replanter et le fumer. La culture est la

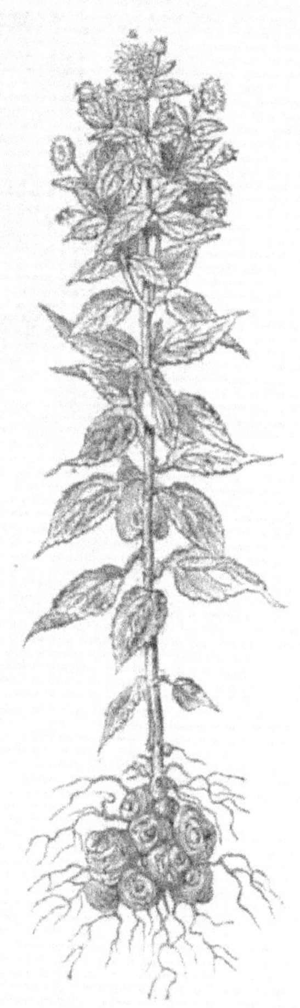

Fig. 418. — Topinambour.

même que pour la pomme de terre. On peut espérer à l'hectare 7 à 800 kilogr. de fanes sèches et 25 à

ÉCONOMIE RURALE.

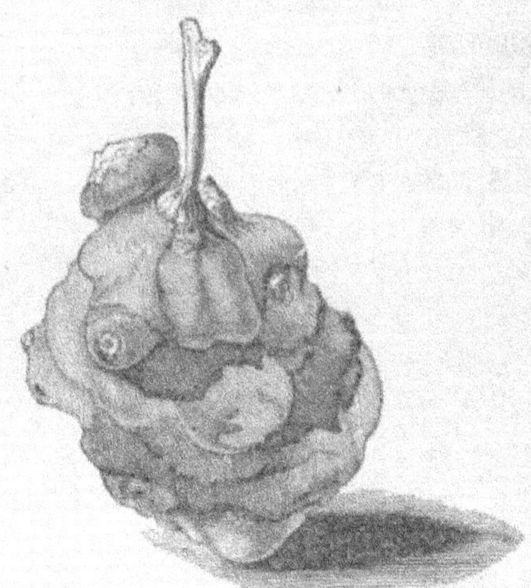

Fig. 419. — Topinambour à tubercules rouges

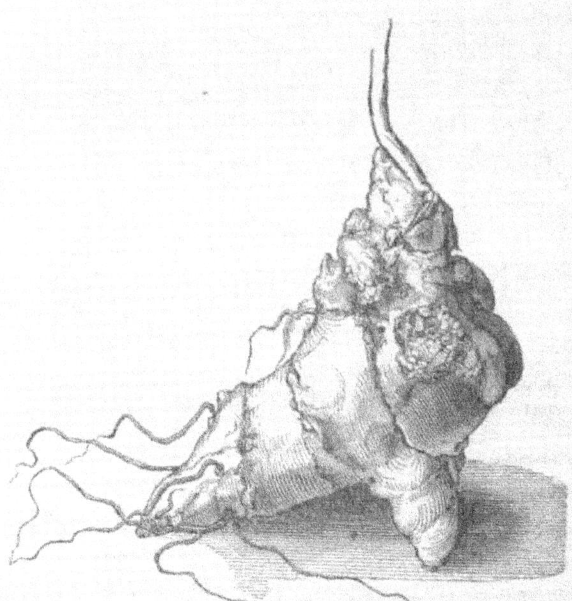

Fig. 420. — Topinambour à tubercules jaunes.

30,000 kilogr. ou 350 hectolitres de tubercules.
Il faut, pour l'ensemencement, de 18 à 25 hecto-

Fig. 421. — Patate.

litres de tubercules ; on a soin de ne pas les couper,
pour qu'ils ne pourrissent point. On n'en cultive
qu'une seule variété.

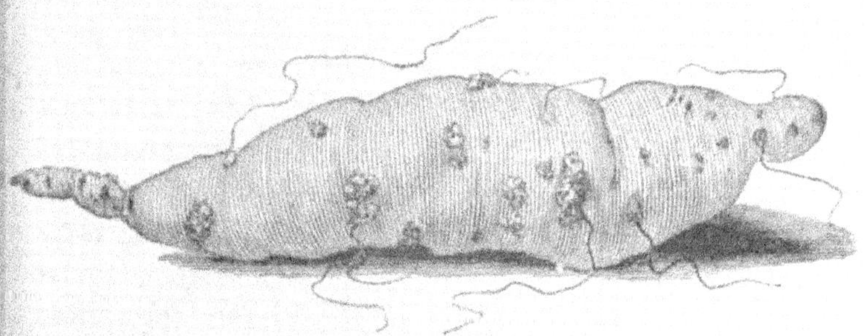

Fig. 422. — Patate rouge.

Nous ne ferons que signaler ici la *patate* (*fig.*421) ou
batate des pays tropicaux, adoptée en Espagne et introduite en France, à Trianon, sous Louis XV. Elle donne

des fanes abondantes et fort nutritives, qui peuvent être précieuses pour le bétail. Dans le midi de la France, elle remplacerait avantageusement les autres racines fourragères, trop souvent anéanties par l'excès

Fig. 423. — Patate violette de la Nouvelle-Orléans (une de celles qui se conservent le mieux.

de la sécheresse. On distingue la *patate rouge* (*fig.* 422), la *patate jaune longue*, la *patate rose de Malaga*, la *patate blanche de l'Ile-de-France*, la *patate violette de la Nouvelle-Orléans* (*fig.*423) et la *patate-igname*.

Nous n'avons rien dit dans ce chapitre de la *culture dérobée*. Elle est fort usitée pour certaines racines, notamment pour la carotte et le navet, qui peuvent effectuer leur première végétation au milieu d'autres plantes, sans que le voisinage de celles-ci leur nuise en aucunefaçon. On les sème donc dans des récoltes très-richement fumées et qui, enlevées de bonne heure, leur abandonnent alors complétement la terre.

CHAPITRE XVII.

**CULTURES FOURRAGÈRES. — PRAIRIES NATUREL-
LES ET PRAIRIES ARTIFICIELLES. — PLANTES
INDUSTRIELLES DE LA FRANCE ET DES COLONIES.
— ORANGER ET MURIER. — ASSOLEMENTS. — JA-
CHÈRE.**

Il existe dans la culture des phases diverses, qui
dépendent, non pas tant des *conditions naturelles*,
comme le *climat* et le *sol*, que des *conditions sociales*.
C'est en étudiant les lois naturelles qu'on parvient à
modifier, à améliorer, à transformer la situation so-
ciale. Aussi distingue-t-on dans le développement
de quelque civilisation que ce soit quatre périodes
bien distinctes : la première de toutes est dite *forestière* et correspond, pour l'homme, à l'état sauvage.
Le sol, abandonné à lui-même, est couvert de forêts,
de marais et de savanes; l'homme vit alors de chasse et
de pêche. Vient en second lieu la *période pastorale*
ou des pâturages. A ce moment, les tribus à demi nomades mènent une existence patriarcale ; les troupeaux constituent la principale richesse, comme cela
se passe aujourd'hui pour l'Arabe du midi de l'Algérie
et pour le Tartare. A peine quelques céréales sont-
elles cultivées. On brûle les herbes pour nettoyer
et engraisser le sol ; on en gratte la surface avec l'a-

raire ou la houe. On ensemence à la volée ou bien, comme en Sibérie, on bat le grain sur place, et le sol s'ensemence de lui-même au moyen des grains perdus. Par cette *culture nomade*, on obtient cinq à six récoltes successives bien maigres sur le même terrain, puis il faut l'abandonner pour aller plus loin.

A la troisième époque appartient le grand développement des cultures des céréales, du blé. On défriche de plus en plus ; on fait reculer les forêts et les pâturages vers les montagnes ou les bords des cours d'eau. On pratique la *jachère* sous prétexte de laisser reposer le sol. On se livre à la *culture extensive*, qui exige beaucoup de travail mais peu de capital.

L'industrie, en se greffant sur l'agriculture, lui a apporté une force de développement considérable par les capitaux qu'elle lui a fournis, lui permettant d'augmenter le bétail, de perfectionner les instruments, de substituer, en un mot, désormais à la culture extensive la *culture intensive*, c'est-à-dire celle qui applique une grande masse de capitaux sur une surface donnée du sol et en tire beaucoup de produits. On crée des prairies artificielles en supprimant la jachère, pour avoir un nombreux bétail. Nous voilà ainsi amenés à la *culture fourragère*, qui se développe simultanément avec la *culture industrielle*, culture qui doit fournir de la viande et du blé à l'alimentation de l'homme et des matières premières à son industrie (1).

La culture intensive et la culture extensive coexistent donc et ont leur raison de coexister. Elles répon-

(1) Levasseur, *Cours d'économie rurale, industrielle et commerciale*

dent chacune à des besoins différents. La culture
fourragère ne nuit en aucune façon à l'entretien des
prairies. Elle ne peut toutefois être assurée du succès que dans les pays où elle n'a pas à redouter la
sécheresse du printemps et de l'été. A partir de la
limite septentrionale de la vigne (*Voir* la carte n° 1)
et en allant vers le sud, elle ne donne que de chétifs

Fig. 424. — Vache Durham.

produits, si l'on est dans l'impossibilité de l'irriguer.

Parmi les plantes qui entrent dans la constitution
des prairies artificielles, nous trouvons au premier
rang des *légumineuses* le *trèfle, la luzerne* et le *sainfoin*.

On distingue d'abord le *trèfle rouge* (*fig.* 40) ou *trèfle
commun*, encore dit *trèfle des prés* ou *trèfle de Hollande*,
plante vivace qui croît spontanément dans nos prairies et fut importée en 1633 de Flandre en Angleterre.
Il a donné la variété connue sous le nom de *grand
trèfle normand* ou trèfle vert de Styrie, aux tiges plus

élevées et plus grosses, à la floraison plus tardive, au rendement plus considérable mais obtenu en une seule coupe.

Le trèfle rouge est devenu la base de l'agriculture des climats humides, et, sec ou vert, paraît être l'une des meilleures nourritures que l'on puisse donner au bétail, ne valant pas toutefois le foin des prairies naturelles, sauf pour les bêtes laitières (*fig.* 424) ou à l'engrais. Il ne redoute pas le froid, mais seulement les gelées suivies de dégels qui le déchaussent ; il craint surtout la sécheresse. Aussi se plait-il principalement dans les sols argileux et argilo-calcaires.

On sème en mars ou en avril, par un temps couvert, à raison de 12 ou 20 kilogrammes de graines nues à l'hectare, suivant que le sol est riche ou maigre. On lui donne, comme culture intercalaire, de l'orge ou du froment d'été. La pluie se charge d'enterrer la graine ; autrement, on emploie le dos de la herse ou des fagots d'épines ; si on enterrait trop profondément, on n'obtiendrait pas de résultat. Le trèfle reste en terre dix-huit mois ; on le fume à l'entrée de l'hiver pour le préserver du froid ; les cendres, les charrées et les plâtrages effectués au printemps produisent un excellent effet On le récolte la seconde année, en deux coupes, auxquelles on procède en juin ou en juillet. On enterre la troisième pousse, sinon on s'exposerait au développement des mauvaises herbes et des parasites, notamment de la *cuscute* (*fig.* 425) et de

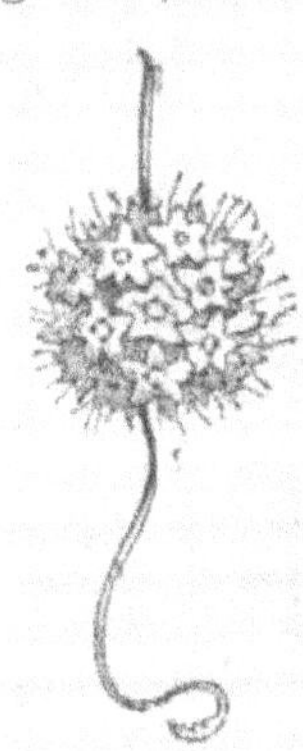

Fig. 425. — Groupe de fleurs de cuscute grossies.

l'*orobanche* à *petites fleurs*. On dispose la récolte de foin en andains, rangés debout, et on tond les têtes. Chaque brassée ainsi disposée souffre moins de la pluie, et on l'étale au soleil dès qu'il reparait. Sans cela, la pluie noircirait ce foin et lui enlèverait sa principale qualité. On obtient 6 à 7,000 kilogrammes de

Fig. 426. — Agneau mérinos.

fourrage sec à l'hectare pour l'ensemble des deux coupes. Le trèfle ne doit pas être donné en vert aux

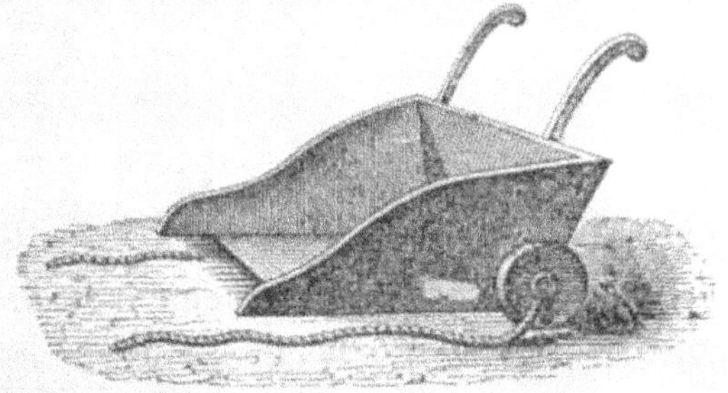

Fig. 427. — Peigne à roues pour récolter la graine de trèfle.

vaches et aux moutons (*fig.* 426); il les *météorise*, c'est-à-dire qu'il les gonfle, surtout le matin à jeun.

Le trèfle épuise le sous-sol pour enrichir le sol ; il ne faut le faire revenir dans le même champ que tous

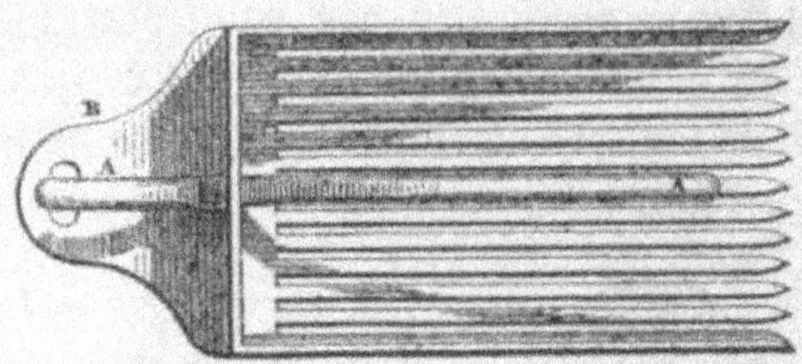

Fig. 428. — Peigne Hellouin pour récolter la graine de trèfle.

les six ou sept ans. La bonne graine de trèfle est rose ; il est prudent de la récolter soi-même (*fig.* 427 et 428).

Viennent ensuite le *trèfle blanc* (*fig.* 42) ou *trèfle rampant*, plante de pâturage plutôt que plante à faucher. Il s'accommode assez facilement de tous les cli-

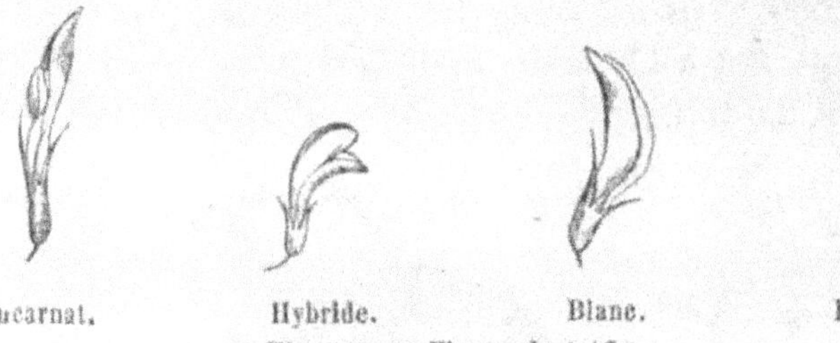

Fig. 429. — Fleurs de trèfle.

mats. Les sols légers et renfermant de la chaux lui conviennent parfaitement. L'ensemencement se pratique à raison de 7 ou 8 kilogrammes de graines à l'hectare, quelquefois mêlées à des graines de foin. Il se distingue par ses fleurs blanches, portées sur de longs pédoncules. On l'appelle encore *petit trèfle de Hollande, triolet* ou *coucou blanc de Belgique*.

Quant au *trèfle incarnat* (*fig.* 40) ou *trèfle farouche, fouche, trèfle du Roussillon*, c'est le plus beau de tous les trèfles, et il est assez rustique. On le sème à la fin de l'été pour le consommer au mois de mai qui suit. C'est une plante du Midi, dont il y a lieu de se méfier dans le Nord, car elle craint les hivers rudes. Elle exige un sol léger sablonneux, même graveleux. On le sème seul, en août, à raison de 25 kilogrammes à l'hectare. Il n'y a pas à compter sur deux coupes.

On cultive encore le *trèfle hybride* (*fig.* 430) ou *trèfle de Suède*, à tiges longues, à feuilles larges et glabres. Ses fleurs sont d'un rose nuancé. On le sème moins dru que le trèfle rouge. Enfin, le *trèfle élégant* croît spontanément dans le centre de la France; il est voisin du précédent mais, il a des tiges plus petites, et ses fleurs sont d'un rose rougeâtre uniforme. Il fleurit quinze jours plus tard.

La *luzerne* est pour le Midi ce que le trèfle est pour le Nord. Elle ne remonte pas au delà

Fig. 430. — Trèfle hybride.

du climat et du grand rayon de Paris. Elle a besoin de

chaleur, mais redoute les climats humides les hivers rigoureux, surtout les gelées tardives, et enfin les argiles compactes.

La principale variété de luzerne est celle qu'on appelle *luzerne cultivée* (*fig*. 12). Elle a des fleurs violettes, purpurines ou jaunâtres, des gousses contournées en forme d'escargot, des tiges droites de 40 à 60 centimètres de haut. On la connaît depuis la plus haute antiquité, puisqu'elle fut importée de Médie en Grèce sous Darius, et de là chez les Romains, puis dans le midi de la Gaule. Nous avons vu qu'il lui fallait un sol profond bien ameubli, bien nettoyé et fumé avec du fumier bien pourri ou du purin.

On la sème au printemps, à raison de 20 ou 25 kilogrammes à l'hectare, et on l'enterre avec une herse légère. La luzernière n'est en plein rapport que la troisième ou la quatrième année. Elle doit rendre 8,000 kilogrammes en moyenne. On peut alors en attendre trois ou quatre coupes et même plus, sous un climat doux. Chaque année, au printemps, on l'arrose avec un engrais liquide et on la couvre de fumier à l'automne, en hersant le sol auparavant. On détruit la luzernière au bout de huit années, car le rendement baisse dès la cinquième.

La luzerne donne un fourrage abondant, mais de médiocre qualité, et qui, en vert, météorise les bêtes, mais moins que le trèfle.

Pour empêcher la luzerne d'être envahie par les mauvaises herbes, il faut lui donner des hersages vigoureux, et même, la seconde année, on emploie à cet effet un scarificateur ou de grosses herses chargées.

La coupe se fait au moment de la floraison ; plus

tôt, la récolte serait trop aqueuse, peu nourrissante
et difficile à faner ; plus tard, elle deviendrait ligneuse
et pourrait ne pas être aussi goûtée du bétail (*fig*. 431).

Fig. 431. — Brebis de Beauce.

Toutefois, il faut couper la luzerne avant la fleur. Elle
sèche plus facilement que le trèfle et se dépouille
moins de feuilles. En se desséchant, elle perd 75 0/0
de son poids. Le rendement annuel varie suivant le
sol et le climat, l'âge de la luzernière et le nombre de
coupes qu'on y fait par an. Dans le Nord, elle s'élève
à trois, dans le Midi à six, et en Algérie jusqu'à huit.

Le produit moyen par hectare d'une luzernière à
trois coupes s'établit de la manière suivante :

        1re année de produit. . .   3,000 kilogr.
        2e   —   —   8,000   —.
        3e   —   —   8,000   —
        4e   —   —   7,000   —
        5e   —   —   6,000   —
        6e   —   —   5,000   —
        7e   —   —   4,000   —
        8e   —   —   3,500   —

Soit, au total, 44,500, ou 5,600 par an, en moyenne.

Il est préférable de récolter soi-même sa graine quand on le peut. On le fait alors sur la luzernière que l'on est sur le point de détruire ; si on la laissait venir en graine pendant la première année, on risquerait de l'épuiser. Mieux vaut encore sacrifier un coin de la luzernière, que l'on consacre spécialement à cela. On fauche les tiges quand les gousses sont noires ; on les fait sécher, on les bat, on débarrasse les semences des gousses et on les crible pour les séparer des graines étrangères, notamment de la cuscute. On peut obtenir 6 à 700 kilogrammes de graines par hectare.

La seconde variété importante de luzerne s'appelle la *lupuline* (*fig.* 61) ou *trèfle jaune*, *trèfle noir*, *minette*, *luzerne houblonnée*. C'est un excellent pâturage pour les moutons, assez souple quant à la terre et au climat. Elle se sème au printemps, à raison de 20 kilogrammes à l'hectare, et présente cet avantage de ne point météoriser le bétail. C'est une plante bisannuelle, à tiges couchées, ayant rarement plus de 33 centimètres de hauteur et croissant spontanément dans les sols légers calcaires ou siliceux. Elle réussit enfin dans les terres sèches et arides, où la luzerne et le sainfoin ne peuvent se développer avec profit. Son fourrage, peu productif à l'état de foin, l'est bien plus, pâturé. La culture est la même que pour le trèfle rouge, et les parties froides ou tempérées de la France lui conviennent mieux que le Midi.

Mentionnons, en outre, la *luzerne faucille* ou *luzerne de Suède*, dont les gousses sont courbées en forme de faucille, et la *luzerne rustique*, dont les tiges isolées atteignent 1 mètre 33 centimètres.

Le *sainfoin com-mun* (*fig.* 432) ou *es-parcette, éparette, foin de Bourgogne, crête de coq*, croît spontané-ment dans le centre et le midi de la France, sur les rocs secs et ari-des. Il est très-vivace et ne redoute ni la cha-leur ni la sécheresse ; c'est le fourrage par excellence des sols secs et calcaires des pays pauvres. Mangé au vert comme la lu-puline, il ne météorise point le mouton ; ce-pendant on le cultive surtout pour le faner. Ordinairement, le trè-fle et le sainfoin s'ex-cluent. On répand de

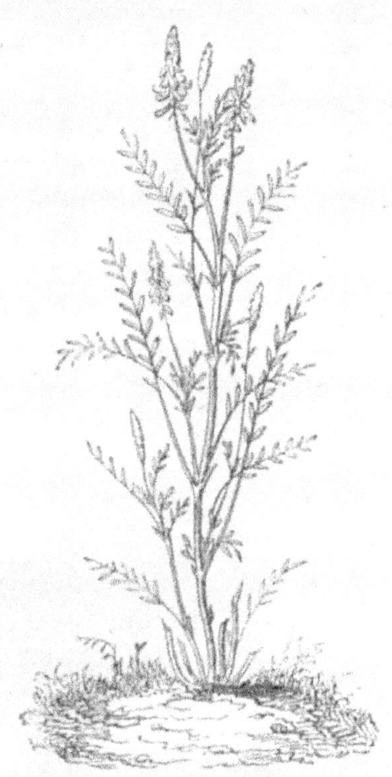

Fig. 432. — Sainfoin commun.

2 à 5 hectolitres de semence de l'année à l'hectare, on herse pour l'enterrer, puis on plâtre et on cendre. Il ne périt pas après avoir fleuri, mais il s'use et est exposé à l'invasion des mauvaises herbes. Aussi ne faut-il point le prolonger au delà de deux ou trois ans. On fait une coupe à la fin de la première année, une ou deux la seconde, et la troisième le bétail le

pâture. On récolte 1,500 kilogrammes la première fois et, la seconde, 4 à 5,000 kilogrammes de foin sec. En dehors du *sainfoin commun*, on cultive encore le *sainfoin d'Espagne* (*fig*. 36) ou *sainfoin à bouquet*, belle plante bisannuelle, dont les tiges nombreuses peuvent monter à plus d'un mètre.

Il croît spontanément en Calabre, en Sicile et en Algérie, et forme le fond des bons pâturages de ces contrées. Il ne peut supporter de petites gelées sans péril. Aussi fait-on bien de le réserver pour la région de l'olivier et les parties les plus chaudes de la Provence ou de l'Algérie; il exige des terres substantielles un peu fraîches en été et calcaires dans une certaine mesure.

Fig. 433. — Bélier espagnol.

Nous avons déjà parlé précédemment des *vesces* (*fig*. 383) au point de vue du rôle de leur graine dans l'alimentation du bétail. Elles constituent un très-bon fourrage vert ou sec, qui convient mieux aux bêtes de travail et aux moutons (*fig*. 433) qu'aux vaches laitières. Coupées avant la récolte de la semence, elles améliorent le sol. Pour les faire consommer en vert, il faut qu'on les ait coupées en fleur, sinon on ne les fauche pour les faner que quand les cosses sont formées. La fenaison est lente. On peut obtenir par hectare 4 à 500 kilogrammes de fourrages. Elles se sèment avec le fumier, à raison de 2 hectolitres. Dans le Nord, on sème un mélange de vesces, de seigle et de froment au mois de septembre. On récolte en mai ou juin.

Le fourrage du *pois gris* (*fig*. 381) est de meilleure qualité que celui de la vesce et convient à tous les bestiaux, aussi bien vert que sec. Toutefois, il est plus coûteux, en raison de l'élévation du prix de la semence. C'est une culture aussi améliorante pour le sol que la vesce coupée en fleur. Sèches, les fanes, longues et dures, quoique très-nourrissantes, sont difficilement mangées par les animaux, si l'on n'a soin de les hacher, de les battre ou de les martiller. L'hectare produit 500 kilogrammes de fourrage sec. Quand on le fauche en gousses, on donne la graine à la volaille.

Nous avons tout dit précédemment sur les *gesses* (*fig*.386). En tant que plantes fourragères, elles exigent les mêmes soins que les vesces. Quant aux *lentilles* (*fig*. 384), leur fourrage est moins abondant que pour les vesces et les pois ; mais il est trop substantiel pour être donné au bétail autrement qu'en petite quantité. Enfin, les féveroles (*fig*. 474) en vert se coupent au-dessus de la première feuille; le pied donne des rejets qui constituent un fort bon regain. Ces diverses cultures fourragères réussissent surtout dans le Midi et y remplacent la vesce fort avantageusement.

Nous faut-il mentionner le *pied d'oiseau* ou *sera-*

delle (*fig.* 434), qui croît spontanément en France dans tous les terrains secs et siliceux et s'accommode de tous les climats? Cette plante annuelle supporte très-

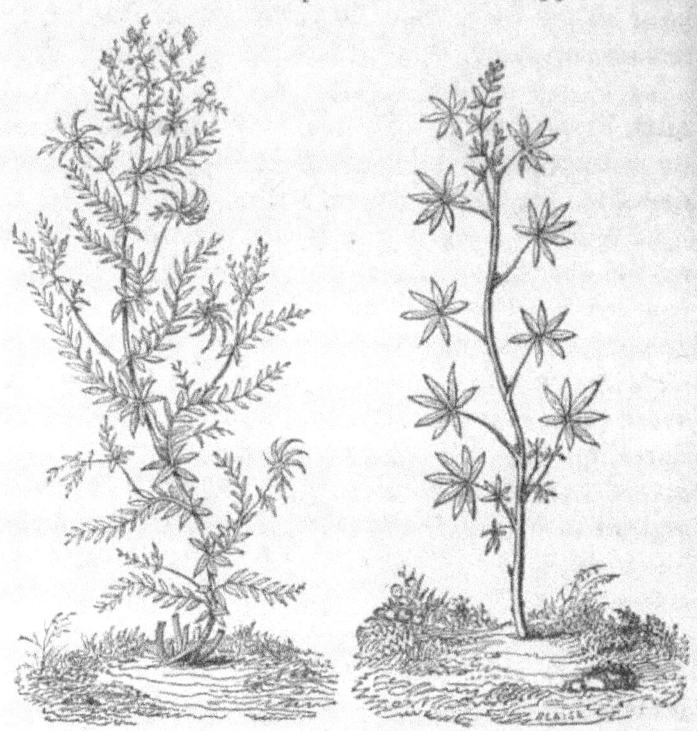

Fig. 434. — Pied d'oiseau. Fig. 435. — Lupin blanc.

bien le froid de nos hivers; elle peut donc se semer à l'automne, à raison de 30 ou 40 kilogrammes à l'hectare, pour être consommée l'été. Le rendement est à peu près la moitié de celui de la vesce. Ne ferons-nous pas aussi une place au *lupin blanc* (*fig.* 435) *pois loup*, ou *fève de loup*, au *lupin à feuilles étroites* (*fig.* 81), ou *lupin à café*, et au *lupin jaune* ? Le lupin blanc est un fourrage très-vanté dans le midi de la France pour le bétail en général, mais surtout pour les moutons ; malheureusement, au contraire du pied d'oiseau, il est sensible au froid. Le lupin jaune est plus robuste, et l'Allemagne semble le préférer. Il faut 80 kilogrammes de semence à l'hectare, répandue à une époque qui change selon le climat : l'automne dans le Midi, avril dans le centre. On récolte et on livre à la consommation dès les premières fleurs. Nous terminerons la liste des légumineuses fourragères par l'*ajonc* (*fig.* 436) ou *jonc marin*, *genêt épineux*, arbrisseau épineux qui atteint jusqu'à 2 mètres, poussant spontanément par toute la France, dans les endroits secs et stériles, et fournissant dans ses jeu-

Fig. 436. — Ajonc.

nes pousses un excellent fourrage vert pour le bétail. C'est une plante qui vit longtemps, donne plusieurs coupes abondantes chaque année, exige peu de frais de culture et améliore le sol. Les terres médiocres lui suffisent et, en Bretagne, on en fait un fréquent usage ; du reste, c'est dans l'Ouest qu'il se développe le mieux. Il préfère les argiles sableuses et profondes et refuse absolument les sols calcaires. Il faut 15 kilogrammes de semence à l'hectare, répandue au printemps, puis hersée. On le coupe une première fois à la suite du deuxième hiver après l'ensemencement, puis l'on fauche tous les ans ou, ce qui vaut mieux, tous les deux ans. Pour détruire l'effet des piquants, assez durs pour écarter les bestiaux, on écrase les jeunes rameaux sans les broyer, pour ne pas provoquer de fermentation, ce qui déplairait souverainement aux animaux. On coupe les rameaux par fragments de 8 à 12 centimètres, que l'on travaille avec un maillet de bois ou avec une meule à presser les pommes. Un poids donné d'ajonc nourrit autant que la moitié du même poids de bon foin. Le rendement est de 20,000 kilogrammes de fourrage vert à l'hectare. La plante dure indéfiniment dans les sols bien appropriés, et pendant sept ans sur les sols les plus arides. Comme toutes les légumineuses, elle améliore la terre et étouffe les plantes nuisibles. Ses tiges, coupées tous les trois ou quatre ans, sont un excellent chauffage pour les fours et peuvent être employées à former des haies.

On mélange, avons-nous dit, quelquefois les semences de plusieurs espèces de légumineuses fourragères pour les répandre ensemble. Quand il s'agit de plantes *vivaces*, c'est-à-dire vivant plus d'une année, ce mélange ne saurait se faire au hasard ; il faut, avant tout, que le sol convienne également aux diverses espèces associées. Ainsi, on unit le *sainfoin* et le *trèfle rouge ;* ce mélange présente l'avantage, sur le sainfoin semé seul, de donner, dès la seconde année, au moyen du trèfle, le maximum de rendement de la prairie. Toutefois, le trèfle disparaissant au bout de trois ou quatre ans, il reste entre les pieds de sainfoin des vides qui diminuent notablement le profit, à moins qu'il ne s'agisse d'un sol où le sainfoin ne puisse durer que ce laps de temps. Dans ce cas, on ajoute à la semence ordinaire du sainfoin 6 kilogrammes de graine de trèfle. La combinaison *luzerne* et *trèfle* présente le même inconvénient, lorsque la luzerne doit vivre plus long-temps que le trèfle. Le mélange *luzerne* et *sainfoin* est préférable, pourvu que la luzerne n'ait que peu de durée. Il en est de même pour la formule *luzerne, sainfoin* et *trèfle rouge*.

Les mélanges sont bien plus aisés à pratiquer quand il s'agit de plantes *annuelles*; le fourrage devient de meilleure qualité, plus appétissant, plus abondant, et est enfin mieux garanti contre les intempéries. On associe ainsi ensemble, ou deux à deux, les *pois*, les *vesces*, les *gesses*, les *lentilles*, même une certaine quantité de *féveroles*, qui contribuent à empêcher les tiges de ramper sur le sol, en les soutenant. Ces combinaisons ont reçu les noms de *dragée*, de *dravière*, d'*hiver-nage* ou *hivernache*. Il faut toujours répandre les graines les plus grosses les premières, et les plus petites en dernier, afin que celles-ci soient les plus rapprochées du sol.

Passons aux *plantes fourragères non légumineuses*. Certaines d'entre elles donnent un produit là où l'on n'en obtiendrait point des autres et, en outre, à des époques où celles-ci ne sont pas à l'état vert. D'autre part, végétant seulement à la superficie du sol, elles permettent au sous-sol de se reposer, tandis que les légumineuses en tirent, au contraire, leurs éléments de fertilité. Toutefois la supériorité reste aux légumineuses, car, seules, avec la *spergule*, elles améliorent le sol au lieu de l'épuiser.

Les principales espèces de ce groupe appartiennent aux crucifères et aux graminées. Parmi les crucifères, nous distinguons notamment les *choux*, les *colzas*, les *navettes*, cultures épuisantes, mais fournissant un fourrage excellent pour le bétail, qui trouve là de la nourriture verte à l'arrière-saison.

La culture du *chou* comme plante fourragère date du commencement du siècle dernier. Il plaît beaucoup aux vaches laitières, aux animaux à l'engrais, aux cochons. C'est un fourrage bisannuel qui exige le climat humide de l'ouest de la France et un sol argileux, profond, frais et très-bien fumé. Cette culture nécessite de nombreux binages qui nettoient la terre

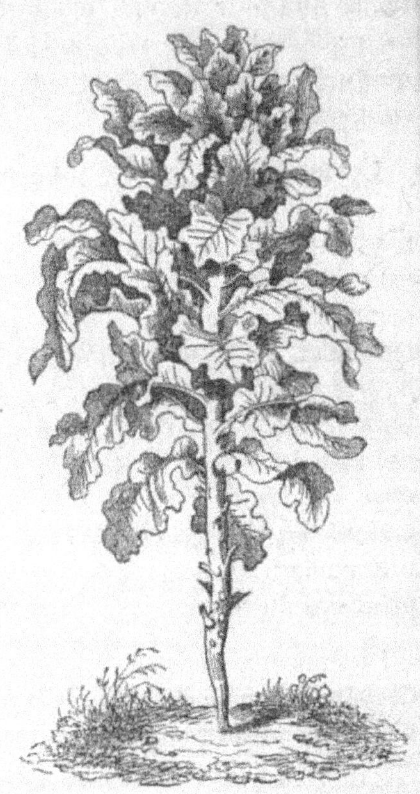

Fig. 437. — Chou cavalier.

et la préparent admirablement pour les récoltes ultérieures. C'est à tort que l'on a accusé le chou de communiquer une saveur désagréable au lait et à la chair, car cet accident ne se produit qu'autant que le végétal est en décomposition. On cultive comme fourrages : 1° le *chou feuille* ou *chou vert*, à tige dépourvue de pomme, présentant, comme variétés, le *chou cava-*

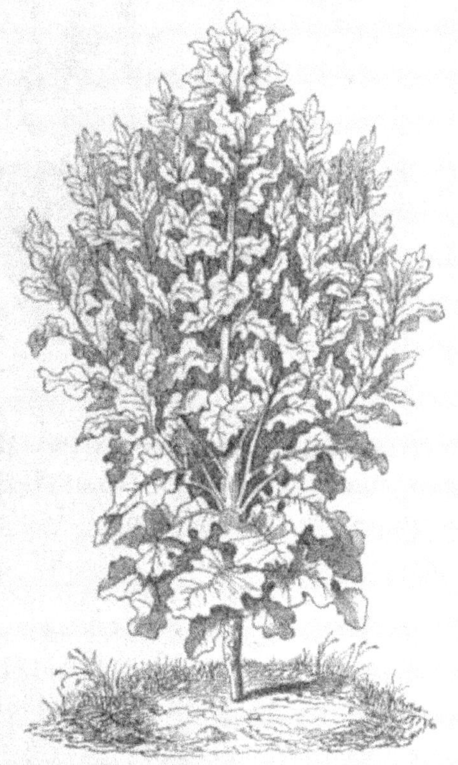

Fig. 438. — Chou branchu du Poitou.

lier (fig. 437) ou *grand chou à vaches*, le *chou caulet de Flandre*, le *chou moellier*, le *chou branchu du Poitou (fig. 438)* ou *chou à mille têtes*, le *chou frisé vert du*

Nord et le *chou frisé rouge du Nord ;* 2° le *chou pommé* ou *chou cabus*, à tige bien moins haute, et dont la

Fig. 439. — Chou quintal.

principale variété est le *chou quintal* (*fig.* 439), *chou d'Allemagne* ou *chou d'Alsace*, tantôt vert, tantôt rouge. On l'utilise pour la fabrication de la *choucroûte*.

Le chou est très-riche en acide phosphorique et en alcalis solubles. Sa culture diffère peu de celle du chou-navet. Quand on veut le récolter en mars ou en avril, on le plante au mois de juin précédent. Le mieux est de le semer en pépinière et de le repiquer, sauf à sarcler et à biner autant qu'il sera nécessaire. Le rendement est d'environ 35 à 40,000 kilogrammes de feuilles et de tiges par hectare. Avec un hectare, on peut engraisser 7 bêtes à cornes de 350 à 400 kilogrammes.

Le *colza* (*fig.* 93), la *navette d'été* et la *navette d'hiver*

sont trois espèces de plantes extrêmement différentes
d'usage dans la grande culture. On peut les employer
comme engrais verts en les enfouissant. Les belles
expériences du baron de Voght, faites à Flotbeck, ont
démontré que l'on pouvait féconder des sols stériles
au moyen de l'enfouissement de certaines récoltes
vertes. Ainsi, dans les terrains argileux, la vesce, les
féveroles, les pois, le colza, la navette, la moutarde
noire, la minette, le trèfle, peuvent rendre, sous cette
forme, de très-grands services. Dans les sols légers et
sablonneux, on préfère le trèfle blanc, le trèfle incarnat, le seigle, le lupin, le sarrasin, la spergule, les raves, etc. Mais le colza et les deux navettes ne jouent
pas un moindre rôle comme fourrage, très-recherché
des vaches laitières, des brebis nourrices et de leurs
agneaux. Ces plantes se cultivent surtout comme récoltes intercalaires. Le colza est la plus productive des
trois, mais il exige un sol plus riche et plus substantiel. Depuis quelques années, on a essayé de cultiver le *chou de Chine* (*Pé-tsaï*), dont les fanes sont
excellentes et qui se recommande surtout par sa précocité. Mais il ne résiste pas toujours aux derniers
froids de l'hiver.

Il n'y a toutefois pas de fourrage plus précoce et
plus utile en son temps que la navette d'été, semée
au mois d'août dans une terre bien propre et bien fumée. On l'arrache au printemps, dès qu'elle se met
en fleur.

La *moutarde* ou *sénevé*, également de la famille des
crucifères, possède deux principales variétés, la *moutarde noire* et la *moutarde blanche* (*fig.* 441). Celle-ci
seule nous intéresse en ce moment ; on l'appelle en-

core *moutardin* ou *herbe au beurre*. On la sème comme récolte intercalaire à des époques variables. On l'ensemence de la même façon que la navette. Le *pastel* (*fig.* 441) se cultive aussi comme fourrage, même sur des terres médiocres. Mais la *spergule des champs*

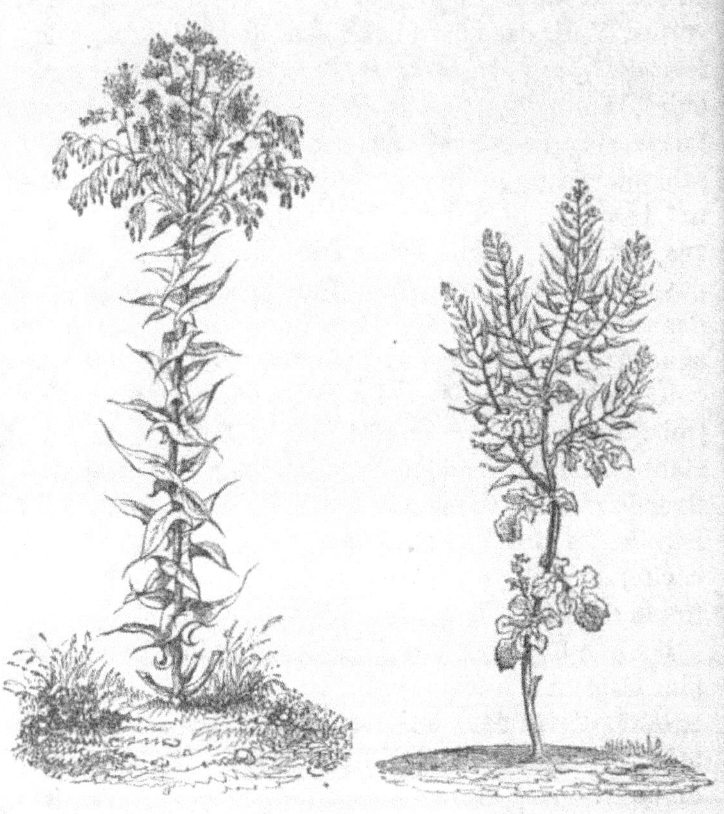

Fig. 440. — Pastel.   Fig. 441. — Moutarde blanche.

(*fig.* 623) ou *spergoutte, spargarette, espargoutte sporée*, est plus importante. Elle pousse spontanément sur tous

les sols siliceux du Nord et des parties tempérées de
l'Europe. C'est une plante annuelle. On en connaît
deux variétés : la petite s'élevant à peine à 30 centimètres, la *géante* montant à 1 mètre et ayant des semences plus grosses, brunes, pointillées de jaune et

Fig. 442. — Spergule des champs.   Fig. 443. — Chicorée sauvage.

de brun foncé. La petite est la meilleure, bien qu'on
cultive plus souvent l'autre, parce qu'elle peut être
fauchée, fanée, et rendre 3,000 kilogrammes à l'hec-

tare. Ce végétal ne redoute point les climats froids, mais ne s'accommode pas de toutes les terres, préférant les argilo-sablonneux et les schisteux. Il se sème de mars en juillet, à raison de 12 kilogrammes à l'hectare. On le coupe ou on le fait pâturer, le réservant aux vaches laitières, car il donne un beurre de qualité supérieure.

« Encore une plante qui ne craint pas les climats rudes, » dit Joigneaux, c'est la *chicorée sauvage* (*fig.* 443), plante vivace qui se développe dans tous les sols argilo-calcaires. Elle a une action tonique sur le bétail, qui la rend précieuse, employée en mélange avec les fourrages verts que l'on donne aux moutons. Elle veut une terre argileuse ou un peu consistante et assez riche en vieilles fumures. On l'ensemence avec de la graine de deux ou trois années à raison de 12 kilogrammes. Cela s'effectue au printemps. L'année suivante, on fait une coupe de feuilles de bonne heure, puis deux autres avant l'hiver. On obtient encore une bonne récolte la seconde année; la troisième, elle baisse. Il faut en donner aux vaches, mais en petite quantité. D'autre part, il est excellent de la faire pâturer par les moutons.

Nous avons parlé du *maïs* comme céréale. Nous n'y reviendrons point; cependant signalons le *maïs d'automne* et le *maïs blanc tardif* comme très-propres à être cultivés en fourrages. On commence la récolte dès l'apparition des épis mâles et on la continue jusqu'à la pleine floraison.

La *pimprenelle*, de la famille des rosacées, mérite aussi une place dans ce chapitre. Fort employée en cultures artificielles aux environs de Soissons, elle exige

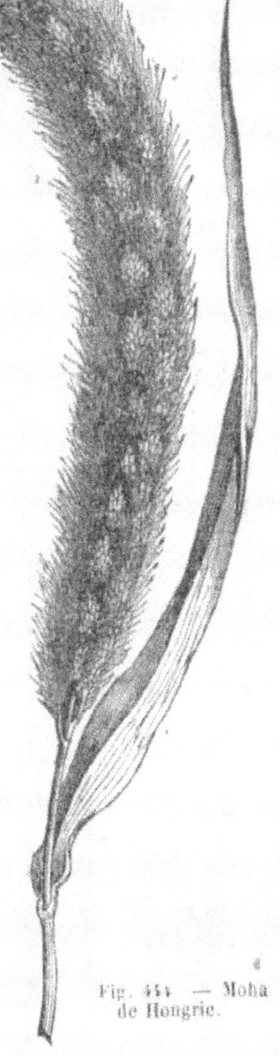

un sol sec et aride. Elle
affectionne toutefois particulièrement le calcaire. On
la sème en mars ou en avril,
à raison de 30 kilogrammes
de graine par hectare. On
la laisse végéter tant que
l'hiver n'est pas trop rude.
On la fait alors pâturer par
les brebis et les agneaux.

Quant au *moha* (*fig.* 444)
ou *millet de Hongrie*, il commence à se répandre en tant
que fourrage annuel dans la
grande culture française. Il
n'est apparu toutefois dans
notre pays qu'en 1815. Sa
graine germe facilement,
même par la grande séche-
resse. C'est un fourrage précieux pour le Midi. Il porte
des feuilles nombreuses qui
constituent une excellente
nourriture verte, fort agréable pour le bétail. Il s'ac-

Fig. 444 — Moha
de Hongrie.

Fig. 445. — Ivraie d'Italie.　　　Fig. 446. — Ivraie vivace.

commode de tous les climats de France, mais donne son maximum de rendement dans les sols de consistance moyenne et suffisamment frais. Il faut 10 kilogrammes de graines à l'hectare, et le produit est de 10,000 kilogrammes de fourrage sec, égalant presque celui des bonnes prairies naturelles. On utilise encore comme fourrages le *millet d'Italie* ou *panis d'Italie*, le *millet commun* et le *sorgho ;* mais celui-ci convient mieux aux contrées méridionales. Il veut un terrain frais en été, substantiel et richement fumé. Cultivé comme le moha, il rend au moins autant. Le millet exige de 30 à 48 kilogrammes de semence à l'hectare ; en choisissant un sol léger et chaud, on obtient une coupe au bout de deux mois.

Le *seigle*, l'*avoine d'hiver*, l'*orge escourgeon* (*fig.* 328) donnent, eux aussi, d'excellents fourrages verts extrêmement précoces, ayant une heureuse action sur la production du lait. On obtient 12,000 kilogrammes de fourrage vert à l'hectare, ne rendant que 4,200 kilogrammes de fourrage sec, qui équivalent à environ 3,000 de bon foin de prairie naturelle.

Les *ivraies* sont des graminées que l'on emploie comme plantes fourragères. Telle est, par exemple, l'*ivraie vivace* (*fig.* 446) ou *ray-grass d'Angleterre*, dit encore *gazon anglais*. Elle pousse naturellement sur tous les sols d'Europe ni trop secs ni marécageux ; elle est précoce, et il faut la semer au printemps, à raison de 40 kilogrammes à l'hectare. On la fauche de bonne heure pour empêcher son foin de devenir coriace. On récolte 4,500 kilogrammes de fourrage, en moyenne, et, lorsqu'on laisse mûrir la première coupe, 12 hectolitres de graine.

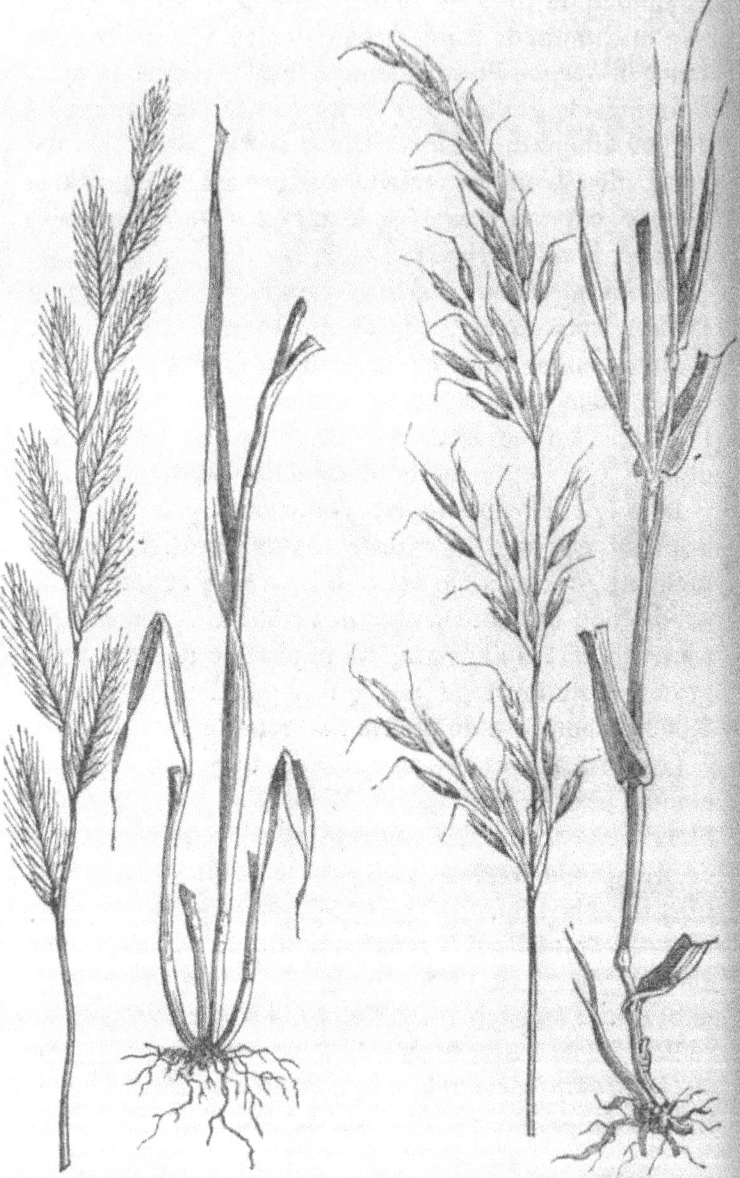

Fig. 447. — Ivraie multiflore.   Fig. 448. — Avoine fromentale.

L'*ivraie* ou *ray-grass d'Italie* (*fig.* 445) est plus vigoureuse, plus précoce, et gazonne moins. Ses tiges sont
plus élevées et ses épillets plus barbus. Les ray-grass
sont des graminées et durent 6 à 8 ans; les engrais
liquides y font merveille. Reste encore l'*ivraie multiflore* (*fig.* 447) ou *ray-grass pill de Bretagne*, aussi
vigoureuse que l'espèce d'Italie, mais annuelle et
donnant un fourrage plus grossier.

Un mot enfin de l'*avoine fromentale* (*fig.* 448), *fe-
nasse* ou *ray-grass de France*, plante naturelle aux sols
siliceux et profonds, atteignant un mètre et plus, mais

Fig. 449. — Bœuf algérien.

exigeant beaucoup d'engrais. Ce végétal est moins
nourrissant que le ray-grass, et son amertume le rend
peu agréable au bétail.

La feuille de certains arbres, dits *arbres fourrages,*

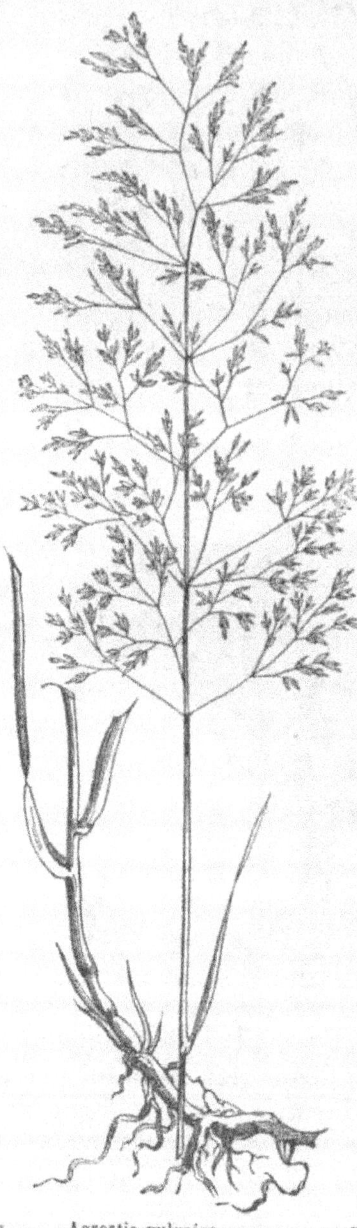

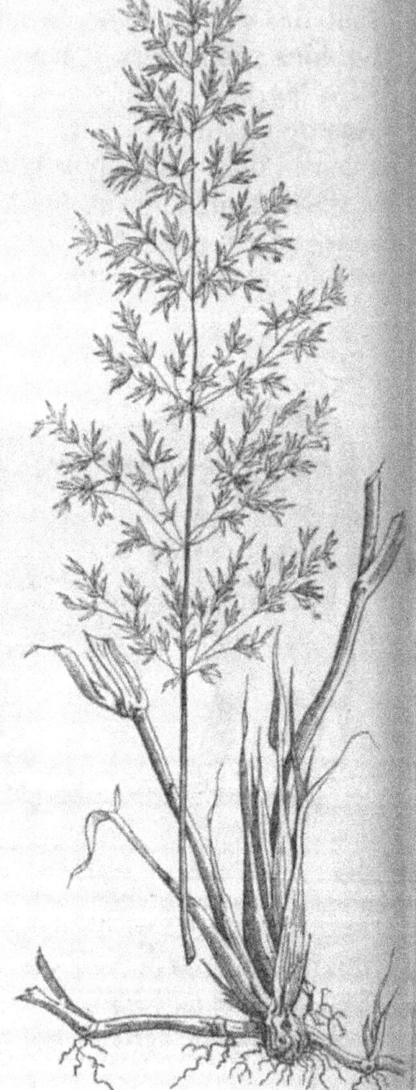

Agrostis vulgaire.   Fig. 450.   Agrostis stolonifère.

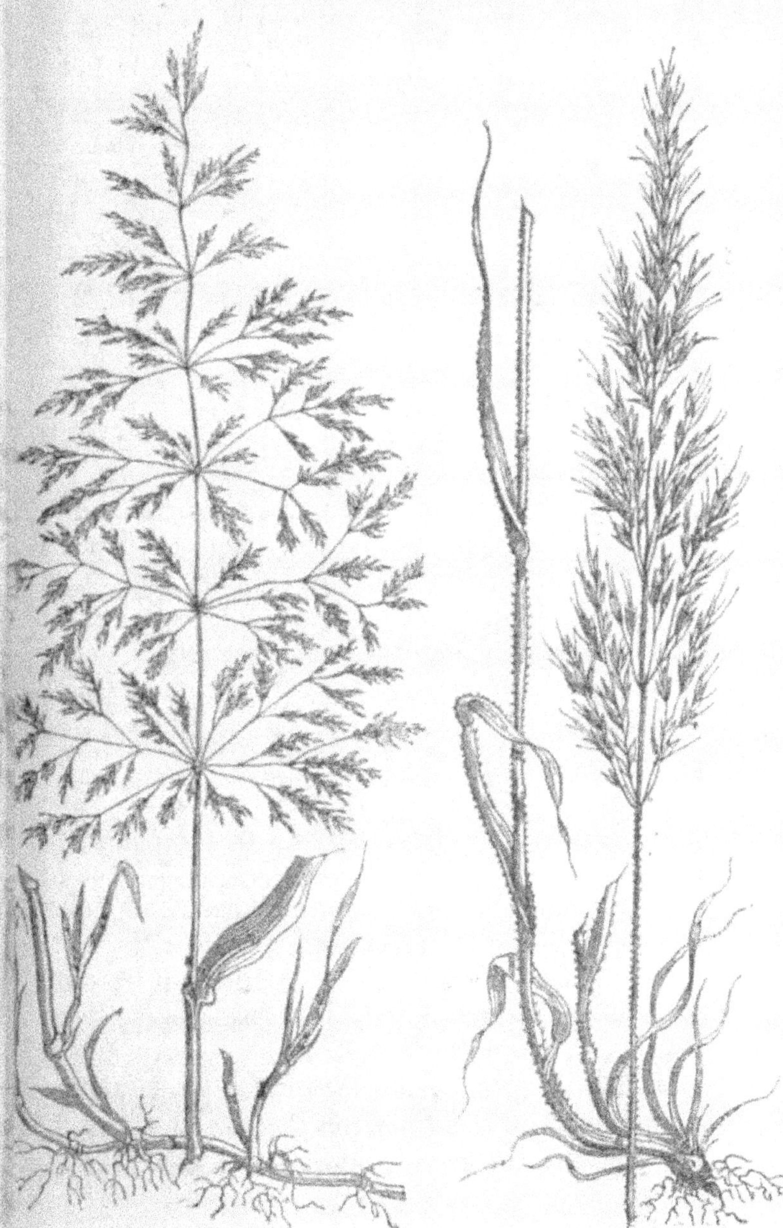

Agrostis d'Amérique.   Fig. 451.   Avoine jaunâtre.

30.

peut servir aussi à la nourriture du bétail; tel est le cas pour l'*orme*, l'*érable*, le *frêne*, le *saule*, le *peuplier*, le *noisetier*, la *vigne* et le *mûrier*. Il est clair que ce n'est une ressource à employer que dans les contrées brûlantes ou sèches, ou durant les étés de grande sécheresse, comme l'été de 1870. On récolte les feuilles à la fin de septembre, avant qu'elles ne tombent d'elles-mêmes. On les détache à la main ou avec la gaule. C'est à ce produit qu'on donne le nom de *feuillée*. Quelquefois même, on coupe les jeunes branches avec les feuilles; on en forme des fagots appelés *feuillards*. Le bétail (*fig.* 449) mange les feuilles, les rameaux très-minces, et écorce les autres.

Nous n'avons rien dit de la *pimprenelle*, qui cependant donne d'excellents pâturages, ne redoutant ni la sécheresse ni le froid, se contentant même de pauvres terrains, quoiqu'elle préfère le calcaire. La *fléole des prés*, seule ou mêlée au trèfle blanc, donne aussi l'une des plus belles et des plus avantageuses récoltes que l'on puisse désirer. Il lui faut un sol frais ou, du moins, léger.

Nous avons déjà indiqué le rôle des prairies naturelles. Suivant qu'on les destine à être fauchées ou pâturées, on les divise en *pâturages* ou *herbages* et en *prés* ou *prairies proprement dites*. Elles sont moins coûteuses à entretenir que les prairies artificielles. Leur produit annuel est généralement inférieur en quantité à celui des précédentes, mais il est beaucoup plus régulièrement assuré. Elles améliorent le sol autant que les meilleures cultures fourragères et y accumulent un engrais dont il est bon de profiter en les rompant pendant un certain intervalle. Il est prudent

Avoine pubescente.   Fig. 452.   Avoine des pres.

d'en conserver une certaine étendue, surtout dans le midi, où les autres fourrages manquent le plus souvent. Du reste, on a toujours avantage à transformer les pentes rapides en prairies, car la terre unie pourrait promptement être ravinée par la pluie. Il en est de même pour les sols exposés à des inondations périodiques, pour les sols bas et humides, insuffisamment égouttés, pour certains autres dont la fraîcheur naturelle assure un rendement supérieur à celui des prairies artificielles, comme il arrive en Normandie, dans le Charolais et ailleurs encore. Enfin, il est avantageux de transformer en prairies les sols irrigables, surtout dans le midi. L'irrigation peut décupler le produit en gazon naturel.

On distingue : les *prairies sèches*, situées le plus souvent sur la pente des coteaux, donnant d'excellent foin, mais une seule coupe seulement, d'environ 2 à 5,000 kilogr., suivant le degré de siccité du sol ; les *prairies fraîches*, dont on peut tirer plus de 6 coupes par an, la production en foin variant de 5 à 18,000 kilogr. à l'hectare ; les *prairies marécageuses*, dont le foin est peu abondant et médiocre, plein de roseaux, de laiches et de joncs, et rend 2 à 3,000 kilogr. à l'hectare.

On peut fort bien créer une prairie naturelle, en laissant le sol s'engazonner naturellement, en y transportant des bandes de gazon, ou enfin en y semant des graines de foin. On forme des mélanges de semences, qu'on devrait pouvoir composer soi-même, mais à la condition de bien étudier le sol avant d'employer telle ou telle combinaison. Le plus prudent, dans la pratique, est de faire usage de graines provenant d'une bonne prairie.

Brize tremblante.   Fig. 153.   Brome des prés.

Il ne faut pas laisser les déjections du bétail séjourner telles quelles sur le gazon, car elles le gâteraient et y feraient pousser une herbe que les animaux refusent. On doit les étendre à la fourche ou bien les enlever pour en faire des composts qu'on répandra plus tard. On laisse les bêtes paître en liberté, en ayant soin de les enfermer dans de petits enclos (*fig.* 162 ; sinon, elles gâteraient plus d'herbes qu'elles n'en consomment. Dans la Basse-Normandie, on commence, avec de grands avantages, à les faire paître au piquet comme

Fig. 454. — Corde pour faire pâturer les bestiaux au piquet.

dans les prairies artificielles. L'herbe est plus régulièrement pâturée ; il reste bien moins de touffes non mangées ou de *refus*. Ces refus doivent être fauchés pour ne pas user l'herbe en la laissant se dessécher.

Les herbes des prairies naturelles appartiennent aux graminées, aux légumineuses et à d'autres familles.

Les graminées sont : l'*agrostis vulgaire* (*fig.* 450) (*si*) (1), haut de 30 à 60 centimètres (3,870 kilogrammes de foin à l'hectare), l'*agrostis stolonifère* (*fig.* 450) ou traçante (*a*) (*t*) (8,950 kilogrammes de foin), l'*agrostis d'Amérique* (*fig.* 451) ou *herd-grass* (*a*) (*t*), l'*avoine fromentale* (*fig.* 448) (*si*), que nous connaissons déjà et qui exige 100 kilogr. de semences à l'hectare (6,430 kilogr. de foin), tandis que les deux premières n'en

(1) Les abréviations entre parenthèse indiquent les sols dans lesquels ces plantes viennent bien : *a* veut dire sol argileux ; *t* sol tourbeux ; *c* sol calcaire ; *si* sol siliceux.

Canche flexueuse.   Fig. 455.   Cynosure des prés.

Fig. 456. — Dactyle pelotonné.

Fétuque des prés.   Fig. 457.   Fétuque ivraie.

exigent que 10. Viennent
ensuite l'*avoine jaunâtre*
ou *blonde* (*fig*. 451)(*c*) (*si*)
(3,215 kilogr. de foin, 30
de semences), l'*avoine pubescente* ou *velue* (*fig*. 452)
(*si*) (6,604 kilogr. de foin,
30 de semences), l'*avoine
des prés* ou *avenette* (*fig*.
452) (*c*) (*si*) (2,100 kilogr.
de foin), la *brize tremblante*
(*fig*. 453) ou *tremblette* ou
amourette (*si*) (3,483 kilogr.), le *brome des prés* (*fig*.
453) (*c*) (*si*) (8,550 kilogr.
de foin), la *canche flexueuse*
ou *des montagnes* (*fig*. 455)
(*c*) (*si*), le *chiendent* (*c*)(*si*),
(7,129 kilogr. de foin), fort
estimé pour les vaches laitières et propre aux sols
secs ou frais, suffisamment
fumés et formant la base
des célèbres prairies de la
Prévalaie. Nous trouvons
ensuite la *cynosure des prés*
(*fig*. 455) (*c*) (*si*) (*a*) (*t*), le
dactyle pelotonné (*fig*. 456)
(*si*) (*a*) (*t*), la *fétuque des
prés* (*fig*. 457) (sols frais et
riches) (*a*), la *fétuque élevée* (*a*) (*t*), (2,000 kilogr.

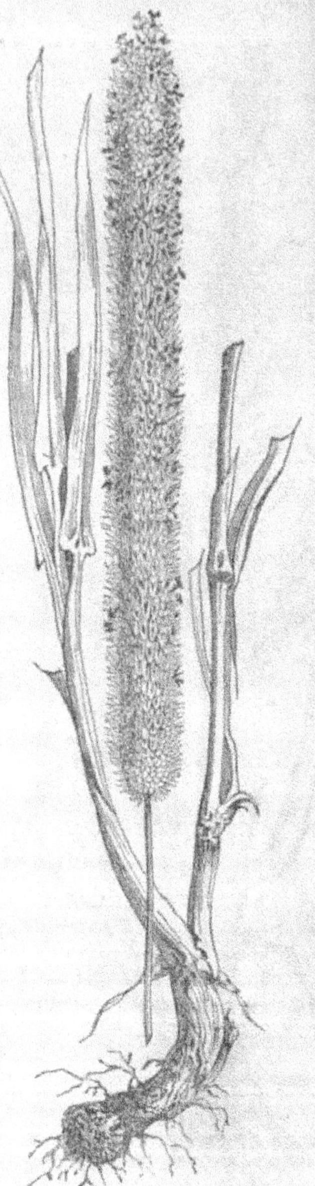

Fig. 458. — Fléole des prés.

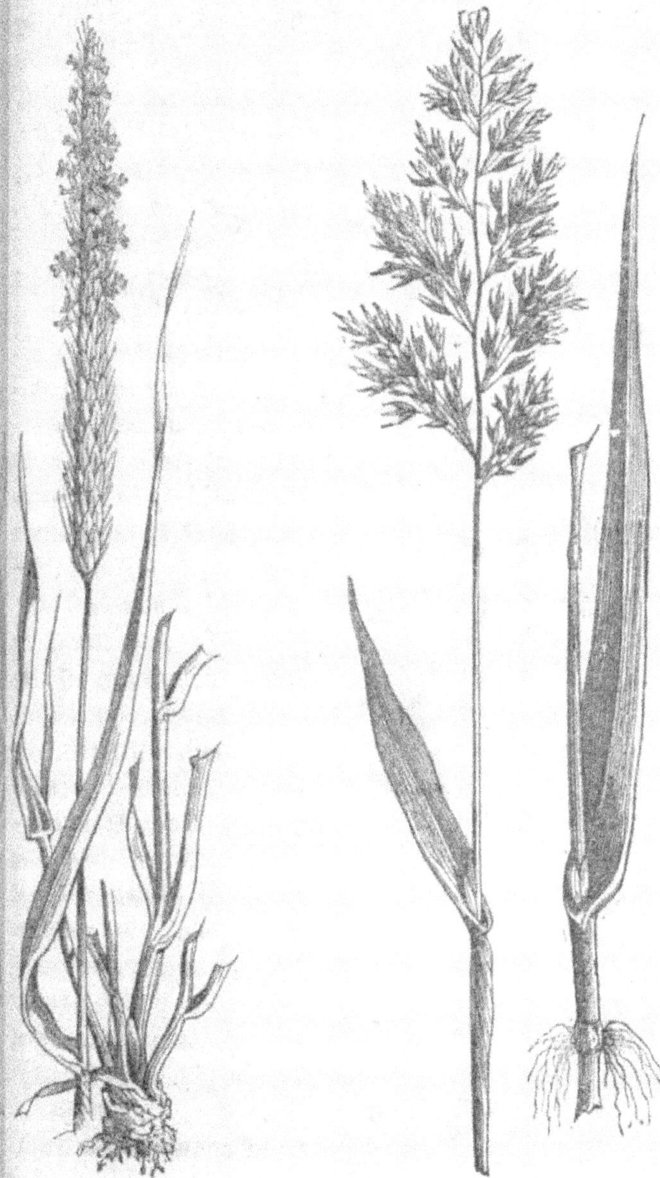

Vulpin des champs. Fig. 469. Phalaris roseau.

de foin à l'hectare), la *fétuque ivraie* (*fig.* 457) (*a*), la *fétuque ovine* ou *petit foin* (*c*) (*si*), la *fétuque traçante* ou *rouge* (*c*) (*si*), la *fléole des prés* ou *mannette* (*fig.* 459) (*c*) (*a*) (*t*), que nous connaissons déjà (25,000 kilogr. de foin), la *flouve odorante* ou *foin dur* (*c*) (*si*) (*a*) (*t*), la *houque laineuse* (*a*) (*t*), la *houque molle*, les *ivraies vivace* (*fig.* 446) et d'*Italie* (*fig.* 445) (*a*) (*t*), le *paturin flottant* ou *fétuque flottante* (*a*) (*t*), supérieur à tout autre fourrage vert dans les sols très-humides, le *paturin commun* (*a*) (*t*), le *paturin des prés* (*c*) (*si*) (*a*), le *paturin des bois* (*c*) (*si*), le *paturin maritime*, le *paturin aquatique* (*a*) (*t*) (8,800 kilogr. de foin, tardif mais nutritif), le *paturin canche* (*a*) (sols très-humides), le *phalaris roseau* ou *ruban d'eau* ou encore *alpiste roseau*

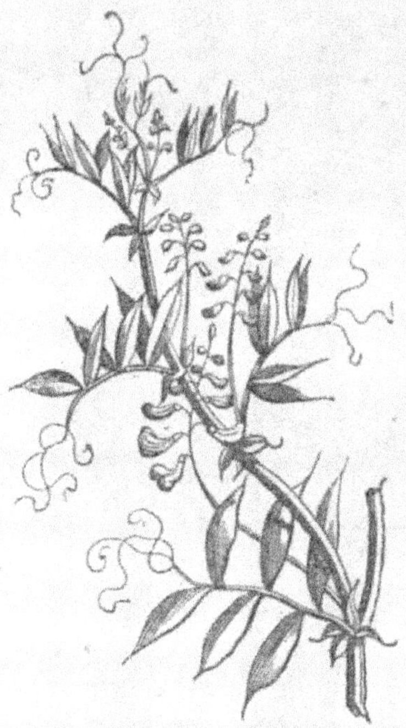

Fig. 460. — Gesse des marais.

(*fig.* 459) (*a*) (*t*) (13,800 kilogr. de foin), le *vulpin des prés* (*a*), 16,000 kilogr. de foin en deux coupes ; cette herbe perd les 70 centièmes de son poids par la fenaison et convient aux sols frais et humides de bonne qualité). Restent le *vulpin des champs* (*fig.* 459) (*c*) (*si*) (*a*) (*t*) et le *vulpin genouillé* (*a*) (*t*).

Quant aux légumineuses, nous en connaissons déjà

plusieurs. Elles comprennent la *gesse des prés* (a) (10,000 kilogr. de foin), la *gesse des marais* (*fig.* 460) (a) (*f*), le *lotier corniculé* (*fig.* 461) ou d'*Allemagne* ou encore *trèfle cornu* (c) (*si*) (a) (*f*), le *lotier velu* (a) (sols

Fig. 461. — Lotier corniculé.

substantiels, frais ou humides), le *lotier maritime*, les *luzernes cultivées* (c) (*si*), *luzerne tupuline* (c) (*si*) (a), *luzerne en faucille* ou de *Suède* (c) (*si*), le *sainfoin commun* (c) (*si*), les *trèfles blanc* (c) (*si*) (a) (*l*), *rouge*, *intermédiaire*, *maritime* (*fig.* 463), *fraisier* ou *capiton* (*fig.* 462) (c) (*si*), *hybride* (a), *élégant*, des *campagnes* ou *mignonnette jaune* (a), la *vesce multiflore* ou *pois à crapaud* (a) (*f*), la *vesce des haies* (a), la *vesce des buissons*.

Parmi les *composées*, signalons l'*achillée mille-feuille*

ou *herbe aux charpentiers* (*fig.* 464) (*si*), la *jacée œillet* (*fig.* 466) ou *des prés* (*si*) ; parmi les *ombellifères*, la *berce brancursine* ou *panais de vache* (*fig.* 464) (*a*), ex-

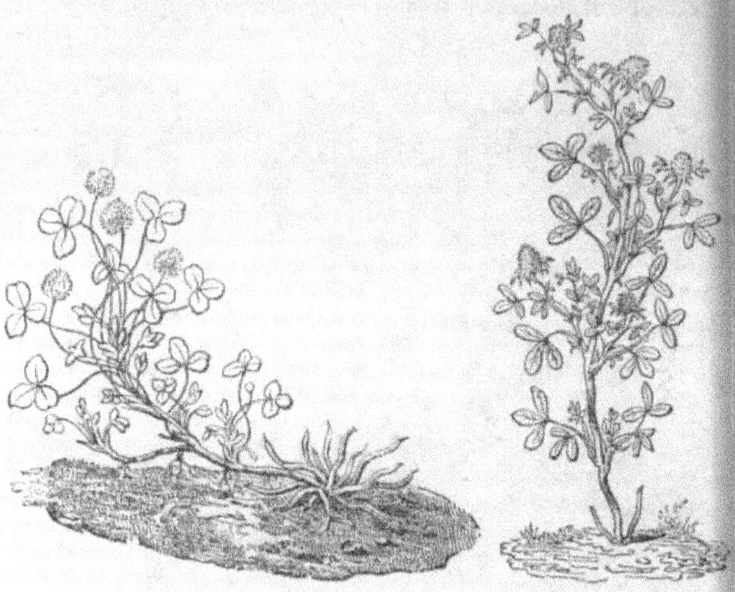

Fig. 462. — Trèfle fraisier.   Fig. 463. — Trèfle maritime.

cellent fourrage pour les vaches, chez lesquelles il accroît la sécrétion du lait, le *cumin des prés* (*fig.* 465)
(*c*) (*si*). Signalons enfin la *chicorée sauvage*, le *pastel*
(*c*) (*si*), la *petite pimprenelle* (*fig.* 465) (rosacée) (*c*) (*si*),
la *sanguisorbe* (*fig.* 466) ou *grande pimprenelle*, le *plantain lancéolé* (*fig.* 467) ou *petit plantain* (*a*) (*t*) (très-
recherché du bétail et facile quant au choix du terrain,
fourrage précoce), enfin le *jonc de Bothnie,* qui convient aux pâturages salants très-humides.

Il est nécessaire, remarquons-le bien, qu'il se trouve
parmi les plantes fades, qui forment la base de nos

prairies, des plantes aromatiques en suffisante quantité pour assaisonner le repas des animaux et y jouer le rôle du persil, du cerfeuil, du thym, etc., dans la nourriture humaine.

Achillée mille-feuille. Fig. 461. Berce brancursine.

Après les céréales, les tubercules et racines, les plantes fourragères et les prairies naturelles, il ne nous reste plus guère à parler que des plantes industrielles proprement dites, divisées en *plantes oléagineuses, plantes textiles, plantes tinctoriales* et quel-

ques autres d'usages divers. Ce sont des cultures fort
lucratives et donnant un produit net immédiat en
argent. Mais en même temps elles épuisent le sol,
d'autant plus qu'étant vendues, il n'en reste aucun
débris qui retourne à la terre dont elles proviennent.

Cumin des prés.   Fig. 465.   Pimprenelle.

Les *plantes oléagineuses*, celles dont on tire de
l'huile, sont le *colza*, la *navette*, la *caméline*, le *pavot*,
la *moutarde blanche*, le *sésame*, la *pistache de terre* ou

arachide, le *madia*, le *chanvre*, le *lin* et la *gaude*. Il est
vrai que les deux avant-dernières figurent surtout
parmi les plantes textiles, et la gaude au nombre des
tinctoriales.

Sanguisorbe officinale.   Fig. 466.   Jacée œillet.

Nous avons déjà eu occasion de parler du *colza*
comme plante fourragère. Il lui faut un climat humide
et brumeux, un sol riche et profond. Il s'accommode
fort bien des mauvaises terres, comme les schistes de

l'Ardenne belge. On peut le semer en pépinière (*fig.* 467 et 468) en juin, pour le repiquer en septembre et octobre, ou bien à la volée et à demeure, du 15 juillet au 15 août. Sa transplantation, quand elle a lieu, doit s'effectuer en lignes distantes de 32 centimètres, avec 13 centi-

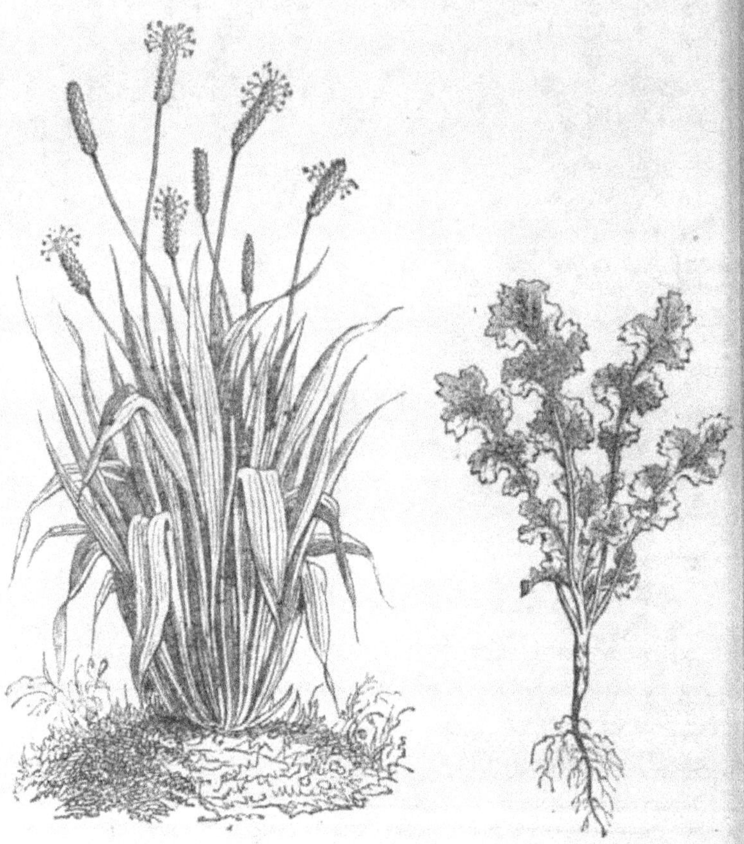

Plantain lancéolé.   Fig. 457.   Jeune plant de colza bien conformé.

mètres d'intervalle entre les plants. On foule ensuite énergiquement, puis on sarcle et on bine, et, trois se-

maines après, on rechausse. A la volée, il faut de 7 kilogr. à 7 1/2 de graine à l'hectare. On récolte, par la
rosée, avec la faucille ou la serpe, vers la fin de juin ou
au commencement de juillet, dès que les 2/3 des
siliques de la plante sont jaunes. On laisse le colza

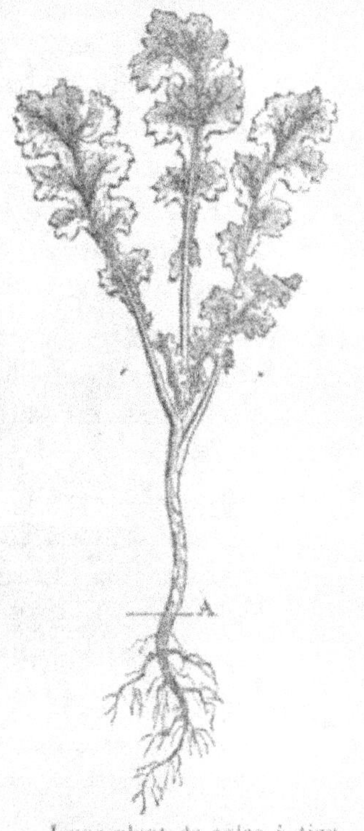

Jeune plant de colza à tige
trop longue.

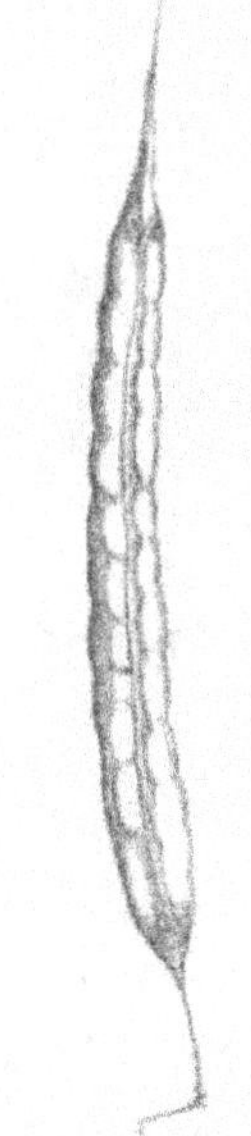

Silique renfermant la
graine de colza.

Fig. 468.

en javelles 2 ou 3 jours ; on le dispose en meules
recouvertes de paille que l'on enlève au bout d'un
mois ou de six semaines. Dans le nord de la France,
on obtient de 40 à 50 hectolitres à l'hectare ; en Belgique, 20 à 30. Il existe une variété de colza de prin-

temps; mais elle rend moins d'huile que le colza d'hiver, 33 0/0 au lieu de 39. Les débris du colza sont utilisés à différents usages; on chauffe le four avec ses racines; ses pailles sont utilisées, dans certaines contrées, pour préserver les meules de céréales de l'humidité, ou bien on les jette dans la fosse à purin pour les employer plus tard comme engrais; enfin les siliques (*fig.* 468) servent à la nourriture du bétail, après avoir été ramollies dans l'eau bouillante. En 1862 il y avait 202,000 hectares en France, cultivés en colza, contre 173,000 en 1840, produisant 3,205,000 hectolitres de grains, au lieu de 2,279,000, valant 28 francs l'un, au lieu de 22, et donnant pour 3 hectolittes 90 de grains 1 hectolitre

Fig. 469. — Caméline.

d'huile, à 112 francs.

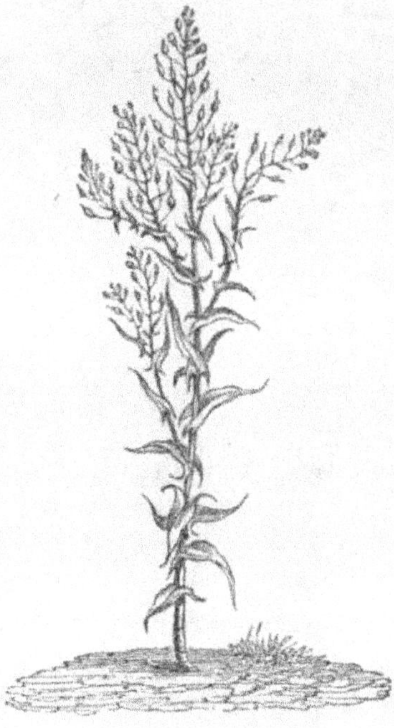

Comme le colza, la *navette* est une *crucifère*, mais ayant les siliques dressées contre les tiges et rendant un dixième de moins d'huile. Elle réussit là où languit le colza. On en connaît trois variétés : la *navette d'hiver*, la *navette d'été quarantaine* et la *navette dauphinoise* ou *ravette*. La navette croit rapidement, il

lui faut un sol léger; du reste, elle est fort accommodante
quant au climat ; on sème la variété d'hiver en août et
en septembre, à raison de 4 à 5 kilogrammes à l'hectare;
à moins qu'on ne la cultive sur une prairie rompue ou
sur un sol écobué, il n'est pas nécessaire de la fumer.
On récolte dès que les siliques sont jaunes, et on doit
obtenir 20 à 30 hectolitres de navette d'hiver ou de 15
à 20 de la variété d'été. L'huile de navette est de meilleure qualité que celle de colza et peut s'utiliser pour
la salade. 40,000 hectares en France sont cultivés en
navette, rendant l'un dans l'autre 8 hectol. 88 de

Fleur de la caméline.   Fig. 470.   Fruit de la caméline.

graines à 26 fr. 92 ; 4 hectol. 28 de graines produisent
1 hectolitre d'huile à 119 francs.

La *caméline* ou *myagrum sativum* (*fig.* 469), encore
de la famille des crucifères, est originaire d'Asie et
croît dans toute l'Europe; on la cultive surtout en Belgique, en Allemagne et dans nos départements du
nord. Son huile, comme huile à brûler, est supérieure
à celle du colza et de la navette. Elle est à l'abri des
insectes qui causent de si terribles ravages au colza. Le
rendement moyen est de 15 à 20 hectolitres à l'hectare, pesant chacun 65 à 72 kilogrammes. Il faut environ 4 ou 5 kilogrammes de semence, que l'on mêle à
du sable fin, avant de la répandre à la volée. Dix litres
de graines produisent de 1 litre à 1 1/2 d'huile. L'huile

et le tourteau de caméline sont connus dans le commerce sous le nom impropre de tourteau et d'huile de camomille. Ce tourteau est inférieur à celui du colza. 5,700 hectares sont cultivés en caméline et rendent 16 hectolitres l'un, à 24 fr. 32; 4 hectol. 38 de grains donnent 1 hectolitre d'huile, valant 105 francs.

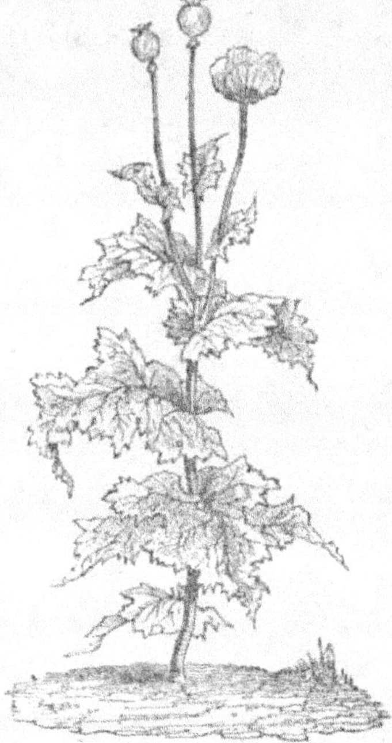

Fig. 471. — Pavot.

Le *pavot, œillette* ou *oliette* (*fig.* 471) est une papavéracée et pousse spontanément en Orient et dans le midi de l'Europe. On le cultive beaucoup en Flandre , en Artois, en Lorraine et en Allemagne. Il ne se répand pas davantage en France, parce qu'il exige beaucoup de main-d'œuvre et que les bras manquent. On distingue le *pavot ordinaire* ou *pavot noir*, ou encore *à graines grises*, dont les capsules, lors de la maturation, sont percées latéralement, au sommet, d'ouvertures pour laisser échapper la graine; le *pavot aveugle,* à capsules plus grosses, mais sans ouvertures; enfin le *pavot blanc*, à fleurs et à graines blanches. La première de ces variétés est la plus productive. Ses graines rendent 30 0/0 d'une huile blanche, inodore, d'une saveur douce et agréable, que l'on mêle

le plus souvent à l'huile d'olive. Il faut à cette plante
un sol riche, très-divisé : elle résiste fort bien aux
hivers rudes. On sème 2 à 3 kilogrammes de graines à
l'hectare, en automne ou en hiver, mais jamais plus
tard que février. On herse et on roule, puis, quand il
y a déjà 4 ou 5 feuilles de poussées, on sarcle. On récolte lorsque les capsules sont d'un gris jaunâtre. On
obtient 15 à 20 hectolitres de graines à l'hectare. La

Fig. 472. — Capsules incisées d'où s'échappe le suc opiacé.

paille est employée en litière, ou bien on la brûle pour
extraire la potasse des cendres. Il se cultivait en France,
en 1862, 47,678 hectares en œillette, rendant 16 hectol. 20 de graines l'un, au prix moyen de 28 francs,
et fournissant pour 3 hectol. 99 de graines 1 hectolitre
d'huile, valant 118 francs. Pour la production de l'o-
pium, le pavot se cultive absolument de même, mais en
lignes distantes de 50 centimètres. On le dispose en
chaînes pour le faire sécher (*fig*. 474). Quand la cap-

sule passe du vert au jaune, on l'incise avec un couteau à quatre lames (*fig.* 472). Le suc opiacé, laiteux et âcre, s'écoule, s'épaissit à l'air ; en vingt-quatre heures

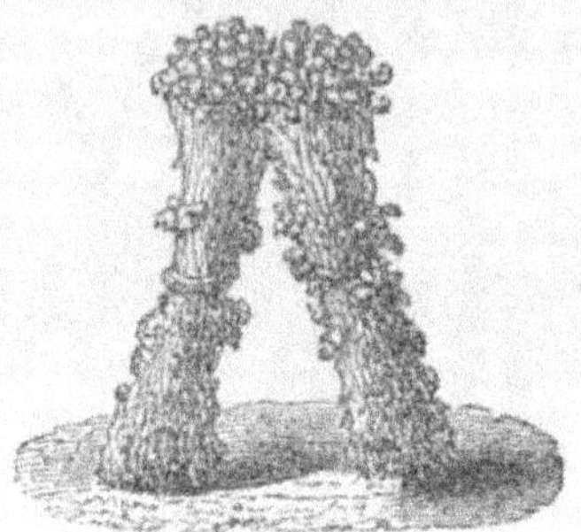

Fig. 473. — Poignées de pavots disposées pour le séchage.

il est transformé en résine analogue à l'opium du commerce. On l'enlève avec des couteaux et on la réunit en boules. Il peut y avoir là, pour le commerce d'exportation de la France, dans un temps donné, une importante source de revenus.

La *moutarde blanche* est encore une crucifère, et sa graine rend jusqu'à 33 0/0 d'huile (4 à 5 kilogrammes). Elle exige un sol substantiel bien préparé. Elle se sème à la volée (6 à 7 kilogrammes) ou en lignes au commencement d'avril. Quand elle est semée

Fig. 474. — Chaîne de pavots disposés pour le séchage.

en lignes, on bine avec la houe à cheval, sinon on se sert de la houe à main. On fait la récolte avant l'entière maturité des siliques, pour ne pas perdre une grande partie de la graine. Son faible rendement (15 hectolitres au plus) est le principal obstacle à son extension. On l'emploie surtout en mélange avec la caméline ou pour la préparation de la moutarde

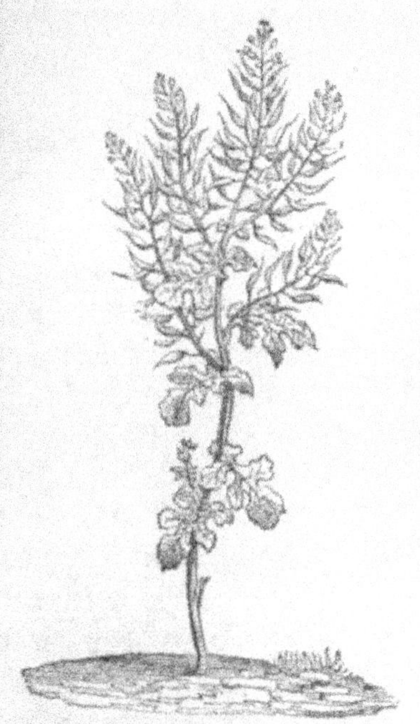

Moutarde blanche.

Fig. 475.

Son fruit.

comestible. On cultive aussi la *moutarde noire*, plus productive, mais exigeant une terre plus riche. On procède comme pour la moutarde blanche ; mais elle lui est inférieure en qualité.

Le *sésame* (*fig.* 476), originaire de l'Inde, est la plante oléagineuse qui donne le plus fort rendement en graines. On en obtient 50 0/0 d'une huile fort douce, pouvant être substituée à celle d'olive, quand elle est bien préparée. Elle ne vient bien en France que dans la région de l'olivier, mais elle réussit parfaitement en Algérie. Il lui faut un sol de consistance moyenne, substantiel et susceptible d'irrigation. On peut obtenir 27 hectolitres de graines à l'hectare.

On s'est beaucoup occupé dans ces derniers temps de *l'arachide* ou *pistache de terre (fig. 477)*, surtout au Sénégal, en Espagne et dans le département des Landes. C'est une légumineuse dont les fleurs naissent solitaires à l'aisselle des feuilles, renversent leur pédoncule sur le sol (en B et en C) et vont mûrir leurs fruits à 2 centimètres au-dessous de la surface du champ. L'huile obtenue est douce et comestible, mais inférieure comme goût à l'huile d'olive. On l'emploie de préfé-

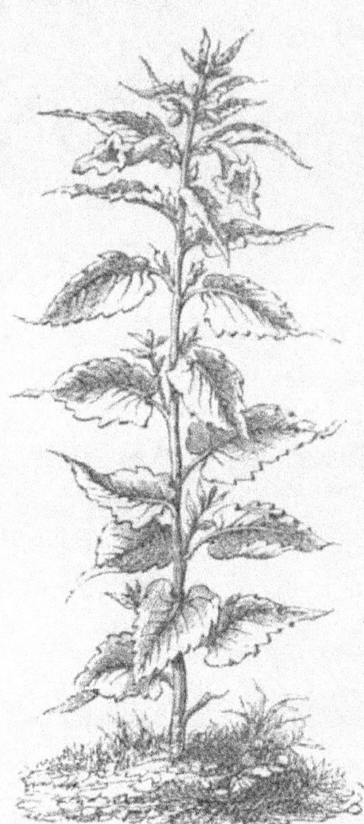

Fig. 476. — Sésame.

rence pour la savonnerie et l'éclairage. Sa graine rend 34 environ d'huile; on la mange aussi crue ou torréfiée, ou encore mélangée au cacao.

Cette plante ne vient que dans le midi de la France et en Algérie, dans un sol frais, gras et meuble, comme un

sol d'alluvion, ou dans une terre légère convenablement arrosée. On sème en mai au plantoir, ou en lignes.
Dès que les fleurs paraissent, on butte la terre de manière à les recouvrir. On arrache dès qu'il ne pousse

Fig. 477. — Arachide.

plus de fleurs et que la plante jaunit. En Espagne, on
récolte 500 kilogrammes de graines à l'hectare.

Nous arrivons enfin au *madia sativa* ou *oléifère* (*fig.*
478), originaire du Chili et présentant assez de ressem-
blance avec le *grand soleil*. Sa culture ne s'est pas étendue, à cause de l'irrégularité avec laquelle mûrissent

ses graines. Il appartient à la famille des *composées*, et sa graine contient 40 0/0 d'huile ; cependant, dans la fabrication en grand, on n'en retire guère plus de

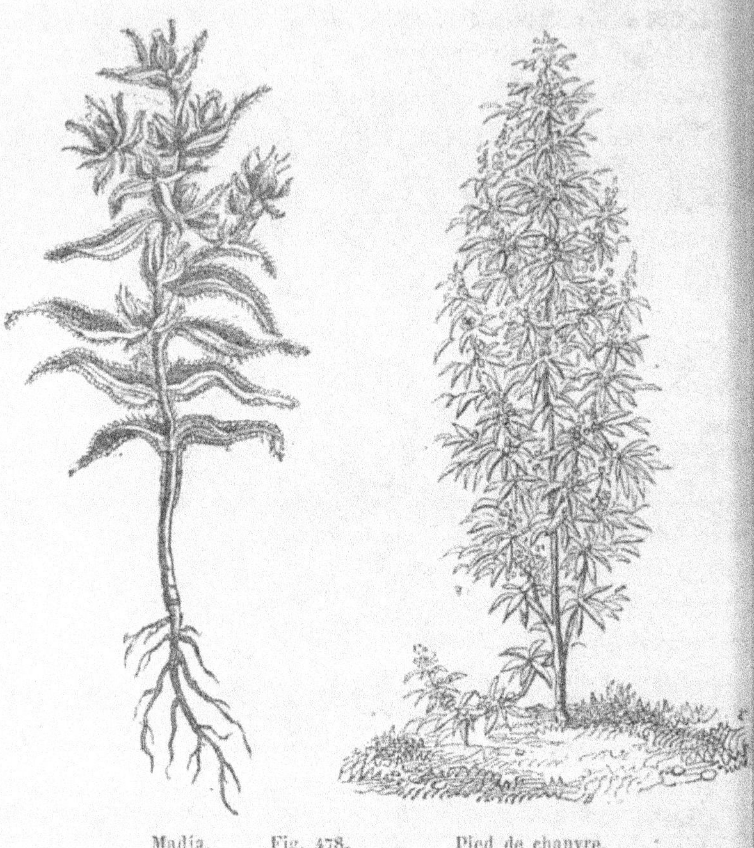

18. Cette huile est peu propre à l'éclairage et sert pour la savonnerie. Tous les climats de la France conviennent à ce végétal ; mais il préfère une atmosphère sèche et un ciel non brumeux, de même qu'un

sol sec et de nature siliceuse. C'est une plante très-épuisante.

Dans un grand nombre de localités, on retire encore du navet une huile dite *huile de rabioule*.

Quant aux autres plantes oléagineuses, comme le chanvre, le lin et la gaude, nous allons y revenir à propos des plantes textiles et des plantes tinctoriales.

Les plantes textiles d'origine végétale qui intéressent la France et ses colonies sont le *lin*, le *chanvre*, le *coton*, le *jute*, le *sparte* et l'*alfa*.

Le *chanvre* (*fig.* 478), qui nous donne la *filasse*, employée pour faire des cordages et de a toile, veut une

Fig. 497. — Orobanche rameuse (A), fixée sur la racine d'un pied de chanvre (B).

exposition chaude, une vallée en bas-fond, c'est-à-dire un climat doux et humide, sinon la filasse perd de sa qualité. Il faut à cette plante une terre forte, argileuse et fraîche, profondément ameublie, par exemple un étang ou un marais desséché. Elle ne veut surtout pas de sol sec ; en outre, il lui faut beaucoup d'engrais, car c'est une plante épuisante au premier

Fig. 480. — Chanvre mâle.

chef. On sème à la volée de la graine luisante, nette
et bien nourrie, de couleur foncée, en mai ou juin,

quand il n'y a plus de froid à redouter; la quantité nécessaire est de 3 à 6 hectolitres à l'hectare. Il y a lieu de prendre de grandes précautions pour préser-

Fig. 481. — Chanvre femelle.

ver la plante des moineaux, de la cuscute et surtout de l'*orobanche rameuse* (*fig.* 479).

C'est à cette graine que l'on a donné le nom de *chènevis*, produisant une huile douce et agréable au goût. La production annuelle de la graine de chènevis est d'environ 922,390 hectolitres à 17 fr. 96 c. l'un ;

6 hectolitres de graine donnent 1 hectolitre d'huile, à 112 francs. On l'emploie encore pour nourrir les oiseaux de basse-cour, dont elle active la ponte. On récolte le chanvre brin à brin, fin juillet pour le *chanvre mâle* et en septembre pour le *chanvre femelle*. Il fait la richesse des départements de la Sarthe, de Maine-et-Loire, de l'Isère, du Puy-de-Dôme et de la Flandre, en France ; du Bolonais et de la Romagne, en Italie ; de l'Ukraine, en Russie ; de l'Amérique du Nord, etc.

On cultive le *chanvre commun* et le *chanvre de Bologne* ou du *Piémont* ou encore *chanvre gigantesque*. Comme il y a des pieds qui portent des fruits et d'autres qui en restent privés, on donne aux premiers le nom de *chanvre mâle* (*fig.* 480), et aux seconds celui de *chanvre femelle* (*fig.* 481) ; mais c'est là une appellation vicieuse, car le contraire précisément est vrai. La superficie cultivée en chanvre est de 100,000 hectares, rendant, en moyenne, 574 kilogrammes de filasse à 0 fr. 97 l'un.

Les filaments de l'écorce du chanvre sont agglomérés par une matière gommo-résineuse, qu'il faut décomposer par voie de fermentation. Cette décomposition fait l'objet du *rouissage,* qui consiste à laisser les gerbes de chanvre plongées dans l'eau. On y réussit encore, il est vrai, par une simple exposition dans un pré, où les tiges subissent tour à tour l'action de l'humidité atmosphérique et celle du soleil. Sa filasse se détache d'elle-même et se sépare entièrement. On appelle ce procédé le *rosage* ou le *sereinage* ; il donne un chanvre gris, inférieur au blanc que produit le rouissage. Dans le Bolonais, on récolte 1,200 kilogrammes de filasse à l'hectare ; dans l'Isère, 1,000 ; dans Maine-et-Loire, 700.

On se livre à la culture du *lin* (*fig.* 482) principalement en Italie, en Irlande, en Allemagne, en Hollande,
en Belgique et dans le nord de la France. Les meilleures
terres, profondes et bien ameublies, lui sont nécessaires ; et cependant elle réussit dans les sols mai-

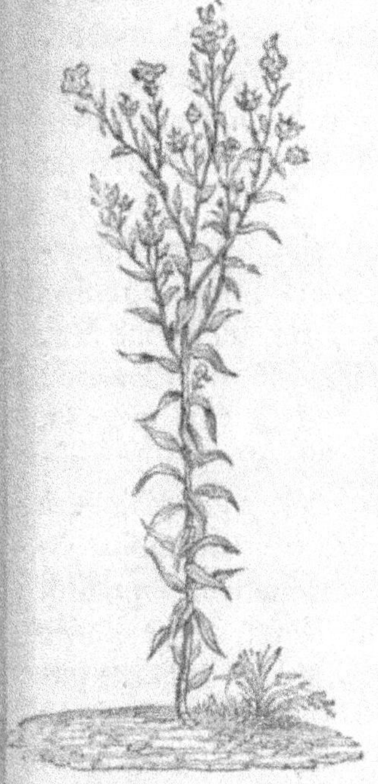

Fig. 482. — Lin.

Fig. 483. — Routoir à eau dormante
de la Saxe.

gres des Ardennes. Il faut herser souvent pour combattre les mauvaises herbes. On roule avant de semer
et on recouvre après légèrement la graine avec la
herse renversée. Si l'on veut avoir à la fois graine et
filasse, le mieux est de répandre, à la fin de mars,
210 à 215 litres de graine par hectare. Si l'on attend

32

en mai, il faut employer un quart de plus de graine et on est exposé néanmoins à un insuccès. Lorsqu'on ne veut obtenir que de la filasse, il y a lieu de doubler la quantité de semence. On sarcle la plante plusieurs fois et on récolte avant maturité parfaite. On la laisse en javelles 24 heures, puis on la met en chaînes et en bottes, les pieds écartés. La graine une fois séchée, on bat. La production de la graine de lin montait, en 1866, à 855,000 hectolitres à 25 fr. 36 c. l'un; 4 hectolitres 63 donnent 1 hectolitre d'huile, au prix de 120 francs.

Le lin, originaire de la haute Asie, est une *caryophyllée*. Les tissus de lin sont moins forts et moins durables que ceux du chanvre, mais bien plus fins. On distingue deux variétés principales: le *lin d'hiver* ou *lin chaud*, à graines plus abondantes, plus grosses, plus arrondies (tige plus élevée, filaments plus gros et plus rudes; il est plus rustique et peut résister à l'hiver); le *lin d'été* ou *lin froid*, rendant moins de graines, mais plus de filasse, et de meilleure qualité. Du lin d'été sont sortis le *lin de Riga*, à tige élevée mais peu ramifiée; le *lin commun*, qui ne dépasse pas 70 centimètres; le *lin à fleurs blanches*, rustique et donnant une filasse plus nerveuse mais plus grosse. La superficie cultivée en lin monte à 105,000 hectares, produisant chacun 496 kilogrammes de filasse, à 1 fr. 26 c. l'un.

Le lin semé clair est dit *lin de gros*, et le lin semé dru *lin de fin*, bien plus difficile à cultiver, parce que ses tiges sans force se soutiennent mal contre le vent et la pluie. Il a besoin de trouver dans le sol une certaine abondance de silicates et de phosphates alcalins. Les

engrais qui lui vont le mieux sont le fumier pourri,
ses propres tourteaux et ceux de colza ou de caméline.

Fig. 484. — Routoir à courant d'eau de la Saxe.

En Lombardie, pour le chanvre, et en Saxe, pour
le lin, on établit des étangs artificiels, dits *routoirs*

(*fig*. 483 et 484), profonds d'un mètre, d'une capacité double du volume du chanvre qu'on y veut placer, afin que la fermentation de ce textile ne soit pas trop active. Le fond en est pavé, et les parois maçonnées. En Saxe, le lin est réuni en bottes, maintenues debout, enfoncées sous l'eau au moyen de pieux solides, et le sommet en haut ; au bout de 5 à 7 jours, on visite les tiges ; si elles se rompent facilement, la couche fibreuse s'en détache ; on les lave par poignées pour les nettoyer ; on

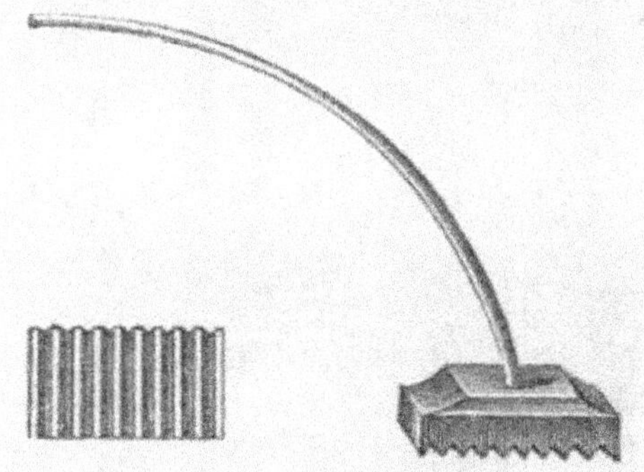

Face inférieure du battoir.   Battoir pour le lin.
Fig. 485.

les égoutte, puis on les étale sur le gazon, en les retournant plusieurs fois. On les *hâle* ensuite pour les sécher, c'est-à-dire qu'on les soumet à une certaine chaleur ; on les *macque* ou on les *maille*, c'est-à-dire qu'on les écrase avec un battoir (*fig*. 485) ; puis on les *écangue* avec un hachoir mince (*fig*. 486), en bois dur et lisse, à manche court, ou avec un brisoir (*fig*. 229) ; on frappe le lin avec l'écangue pour détacher la *chènevotte* (nom donné au brin de chanvre dépouillé de son écorce) et ne conserver que la soie. On a des machines à teiller (*fig*. 228) qui font beaucoup de besogne et remplacent avantageusement tous les autres procédés. Elles teillent 20 à 25 kilogrammes de filasse par jour, mais coûtent très-cher (environ 300 francs). On peigne ensuite le lin nettoyé avec le *séran*; de là le nom de *sérançage* donné à cette dernière opération.

Le *cotonnier* est une herbe ou un arbrisseau vi-

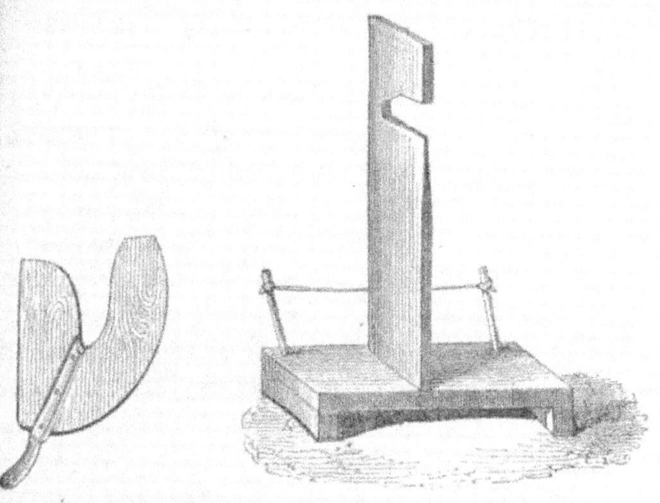

Écangue.   Fig. 486.   Planche à écanguer le lin.

vace, à fleurs jaunes plus ou moins teintées de pourpre. Il est originaire de l'Asie et de l'Amérique méridionale. Il peut atteindre jusqu'à six mètres de haut. C'est dans la *gousse*, autour de grains noirâtres, que se trouve le duvet blanc ou roussâtre qu'on appelle le *coton*. La longueur des brins de coton varie entre 1 et 3 centimètres; celui d'Amérique est le plus long. Les gousses à maturité s'ouvrent d'elles-mêmes; on sépare les graines d'avec le duvet au moyen de machines spéciales ; les filaments sont réunis en balles fortement comprimées. Le *cotonnier herbacé d'Asie* et le *cotonnier aux feuilles jaunes* d'Amérique sont peu élevés et produisent dès la première année. On distingue encore les *cotonniers arbustes*, dont le *cotonnier religieux* ou à *trois pointes*, et les *cotonniers arbres*, dont le *cotonnier arborescent*, de 5 à 6 mètres de haut, aux fleurs purpurines, rendant un coton d'excellente qualité, mais d'une récolte difficile par suite de la hauteur de l'arbre.

Le cotonnier veut un sol sec et sablonneux, bien meuble. La graine se sème à 25 centimètres de profondeur. Elle lève au bout de 8 jours et, 70 jours après, la gousse s'ouvre pour laisser échapper le coton. On procède alors à la cueillette. Un bon ouvrier en ramasse 120 à 150 kilogrammes par jour. On fait sécher ensuite en plein air, puis on emmagasine ; mais cette culture appauvrit le sol, au point d'avoir stérilisé en Amérique une superficie immense de terrain. Autre inconvénient : la plante est parfois très-compromise par l'invasion d'un insecte ou *noctuelle*, qui, en 24 heures, la dépouille de ses fleurs, de ses feuilles et de ses fruits.

Le *jute* est le nom donné aux filaments des deux plantes dites *corchorus capsuaris* et *corchorus olitorius*. C'est ce qu'on appelle le *chanvre de l'Inde* ou du Bengale. On en fait des sacs. On a introduit cette plante en Algérie, mais elle y est de qualité inférieure. Quant au *sparte*, il est originaire d'Algérie et du sud de l'Espagne. On le récolte en mars ou à l'automne, puis on l'expédie en Angleterre et dans le nord de la France, où l'industrie l'utilise. Terminons enfin par *l'alfa* ou *stipa tenacissima*, de la famille des graminées, qu'il ne faut pas confondre avec le *lygeum spartum*, dont les Espagnols font un si grand usage.

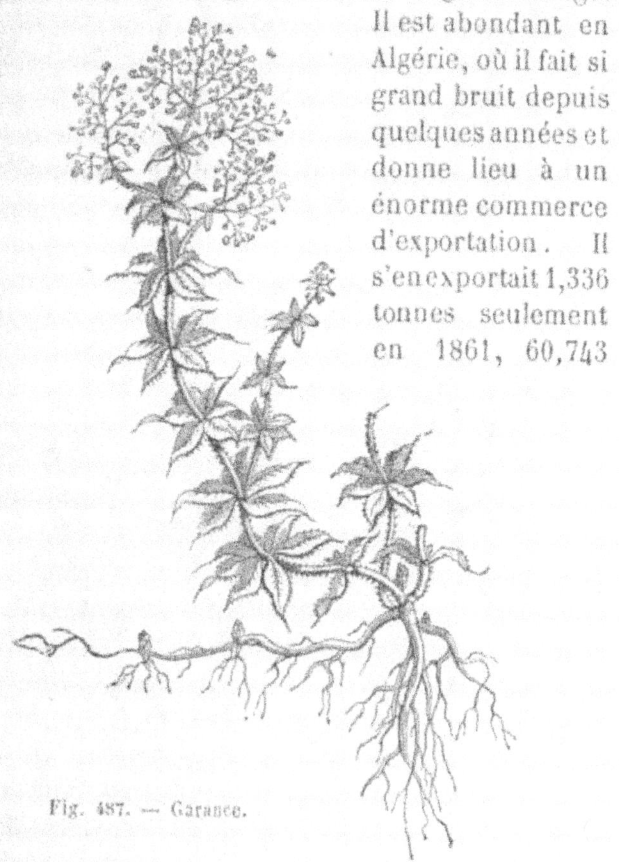

Il est abondant en Algérie, où il fait si grand bruit depuis quelques années et donne lieu à un énorme commerce d'exportation. Il s'en exportait 1,336 tonnes seulement en 1861, 60,743

Fig. 487. — Garance.

en 1871, et 44,007 en 1872. Cette plante résiste à la sécheresse, pousse sur le sable ou le roc en touffes épaisses, d'un mètre de haut. On en tire du fil, et maintenant, en Angleterre principalement, du papier. La France ne peut suivre l'exemple de l'Angleterre, à cause de la grande cherté des produits chimiques occasionnée par la lourdeur des impôts. En Algérie, on fabrique encore du *crin végétal* avec les fibres du *palmier nain*. On en exportait 158 tonnes en 1853 ; mais les chiffres se sont élevés à 4,252 en 1871 et à 9,011 en 1872.

Les *plantes tinctoriales* forment la troisième classe des plantes industrielles. Ce groupe comprend la *garance*, la *gaude*, le *safran*, le *carthame*, le *pastel*, la *persicaire des teinturiers* et la *maurelle tournesol*.

La *garance* (*fig.* 487) ou *rubia tinctorum* donne la teinture rouge la plus solide que l'on connaisse. Le principe

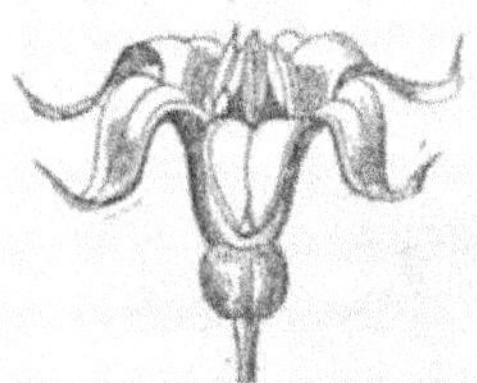
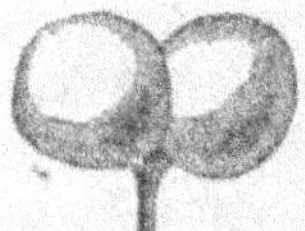

Fleur.   Fig. 488. — Garance.   Fruit.

colorant réside dans la racine. La garance monte assez haut vers le nord et veut un sol léger, à sous-sol frais, pourvu toutefois que l'eau n'y séjourne point. Il faut remarquer cependant que le principe colorant ne se développe bien que dans les sols calcaires. L'engrais qui lui convient le mieux est le fumier de cheval, employé à raison de 40,000 kilogrammes à l'hectare.

On peut la semer en mars. On répand 86 kilogrammes de graine à l'hectare, ou bien on la plante en hiver. Dès qu'elle lève, on sarcle et on renouvelle l'opération fréquemment pendant la première année. En novembre, on la recharge de 5 à 9 centimètres de terre, afin de venir en aide à la formation de nouvelles racines ;

la seconde année, on sarcle encore ; les tiges une fois
fleuries, on les coupe et on s'en sert à titre de fourrage
comparable à la meilleure luzerne ; la troisième année,
on coupe encore les tiges en fleur, puis, en août ou septembre, on arrache les racines de la garance à la bêche

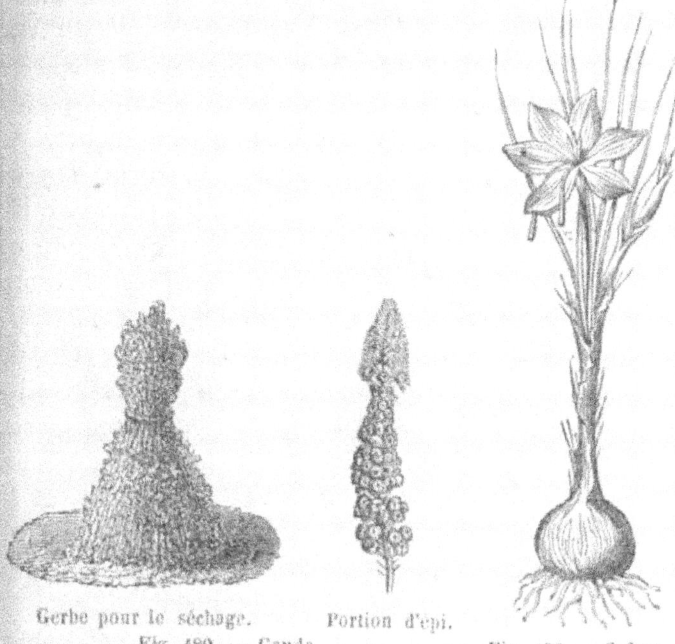

Gerbe pour le séchage.　　　　Portion d'épi.
Fig. 489. — Gaude.　　　　　　　Fig. 490. — Safran.

ou à la charrue. Cette plante épuise beaucoup le sol. Elle
fut très-cultivée dans les Gaules d'où elle disparut au
xvi° siècle, et elle ne fut réintroduite dans le comtat
d'Avignon qu'en 1762. On estime la production du
Vaucluse à 30 millions de kilogrammes de racines
sèches, et celle de l'Alsace à 2 millions. La Silésie, la
Hollande, Naples, l'Asie-Mineure, etc., ne donnent pas

ensemble plus de 26 millions de kilogrammes de racines.

Nous avons mentionné la *gaude* (*fig*. 25) à la fois parmi les plantes tinctoriales et parmi les plantes oléagineuses. Elle croît spontanément dans toute l'Europe, mais toutefois elle préfère les pays sablonneux. C'est dans la partie supérieure des tiges (*fig*. 489), notamment dans les dernières feuilles et les enveloppes du fruit que se trouve le principe colorant jaune, donnant des nuances si pures et si brillantes. Les graines rendent de 29 à 30 0/0 d'huile à brûler de bonne qualité.

On distingue la *gaude d'automne* et la *gaude de printemps*, ainsi nommées d'après l'époque à laquelle on les sème. On préfère généralement la première de ces variétés ; elle est plus riche en principes colorants, parce qu'elle croît moins lentement que l'autre et n'exige pas d'aussi fréquents sarclages. Elle veut des terres de consistance moyenne et de nature calcaire. Elle est, du reste, assez facile sur le climat et n'exige pas de fumier. Il faut 6 à 8 kilogrammes de semence à l'hectare, qu'on répand en juillet ou en août, et on enterre les graines avec le rouleau. On sarcle ensuite en laissant 15 à 16 centimètres d'intervalle entre les plants. L'arrachage a lieu en septembre, quand l'épi a donné toutes ses fleurs. Les feuilles sont encore vertes, et les graines de la base déjà noires. On laisse les javelles à l'air ; on les retourne de temps en temps. Sept à huit belles journées ayant passé par là-dessus, la gaude est parfaitement en état d'être rentrée ; la pluie persistante, au contraire, compromet sérieusement les récoltes.

Le *safran* (*fig*. 490) ou *crocus sativus* est une iridée. Il est originaire des montagnes de l'Europe méridionale et pousse spontanément dans le nord de l'Afrique et en Asie. On le cultive dans l'Inde, en Asie-Mineure, en Sicile, en Espagne, en Autriche, en Angleterre et en France, dans le Loiret, aux environs de Montargis, dans la Charente et dans le Vaucluse. C'est le *stigmate* du safran (extrémité supérieure du pistil) qui donne la belle couleur jaune orangée que l'on connaît, mais assez peu solide, ce qui en a fort restreint l'emploi. Aujourd'hui ce sont surtout les médecins, les parfu-

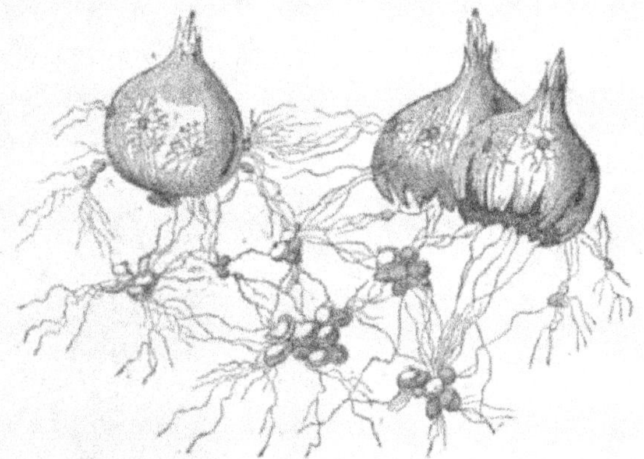

Fig. 491. — Rhizoctone du safran.

meurs, les pâtissiers, les confiseurs et les distillateurs qui font usage du safran. Dans l'Inde, en Espagne et dans le midi de la France, on l'introduit dans beaucoup d'aliments pour en rehausser le goût. On en ajoute aussi à la farine employée dans la fabrication des pâtes d'Italie. Le safran ne s'accommode pas de tous les climats, bien qu'on le trouve à la fois dans l'Inde et en Angleterre ; mais il est facile sur le choix du terrain. Il lui faut beaucoup de fumier ; il exige de nombreux soins et redoute les étés froids et humides.

La culture du safran dans le Loiret était en voie de dé-
périssement dans ces dernières années ; une maladie,
déterminée par une sorte de champignon, s'est abattue
sur cette plante (*fig.* 491). Le gouvernement a essayé

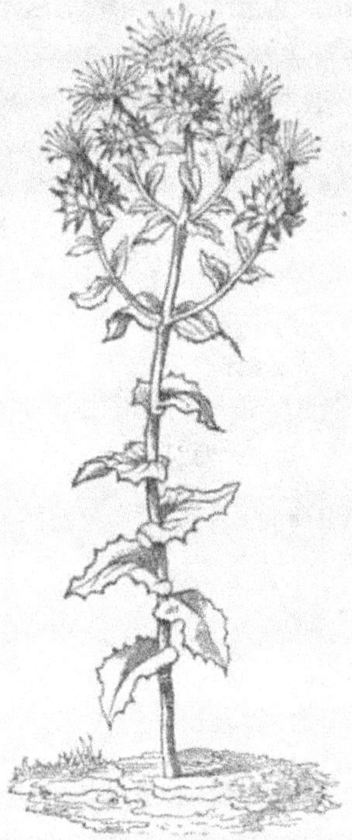

Fig. 493 — Carthame des teinturiers.

Fig. 494. — Fleur du carthame.

d'y remédier en faisant venir de Grèce et du Levant des
crocus plus robustes. On ne peut dire dès à présent
quel sera le résultat ultérieur de cette tentative.

Le *carthame* (*fig.* 493 et 494) a encore reçu le nom de *safran bâtard*. Cette plante annuelle a de 0^m60 à 1 mètre de
haut et porte de belles fleurs d'un jaune rouge. Elle est

originaire de l'Inde. Cultivée dans le Levant, en Egypte, en Espagne, en Italie, en Allemagne, c'est surtout aux environs de Lyon, en France, qu'elle s'est développée. On vend ses fleurs en galettes sèches sous le nom de *faux safran* ou de *safran d'Allemagne* ou encore de *safranum*. La variété d'Égypte est la plus riche en matière colorante, surtout celle du Caire. La fleur du carthame renferme trois principes colorants: deux jaunes, solubles dans l'eau et restés sans emploi ; un troisième, rouge, soluble dans l'alcali, qu'on appelle *carthamine*, d'une telle puissance de coloration qu'une très-petite portion suffit à couvrir et à teindre en beau rose une grande surface. Cette teinture a peu de solidité ; cependant on l'emploie pour teindre la soie, le coton, le lin, et confectionner le *fard* des dames. Dans le Midi, les pauvres gens s'en servent pour colorer leurs mets, en guise de safran; en Orient enfin, on retire de la graine une huile grasse purgative dans la proportion de 25 0/0. Il faut à cette plante un climat un peu chaud pour pouvoir développer toutes ses fleurs avant l'automne. Aux environs de Paris, cela lui devient impossible. Elle se plaît fort dans les sols calcairo-argilo-ferrugineux et, comme sa racine est longue et pivotante, elle a besoin d'un terrain profond pour pouvoir s'y enfoncer sans obstacle. L'ensemencement a lieu au printemps, quand la température commence à se maintenir d'une manière permanente au-dessus de +12°. 1,200 kilogrammes de fumier sont nécessaires pour obtenir 100 kilogrammes de semences récoltées ; il *faut même prendre garde de lui en donner trop quand on veut lui faire produire beaucoup de fleurs*.

Les fleurs s'épanouissent vers le milieu de juillet dans

le Midi. On les récolte chaque jour, alors qu'elles sont bien développées et qu'elles ont acquis leur maximum

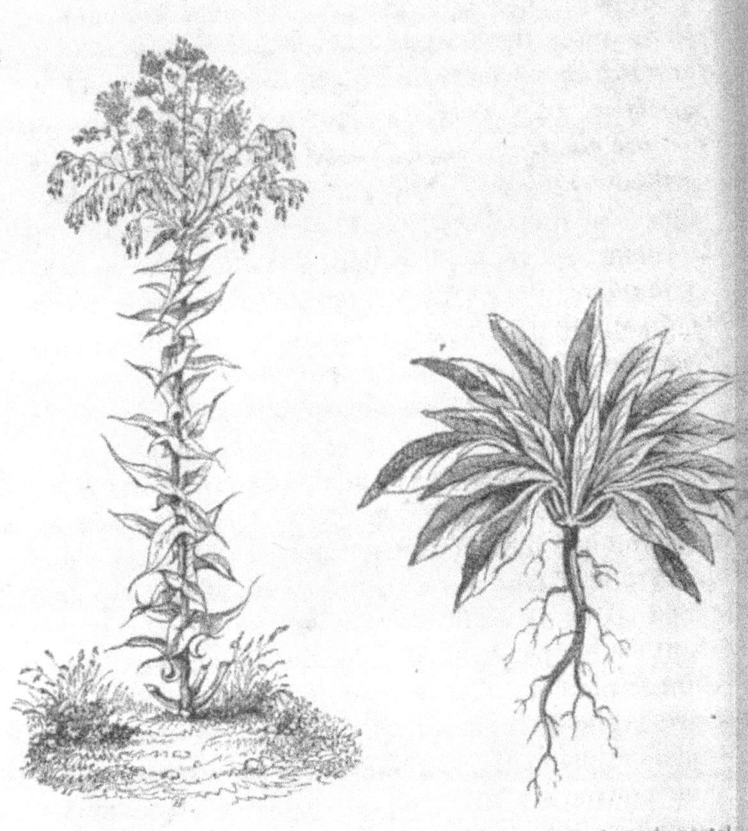

Fig. 494. — Pastel.

Fig. 495. — Jeune plant de pastel.

de coloration. On obtient 260 kilogrammes de fleurs sèches à l'hectare.

Nous arrivons au *pastel* (*fig.* 494 et 495), *vouède* ou *guède* (*isatis tinctoria*), plante bisannuelle, de la famille des *crucifères*, croissant spontanément dans la plupart des sols pierreux d'Europe. Ce sont ses feuilles qui fournissent la matière colorante dite *indigotine*, la même que produit l'indigotier; seulement elle y est 30 fois moins abondante que chez ce dernier. Avant l'introduction de l'indigo en Europe, on cultivait le pastel sur une large échelle, lui demandant la couleur bleue la plus solide et la plus belle que l'on connût jusqu'alors. On connaît deux variétés de pastels : le *pastel à feuilles sèches*, d'un vert pâle et à semences jaunes ; le *pastel à feuilles lisses*, très-larges, d'un vert foncé et à semences de couleur bleue ou violette. Celui-ci est le plus riche en matière colorante et donne le meilleur fourrage. On cultive aujourd'hui fort peu le pastel en France, sauf aux environs d'Albi et dans quelques localités du littoral du Calvados. C'est à la Délivrande que se tient le seul marché de pastel qui existe dans notre pays. On ne se sert plus de ses feuilles que pour *monter* les cuves dites de pastel, en les mélangeant avec de l'indigo. Cette culture a besoin d'un terrain profond, léger, très-meuble et fort riche en calcaire. C'est une plante épuisante, absorbant 300 kilogrammes de fumier pour 100 kilogrammes de feuilles sèches récoltées. On produit la semence soi-même ; après avoir enlevé les feuilles, on laisse monter en graines et on obtient de 3 à 600 kilogrammes de semences à l'hectare. On recueille ordinairement environ 20,000 kilogrammes de feuilles fraîches sur la même surface ou 5,000 de feuilles sèches.

La *persicaire des teinturiers (fig. 496)* ou *renouée tinctoriale* est une polygonée. Elle vient de Chine, où on la cultive de longue date pour son indigo. On l'introduisit en France en 1835, où elle est utilisée dans le Midi. On peut extraire 1 $^1/_2$ 0/0 de très-bel indigo de ses feuilles vertes. Elle redoute la gelée ; mais, en tant que plante annuelle, elle se plie fort bien aux différents climats du pays. Son produit toutefois augmente avec l'élévation de la température et la vivacité de la lumière. Les sols légers, froids, humides, marécageux, lui conviennent bien, ainsi que les terrains irrigables du Midi. Ils doivent être ameublis par deux labours, suivis de hersages, et il faut leur fournir beaucoup d'engrais pour qu'on obtienne un produit de quelque importance.

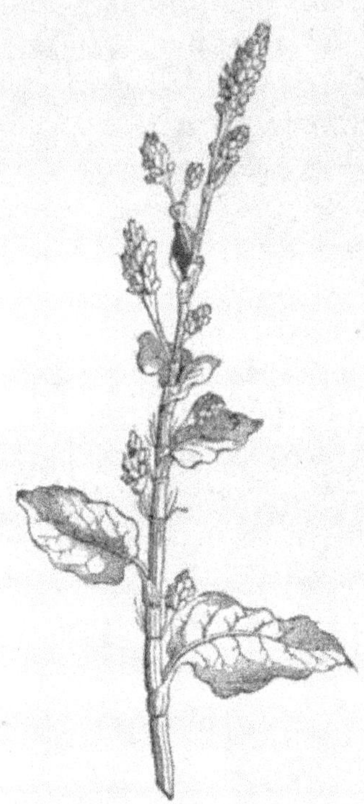

Fig. 496. — Persicaire des teinturiers.

Nous terminerons cette étude des plantes tinctoriales par le *tournesol* (*fig.* 497), *maurelle* ou *croton des teinturiers*, plante annuelle de la famille des *euphorbiacées*. Elle pousse spontanément dans le midi de la France, en Espagne, en Italie, dans le Levant. On la cultive principalement dans le Gard, à l'effet d'en tirer le *tournesol en drapeaux* ou *tournesol de Provence*, utilisé en Hollande pour la coloration des fromages, des pâtes, des conserves, des liqueurs. Ce tournesol n'est pas le *tournesol en pain* des chimistes. On cultive cette plante depuis peu de temps au Grand-Gallargues et à Carpentras. Auparavant, on se bornait à récolter la plante sauvage. Le tournesol a besoin d'une température telle, qu'il ne peut dépasser 44° de latitude en remontant vers le nord. Les sols légers ou maigres lui plaisent. Il redoute les terres humides,

Fig. 497. — Tournesol.

non qu'il n'y vive point, mais les sucs du végétal, au lieu de devenir bleus, y conservent leur couleur verte.

Il nous reste à parler de quelques plantes industrielles que l'on a groupées sous le nom de *plantes économiques*. Ce sont le *houblon*, le *tabac*, la *cardère*, la *chicorée à café*.

Le *houblon* (*fig.* 319), *humulus lupulus*, est une plante vivace de la famille des *urticées*. Il produit des fleurs mâles (*fig.* 499) et des fleurs femelles (*fig.* 498). Il croît naturellement dans les haies et sur la lisière des forêts, dans les endroits humides. Il est l'objet d'une culture importante là où il n'y a de place ni pour la vigne ni pour la pomme à cidre, là où la bière remplace le vin. Les fruits de houblon sont de petits cônes membraneux (*fig.* 500) qui portent, à la base de chaque écaille, une poussière jaune, granulée, particulièrement amère, donnant à la bière son goût caractéristique et la préservant des altérations habituelles aux fermentations d'origine végétale. On a commencé à cultiver le houblon en Flandre. De là il s'est répandu dans tout le nord-ouest et le centre de l'Europe ; en France, c'est principalement en Alsace, dans les Vosges, en Franche-Comté, en Lorraine et en Flandre que la culture s'en est centralisée.

Le houblon sauvage est moins aromatique que le

Fig. 498. — Houblon femelle.

houblon cultivé. Celui-ci présente plusieurs variétés :
le *houblon précoce* ou *de spalt*, à maturité hâtive et à
cônes blancs ; le *houblon demi-précoce*, à cônes plus
petits ; le *houblon rouge,* dont les tiges, au lieu d'être
vertes, sont d'un rouge cramoisi et dont le produit est
très-abondant ; le *houblon tardif*, aux tiges rouge
clair, n'épanouit sa fleur qu'à la fin d'août. La poussière
jaune, ou *lupuline*, renferme de la cire, une résine,
un principe amer, de la gomme, des substances azotées,

Fig. 499. — Grappe
de fleurs mâles
du houblon.

Fig. 500.
Cône
du houblon.

une huile essentielle aromatique et de l'acétate d'ammoniaque. Elle entre pour 10 0/0 dans le poids des
cônes. Elle est redevable de ses principales propriétés
à l'huile dont nous venons de parler.

Il faut au houblon un sol peu argileux, riche, bien
ameubli, calcaire, profondément défoncé. Les hou-
blonnières doivent, autant que possible, être abritées
contre les vents dominants de l'ouest et du nord.

On enfouit le fumier en automne. En avril, on prend

de jeunes plants racineux, coupés dans une houblonnière de 3 ans. Ils sont bons quand ils portent trois
nœuds et que leur écorce, jaune en dehors, est blanche au dedans. Dans le nord de la France, on
plante au cordeau, du 15 au 30 avril, en quinconce,
laissant 2 mètres d'intervalle entre les touffes ; on

Fig. 501. — Arrachage des perches du houblon avec un levier.

place celles-ci dans des trous de 20 centimètres de
profondeur et de 27 de diamètre ; on les enterre
jusqu'à leur extrémité, puis l'on tasse fortement. On
arrose quelques jours après avec de l'eau de fumier
mêlée d'urine de vache. Dès que le houblon pousse,
on donne à chaque touffe un tuteur de 2 mètres $^1/_2$ à
3 mètres de haut. En juin, on butte. Si on obtient des
cônes la première année, on les récolte sans toucher aux

perches ni aux tiges. En novembre seulement, on supprime les tiges et on enlève les tuteurs (*fig.* 501), puis
on recouvre chaque touffe avec du gazon. Simultanément, cette année-là, on cultive dans la houblonnière
des légumes, pommes de terres, betteraves, haricots.

Au mois d'a-
vril suivant, on
enlève les mottes
de gazon, on taille
au niveau du sol
les nouveaux jets
de la plante, on
recouvre avec de
la terre légère, et
ainsi de suite
pour les années
suivantes. On fu-
me; puis, la se-
conde année, on
remplace les tu-
teurs par des per-
ches de 8 à 9 mè-
tres. On fixe après
celles-ci les tiges
principales et l'on
élimine les autres.

Fig. 502. — Tabac rustique.

En juillet, on bine et on répand de l'engrais liquide.
Quand le bout des cônes commence à brunir, on récolte; puis, aussitôt la récolte rassemblée, on s'occupe
de la dessécher. Généralement, cette cueillette s'effectue du 15 août au 15 septembre. Il y a lieu de compter
sur 1,700 kilogrammes de cônes par hectare et par an,

en moyenne, plus 4,400 kilogrammes de feuilles sèches et 6,000 de tiges.

Le *tabac* ou *herbe à la reine*, *herbe de Sainte-Croix*, *herbe à Nicot* ou *nicotiane*, est une solanée. Il est donc cousin germain de la pomme de terre. C'est en

Fig. 533. — Tabac de Virginie.

1518 que Fernand Cortez l'envoya de *Tabasco* à Charles-Quint.

La feuille de tabac, séchée à la manière ordinaire, n'acquiert pas la propriété sternutatoire. Il faut lui faire subir une certaine fermentation particulière. Le *tabac à priser* est d'invention de l'Europe, et de l'Europe occidentale ; l'usage du *tabac à fumer*, *à mâcher* ou *à chiquer*, nous vient des sauvages de l'Amérique.

La production du tabac est un monopole réservé à l'État ; elle est autorisée, depuis la perte de l'Alsace-Lorraine, dans dix départements ; seulement elle y est régie par des règlements exagérés et surannés qui prescrivent jusqu'au mode de culture à suivre : Nord, Pas-de-Calais, Haut-Rhin (Belfort), Ille-et-Vilaine, Haute-Garonne, Lot, Lot-et-Garonne, Bouches-du-Rhône, Var et Gironde, plus l'Algérie. On y consacre 10,000 hectares, donnant 12 millions de kilogr. de feuilles. Or la France en consomme 17 millions. Donc 5 millions sont demandés à l'étranger.

Le *nicotiana tabacum* présente plusieurs variétés : le *tabac à larges feuilles* (*fig.* 87), donnant un produit très-abondant et de bonne qualité ; c'est l'espèce la plus généralement cultivée en Europe ; le *tabac à feuilles étroites* ou *de Virginie* (*fig.* 503), produit très-recherché, mais moins abondant que le précédent. Le tabac réussit très-bien dans les parties les plus froides et les plus élevées de la Belgique ; c'est dire qu'il n'est pas difficile sur le climat. Les sols argilo-sablonneux, les bois défrichés, les pâturages rompus lui conviennent fort. Ils ont besoin, à cet effet, d'être labourés plusieurs fois, engraissés avec des fumiers bien consommés, des tourteaux de colza et d'œillette. On sème en pépinière ou à la volée, puis on éclaircit, de manière à espacer les plants de 2 à 5 centimètres, et enfin on sarcle avec soin. Quand le plant grandit, on le repique sur une terre hersée ; on tend le cordeau et on dispose les pieds de tabac à 50 centimètres de distance

les uns des autres ; cette opération s'effectue en juin.
Plus tard, on bine, puis on sème des tourteaux et l'on
butte ; on pince le tabac, pour empêcher le nombre
de feuilles de s'accroître et repousser la séve sur les
autres. On récolte quand les feuilles ont pris une

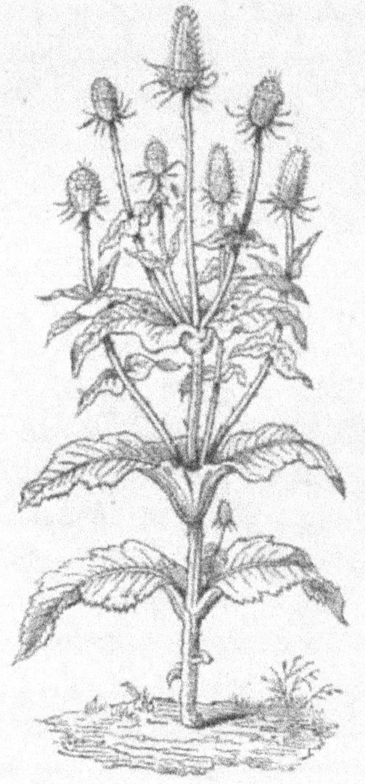

Fig. 504 — Cardère.

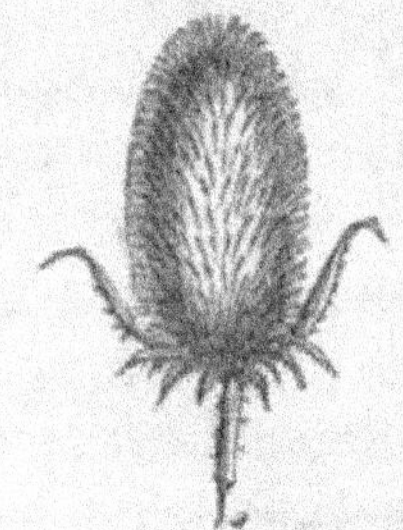

Fig. 505. — Tête de
cardère.

couleur jaune ; on les enlève une à une, ou bien on
arrache la tige, pour dépouiller cette dernière.

Dans le midi, on ne peut planter que 10,000 pieds,
portant 9 feuilles chacun, à l'hectare, et l'on récolte
600 kilogrammes de tabac sec ; dans le nord, on en plante
40,000 portant 8 feuilles, et l'on obtient 1,880 kilogr.

de tabac sec. On récolte à peu près le même poids
de tiges, qui servent de combustible ou que l'on con-
vertit en fumier, selon les circonstances.

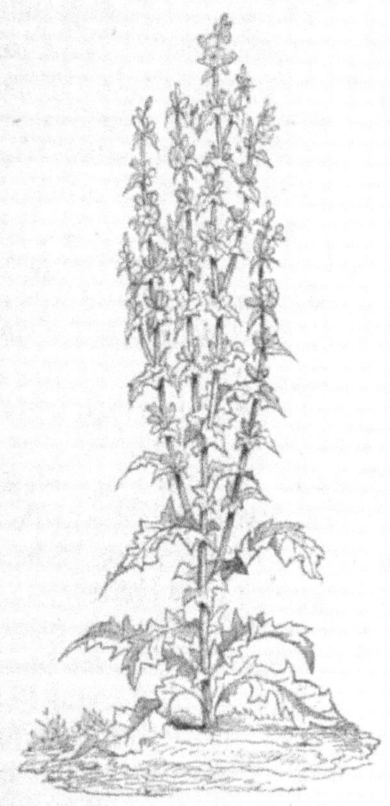

Fig. 505. — Chicorée sauvage.

Fig. 506. — Fleur
de chicorée sauvage.

La *cardère* ou *chardon à foulon* (*fig.* 504), *chardon à
bonnetier, chardon à carder, chardon à lainer,* est une
plante originaire du midi de l'Europe ; cependant elle
pousse même en Belgique. On la cultive dans les pays de

fabriques pour ses têtes à paillettes crochues (*fig*. 505), qui servent à peigner et à polir les étoffes de laine.

La cardère veut un sol profond, bien labouré, un peu frais, médiocrement fumé. On sème au printemps de la graine aussi nouvelle que possible. L'été, on sarcle, on bine et on éclaircit convenablement. Il vaut mieux, pour cette raison, semer en lignes qu'à la volée. Elle ne devrait fournir de têtes que la seconde année; cependant, souvent, on les obtient dès la première année ; et, comme elles sont d'aussi bonne qualité, rien n'empêche de les récolter vers le mois d'août et de les vendre, une fois les feuilles tombées et les fleurs blanchies. Cette récolte est fort irrégulière ; il faut parcourir le champ tous les deux jours et faire la cueillette en détail, au fur et à mesure de la maturité. Chaque pied de cardère donne 5 têtes, et même 7 et 9 dans les années favorables et les bons sols, soit de 150,000 à 300,000 têtes par hectare, représentant un poids de 500 à 1,000 kilogrammes; le rendement moyen est de 700 kilogrammes de têtes sèches.

Nous avons déjà parlé de la *chicorée* comme plante fourragère (*fig*. 505 et 506). On en cultive une sous-variété pour ses racines, que l'on torréfie et que l'on râpe afin de remplacer ou plutôt de frelater le café. Nous avons dit que c'était une plante robuste, assez peu difficile quant au climat et quant au sol. C'est à la fin de septembre que les racines atteignent leur développement complet; on les arrache au moyen de la bêche et de la fourche à dents de fer.

Nous ne reviendrons pas sur le *sorgho sucré*, que nous avons indiqué précédemment à propos du sorgho à balai (*fig*. 508), non plus que sur la *moutarde noire* ou *sénevé* (*fig*. 507), bien qu'elle joue un grand rôle dans les usages domestiques pour la fabrication de la *moutarde comestible* et de *la farine de moutarde*, employées en *sinapismes*.

Enfin, pour terminer l'énumération des cultures intéressant l'agriculture française, il nous faut dire un mot de quelques plantes qui font la richesse de nos colonies. Nous avons parlé du *coton*. Indiquons encore ici la *canne à sucre* et le *thé*.

La *canne à sucre* (*fig*. 112) est un roseau que l'on reproduit par voie de boutures, car ses fleurs restent stériles et ne donnent pas de graines. On coupe les cannes par tronçons, munis d'un ou deux nœuds; à la hauteur de ces nœuds se développent des yeux qui deviennent autant de nouvelles cannes. Il faut à la canne un sol bien labouré. On dispose les plants à un mètre de

Fig. 507. — Moutarde noire.

distance et on les enfonce à 50 centimètres de profondeur. On récolte au moment où les feuilles se fanent, en commençant par le bas ; on coupe alors les tiges et on les met en bottes, pour les porter ensuite au moulin.

Quant au *thé*, il est particulier à la Chine et au Japon :

mais on fait des tentatives pour l'acclimater en Cochinchine, en Algérie et dans le midi de la France.

Fig. 508. — Sorgho sucré.

C'est un joli arbrisseau à feuilles toujours vertes, dont
la hauteur varie entre 1 mètre 1/2 et 8 ou 10 mètres.
On le plante sur la lisière des champs de riz et de blé.

On fait la cueillette feuille à feuille en mars; c'est la *première récolte*. On les réduit en poudre avant de les tremper dans l'eau chaude; une seconde récolte a lieu un mois après, et une troisième en juin, alors que les feuilles sont complétement épanouies.

Le *café* (*fig*. 104) est aussi l'une des plus importantes sources de richesse de nos colonies des Antilles. Il provient du caféier, arbrisseau de 4 à 5 mètres, originaire d'Arabie, à feuilles persistantes et à fleurs blanches, à fruits ovales et rouges. Le *caféier paniculé* se distingue par ses fleurs en panicules et ses fruits bleuâtres.

Cet arbre réussit très-bien partout entre les tropiques; mais le plus estimé provient des environs d'Aden et de Moka. On le cultive à mi-côte; dans la plaine, on est obligé de l'abriter au moyen d'autres arbres placés dans le voisinage, afin d'empêcher la chaleur excessive de le dessécher. Il faut qu'il ait le pied enfoncé dans un terrain souvent arrosé, bien nettoyé d'herbes. Il donne un produit au bout de 2 ans; à 3, on arrête la croissance de l'arbre en l'étêtant. Trois mois après la fleur, les fruits commencent à blanchir, puis ils jaunissent, et enfin rougissent comme des cerises. Cette première enveloppe rouge renferme un ou deux grains de café. On commence alors la première cueillette, suivie d'une autre, car l'arbre fleurit au moins deux fois dans l'année.

L'une des plus grandes préoccupations du cultivateur est de « *faire produire à un fonds de terre « la plus grande somme d'utilité* que comportent la « fortune du propriétaire et le milieu dans lequel il « opère. » Il faut, en outre, rendre au sol ce que les récoltes lui enlèvent. De là la théorie des *assolements*. Pour accroître autant que possible la somme d'utilité d'un fonds de terre, on est amené à la suppression de la *jachère*, qui est l'improductivité même du sol laissé au repos pendant un an et plus. Nous avons expliqué quel était le rôle de la jachère, de quelle utilité elle pouvait être là où le terrain est de peu de valeur et le capital rare ; aujourd'hui, en présence des immenses progrès réalisés par l'agriculture, la jachère équivaut à une perte notable de profits. L'*assolement*, la *rotation* ou le *cours des récoltes* détermine l'ordre de succession des cultures sur un même terrain. L'assolement une fois adopté, on divise les terres de la ferme en autant de parties égales qu'il y a d'années ou de cultures dans la rotation, et chacune de ces divisions porte le nom de *sole*.

L'assolement le plus fréquent est l'*assolement triennal : blé d'hiver, céréale de printemps* et *jachère pure* ou *morte*. La jachère pure ne s'est guère maintenue que dans les terres fortes, impropres à la culture des racines sarclées, et qui se salissent tellement de mauvaises herbes, que les labours de jachère seuls parviennent à les nettoyer. Aussi l'a-t-on remplacée par ce qu'on appelle la *jachère cultivée*, c'est-à-dire par les prairies artificielles et les racines sarclées ; les prairies artificielles améliorent le sol mais ne détruisent qu'imparfaitement les mauvaises herbes ; les racines sarclées, au contraire, épuisent la terre et exigent du fumier, dont, en revanche, elles favorisent la production. Mais, par les sarclages, les binages, les buttages qu'elles nécessitent, les fouilles qu'il faut faire pour les arracher, elles ameublissent et nettoient parfaitement le sol. C'est dans ce sens que s'est modifié l'assolement triennal usité depuis si longtemps dans les sols calcaires de la Beauce et de la Picardie.

Il faut un hectare de terre pour nourrir pendant un an une tête de gros bétail ou dix moutons, qui en sont l'équivalent, et cette bête à cornes ou ces dix moutons rendent assez de fumier pour engraisser deux hectares pendant un an. Il y a donc lieu de consacrer au moins la moitié des terres à la nourriture du bétail et de substituer à l'*assolement triennal* l'*assolement biennal* ou *alterne*, dans lequel on fait alterner, d'une année à l'autre, les céréales et les cultures fourragères, les cultures épuisantes et les cultures améliorantes, celles qui salissent le sol et celles qui le nettoient. Exemple :

Supposons une exploitation quelconque, divisée en quatre soles :

1re sole. — Betterave, pomme de terre, carotte, chou-navet, féverole, etc. } plantes nettoyant le sol, au choix du cultivateur, selon les circonstances.

2e sole. — Avoine ou toute autre céréale de printemps.

3e sole. — Trèfle, pois ou vesce.

4e sole. — Blé d'hiver.

La moitié de la ferme sert donc à nourrir le bétail (1re et 2e soles) et permet d'obtenir le fumier nécessaire à la ferme. Il ne faut pas croire néanmoins que l'on puisse se passer de toute espèce d'engrais venant du dehors. C'est là une utopie que la routine a enracinée et qui empêche trop souvent notre agriculture de s'engager dans la voie progressive que ne peuvent manquer de lui imposer les nécessités du siècle.

Les plantes industrielles ne sauraient trouver place dans cet assolement qu'à la condition d'une importation d'engrais du dehors. Elles remplacent alors une racine sarclée ou une prairie artificielle ou s'intercalent entre celle-ci et la céréale.

Il ne faut jamais cultiver deux céréales de suite, et il importe de faire alterner les récoltes épuisantes avec les améliorantes ; il est bon de faire revenir souvent les cultures sarclées, pour maintenir le sol net des mauvaises herbes, et d'appliquer la fumure de la terre à leur début, afin que les binages et les sarclages détruisent les mauvaises herbes qu'elle introduit avec elle.

Cet *assolement alterne* nous paraît plus exactement baptisé quand on le qualifie d'*assolement quadriennal*, comme on dit dans le Norfolk. Cet assolement donne naissance à un grand nombre de dérivés qui peuvent s'étendre sur une période allant jusqu'à 18 années. « C'est à chacun à apprendre par son expérience, sans préjugé et sans précipitation, ce que comporte sa terre, car les *bons cultivateurs font les bons assolements, et les bons assolements font sortir du sol des richesses incalculables.* »

CHAPITRE XVIII.

CULTURE MARAICHÈRE. — HORTICULTURE ET AR-
BORICULTURE.— FLEURS ET ARBRISSEAUX D'OR-
NEMENT. — ARBRES FRUITIERS ET FORÊTS. —
PIN MARITIME ET RÉSINE. — CHATAIGNIER. —
VIGNE : VIN ET EAU-DE-VIE. — ARBRES OLÉAGI-
NEUX. — ORANGER ET MURIER

On a appliqué la dénomination de culture maraîchère
à cette branche de l'agriculture ayant surtout pour
objet de cultiver des légumes et des fruits. On a donné
le nom de *marais* aux terrains utilisés de cette façon,
et dont à force de soins, de travaux de toutes sortes,
d'abondantes fumures, on tire une quantité exceptionnelle de produits. La culture maraîchère est, en
quelque sorte, l'idéal et l'apogée de la culture intensive. On arrive à faire rendre au sol jusqu'à six récoltes dans l'année, en calculant l'assolement avec
logique et d'une manière rationnelle, en apportant
la plus grande attention dans la détermination de l'ordre de succession des plantes.

Il est souvent difficile de séparer la culture maraîchère de l'*horticulture* et de l'*arboriculture*. Ces deux
branches agricoles se trouvent fréquemment réunies
dans les mêmes mains. De l'arboriculture à la *science
forestière*, il n'y a qu'un pas. Ce chapitre se divise

donc naturellement en dix parties bien distinctes : les *plantes p tagères*, les *fleurs*, les *arbres et arbrisseaux du jardin potager*, l'*arboriculture et les pépinières*, la *sylviculture*, les *arbres à fruits de table*, les *arbres à fruits pour les boissons fermentées*, les *fruits oléagineux*, la *vigne*, l'*oranger et le mûrier*.

Pour établir un jardin potager, il faut choisir un sol moyen, argilo-sableux, par exemple, présentant une surface à peu près horizontale. S'il a une pente légère, il importe qu'elle se trouve de préférence dans la direction du levant ou du midi. On doit éviter de l'ombrager, tout en le protégeant contre les vents nord et ouest au moyen d'une ceinture d'arbres résineux de haut jet. Enfin, il est essentiel d'avoir à sa portée une quantité d'eau

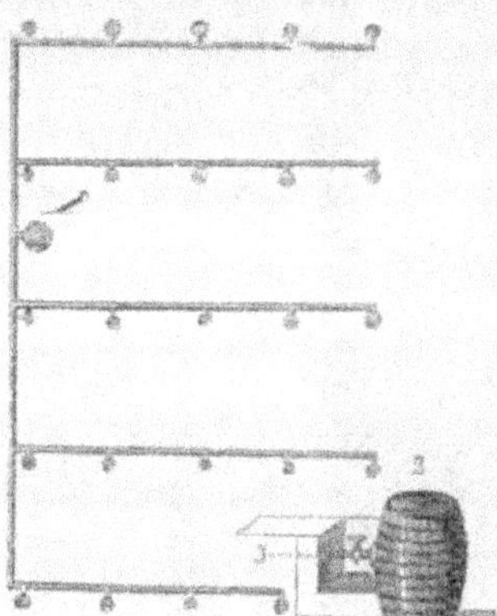

Fig. 509. — Distribution de l'eau dans le jardin potager.

suffisante. On divise le terrain en carrés (*fig.* 509) au moyen de chemins de 2 mètres de largeur, et l'on subdivise même ces carrés en planches par des sentiers étroits. Dans ces jardins, on cultive souvent des *légumes forcés* ou *primeurs*; dans ce cas, il est bon de les entourer de murs pour abriter les cultures contre les vents froids de l'hiver ou du printemps.

On construit un puits dans la partie la plus élevée du terrain. On en retire l'eau au moyen d'un appareil dit *manivelle* des maraîchers (*fig.* 238). On enroule les câbles, qui font monter et descendre les seaux,

autour d'un tambour A, de 1ᵐ30 de haut. Ce tambour
est supporté par un arbre B fixe, de 4 mètres de hauteur. On attelle le cheval en EE. On donne encore à cet

Fig. 510. — Cheval boulonnais.

appareil la *forme d'un manége*. L'eau extraite du puits
se vide dans une auge (n° 2 de la *fig.* 509), d'où elle
est distribuée dans le jardin potager. Des tonneaux
disposés le long des chemins la reçoivent au moyen

de tuyaux, soudés entre eux avec du mastic de fontainier.

Toutes les planches ou plates-bandes doivent être défoncées à un demi-mètre de profondeur. On fume très-abondamment. Si la terre est mauvaise, il faut deux ans pour la mettre en état. Dans les sols légers et brûlants, on préfère le fumier de vache au fumier de cheval (*fig.* 510) ; si l'on n'emploie que ce dernier, il faut qu'il soit à moitié consommé. C'est tout le contraire dans les sols compactes et humides. Le fumier se décompose et sert à plusieurs récoltes successives ; il donne ce qu'on appelle le *terreau.* Il sert à couvrir les nouvelles couches, et on ne l'étend qu'au printemps sur les semis en pleine terre, pour faciliter la germination. On fait enfin usage de *paillis*, ou fumier court, à la fin du printemps et le reste de l'année, sur toutes les planches en culture, en vue de conserver l'humidité et d'empêcher le durcissement du sol.

On connaît quatre groupes de plantes potagères : 1° *celles dont on mange les parties souterraines (à racines tubéreuses :* pomme de terre (*fig.* 387), patate (*fig.* 422), topinambour (*fig.* 419); à *racines pivotantes charnues :* betterave (*fig.* 402), carotte (*fig.* 409), navet (*fig.* 417), panais (*fig.* 410), salsifis, scorsonère, radis (*fig.* 56), rave (*fig.* 412), raifort, céleri-rave, raiponce ; *plantes bulbeuses :* ail, oignon, échalotte); 2° *celles dont on mange les fleurs* (artichaut, chou-fleur, brocoli); 3° *celles dont on mange les fruits ou les graines (les fruits :* ananas, aubergine, courge, concombre, groseillier, fraisier, melon, potiron, tomate ; *les graines :* fève, haricot, lentille, pois) ; 4° *celles dont on mange les feuilles et la jeune tige (cuites ou en salade :* oseille, arroche, poirée, épinard, céleri, chicorée, pourpier, mâches, cardon, cresson, laitue, asperge, poireau, chou-rave, chou, champignon;

Fig. 311. — Artichaut.

comme assaisonnement : ciboulette, cive, sanguisorbe, sarriette, estragon, thym, persil, cerfeuil).

Nous connaissons déjà un grand nombre de ces plantes. Ajoutons quelques mots sur certaines autres, dont la culture a pris un développement considérable, au point de les faire introduire dans la grande culture.

L'*artichaut* (*fig.* 511), originaire de la Barbarie et du midi de l'Europe, est une *composée*. Ce sont, en quelque sorte, ses boutons à fleurs que l'on mange, puisqu'on ne consomme que le réceptacle et les onglets des involucres. On distingue l'*artichaut gros vert* (*fig.* 512) ou de *Laon*, très-rustique et très-productif, l'*artichaut gros camus de Bretagne* (*fig.* 513) ou de *Roscoff*, précoce, mais redoutant plus le froid que le précédent, l'*artichaut gros camus violet*, peu volumineux, et

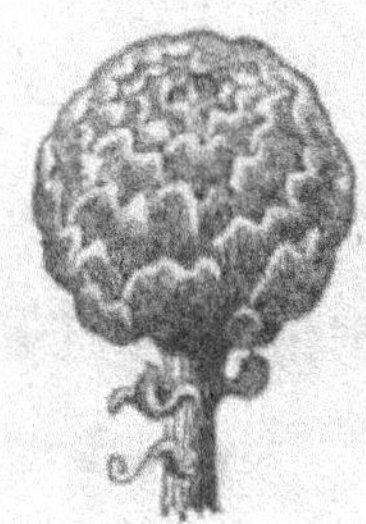

Fig. 512. — Artichaut
gros vert.
Fig. 513. — Artichaut
gros camus de Bretagne.

l'*artichaut rouge fin*, produisant toute l'année, mais très-sensible au froid.

L'artichaut a besoin d'être garanti contre la gelée et, cependant, grâce à ses différentes variétés, il se plie à tous les climats de la France. Il lui faut un sol moyen, substantiel, profond, restant frais en été. On le multiplie peu par graines, ce qui serait trop long, mais bien plutôt au moyen des *drageons* ou *œilletons*, qui poussent au pied des anciennes plantes au nombre de 6 à 12. Les œilletons veulent être plantés dans un sol profondément ameubli, à 0^m40 au moins. Du reste, l'artichaut est fort épuisant et exige un sol très-bien fumé. Il dure trois ans. On obtient 7 têtes

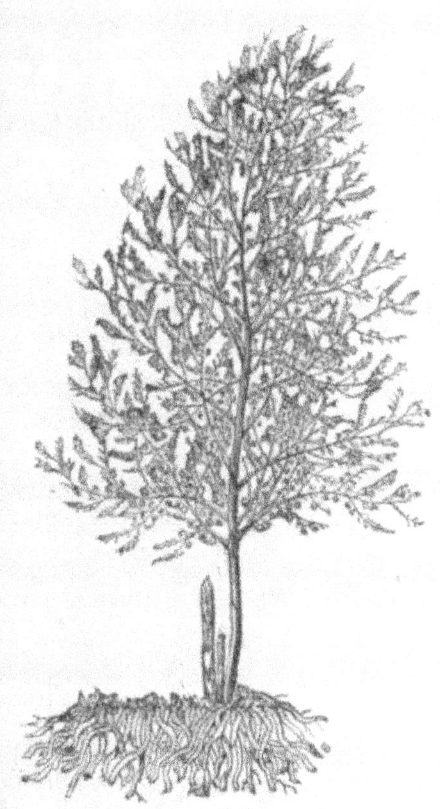

Fig. 514. — Asperge.

Fig. 515. — Jeune griffe d'asperge.

par pied ; or, il y a 15,000 pieds par hectare ; on a donc, en trois ans, 315,000 têtes, à 4 fr. 50 c. le cent, et le bénéfice est d'environ 33 0/0. On cultive ainsi en France 5,612 hectares, rendant 9,750 kilogrammes l'un, à 32 fr. 06 les 100 kilogrammes.

L'*asperge* (*fig.* 514) est encore une plante méridionale d'origine, recherchée pour ses jeunes tiges, principalement aux environs de Paris, d'Orléans, d'Amiens, de Nancy, de Marchiennes. On cultive l'*asperge commune* ou *asperge verte*, et la *grosse violette* ou de *Hollande*, qui est la plus renommée ; on en fait un grand commerce en Hollande, à Strasbourg, à Besançon, à Gravelines, à Marchiennes, etc. Tous les climats français lui conviennent ; mais elle veut un sol moyen, riche, substantiel, profond, bien égoutté et non graveleux. On sème l'asperge à demeure ou bien en pépinière afin d'être ensuite transplantée ; il faut 4 ou 5 ans pour obtenir un produit quand on ensemence. Aussi, le plus souvent, transplante-t-on les jeunes pieds ou *griffes* (*fig.* 515).

Une plantation d'asperges peut durer vingt ans ; mais la moyenne est de quatorze. Chaque griffe donne 18 jets ; on en laisse 3 à la fin de la saison ; on en récolte donc 15 par griffe. Il y a 27,000 griffes à l'hectare, produisant 405,000 asperges chaque année. On cultive, en outre, les bandes de terre qui séparent les planches d'asperges les unes des autres et on les plante en haricots, en lentilles ou en vigne. On diminue d'autant le compte de revient de l'asperge, dont le bénéfice paraît s'élever à 150 0/0. 4,855 hectares sont plantés d'asperges. Ils rendent 3,775 kilogrammes l'un, au prix de 61 fr. 25 les 100 kilogrammes.

On cultive encore dans les marais une espèce de *chou* (*fig.* 516) autre que celle dont nous avons parlé à propos des plantes fourragères, c'est le *chou de Milan*

(*fig*. 517), à feuilles frisées et cloquées, dont sont sorties
les variétés *chou Panvalier* ou de *Touraine* et le *chou des*

Fig. 516. — Chou cabus.

Vertus. Ce qu'on appelle le *chou de Bruxelles* n'est

Fig. 517. — Chou de Milan.

qu'un jeune chou, n'appartenant, du reste, à aucune

34.

espèce particulière. On cultive 99,339 hectares en choux, rendant 27,200 kilogrammes l'un, au prix de 6 fr. 95 les 100 kilogrammes.

L'*oignon* est de la famille des *liliacées*; c'est une

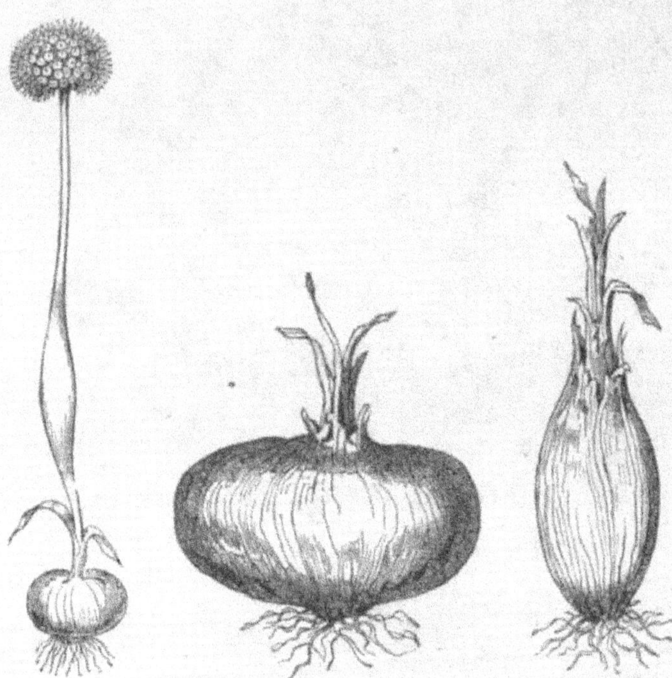

Fig. 518.
Oignon commun.

Fig. 519. — Oignon d'Espagne.

Fig. 520.
Oignon poire.

plante d'Afrique, très-cultivée dans le midi en raison de ses propriétés stimulantes. Les espèces préférées sont: l'*oignon commun* (*fig*. 518) (rouge foncé, pâle ou jaune), l'*oignon d'Espagne* (*fig*. 519) (de couleur soufrée), l'*oignon poire* (*fig*. 520) (rouge, à saveur forte), l'*oignon d'Égypte*, *bulbifère* ou *rocambole* (se conservant

peu, mais fort rustique). Ce végétal, quoique vivant
sous tous les climats de France, donne ses plus beaux

Fig. 521. — Poireau.   Fig. 522. — Ail.

produits dans le centre et surtout dans le midi. Il rend
40,000 kilogrammes de bulbes à l'hectare.

L'*ail* (*fig.* 522) est encore une *liliacée*, originaire de
Sicile et cultivée depuis la plus haute antiquité. C'est

une plante qui n'a guère d'importance que dans le midi, où elle joue un rôle considérable dans l'alimentation. On la cultive en grand sur les dunes du Poitou et sur les bords de la Durance. On réunit les bulbes en *tresses*. On récolte 22,000 tresses à l'hectare, qui se vendent au prix de 10 francs le cent.

Le *poireau* (*fig.* 521) ou *porreau* appartient, lui aussi, a la famille des *liliacées* et croît spontanément dans les Alpes, où on le cultive depuis 1562. On le sème

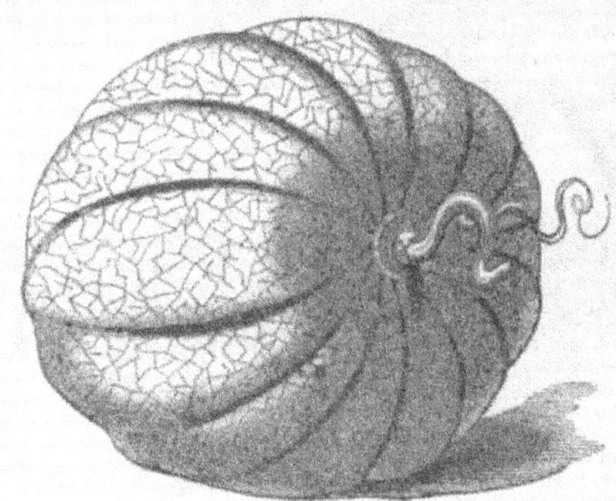

Fig. 523. — Potiron.

en pépinière, puis on le transplante ; on obtient 800,000 poireaux à l'hectare ou 52,000 bottes de 25, à 8 francs les 100 bottes.

Les *courges* sont des *cucurbitacées* annuelles, originaires des Indes Orientales et introduites en Europe au xvie siècle. Cultivées pour leurs fruits, elles sont quelquefois aussi utilisées l'hiver pour la nourriture du bétail. 500 kilogrammes de courges équivalent à 100 de foin. C'est le régal des porcs. On les sème en plein

champ, principalement dans les environs du Jura, dans
l'Anjou et dans le Maine. En Hongrie, à Zambor et ailleurs, on a exploité la citrouille pour en retirer le sucre
qui s'y trouve dans la proportion de 4 à 4 1/2 0/0.
En fait de courges, on cultive : le *potiron* (*fig*. 523), à
feuilles sans tache, presque verticales, à fleurs sentant
le miel, à fruits pesant jusqu'à 100 kilogrammes ; la
citrouille de Toulouse ou *palourde*, très-féconde, à fruit

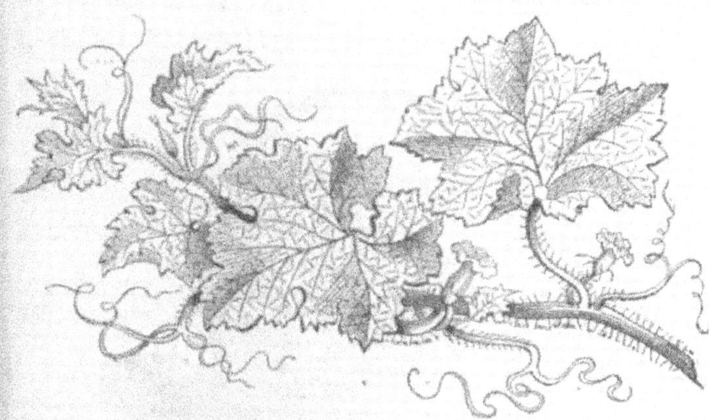

Fig. 524. — Tige du potiron.

légèrement oblong, dont l'écorce est vert pâle jaspé
de rouge ou de blanc ; le *giraumont* (*fig*. 525), à feuilles
plus découpées, à chair plus ferme et plus sucrée,
dont la *courge des Patagons* (*fig*. 526) est une des
meilleures variétés ; enfin, le *potiron mou* ou *musqué*,
dont les fruits sont tardifs, et qui est l'une des espèces
les plus estimées du midi. Cette plante dépasse difficilement la région de l'olivier, et les courges, en général, ne s'avancent guère au nord de la limite du maïs.
Il y a en France 11,434 hectares cultivés en courges ;

le rendement moyen est de 27,500 kilogr. à l'hectare,
à 4 fr. 79 les 100 kilogrammes.

Le *concombre*, autre *cucurbitacée*, vient d'Orient et se
cultive en plein champ dans le midi ; ailleurs, il exige
trop de soins pour ne pas être relégué dans les jardins.
Dans la région de l'olivier, on le sème sur couches et
on le replante en maintenant le sol frais par de fréquents arrosages. Le concombre n'est autre que le
cornichon arrivé à l'âge mûr.

Enfin, voici une dernière *cucurbitacée* d'Asie dont

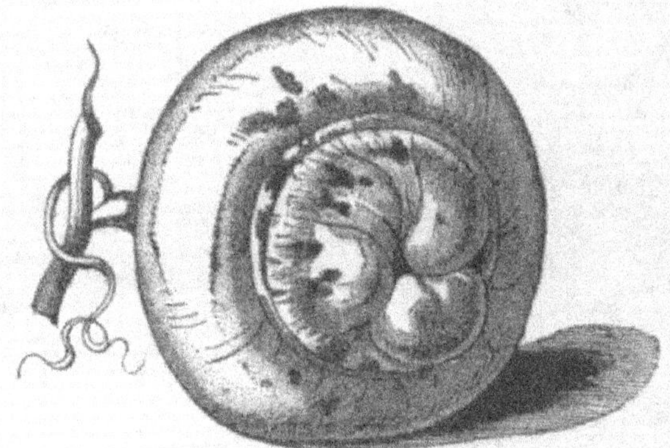

Fig. 525. — Giraumoat turban.

nous ne pouvons ne point faire mention ; c'est le
melon, qui se présente sous l'aspect du *melon brodé*,
dont seraient sortis le *melon maraîcher* (*fig.* 527) (le
plus commun, mais d'une saveur médiocre), le *sucrin*
(à chair verte) et le *melon d'Honfleur* (*fig.* 531) (sorte
de melon brodé, se distinguant par sa chair jaune et
ses dimensions colossales, intermédiaire entre les deux
précédents). Nous avons aussi le *cantaloup* (*fig.* 532),
à peau verruqueuse, importé d'Arménie en Italie

au xv° siècle. Citons encore le *cantaloup Prescott*, à fond blanc, l'espèce la plus répandue. Indiquons aussi le *melon à peau unie*, à peau verte ou panacée, de

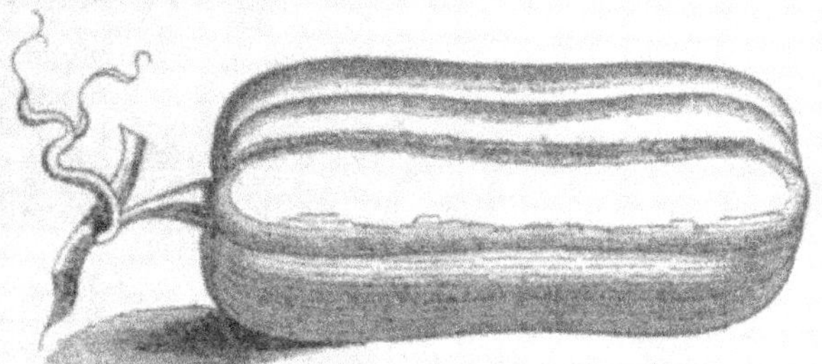

Fig. 526. — Courge des Patagons.

saveur sucrée, mais fade. De cette espèce sont sortis le *melon d'hiver à chair verte*, le *melon de Malte à chair*

Fig. 527. — Melon maraîcher.

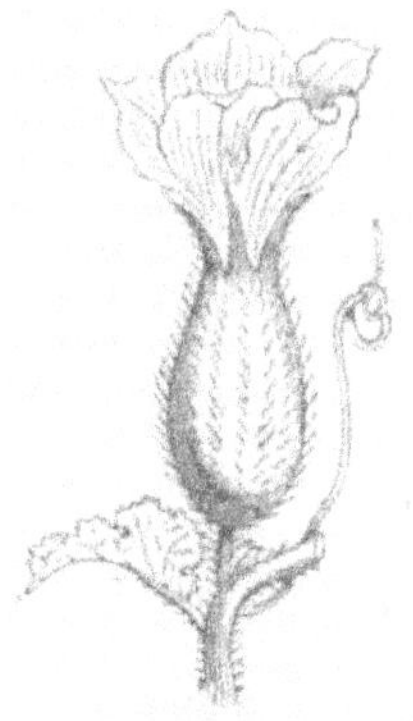

Fig. 528. — Fleur femelle du melon.

rouge et le *melon de Malte à chair blanche*, ne pouvant être obtenus en plein champ hors de la région des oliviers. On cultive 3,944 hectares en *melons et pas-*

tèques, rendant 17,800 kilogrammes l'un, à 19 fr. 04 les 100 kilogrammes.

Sous le climat de Paris, on obtient 10,000 melons à l'hectare, pesant 4 kilogrammes en moyenne, et va-

Fig. 529. — Tige du melon.

lant 25 centimes pièce. Le bénéfice est d'environ 1,000 0/0.

Nous ne dirons rien des assolements dans la culture

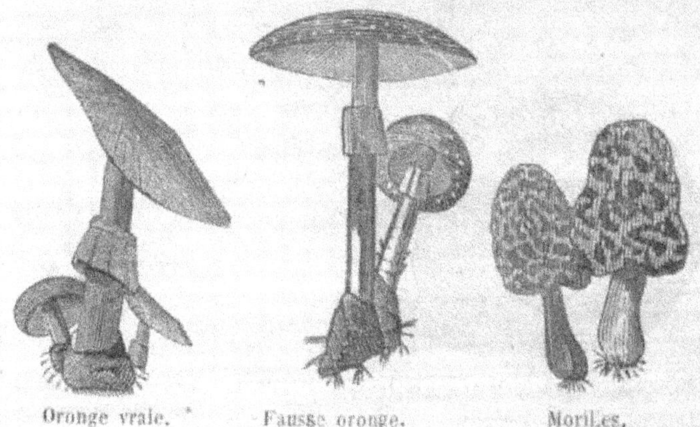

Fig. 550.

potagère. Les principes sont les mêmes que pour la grande culture, et nous ne pouvons entrer ici davantage dans le détail.

Les *salades* occupent une assez large place dans la culture maraîchère. 19,757 hectares en sont plantés. Chaque hectare en rend 15,579 kilogrammes au prix de 11 fr. 26 les 100 kilogrammes.

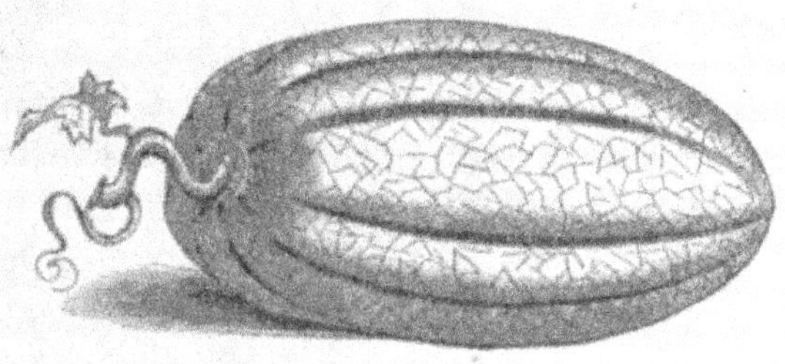

Fig. 531. — Melon d'Honfleur.

La culture des champignons rentre aussi dans le domaine de la culture maraîchère. Le nombre des

Fig. 532. — Melon cantaloup.

espèces comestibles est fort considérable ; cependant on ne mange qu'un petit nombre d'entre elles : la *morille (fig. 530)*, *le champignon de couche* ou *agaric comestible*, l'*oronge vraie* (*fig.* 530), très-peu différente de la *fausse oronge* (*fig.* 530), avec laquelle le cardinal Caprara, à l'époque du sacre de Napoléon Ier, s'empoisonna par erreur. Les *bolets* ou *ceps*, les *mousserons*, les *chevaires*, les *chanterelles* (*fig.* 533), les *giroles*, les *truffes comestibles*, sont des espèces extrêmement connues des gourmets. On ne cultive guère que le champignon de couche. Dans une cave ou dans d'anciennes carrières, on fait des couches de 60 centimètres d'épaisseur avec un mélange de terreau de fumier et de crottin de cheval ; on étend à la surface de ces couches du *blanc de*

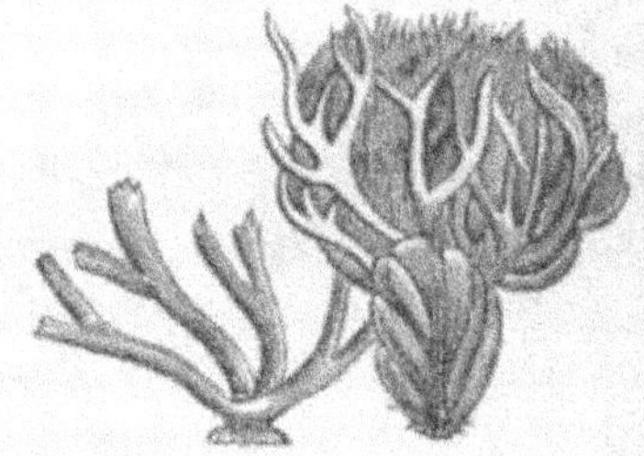

Chevaires.   Fig. 533.   Chanterelles.

champignon (mycelium) que l'on recouvre ensuite de terreau ; on arrose de temps en temps pour entretenir la fermentation, la chaleur et l'humidité ; en très-peu de temps, la couche se couvre de filaments blancs sur lesquels naissent en grand nombre de petits tubercules qui croissent et se succèdent rapidement. Quand le nombre des champignons diminue, il faut faire une nouvelle couche. Quelquefois il s'y mêle des variétés suspectes, comme l'*Agaricus volvaceus* et le *Fuligo vaporaria*. Il faut alors détruire les

couches sans hésitation et en refaire de nouvelles.
Le produit d'une couche ou *meule* dure ordinairement 2 ou 3 mois lorsqu'elle est établie sous un hangar, et quatre à cinq dans une cave ou une carrière.

On a essayé de cultiver la *morille* et la *truffe* comme
le champignon de couche ou par des procédés analogues. On y a échoué. On prétend que la truffe
provient de la piqûre d'un insecte sur la racine de
diverses espèces de chênes, dits *chênes truffiers*, et
serait analogue à la noix de galle qui se développe
sur les feuilles de certains arbres. Dans ce cas, elle
ne serait plus un champignon. On prétend être, en ce
moment, sur la voie d'un mode de multiplication facile à mettre en pratique et pouvoir aisément orga-
niser des *truffières artificielles*.

La *culture des fleurs* est bien souvent intimement
liée à celle des légumes. Elle aussi, avec le développement des villes et les progrès de la civilisation et de
la richesse, s'est développée sur une large échelle. On
emploie pour cette culture une terre spéciale, dite
terre de bruyère, que l'on rencontre quelquefois à l'état
naturel, à Meudon notamment. La terre de bruyère de
Meudon est particulièrement estimée ; il y entre 62 0/0
de sable siliceux (analogue au grès), 20 0/0 de débris
végétaux, 16 0/0 d'humus (débris végétaux consommés), 1 0/0 de carbonate de chaux, etc. On emploie,
là où ne croît pas la bruyère, de la terre de bruyère
factice, obtenue en mélangeant du grès pilé avec du
terreau d'ajonc (*alex europeus*) ou de genêt. Sous nos
climats, on est obligé de préparer également une terre
spéciale pour l'oranger, qui s'y trouve en dehors de
son pays natal (5 parties de terre franche, 2 de

fumier de vache et de mouton très-consommé, et 3 de terreau et de feuilles). Enfin, pour les plantes délicates, on fait usage d'un terreau végétal, obtenu au moyen d'herbes sauvages coupées en fleurs, arrosées copieusement et bien foulées. On peut activer l'opération en employant la chaux.

Une fois le sol prêt, il faut semer ; mais la graine ne reproduit pas toujours exactement le type du végétal dont elle provient ; quelquefois le climat s'oppose à la fructification de la graine. Il faut employer un autre moyen de multiplication. Toutes les parties vivantes d'un végétal, si petites qu'elles soient, ont la puissance nécessaire pour former un nouvel individu complet, si on les isole, pourvu toutefois qu'on les prépare convenablement et qu'on les entoure des éléments nécessaires à leur existence. On fait alors ce qu'on appelle des *boutures*.

Fig. 534. — Bouture obtenue en plongeant le rameau ligaturé dans un vase rempli d'eau.

Les rameaux bouturés de beaucoup d'arbres émettent difficilement des racines. On a plus de chances d'en obtenir en *incisant* circulairement l'écorce au-dessous d'un œil, ou bien en faisant une *ligature* serrée avec un fil de soie ou de fer ; il se forme un bourrelet de tissu cellulaire éminemment propre à la formation des racines. La partie liée ou incisée est nécessairement enfoncée dans le sol ou dans un vase rempli d'eau (*fig.* 534). On emploie aussi des *boutures de racines* pour

multiplier rapidement et économiquement nombre
d'arbres d'ornement, comme le *paulownia imperialis*,
le *maclura aurantiaca*, les *groseilliers (fig. 535) san-*

Fig. 535. — Groseillier.

guins et palmés, le *cognassier du Japon (fig. 315),* l'*ha-
lesia diptera,* même les *araucarias.* Quant à la *bouture
de feuilles,* elle est trop minutieuse pour pouvoir devenir pratique. La feuille est coupée nettement à son point

d'insertion et placée horizontalement, la face inférieure
vers le sol, mais sans être enterrée. On arrive ainsi à
reproduire aisément le *gloxinia,* le *delphinium,* le
lis, la *cardamine.* Pour assurer le succès d'une bouture, il faut la placer dans une bâche, dans une caisse,
sur couche pour avoir plus de chaleur, mais en ayant

Fig. 536. — Marcottage.

soin d'atténuer
l'éclat de la lu-
mière du soleil
par des abris.
Elle exige un
sol doux, meu-
ble, bien pré-
paré, presque
sans engrais, de
la terre de bru-
yère, par exem-
ple, et quelque-
fois même du
sable pur, légè-
rement mais
constamment
humecté.

On peut bou-
turer une bran-
che sans la dé-
tacher de sa

Fig. 537. — Greffe sur racines.

mère ; on dit alors qu'on la *marcotte* (*fig.* 536). Il faut
opérer avant que la séve du printemps soit en mouvement. Dès que les yeux poussent leurs bourgeons,
on incline la branche de manière à la recouvrir de

terre meuble et d'un paillis, le tout bien arrosé. A l'automne, on obtient une tige enracinée, qu'on peut séparer alors et replanter. Ce procédé réussit avec le *paulownia*, le *mûrier*, le *lilas*, le *groseillier d'ornement*.

Quand la bouture présente de trop grandes difficultés, on opère autrement. On pratique une fente, un coin, un placage, à l'extrémité d'une racine qu'on soulève de terre, et on y enfonce le rameau bouturé. On a ce qu'on appelle la *greffe sur racines* (*fig*. 537); très-souvent, ce dernier ne se soude pas sur la racine, mais il s'affranchit en émettant lui-même des racines particulières, grâce à la force qu'il a puisée dans les sucs de celle sur laquelle on l'avait greffé.

La *greffe herbacée*, greffe par excellence des arbres résineux, réussit même pour les plantes annuelles. Lorsque le bourgeon terminal est parvenu aux deux tiers de son développement, on en coupe horizontalement l'extrémité, on la fend dans le sens vertical et on y insère un rameau, taillé comme pour la greffe ordinaire. On ligature légèrement, puis, au moyen d'un cornet de papier, on préserve le tout de l'action trop vive du soleil. La soudure est complète en peu de jours. On réunit ainsi sur un seul pied de *pelargonium*, de *dahlia*, d'*œillet*, de *giroflée*, les plus belles variétés du genre.

Enfin, si l'on croise l'une sur l'autre deux branches d'arbres congénères, en enlevant l'écorce aux points de jonction, et qu'on tienne les parties dénudées quelque temps en contact l'une avec l'autre à l'aide d'une ligature, les branches se soudent indissolublement. C'est là ce qu'on appelle la *greffe par approche.*

Ces différents procédés s'appliquent fort bien à la *pensée* (fig. 540), cette plante, qui croît naturellement dans nos guérets, qui a été introduite par hasard dans nos jardins et qui fut acceptée du public horticole grâce à la protection que lui accorda, dès 1810, lady Mary Tennet. Elle se reproduit par les semis, les *boutures et les marcottes.* Ces deux derniers procédés servent à multiplier ses variétés avec leurs caractères les moins persistants.

La *violette* (*viola*) (fig. 314) joue un trop grand rôle dans le commerce des fleurs pour ne pas avoir sa place auprès de la *pensée*, qui en est une simple variété, dite *viola tricolor*, obtenue par la culture. La *violette des champs* s'appelle aussi *pensée sauvage* (*viola arvensis* de de Candolle). La violette, qui se vend, pour ainsi dire, en permanence à Paris pendant toute la durée des hivers doux, n'est autre que la *viola odorata* (fig. 314), et surtout la sous-variété, la *violette des quatre saisons*, à fleurs simples, qui fleurit de septembre en février. On cultive encore la *violette à fleurs doubles*, la *violette à fleurs doubles roses*, la *violette de Bruneau*, la *violette de Parme*. La violette odorante était la fleur favorite des Athéniens ; on la cultivait partout aux environs d'Athènes. Homère prétend, dans l'*Odyssée,* qu'elle a été créée pour nourrir la belle Io. Elle fait, à Fontenay-aux-Roses, l'objet d'une immense culture qui tend à y remplacer celle des roses. On en consomme énormément pour la parfumerie.

L'*œillet*, une *caryophyllée*, se vend, comme la pensée, à une certaine époque de l'année, à pleines voitures dans les rues de Paris. Il est originaire de Barbarie, et c'est la Flandre qui l'a porté au plus haut degré de perfection. Les procédés de multiplication employés sont les semis, les marcottes et les boutures. Le marcottage doit être effectué en pleine terre, dès que la fleur est fanée. La bouture réussit peu, car la concentration de l'humidité sous la cloche et la privation de lumière sont fatales à cette fleur.

Le *dahlia* vient du Mexique, où il croit à l'état sauvage dans les hautes prairies. En 1789, il fut envoyé de Mexico à M. Dahl, botaniste suédois, et fit son apparition au Jardin des Plantes en 1802. Le dahlia redoute un sol trop léger. On le multiplie par tubercules, boutures, greffes ou semis. Les boutures veulent être faites avec des tiges jeunes et tendres. Quant à la greffe herbacée, elle réussit fort bien.

La *chrysanthème de l'Inde* a été introduite, elle aussi, en 1790. Elle présente tous les tons de la palette, sauf le noir et le bleu. Comme le dahlia, la chrysanthème est une *composée* vivace, très-vigoureuse, multipliée le plus habituellement par la division des souches, procédé facile à appliquer pour les plantes vivaces en général. Le semis et le bouturage sont également usités, ce dernier pouvant s'effectuer à tout âge.

La *tulipe* (*fig*. 292) appartient à un tout autre ordre de fleurs. C'est une *liliacée*, parente des « *lis*, au port royal ; de la *tubéreuse* et de la *jonquille*, au parfum nerveux ; des *aloès* et des *yuccas*, dont la hampe, garnie de 4 à 500 fleurs, s'élève en girandole jusqu'à 2 mètres de haut ; de la *fritillaire impériale*, avec sa couronne de fleurs inclinée vers la terre ; du *narcisse*, dont le doux parfum charme les enfants ; des *amaryllis* et des *alstroëmères*, qui revêtent les couleurs les plus ardentes ou se parent de nuances d'une finesse inimitable ; des *iris* et des *glaïeuls*, dont la forme étrange captive les regards (1).» La tulipe est *bulbeuse* ; elle se produit donc par les semis, mais surtout au moyen de *caïeux* ou petites bulbes, sorte de rameaux adventifs qui se développent sur la *bulbe mère*, vulgairement qualifiée d'*oignon*. Elle exige beaucoup de soins, ainsi que la jacinthe. La *tigridia*, plante ornementale de parterre, est bien plus facile à vivre. Elle s'accommode fort bien de la culture en pot et de l'atmosphère tranquille des salons.

Nous arrivons aux *rosiers* (*fig.* 260 et 287), dont on connaît plus de 2,000 variétés, supportant la plupart avec facilité le froid de notre climat, sauf un petit nombre qui veulent une couverture pendant les grandes gelées. Il faut peu de soins au rosier, mais un sol substantiel, de l'air, du soleil, un labour à la fin de l'automne, quelques binages pendant l'été, et de l'eau quand il fait trop sec. La multiplication s'en effectue surtout par la *greffe en écusson* (*fig.* 564).

On laisse pousser dans toute leur longueur deux branches opposées au sommet de l'églantier sur lequel on greffe. Quelques jours avant l'opération, on courbe les branches en dessous, et on les attache à la tige par leurs parties supérieures. On dépose les écussons comme l'indique la figure ci-contre en *ee* ; les yeux se développent pourvu que l'on retranche ceux de l'églantier qui les avoisinent ; au fur et à mesure qu'ils s'allongent, on supprime successivement quelques

(1) Les *Cent Traités*, jardin fleuriste, jardin paysager.

parties des branches qui ont reçu la greffe. Quand l'œil greffé a donné un rameau nouveau de 13 à 20 centimètres de long, on retranche celui sur lequel s'est effectuée la greffe et que l'on a recourbé.

Aujourd'hui, la culture des roses se fait sur une échelle immense, à Fontenay-aux-Roses et ailleurs. Des charretées innombrables s'en débitent dans les rues de Paris.

Nous n'avons jusqu'ici parlé que des fleurs, sans dire un mot du jardin. Ce dernier se compose de *planches* et d'*allées*. Les planches ne doivent pas être plus larges que deux fois la longueur du bras, afin que la main puisse atteindre facilement les plantes. On les entoure de bordures, destinées à la fois à servir d'ornement et à soutenir la terre qui retomberait dans les allées. A cet effet, on emploie des plantes vivaces, comme le *buis nain*, l'*hysope*, la *sauge*, le *romarin*, la *lavande*, ou bien on y plante des *staticées*, des *pâquerettes*, des *primevères*, des *œillets mignardises*.

Le *jardin paysager* n'est que le complément du *jardin fleuriste*, mais il lui faut une vaste étendue, avec des bois, des prairies, des rivières, des habitations, etc. Il y a un certain nombre d'arbres d'ornement à employer, qui pourraient, du reste, fort bien figurer dans certains jardins pour y ménager des perspectives et servir de trompe-l'œil, en donnant de la profondeur à un espace qui n'en a pas. Ces arbres d'ornement exigent chez nous, presque toujours, un sol mélangé de terre de bruyère. On les dispose en massifs, exposés au nord ou au levant. On creuse un fossé de 1/2 mètre ou de 1 mètre de profondeur ; on y forme un sous-sol artificiel de gazon et de pierrailles, pour permettre aux eaux de s'écouler ; on ajoute de la terre fraîche avec du gravier et de la terre de bruyère, et on finit de remplir avec cette dernière seule, en lui donnant une forme bombée ou inclinée, qui laisse aisément égoutter les eaux pluviales. Au fond des massifs, on fait figurer les *araucarias* ou quelques-unes de ces conifères dont nous admirons la splendeur ; puis on y dispose quelques *tulipiers*, précédés de *magnolias*, entremêlés eux-mêmes d'*halésiers ;* au-dessous viennent les *calycanthes* et l'*itea virginica*, les *cornouilliers à fruits bleus violets ;* ensuite les *camélias ;* plus en avant, les *rhododendrons*, les *azalées*, les *kalmias*, les *hortensias*, les *daphnées*, les *pivoines arborescentes ;* enfin les *lupins*, les *gentianes*, les *violettes de Parme*, les *fumeterre*, quelques *rosiers rampants* et les *lis*, ainsi que leurs congénères, toutes plantes faciles à soigner.

Du reste, les rhododendrons, les azalées et les pivoines sont cultivés sur une très-grande échelle aujourd'hui, et ceux-ci surtout font presque concurrence aux roses sur le marché. Quant aux arbres paysagers, on les classe d'après leur taille, leurs fleurs ou leurs fruits.

Les ARBRES DE PREMIÈRE GRANDEUR sont *l'ailante* ou *faux vernis du Japon*, le *cèdre du Liban*, le *chêne pyramidal*, le *cyprès chauve*, l'*érable rouge*, le *hêtre à feuilles pourpres*, le *mélèze*, l'*orme à feuilles crispées*, le *thuia*. Puis, parmi les ARBRES DE PREMIÈRE GRANDEUR A FLEURS TRÈS-APPARENTES, on trouve le *cerisier de Virginie*, le *marronnier d'Inde*, le *robinier faux acacia*, le *sorbier*, le *tulipier de Virginie*. Suit le groupe des ARBRES DE DEUXIÈME GRANDEUR ORDINAIRE (*chêne-saule à feuilles persistantes*, *érable jaspé*, *cèdre de Virgi*

nie, *houx d'Amérique, liquidambar*), et celui des
ARBRES DE DEUXIÈME GRANDEUR à FLEURS TRÈS-APPARENTES,
comme le *catalpa*, le *paulownia*, le *sophora du Japon*.

TROISIÈME GRANDEUR : *érable de Crète, genévrier exotique, sophora pleureur* ; A FLEURS TRÈS-APPARENTES,
comme le *cytise des Alpes* et le *faux ébénier d'Adam,
l'arbre de Judée*, le *magnolia*.

Ajoutons à cette énumération les *conifères* et la plupart de nos arbres forestiers indigènes.

Restent les ARBRES A FRUITS REMARQUABLES : *à fruits
rouges*, ailante du Japon, alisier, sorbier, houx, if,
magnolia, sureau à grappes; *à fruits jaunes*, azerolier
et plaqueminier de Virginie ; *à fruits bleus*, cornouillier
et genévrier de Virginie ; *à fruits noirs*, arbousier, cerisier du Canada, sureau commun, troëne ; *à fruits
blancs*, symphorine à grappes et cornouillier blanc.

POUR LA DÉCORATION DES EAUX, l'*aune*, le *cyprès
chauve*, le *noyer noir*, le *tamaris indigène*, le *saule
pleureur* conviennent le mieux; enfin, pour orner
les rochers, les tonnelles, etc., on emploie des arbres
et arbrisseaux sarmenteux, comme l'*aristoloche*, le
bignonia de Virginie, le *chèvrefeuille*, la *clématite*, le
jasmin, la *glycine de la Chine*, le *lierre*, la *morelle
grimpante*, la *vigne vierge*, etc.

Nous venons de parler des arbres au point de vue du
rôle qu'ils jouent dans l'ornementation des jardins et des
parcs. C'est le moment de dire un mot de leur entretien
et de leur culture, objet de l'*arboriculture*. Nous n'a-
vons pas à répéter ici ce que nous avons déjà dit du
bois, du développement du tronc, ni des racines, à
propos des organes des plantes en général. Ce qui nous
intéresse en ce moment, c'est leur culture et leur

aménagement. L'arbre est indispensable à l'homme, et pour ses constructions et comme combustible. Nous avons parlé de l'influence des forêts sur la température, qu'elles rendent plus égale, et sur la sécheresse qu'elles combattent en attirant les nuages ou en exhalant par leurs feuilles, sous l'influence des rayons solaires, des vapeurs aqueuses, se traduisant en rosée pendant la nuit.

Avant de planter les arbres à demeure dans le sol qui doit les alimenter toute leur vie, on les multiplie et on les élève dans un terrain spécial qui constitue une *pépinière* (mot qui vient de *pepin*, graine du pommier et du poirier notamment). L'invention des pépinières remonte au xvii° siècle ; on en obtient une foule de jeunes plants qui sont en meilleur état que ceux que l'on serait allé chercher directement dans les forêts. Ils ont surtout plus de racines, ce qui facilite leur reprise.

Une pépinière doit être établie à l'abri des vents violents qui nuiraient aux jeunes arbres, sur des terres de consistance moyenne, ni trop légères ni trop compactes. Ainsi élevés, ils se plairont plus facilement plus tard dans d'autres sols. Le pépiniériste qui vend ne trouve jamais que le sol soit trop riche parce que, l'arbre végétant vigoureusement, il en obtient un débit plus avantageux ; le propriétaire qui achète et qui transplante n'est pas du même avis. L'arbre, qui a pris pendant sa jeunesse un développement proportionné à la nourriture abondante qui lui était donnée, languit, placé dans un autre milieu, et meurt quelquefois. Cependant, un sol de trop bonne qualité est préférable à un sol trop pauvre. La couche de terre fertile ne saurait dépasser 60 centimètres d'épaisseur. Il doit toujours y avoir dans la pépinière un réservoir pour les arrosages, rendus quelquefois indispensables par les chaleurs de l'été. Les arbres des pépinières peuvent se partager en quatre groupes :

Arbres forestiers, à feuilles caduques (chêne, hêtre);

Arbres et arbrisseaux d'ornement, à feuilles caduques ;

Arbres et arbrisseaux à feuilles persistantes (pin, sapin) ;

Arbres et arbrisseaux fruitiers.

On divise la pépinière en carrés , correspondant à ces différentes séries, et chacun d'eux est lui-même partagé en six parties pour les *semis,* les *marcottes*, les *boutures*, les *repiquages*, les *greffes* et les *transplantations*. Nous ne reviendrons pas sur ces divers modes de multiplication. Ils diffèrent peu de ceux

Fig. 538. — Jeune arbre en pépinière avec branches latérales trop vigoureuses.

que nous avons déjà décrits à propos des fleurs.

Pendant les premières années qui suivent la transplantation des arbres de haut jet dans la pépinière ou bien la greffe des arbres fruitiers, il y a quelques soins à leur donner. Il faut les *receper*, c'est-à-dire couper la tige des jeunes arbres vers le mois de février à quelques centimètres seulement de la racine. Cela permet de remplacer une tige mal conformée par un nouveau jet, plus droit du collet et plus vigoureux. Quant aux arbres forestiers de haut jet et aux arbres fruitiers destinés à être greffés en tête, il faut les *tailler* d'abord au moment de la formation de la tige, puis à celui de la première production de la greffe. Certains rameaux latéraux acquièrent plus de vigueur que les autres (*fig.* 538) ; cela peut déformer le rameau terminal ou l'anéantir. On doit donc couper la partie herbacée des rameaux en juillet. Il ne faudrait pas toutefois supprimer tous les rameaux latéraux ; on empêcherait la jeune tige d'atteindre une grosseur suffisante, tandis qu'il y a lieu de se borner à restreindre la vigueur de celles qui paraissent exposées à acquérir trop de force.

Pour diminuer les chances d'insuccès pouvant se présenter dans une pépinière, on a recours aux *labours* qui détruisent les plantes nuisibles et maintiennent le sol dans un état de division convenable. Il faut au moins un labour par an, au printemps, effectué avec la *fourche à dents plates* et non avec la bêche, qui pourrait couper les racines des jeunes arbres. Il y a lieu, en outre, d'*arroser* les *semis*, les *marcottages*, les *boutures* et les *repiquages*. Ces arrosements, pratiqués après le coucher du soleil, peuvent seuls les préserver des effets désastreux de la sécheresse. Comme moyen d'action contre celle-ci, existe encore le *binage*, spécialement efficace pour les transplantations et les greffes et devant être renouvelé après chaque ondée de pluie à l'époque où le sol commence à durcir. Les *couvertures*, elles aussi, ont pour effet d'empêcher la terre de se dessécher ; elles empêchent le développement des plantes nuisibles et peuvent être enterrées et servir d'engrais lors de l'enlèvement des plants. On les réserve pour les terrains légers, et elles se composent de fougère, de bruyère, de feuilles sèches ou de paille en décomposition.

Nous venons de suivre l'arbre dans les diverses phases de son existence au milieu de la pépinière. Nous allons le retrouver dans la forêt.

On distingue dans cette dernière des *arbres à feuilles caduques* et des *arbres à feuilles persistantes*. Ceux qui ont les feuilles caduques les perdent chaque année. On les partage en *espèces à bois dur* et *espèces à bois mou*.

Au premier rang des espèces à bois dur figu-

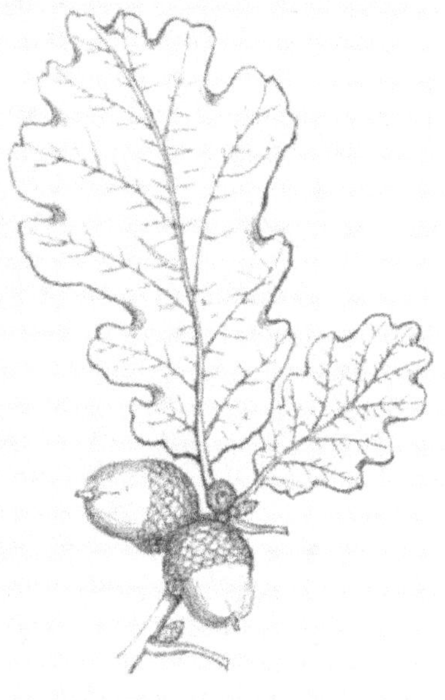

Fig. 539. — Chêne rouvre.

rent le *chêne rouvre* (*fig.* 539) (à glands sans pédoncule) et le *chêne pédonculé*. Ils acquièrent jusqu'à 35 ou 40 mètres de haut et 3 de circonférence. Il leur faut un sol profond, de consistance moyenne, exposé au midi ou au levant. On les multiplie par le semis à raison de 120 décalitres à l'hectare. Le bois de chêne pèse environ 33 kilogr. le pied cube, et son écorce donne le *tan*, employé pour préparer le cuir.

Le *hêtre* devient aussi haut que le chêne, mais son tronc est moins gros; il vit moins vieux et son bois présente moins d'élasticité et de force. Il ne sert pas pour la charpente, mais pour la boissellerie, les pieux de pilotis, etc. Son fruit ou *faîne* donne une huile bonne à manger et utilisable pour l'éclairage.

L'*orme commun* s'élève à 20 ou 25 mètres et acquiert jusqu'à 4 et 5 mètres de circonférence. Son bois, jaune, marbré de teintes plus foncées, est le meilleur qui convienne au charronnage pour les moyeux et les jantes des voitures. C'est aussi le meilleur des bois de chauffage. Il y a une variété d'orme qu'on appelle l'*orme tortillard*; elle est remarquable par ses filets ligneux qui se croisent et s'enchevêtrent et l'extrême dureté de son bois, doué, malgré cela, d'une remarquable élasticité. Il se vend trois ou quatre fois plus cher que l'orme commun. Cet arbre se plaît dans les sols légers, suffisamment humides. On le sème, pour le reproduire, à raison de 30 décalitres à l'hectare.

Le *frêne élevé* est un arbre de première grandeur, atteignant 28 mètres ou plus de hauteur, et 3 de circonférence. Son *bois* est blanc, veiné longitudinalement, assez droit et très-élastique. Pour le charronnage, les brancards, les limons de voitures, il rend de précieux services. Malheureusement, il est sujet à la *vermoulure*. Tous les terrains et toutes les expositions lui conviennent, pourvu qu'il y trouve un peu de fraîcheur. En revanche, il redoute les terres trop argileuses ou trop calcaires.

Le *châtaignier commun* (*fig.* 19) est aussi un arbre

de première taille, dont le bois a une grande analogie avec celui du chêne, bien qu'il soit de couleur moins obscure. Il est fort utile, du reste, pour la charpente, la menuiserie, et dure des siècles sans s'altérer. Il se développe dans les sols sableux ; mais, assez sensible aux gelées, il ne prospère pas dans le nord de la France. On le multiplie au moyen de semis, à l'exception des variétés recherchées pour leurs *châtaignes*, que l'on reproduit par la greffe.

Le robinier faux acacia a été introduit en France en 1616. Il croît très-rapidement, atteint 20 à 25 mètres de hauteur, 2 à 4 mètres de tour. Ses rameaux sont armés de fortes épines et se couvrent en juin de fleurs blanches formant des grappes innombrables. Son bois est fort dur et pesant, jaune veiné, au grain fin et serré, résistant très-bien à la pourriture, se coupant facilement au rabot et susceptible de recevoir un beau poli. Cet arbre est, du reste, peu délicat quant au choix du sol, mais il préfère néanmoins les sols sableux.

Le *platane d'Occident* fut importé en Europe de l'Amérique du Nord en 1640. Il figure dans les plantations en avenues ou en bordures. Il s'élève jusqu'à 36 mètres ; son bois, d'un tissu serré, est assez semblable à celui du hêtre. Il veut un sol substantiel et humide. Le voisinage des eaux courantes lui est favorable.

L'*érable champêtre* atteint jusqu'à 8 ou 10 mètres. L'écorce de sa tige est dure et crevassée ; son bois est également dur, d'un grain homogène, blanc ou jaune, et susceptible d'un beau poli. — Sols légers. — L'*érable sycomore* est plus beau comme port et comme feuillage ; son bois est d'un blanc marbré, à tissu serré, polissable. Les charrons, les tourneurs, les sculpteurs, les facteurs d'instruments de musique et surtout de violons en font un grand usage. On l'emploie aussi pour les crosses de fusil. L'*érable plane* (*fig.* 312) ne monte qu'à 20 mètres; son bois est moiré et grisâtre.

Le *charme* ne mérite pas une moindre mention. Sa hauteur varie de 14 à 18 mètres. Son bois ne doit être utilisé que très-sec, pour éviter le retrait qu'il éprouve en perdant son humidité. Il est excellent pour les pièces de charronnage qui exigent de la force et vient assez bien dans tous les terrains, bien qu'il préfère ceux qui sont légers et un peu frais.

Comme bois, mentionnons encore l'*alisier*, le *sorbier domestique*, le *micocoulier de Provence*, le *cornouillier mâle*, le *noisetier commun* (*fig.* 563) ou *coudrier*, le *sureau noir*.

Passons aux bois mous. C'est d'abord le *tilleul de Hollande*, qui dépasse 20 mètres. — Bois blanc, assez léger, mais peu sujet à la vermoulure. — Menuisiers, layetiers, sculpteurs, tourneurs en font un usage fréquent. —Sol léger, substantiel et profond.— C'est ensuite le *peuplier blanc* (*fig.* 33) *de Hollande* ou *ypreau*, montant à 35 mètres et acquérant 4 mètres de tour. — Bois blanc, léger et homogène, susceptible de poli, mais médiocrement solide. — Il sert pour la carcasse des meubles que l'on plaque en acajou, ou bien pour chauffer les fours des boulangers. Il pousse très-vite dans les sols légers suffisamment humides et se reproduit par marcottes et par boutures. Le *peuplier de Virginie* ou *peuplier suisse*, analogue au précédent, s'accommode de terrains moins humides. Le *peuplier du Canada* est plus petit mais pousse plus vite. Le *peuplier d'Italie* ou *peuplier pyramidal* atteint une hauteur aussi considérable que ceux de Hollande et de Virginie. Son bois est de moins bonne qualité que celui des espèces précédentes. Il sert surtout pour faire des feuillettes, des couvertures d'ardoises et des caisses d'emballage.

L'*aune* (20 mètres de hauteur) a un bois rougeâtre ; on l'emploie en conduites d'eaux, pieux de pilotis, etc. On l'utilise, en le revêtant de noir, pour les gaules, échalas, sabots et autres ouvrages d'ébénisterie commune. C'est l'un des arbres les plus aquatiques d'Europe. Les marécages, trop humides pour le saule et le peuplier, lui conviennent.

Autres espèces de bois mous : *peuplier tremble*, *peuplier noir* (*fig.* 32), *bouleau blanc* et *saule*.

Les *arbres à feuilles persistantes* se classent en *résineux* et *non résineux*. Au premier rang des résineux, nous avons le *cèdre du Liban* (*fig.* 320), l'un des plus beaux ; ses branches s'étendent horizontalement à 14 mètres, et il croît chez nous jusqu'à 35 mètres de hauteur et 10 de circonférence. — Sols légers et suffisamment frais.

Vient ensuite le *mélèze d'Europe* (*fig.* 112), l'un des rares arbres résineux qui perdent leurs feuilles l'hiver (40 mètres de haut sur 2 de tour). Bois incorruptible, tantôt blanc et tantôt coloré en rouge, fort estimé pour la charpente. On en extrait de la *résine*, en incisant la base du tronc. C'est encore lui qui fournit la *manne de Briançon*, substance qui suinte des jeunes branches pendant la nuit et se concrète le jour en petits grains blancs. (Sol léger, assez humide.)

Les *pins sylvestre* (*fig.* 15), d'*Écosse*, de *Riga*, de

Russie, de *Genève*, d'*Haguenau*, *à mâture*, sont une
seule et même espèce, modifiée par le milieu où elle

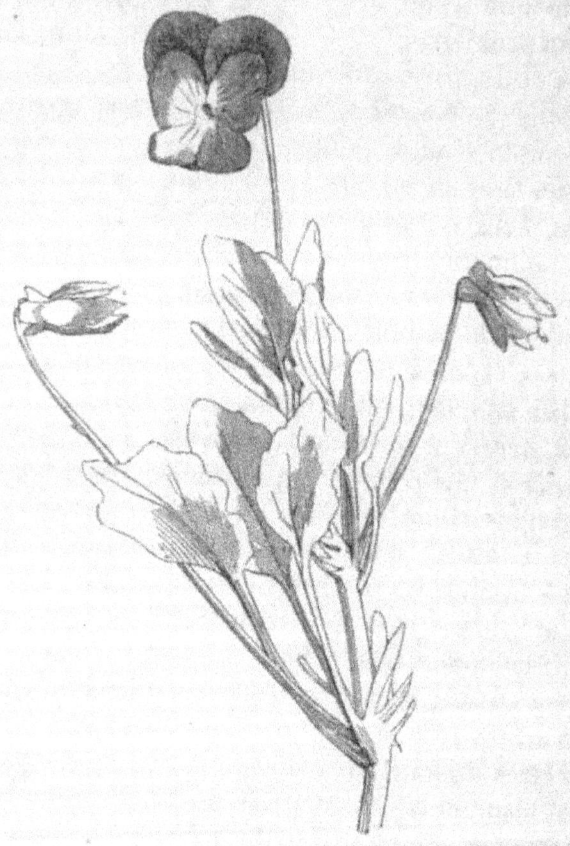

Fig. 540. — Pensée.

se développe (25 à 30 mètres de haut). C'est un des
bois les plus précieux pour les constructions navales
de toutes sortes. On en consomme une quantité con-

sidérable pour la charpente et la menuiserie sous le nom de *bois du Nord*, expédiés de Norwége en France le plus généralement. Le pin sylvestre de France est de moins bonne qualité et moins dur, mais il permet d'utiliser les sols les plus arides, sableux ou calcaires, dans lesquels il donne des produits passables.

Le *pin maritime* (*fig.* 14) ou *pin de Bordeaux* a le tronc plus gros, mais moins bien filé ; il est, en outre, moins élevé et de moins bonne qualité, ce qui le rend peu propre à la mâture. On l'emploie pour la charpente et le chauffage, et il fournit une grande quantité de résine. Ses cônes volumineux servent de combustible. Cet arbre redoute le froid un peu rigoureux et succombe à la gelée au nord de Paris. Quant au *pin laricio* (*fig.* 17), *pin de Corse* ou *pin noir d'Autriche*, il est non moins droit que le pin sylvestre, mais plus gros et plus élevé, malheureusement d'un bois mou, ce qui le rend inutilisable pour la mâture. Le *sapin commun* ou de *Normandie* est un très-bel arbre, droit comme une flèche et à branches étagées horizontalement (50 mètres de haut). — Bois très-léger et le plus vibrant de tous, ce qui le fait rechercher pour la fabrication des instruments à cordes. — A un certain âge, sous l'épiderme de sa tige, se forment de grosses ampoules pleines de *térébenthine*. On la recueille et on vend ce produit sous le nom de *térébenthine de Strasbourg*. Quant au *sapin épicea*, c'est un arbre pyramidal, très-droit, de 20 à 26 mètres de haut, dont les branches, d'abord horizontales, finissent par s'incliner ensuite vers le sol. Même qualité de bois que pour le précédent. Sa résine est connue sous le nom de *poix de Bourgogne*. Tous ces arbres résineux se multiplient par les semis, sauf le *laricio*, que l'on greffe assez avantageusement sur le sylvestre au moyen de la greffe herbacée.

Quant aux arbres à feuilles persistantes non résineux, ils comprennent le *chêne yeuse*, le *chêne liége*, le *houx* (*fig.* 324) et le *buis commun*.

On peut cultiver ces différentes espèces d'arbres sous forme de *plantations d'alignement*. Il y a lieu, dans ce cas, de préparer le sol de manière à diviser

Fig. 541. — Coupe verticale d'un trou préparé pour la plantation des arbres d'alignement.

la terre qui entoure les racines et même de la rendre meilleure que le reste du sol. On creuse, à cet effet, des *trous circulaires* (*fig.* 541 et 542), plus larges que profonds, les racines se dirigeant plutôt horizontalement que verticalement. Une largeur d'un mètre dans un bon terrain et de 2 mètres dans un mauvais, telle doit être la règle. — 80 centimètres de profondeur dans les sols secs et 35 dans les autres. — Ces trous doivent être pratiqués quelques mois à l'avance, afin d'aérer convenablement le sol tout entier. Il y a une distance à réserver entre les plants, variable suivant les espèces (4 m. pour le peuplier d'Italie, 8 pour le

Fig. 542. — Coupe verticale d'un trou après la plantation des arbres d'alignement.

chêne rouvre, 7 pour le tilleul), à moins qu'on ne plante sur deux lignes ; dans ce dernier cas, l'intervalle doit être augmenté de 1 m., 1 m. 50 ou même de 2 mètres, et ainsi de suite, au fur et à mesure qu'on multiplie les lignes. Pour les futaies, on procède de même. Quant au choix des arbres, il dépend du but que l'on poursuit, du climat et du sol.

L'époque la plus favorable à la plantation est le moment du repos de la végétation, entre la chute des feuilles et l'apparition des bourgeons. Avant de mettre les arbres en terre, on les habille, c'est-à-dire qu'on coupe avec un instrument bien tranchant l'extrémité des racines rompues lors de la déplantation. Enfin, si l'on veut obtenir des troncs aussi longs et aussi gros que possible, sans ces nœuds volumineux souvent cariés qui diminuent la valeur de l'arbre, il faut commencer à élaguer au bout de 4 à 5 ans (*fig.* 543), pendant le repos de la végétation, les ramifications de la base. Si un rameau tendait à se développer extraordinairement, de manière à nuire à l'allongement de l'arbre, on ferait bien d'en diminuer la vigueur en en retranchant la moitié. On élaguerait d'autant moins que l'arbre serait plus avancé en âge.

Fig. 543. — Jeune arbre forestier 5 ans après sa plantation.

La culture des *bois* et *forêts* diffère de celle des plantations en ce que la régénération s'effectue au moyen des graines mêmes, répandues par les arbres sur le sol. On partage les *forêts* en deux grandes divisions : les *taillis*, que l'on coupe assez jeunes et qui repoussent de leurs souches, et les *bois de haut jet*, exploités seulement dans un âge très-avancé et se reformant par un semis naturel ou par des plantations. On préfère le semis pour convertir en bois de grandes surfaces de terrain, ce procédé étant généralement moins coûteux. Il y a lieu d'approprier les espèces choisies à la nature du sol et aux besoins de la consommation locale. Il est avantageux de les semer dans une terre nouvellement remuée et convenablement préparée; si elle est exempte de racines et de pierres, on fera bien de la retourner à la charrue, procédé prompt et économique; sinon, on emploiera la houe ou la pioche, en procédant par bandes alternatives d'un mètre de largeur. En général, les semis effectués sur des terrains découverts ont besoin d'être abrités pendant leur première jeunesse des rayons du soleil en été, et des vents glacés en hiver. On plante, à cet effet, sur le terrain ensemencé une certaine quantité de jeunes bois blancs à végétation prompte (tremble, bouleau, etc.), ou bien encore on mêle aux semences du bois une demi-semence de céréales, dont on ne coupe le chaume qu'à une demi-hauteur. Les semis ont ainsi un abri, et une partie des frais de l'ensemencement du bois est couverte par ce produit.

Quand il ne s'agit pas de grandes surfaces, la plantation est préférable au semis; le succès est plus sûr et plus prompt. Exceptons toutefois les arbres résineux. Mais ce système est plus cher. On tire, à cet effet, le plant des pépinières à l'âge de trois ans. Il reprend mieux que celui arraché dans les bois. On dispose les rangées d'arbres à 1^m 50 les unes des autres pour un taillis. Pour les hautes futaies, ce serait trop rapproché. On plante alors une ligne sur deux en *saule-marseau*. Poussant rapidement, il sert d'abri aux arbres à bois dur, comme le chêne, placés dans l'intervalle ; ceux-ci souffriraient si, s'élevant beaucoup plus que le *marseau*, ils n'étouffaient ce dernier et ne le faisaient disparaître. Sur les terrains plats, les lignes de plantation doivent être dirigées de l'est à l'ouest, les jeunes arbres s'abritant alors mutuellement des ardeurs du soleil ; sur une pente, ces mêmes lignes doivent être disposées perpendiculairement à celle-ci pour empêcher l'eau de pluie d'entraîner la terre remuée.

Les jeunes plantations veulent deux binages chacune les deux premières années, afin de détruire les plantes nuisibles et d'atténuer les effets de la sécheresse du sol. Il faut, en outre, remplir les vides, au fur et à mesure qu'ils se produisent, pour les jeunes plants qui ne reprennent point. Afin que les arbres ne se nuisent pas, vers la dixième année il est bon de commencer une éclaircie, répétée périodiquement jusque vers 60 ans, de manière que les arbres couvrent complétement de leur tête la surface du sol. Ce même système d'éclaircie doit être appliqué aux taillis, afin d'accroître la vigueur des brins, en ayant soin d'enlever avec soin les ronces, les épines et les bois de mauvaise qualité, qui épuisent inutilement la terre. Par là, on arrive à augmenter d'un tiers la valeur de ces taillis.

L'exploitation des arbres d'alignement ne présente guère d'intérêt au point de vue agricole. Son but est d'assainir, d'orner, de donner de l'ombre. Mais, pour les bois de haut jet, il n'en est pas ainsi. On commence par enlever environ le tiers des arbres, en les choisissant de manière à rendre l'éclaircie aussi régulière que possible, afin de permettre aux semis naturellement effectués de se développer. Trois ou quatre ans après, on abat un second tiers des arbres; et enfin, dix ans après la première exploitation, on coupe le dernier tiers, alors que les jeunes arbres commencent à couvrir le sol et à pouvoir se défendre de l'ardeur du soleil.

Aménager un taillis, c'est déterminer l'âge auquel il convient de l'exploiter et de le partager en autant de carrés que l'aménagement compte d'années, de manière à en tirer chaque fois un produit à peu près égal. Cet âge varie entre 10 et 30 ans, selon le terrain, les espèces d'arbres, les besoins de la consommation locale. On abat les arbres et plantations en creusant le sol tout autour de l'arbre et en coupant les racines. Dans une forêt, cette manière de faire pourrait nuire aux jeunes plants. On scie l'arbre à la base du tronc, ou bien on l'entaille avec une *cognée* et on l'achève avec des coins.

Dans les taillis, on laisse généralement subsister les pins les plus beaux, de manière que l'ombre de leur tête ne couvre que le seizième de la superficie du terrain. Ces baliveaux préservent les jeunes arbres du soleil et répandent des semences pouvant contribuer à la régénération du taillis. La coupe des bois ne doit se faire que pendant l'arrêt de la végétation, d'octobre à mars; le reste de l'année, les tissus des arbres sont remplis de fluides non élaborés, qui exposent bien plus le bois, abattu à cette époque, aux attaques des insectes et aux influences destructives de l'air.

Des arbres forestiers passons aux arbres non moins intéressants du potager. On peut les partager en trois groupes : ceux *à fruits de table* ou *fruits à couteau*, ceux *à fruits propres aux boissons fermentées* et ceux *à fruits oléagineux*.

Les arbres à fruits de table se cultivent quelquefois dans le même espace que les légumes et quelquefois aussi dans un terrain spécial ou enfin dans un espace clos, consacré en même temps au pâturage. Dans le premier cas, on a un *potager fruitier* ; dans le second, un *jardin fruitier* ; dans le troisième, un *verger* ; et enfin, quand dans cet espace clos on cultive des céréales ou d'autres plantes, il prend le nom de *verger agreste*.

Le potager-fruitier est rarement avantageux, les légumes et les arbres se nuisant mutuellement. Quant au jardin fruitier, il ne renferme ordinairement que des arbres en espalier, en pyramide, en vase ; on n'y cultive point d'arbres à haut vent. Il doit fournir des fruits toute l'année, s'il est bien aménagé. Il y a lieu de choisir un sol de consistance moyenne, sablo-argileux, par exemple, d'au moins 1ᵐ 50 de profondeur, et dont la pente soit exposée au sud ou à l'est. Si, par hasard, elle était dirigée au nord ou à l'ouest, on s'efforcerait d'améliorer cet emplacement par des plantations d'arbres résineux disposées en lignes, en forme d'abri. Le pied d'une colline, un vallon sec, une plaine abritée seraient on ne peut mieux adaptés à cet emploi. Comme *clôtures*, il n'y en a pas de meilleures que des *murs*, servant à recevoir les arbres disposés en espalier et abritant le terrain efficacement enclos. On donne au jardin la forme d'un quadrilatère, de manière que les quatre murs soient exposés au nord-est, nord-ouest, sud-est et sud-ouest. On évite ainsi les expositions nord et sud proprement dites, qui pourraient être excessives, chacune dans son sens. On subdivise le jardin fruitier au moyen de murs perpendiculaires à sa longueur. On multiplie ainsi la surface des espaliers, et le terrain se trouve mieux abrité. Ces murs doivent avoir 3 à 4 mètres de haut et être recouverts d'un *chaperon* saillant d'environ 10 centimètres. Reste à *palisser* les arbres, c'est-à-dire à fixer leurs branches contre les

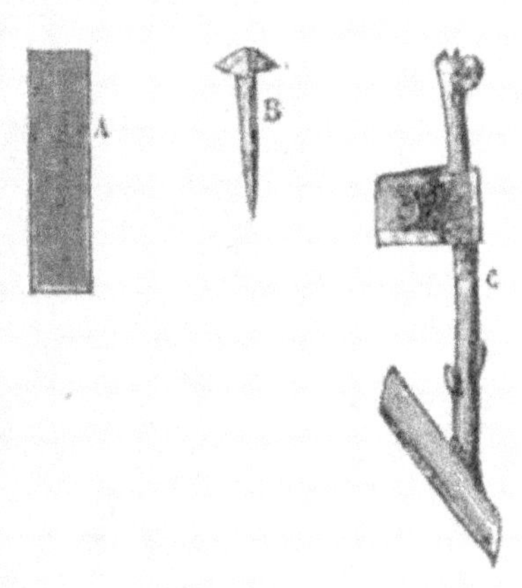

Fig. 544. — Palissade à la loque. A chiffon de laine, B clou, C rameau.

murs. On *palisse à la loque* (*fig.* 544) et l'on *palisse sur treillage*. Le premier de ces systèmes consiste à faire usage de fragments d'étoffe de laine, à les plier en deux et à prendre le rameau dans la boucle ainsi formée. On les attache alors contre le mur avec un clou. C'est le meilleur moyen de palissage.

Il nécessite qu'on ait recouvert le mur d'une couche de plâtre d'au moins 2 centimètres, dans laquelle on puisse enfoncer les clous. Dans les localités humides, le plâtre ne présente pas assez de solidité; alors on palisse sur treillage. On dispose le long des murs des treillages en bois, dont les carrés, qu'on appelle des *maillons*, ont 20 centimètres sur 25. On préfère toutefois le treillage en fil de fer pour le pêcher, présentant des carrés de 8 centimètres au plus.

Le long de chaque mur sont disposées des plates-bandes de 2 mètres, bordées de chemins de 3 mètres de large. Puis le reste de l'espace se divise en plates-bandes de 1^m 50, séparées par des chemins ayant 1 mètre de large. On laisse au milieu une place pour un réservoir d'eau.

Pour que le rendement en fruits se maintienne toute l'année, il y a lieu de choisir avec soin les différentes variétés à planter. Ainsi, pour un jardin de 120 arbres, on en choisit 10 donnant du fruit en juin, 10 en juillet, 10 en août et ainsi de suite jusqu'en mai. Exemples :

Pour juin et juillet, le *poirier Amiré Johannet*, ou *Petit-Saint-Jean*, *l'abricotier précoce*, le *cerisier Belle de Châlenay*.

— juillet et août, le *poirier de Madeleine* ou *citron des Carmes*, le *pêcher pourpré hâtif*, le *prunier de reine Claude à gros fruit*.

— août et septembre, le *poirier beurré d'Amanlis*, le *pommier Calville rouge d'été*.

— septembre et octobre, le *poirier Urbanist*, le *pommier Reinette d'été* et le *pêcher Brugnon gros violet hâtif*.

— octobre et novembre, le *poirier beurré gris*, le *pêcher téton de Vénus*, la *vigne de chasselas noir*.

Pour novembre et décembre, le *poirier beurré des trois Tours*, le *pommier belle Joséphine*.

— décembre et janvier, le *poirier duchesse de Mars* ou *doyenné d'hiver*, les *pommiers Reinette blanche et grise du Canada*.

— janvier et février, le *bon Chrétien de Rance* et le *pommier Calville blanc* ou *Reinette franche à côtes*.

— février, mars, avril et mai, mêmes espèces.

— mai et juin, *doyenné d'hiver*, *Calville blanc* et *cerisier d'Angleterre hâtif*.

Les *framboisiers* (*fig.* 545) et les *groseilliers* (*fig.* 535) se placent dans une plate-bande spéciale. On choisit de préférence le *framboisier du Chili à très-gros fruit rouge* ou à *fruit blanc* et le *groseillier à grappes cerises* ou à *gros fruit blanc*, ou encore le *groseillier épineux à gros fruit*. Mentionnons enfin le *fraisier* (*fig.* 465), dont le plus commun est le *fraisier des bois*; mais on en distingue d'autres variétés jardinières: le *fraisier étoilé* ou *craquelin*, le *fraisier capronnier*, le *fraisier écarlate*, le *fraisier ananas* et le *fraisier Chilien*. La fraise

Fig. 545. — Framboisier.

des bois ne donne de produit qu'une fois dans l'année ; aussi l'a-t-on remplacée par la *fraise de Montreuil*, grosse et productive , et surtout par celle *des Alpes, des quatre*

Fig. 546. — Fraisier.

saisons ou *de tous les mois*. La *fraise ananas* ne vient qu'au second rang, après celle-ci. Il faut au fraisier un sol riche et substantiel, siliceux, plutôt léger que compacte. Mais laissons ces fruits pour revenir aux arbres. On les plante tout greffés, ou bien on les greffe à demeure. On préfère généralement cette manière de procéder. On évite ainsi de planter des variétés médiocres ou trop souvent répétées. Ces jeunes arbres doivent avoir environ un an. On les plante à l'automne dans les sols secs, et au printemps dans les sols compactes et humides ; on répand de l'engrais sur la plate-bande avant les plantations, et on le mélange avec le sol au moyen d'un labour. Quant au sujet à choisir pour lui faire porter la greffe, cela dépend de la terre. On peut greffer le *poirier* sur le *poirier franc* ou sur le *cognassier*. On emploie le premier système pour greffer les arbres à haute tige, et le second pour les autres. Cependant quelques variétés peu vigoureuses doivent toujours être greffées sur le poirier : la *Madeleine*, l'*Épargne*, l'*Urbanist*, le *beurré gris*, la *duchesse de Mars*, la *Louise Bonne d'A-vranche*, le *Grésillier*, le *beurré Capiaumont*, le *doyenné gris*, le *beurré passe Colmar*, le *Bergamotte de la Pentecôte*.

Le pommier peut être greffé ou sur le *pommier franc* ou sur le *doucin* ou sur le *pommier de paradis*. On emploie la première manière pour les arbres à haute tige, la seconde pour ceux à basse tige, en vase, pyramide ou espalier, et la dernière pour les arbres nains.

On greffe le pêcher surtout sur l'*amandier*, et aussi sur le *prunier*, planté dans les sols humides ; le *cerisier* sur le *merisier*, pour les hautes tiges, et sur le *prunier de Sainte-Lucie* ou *Mahaleb* ; enfin l'*abricotier* et le *prunier* toujours sur le *prunier*.

Certaines variétés, pour mûrir convenablement, exigent un mur d'espalier ; d'autres, au contraire, veulent le plein vent, d'autres enfin s'accommodent de tout.

Quant à la distance des arbres entre eux, elle varie suivant les espèces; ainsi, dans un sol de fertilité moyenne, la distance entre les poiriers ou les pommiers varie de 3 à 12 mètres, selon la forme en tête ou pyramidale; entre les pruniers, de 3 à 6; entre les cerisiers ou les abricotiers, de 3 à 8; les groseilliers, de 1ᵐ 50 à 2ᵐ 50; les framboisiers 1 mètre, les noisetiers de 3 à 4. Voilà pour les arbres en plein vent. En espalier, ces distances se modifient un peu, pour les groseilliers par exemple

Fig. 547. — Pêcher taillé en éventail avec les branches convergentes.

(de 2 à 4 mètres) et les abricotiers (de 3 à 4). Entre les pêchers, il faut de 4ᵐ 50 à 8 mètres; entre les vignes, 0ᵐ 80 si elles sont plantées d'après la méthode de Thomery, et 5 mètres si on les dispose sur un seul cordon.

On peut tailler les arbres fruitiers de manière à leur donner une forme en rapport avec la place qu'on veut leur faire occuper. « La vigueur d'un arbre soumis à « la taille dépend en grande partie de l'égale répartition « de la séve dans toutes ses branches (1). » Les formes

(1) Du Breuil, article *Jardin fruitier* dans les *Cent Traités*.

qu'on lui impose contrarient plus ou moins la direction normale que prendrait la séve pour donner au plant sa forme propre. Celle-ci tend à se porter de préférence vers le sommet, et les rameaux de la base deviennent bientôt languissants. Il faut, pour contrarier la séve dans la tendance qu'elle a à se porter abondamment dans certaines directions, l'exciter à se diriger vers d'autres.

Il existe, pour maintenir l'équilibre dans la végétation, quelques principes qu'on peut appliquer successivement et formuler de la manière suivante :

Tailler très-courts les rameaux de la partie forte et tailler très-longs ceux de la partie faible.

Laisser sur la partie forte le plus grand nombre de fruits possible et les supprimer tous sur la partie faible.

Incliner l'une et redresser l'autre.

Supprimer le plus tôt possible sur la première les bourgeons inutiles et le plus tard possible sur la seconde, la force d'un rameau étant en proportion du nombre de ses feuilles.

Supprimer de très-bonne heure l'extrémité herbacée des bourgeons de la partie forte et le plus tard possible sur la faible, en y soumettant seulement les quelques bourgeons trop vigoureux qui, dans tous les cas, devraient subir cette opération en raison de la position qu'ils occupent.

Palisser très-près du treillage et de très-bonne heure les bourgeons de la partie forte, et très-tard ceux de la partie faible.

*Éloigner le côté faible du mur et y maintenir appli-
qué le côté fort.*

*Couvrir le côté fort de manière à le priver de lu-
mière.*

Pour obtenir des rameaux à bois, il faut tailler
court, en vertu de cet autre principe voulant que
« la séve développe des bourgeons beaucoup plus vi-
« goureux sur un rameau taillé court que sur un ra-
« meau taillé long. » Aussi rend-on la vigueur à un
arbre en le taillant court. La séve, tendant toujours,
d'autre part, à affluer à l'extrémité des rameaux,
fait développer le bouton terminal avec plus de vigueur que les boutons latéraux. Pour obtenir un prolongement de branche, on n'a donc qu'à tailler tout
ce qui se trouve au delà. Veut-on sacrifier les rameaux aux fleurs, il est reconnu que « plus la séve
est entravée dans sa circulation, et plus elle produit de
boutons à fleur. » Si l'on veut obtenir des rameaux,
au contraire, il n'y a qu'à rétablir cette libre circulation, en inclinant les branches ou bien en y pratiquant
une incision annulaire. Il est également reconnu que
« les feuilles servent à préparer la séve des racines
« pour la nourriture de l'arbre, et concourent à la for-
« mation des boutons sur les rameaux. Tout arbre qui
« en est privé est exposé à périr. » Il ne faut donc pas
trop l'effeuiller sous prétexte de placer les fruits au
soleil ; il ne donnerait, l'année suivante, qu'une végétation languissante.

Dès que les ramifications atteignent l'âge de deux
ans, les boutons qui n'ont pas fait leur évolution
à cette époque ne se développent que sous l'influence
d'une taille très-courte ; chez le pêcher, ils résistent

presque toujours à cette opération. On doit donc tailler de manière à déterminer le développement de

Fig. 548. — Pêchers soumis à la taille en forme de cordon oblique.

ces boutons sur les prolongements successifs des branches.

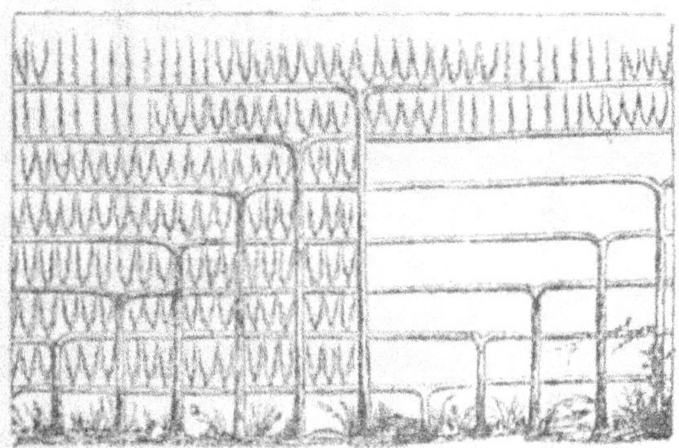

Fig. 549. — Vignes soumises à la taille en forme de cordon horizontal à Thomery.

Il existe plus de cinquante formes différentes à suivre pour la taille des arbres fruitiers. Pour ceux en espalier, *la forme en éventail à branches convergentes* (*fig*. 547), celle en *palmette à branches croisées*, celle en *cordon oblique* et celle en *cordon horizontal de Thomery* conviennent parfaitement. Leur caractère général est de présenter dans l'ensemble un carré ou un rectangle, pour que toute la surface du mur soit occupée par

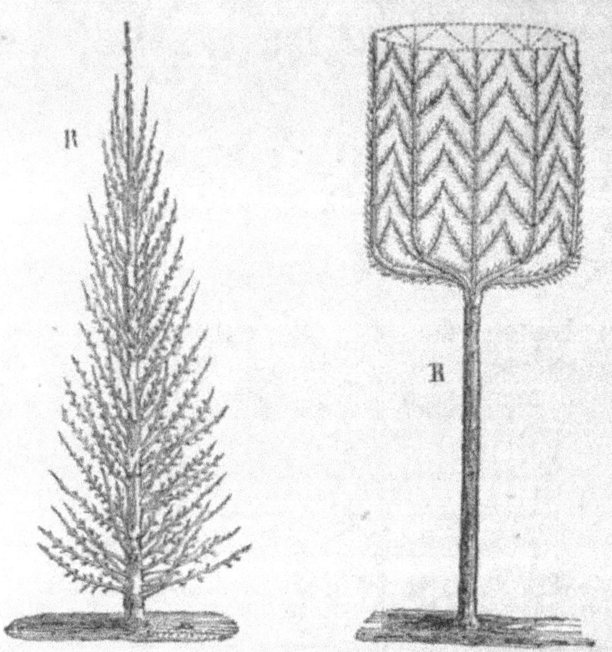

Fig. 550. — Poirier soumis à la taille en forme de pyramide.

Fig. 551. — Abricotier soumis à la forme de vase à haute tige.

l'arbre, sans perte d'espace. En outre, les ramifications sont parfaitement symétriques, de manière à ne pas être plus favorisées les unes que les autres par la circulation de la séve. La forme oblique (*fig*. 548) n'est guère usitée que pour le pêcher, et la forme de Thomery pour la vigne (*fig*. 549).

Aux arbres en plein vent, trois formes conviennent plus particulièrement : la *forme pyramidale* (fig. 550) *proprement dite*, la *forme en vase ou gobelet à haute tige* (fig. 551), et la *forme en vase ou gobelet à branches croisées*. La première est la meilleure, la plus naturelle; l'arbre vit longtemps, en donnant des produits abondants. La seconde convient aux arbres fruitiers à haute tige, surtout à ceux à noyaux ; mais la troisième donne es produits les plus abondants, et on doit la préférer

Fig. 552. — Abri pour les espaliers.

à toute autre, quand la place dont on dispose le permet.

Il faut donner un labour au jardin fruitier après la taille. Mais ce qui importe surtout, c'est de préserver les arbres de la gelée. On essaye de le faire au moyen de certains abris formés de paillassons (fig. 552).

L'époque de la maturité varie beaucoup. Les *fruits à noyau* et ceux à *pepins d'été* ou *d'automne* veulent être cueillis 4 ou 5 jours avant la maturité. Le point de maturité est indiqué par le changement de couleur de la partie opposée au soleil, qui commence à passer du vert au jaune. Les *fruits à pepins ne mûrissant qu'en hiver* doivent être cueillis le plus tard possible, 8 ou 10 jours avant l'arrêt de la végétation et l'apparition des gelées. Ceux en *baie,* comme le raisin et la groseille, peuvent attendre la maturité complète ; ceux à noyau (*nuculaires*) et ceux à *capsule* (noisette, châtaigne) ne doivent être récoltés qu'au moment où d'eux-mêmes ils se détachent de l'arbre. Il faut faire la cueillette par un temps sec et un ciel découvert, entre midi et quatre heures. On les prend un à un, à la main, sans exercer aucune pression, pour ne pas déterminer de tache brune ni de pourriture.

Passons maintenant aux arbres dont les *fruits sont propres aux boissons fermentées*, comme la *vigne*, dont nous reparlerons plus loin, et les arbres à fruits employés pour le cidre, le *pommier* et le *poirier*. Le pommier préfère les sols sablo-argileux quelque peu graveleux, et le poirier un sol argilo-sableux substantiel et surtout profond. C'est dans les pâturages et dans les terres labourées que ces plantations se trouvent le mieux placées. On les abrite par des bordures de haut jet contre les vents violents et froids. On choisit des variétés à fruits abondants, de bonne qualité et de forme pyramidale. Tels sont les pommiers précoces, à fruits amers : *blanc mollet* et *Girard*, précoces et à fruits doux : *doux à l'aiguel* et *rouge bruyère*, précoces et à fruits acides : *bonne ente* et *fleur de mai* ; les pommiers de seconde saison (mûrissant en octobre) : *petit ameret, gros amer doux, doux évèque, gros Bedangue* et *bonne sorte* ; enfin les tardifs : *grosse amère, bec d'âne,* peau de *vache tardive, marin Aufray, glane d'oignon.*

Parmi les poiriers, citons le *carisi rouge* et le *carisi blanc,* le *gros carisi,* le *saugier blanc,* le *saugier gris,* le *saugier petit,* le *moque friand rouge.*

C'est le pommier de troisième saison qui paraît

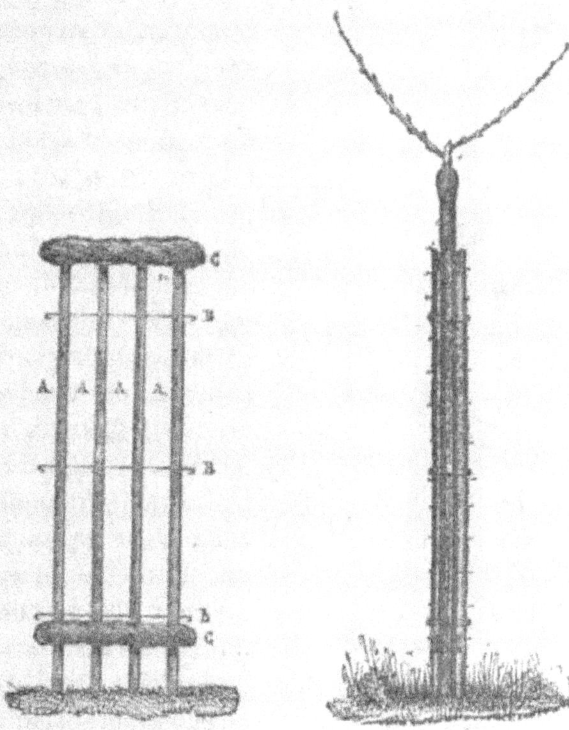

Fig. 553. — Armure Lelong
déployée.

Fig. 554. — Armure Lelong
placée autour d'une tige.

produire le meilleur cidre; mais il faut se garder d'y donner la préférence ; il vaut mieux partager la plantation entre les trois espèces. On les plante en *bordures,* en les espaçant de 14 à 16 mètres, ou en quinconces, en les espaçant de 10 à 15 mètres dans les pâturages, de 34 dans les terres labourées.

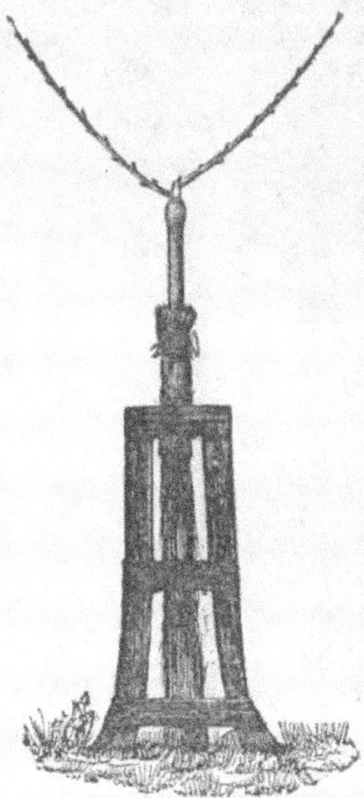

Fig. 565. — Armure contre le choc des instruments aratoires.

Les arbres ont besoin d'être défendus pendant leur jeunesse contre le bétail, contre le choc des instruments aratoires et contre l'ardeur du soleil. On les entoure donc d'*armures*. Contre le bétail, on prend des tringles de chêne A, reliées entre elles par des fils de fer B (*fig*. 553). On assujettit l'armure contre l'arbre au moyen de deux bourrelets de chanvre (*fig*. 553 et 554). Contre les instruments, comme le choc n'est à craindre que d'un côté, il suffit de deux pieux maintenus par six traverses, et on fixe le tout sur l'arbre en l'en séparant par une poignée de paille (*fig*. 555). On remplace cet appareil entre 7 et 10 ans, par une spirale de paille, que l'on maintient jusqu'à la quinzième année (*fig*. 556). Enfin, contre le soleil qui durcit l'écorce de la tige et fait obstacle au développement de l'arbre, on emploie une couche de chaux vive mêlée d'excréments de porc, étendue sur toute la tige.

Il faut élaguer de temps à autre pour maintenir la forme en vase ou en gobelet, de manière à permettre à la lumière de pénétrer jusqu'au centre des ra-

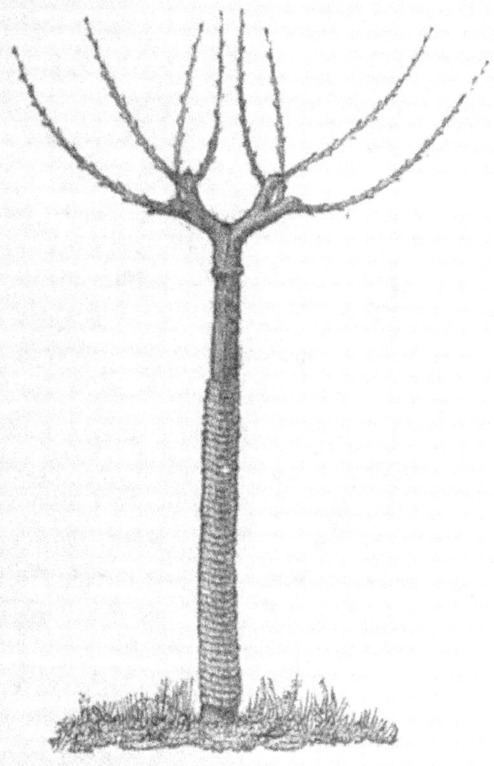

Fig. 556. — Armure contre le choc des instruments aratoires.

meaux, ou bien pour supprimer certaines branches inclinées vers le sol et qui nuisent aux récoltes. On emploie, à cet effet, une sorte de ciseau armé d'un crochet, qu'on appelle *ébranchoir à crochet* (*fig.* 557). Pour en faire usage, il faut frapper sur l'extrémité infé-

37.

rieure du manche avec un maillet en bois. La maturité se fait pour ces arbres entre septembre et la fin de novembre. On reconnaît qu'elle est à point à l'odeur agréable du fruit, à sa teinte jaunâtre, à sa chute spontanée, à la couleur foncée des pepins. On récolte par un temps sec, en montant dans les arbres et en les ébranlant fortement. On abat les fruits, qui ne tombent point seuls, avec une gaule munie d'un crochet à son sommet.

Les *arbres à fruits oléagineux* constituent la troisième catégorie d'arbres fruitiers. C'est le *noyer*, le *noisetier*, l'*amandier*, le *hêtre* et l'*olivier*. L'olivier est le plus important. Sa végétation caractérise une région climatérique spéciale. Il ne mûrit convenablement que dans l'extrême midi de la France, où il a été, du reste, importé par les Phocéens, lors de la fondation de Marseille. On cultive l'*olivier à petit fruit panaché*, l'*olivier à fruit blanc*, l'*olivier à petit fruit blanc*, l'*olivier pleureur*, l'*olivier à bec*, l'*olivier caillet blanc*, l'*olivier royal*, l'*olivier à fruit arrondi* et l'*olivier à fruit doux*.

Fig. 557.
Ébranchoir
à crochet.

L'olivier (*fig.* 108) vient dans tous les sols, pourvu qu'ils ne soient pas trop humides, mais il veut l'exposition la plus chaude. On le multiplie en semant les noyaux en pépinière. On transplante les jeunes plants dans la pépinière même, où on les greffe en pied par le procédé en écusson. Mêmes précautions, du reste, que pour les arbres à cidre, en les espaçant de 8 mètres. Il faut élaguer avec soin, afin que la tête de

l'arbre reste sans confusion et que la lumière puisse
pénétrer jusqu'au centre des rameaux, afin de faciliter la fructification. Sa végétation est, du reste, fort
lente. On attend longtemps ses premiers produits ; ce
n'est qu'à l'âge de 30 ans qu'ils deviennent importants. La maturité des olives est terminée à la
fin de novembre. C'est
le moment de les ré-
colter, si on veut en
retirer l'huile. Pour les
faire confire, il faut les
recueillir plus tôt, au
commencement d'oc-
tobre, par exemple. On
détache les fruits à la
main, ou en frappant les
branches avec des gau-
les légères. Le premier
procédé est à préférer,
parce qu'il ne mutile
pas les arbres. Le prix
moyen de l'hectolitre
d'olives est de 20 fr. 13 ;
il en faut 7 hectol. 83
pour produire un hec-

Fig. 558. — Noyer commun.

tolitre d'huile, au prix moyen de 155 francs. Il était
de 117 en 1852.

Le *noyer* (*fig*. 558) est un arbre souvent élevé et d'un
port élégant, dont les feuilles, quand on les froisse, ont
une odeur forte et aromatique. Le *noyer cultivé* atteint 15
à 20 mètres de haut ; il a été importé en Europe de Perse

et d'Asie-Mineure, où il croît spontanément, en passant par la Grèce. On emploie encore comme ornement le *noyer à feuilles laciniées*.

Le bois de cet arbre est compacte et serré, et il est le meilleur quand il provient d'arbres plantés dans des terres pierreuses et médiocres, sur le flanc des coteaux. Les terres grasses ne donnent que des bois de mauvaise qualité. On l'utilise pour les montures de fusils. En 1806, les manufactures d'armes employèrent dans ce but 12,000 gros noyers. Dans la Haute-Vienne, on en consomme par an 4,000 pour faire des sabots, à raison de 60 par arbre. Par incision, les Tartares retirent du bois une séve contenant du sucre cristallisé. L'écorce du noyer peut servir à la teinture en noir. On distingue le *noyer à très-gros fruit*, le *noyer à gros fruit long*, le *noyer à coque tendre*, dont la noix allongée est souvent percée au sommet par les mésanges et produit beaucoup d'huile, le *noyer tardif de la Saint-Jean*, qui échappe à l'action des gelées, souvent si funestes aux autres espèces, le *noyer à petit fruit* ou *noyer noisette* et le *noyer fertile*, très-remarquable par la précocité de sa fructification et se couvrant de fruits dès la troisième année de semence. L'action des gelées d'hiver ou tardives de printemps fait que la culture du noyer ne peut se répandre que dans le centre et le midi de la France. Le sol lui est indifférent, pourvu qu'il soit profond, de consistance moyenne, un peu calcaire et incliné. On n'obtient guère un rendement passable qu'à l'âge de 20 ans ; à 60, il donne le maximum de récolte, qui peut s'élever alors à 80 litres de noix par arbre. Ces fruits atteignent leur maturité entre le milieu de septembre et la fin d'octobre, selon que les variétés sont plus ou moins précoces.

Pour extraire de la noix l'huile qu'elle renferme, on ne la prend pas immédiatement après la cueillette. Elle renferme une matière émulsive que la dessiccation peut seule transformer en huile. On la débarrasse de son brou, puis, au commencement de l'hiver, on livre les amandes au moulin, après les avoir soigneusement épluchées et en avoir retiré toutes celles qui sont noircies. L'hectolitre de noix, d'après M. de Gasparin, pèse 67 kilogr. 50 ; il en donne 30 d'amandes épluchées et 16 d'huile. L'hectolitre de noix se vendait, en 1862, 12 fr. 06, et il fallait 10 hectol. 37 pour fournir 1 hectolitre d'huile, valant 137 francs. Cette huile se vendait 99 francs en 1852.

Le *noisetier commun (fig.* 563), habitant spontané de nos bois, produit la *noisette* que l'on mange fraîche ou sèche et dont on retire une grande quantité d'huile, excellente pour la table, la parfumerie et la peinture. Les tourteaux, résidus de cette extraction, sont de beaucoup préférables à ceux des amandes ordinaires pour la confection de la pâte d'amande. Le noisetier s'accommode de tous les climats de la France, mais redoute et la sécheresse et la compacité du sol. Il recherche les terrains légers et frais, bien découverts et exposés de préférence au nord ou au couchant.

L'*amandier*, une rosacée, est le nom générique de l'*amandier proprement dit* et du *pêcher*. L'*amandier commun* est originaire du Levant et réussit dans les sols légers et sablonneux. Il fut introduit dans le midi de la France en 1548. De l'espèce de l'*amandier commun* sont sortis les deux variétés de l'*amandier à amandes amères*, dont la graine est riche en acide prussique, et de l'*amandier à amandes douces*, qui donne l'*huile d'amandes douces*, dont on fait un si grand usage en pharmacie. Le bois de l'amandier est dur, bien coloré. Cet arbre se multiplie par semis ; mais il produit de plus beaux fruits quand il est greffé.

Le prix de l'hectolitre de ses amandes est de 16 fr. 83 et celui de l'hectolitre de faînes, de 12 fr. 41. Il faut 8 hectol. 70 des premières ou 9 hectol. 73 des secondes pour obtenir 1 hectolitre d'huile, valant respectivement 156 et 136 francs.

Nous ne reviendrons pas sur le *hêtre*. Nous en

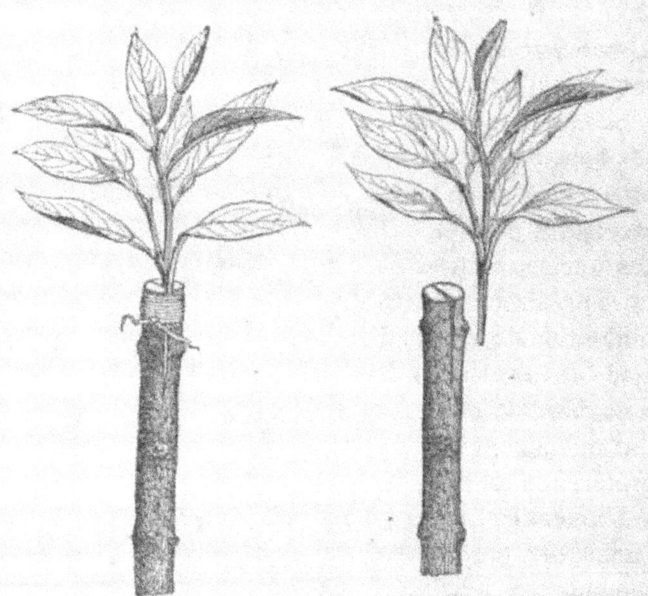

Fig. 559. — Greffe de l'oranger.

avons parlé suffisamment à propos des bois et forêts. Passons à l'*oranger*, qui forme, pour ainsi dire, dans la culture, une classe à part.

L'*oranger* (*fig.* 117) *à fruit amer* ou *bigaradier* fut importé de l'Inde en Europe, par les musulmans, à Séville, vers la fin du xiii° siècle. En 1336, il était déjà un objet de commerce pour la ville de Nice. L'*oranger à fruit doux* est indigène dans le midi de la Chine, aux îles Mariannes, etc. Le *citronnier* ou *cédratier* fut introduit, comme l'olivier, en Gaule par les Phocéens. Le *limonier* enfin croît spontanément dans l'Inde, au delà du Gange, d'où les Arabes le répandirent dans tous les pays placés sous leur domination, jusqu'en Sicile et en Italie. Ces arbres atteignent 8 à 9 mètres dans le midi de l'Europe. Ils sont l'objet d'une culture importante pour leurs feuilles, employées en infusion, ou pour leurs fleurs, dont on fait l'*eau de fleur d'oranger*, ou enfin pour leurs fruits qui servent à l'alimentation et dont on extrait des huiles essentielles et de l'acide citrique.

Fig. 560. — Limonier à grappes.

On classe les orangers dans cinq groupes :

1° Les *orangers à fruits doux*, cultivés pour leurs fleurs (*oranger franc* ou *orange douce* ou encore *oranger sauvage à fruit doux*, *oranger de la Chine*, *oranger à larges feuilles*, etc.).

2° Les *bigaradiers*, ayant les feuilles plus larges que les précédents (*bigaradier à fruit corniculé, bigaradier riche dépouillé, bigaradier à fruit sans pepins*, dont un individu a donné, par an, jusqu'à 200 kilogrammes de fleurs et 4,000 de fruits, *bigaradier Gallesio, bigaradier*

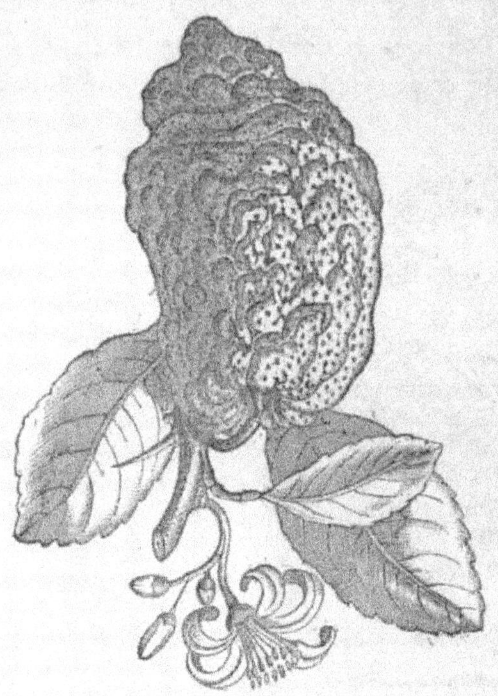

Fig. 561. — Cédratier à gros fruit.

à gros fruits, *bigaradier chinois* ou *grand chinois,* dont on confit les fruits).

3° Les *bergamotiers,* à fleurs blanches, ayant une odeur particulière, très-suave (*bergamotier ordinaire,* dont les fleurs et l'écorce des fruits donnent des huiles essentielles).

4° Les *limoniers* ou *citronniers*, cultivés pour l'huile essentielle de leur écorce et l'acide citrique que renferme si abondamment leur pulpe (*limonier bignette*, dont les fruits fermentent difficilement et sont préférés pour être expédiés au loin, *limonier Pouzin*, *limonier mellarose*, dont le suc acide est abondant et très-agréable, *limonier ordinaire*, *limonier à grappe* (*fig.* 560).

5° Les *cédratiers*, ayant les rameaux plus courts et plus raides que ceux des limoniers. Leurs fruits sont surtout utilisés confits (*cédratier ordinaire*, dont le fruit très-gros est d'un rouge pourpre avant de passer au jaune safran lorsqu'il est mûr, *cédratier à gros fruit* (*fig.* 561) ou *de Gênes*, dont les fruits pèsent jusqu'à 15 kilogrammes, ne venant, du reste, que dans les vallées étroites les plus chaudes des bords de la Méditerranée, et dans des sols que l'on puisse arroser l'été ; enfin le *cédratier de Florence*).

L'oranger, au delà de 42° de latitude, est détruit par la gelée. Il ne peut s'élever à plus de 400 mètres au-dessus du niveau de la mer. Ce sont les *limoniers et les cédratiers* qui exigent la plus haute température ; les *bergamotiers* viennent ensuite, les *orangers* et *bigaradiers*, en dernier. Ce n'est que dans quelques localités de la basse Provence, voisines de la mer et abritées par des coteaux des vents de N. O., que la France possède des cultures d'orangers en plein air, à Ollioules, Toulon, Hyères, au Canet, à Cannes, à Vence, Saint-Paul, Grasse, Antibes, Nice et dans certaines parties de la Corse et de l'Algérie.

L'oranger n'est pas difficile sur le choix de la terre. Il ne veut ni excès de sécheresse ni surcroît d'humidité. Les orangers proprement dits, les bigaradiers et les bergamotiers préfèrent les sols un peu argileux et compactes, tandis que les limoniers et les cédratiers acquièrent plus de force dans les terrains légers. Mais à tous il faut profondeur et irrigation.

Le *figuier* (*fig.* 562) appartient à peu près à la même zone que l'oranger. Fraîche ou desséchée, la figue joue un rôle important dans notre alimentation et fait l'objet d'un grand commerce dans le Nord. Un jeune bourgeon de figuier, au printemps, présente, à l'aisselle de chaque feuille, un petit bouton pointu, écailleux ; tout auprès se trouve le plus souvent un autre bouton également écailleux, mais plus volumineux, de forme arrondie et déprimée. C'est le rudiment des fleurs ou des jeunes figues. Ce bou-

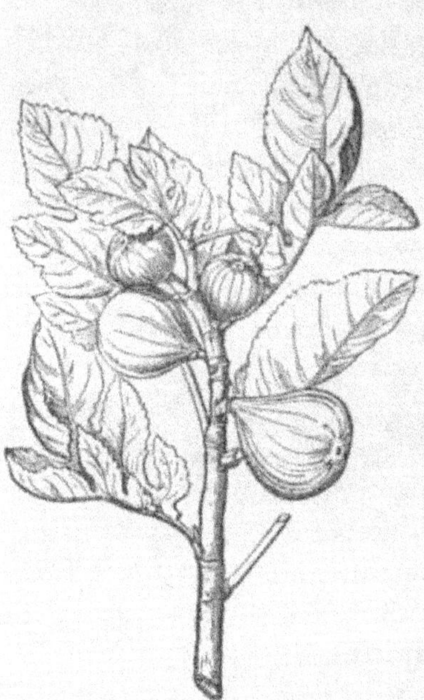

Fig. 562. — Figuier blanquette.

ton à fleur devient *figue* et mûrit vers la fin de l'été. La figue, en somme, n'est pas un fruit; c'est le support, le réceptacle d'un grand nombre de petites fleurs qui tapissent sa paroi inférieure et engendrent autant de graines après la fécondation. Le figuier est monoïque, car le même pied renferme simultanément des fleurs des deux sexes. Il ne cesse de fructifier là où la température moyenne ne descend pas au-dessous de 12° ; ailleurs, il perd ses feuilles et interrompt sa végétation. Variétés intéressantes : figues blanches (*napolitaine, verdale, bourjassotte, aubique blanche*), figues colorées (*quasse blanche, figue-datte*, excellente, fraîche ou sèche, *poulette, observantine* ou *figue grise*), figues noires (*recousse, de Porto, bourjassotte noire, bernissenque, mouissonne violette*).

On obtient deux récoltes par an; la première, au milieu de l'été, se compose des *premières figues, figues en fleurs* ou *fleurs d'été* ; la seconde, au commencement de l'automne, est formée des *secondes figues* ou *figues d'automne*. Celles-ci sont les plus abondantes, mais les premières sont plus sucrées, moins aqueuses, et donnent de meilleurs fruits secs.

Les sols calcaires, riches et frais, conviennent au figuier. On peut le planter en quinconce, dans un verger agreste, qui prend le nom de *figuerie;* cependant on préfère l'isoler. L'important, du reste, est de le préserver de la sécheresse les 2 ou 3 premières années au moyen de binages ou de couvertures.

Mentionnons encore, en fait d'arbres méridionaux, l'*azerolier* ou *néflier de Naples* (7 à 8 mètres), dont le bois dur sert au placage et dont le fruit, sur les bords de la Méditerranée, à l'époque de la maturité, possède une saveur aigrelette, d'un goût agréable.

Le *néflier* ou *mélier* croît, au contraire, dans tous les bois du Nord et des régions tempérées de l'Europe. Son fruit, âpre au moment de la récolte, perd cette saveur en blettissant. Il redoute les chaleurs du Midi. Tous les sols lui conviennent, pourvu qu'ils ne soient ni trop secs ni trop marécageux.

Le *chêne-liége* est cultivé pour son écorce épaisse et spongieuse, dont on fait des bouchons. On l'élève dans le Midi de la France et surtout vers les Pyrénées, jusqu'à 500 mètres au-dessus du niveau de la mer. On

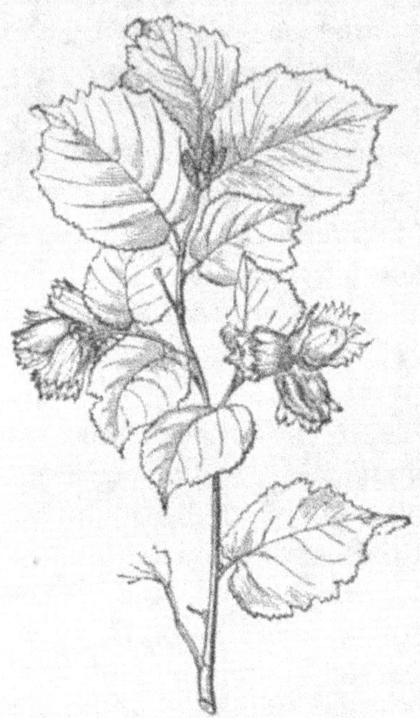

Fig. 563. — Noisetier aveliaier.

en rencontre d'assez grandes forêts sur plusieurs points de la Corse et de l'Algérie. Il fuit les sols calcaires. Vers l'âge de 20 ans, la couche de liége est assez épaisse pour que l'on puisse procéder à un premier écorçage; mais le produit en est généralement mis au rebut comme trop grossier. Quelquefois, il en est de même du second produit, recueilli dix ans après; en définitive, ce n'est guère que vers 40 ans que l'arbre rend du liége dont la valeur commerciale soit assurée.

Le *chêne vert* ou *yeuse* ne prospère également que dans le Midi. Il a une tige de 10 mètres de haut et un bois très-dur, polissable. On s'en sert pour fabriquer des essieux et des poulies. Plusieurs espèces produisent des glands doux, bons à manger. Il leur faut un sol sec et siliceux.

Nous arrivons à cet arbre précieux qu'on appelle le

mûrier (*fig*. 121) et dont les feuilles constituent la seule
nourriture qui plaise au ver à soie. Les variétés à préférer sont le *mûrier rose*, le *mûrier blanc des Cévennes*,
le *mûrier multicaule*, le *mûrier hybride* et le *mûrier
blanc sauvageon*. C'est par
la greffe que l'on reproduit
les bonnes variétés, mais il
est préférable de laisser le
pépiniériste former les arbres
dont on a besoin pour la
plantation. Du reste, une pépinière de mûriers s'obtient
par voie de semis. On laisse
tomber les mûres, on les
écrase dans l'eau, on fait sécher la graine à l'ombre; cette
graine se vend de 15 à 20 fr.
le kilogr. et ne se conserve
qu'un an. On sème, au printemps, dans un sol fumé et
bien nettoyé, à la volée ou
en rayons. L'année d'après,

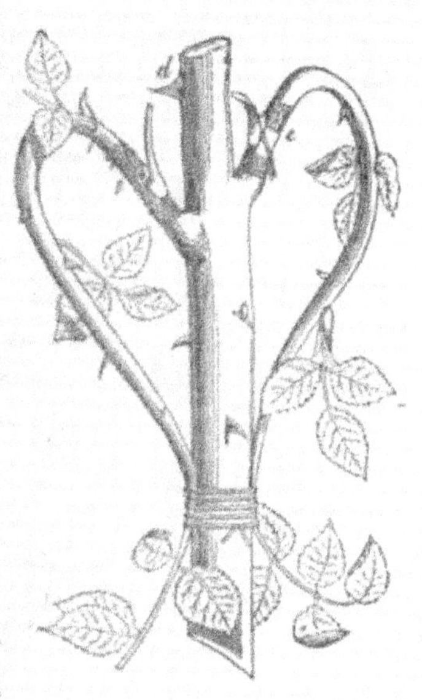

Fig. 564. — Greffe en écusson.

on a de jeunes plants, ou *pourettes*, que l'on repique
à 40 ou 50 centimètres les uns des autres. La greffe
du mûrier est délicate; on emploie à cet effet le système
en écusson ou *en flûte* (*fig*. 565); mais il ne faut pas
qu'on perde de temps à placer l'œil qu'on a détaché, de
crainte qu'il ne se dessèche et ne se soude plus au sujet. On ne greffe ni par un grand soleil ni par un vent
fort. Après une pluie abondante, l'excès de séve détache
les yeux. Il y a lieu de n'appliquer que des yeux ne montrant aucun signe de végétation, sinon ils se développe-

raient et se dessècheraient avant de recevoir les sucs
nourriciers. Le mûrier résiste à tous les climats; cependant, il n'est productif que dans une certaine zone
que nous avons déterminée sur la carte n° 2, jointe
à cet ouvrage, attendu que la gelée, en compromettant la récolte ou en la retardant, laisse parfois le ver
à soie sans nourriture. On ne cultive guère que quelques fourrages verts entre les mûriers. Ceux à haute
tige ou en plein vent doivent avoir de 1^m60 à 2 mètres
de tige; on les espace de 7, 8 ou 10 mètres, selon la
nature du sol. On en fait aussi des taillis et des
haies.

La taille du mûrier varie selon qu'il s'agit de former
l'arbre ou de le faire produire. Pour le former, on ménage trois rameaux ne partant pas du même point; on
leur donne, dès la seconde année, une longueur de
50 centimètres et même plus, s'ils sont vigoureux.
On continue à bifurquer les deux années suivantes, et
ainsi de suite, jusqu'à ce que la tête de l'arbre soit
assez forte. Elle doit avoir la forme d'un entonnoir,
bien évidé dans l'intérieur, pour laisser pénétrer air et
lumière. Cette taille se fait au printemps, en laissant
aux branches toute la longueur que comporte leur diamètre.

Quand l'arbre est formé, on commence à récolter les
feuilles. Il faut alors le tailler pour entretenir son produit. Cela se fait au printemps dans le Centre et le
Nord tous les 3 ou 4 ans et, l'année de la taille, on
ne récolte pas la feuille. La taille d'été, effectuée aussitôt
après la cueillette, ne se pratique que dans le Midi. La
saison favorable à la végétation s'y prolonge assez pour
que l'arbre se garnisse de rameaux produisant des

feuilles l'année suivante. Dans le Nord, cela ne serait pas possible, la saison étant trop courte. Il ne faut pas faire de récolte avant que l'arbre ne soit bien formé, et jamais deux fois dans l'année. On commence par les plus jeunes et on dépouille l'arbre complétement, en évitant de détruire les yeux d'où peuvent sortir de nouveaux rameaux. On arrache la feuille, en passant la main sur les rameaux de bas en haut, et on l'emporte dans des sacs mouillés.

Le prix moyen de vente de la feuille de mûrier est de 7 francs les 100 kilogrammes ; elle en coûte 3 ou 4 au propriétaire. Un hectare en plein rapport peut nourrir 10 onces d'œufs de vers à soie et produire, par conséquent, 10,000 kilogrammes de feuilles, se vendant 700 francs et en coûtant 350. De là la grande valeur des terrains plantés en mûriers, qui atteignent les mêmes prix que les meilleurs prés, 8 à 12,000 francs et plus, quand le sol est arrosable. On en a cependant beaucoup arraché en France dans ces dernières années ; mais cela tient aux ravages considérables causés par la maladie des vers à soie.

Une autre espèce de ver à soie vit encore sur l'*ailante* ou *faux vernis du Japon*. L'ailante est un grand arbre de 20 mètres et plus, à cime étalée. Son bois, souvent veiné de vert, est aussi beau que celui du noyer ; il est plus ferme et moins cassant que celui du chêne. Ce bel arbre, parfaitement acclimaté en France, est un des ornements de nos parcs et de nos jardins par la majesté de son port et l'élégance de son feuillage.

Nous terminerons ce chapitre par la *vigne*, qui a pris en France un développement si considérable. La vigne, très-cultivée en Gaule dans toute la région envahie par les Romains, a fini par se déplacer. Peu à peu elle a abandonné le nord ; succombant sans doute devant la concurrence de la vigne du midi que favorise le climat, celle du nord perd du terrain tous les jours. Il fut un temps où les environs de Paris ou de l'Ile de la Cité n'étaient qu'un immense vignoble. Aujourd'hui il n'y reste guère plus que les vignes de Marly, de Suresnes et d'Argenteuil, n'ayant de raison d'être qu'à cause du voisinage du débouché qu'offre la capitale à leurs produits.

La *vigne* est une *ampélidée*. Cet arbrisseau sarmenteux a les feuilles alternes et les fleurs groupées en panicules ; un grand nombre de feuilles sont

Fig. 565. — Chasselas Frankenthal.

converties en *vrilles* (*fig*. 51). La *vigne cultivée* paraît être originaire de Nysa, dans l'Arabie-Heureuse. Il y a aujourd'hui en France 2,132,000 hectares cultivés en vignes et répartis dans 81 départements. La production des vins s'est élevée, de 1857 à 1872, de 35,400,000 hectolitres à 50,154,000, passant par les chiffres de 54 millions en 1858, de 30 en 1859, de 68 en 1865, de 70 en 1869.

En 1872, 29 millions d'hectolitres ont payé l'impôt, 5,300,000 ont été livrés à la distillerie, 271,000 convertis en vinaigre et 7,731,000 consommés en franchise chez les récoltants. Enfin 300,000 ont été exportés.

Le climat tempéré de la France convient particulièrement à la vigne ; ses graines peuvent y mûrir presque partout ; cependant le principe sucré, indispensable à la fermentation vineuse, ne se forme en suffisante quantité, dans la pulpe des raisins, que sous l'influence d'une vive lumière ou d'une chaleur assez élevée. Au delà de 50° de latitude, elle ne rencontre plus guère les conditions indispensables à son existence; c'est déjà trop avancé vers le nord. De même, une température trop élevée lui est préjudiciable ; le principe sucré devient dangereusement prédominant; les raisins ne donnent plus qu'une liqueur épaisse, très-riche en alcool, mais de fort médiocre qualité. C'est ce qui arrive quand la vigne dépasse le 35° degré de latitude en avançant vers le sud. Enfin, en approchant davantage de l'équateur, on trouve un inconvénient sérieux dans la végétation continue de cette plante, qui fait que l'on a à la fois sur le même cep, et aussi dans chaque grappe, des fleurs, des fruits verts et des fruits mûrs, rendant la vinification impraticable. En altitude, la vigne ne dépasse pas 300 mètres en Hongrie, 55 dans le nord de la Suisse, 650 sur le versant méridional des Alpes. Elle va jusqu'à 960 dans l'Apennin méridional. L'exposition du sol, les abris naturels viennent corriger parfois les conditions du climat, ainsi que cela se voit dans les vallées profondes et abritées de la Moselle et du Bas-Rhin, par 51° de latitude.

Les sols compactes et imperméables déplaisent à la vigne, l'humidité surabondante qu'ils détiennent faisant pourrir ses racines. Les terrains argilo-siliceux substan-

Fig. 566. — Treille en cordon vertical pour des murs de 1m,50 et plus.

tiels et profonds ne lui conviennent pas davantage. Elle y pousse avec trop de vigueur, ce qui rend le vin faible et sans parfum. Enfin elle souffre surtout d'une atmosphère humide, extrêmement nuisible à la qualité de ses raisins. Aussi évite-t-on, en général, les expositions aux vents N.-O., O., et S.-O.

Le comte Odart, au point de vue de la vigne, a divisé la France en cinq régions, dont une qui en est absolument privée et qui est indiquée sur la carte n° 2. Les quatre autres, essentiellement viticoles, sont :

1° La *région occidentale*, bande de 200 à 240 kilomètres le long de l'Océan, limitée au nord par les coteaux de la Loire-Inférieure et au sud par les départements des Landes et du Gers (vins bordelais, rouges et blancs).

2° La *région centrale* (Bourgogne et Champagne) vient finir aux crus de Côte-Rôtie (Rhône) et de l'Hermitage (Drôme); c'est peut-être la plus belle région viticole du monde entier.

3° La *région orientale et septentrionale* (Franche-Comté, Alsace et Lorraine) donne des produits estimés mais pas de vins renommés.

4° Enfin la *région méridionale*, dont la limite ne dépasse pas, au midi, le bassin d'Arcachon ni la partie nord de la Haute-Garonne, remonte le Tarn, de là s'en va gagner le confluent du Rhône et de la Drôme, et suit enfin, jusqu'à son origine dans les Alpes, le cours de l'Isère (vins communs pour la fabrication de l'alcool, *Jurançon*, *Grenache*, *Muscat*, *Malvoisie*, etc.).

Dans la première région, le Bordelais, on cultive les vins rouges, les plants *carmenet*, *carbenet*, *breton*, à feuilles minces, à grappes noires peu fournies, à sarments longs et rougeâtres, le *gros* et le *petit verdot* à grappes courtes et vermeilles, le *merlot* ou *vitraille*, le *tarney coulant*, le *sémillon* ou *colombar* de la Dordogne, les *surins* ou *sauvignons*, les *musquettes*.

Ces crus donnent les vins de Barsac, de Sauterne, de Langon, de Blanquefort. Le climat bordelais est pluvieux en hiver, avec des vents d'ouest ; mais les étés sont secs avec les vents du nord et de l'est, et enfin les automnes y sont très-beaux. Le sol est argilo-sableux, mêlé de cailloux roulés, et ce sont précisément les terrains caillouteux qui donnent les meilleurs vins. On ameublit la terre par un labour et un défoncement, puis on la fume. On la nivelle et on dispose les plants à 1 mètre les uns des

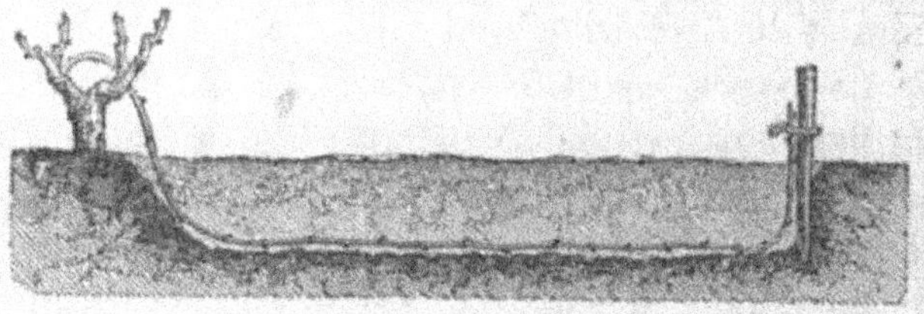

Fig. 567. — Sarment provigné.

autres ; on couvre le sol de vignes uniformément, ou bien on les dispose en bandes, de 3 à 6 rangées de ceps chacune, alternées avec des bandes cultivées en blé ou en maïs. Il est de règle de ne planter qu'une seule variété de vigne dans un même vignoble. On la taille pendant 4 ans selon la production qu'on en veut obtenir ; la cinquième année, on y applique une taille uniforme et constante. Celle-ci se fait de novembre à janvier ou mars, à la serpe, en tenant le cep court et près de terre. S'il y a lieu, on *provigne* (*fig.* 567), c'est-à-dire qu'on choisit une souche avec un sarment long et vigoureux, et on courbe ce dernier dans une fosse creusée à cet effet pour le laisser sortir du sol à l'endroit que doit occuper le nouveau cep ; on le recouvre de 10 à 15 centimètres de terre, puis d'une couche de fumier, et enfin de terre et de fumier mélangés. Trois ou quatre ans après le provignage, on détache le sarment de la souche-mère et on peut obtenir deux ou trois raisins dès la première année.

Dans tous les cas, il faut, que l'on provigne ou non, donner un soutien, un tuteur, un *échalas* ou *corasson* (*fig*. 568) au cep. On épampre lors de la floraison, puis en juillet. Le raisin est mûr en septembre.

Dans la région centrale, les plants sont infiniment variés. On y trouve le *pinot*, le *gamai*, le *gros plant doré*

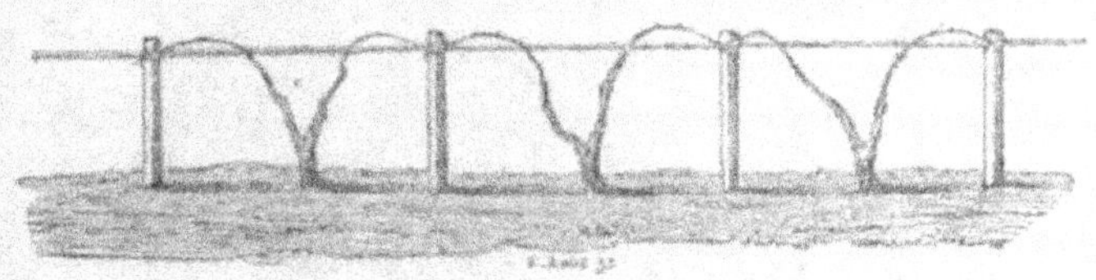

Fig. 568. — Ligne d'échalas ou *corassons* avec leurs lattes (Médoc).

d'Aï, la *grosse* et la *petite syra*, la *roussanne* ou *roussette*, la *grosse* et la *petite marsanne*, la *serine noire* (Côte-Rôtie), le *viogne blanc* (Condrieu), *le côt, l'auxerrois*.

En Bourgogne, on multiplie la vigne par marcottes ou boutures. On prépare le sol au moyen d'une prairie de sainfoin maintenue pendant 6 ans. On espace les ceps de 0ᵐ 50 et les lignes de ceps de 1ᵐ 60 (*fig*. 569). Comme ils sont disposés sur les pentes des montagnes de la ligne de partage des eaux, abrités par un second étage de hauteurs atteignant jusqu'à 520 mètres, il faut soutenir le sol au moyen de murs en terrasses, et, dans leur

Fig. 569. — Vignobles de Bourgogne.

intervalle, on remonte méthodiquement la terre éboulée ou ravinée chaque fois qu'on le croit nécessaire. Le raisin mûrit entre la fin d'août et le commencement de septembre. La culture champenoise diffère peu de celle de la Bourgogne.

Nous arrivons à la région orientale ou septentrionale, plus modeste, où l'on cultive le *noir menu*, à grappes serrées, à grains ronds et noirs, la *varenne noire*, fort

Fig. 570. — Cépage aramon (agé de 40 ans).

répandue dans la Moselle et dans la Meuse, le *raisin perle* ou *pendoulat* (Jura), le *trousseau ou tresseau* et le *savaguin* ou *fromenteau*, qui donne les vins blancs mousseux d'Arbois et de Château-Châlons. L'Alsace possède, en fait de cépages spéciaux, le *gentil aromatique*, le *tokay* et le *gentil duret*, qui fournissent des vins blancs.

Dans la région du midi, les parties vraiment viticoles sont la Provence, le bas Languedoc, le Roussillon et le Béarn. Le Béarn, tout rapproché qu'il est du Bordelais, en diffère essentiellement par ses deux fameux crus de Jurançon et de Gan, près de Pau. On y cultive le *quillard* ou *jurançon blanc* et le *tanat*. Dans la partie méditerranéenne proprement dite, on trouve l'*aramon* (*fig.* 570) ou *ugni noir*, très-fertile, à longs sarments traînant jusqu'à terre, l'*ugni blanc* ou *queue de renard*, l'*espar* (Roussillon), à sarments dressés et rigides, la *carignane*, le *morrastel* et surtout le *grenache*, *bois jaune*, *alicant*, *roussillon* ou *rivesaltes*, à gros sarments rouges jaunâtres, à feuilles petites, à grosses grappes bien garnies de grains un peu oblongs. On mélange l'*espar*, le *morrastel*, la *carignane* et le *grenache* pour obtenir les vins rouges de coupage, dits *vins du midi*. Mentionnons encore les *terrets*, les *piquepouilles*, les *calitors* (Provence), les *clairettes* ou *blanquettes*, ne donnant que des vins blancs connus sous le nom de *picardans;* enfin les *muscats*, dont Frontignan, Maraussan, Lunel, Rivesaltes possèdent les meilleurs.

Le climat de cette région, le Béarn excepté, est habituellement sec, sujet au vent du nord, chaud en été, humide seulement en automne, tempéré pendant l'hiver et le printemps. La vigne s'y cultive en souches basses, également espacées (1^{m}50 à 1^{m}75 en tous sens), sans aucun support, sans aucune entrave apportée à sa végétation. On intercale quelquefois une autre culture; dans d'autres circonstances, on mélange les cépages. Il faut labourer trois fois dans l'année, fumer le sol tout l'hiver, tailler du 15 novembre au 15 mars. Le raisin mûrit à l'ombre de son propre feuillage.

Les gelées font beaucoup de mal aux vignes, surtout pendant le printemps. La grêle aussi, en blessant les jeunes pousses, nuit parfois à la récolte. Enfin le froid, les brouillards, les changements brusques de température et les pluies excessives déterminent la *coulure*, stérilité momentanée qui empêche le plant de produire des fruits. Les mêmes causes atmosphériques déterminent la *brûlure* ou le *charbon*, qu'on appelle encore *maladie noire*. Elle consiste en petites ulcérations ou plaies irrégulières bordées de noir, qui, apparaissant en mai ou en juin comme des gouttelettes de poussière charbonneuse sur les rameaux, les feuilles, les vrilles et les grappes. Enfin mentionnons la *pourriture*, altération du grain de raisin au point où il s'attache, signalée surtout en Bourgogne et provenant de l'excès d'humidité.

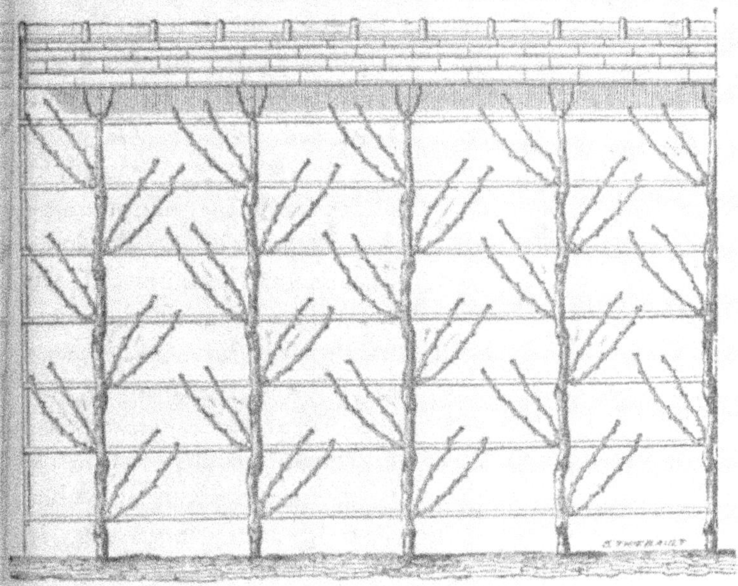

Fig. 571. — Treille en cordon vertical pour murs de 1m50 au maximum.

Pour la table, on ne cultive pas les mêmes variétés de raisin qu'en vue de la fabrication du vin. Les meilleures sont les *chasselas*, notamment *celui de Fontainebleau* (*fig.* 51), à grains ronds, blancs, teintés de roux d'un côté. Il est incontestablement supérieur et mûrit du 15 au 30 septembre. Viennent ensuite les chasselas à grains inégaux, blancs, gros et sujets à la coulure, le *chasselas gros coulard*, le *chasselas damas-blanc*, le *chasselas de Montpellier*, le *chasselas Queen Victoria*, etc., le *spiran noir* de l'Hérault ne convenant qu'au midi, le *frankenthal* (*fig*. 565), le *black-hamburg*, le *tourteau de la Drôme*, la *madeleine noire*, le *morillon noir*, le *raisin de Saint-Roch*, le *verjus*, le *bondalès précoce*, etc.

Appuyée contre un mur bien exposé, la vigne peut s'accommoder de tous les climats de France, pourvu que l'on choisisse des variétés d'autant plus précoces que l'on s'avance dans le Nord. Elle veut des sols légers ou moyens, s'égouttant et s'échauffant facilement. On taille les treilles de manière à leur donner les formes indiquées dans les figures 566 et 571. On multiplie la vigne par voie de *marcottes nues* ou *chevelues*, de *boutures en crossettes* ou de *greffes*. Il faut avoir soin de choisir convenablement le sarment qui doit fournir la crossette, la marcotte ou la greffe.

Fig. 572. — Serpe de vigneron du Médoc.

On le plante dans un trou de huit centimètres de profondeur sur 25 de longueur. On y couche le sarment avec précaution, et on recouvre le tout de terre mélangée de terreau jusqu'au niveau du sol. On coupe la partie du sarment sortant de terre au-dessus du bouton le plus rapproché de la terre. De la partie enterrée partiront de nombreuses racines.

On pince quelquefois les bourgeons de la vigne pour les empêcher de produire de la confusion dans l'ensemble du cep. Une treille peut être établie huit ans après la plantation des jeunes ceps, et elle donnera son produit maximum vers la 5ᵉ année et le maintiendra pendant dix ans. La diminution commence ensuite, mais ne devient sensible que 25 ou 30 ans après la plantation, s'accentuant de plus en plus jusque vers 40 ou 50 ans. Il faut alors rajeunir la treille en coupant toutes les tiges à 0^m20 du sol, de manière à concentrer la séve sur ce point et à y faire apparaître des bour-

Banne à égrapper le raisin

Fig. 573.

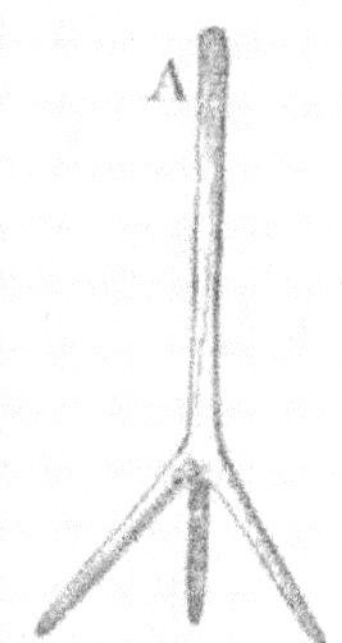

Fourche à trois dents pour égrapper le raisin.

geons, dont on choisit le plus vigoureux, pour le conserver, en supprimant les autres. L'année d'après, on taille ce sarment au-dessus du 3ᵉ bourgeon, et on procède comme pour une jeune treille.

Le *vin* est le produit fermenté du jus de raisin. Sa fabrication comprend trois opérations distinctes :

1° *Le foulage et la fermentation du raisin*. On écrase les raisins, égrenés ou non (*fig.* 573), dans de grandes cuves avec les pieds (*fig.* 574) ou avec un pressoir ou un *fouloir* (*fig.* 231 et 575). La fermentation commence aussitôt et dure huit jours, mais elle peut se prolonger un mois ou six semaines, quand le tout est placé dans un appareil qui laisse échapper l'acide carbonique en mettant toutefois obstacle à l'action de l'air extérieur (*fig.* 576). Le raisin écrasé, soulevé par l'acide carbonique, constitue le *moût* qui s'accumule en formant une croûte appelée *chapeau.*

2° On *décuve* ou l'on *vidange* pour séparer ce moût

Fig. 574. — Cave voûtée où l'on piétine en A le raisin introduit par la porte *b*; *c*, porte par laquelle on enlève les raffes; le jus s'écoule par l'orifice *o*, se rend dans le réservoir *r*, d'où une pompe P l'élève dans la rigole *q*, pour le distribuer dans les cuves de fermentation *d*.

Fig. 575. — Machine à fouler le raisin.

du reste du liquide. On le met décuvé dans des tonneaux remplis aux 4/5ᵉ, qu'on laisse débouchés plusieurs jours, pour que l'acide carbonique, dégagé par la fermentation qui continue, puisse s'échapper. Au fond des tonneaux tombe la *lie*, mélange de tartre, de débris de ferments et de matières colorantes. Les substances, restées dans la cuve après le décuvage, sont portées au pressoir, et l'on en tire une seconde catégorie de vin que l'on mélange avec l'autre, à moins qu'il ne s'agisse de fabriquer des vins fins. On colle ensuite le tout avec du blanc d'œuf pour l'éclaircir. On fabrique les *vins mous-*

seux en mettant en bouteille avant l'achèvement de la fermentation.

Les vins sont sujets à différentes maladies, notamment à la *pousse*, qui les rend amers, et à la *graisse*, qui les rend filants comme du sirop ou de l'huile. On les combat par le soufrage (*fig.* 577).

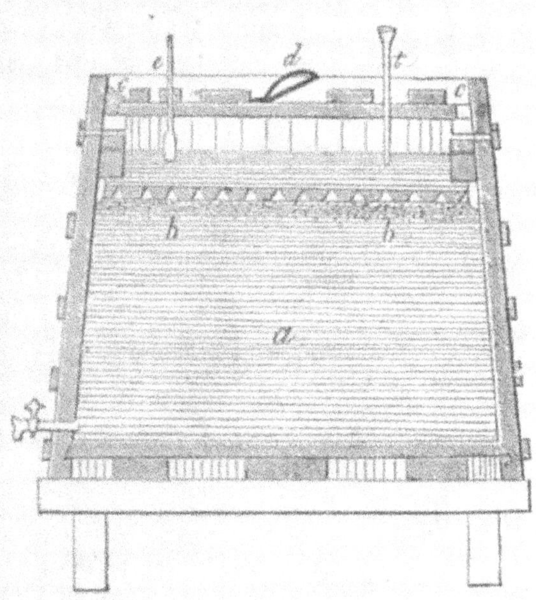

Fig. 576. — Cuve de la fermentation; en *a*, le moût fermente en présence de la rafle; *bb*, faux fond percé de trous, destiné à empêcher la rafle de surnager; *cc*, couvercle hermétiquement fermé; *d*, soupape de sûreté; *e*, thermomètre.

En distillant le vin plusieurs fois de suite, on obtient un liquide de plus en plus riche en alcool. L'*eau-de-vie* est le résultat d'une seule distillation. Elle se fabrique surtout dans l'Angoumois, la Saintonge, le Languedoc et la Provence. Les *bouilleurs de cru* distillent eux-mêmes en *brûlant le vin*. L'eau-de-vie de vin est la plus esti-

mée entre toutes. Malheureusement, on fabrique maintenant des quantités notables d'eau-de-vie sophistiquées.
Pour l'alcool de vin, la production est restée stationnaire : 823,000 hectolitres en 1859 contre 768,000
en 1872. En 1866, 1867, 1868 et 1869, elle a atteint
les chiffres respectifs de 964,000 hectolitres, 939,000,
971,000, 978,000. L'influence de la guerre de 1870-1871
s'est donc fait sentir ici d'une façon on ne peut plus
sensible, ainsi que celle des lourds impôts qui écrasent
l'alcool et en triplent le prix.

D'après la statistique agricole de 1862, le produit

Fig. 577. — Soufrage du tonneau pour faciliter sa conservation. A, four-
neau en tôle ; l'acide sulfureux se rend en C, où arrive le moût ou le
vin ; il tombe par le robinet d dans les pièces e, soufrées d'avance.

moyen par hectare de vignes est de 20 hectolitres 99, à
28 fr. 52 c. l'un, donnant un revenu total de 1,387 millions de francs. En 1840, il n'y avait que 1,972,000 hectares plantés en vignes et, en 1852, 2,191,000. Le rendement de 1840 était de 18 hectolitres 65, à 11 fr. 40
l'un ; celui de 1852, de 17 hect. 37, à 13 fr. 14.

Le *cidre* est aussi facile et plus prompt à fabriquer
que le vin. Sa qualité dépend de celle des fruits que
l'on emploie. On écrase ceux-ci pour en extraire le
jus ; c'est là ce qui constitue l'opération du *pilage*, pratiqué presque partout dans une auge circulaire, de 18 à
20 mètres de tour, en granit, en bois ou en pierre de
taille, ayant 32 centimètres de profondeur, à bords

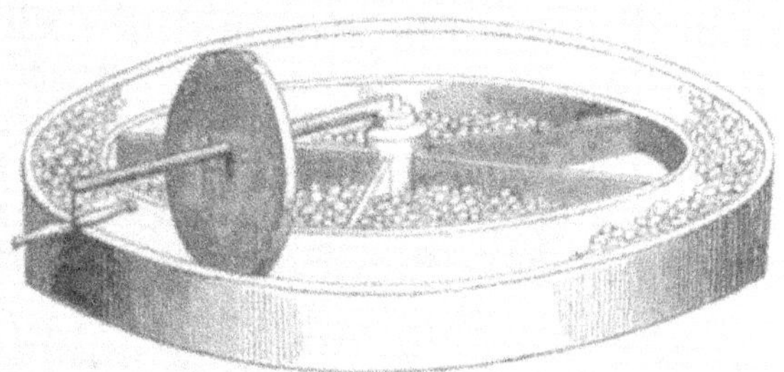

Fig. 578. — Auge pour le pilage des pommes.

dressés, et dans laquelle tourne une meule verticale
également en granit, en bois ou en pierre calcaire
dure, de 1 m. 62 c. de diamètre sur 16 centimètres
d'épaisseur. Cette meule (*fig.* 578) est mue par un cheval. Les tours en bois sont préférables ; ils n'écrasent
pas autant que les autres les pepins qui communiquent
au moût un principe amer. Le *tour à piler* n'est pas
expéditif, fournit un jus bourbeux et coûte assez cher
d'établissement. Aussi, en Normandie, en Picardie et
en Angleterre, y substitue-t-on l'emploi des *pressoirs*
(*fig.* 230) ou *moulins à cylindres et à noix* ; on fait
mariner pendant douze à quinze heures les fruits ma-
cérés et on soumet la pulpe à deux pressions successives au plus ; la première donne le *gros cidre* et la
seconde le *petit cidre*.

CHAPITRE XIX.

**ÉCONOMIE RURALE PROPREMENT DITE. — ORGANI-
SATION ET EXPLOITATION D'UN DOMAINE. —
AMÉNAGEMENT DES BATIMENTS.— HABITATIONS.
— CAPITAL ET TRAVAIL. — SALAIRES. — GRANDE,
MOYENNE ET PETITE CULTURE. — MORCELLE-
MENT ET CADASTRE. — FERMAGE ET MÉTAYAGE.
—ASSURANCE, CRÉDIT ET IMPOT.— ASSOCIATION.
— CODE RURAL. — ENSEIGNEMENT AGRICOLE.
— L'AGRICULTURE ET L'ÉTAT. — STATISTIQUE.**

Nous allons aborder dans ce chapitre quelques questions d'économie rurale qui ne pouvaient trouver leur
place que dans un chapitre spécial. Toute entreprise humaine, qu'elle appartienne à l'ordre industriel ou à
l'ordre agricole, se compose de plusieurs éléments dont
il y a lieu d'analyser le rôle dans les différentes branches de la production.

L'*homme* travaille pour satisfaire ses *besoins*; il fait
des *efforts* pour s'approprier les choses et leur communiquer l'*utilité* qui lui permet de les *consommer*. Ces
efforts constituent le *travail*; il peut être *productif* ou
improductif, suivant qu'il donne un bénéfice ou non;
matériel ou *immatériel*, suivant qu'il a pour effet d'approprier des objets saisissables ou simplement de faire
progresser les spéculations de l'ordre moral ou intellec-
tuel. Ce travail peut toujours donner un excédant, si l'on
n'en consomme pas tout le produit. Cet excédant
constitue alors une *épargne* qui, appliquée au tra-

vail, prend la forme du *capital*. Les bâtiments, les outils, les améliorations du sol sont des formes diverses du *capital*. L'existence de ce dernier sous-entend l'exercice du droit de *propriété,* à la fois garantie et stimulant du travail, et notamment du droit de *propriété foncière*. Le droit de propriété de la terre, ne pouvant découler que du travail nécessité par son appropriation, s'applique exclusivement aux améliorations accumulées dans le sol et nullement à l'*emplacement*. De là le droit d'*expropriation* moyennant indemnité, droit dont cependant il est sage d'user le moins souvent possible pour ne pas apporter de perturbation factice à l'équilibre naturel qui tend à s'établir spontanément entre les hommes. « La possession du sol est, par excellence, le signe de la richesse et de la puissance (1). »

D'après l'étendue respective des domaines, on a divisé la propriété en *grande, moyenne* et *petite propriété*.

« La grande propriété est nécessaire à la vie de chasse et à la vie pastorale. » Elles ont, toutes trois, leur raison d'être. Cependant, on peut observer que la grande propriété, généralement, donne de moindres profits que les deux autres ; qu'elle favorise jusqu'à un certain point la routine et est un obstacle à l'utilisation des terres incultes. Néanmoins, il est des branches de l'agriculture qui ont besoin de la grande propriété ; les troupeaux de moutons et l'élevage du cheval pourraient disparaître à la longue sans elle. Les pays qui ont peu de capital et qui sont obligés de faire de la culture extensive trouvent en elle un précieux auxiliaire. Elle est nécessaire à l'entretien des forêts et, dans un petit nombre

____

(1) Levasseur, *Cours d'économie rurale, industrielle et commerciale.*

de cas, permet seule l'emploi des instruments les plus puissants d'exploitation du sol, comme la charrue à vapeur. En somme, on peut arriver à formuler cette conclusion : « Avec la grande propriété, une plus grande quantité de produit net est mise à la disposition d'un même propriétaire, mais la population agricole est moindre. » Et on peut ajouter, avec M. Hipp. Passy, « qu'un hectare de petite culture donne un produit net supérieur à celui d'un hectare de grande culture. » Il y a lieu de faire ici une distinction entre la propriété, grande, petite ou moyenne, et la grande, moyenne ou petite culture. La grande culture ne coïncide pas toujours avec la grande propriété ; il peut se faire que l'exploitation de cette dernière soit très-divisée quant à l'aménagement. Cela est surtout vrai pour la moyenne propriété, qui fait souvent de la petite culture suivant l'état de morcellement du sol, la masse de capitaux dont dispose le propriétaire, le nombre de bras qui se trouvent à sa portée, etc.

On a beaucoup exagéré le progrès du *morcellement* en France. En 1815, on comptait 10 millions de cotes foncières et, en 1853, pour une population plus forte d'un tiers, un peu moins de 13 millions. Ce qui se divise par la mort du propriétaire se réunit, d'un autre côté, par le mariage. Il y a ainsi un équilibre qui tend constamment à se maintenir. Néanmoins, il est vrai de dire que la division du sol en *parcelles* est trop considérable. Elle augmente la superficie du terrain inutilisé, en multipliant les chemins sans nécessité, et les frais généraux en répétant le nombre des transports à grandes distances et les manutentions des engrais ou des récoltes. Ainsi, les 13 millions de propriétés se subdi-

visent en 111 millions de parcelles, champs et maisons. Il serait important de procéder à des échanges
à l'amiable, de propriétaire à propriétaire, de pratiquer
des *réunions de parcelles*, comme on l'a fait en Flandre,
en Alsace et dans un grand nombre de villages allemands. La valeur de la propriété foncière ne s'en est
pas moins accrue, puisque, estimée à 25 milliards
à la fin du siècle dernier, elle monte aujourd'hui à 50
ou 60. Son revenu était de 2 milliards et demi en 1800;
en 1850, M. Léonce de Lavergne l'évaluait à 5 milliards. Il est juste de reconnaître que l'agriculture française a fait de grands progrès depuis vingt-cinq ans,
grâce, peut-être, à une politique commerciale libérale.
Son revenu dépasse maintenant 10 à 11 milliards.

En résumé, il n'y a, dans tout cela, que l'excès à redouter. En Angleterre, on a lieu de s'inquiéter de la
généralisation des grandes propriétés, dont la conservation est favorisée par le régime des *substitutions*. Ce
système permet au propriétaire d'aujourd'hui de déterminer, dès à présent, ce que deviendra la propriété
après la mort du premier ou de plusieurs de ses héri-
tiers successifs. En France, c'est le contraire qui a lieu;
et cependant, « une petite propriété n'est pas une fortune; mais elle peut être et elle est une réserve pour
le journalier qui y trouve une occupation et une subsistance pendant le chômage; c'est la *caisse d'épargne du
paysan*. L'homme déploie, quand il s'agit de son *intérêt
personnel*, une énergie soutenue dont il est ordinairement incapable au service d'autrui, et, entre les mains
du paysan propriétaire, la terre fructifie abondamment.
Le *produit brut* est, en règle générale, *supérieur*.
Le produit net, par hectare, l'est très-souvent; il l'*est*

toujours, et avec un avantage considérable, *dans la culture maraîchère* (1). »

Les mots de grande et de petite propriété n'ont, du
reste, qu'un sens relatif. Une grande propriété, au
centre de la France, compte 5 à 600 hectares et, en
Flandre, de 50 à 100. Mais il y a à remarquer que
plus une terre a de valeur et moins il lui faut de
superficie pour constituer un grand domaine. L'*étendue
en est ordinairement déterminée par la nature des
choses*, la configuration et la qualité du sol. Dans une
vaste plaine unie, formée de terres labourables, comme
la Beauce et la Brie, ou dans d'immenses pâturages,
comme ceux de la vallée d'Auge ou du Cotentin, les
grandes fermes dominent; le morcellement, au contraire, s'accélère dans un pays accidenté, tel que l'Auvergne ou les Vosges. Il en est de même dans le voisinage des villes qui consomment ou font commerce
de fruits et de légumes, comme Paris et Angers. Enfin,
dans le Nord, où il faut 1,500 à 2,000 francs de capital
par hectare, le morcellement est plus grand que dans
la Beauce, où le chiffre du capital employé sur la même
superficie n'est guère que de 500 francs.

Le propriétaire ne cultive pas toujours lui-même; le
cas contraire est précisément le plus fréquent dans la
grande propriété. Il afferme son domaine, suivant l'un
des trois *systèmes d'amodiation* ci-après indiqués :

1° Le *bail à ferme*, stipulant, pour prix de la location,
une somme fixe payable toute en argent, ou mi-partie
en argent et mi-partie en produits. C'est le système le
plus usité dans les contrées riches. Il laisse au fermier

(1) Levasseur, *Cours d'économie rurale, industrielle et commerciale.*

la plus grande liberté. Il est à craindre peut-être qu'au moment de l'expiration du bail, le fermier n'épuise le sol en en exigeant trop de produits sans aucune espèce de retour. Certaines additions au bail peuvent prévenir ce mal, et l'usage des *longs baux* en supprimerait encore plus vite la possibilité ; malheureusement, ils sont encore l'exception dans la majeure partie de la France.

2° Le *métayage*, mode le plus usité dans les contrées pauvres, admet que le fermier cultivateur n'a aucun capital. Le métayer donne son travail ; le propriétaire entre dans l'association par le sol, le bâtiment, le mobilier, le bétail, les outils, les instruments et les machines. La partie mobilière de ce capital prend le nom de *cheptel*. Le métayer et le propriétaire partagent les fruits de l'exploitation ordinairement par moitié. Quelquefois le prêt du propriétaire se borne au bétail. Le métayage, en nuisant à la liberté du cultivateur, n'est pas favorable au développement des cultures perfectionnées, à moins qu'il ne s'agisse de travaux d'art pour l'irrigation et le drainage, nécessitant de lourdes dépenses, comme en Lombardie, ou que le propriétaire ne soit un homme très-versé dans l'agriculture qui se réserve de diriger ses métayers et d'intervenir dans toutes leurs opérations. C'est ainsi que le métayage, contrairement au principe que nous posions tout à l'heure, devient dans les contrées comme le Maine et le Bourbonnais un moyen de progrès, car il réunit capital et intelligence sur une bonne terre.

3° Le *bail emphytéotique*, peu usité en France. Il est de 20 ans au moins et de 99 au plus. Le fermier s'engage à améliorer le fonds qui lui est loué, soit en le défrichant, soit en y élevant des bâtiments. A l'expiration du bail, ces améliorations profitent au bailleur.

« L'homme fait, en partie, la terre, et il peut, par son travail, la faire meilleure encore qu'il ne l'a reçue »; mais il dépend aussi de l'état général de la société à cet égard. On distingue dans l'histoire agricole quatre périodes :

1° La *période forestière* correspondant, pour l'homme, à l'état sauvage. *L'homme vit de chasse et de pêche* sur un sol couvert de forêts, de marais et de savanes.

2° La *période pastorale* ou de pâturages, qui suit le défrichement des forêts. Les troupeaux en constituent la principale richesse et appartiennent à des tribus à demi nomades, vivant patriarcalement. Il s'y joint quelques cultures de céréales, transportées d'année en année, de localité en localité. On bat la récolte sur place, et le champ s'ensemence de lui-même pour l'année suivante. C'est ce qu'on appelle la *culture nomade*.

3° La *période agricole* ou période de la culture des céréales et du labourage. Les sociétés deviennent sédentaires, mais on emploie la *jachère* pour refaire le sol et l'on ne connaît encore que la culture extensive.

4° *La période commerciale*, dans laquelle apparaissent les industries annexes de l'agriculture et où l'élevage du bétail acquiert un énorme développement. A ce moment, la masse du capital engagé dans l'exploitation agricole devient considérable.

Le capital agricole se divise : 1° en *capital foncier*, représenté par la valeur qu'ont donné au sol les diverses améliorations qu'on y a effectuées et par les *bâtiments agricoles* qui en font partie intégrante; 2° en *capital mobilier* ou *capital d'exploitation*, se subdivisant naturellement en *capital fixe* ou *capital engagé* (bétail, matériel, amendements) et en *capital circulant* ou *de roulement*, représentant les dépenses dont les rentrées peuvent s'effectuer généralement d'une année à l'autre, comme salaires, semences, etc. En agriculture, comme dans le commerce et dans l'industrie, il est d'une importance majeure de bien proportionner le capital foncier au capital d'exploitation et d'établir une sage relation entre les capitaux fixes et la somme consacrée aux capitaux circulants. Plus d'un échec, plus d'une faillite n'a pas eu d'autre cause qu'une imprévoyance de cet ordre. On évalue la quantité du capital nécessaire, pour un domaine de 100 hectares, par exemple,

à 30,000 fr., si la location annuelle est de   3,000 fr.
à 36,000, si elle est de..................   4,000
à 40,000, si elle est de..................   5,000
à 50,000, si elle est de..................   7,000
à 63,000, si elle est de..................   9,000
à 70,000, si elle est de.................. 10,000

Ce ne sont là que des indications absolument approximatives et n'ayant rien de rigoureux.

Si l'étendue de la ferme est double, le capital doit être augmenté dans le rapport de $^1/_2$ à 1, et, si elle est triple, comme 2 est à 1. Du reste, on évalue, sur une ferme de 200 hectares, le capital nécessaire pour y pratiquer immédiatement l'assolement alterne, à 300 francs par hectare. Sur une ferme de 100 hectares seulement, il faut 400 francs, et plus encore, si la superficie de la ferme continue à se restreindre. Ces chiffres sont des minima. Or, il est essentiel de ne pas faire de culture sans un capital suffisant et, comme a dit l'agronome romain Columelle : « *Le champ doit être plus faible que le labou-* « *reur, car, s'il est plus fort, le maître sera écrasé.* »

Souvent, pour faciliter leurs opérations, les cultivateurs feraient bien, dans nombre de cas, de s'*associer* en vue de faits pour lesquels ils ne se trouveraient pas assez forts s'ils restaient isolés, et de s'*assurer* contre les risques auxquels toute chose terrestre et toute vie humaine sont exposées. Le *métayage* est une forme particulière d'association établie entre le fermier et le propriétaire. Les cultivateurs pourraient encore former entre eux, dans certains cas particuliers, des *sociétés coopératives*, comme à Assington, dans le Norfolk. Mais, en toutes choses, l'unité individuelle est préférable à la coopération là où un seul peut suffire. Toutefois, il y a des cas particuliers, comme les *fruitières*, par exemple, dans les Alpes, les Pyrénées et le Jura, où la coopération est inappréciable. La *fruitière* est une association constituée entre les habitants d'un village, qui laissent paître leurs vaches indifféremment sur toute l'étendue des pâturages de la commune, sauf à partager, proportionnellement au nombre de têtes que chacun possède, les bénéfices résultant de la fabrication et de la vente des fromages. Les cultivateurs peuvent s'associer aussi en vue d'acquérir une machine perfectionnée, souvent trop coûteuse pour qu'un seul individu en fasse les frais avec avantage. Par exemple, voici une machine à battre. Un seul petit propriétaire n'aurait à la faire marcher que 7 à 8 jours. Acheter une machine pour 8 jours de travail, ce serait faire une opération illusoire ; mais, si un certain nombre de propriétaires s'associent pour s'en servir tour à tour, il y aura là une application intelligente de l'association. Ceci est vrai, à bien plus forte raison, pour le labourage à vapeur. Il s'est constitué dans le Forez, en 1864, une société n'ayant pas d'autre objet. Cette société *forézienne*, à l'effet de répandre la pratique du labourage à vapeur dans la Loire et la Haute-Loire, défonce les domaines des cultivateurs à forfait.

Il existe en France environ 874 associations agricoles (sociétés d'agriculture et d'horticulture, comices agricoles), dont 775 recevaient, en 1866, des subventions et des médailles du gouvernement, pour une valeur d'à peu près 430,000 francs, et des conseils généraux des départements pour près de 600,000 francs. Plus de 100,000 membres leur fournissent, par leurs cotisations, le surplus de leurs ressources, dont le total dépasse 2 millions de francs. Elles tiennent des concours agricoles dans presque tous les cantons et arrondissements du territoire, et vulgarisent les bonnes méthodes de culture et les instruments perfectionnés parmi les petits cultivateurs et les petits fermiers.

Quant à l'*assurance agricole*, elle ne paraît pas avoir encore précisément réussi en France. Il s'est formé des associations partielles et locales contre la mortalité des bestiaux, à Pacy-sur-Eure, par exemple. Les assurances contre la gelée et contre la grêle ont jusqu'ici constitué leurs compagnies en perte. Cela tient au caractère régulier et permanent de la plupart de ces accidents. Les *orages* ont une marche normale en France. On sait qu'ils partent généralement du golfe de Gascogne, se dirigent sur le département du Gers, où, tous les trois ans environ, la grêle cause un désastre ; puis ils se redressent vers le nord-nord-est, longent le massif montagneux central et avancent presque en droite ligne sur le plateau d'Orléans. Ce plateau en redresse la marche au nord jusque vers Paris, et de Paris ils se dirigent le plus souvent sur les Ardennes. On comprend donc que les départements, qui se trouvent sur ce parcours, donnent lieu à des pertes bien plus fréquentes et que les autres départements, se sachant préservés, ne veuillent point concourir, sans profit en retour, à payer ces pertes. L'*assurance contre l'incendie* et l'*assurance sur la vie* sont, pour le moment, les deux seuls modes d'assurances praticables. Les cultivateurs les négligent ; ils se préserveraient de bien des risques et de bien des misères, s'ils voulaient se donner la peine de les connaître et si la routine ne les empêchait point de participer à leurs bienfaits.

L'une des plus importantes préoccupations de l'exploitant, au temps actuel, c'est la main-d'œuvre. Les bras manquent dans les villages. L'*émigration* inévitable des habitants des campagnes vers les villes, due aux plus hauts salaires et aux secours ou aux distractions de toute sorte que procure la ville, a fait de cette disette de bras une grosse question. Il n'y a qu'une solution possible, c'est l'emploi des machines et instruments les plus perfectionnés, c'est le développement des industries annexes de l'agriculture assurant aux habitants des villages de hauts salaires, c'est l'organisation de l'*assistance* cantonale (création d'hôpitaux, service médical, etc.). Si l'on ne réagit pas énergiquement, il y a des départements qui se dépeupleront entièrement. L'Orne a perdu 50,000 habitants depuis 1860, et les Basses-Pyrénées voient leurs terres rester incultes, par suite du départ en masse des Basques pour La Plata et Buenos-Ayres.

Enfin, il faudra élever les salaires des ouvriers agricoles; sinon on sera, dans un temps donné, exposé à voir se produire en France les mêmes faits qu'en Angleterre. Qu'on se rappelle cette grève agricole qui, récemment, comptait 150,000 journaliers et a mis pendant quelque temps les fermiers dans l'impossibilité de vaquer aux travaux de la saison ! Or, bien souvent en agriculture, il n'y a qu'un moment propice pour l'accomplissement des travaux. La loi pourrait préserver le fermier de ce mal en punissant sévèrement la rupture brusque et immédiate du contrat tacite passé entre le fermier et le travailleur, en imposant un délai à l'exécution de la grève et en ne permettant pas d'abuser d'un moment de presse ; car ce n'est pas là un combat à armes égales, mais un combat tout de surprise et qui a un caractère de traîtrise absolument inacceptable. C'est au fermier à agir sur ses employés et ses serviteurs, en leur procurant toutes sortes d'avantages en nature ou en argent ; son influence personnelle peut beaucoup en cette circonstance.

Les salaires sont d'une médiocrité désespérante. Voici les moyennes pour la France entière :

Salaire des maîtres-valets. { 397 francs en argent et en nature, ou 349 francs en argent seulement.

Id. des laboureurs.... { 275 francs en argent et en nature, ou 244 francs en argent seulement.

Id. des bouviers...... { 242 francs en argent et en nature, ou 209 francs en argent seulement.

Id.   des charretiers.... { 321 francs en argent et en nature, ou 276 francs en argent seulement.

Id.   des bergers...... { 217 francs en argent et en nature, ou 181 francs en argent seulement.

Id.   des domestiques... { 244 francs en argent et en nature, ou 216 francs en argent seulement.

Id.   des servantes..... { 151 francs en argent et en nature, ou 126 francs en argent seulement,

plus le logement et la nourriture.

Ces derniers salaires, comme on le voit, ne dépassent guère, en tout, 450 à 500 francs par an. Mettons qu'il y ait eu une augmentation de 1/10ᵉ depuis dix ou douze ans ; la faiblesse de ces chiffres est encore exagérée et suffit fort bien à expliquer l'émigration vers les villes.

Si le cultivateur a besoin de bras, il n'a pas un moindre besoin de *crédit*.

Le crédit agricole n'a cessé d'occuper les esprits et d'être l'objet de la sollicitude des gouvernements. C'est pourtant un ordre de choses dont l'État n'a pas à se mêler. Le crédit agricole doit prendre mille formes selon les circonstances. Il lui faut la liberté la plus absolue, la plus entière. Surtout la loi ne doit pas donner au propriétaire du sol de privilége trop absolu et trop exclusif, afin d'assurer la garantie d'un gage au prêteur. En réalité, la solution du crédit agricole est dans l'abondance des capitaux, toujours suivie de leur bon marché;

elle réside surtout dans la généralisation de la culture intensive qui, seule, peut donner des revenus assez élevés pour rémunérer convenablement le capital qui voudrait se porter sur l'agriculture. Mais il ne faut pas pour cela que les capitaux du pays soient détournés de la campagne par ces spéculations financières excessives qu'a déterminées durant ces dernières années l'immixtion de l'Etat dans les questions de crédit. Ces spéculations n'ont d'autre effet que d'entraîner d'une manière factice le capital hors de sa route naturelle et d'en priver l'agriculture au profit d'entreprises de luxe plus ou moins ruineuses.

Le propriétaire cultivateur a encore à sa disposition un moyen de crédit que nous n'avons pas mentionné ; c'est l'*hypothèque*, « droit réel sur les immeubles affectés à l'acquittement d'une obligation » (art. 2114 du Code Napoléon). Le bien hypothéqué reste en la possession du débiteur ; mais, à défaut de payement, le créancier peut faire vendre en justice. L'hypothèque est indivisible et inséparable de l'immeuble qu'elle suit dans toutes les mains où il passe. Elle est déclarée au bureau de la conservation des hypothèques et elle y est inscrite, ce qui donne naissance à ce qu'on appelle une *inscription hypothécaire*, devant être renouvelée tous les dix ans. La date des diverses hypothèques détermine le classement des créanciers quant à l'exercice de leurs droits. La dette hypothécaire, au 1ᵉʳ juillet 1840, montait à 12,308 millions de francs, représentant la valeur de 5,789,080 hypothèques ; en 1820, le chiffre correspondant était de 8,854 millions de francs et en 1832 de 11,333 millions. Dans le chiffre de 1840, 12,308 millions de francs, il y a des doubles emplois, provenant d'hypothèques non radiées et d'autres causes diverses. Aussi, à cette époque, en réduisait-on le chiffre à 8 milliards, produisant un intérêt annuel de 7 0/0, soit un revenu de 560 millions. Si l'on prenait comme point de départ l'accroissement annuel moyen de 1820 à 1832, on constaterait aujourd'hui l'existence d'une dette de plus de 16 milliards de francs, dont la moitié environ serait à la charge de l'agriculture. Ce ne sont là que des évaluations probables, dont il faut se contenter en l'absence de tout renseignement positif.

Autrefois, la Banque de France, aux époques de crise des subsistances, ouvrait des crédits extraordinaires et accordait certaines facilités aux négociants en grains. Des comptoirs d'escompte, des maisons de banque, dans les pays d'élevage et surtout dans les départements de l'Eure, de l'Orne, du Calvados et de la Manche, faisaient des avances aux éleveurs ou *herbagers*. Tout cela était insuffisant. On organisa donc le *Crédit foncier*, calqué sur les sociétés de crédit foncier de Prusse, de Wurtemberg et de Bavière, mais modifié malheureusement par des décrets ultérieurs, de manière à lui concéder des priviléges qui devaient nuire à l'établissement d'autres associations semblables. De même, la *société de Crédit agricole*, créée ultérieurement et greffée sur le Crédit foncier, n'a pas répondu au but pour lequel on l'avait instituée, sauf peut-être dans le département de Seine-et-Marne, grâce à une société indépendante qu'elle y patronne et qui a obtenu des succès vraiment remarquables. Les opérations de cette dernière se montent, croyons-nous, à près de 14 millions de francs par an.

Le rôle de l'État est d'employer l'*impôt* avec la plus

stricte économie et de l'asseoir de la manière la plus équitable possible. Il importe qu'il en prélève le moins possible et qu'il limite ses dépenses en conséquence. On trouve toujours d'excellents prétextes pour justifier de nouvelles dépenses, a dit Turgot; mais il est de règle pour un particulier de proportionner ses dépenses à ses ressources. Il en devrait être de même pour l'État.

L'intervention de l'État ne fait pas de bien en proportion de ce qu'elle coûte. L'*État*, a dit M. Cousin, *est avant tout la justice organisée* et ne doit être que cela. L'administration est, sans doute, un budgétivore insatiable; mais les campagnes ont à réagir contre ces fonctionnaires qui ne voient dans l'accroissement du budget qu'un prétexte pour créer de nouvelles places inutiles et de multiplier le nombre de leurs créatures ou des faveurs qu'ils auront à distribuer. Notre budget est de 2 milliards et demi. Croit-on que, si on prélevait 800 millions de moins sur les ressources du pays, le paysan n'aurait pas plus de facilités à se procurer du crédit? L'*impôt indirect*, douanes et octrois, est l'une des formes les plus nuisibles à l'agriculture, car elle entrave la circulation des marchandises, et c'est là le pire mal qui puisse être infligé à une branche quelconque de l'activité économique. L'impôt direct est plus équitable, en principe, et il présente l'avantage de ne pas faire payer à l'agriculteur et au consommateur des frais de perception considérables, ainsi qu'une élévation factice des prix qui est loin d'entrer tout entière dans les coffres du Trésor. En règle générale, on doit préférer les impôts directs aux impôts indirects et, entre ces derniers, ceux qui ne peuvent en rien entraver les échanges et le transport des produits. Enfin, pour être à même d'asseoir les impôts sur des bases solides, il serait à désirer qu'on organisât un sérieux service de *statistique agricole*, ayant à sa tête des hommes compétents et spéciaux, publiant des renseignements sûrs aussi promptement que possible, comme fait le gouvernement américain, qui a une publication de ce genre chaque mois. Il est triste d'être obligé, en 1874, de se reporter aux chiffres de 1862, et encore cette enquête de 1862 (1) a-t-elle été trop souvent établie sur des bases, indiquant que ceux qui l'ont dirigée étaient étrangers aux choses agricoles et en ignoraient le mécanisme.

Enfin, il serait urgent de refaire le *cadastre* par les moyens les plus expéditifs pour répartir l'*impôt foncier* d'une manière plus juste qu'on ne le fait aujourd'hui. Les uns payent 1/5ᵉ du produit de leurs terres, les autres 1/15ᵉ ou même seulement 1/17ᵉ. Il y a lieu de relever les transformations qu'a subies le sol depuis la confection du cadastre et de faire payer à chaque propriété, non en raison de sa valeur d'autrefois, mais proportionnellement à sa valeur actuelle. Quant aux encouragements, l'État doit en être fort sobre, car

(1) Nous apprenons qu'il se prépare en ce moment une enquête agricole dont les résultats vont être prochainement publiés et qui se fera annuellement. Malheureusement, elle est fort sommaire, trop théorique, assez peu pratique, et l'on en a modifié les cadres, de façon à rendre, le plus souvent, impossible toute espèce de comparaisons avec les statistiques antérieures. Or, la statistique ne peut avoir d'utilité qu'autant qu'elle permet d'apprécier le mouvement économique durant un long laps de temps, abstraction faite des événements accidentels qui peuvent y occasionner des perturbations. Sans esprit de *tradition*, il n'y a pas de statistique possible ni utile.

il peut faire autant de mal que de bien, et, dans nombre de cas, son initiative, faisant concurrence à l'initiative privée, la fait disparaître. Souvent même l'administration voit celle-ci de fort mauvais œil, dans la
crainte qu'elle ne trouve de ce côté une rivalité qui
la rende inutile. Il est certain, par exemple, que l'État
a fait trop de concours régionaux et qu'ils n'ont pas
profité dans la mesure des millions qu'ils ont coûtés
et qu'ils coûtent encore. Ils ont enrichi quelques particuliers privilégiés; la masse n'en a pas retiré des avantages qui soient proportionnés à la dépense. L'idée
était bonne ; elle a rendu quelques services, mais
on en a abusé. Nous dirons la même chose des subventions accordées aux associations agricoles, aux
sociétés hippiques, aux courses de chevaux de toutes
sortes. On a multiplié par là les fêtes ; on a surexcité le
jeu, qui est l'un des fléaux, autrefois accessoires, mais
maintenant principaux de l'institution des *courses* ; et,
quant aux services rendus à l'élevage, ils sont généralement assez médiocres. Il en est de même des encouragements distribués dans les concours de poulinières
et d'étalons. Le manque de suite, rendu inévitable par
l'insuffisance fatale des connaissances de l'administration, a fait ici tout le mal. L'immixtion de l'État dans la
reproduction du cheval est justifiée par la nécessité
de remonter la cavalerie légère. Au moyen de ses haras, d'une part, et de l'élévation du prix des remontes,
de l'autre, il réalisera bien mieux son but que par tous
les concours de poulinières et toutes les courses du
monde, pourvu qu'il ait grand soin de rester étranger
aux autres branches de l'élevage. De cette manière, il
ne tiendra pas sans cesse suspendue sur la tête de l'ini-

tiative privée la menace d'un retour de concurrence au moment le plus imprévu.

Rien ne paraît moins nécessaire encore que de mêler l'État à l'enseignement agricole. Il y aura toujours place en France pour une bonne école privée, sans que le gouvernement s'en mêle. On ne le ferait pas responsable des idées systématiques qui s'enseignent trop souvent dans les écoles d'agriculture et rendent les jeunes gens qui les fréquentent assez peu pratiques parfois, peu progressifs, de peu d'initiative, faisant de l'agriculture à force de capitaux, plus désireux enfin d'obtenir des distinctions par beaucoup d'éclat que d'établir un domaine réellement productif et économiquement administré. Ceux-là seuls, qui font de l'agriculture avec économie de force, de temps et de capital, enrichissent le pays. Que de fois des capitaux considérables sont enfouis dans des dépenses improductives, et que de fois les exploitants sont ruinés uniquement par le mauvais emploi des fonds qu'ils ont à leur disposition!

L'un des écueils de l'exploitation rurale les plus fréquents est le luxe exagéré des *constructions*. On a vu nombre de grands propriétaires consacrer deux et trois cent mille francs à la construction de superbes bâtiments, et se trouver ensuite privés de ressources pour faire valoir leurs terres.

Les bâtiments ne doivent pas être luxueux, mais surtout bien aménagés et placés, autant que possible, au beau milieu de la propriété ; il faut qu'ils se composent d'une maison d'habitation, d'une chambre à four, d'une grange, d'une écurie, d'étables, d'un hangar et du logement des porcs et de la volaille. On tourne la maison à l'est ; de la porte et des fenêtres de derrière, on doit apercevoir les portes des étables et des écuries, ainsi que la grange et le hangar, tout cela disposé en trois corps de bâtiments, distincts les uns des autres, de façon à pouvoir les isoler en cas d'incendie. On les relie simplement par une palissade afin d'avoir une cour fermée.

Il n'y a rien à négliger pour assainir la maison et l'inonder d'air et de lumière. On la construit sur caves, en plaçant le four en dehors, par précaution contre les incendies. Mais on peut disposer la laiterie dans la cave. Nous reviendrons plus loin sur l'aménagement des locaux affectés aux bêtes.

CHAPITRE XX.

PLANTES NUISIBLES A L'AGRICULTURE. — MALADIES QU'ELLES DÉTERMINENT CHEZ LES PLANTES CULTIVÉES.

Nous avons distingué parmi les maladies des céréales celles qui sont dues à des influences atmosphériques et celles qui proviennent de végétaux ou d'animaux parasites. Les plantes parasites déterminent chez ces végétaux diverses espèces de maladies. Ce sont généralement des champignons microscopiques, que l'on divise en deux catégories : les *champignons intestinaux*, prenant leur développement dans la partie organique interne de ces végétaux et déterminant la *carie*, le *char-*

bon, l'*ergot*; les *champignons pariétaux*, essentiellement

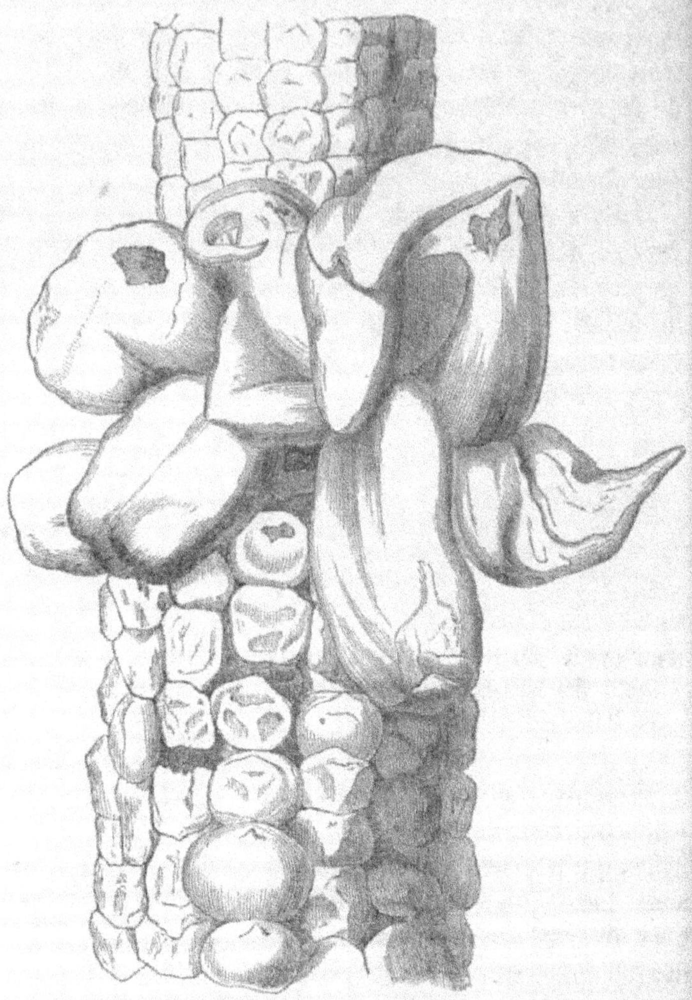

Fig. 579. — Fragment d'épi de maïs (grandeur naturelle) ayant
quelques grains charbonnés.

superficiels, moins nuisibles que les précédents, car ils

pénètrent moins à l'intérieur ; ce sont les *rouilles*, les *sphéries*, les *puccinies*, les *érysiphés* et les *stilbospores*.

La *rouille* est certainement le plus redoutable des champignons pariétaux. Cet *uredo cerealium* attaque particulièrement l'avoine, l'orge et le froment, dans toutes les phases de leur végétation. Il se développe sur les deux faces de la feuille, en plus grande quantité cependant à la partie inférieure. On reconnaît son existence à des taches et à une poussière jaunâtre très-abondante, répandues sur les feuilles et sur la tige. Pendant la jeunesse de la plante,

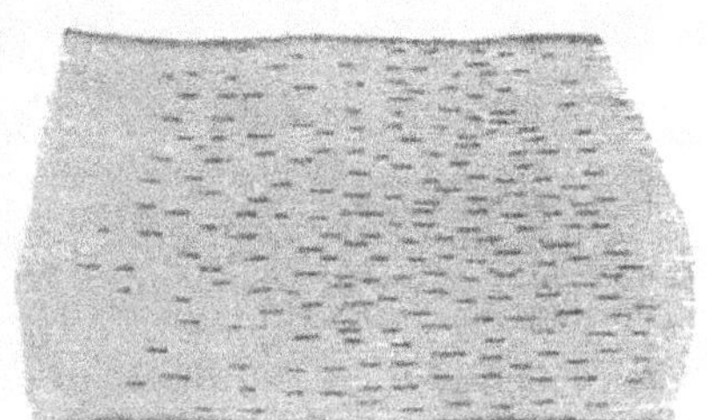

Fig. 580. — Pustules de rouille.

la rouille cause peu de mal ; mais, apparaissant après la formation de l'épi, elle rend le grain léger et rabougri, et elle enlève à la paille la plus grande partie de sa valeur.

Cette maladie se développe surtout dans les temps humides, à la suite de pluies froides. On ne connaît pas de moyen sûr de la combattre. Ce champignon a la for-

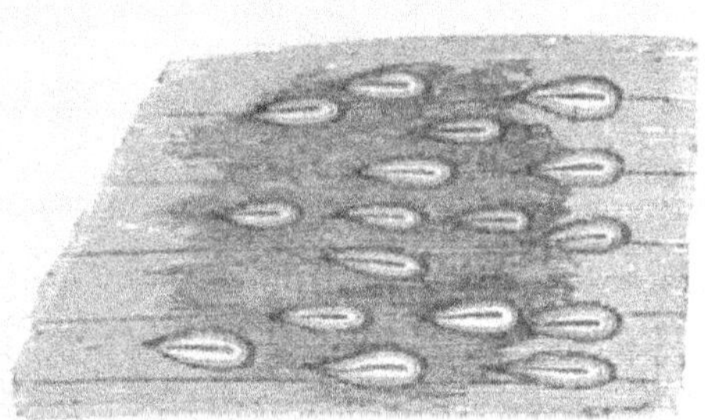

Fig. 581. — Feuille présentant des pustules grossies, au moment où elles se déchirent.

me de pustules ovales (*fig.* 580), fort nombreuses et petites, car elles n'ont guère qu'une longueur variant entre

40

quatre dixièmes de millimètre et un millimètre. Ce sont ces
pustules qui, se déchirant (*fig*. 581) suivant une fente lon-
gitudinale et sinueuse, laisse échapper (*fig*. 582) cette
poussière jaunâtre dont nous parlions tout à l'heure
(*fig*. 583). La rouille sévit d'autant plus que la plante
est plus vigoureuse. Le *froment locular* et les *blés de
Pologne* en sont seuls à peu près exempts. On recommande de chauler et de saler les champs pour la prévenir. Mais le procédé n'a pas fait suffisamment ses preu-
ves pour pouvoir être préconisé d'une manière générale.

Au temps des Romains, comme on ne connaissait pas
davantage de remède contre la rouille, on avait recours
à la prière pour la combattre. On avait institué un dieu

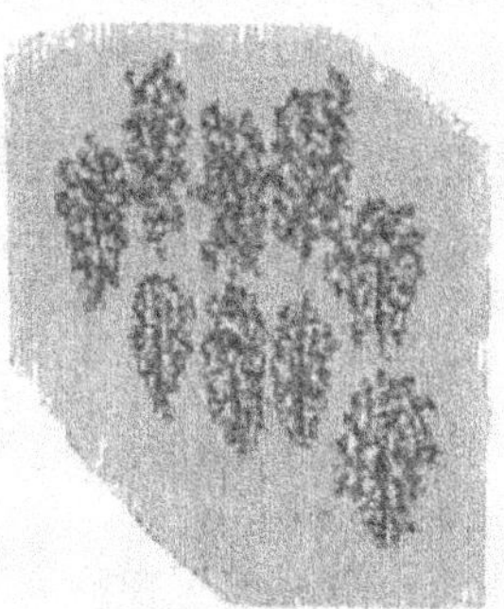

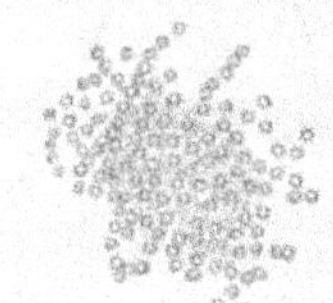

Fig. 582. — Pustules de rouille ouvertes
et laissant échapper la poussière jaunâtre.

Fig. 583. — Poussière
de rouille vue au micros-
cope.

de la rouille, *Robigus*. On croyait conjurer le fléau en
offrant en sacrifice à cette divinité un chien à la ma-
melle. On portait son corps processionnellement tout
autour des moissons, et les travailleurs du domaine se
réjouissaient après le sacrifice.

Les *champignons intestinaux* sont plus inquiétants

pour le cultivateur. C'est d'abord, avons-nous dit, *l'ergot*, maladie singulière attaquant particulièrement le seigle (*fig.* 348) et le maïs et paraissant depuis quelque temps ne pas vouloir même épargner le froment. Une excroissance dure, cassante et noirâtre, se développe sur le grain, ayant assez la forme d'un ergot de coq (*fig.*584). On l'a appelé aussi *clou*, *blé cornu* ou *seigle noir*. Cette excroissance prend la place du grain et sort d'entre les glumes ; elle a ordinairement une longueur inférieure à 40 millimètres. L'ergot, en tant que champignon, a reçu le nom de *sclerotium clavus* et se reproduit au moyen de séminules (*fig.* 584) que transporte l'air. Il est plus fréquent dans les sols humides et abrités, dans les terres maigres et sablonneuses, ainsi que dans les parties basses des localités en pente ou sur la lisière des champs, de préférence aux parties centrales. En

Épillet de seigle ergoté. Séminules situées à la surface du seigle ergoté, grossies 100 fois. Séminules grossies 500 fois.

Fig. 584.

Sologne, il détruit parfois jusqu'au cinquième de la récolte. Le *seigle ergoté* ne renferme ni amidon, ni sucre, ni albumine, mais de l'ammoniaque, une matière azotée, une matière huileuse et un principe très-actif, dit *ergotine*. Lorsqu'il entre dans le pain, il peut occasionner à ceux qui en mangent des maladies gangréneuses et mortelles. Aussi, quand on ne parvient pas à le détruire,

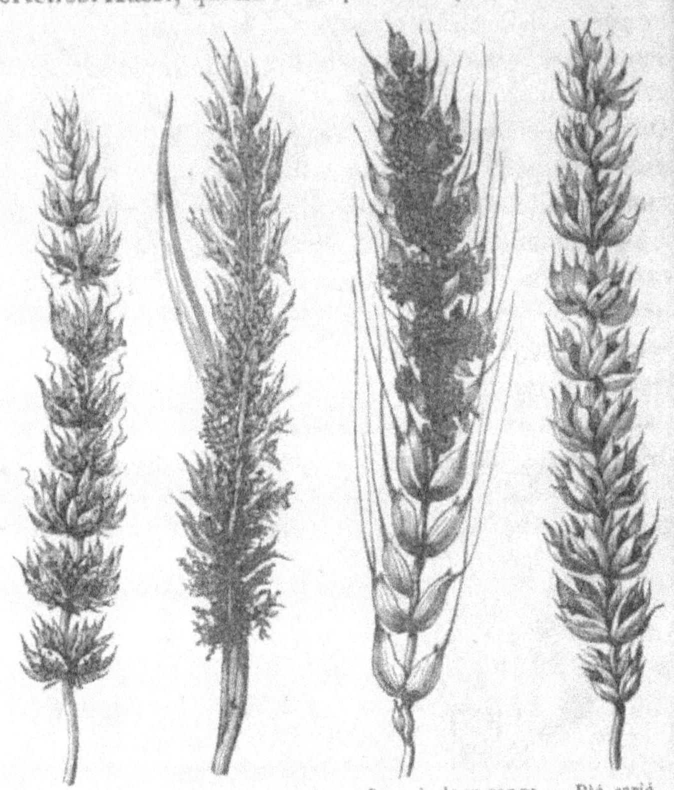

Blé charbonné.   Avoine charbonnée.   Orge à deux rangs   Blé carié.
Fig. 585.   charbonné.

faut-il purifier le grain avec le plus grand soin au moyen du tarare ou du bluteau-crible, afin de le vanner aussi complétement que possible. L'ergot, étant plus léger que le seigle, s'en sépare facilement.

Le *charbon* ou *nielle des blés* (*fig.* 585) attaque l'avoine, l'orge, le blé, le maïs, le millet, le sorgho, et décompose le

grain. Le mal est donc plus manifeste sur les parties flo-
rales et fructifères du végétal atteint. Celles-ci sont détruites complétement par la nielle, dont la présence est
indiquée par une poussière noire, qui a fait donner à cette
maladie le nom de charbon. Cet *uredo carbo* se développe à l'intérieur, pour s'épanouir ensuite très-visi-
blement au dehors. La poussière noire, composée de capsules parfaitement sphériques, très-petites et à demi
transparentes, est facilement emportée par le vent, quand
elle est sèche. D'un pied charbonneux il sort peu de tiges,
et encore sont-elles fort grêles. La feuille supérieure,
chez le froment, est tachée de jaune et sèche à son
extrémité ; chez l'avoine, les pieds attaqués sont d'un
vert pâle, d'une moindre stature, et se font remarquer
par le non épanouissement de l'épi. Le charbon s'abat
plutôt sur l'orge et sur l'avoine que sur le blé, sur
les blés de mars plutôt que sur ceux d'hiver, sur les
blés sans barbes plus souvent que sur les autres. Du
reste, cette poussière noire n'a pas une influence délétère
sur la farine et ne produit aucun désastre sur les êtres
qui s'en nourrissent. On n'en devrait pas moins avoir
soin d'en bien purger les grains par un lavage.

La *carie*, *bosso*, *blé bouté* (*fig.* 585), etc., est une maladie
qu'on a souvent confondue avec le charbon, parce qu'elle
est due à la présence d'un champignon, *uredo caries*, qui
attaque les organes de la fructification. Elle présente
cependant des caractères bien distincts. On ne la trouve
guère que sur le blé, surtout sur le blé commun, le blé
renflé et le blé de Pologne. Le blé dur du midi y est
moins sujet que celui du nord, et les blés à chaume solide, dits *blés d'Afrique,* en sont absolument exempts.
On rencontre encore la carie sur le maïs et le millet ;

mais c'est un fait fort rare. Elle se développe à l'intérieur du végétal et ne se manifeste clairement qu'au moment de son épanouissement dans le grain, dont elle change jusqu'à la forme et à la consistance. La matière farineuse blanche est remplacée par une masse compacte et grisâtre, analogue à la substance de toute espèce de champignon. Quand le grain grossit, cette masse grisâtre devient moins compacte, se fonce en couleur et se pulvérise. Si le champignon arrive à maturité, le grain de blé se remplit d'une poudre brune, noirâtre, très-fine, qui répand une odeur infecte, quand on l'écrase entre les doigts (*fig*. 586). Elle n'est pourtant pas très-malsaine. Il n'y a qu'un moyen de prévenir cette maladie, c'est de chauler la semence, car le charbon, la carie

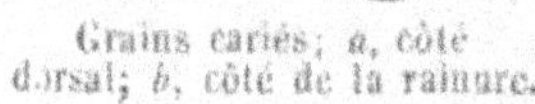
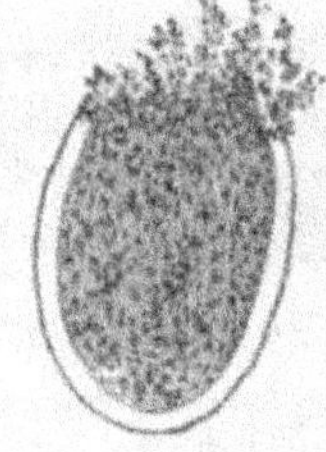
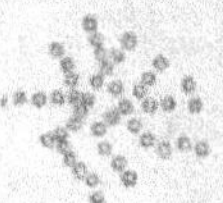

Grains cariés; *a*, côté dorsal; *b*, côté de la rainure.   Coupe d'un grain carié.   Poussière de carie grossie.

Fig. 586.

et l'ergot proviennent de champignons dont les germes, infiniment petits, se glissent dans le sillon. La chaux ou le sulfate de cuivre les détruit efficacement.

Il est préférable toutefois de mêler le sel à la chaux ou encore de tremper le grain dans une dissolution de sulfate de soude ou de *sel de Glauber*, en le saupoudrant ultérieurement avec de la chaux pulvérisée. On évite ainsi l'emploi du sulfate de cuivre, qui est un poison, et cependant on détruit parfaitement les mauvais germes.

Passons des céréales à la pomme de terre et à cette terrible maladie qui a infligé de si douloureuses disettes à l'Irlande. Elle a fait son apparition en France en 1845. La maladie proprement dite de la pomme de terre est une *gangrène brune et humide* (*fig*. 395 et 396). Elle est connue depuis longtemps aux États-Unis, et ce n'est qu'en 1842 qu'elle éclata en Belgique. Elle a paru avoir une tendance à diminuer dans ces dernières années. Elle fait invasion en juillet ou en août, et sa présence se manifeste par l'aspect du feuillage qui pâlit, jaunit, se couvre de taches brunes et finit par se dessécher et noircir. Les tubercules sont attaqués d'abord au point où ils tiennent à la racine; ils brunissent à l'intérieur, se durcissent et finissent par une pourriture complète. Cette gangrène, suivant MM. Morren, Payen et Montagne, est due à un champignon microscopique qu'on appelle le *botrytis infestans*, se comportant comme l'*uredo caries* du blé.

Il n'existe pas de moyen efficace pour combattre ce fléau. Seulement, il y a des précautions à prendre. Ainsi, la prudence ordonne de cultiver de préférence des espèces précoces, qui se récoltent avant les mois de juillet et d'août, c'est-à-dire avant l'époque de l'apparition du mal. Il faut avoir soin de planter des tubercules sains, gros et entiers, car il en sort des plantes plus vigoureuses, et le rendement est proportionnel à la grosseur des tubercules plantés. Il est sage aussi de ne confier les pommes de terre qu'à un sol sablonneux profond, meuble, perméable, frais sans humidité. Enfin on doit recommander d'effectuer les plantations en automne.

Les pommes de terre malades ne sont pas absolument

perdues. On peut, si elles ne sont pas pourries, les donner aux animaux, cuites et salées. Cuites, puis séchées au four, elles se conservent indéfiniment. Celles qui sont pourries s'écrasent, se lavent à grande eau, puis on les presse fortement dans des sacs de toile. Il en sort un gâteau très-longtemps exempt d'odeur et qu'on donne aux animaux en guise de tourteaux. On peut aussi en extraire la fécule, car, dans les pommes de terre les plus altérées, la fécule se conserve intacte.

Il existe d'autres maladies de la pomme de terre : les unes envahissant uniquement les parties aériennes, comme la *rouille* et la *frisolée*; et les autres, les tubercules, comme *la gale* et la *pourriture sèche*.

La *rouille* et la *frisolée* mettent les feuilles hors d'état de remplir leurs fonctions organiques et, par suite, entravent l'accroissement des tubercules. Ces maladies sont occasionnées par des plantes parasites, des *mucédinées*, qui se développent sous l'influence des brouillards de l'été. On ne connaît pas de préservatifs efficaces ni de moyens de guérison. C'est surtout dans la Grande-Bretagne que se fait sentir la *frisolée*, appelée *curl* par les Anglais.

Quant à la *gale*, connue des Allemands sous le nom de *Räude* ou de *Krätze*, c'est principalement en Thuringe et dans la Bavière supérieure qu'on a pu l'étudier. Elle est le résultat d'un petit champignon, de structure fort simple, appartenant à la famille des *protomyées*, et attaquant de préférence les parties du végétal qui se trouvent placées sous l'épiderme. Cette affection n'est pas redoutable ; elle empêche néanmoins les tubercules d'atteindre leur développement normal. Mais la *gangrène sèche* est dans un tout autre cas; depuis 1830, cette *Stockfäule* sévit, comme une véritable épidémie, sur les bords du Rhin.

en Bavière, en Saxe, en Bohême, en Silésie. Dans le Palatinat, en 1840, elle réduisit, pour certains cantons, la récolte au tiers. Elle est déterminée par le champignon *fusisporium solani*, qui s'attache au tubercule, l'envahit jusqu'au centre, le tue et le rend, par suite, impropre à la reproduction. A l'origine de la maladie, la pomme de terre n'offre aucun symptôme extérieur ; la surface seule est couverte de taches d'une couleur foncée et réticulée, par l'effet de la dessiccation partielle de l'épiderme. Ce n'est qu'ultérieurement que la pomme de terre devient de plus en plus sèche, étant privée de son eau de végétation par le parasite. A un certain moment, l'intérieur du tubercule prend l'aspect d'une espèce de truffe extrêmement compacte, dont la surface hérissée de petites protubérances blanches ayant la consistance de la marne crayeuse, prend l'apparence complète d'un morceau de craie. Il faut isoler avec soin les récoltes saines des récoltes attaquées et détruire celles-ci, si elles sont trop avancées pour pouvoir être utilisées, puis laver à l'eau de chaux le local ayant renfermé les tubercules gangrenés et enfin chauler les tubercules employés comme semence.

Au premier rang des parasites du trèfle, nous trouvons cette trop célèbre *convolvulacée* qu'on appelle la *cuscute d'Europe (fig.* 226), *barbe de moine, teigne* ou encore *cheveux de Vénus.* Il en existe en France plusieurs variétés, auxquelles les botanistes ont donné des noms différents. Elle ne vit pas seulement dans les champs de trèfle ; cette plante filamenteuse prospère encore au milieu des luzernes et des chanvres. Elle épuise les récoltes et ne tarde pas à les faire périr. On s'en préserve en prenant garde de ne pas engraisser le sol avec du fumier provenant de fourrages qui en auraient été infectés, afin de ne pas propager ses graines. Il est sage aussi de cribler et de nettoyer avec soin les semences; enfin, si le mal éprouvé est déjà grand, il ne faut pas reculer devant les moyens violents ni hésiter à brûler les places attaquées. C'est encore un procédé héroïque que celui qui consiste à arroser les champs infestés avec une dissolution de sulfate de fer, contenant 12 kilog. de cette substance par hectolitre d'eau; mais il y a lieu de l'employer avec prudence.

Dès que les premiers filaments de cuscute ont atteint un certain développement, il surgit de place en place des groupes de petites fleurs blanchâtres, disposés en bouquets globuleux au nombre de dix à quarante (*fig.* 425).

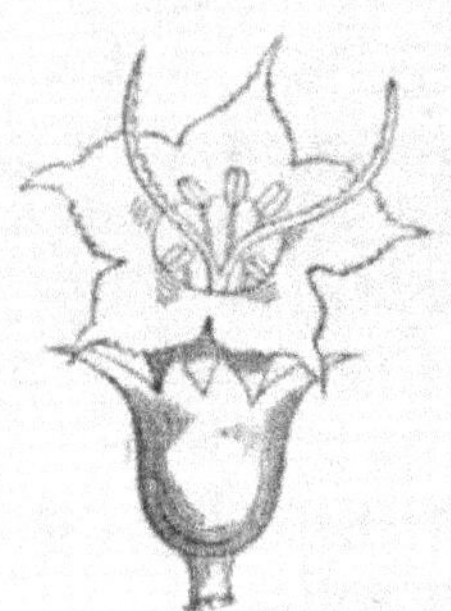

Fleur (grossie) de cuscute. Fruit (grossi) de cuscute.

Fig. 587.

Le fruit est une capsule à deux loges, contenant chacune deux graines. La cuscute paraît résister à l'hiver. Tous ses filaments disparaissent; mais il reste sur le sol, au pied de la plante qui l'a nourrie, de petits tubercules libres qui donnent naissance à de nouveaux individus. La graine de cuscute peut traverser les organes digestifs des animaux sans perdre ses facultés germinatives. Quand cette graine germe, la jeune plante développe, à l'extrémité d'une racine peu étendue, plusieurs mamelons qui tiennent lieu de radicules ; la racine disparaît dès que la tige s'est attachée aux plantes voisines. Celle-ci s'enroule alors autour des tiges ou des feuilles et, à chaque point de contact, elle développe d'autres petits mamelons, dont la pointe pénètre et s'insinue dans le tissu cortical de la plante pour en absorber les sucs nutritifs. De nouveaux filaments naissent en abondance des tiges primitives, s'enroulent et s'attachent à leur tour ; ils font disparaître la plante dans leurs innombrables réseaux et la tuent. Ces filaments, isolés par fragments, même de la plante qui les nourrit, peuvent vivre ainsi plusieurs jours et, déposés sur d'autres plantes, s'y fixer immédiatement par de petits suçoirs qui apparaissent sur les nouveaux prolongements.

Le parasite spécial à la luzerne est un *rhizoctone*, champignon ayant l'aspect de filaments rougeâtres et faisant périr la racine en l'enveloppant. On rencontre dans les champs de luzerne des places circulaires qui se dégarnissent et dont le rayon s'étend progressivement : cela tient à l'invasion de ce rhizoctone. On peut arrêter le mal en le circonscrivant au moyen d'une tranchée profonde ; mais ce n'est pas là un moyen infaillible. Le plus sûr est de défricher la luzernière et de ne la faire revenir en cet endroit que de longues années après. On trouve un autre *rhizoctone* dans les champs de safran, il cause beaucoup de dégàts (*fig.* 491).

Mentionnons enfin l'*orobanche rameuse* (*fig.* 476 et 588), qui vit surtout aux dépens du trèfle et du chanvre. On en doit couper les tiges à ras de terre, avant son épanouissement, afin de l'empêcher de pousser en graine. Elle n'a pas de feuilles et se reconnait à sa couleur jaunâtre, qui brunit et noircit même en vieillissant. Elle a un faux air de jeune asperge.

On a constaté dans le Nord et en Belgique sur la betterave une maladie, analogue à la gangrène humide des pommes de terre, dite *maladie brune* (fig. 589). On aperçoit, autour de la betterave, aux points d'insertion des feuilles détruites, des taches fauves. L'altération pénètre plus

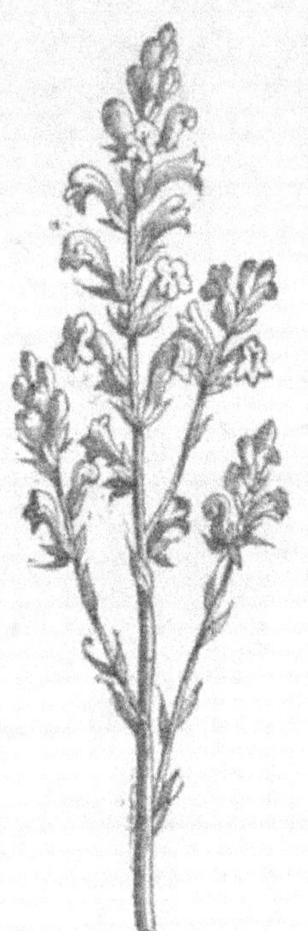

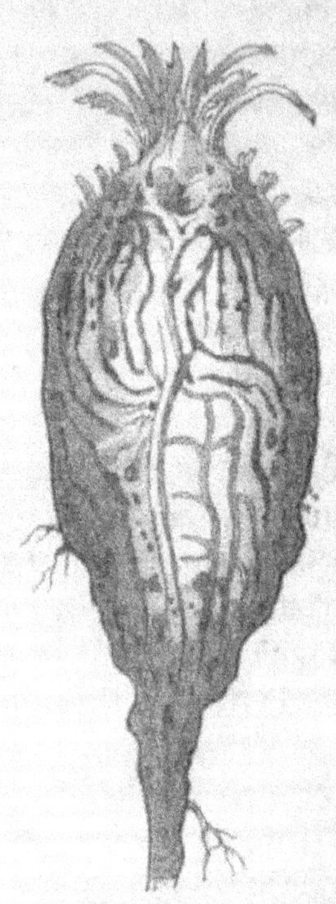

Fig. 588. — Orobanche rameuse. Fig. 589. — Coupe d'une betterave attaquée de la maladie brune.

ou moins avant dans le végétal. Cette maladie progresse peu lorsque les racines sont isolées. Les parties brunes perdent totalement leur sucre. Il ne faut pas confondre cette maladie avec le *pied-chaud*, qui s'attaque aux racines pendant le premier âge, les flétrit et les dessèche.

Le poirier a aussi son champignon particulier. Les feuilles se couvrent superficiellement de taches de rouille, correspondantes à de petites excroissances de même couleur placées à la face inférieure, et ne remplissent plus leurs fonctions. Ce champignon s'appelle *œcidium cancellatum*. Le soufre trituré ou sublimé, répandu à temps sur le feuillage, peut arrêter le mal.

Les ennemis végétaux de l'oranger sont au nombre de deux : l'un s'appelle le *demathium monophyllum* et ressemble à une poussière noire qui finit par recouvrir l'arbre en entier, ce qui lui a valu son autre nom de *charbon de l'oranger* ; il se développe dans les endroits humides et ombragés. L'autre est le *lichen aurantii*, ayant la forme d'une petite croûte d'un gris blanchâtre. Le moyen de les combattre consiste à faire circuler l'air activement entre les arbres comme entre les rameaux d'un même plant. C'est l'insecte le *kermès* qui paraît déterminer le charbon. On observe le même phénomène chez l'*azerolier*. Quant au lichen, le lait de chaux suffit pour en avoir raison. L'azerolier est encore attaqué dans son fruit par un autre parasite qui se développe quand le fruit est vert, et le fait inévitablement périr.

Le *blanc*, *meunier* ou *lèpre* du pêcher est attribué à un champignon analogue à celui de l'*oïdium*. Cette maladie se reconnaît à la présence d'une poussière d'un blanc grisâtre qui recouvre entièrement les feuilles, les jeunes bourgeons et même les fruits. Les feuilles se flétrissent et les fruits tombent avant maturité. Cet accident se manifeste entre juin et août. On le combat avec succès au moyen du soufre. Le *blanc des racines* du pêcher est dû également à un champignon blanc, filamenteux, du genre *rhizoctone*. Il attaque les racines en été à la suite

de pluies d'orage succédant à la sécheresse, les fait
pourrir en peu de jours et détermine la mort de l'arbre.
Les pêchers greffés sur amandier ou sur frêne y sont le
plus exposés. La fleur de soufre mêlée au sel paraît
appelée à donner des résultats satisfaisants contre ce parasite. Un *rhizoctone* analogue se retrouve sur les racines du figuier.

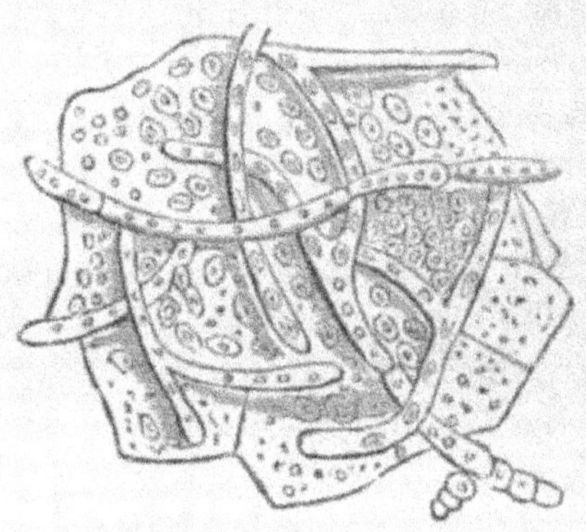

Fig. 590. — Oïdium.

L'amandier est, tout comme le chêne et le pommier,
exposé à être épuisé par le *gui*. On extirpe ce parasite
en creusant les branches de l'arbre sur chacun des points
auxquels il s'est fixé, et en recouvrant les plaies avec
une couche de résine.

Voici enfin l'*oïdium* (*fig.* 590), qui a causé de si terribles ravages à nos vignobles pendant de longues années.
L'oïdium porte encore le nom de *lèpre, blanc* ou *meunier*. Il se montre sous la forme d'une efflorescence

d'un blanc grisâtre, d'abord sur les feuilles (*fig*. 591)
et les jeunes bourgeons, qu'il arrête dans leur croissance, ensuite sur les grappes elles-mêmes. L'épiderme
du grain se durcit et présente une teinte fauve; ce grain
se fend, prend une saveur amère et se corrompt avant
de mûrir. Les feuilles et les bourgeons attaqués se couvrent de taches brunes; les feuilles se détachent et, si

Fig. 591. — Feuille de vigne attaquée par l'oïdium.

la maladie est intense, le bourgeon se désorganise jusqu'à
sa base, de sorte qu'on perd à la fois la récolte du moment et celle de l'année suivante. Au bout de deux ou
trois ans, le cep périt entièrement.

Tout ce mal est causé par le petit champignon baptisé
d'*oïdium tuckeri*; mais il est facile à prévenir au moyen
du *soufrage à sec*. On répand uniformément le soufre,
bien divisé, sur toutes les parties vertes avant l'apparition de la maladie, lorsque les bourgeons ont encore
à peine 15 centimètres de longueur; on soufre une

seconde fois lors de l'épanouissement des fleurs et, en dernier lieu, à l'époque où les raisins atteignent le tiers de leur grosseur. Il faut choisir un beau temps, car la pluie forcerait à recommencer l'opération.

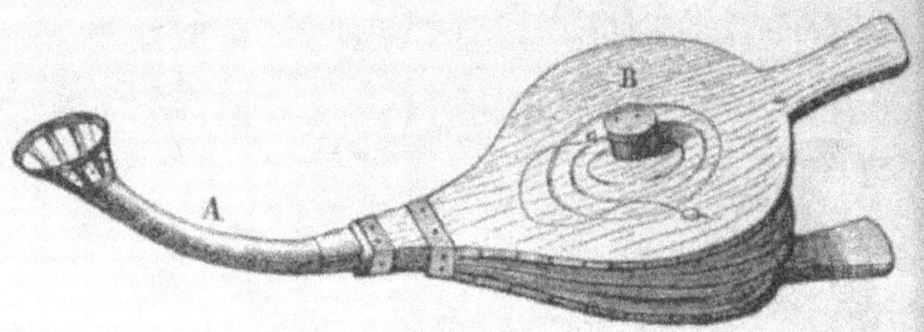

Fig. 592. — Soufflet de la Vergne.

On emploie, pour répandre le soufre d'une manière homogène, avec promptitude et sans trop de frais de manutention, le *soufflet à extrémité recourbée de M. de la Vergne*, de Bordeaux, ayant les dimensions d'un souf-

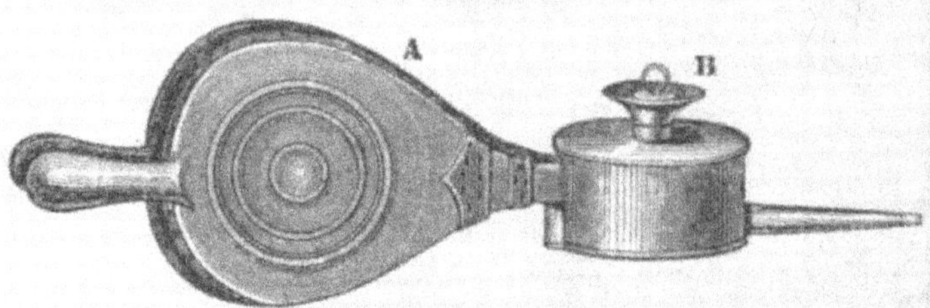

Fig. 593. — Soufflet Gaffé.

flet ordinaire, ou bien le *soufflet Gaffé*. On peut employer indifféremment à cette fin le soufre sublimé ou le soufre brut finement trituré. Le prix de revient du soufrage des treilles, à Thomery, pour un hectare de terre entièrement consacré à la culture de la vigne, est de 31 fr. 80, soit : 16 fr. 80 représentant le prix de 60 kilogrammes de soufre sublimé utilisé pour les soufrages (à 28 francs les 100 kilogr.) et 15 francs pour 6 journées d'hommes à 2 fr. 50 l'une.

En dehors des plantes parasites envahissant les céréales que nous avons déjà nommées, il nous faut encore mentionner le *chardon des champs*, la *folle-avoine*, le *pas d'âne* ou *tussilage*, les *patiences*, la *gernotte*, l'*yèble*, espèce de saregu particulière, le *coquelicot*, la *nielle des blés* (*agrostemma githago*), fleur rouge qu'il ne faut pas confondre avec la *nielle charbonneuse* dont nous avons parlé, l'*ivraie annuelle*, le *mélampyre des moissons*, le *bluet* et la *moutarde des champs*. La *gernotte*, le *chiendent*, le *pas d'âne* résistent aux roulages et même aux sarclages.

Mentionnons enfin les *lichens* et les *mousses*, comme parasites des arbres ; les *joncs*, les *carex* comme ennemis des prairies saines et salubres.

SEPTIÈME PARTIE

Conservation des récoltes.

CHAPITRE XXI.

CONSERVATION DES CÉRÉALES.

Nous n'avons pas à revenir sur la manière dont on récolte les céréales. Il ne s'agit ici que de la conservation des produits, une fois qu'ils sont récoltés.

La conservation des céréales se divise en deux périodes : la conservation jusqu'à l'époque de l'*égrenage* par les machines, du *battage* au fléau ou du *dépiquage* au moyen des pieds des animaux, et la conservation de ce même grain, une fois nettoyé, jusqu'au moment où on le porte au moulin.

1re *période*. — Dès que les gerbes ont perdu, sur le terrain, leur excès d'humidité, on les dispose en *meules*, *mulotins* ou *gerbiers*, ou bien on les emmagasine dans les *granges*.

Une meule est un tas considérable de gerbes, élevé en plein air jusqu'au battage. Elle permet d'économiser sur les dépenses de construction des bâtiments. Les récoltes peuvent aussi bien se conserver par ce procédé que dans des *granges* ou des *greniers*. La meule est préférable à la grange, parce que ses gerbes et ses fourrages, recevant l'air de tous côtés, conservent leurs qualités propres et leur bon goût bien plus sûrement qu'entre quatre murs. On établit les meules tout simplement sur le sol (*fig.* 597) mais en ayant soin de le battre au préalable et d'en disposer la superficie de manière à favoriser l'écoulement de l'eau en

Meule ordinaire.   Fig. 597. —   Meule américaine.

l'entourant d'une rigole circulaire. Sur la terre, on dispose un premier lit de fagots ou de paille de colza, afin d'isoler les gerbes de tout contact ; puis , pour préserver la meule de la vermine, des souris et des rats, on l'asseoit sur un châssis de charpente supporté lui-même par des pieux ou des piliers de fonte, suivant l'usage suivi en Angleterre et aux États-Unis (*fig.* 355). On coiffe ses supports de cônes en fer-blanc ayant la forme d'entonnoirs renversés. De cette façon, on empêche les souris de grimper. La plus simple des couvertures pour les meules est une bonne couverture

en paille; on fait encore usage de couvertures mobiles,
descendant d'elles-mêmes au fur et à mesure que décroît
la meule, ce qui permet de retirer de celle-ci les gerbes et les fourrages selon les besoins courants. S'il fallait employer à cet effet des toiles cirées, mues avec des
perches et des poulies, ce serait par trop compliqué.
Généralement, on établit la couverture avec des cordes
de paille liées par le bout des épis et maintenues sur
la meule au moyen de fiches en bois. On les espace de
30 à 40 centimètres, en les obliquant. Ces meules ont
de 4 à 10 mètres de diamètre et 5 à 6 de haut.

Fig. 598. — Meule avec grange mobile.

On élève les meules sur le champ lui-même, afin
d'éviter tous frais de transport ; mais, comme cela
équivaut à un simple ajournement de dépense, il est
préférable de les établir aussi près que possible de la
ferme, de façon à les placer sous la surveillance conti-
nuelle du maître. Dans le midi de l'Europe, les meules,
généralement fort petites, se recouvrent avec quelques
centimètres de terre bien battue. Dans le département
d'Indre-et-Loire, on met en meules les tiges de maïs
destinées à être mangées par le bétail et on les entoure
de cordes de paille. On donne plus spécialement le nom

de *gerbier* à une construction mobile à claire-voie, destinée à abriter les meules contre les accidents des saisons. Ce n'est autre chose, en définitive, qu'une grange mobile, moins coûteuse que la grange ordinaire et pouvant contenir 8,000 gerbes. On en fait grand usage du côté de Hambourg.

Quant aux *granges* proprement dites, elles servent à resserrer les grains en gerbes que l'on ne veut pas abandonner au plein air. Ce sont ordinairement de grands bâtiments, entourés de toutes parts de murs en maçonnerie percés de quelques baies. Il est bon que chaque récolte ait sa grange spéciale, afin d'éviter les mélanges de grains, de rendre le nettoyage plus facile et la semence plus pure. Toute grange doit être disposée de façon à permettre la facile circulation des voitures chargées des récoltes. Il est bon d'en bitumer le sol intérieur et de l'élever d'environ un pied au-dessus

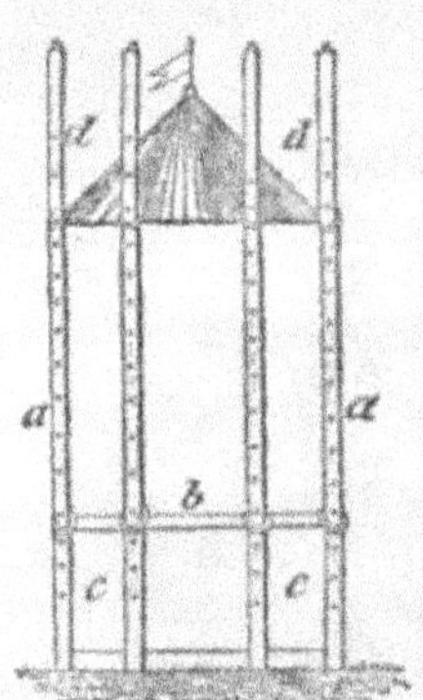

Fig. 599. — Gerbier allemand. *aa*, piliers; *b*, plancher; *dd*, toit mobile.

du sol avoisinant; en outre, il faut prendre soin d'en bien crépir et d'en lisser les murs en dedans, afin que les rats et les souris ne puissent atteindre la charpente supérieure. Il est utile de l'isoler au milieu de la cour de la ferme. Son intérieur renferme une *aire* pour le battage, plus l'espace où sont rangées les gerbes et un *ballier* où l'on conserve les *balles* ou *menues pailles* séparées du grain par le battage et le vannage. L'aire doit présenter un sol affermi, compacte, ne se brisant ni ne se pulvérisant sous les coups du fléau; à cet effet, on l'aplanit avec soin et on le bat, puis on le recouvre de deux ou trois couches d'un enduit formé, par exemple, d'argile battue avec de la terre végétale. On a imaginé aussi une grange ou un *gerbier* sur poteaux (*fig.* 599 et 600), des 2/3 meilleur marché qu'une grange en maçonnerie, et dans laquelle les récoltes sont bien plus à l'abri des rats et des souris, dont les dégâts peuvent s'élever à plus de 15 0/0. Elle peut être construite en quelques mois et rendre de

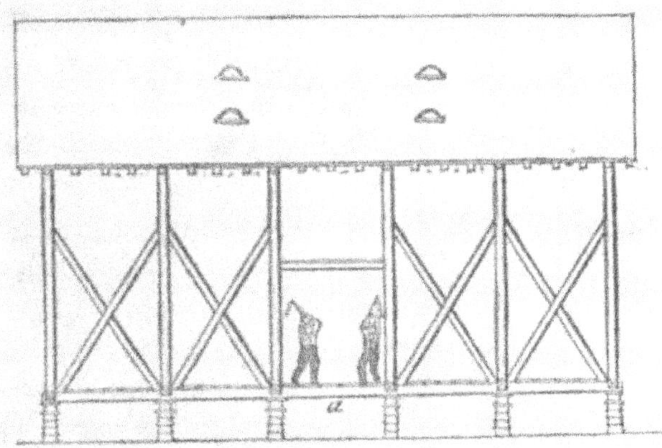

Fig. 600. — Gerbier sur poteaux.

grands services dans les pays où les bois blancs ou résineux, d'une longue portée, abondent et coûtent peu. Enfin, on fait encore usage en Angleterre de granges mobiles où l'on bat le grain auprès des meules mêmes (*fig.* 598).

2ᵉ *période.* — Du moment que le grain est séparé de la gerbe et nettoyé, on le répand d'une manière régulière sur le plancher du grenier, en couches plus ou moins épaisses (d'un pied environ). Il ne reste ensuite qu'à le remuer tous les trois ou quatre jours à la pelle ou bien à le cribler de temps à autre avec le crible ou le tarare, afin d'en arrêter l'échauffement et de détruire une partie des insectes qui l'attaquent. Le criblage enlève les graines étrangères et les grains de blé maigres, chétifs, mal conformés, attaqués par les insectes.

Un grenier bien aménagé doit demeurer isolé, afin qu'on puisse le ventiler en tous sens, et se trouver éloigné des écuries et des étables, des rivières et des marécages, car les émanations putrides ou humides pourraient être fort nuisibles au grain. Il y a lieu de revêtir les murs, à l'intérieur, d'un ciment hydraulique qui les

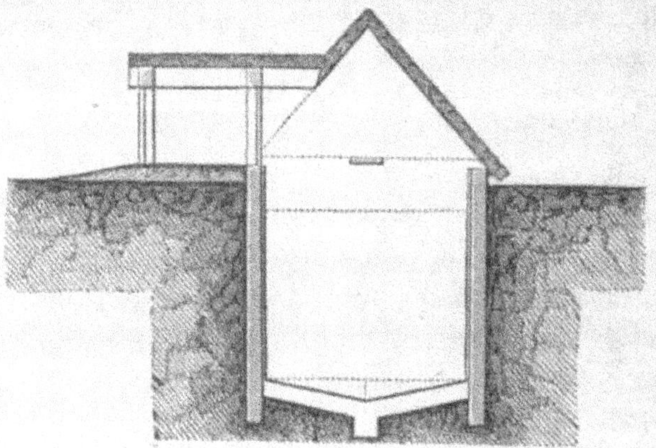

Fig. 601. — Grenier-glacière.

préserve de l'humidité, et de disposer les fenêtres en plus grand nombre au nord qu'au midi, de façon à permettre de faire abondamment circuler l'air froid et sec. Enfin on garnit celles-ci d'un treillage métallique assez serré, dont l'effet est de mettre obstacle à l'introduction des animaux nuisibles. Avant d'emmagasiner le blé, on nettoie le grenier avec soin, surtout les murs, pour en chasser les insectes.

On conserve aussi le blé par le procédé de l'*ensilage*. Ce système, antique comme le monde et encore en usage dans les pays d'Asie et d'Afrique, en Algérie notamment parmi les Arabes, consiste à enfouir les grains battus dans de grandes fosses qu'on a appelées des *silos*. On a voulu, il y a quelques années, réimporter chez nous ce système. Après un grand nombre d'essais, on a dû y renoncer, en raison des dépenses considérables qu'il entraîne. En France, on l'emploie encore dans de grandes exploitations, mais surtout pour les fourrages. L'ensilage consiste à empiler les grains sur une largeur de 2 mètres, jusqu'à 1^m 20 ou 1^m 50 de hauteur, et à recouvrir ce tas de paille serrée en formant un toit en pente de chaque côté. Sur le tout, on étend une couche de terre, dont l'épaisseur varie de 30 à 60 centimètres, selon le genre du produit à conserver. Tout autour du silo, on creuse une rigole ayant environ 30 à 40 centimètres de largeur et de profondeur, tout en relevant la terre le long du tas et la battant avec des pelles sur le côté et sur la crête. On pratique de distance en distance des ouvertures ou cheminées, faites avec deux tuiles ; c'est par là que s'en va l'excès d'humidité des plantes ; c'est aussi par là que s'introduit l'air froid du dehors en vue d'empêcher la fermentation. On bouche les ouvertures avec de la paille dans le moment des gelées. Si la pourriture s'empare d'un silo, il faut sur-le-champ le déplacer. De même, il y a lieu de le visiter souvent pour briser les nouvelles pousses quand il s'agit de tubercules.

CHAPITRE XXII.

CONSERVATION DES TUBERCULES ET DES RACINES, DES FOURRAGES ET DES FRUITS. — CONSERVATION DES BOIS. — CONSERVATION DES VINS. — CONSERVATION DE LA VIANDE.

L'ensilage est fort commode pour les pommes de terre, les carottes, les betteraves, dépouillées de leurs feuilles au couteau ou à la serpette, ou *décolletées*, comme il est passé en usage de dire. Il faut aussi les bien nettoyer de la terre ordinairement collée après elles; sans cela, des feuilles se développeraient en fort peu de temps, ce qui altérerait les racines. On les sèche en les laissant quelque temps sur le sol après l'arrachage; enfin on ne doit ni les briser ni les meurtrir dans le transport.

Les racines et tubercules servent principalement à nourrir les animaux, alors que les prairies ne fournissent plus rien. Or, il est essentiel de les conserver intacts jusqu'au moment où l'on pourra se procurer de nouveaux fourrages. Leur richesse en eau, leur propension à la pourriture, lorsqu'ils ont été ou meurtris ou froissés, leur tendance à dégager une vive chaleur lorsqu'ils sont en grandes masses, obligent à prendre maintes précautions que nous venons d'indiquer sommairement à propos de l'ensilage à ciel couvert. Il faut les abriter de la gelée, de la chaleur et de l'humidité, et aussi les préserver de la lumière.

On a recours, à cet effet, selon les cas, à *l'ensilage à ciel couvert*, dont nous parlions tout à l'heure à propos des grains, ou à *l'ensilage à ciel ouvert*, qui ne diffère de celui-ci que par la substitution de certains travaux de maçonnerie à de simples constructions de terre.

La *betterave* ne veut pas être rentrée desséchée, comme cela se faisait autrefois, parce qu'alors elle s'é-chauffe, se ride, fermente et pourrit. Dans le Nord, une fois décolletées, les racines sont rassemblées sur le sol en petits tas, assez distants les uns des autres pour que les voitures de transport puissent traverser le champ sans les endommager; on les recouvre de feuilles afin de les préserver de la sécheresse et on les laisse ainsi le plus longtemps possible, car plus on tarde à les rentrer et mieux elles se conservent, sans doute parce qu'à cette époque-là, en plein air, leur température moyenne est moindre que celle de l'intérieur des celliers ou des silos. Elles peuvent supporter ainsi une température de — 6°. On les rentre de préférence par un temps froid et pas trop sec. On peut décolleter également les carottes en enlevant 5 centimètres du sommet de la racine, ce qui empêche la plante de pousser là où on la conserve. Celles des sols légers restent exposées quelques heures seulement au soleil avant d'être rentrées ; au contraire, celles récoltées dans les terres argileuses et compactes doivent être abandonnées quelques jours à l'air pour se sécher. Les raves s'emmagasinent aussi; cependant, si l'on manque de place, on laisse une partie de la récolte en terre, mais seulement dans le cas où elle a été plantée en lignes ; on en arrache trois lignes sur six, et, à l'époque des gelées, on les recouvre de terre au moyen de la charrue. Ainsi couvertes, les raves peuvent attendre sans souffrir jusqu'au printemps. Le chou-navet reste fort bien en terre jusqu'en février; il s'y conserve parfaitement et continue à grossir ; il n'atteint tout son développement qu'à la fin de l'hiver, mais le froid empêcherait de l'extraire du sol, si l'on attendait jusque-là. Il faut donc faire une récolte précoce en décembre. Quant aux *pommes de terre*, une fois qu'on les a arrachées à la charrue, on les ramasse pour les transporter à la ferme, les laissant le moins longtemps possible exposées à la lumière, sinon elles verdiraient et prendraient une saveur âcre qui les rendrait impropres à l'alimentation, surtout si elles restaient exposées à la pluie. Les *topinambours* se récoltent de la même façon ; seulement il ne faut pas qu'ils séjournent dans le sol pendant l'hiver, car l'humidité pourrait occasionner leur pourriture, bien qu'ils aient une tendance à continuer de se développer. En vue de conserver les pommes de terre, les navets, les carottes et les topinambours, réservés pour la table, on se sert de celliers, de magasins ou de caves bien sèches où on les dispose par lits alternatifs avec du sable aussi sec que possible. En Allemagne, on met encore les pommes de terre dans des tonneaux défoncés, placés debout au milieu de foin ou de paille ; ce mode de conservation a l'inconvénient de faire contracter aux tubercules une odeur de foin peu agréable, qu'une exposition à l'air au moment de la consommation ne suffirait pas à dissiper. Les *patates* sont extrêmement difficiles à garder ; on les enveloppe dans des bâches intercalées entre plusieurs lits de terreau sec, ou bien dans des jarres en terre cuite, alternant avec des couches de sable lavé et séché au four, ou encore sur les tablettes d'une chambre boisée, fermée par une porte en tôle et adossée à une cheminée journellement chauffée.

Il est presque impossible d'empêcher les pommes de

terre de germer à l'époque du retour de la végétation.
Les bourgeons possèdent de très-actives propriétés nar-
cotiques. Ils renferment un alcali identique à celui que
l'on rencontre dans les différents organes de la *morelle*, de la *douce-amère* et autres solanées. Ce principe
a reçu le nom de *solanine*. Les bestiaux qui en mangent
sont comme empoisonnés et paralysés des jambes de
derrière. Il faut donc en séparer le germe avec soin.

Passons aux *fourrages*. On les conserve en *meules*, au
milieu de la prairie même ou dans la cour de la ferme,
ou en *granges*, *greniers* ou *fenils*. La meule, bien
faite, est le procédé de conservation le plus économique,

Fig. 602. — Meule de foin temporaire.

quand on observe les précautions indiquées à propos
du blé. Son foin est de meilleure qualité, et cela se reconnaît à l'odeur ; aussi le paye-t-on un peu plus cher
sur le marché. Ce système entraîne plus de travail et de
difficultés, en temps de pluie. Ce qui est surtout à craindre, c'est que celle-ci ne survienne pendant la construction de la meule.

Il y a deux sortes de *meules* ou *meulons :* les *meules temporaires* (*fig*. 602), destinées à attendre la fermentation du foin et sa dessiccation, laissée incomplète par le fanage ; on défait ces meules pour botteler le foin et le rentrer au grenier ; les *meules permanentes* (*fig*. 603), suppléant aux greniers et appelées à durer jusqu'à l'heure de la consommation. Les premières reposent sur le sol ; les autres en sont isolées par un lit de paille, de branchages ou de fagots, ou par un plancher établi sur des pièces de bois ayant de 16 à 20 centimètres de hauteur, reposant elles-mêmes sur des pierres plates. On préserve ainsi la meule de l'humidité du sol, ainsi que des rats et des souris. On creuse tout autour un petit fossé pour emporter au loin les eaux de pluie. Ces meules renferment ordinairement 30 à 40,000 kilogrammes de foin. Il s'y tasse énormément ; on ne peut alors, pour la consommation, l'arracher avec la fourche ; on le coupe perpendiculairement en tranches avec un *coupe-foin* (*fig*. 604), bêche tranchante dont la forme varie suivant les localités. Les coupe-foin anglais (*fig*. 605) sont plus commodes et plus pratiques que ceux usités en Toscane, dans le Milanais ou dans le Valais suisse. Ce foin, fortement tassé,

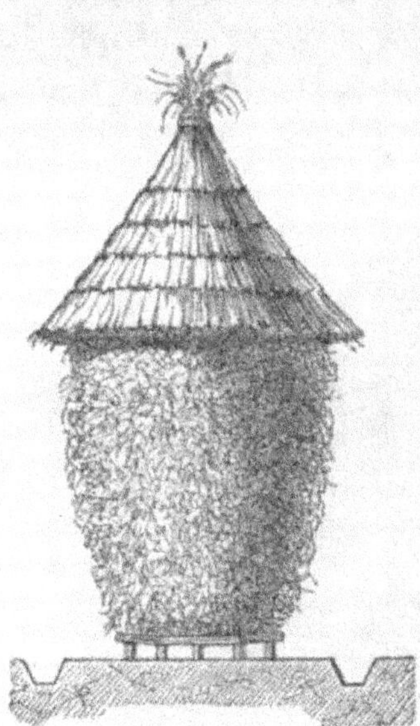

Fig. 603. — Meule de foin permanente.

avons-nous dit, ne tarde pas à s'échauffer et à exhaler
des vapeurs aqueuses et aromatiques; il fermente, car
il renferme toujours de l'humidité, et cela pendant plusieurs mois, ce qui rend les fibres ligneuses plus tendres,
plus faciles à briser et plus nutritives. Pour obtenir
le meilleur fourrage que l'on puisse espérer, il faut le
faire sécher sans qu'il reçoive ni pluie, ni rosée, ni surtout d'alternatives d'humidité et de sécheresse. Les années pluvieuses, on ne peut amener le foin à l'état de

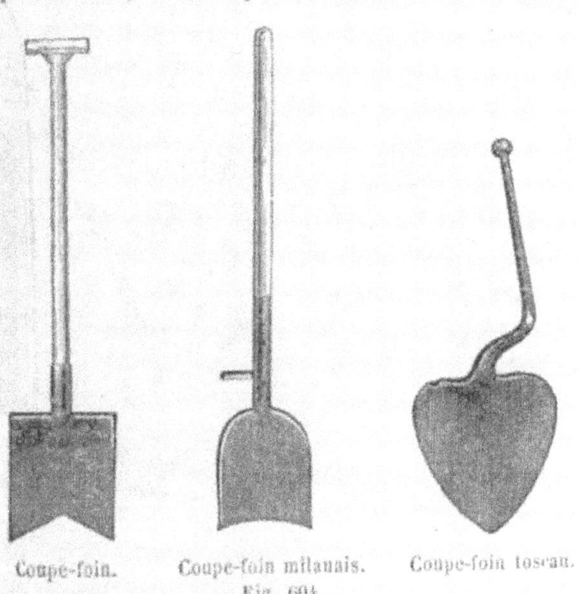

Coupe-foin.   Coupe-foin milanais.   Coupe-foin toscan.
Fig. 604.

dessiccation voulu; il moisit, il pourrit et devient nuisible
au bétail. En Angleterre et en Hollande, on a recours à
des meules, évasées dans le centre (*fig*. 606) pour laisser
circuler l'air au moyen de perches disposées en rond ou
d'un cylindre d'osier. Mais ce système, combattu par Thaër
et Dombasle, ne s'est pas propagé et, au contraire, on

tasse aujourd'hui le pourtour de la meule, de manière à intercepter l'air absolument.

On emploie au transport des fourrages des champs à la ferme diverses sortes de véhicules traînés par des chevaux ou des bœufs. La *charrette à foin* la plus usitée est la *guimbarde*. En Angleterre, on fait grand usage de ce qu'on appelle la *charrette à gondoles (fig. 607),*

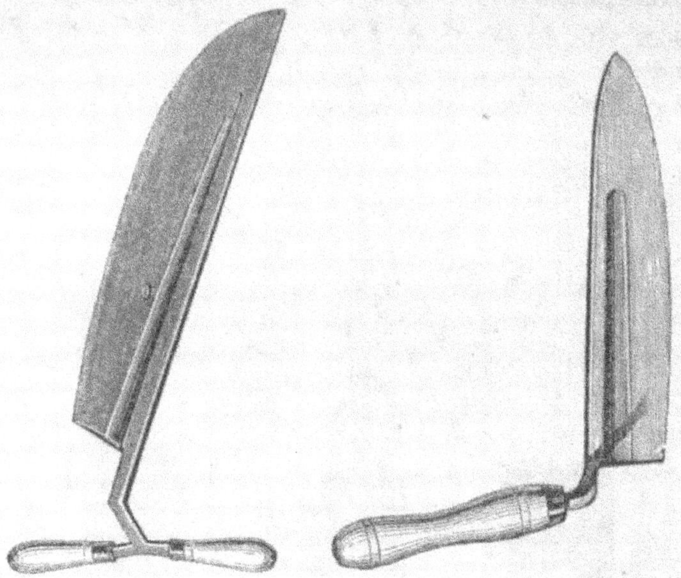

Fig. 605. — Coupe-foin anglais.

se renversant en arrière au moyen d'une bride placée à l'avant. Enfin, dans le Nord de la France, en Franche-Comté, en Belgique, dans l'Allemagne du Nord, on préfère la *charrette à quatre roues (fig. 608)*. Celle à tirage isolé paraît être supérieure. Mathieu de Dombasle a reconnu par l'expérience qu'il valait mieux isoler les bêtes pour le tirage et que la force déployée par chaque cheval augmente au fur et à mesure que l'on en diminue le nombre.

Dans une grande partie de la France et surtout dans le Nord, on rentre les *fourrages* presque toujours, soit après la fenaison, soit au bout de quelques mois de meule ; cela se pratique surtout pour le trèfle, la luzerne et les foins de prés de première qualité.

C'est une mauvaise habitude de botteler sur la

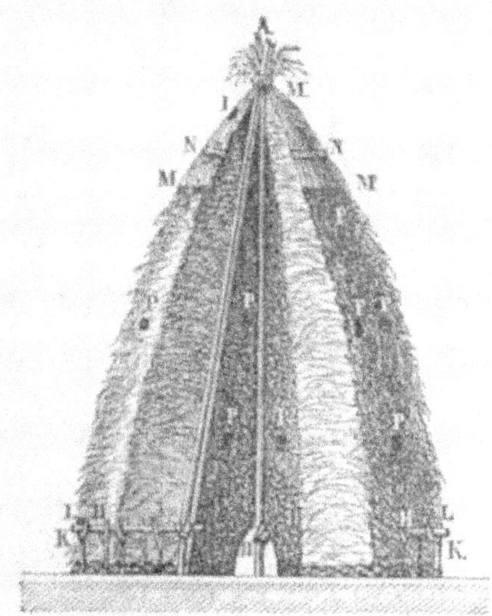

Fig. 606. — HH, ouvertures à la base; I, ouverture au sommet ; LL, bâtons horizontaux supportés par les petits piquets fourchus KK ; PP, ouvertures pratiquées pour empêcher la fermentation.

prairie. Il faut avant tout mettre la récolte à l'abri ; le bottelage fait perdre un temps qui peut être précieux et détache de petites feuilles, des fleurs, ainsi que les parties les plus délicates de la plante. Le foin botphelé prend, en outre, une place considérable dans le grenier, car on ne peut le tasser régulièrement et, s'il n'est pas parfaitement sec, il est exposé à moisir. Il est donc préférable de le mettre à l'abri. Par un temps incertain ou dans le cas d'une récolte importante, il ne faut pas hésiter à rentrer du foin qui n'est pas parfaitement sec, pourvu

Fig. 607. — Charrette anglaise en gondole.

qu'on le tasse avec soin, en ne laissant aucun vide ni aucun courant d'air. On le conserve mieux, du reste, sous le chaume que sous la tuile ou l'ardoise, la paille

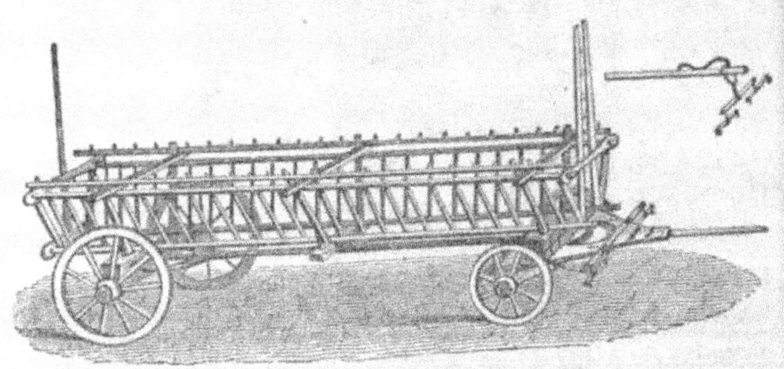

Fig. 608. — Chariot du nord de la France.

étant un mauvais conducteur de la chaleur. On dispose ces greniers à foin ou fenils au-dessus des écuries, des étables, des bergeries. Du foin médiocrement récolté,

pour être conservé avec tout son arome, demande à recevoir 1 ou 2 kilogrammes de sel par 100 kilogrammes,
surtout s'il est humide.

Nous avons dit qu'on donnait aussi à manger aux bes-

Fig. 609. — Civière pour le transport des javelles de colza.

tiaux les feuilles de certains arbres, appelées *feuillées*
ou *feuillards*. En Italie, dans quelques endroits, on les
empile en tonneaux, imparfaitement desséchées mais
pressées le plus possible, et on les recouvre entière-

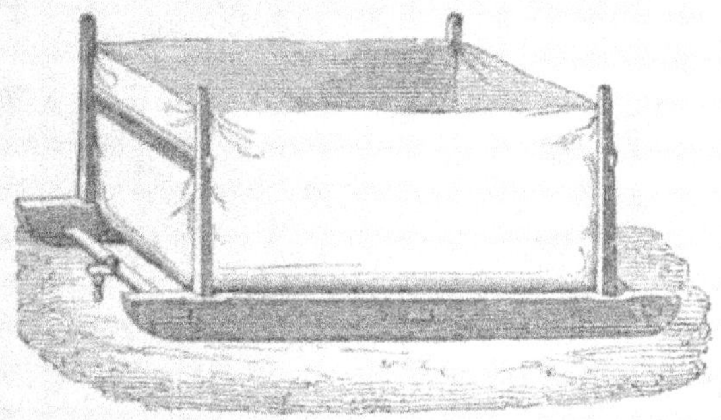

Fig. 610. — Traîneau pour le transport des javelles de colza.

ment avec du sable. Ailleurs, on les enterre dans des
trous faits exprès et recouverts de paille chargée de
sable ou de terre. L'essentiel est de tenir les feuillards
à l'abri de la pluie.

Le *colza* ne se conserve guère. On le récolte le matin de préférence, en le coupant avec la faucille, et on en forme des lignes de javelles ; quand elles sont sèches à la surface, on les retourne pour qu'elles reçoivent l'action du soleil sur toutes leurs faces et, au premier beau temps, on les transporte sur l'aire où elles doivent être battues. Pour éviter, dans cette manutention, les pertes de semences, on se sert de civières (*fig.* 609) ou de traîneaux (*fig.* 610), garnis intérieurement d'un drap. Quant aux meules de colza, elles donnent peu de profit, car elles gaspillent beaucoup de grains soit pour leur construction, soit pour leur démolition.

Le mode de conservation des *fruits* diffère suivant leur espèce. Le jardin fruitier doit être cultivé, avons-nous vu, de façon à donner, pendant les douze mois de l'année, la même quantité des meilleurs fruits que l'on puisse en attendre. Simultanément avec un choix intelligent des diverses variétés de plantes à cultiver, on a recours à un mode de conservation aussi bien approprié que possible aux fruits divers dont la maturité peut être retardée jusqu'au printemps et même au commencement de l'été. Il y a là un grand intérêt spéculatif pour le détenteur, attendu qu'ils ont souvent d'autant plus de valeur qu'on peut les vendre plus tard. Il ne s'agit guère en ce moment que des fruits qui doivent mûrir pendant l'hiver. Or, il importe de les préserver de la gelée et d'en rendre la maturation tellement lente que, pour une partie des fruits, elle se prolonge jusqu'au mois de mai de l'année suivante ; ce fait est essentiel, la décomposition suivant toujours de très-près le moment de la maturation. On affecte à cet objet un local spécial, appelé *fruitier* ou *fruiterie (fig*. 611). Il doit y régner une température *constamment égale*, d'environ 8 à 10°: si elle était plus élevée, elle favoriserait par trop la fermentation ; si elle l'était moins, elle rendrait la maturation stationnaire. La fruiterie doit être complétement privée de lumière, l'action de celle-ci étant la même que celle de la cha-

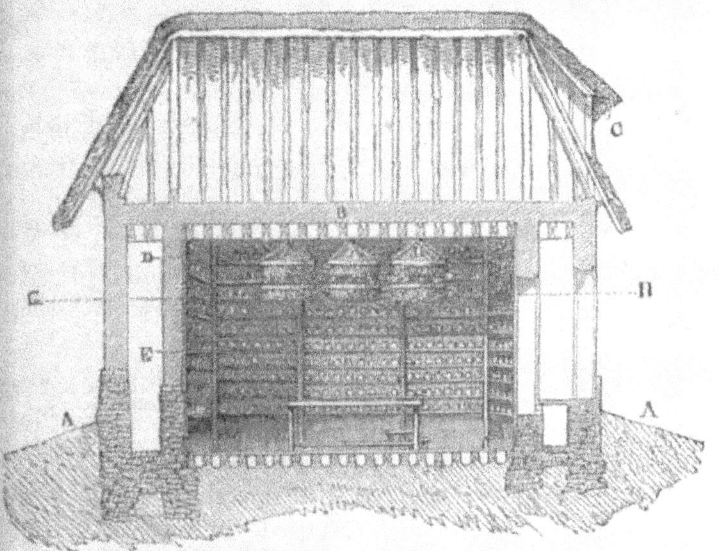

Fig. 611. — Modèle de fruiterie.

leur. A cet effet, il importe que l'atmosphère de la fruiterie ne renferme que la quantité d'oxygène rigoureusement nécessaire pour qu'on puisse y pénétrer sans danger, de manière à y conserver tout l'acide carbonique dégagé par les fruits. Cette atmosphère doit être plutôt sèche qu'humide, et il y faut placer les fruits de telle sorte qu'ils n'exercent pas de pression, autant que possible, les uns sur les autres.

On construit la fruiterie sur un terrain très-sec, un peu élevé, exposé au nord. On dispose le plancher à $0^m,70$ ou 1 mètre au-dessous du terrain environnant. On forme le sol de la fruiterie avec une couche d'asphalte. Les murs et le plafond reçoivent un lambris de sapin, afin de maintenir l'égalité de température et la sécheresse. On surmonte le plafond d'une toiture en chaume, d'au moins 33 centimètres d'épaisseur. On peut installer la fruiterie dans une simple cave ou dans une grotte creusée dans le roc, pourvu que la cave soit sèche et bien abritée des influences extérieures. Les fruits sont déposés sur une table recouverte d'une couche de mousse bien sèche. On met à part les différentes variétés de fruits; on sépare les tachés et les meurtris, et on abandonne ceux qui sont sains sur la table pendant deux ou trois jours pour leur laisser perdre une partie de leur humidité. Sur les tablettes disposées contre les murs, on étend une couche de mousse sèche ou de coton, on essuie doucement les fruits avec une flanelle et on les range à 1 centimètre les uns des autres, en groupant les variétés semblables. On laisse portes et guichets ouverts pendant le jour, à moins qu'il ne fasse humide; huit jours d'aération activent la dessiccation; après quoi, on referme hermétiquement toutes les issues et on n'ouvre plus les portes que pour le service. On a jusqu'ici combattu l'humidité par les courants d'air; de là des changements brusques de température. On peut suppléer à ces courants d'air par l'emploi du *chlorure de calcium* (et aussi du *chlorure de chaux*) qui absorbe tellement l'humidité qu'il en devient déliquescent. On visite la fruiterie tous les huit jours, pour enlever les fruits qui commencent à se gâter et trier ceux qui sont mûrs.

Ce système de conservation est en usage aussi bien pour les pommes que pour les poires. Cependant, pour les pommes, on emploie encore la dessiccation pure et simple, notamment dans l'est de la France. On les pèle, on les passe au four deux ou trois fois jusqu'à dessiccation complète, et on les conserve dans des tonneaux au sec. C'est ce qu'on appelle les *pommes tapées*. Il existe également des *poires tapées.*

Les *grenades* peuvent être conservées fraîches et saines jusqu'au milieu de l'hiver. On les cueille par un beau temps et on les laisse exposées au soleil pendant deux jours, en les retournant le second ; puis on les enveloppe de papier gris et on les place dans une jarre à huile neuve, en séparant chaque lit du précédent par une couche de sable de rivière lavé et bien sec. On ferme cette jarre avec un couvercle et on la place dans une fruiterie semblable à celle dont nous venons de parler il n'y a qu'un instant. Les *pêches* ne sont pas susceptibles de conservation. Cependant les pavies et les brugnons sont meilleurs après huit jours de séjour dans la fruiterie. On peut même les y garder quinze. Dans le Midi, on les dessèche comme les *pruneaux*, afin de les conserver pour l'hiver. A cet effet, on les divise par quartiers et on enlève les noyaux ; on fait de même pour les *abricots*. Les *cerises* perdent trop rapidement de leurs qualités pour pouvoir être mises en réserve. Quelquefois, dans le Midi, on les fait sécher comme les pruneaux ; on obtient alors ce qu'on appelle des *cerisettes*.

La *prune* peut se conserver l'hiver sans beaucoup de

soins. La simple dessiccation, opérée successivement au soleil et au four, suffit à la convertir en *pruneau*. Cette transformation est l'objet d'une grande industrie dans le Lot, le Lot-et-Garonne, le Var, les Basses-Alpes et l'Indre-et-Loire.

Enfin, pour garder le *raisin*, on s'efforce d'abord

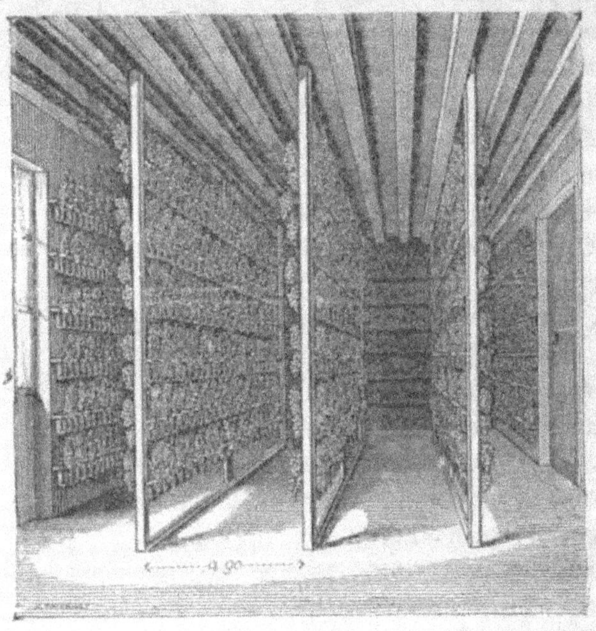

Fig. 612. — Fruitier pour la conservation des raisins à rafles fraîches.

de le garder le plus longtemps possible sur la treille même, surtout celui qui est placé au sommet des murs exposés au levant. Ces raisins sont moins aqueux et, par suite, moins sensibles au froid. On les en défend, du reste, au moyen de feuilles de fougère sèches et même de paillassons. Le raisin, à Thomery, se conserve ainsi jusqu'à Noël. Pour garder au delà, on choisit sur les espaliers, parmi les grappes le mieux abritées contre l'humidité de l'atmosphère, celles dont les grains sont les plus gros et les moins serrés. On les récolte à la fin d'octobre. Ils sont disposés dans une pièce dépendante de l'habitation, mais exclusivement consacrée à cet usage. On installe des tablettes superposées, larges d'un mètre ; puis on garnit ces tablettes de boîtes à coulisses ayant un fond de fougère, cueillie verte et séchée à l'ombre. Il faudrait chauffer l'hiver ce local ; de là des changements de température contraires à la bonne conservation des fruits. Aussi est-il préférable d'adopter le système de fruiterie déjà décrit. Il faudrait aussi n'user que peu du chlorure de calcium, dans la crainte de faire rider le raisin.

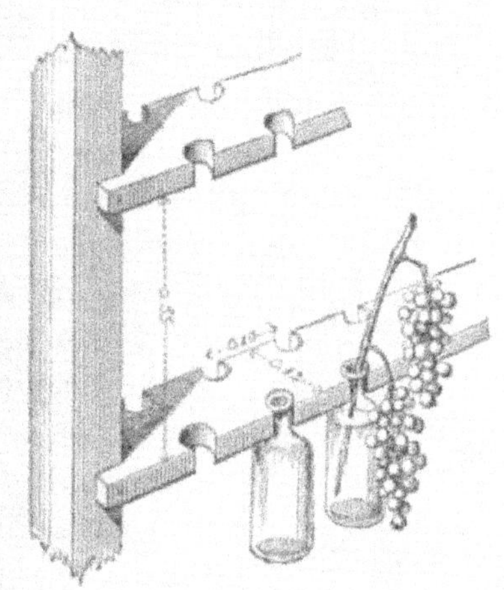

Fig. 613. — Fiole et raisins pour un ratelier double.

On le conserve encore en suspendant chaque grappe par un crochet à des cerceaux en guise de châssis. Mais les raisins ainsi disposés se rident davantage et perdent bien plus de leurs qualités que ceux étendus sur des tablettes. Du reste, ces procédés ne donnent que du raisin altéré, fixé à une *râfle* (carcasse de la grappe qui relie tous les grains de raisin entre eux) desséchée. Or, il importe de maintenir verte aussi longtemps que pos-

42.

sible cette partie de la grappe et de faire que les grains restent aussi pleins que si on venait de faire la récolte sur le cep. On dispose à cet effet une fruiterie semblable à celle décrite plus haut (*fig.* 612) ; on suspend aux murs de petits râteliers (*fig.* 613), disposés en lignes superposées, et on établit au centre une série de supports devant recevoir le plus grand nombre de râteliers possible. On place dans chaque entaille du râtelier une petite bouteille renfermant de l'eau et du charbon divisé pour empêcher l'eau de se corrompre. On coupe les sarments portant deux grappes, de manière à leur conserver trois yeux au-dessous de celle d'en bas et deux au-dessus de celle d'en haut. Les raisins du Midi, étant très-sucrés, sont faciles à sécher et à conserver. De là une importante industrie spéciale, à Roquevaire notamment. Vers l'époque de la maturité, on tond la grappe et on effeuille partiellement le cep, afin que le soleil arrive jusqu'au raisin, puis l'on cueille, en enlevant aussitôt les grains gâtés. On laisse les grappes exposées au soleil, sur des claies, pendant un jour ; le lendemain, on les plonge dans une lessive faite avec la cendre du sarment et quelques poignées de lavande, de romarin et autres plantes aromatiques. On réexpose au soleil ; en trois ou quatre jours, la dessiccation est complète.

On ne peut conserver les *groseilles* après leur maturation complète ; mais il est possible de retarder celle-ci jusqu'aux gelées. On choisit les groseilliers les plus touffus, bien exposés au midi, à l'air et au sec. Par un beau jour, avant que les fruits ne soient mûrs, on enlève la moitié des feuilles ; on réunit les branches de la cépée en cône et on enveloppe le tout de paille longue. Les fruits, abrités du soleil et de la pluie, achèvent de mûrir lentement et se conservent fort bien jusqu'aux premiers froids.

On préserve les *figues* de l'altération en les desséchant. A cette fin, on les cueille complétement mûres, même un peu flétries, ce qui active la dessiccation; mais

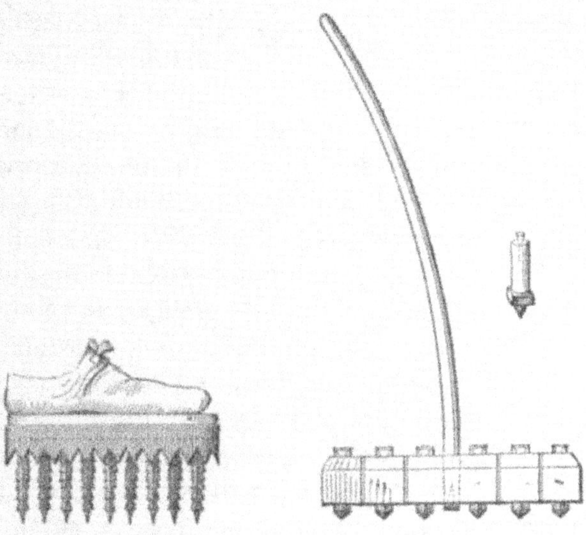

Fig. 614. — Sole pour blanchir les châtaignes.

Fig. 615. — Masse pour blanchir les châtaignes.

on a soin de ne le faire que quand le soleil a dissipé le rosée qui les couvre. On les place sur des claies faites avec des roseaux bien secs, exposées au soleil dans un endroit aussi chaud que possible. La nuit et les jours de pluie, on les rentre sous une remise bien aérée, sauf, dans ce dernier cas, quand l'opération se fait en grand, car alors on se contente d'empiler claies sur claies.

Quant aux *noisettes*, on leur garde toute leur saveur en les plaçant dans du sable, du son ou de la sciure de bois très-sèche; ou bien on les introduit dans des bouteilles de grès ou de verre hermétiquement fermées et que l'on descend dans un puits.

Les *châtaignes* fraîches ont plus de valeur que celles qui sont desséchées. On les abat, renfermées dans leurs *bogues*, ou *hérissons*, à coups de gaule, un peu avant l'époque de leur chute naturelle. On les emmagasine dans des bâtiments secs et aérés, où les châtaignes achèvent de mûrir, se maintenant fraîches jusqu'à l'été. Pour les conserver desséchées, il y a lieu de les transporter dans un séchoir. A 2ᵐ 20 du sol, on dispose un plancher de perches disposées à des intervalles égaux et sur lesquelles on cloue des lattes, séparées les unes des autres par une distance de 6 à 7 millimètres. On pratique au bâtiment, en plus de la porte, trois ouvertures; on introduit par là les châtaignes, puis on ferme. A chacun des angles, près du toit, se trouvent quatre autres ouvertures destinées à laisser passer la fumée. Sur le plancher supérieur, on dispose une couche de châtaignes d'un demi-mètre; on allume du feu au dessous et, au fur et à mesure que le séchoir se garnit, on multiplie les feux allumés avec du gros bois, des souches, des feuilles et l'écorce des châtaignes blanchies. On chauffe pendant dix jours, mais on retourne les châtaignes dès le cinquième. Quand leur écorce se détache bien et qu'elles sont dures sous la dent, on les fait tomber sur le sol; on les dépouille alors de leur écorce et on les met en sacs, que l'on frappe sur un billot, revêtu d'une peau de mouton, avec des *soles* (fig. 614), patins à semelle de bois, découpée en dessous en forme de scie pour moins les briser. Treize dents pointues sont implantées dans cette semelle. On emploie encore une *masse* pour cette opération, lorsque la quantité est trop considérable (*fig*. 615). Enfin, pour les très-grandes récoltes, le travail se fait à pieds de cheval, procédé le plus favorable pour conserver les châtaignes entières. Ce travail doit toujours être effectué quand elles sont encore chaudes.

La conservation des *bois* est des plus simples. L'arbre abattu est scié et disposé par rangs en plein air dans des chantiers le plus souvent sans abris. La saison la plus favorable pour abattre les arbres est la fin de l'automne, et l'hiver pour les essences feuillues. Les bois coupés à cette époque de l'année ont une durée plus longue et brûlent plus facilement en donnant plus de chaleur. Pour les *bois résineux*, il paraîtrait préférable de les abattre l'été et de les écorcer immédiatement; ils acquièrent alors une grande dureté et présentent cependant plus de légèreté.

Le bois est d'une durée fort restreinte. Les différences de température le font travailler, l'humidité le pourrit et enfin, dans des lieux humides comme dans des lieux secs, certains insectes le perforent de toutes parts. Les arbres écorcés sur pied et abattus seulement après leur mort offrent plus de résistance, si l'on en croit Vitruve et Buffon, et donnent des charpentes bien supérieures. Malheureusement ils sont très-exposés à se fendre.

A Rochefort, pour préserver les bois des attaques du *termite*, on les immerge dans des bassins remplis d'eau de mer; mais, comme dans ces conditions-là même un mollusque, le *taret naval*, ne leur cause pas moins de dégâts, on enfouit les bois dans d'immenses bassins vaseux, et la vase, interceptant la communication de la galerie de l'insecte avec l'air extérieur, l'empêche de respirer et le fait périr. On emploie encore le *sublimé corrosif*, qui détruit l'insecte, la *peinture à l'huile*, le *goudron*, qui isolent le bois de l'air et de l'humidité. Enfin, on fait pénétrer dans les fibres du bois un liquide antiseptique, la *créosote* ou surtout le *sulfate de cuivre*, par les procédés de M. Boucherie.

Nous ne pouvons point ne pas dire aussi un mot de la conservation des *vins*. Il existe trois procédés : le *plâtrage*, le *vinage* et le *chauffage*. Le *plâtrage* est suspect, car les eaux plâtreuses ou séléniteuses sont repoussées de la consommation comme malsaines par les populations les plus pauvres ; il expose le vin à se charger d'alun. On conseille d'y substituer le sel qui produit le même effet. Le *vinage* au moyen de l'alcool rectifié rend possible le transport des vins du Midi qui, sans cela, resteraient sans débouchés. Il n'est pas dangereux, quand il est sagement pratiqué ; mais, souvent aussi, on fait usage d'alcools falsifiés et frauduleux. Quant au *chauffage* des vins, il a sa raison d'être. Pratiqué au hasard depuis un long temps, il a été sérieusement expérimenté par Appert, par M. de Vergnette-Lamotte et enfin par M. Pasteur, qui prétend détruire ainsi les germes d'altération renfermés dans ces liquides, comme les *micodermes*, par exemple. Ce procédé ne serait toutefois pas admissible pour les vins délicats et fins, dont le succès provient de nous ne savons quel fumet particulier, que le chauffage trop souvent altérerait. Il est à craindre aussi qu'il ne diminue en même temps leur vitalité intestine et certaines de leurs propriétés hygiéniques. Les vins, *en s'altérant*, deviennent maladifs ; ils *aigrissent*, quand ils manquent d'alcool ;

ils sont dits *gros*, quand ils deviennent huileux et filent au moment où on les verse dans le verre; ils sont *amers*, quand ils ont perdu une partie de leurs principes constitutifs; ils prennent le *goût de moisi* quand on les place dans de vieux bois mal soignés, où l'air a pu pénétrer; ils sont *passés*, quand on les a laissés trop longtemps en futaille.

On guérit les vins aigres en les faisant passer sur de bonnes lies fraîches et en brûlant une mèche soufrée dans le fût, de façon à neutraliser l'acide, ou bien en les coupant avec des vins très-corsés. Aux vins gros il faut ajouter du tannin dans le fût, ou bien on les transvase de haut pour les aérer, s'ils sont en bouteilles. On refait les *vins amers* au moyen d'un collage et d'un coupage avec des vins plus jeunes. Ceux qui ont le goût de moisi le perdent moyennant l'addition d'un litre de bonne huile d'olive par hectolitre; on fouette le tout; l'huile absorbe le mauvais goût, puis l'on soutire. Enfin on rend potables les *vins passés* en les enserrant dans des fûts largement alcoolisés et en y ajoutant 1/5° de bon vin pour les relever.

Après le pressurage, le vin se verse dans des *futailles* aromatisées avec des feuilles de noyer ou de genièvre. On les place sur des pièces de bois assez élevées, bien assujetties, dans une cave où la température se maintient à 10° pendant les plus grandes gelées aussi bien que pendant les chaleurs extrêmes de l'été. A côté de la *bonde*, on fait un trou avec une vrille, pour assurer un dégagement aux gaz résultant de la continuation de la fermentation, jusqu'à ce que celle-ci soit tout à fait terminée. C'est alors qu'on ferme absolument la pièce et que le vin se clarifie, laissant déposer au fond les matières qui constituent la lie. On *soutire* ce vin clarifié, que l'on reverse dans une autre futaille. Cette clarification s'active par le *collage*, effectué au moyen de colle de poisson ou de blanc d'œuf battu en neige.

Quant à la *viande*, on croyait avoir trouvé moyen de la conserver en l'enveloppant d'une couche de gélatine. Mais il est démontré que la salaison est encore le seul procédé efficace applicable à toutes les viandes sans distinction, poissons, oies, canards, etc. La viande salée de bœuf, à qualités naturelles égales, est inférieure à la viande fraîche. Elle se vend à trop bas prix pour qu'on puisse y apporter les soins voulus et y utiliser les bêtes de choix, ce qui serait cependant nécessaire pour produire de la viande juteuse, exempte de toute espèce de mauvais goût. La viande de porc prend mieux le sel, parce qu'elle est plus grasse. Depuis quelque temps, on fume, en Amérique, de la viande, et on la dispose dans des boîtes hermétiquement closes. On obtient ainsi des conserves excellentes, dont le commerce s'étend chaque jour. Ce sont surtout les troupeaux de l'Amérique du Sud qui fournissent les viandes ainsi conservées.

HUITIÈME PARTIE.

Bestiaux et animaux domestiques.

CHAPITRE XXIII.

CLASSIFICATION DES ÊTRES ANIMÉS. — LE BŒUF, LE MOUTON, LE PORC, LA CHÈVRE. — BASSE-COUR. — LE CHEVAL, L'ANE ET LE MULET. — LE CHIEN DE BERGER ET LE CHAT. — LE LAPIN.

Nous abordons ici l'étude de ce qui constitue la seconde base de la prospérité agricole, l'*élève du bétail*, faisant pendant à la production végétale. Sans les plantes, pas de bétail et, par suite, pas de viande ; mais, en revanche, sans bétail, on n'a qu'une fort pauvre culture, toute déshéritée ; car on ne peut plus se procurer de fumier, et, sans fumier, pas de récoltes prospères, abondantes, fructueuses, rémunératrices.

Le bétail, dans nos climats, se compose de *bœufs*, de *moutons*, de *porcs*. Joignons-y les *chèvres* dans les régions montagneuses. Mais, en dehors du bétail proprement dit, qui peut à la fois contribuer à l'alimentation de l'homme et lui venir en aide dans les travaux des champs, il y a encore à se préoccuper des animaux produits et élevés en vue d'un emploi exclusif comme auxiliaires du travail humain : le *cheval*, l'*âne* et le *mulet*.

Le bœuf occupe la première place entre tous, sa viande étant devenue, en quelque sorte, indispensable à la nourriture de plus de la moitié des habitants du globe. « Par suite des progrès agricoles, ici des défoncements, là des irrigations, presque partout des amendements et des fumures plus abondantes, notre bétail a éprouvé, depuis un demi-siècle, de grandes améliorations ; les races bovines de la Bourgogne, du Nivernais, du Bourbonnais, du Berri, du bassin de la Garonne,... se transforment ou sont remplacées par des races supérieures (1). » On a augmenté le poids, perfectionné les formes, développé la précocité. On élève des bestiaux spécialement pour être engraissés et livrés à la boucherie, « à un âge auquel on ne songeait pas, il y a quinze ans, même à commencer l'engraissement des bœufs renommés comme les plus précoces. »

Avant d'aborder l'étude de l'un quelconque des animaux, oiseaux, insectes, mollusques, etc., utiles ou nuisibles à l'agriculture, il nous faut dire un mot de leurs familles et exposer sommairement la classification des êtres animés. Par cet ensemble seulement, on pourra se rendre rapidement compte, au moins approximativement, de la place que chacun d'eux occupe réellement dans l'ensemble de l'animalité. Cela nous évitera en outre, bien des définitions.

Nous rappellerons sommairement que les êtres animés,

(1) Magne, *Races bovines.*

dont l'étude fait l'objet de la *zoologie*, sont partagés en quatre embranchements : les animaux *vertébrés*, ayant un squelette, ou *ostéozoaires*; les *annelés*, ou *entomozoaires*, n'ayant pas de squelette intérieur, mais possédant généralement un squelette extérieur tégumentaire, composé d'anneaux mobiles; les *mollusques*, ou *malacozoaires*, sans squelette intérieur ni extérieur, à corps tantôt nu, tantôt couvert d'une coquille, et doté d'un système nerveux composé de ganglions; enfin les *zoophytes*, sans squelette d'aucune sorte et à système nerveux rudimentaire.

Les *vertébrés* se subdivisent en *allantoïdiens* (à respiration pulmonaire) et *anallantoïdiens* (à respiration branchiale). Les premiers comprennent les classes des *mammifères* (dotés de mamelles pour nourrir leurs petits, qu'ils mettent au monde tout formés, comme l'*homme*, le *chien*, le *cheval*, la *baleine*), des *oiseaux* (sans mamelles et se reproduisant au moyen d'œufs), et des *reptiles* (à sang froid, tandis que les précédents ont le sang chaud : *tortue*, *lézard*, *couleuvre*). Les *anallantoïdiens* forment les deux divisions des *batraciens* (poumons chez l'adulte, cœur à trois loges : *grenouille*, *salamandre*, *protée*), et des *poissons* (sans poumons; cœur à deux loges : *perche*, *carpe*, *anguille*, *requin*).

Les *annelés* se partagent en *articulés* ou *arthrodiaires* (organes de locomotion articulés), et en *vers* (sans organes de locomotion articulés). Le premier sous-embranchement comprend, comme animaux à respiration aérienne, les *insectes* (tête, thorax et abdomen distincts les uns des autres : *hanneton*, *sauterelle*, *mouche*), les *myriapodes* (ayant une tête et le reste du corps simplement formé d'une série d'anneaux thoraco-abdominaux, avec 24 paires de pattes et plus : *scolopendre, iule*), et les *arachnides* (tête confondue avec le thorax, quatre paires de pattes : *araignée, scorpion, faucheur, mite*). Les articulés, à respiration aquatique s'effectuant par des branchies ou par la peau, constituent une seule classe, les *crustacés* (*crabe, écrevisse, crevette, squille, cirrhipèdes*). Quant aux *vers*, on distingue parmi eux ceux qui respirent toujours par des branchies ou *annélides* (*néréide, lombric terrestre, sangsue*). Ceux qui ont une respiration cutanée ou vague sont : les *helminthes* (à corps cylindrique, sans organes locomoteurs, ventouses ni divisions annulaires : *ascarides* et *strongles*), les *turbellariées* (à corps peu ou point annelé, aplati, couvert de cils vibratoires : *némertes, planaires, douves*), les *cestoïdes* (à corps aplati, fortement annelé et muni d'organes locomoteurs : *tœnia*), enfin les *rotateurs* (corps annelé dont les lobes antérieurs sont garnis de cils vibratiles : *rotifère, brachion*).

Les *mollusques* se distinguent en *mollusques proprement-dits* (à système nerveux, composé de plusieurs ganglions) et en *molluscoïdes* (à système nerveux rudimentaire ou nul). Ceux des premiers qui n'ont pas de tête distincte et portent une coquille bivalve sont les *acéphales* (*huître, moule*) ; ceux qui ont une tête distincte forment les classes des *céphalopodes* (organes locomoteurs placés autour de la bouche, *poulpe, seiche*), des *ptéropodes* (organes de locomotion placés de chaque côté du cou : *hyale, clio*) et des *gastéropodes* (organe de locomotion placé à la face inférieure du corps et ressemblant à un pied : *colimaçon, buccin, porcelaine*). Les *molluscoïdes* respirent avec des branchies intérieures, comme les *tuniciers* (*Ascidies, Biphores*), ou avec des branchies extérieures, constituant une couronne de tentacules autour de la bouche, comme les *bryozoaires* (*plumatelles*, *flustres*).

Enfin les *zoophytes* peuvent avoir un corps à disposition radiaire prononcée, comme les *rayonnés* ou *radiaires*, ou à disposition sphérique plutôt que rayonnée comme les *sarcodaires*. Les *rayonnés* rampent comme les *échinodermes* (*holothurie*, *astérie*, *oursin*), ou bien nagent comme les *acalèphes* (*méduses*, *béroés*) ou restent sédentaires, presque toujours fixés au sol, comme les *polypes* (*actinie*, *corail*, *hydre*). Les *sarcodaires* tantôt présentent une forme générale approchant de celle d'un sphéroïde à tout âge, comme les *infusoires* (*volvoces*, *euchelys*, *monades*), et tantôt n'affectent cette forme que dans le jeune âge pour se déformer ultérieurement, comme les *spongiaires* (éponge, *spongile*).

Voilà la classification complète du règne animal. Toutes ces classes ne nous intéressent pas ici. Mais le tableau général peut seul faire comprendre la place qu'occupe chacune d'elles dans l'ensemble.

Les animaux de chaque classe sont ensuite groupés d'après leurs caractères communs fondamentaux. On distingue donc les *groupes principaux*, puis les *ordres* subdivisés en *familles*, les *familles* en *espèces*, les *espèces* en *genres*, les *genres* en *variétés*, les *variétés* en *sous-variétés* et en *races;* mais le type le plus caractéristique est *l'espèce*, ayant pour base l'aptitude que possèdent les êtres animés de ne se reproduire qu'avec leurs semblables. Entre deux animaux, de sexe différent, appartenant à des espèces différentes, il n'y a pas de reproduction ou de croisement possible. Les quelques exceptions constatées ne paraissent pas devoir infirmer cette règle, car leur caractère de permanence est fort douteux et fort contestable. Les produits obtenus ne se reproduisent plus, ou bien les générations qui en sortent font retour, au bout d'un certain temps, aux types des espèces primitives qui avaient concouru à les former.

Le *bœuf* est un mammifère, et un mammifère *ruminant*. Les *ruminants* constituent l'un des deux grands ordres de mammifères dits *ongulés*, ayant le pied armé

Fig. 616. — Yak.

d'un sabot, et dont la caractéristique consiste dans la multiplicité de leurs estomacs, au nombre de quatre (*panse*, *bonnet*, *feuillet* et *caillette*). Les aliments, entassés dans la panse, remontent dans la bouche, pour y être mâchés à nouveau ou *ruminés*, et pénètrent alors dans le feuillet, puis de là s'acheminent vers l'intestin.

La famille des ruminants est importante pour l'agriculture, car en dehors du bœuf elle lui fournit le *mouton* et la *chèvre*. Mais le *cerf*, l'*antilope*, le *chameau*, la *girafe* y appartiennent également.

Le genre *bœuf* est bien caractéristique. Il comprend

le *bœuf ordinaire*, originaire d'Europe, et *l'aurochs*, dont la chasse est interdite en Lithuanie, seule contrée où l'on en trouve encore quelques rares individus. Il comprend aussi le *yak* (*fig.* 616) et le *buffle*, originaires d'Asie, le *bison* (*fig.* 131) et le *bœuf musqué*, indigènes en Amérique. Le *yak* se reproduit à Paris ; on l'a importé dans l'Isère et dans les Vosges, avec l'espérance de le voir s'acclimater sur les sommets des Alpes comme en Asie sur ceux de l'Himalaya. On ne peut encore rien affirmer quant au succès dont pourront être couronnées ces tentatives dans l'avenir.

Le *buffle* (*fig.* 618) se reconnaît à ses longues cornes, divergeant un peu en arrière. Il vit par troupes en Afrique et en Asie ; il est domestiqué en Chine, en Perse, en Arabie, en Egypte, en Italie, en Hongrie. Très-forte et très-robuste, cette espèce donne d'excellents fromages et un beurre très-estimé. Elle n'a pas réussi en France, par suite de la supériorité économique du bœuf sous notre climat. Quant au bison, on l'a qualifié de *bœuf d'Amérique*. Il habite l'été dans les prairies et l'hiver dans les forêts. Sa viande est bonne ; sa fourrure est employée à fabriquer des tissus. Il est, du reste, facile à apprivoiser. Le *zébu* ou *bœuf des Indes* est encore appelé *bœuf à bosse*, à cause de l'excroissance qu'il porte sur le dos. Il se croise fort bien avec notre race domestique. Il rend au Sénégal les mêmes services que le bœuf et le cheval chez nous. Nous arrivons au *bœuf ordinaire*, qui ne se trouve nulle part à l'état sauvage. Il prospère partout où l'homme peut le nourrir. Les troupes innombrables de cette variété que l'on rencontre en Amérique sont formées par des bœufs domestiques abandonnés.

« Malgré leurs qualités, nos races bovines ne sont

plus en rapport, ni avec nos besoins, ni avec les moyens que nous avons de les entretenir. On se préoccupe beaucoup de leur perfectionnement, et leur transformation, par l'action des agents hygiéniques et par le croisement, se poursuit avec activité. Les bêtes bovines nous fournissent du travail, du lait et de la viande. L'avantage d'avoir des animaux particulièrement appropriés au service pour lequel ils sont destinés a été reconnu par tous les agronomes; mais cette question n'avait jamais été approfondie comme elle l'a été en France depuis qu'elle a été posée par Baudement sous le nom de *spécialisation* des animaux. Dans l'industrie, la division du travail donne de grands résultats ; de même, dans l'économie animale, la division des fonctions, la spécialisation des aptitudes, produit de grands effets (1). » Ce n'est pas à dire qu'il n'y ait pas lieu de faire de nombreuses exceptions, selon les circonstances, à cette loi de la spécialisation. Ce ne doit pas être une question de théorie, mais simplement le résultat d'une appréciation pratique.

« Le bœuf, le mouton et les autres animaux qui paissent l'herbe, non-seulement sont les meilleurs, les plus utiles, les plus précieux pour l'homme, puisqu'ils le nourrissent, mais sont encore ceux qui consomment ou dépensent le moins ; le bœuf surtout est, à cet égard, l'animal par excellence, car il rend à la terre tout autant qu'il en retire, et même il améliore le fonds sur lequel il vit, il engraisse son pâturage, au lieu que le cheval et la plupart des autres animaux amaigrissent en peu d'années les meilleures prairies. Ce ne sont pas là les seuls avantages que le bétail procure à l'homme :

(1) Magne, *Races bovines ; leur amélioration*.

sans le bœuf, les pauvres et les riches auraient beaucoup de peine à vivre, la terre demeurerait inculte, les champs et même les jardins seraient secs et stériles ; c'est sur lui que roulent tous les travaux de la campagne, *il est le domestique le plus utile de la ferme*, le soutien du ménage champêtre, il fait toute la force de l'agriculture ; autrefois il était toute la richesse des hommes. Le bœuf ne convient pas autant que le cheval, l'âne, le chameau, etc., pour porter des fardeaux ; la forme de son dos et de ses reins le démontre ; mais la grosseur de son cou et la largeur de ses épaules indiquent assez qu'il est propre à tirer et à porter le joug. Dans les espèces d'animaux de[illegible] comme a fait des troupeaux et où la multiplication [illegible] objet principal, la femelle est plus nécessaire, plu[illegible] le que le mâle ; le produit de la *vache* est un bien q[illegible] croît et qui se renouvelle à chaque instant ; la chair du *veau* est une nourriture aussi abondante que saine et délicate, le *lait* est l'aliment des enfants, le *beurre* l'assaisonnement de la plupart de nos mets, le *fromage* la nourriture la plus ordinaire des habitants de la campagne. On peut aussi faire servir la vache à la charrue et, quoiqu'elle ne soit pas aussi forte que le bœuf, elle ne laisse pas de le remplacer souvent ; mais, lorsqu'on veut l'employer à cet usage, il faut avoir attention de l'assortir, autant qu'on le peut, avec un bœuf de sa taille et de sa force ou avec une autre vache, afin de conserver l'égalité du trait et de maintenir le sol en équilibre entre ces deux puissances (1). »

Pour pratiquer la division du travail, il faut tenir compte de la diversité des aptitudes des différentes

(1) Buffon, *Histoire naturelle*, le bœuf.

races, afin d'en obtenir le maximum d'utilité. Ainsi, chez le *bœuf de travail* proprement dit, il y a lieu de désirer une poitrine ample, un poitrail ouvert et un garrot épais, la région lombaire large et bien soutenue, la croupe longue et forte. Il doit surtout bien digérer, bien respirer, posséder des reins solides et avoir les principales articulations des membres bien conformées. Il faut à la *vache laitière* une poitrine large, le bassin ample, les glandes mammaires sillonnées de gros vaisseaux sanguins. Comme le bœuf de travail, elle doit bien respirer, bien digérer, et ses mamelles fonctionner avec une grande activité. Enfin le *bœuf de boucherie* a surtout besoin d'une croupe volumineuse et de muscles épais ; il lui importe d'avoir le squelette léger, de digérer et de respirer aisément, et d'avoir le train de derrière développé afin de fournir beaucoup de viande là où elle est de qualité supérieure.

Pour pouvoir atteindre, dans chacune de ces trois directions, le but désirable, il est nécessaire de se livrer à une étude approfondie des diverses races qui se partagent l'espèce bovine et d'en bien connaître les aptitudes, spéciales ainsi que le parti qu'on peut en tirer selon le but poursuivi et le milieu dans lequel on les place. Ainsi, « les races des plaines de la Vendée et de la Saintonge sont bonnes travailleuses et mauvaises pour le lait, tandis que celles des hautes montagnes de Franche-Comté sont médiocres comme bêtes d'attelage et bonnes pour la laiterie ; si les bœufs sont gros dans les plaines de la Normandie et de la Flandre, ils sont petits dans celles de la Sologne et des Landes ; si la race des montagnes du Morvan ne donne pas de lait, celle des montagnes du Jura en produit une grande quantité (1). »

(1) Magne, *les Races bovines.*

Au premier rang de nos races françaises figure *le bœuf de Salers* (*fig*. 233), l'un des trois représentants de l'espèce bovine auvergnate. Un auteur ancien en a dit : « Je distingue sur nos montagnes trois sortes de bestiaux : ceux des montagnes de Salers méritent le premier rang par leur beauté. La population en est immense ; ils sont plus grands et plus vigoureux que ceux du reste de la province... Ceux du mont Dore et de ses environs, à cinq ou six lieues à la ronde, ne sont pas aussi bien proportionnés dans leurs membres, surtout les vaches. » Celles-ci rendent, à Salers, 200 livres de fromage par an, celles du mont Dore 150 et celles du Cantal 120 ou 125. Cette race de Salers est propre au Cantal et tire son nom d'une petite ville de l'arrondissement de Mauriac. Grâce aux perfectionnements incessants dont ces animaux ont été l'objet, leur poitrail s'est élargi et leur poitrine a pris de l'ampleur ; leurs cuisses ont gagné en muscles, leurs épaules en longueur et en chair, les membres se sont raccourcis. Ce bœuf se contente d'une nourriture médiocre et la veut abondante. Il est fort et tenace au travail, mais il convient mieux aux pays de plaines, à température douce, qu'aux pentes rapides exposées à de fortes chaleurs d'été. En tant que race du Midi, celle de Salers est passable sous le rapport de la production du lait : quelques vaches en produisent 18 à 20 litres par jour, mais en consommant beaucoup de nourriture. Ces animaux s'engraissent mieux aujourd'hui depuis qu'on ne les fait travailler que deux ou trois ans, au lieu de sept à neuf. La viande en est ferme et sapide.

Passons sous silence la *race du Puy-de-Dôme*, à

squelette volumineux, lourde et d'un entretien difficile, quoique assez bonne pour le lait.

La *race d'Aubrac* (fig. 617) est la même que cette *race du Cantal* mentionnée ci-dessus. Elle tire son nom d'une montagne de l'Aveyron où on l'élève particulièrement ; on l'appelle encore *race de Laguiole*, parce que c'est à Laguiole que se tiennent les foires d'où partent les trou-

Fig. 617. — Bœuf d'Aubrac.

peaux considérables qui se rendent dans le Midi : ce sont de superbes bêtes, sobres, rustiques, agiles, fortes mais douces, se contentant de quelques heures passées chaque jour dans des prés à moitié couverts de joncs. Elles peuvent travailler, non ferrées, sur les chemins escarpés des collines du Rouergue. Très-supérieur en cela au bœuf de Salers, le bœuf d'Aubrac est facile à engraisser et donne de bonne viande. Sa réputation n'est mauvaise dans la boucherie que parce qu'on l'attache trop longtemps au harnais et qu'on le nourrit mal dans le Rouergue, le Quercy et l'Albigeois. Actuellement tardive, cette race deviendra précoce quand les éleveurs sauront la bien nourrir.

Les *bœufs du Rouergue* dérivent de ceux d'Aubrac, ainsi que la *race de Causse*, résultat du croisèment des races d'Aubrac et de Salers. Par la race d'Aubrac, nous sommes amené à nous occuper de la *race mézine*, élevée sur les pentes du mont Mézenc (*fig.* 120), dans les Cévennes, assez rustique du reste, bonne pour le travail, mais plus exigeante sur la nourriture et moins résistante à la fatigue que celle d'Auvergne ; les vaches en sont assez bonnes laitières. Quant à celle *du Forez*, elle est apte au travail et assez bonne laitière, s'engraissant facilement ; celle *de la montagne Noire* ressemble assez aux animaux d'Aubrac ; elle est cependant petite, mal conformée, tardive, lente à prendre la graisse, peu propre à donner du lait.

Descendant plus avant dans le Midi, nous rencontrons la *race de l'Ariége*, avec les sous-races de *Tarascon* (nom d'un des grands marchés de l'Ariége), du *pays de Sault* et *de la Cerdagne* ; elle est sobre et rustique, très-propre au travail, prenant bien la graisse mais donnant peu de lait.

Les *bœufs béarnais* (*fig.* 619) sont propres au bassin de l'Adour, élevés mi-partie dans la plaine, mi-partie sur la pente des Pyrénées. On les subdivise en *bœufs bigorrais* ou *tarbais*, *bœufs d'Oloron* (sous-variétés : *bœufs d'Ossau*, *bœufs d'Aspe*, *bœufs baretous*), *bœufs basques*, *bœufs de la Chalosse* ou *hagets*, *bœufs de race marine* ou *de Marennes* ou *des Landes*. Ce groupe est caractérisé par sa force, sa rusticité, sa sobriété. Il est bon pour le travail et mauvais pour la production du lait. La race *laitière des Pyrénées* (*fig.* 94), sous-divisée en race de *Saint-Girons* et en race de *Lourdes*, est sobre, trapue, apte au travail et à l'engraissement; toutefois elle a la tête lourde et l'encolure trop forte. Le *bœuf garonnais* (*fig.* 620), subdivisé en *sous-race riveraine* (*bœuf marmandais, bœuf agenais, bœuf montabanais*) et en *sous-race des coteaux*, très-inégal au est point de vue de la bou-

Fig. 618. — Buffle.

cherie et très-mauvais pour la lactation. Les vaches ont des formes trop masculines, et la race, dénuée de précocité, prend difficilement la graisse. La *race bazadaise* (*fig.* 364) est bien supérieure, à cause de la facilité de son entretien, de sa grande résistance à la fatigue et de sa remarquable aptitude à l'engraissement. C'est avec la paille de seigle, les feuilles de maïs séchées sur pied et les têtes de cette plante récoltées après la maturité, qu'on nourrit

le bœuf bazadais ; ce mauvais fourrage, administré avec
méthode, produit de parfaits résultats. Mais aussi les mé-
nagères n'entrent jamais dans les étables sans porter une
friandise à leurs animaux, sans leur prodiguer quelque
caresse, sans leur donner quelques soins de propreté.

Fig. 649. — Taureau béarnais.

Quant au bouvier, jamais il ne les frappe : il se contente
de les exciter, surtout de la voix.

Les races *gasconne* et *bordelaise* présentent peu d'intérêt. Passons au *bœuf limousin*, élevé dans ces superbes prairies, à foin si abondant, s'étendant sur cette
couche de terre végétale dont nous avons parlé et qui
est formée, aux environs de Pompadour, par la désagrégation du granit feldspathique (1).

Cette race limousine occupe toute la partie occidentale

(1) **Dufrénoy**, *Description de la carte géologique de France.*

du plateau central de la France. Elle se subdivise en *bœuf limousin, bœuf marchois, bœuf angoumois, bœuf du Périgord* et *bœuf du Quercy*. Elle est forte, du reste, très-bonne pour le travail et s'engraisse aisément après un long service sous le joug. Sa viande est de parfaite qualité, le suif abondant ; malheureusement sa confor-

Fig. 620. — Bœuf garonnais.

mation laisse beaucoup à désirer et elle n'est qu'une laitière des plus défectueuses. La race *poitevine, parthenaise, de la Gâtine, tourangelle* ou *choletaise* (*fig.* 621), doit ce dernier nom à ce que la ville de Cholet est le marché principal où elle se vend. On en soigne particulièrement l'élevage dans le pays du Bocage, mais la race s'étend entre les races *maraichine* et *saintongeoise*, d'une part, la *berrichonne* et la *mancelle* de l'autre. C'est, du reste, une espèce travailleuse, parfois préférée à celle de Salers, parce qu'elle a le pied plus dur. Elle est excellente

pour la boucherie, fournit beaucoup de viande nette, de
bonne qualité, et une forte quantité de suif; mais elle ne
donne que peu de lait. Les races *berrichonne* et *solognote*
confinent à la précédente; elles sont généralement petites,
agiles, sobres, mais encore insuffisantes sous le rapport
de la lactation.

Fig. 621. — Bœuf poitevin.

Avec la *race maraîchine* (*fig*. 216), nous abordons l'é-
tude de l'une des plus importantes races de l'Ouest. Ele-
vée dans les contrées marécageuses des rives de l'Océan,
entre la Loire et la Charente, cette espèce est très-bonne
pour le travail, supérieure même au bœuf de Salers, et
sa force la fait, dans le Marais, souvent préférer au cheval.
Malheureusement, elle a le corps mince et les jambes longues, se montre dure à l'engrais et ne donne qu'une viande
de médiocre qualité et peu de lait. En assainissant le sol,

on parviendra facilement à l'améliorer. La *race mancelle* ou *angevine*, qui fournit à Paris une notable partie de la viande qui s'y consomme, est répandue dans les
vallées de la Sarthe, de la Mayenne et du Loir. Elle est
passablement travailleuse et prend bien la graisse. Il y
a lieu de l'utiliser, avant tout, comme bête de rente, en
raison du caractère particulier du bassin de la Mayenne,
qui possède de bonnes terres d'alluvion, de nombreux
ruisseaux à pente peu rapide, et un climat fort doux. Ces
conditions sont on ne peut plus favorables à la prospérité d'une race de lait et de graisse, surtout en raison
de l'existence, dans le pays, de forts chevaux que
l'on applique résolûment aux labours. De la *race mancelle* à la *race bretonne* (*fig.* 362), il n'y a pas loin géo-
graphiquement; mais quelle différence d'aspect! Comme
cette petite race bretonne se maintient avec son caractère
propre! On l'élève surtout dans le Morbihan. Elle est petite, à la vérité bien proportionnée, quoique un peu longue de corps. Les épaules sont bien prises, l'encolure et
la tête d'une grande finesse. Elle est toujours couleur pie,
soit rouge et blanche, soit blanche et noire; enfin ses
cornes minces et relevées en arcs sont noires. C'est, à l'œil,
une délicieuse petite bête, fort sobre du reste, vivant dans
les landes et les bruyères et s'engraissant après avoir
beaucoup travaillé et fourni une quantité notable de lait
dans des herbages où ne pouvaient pas subsister d'autres
races. La viande en est d'une grande finesse et d'un
goût exquis; enfin les vaches sont d'excellentes et d'abondantes laitières. Leur lait donne jusqu'à 1 kilogramme
de beurre pour 20 ou 22 litres de lait. Le bœuf breton
est, nous pouvons le dire avec fierté, l'un des joyaux de
l'agriculture française, et un joyau essentiellement fran-

çais, en parfaite harmonie avec le climat et le sol du pays.

Comme taille, le *bœuf normand* forme un véritable contraste avec le précédent. Il est plus particulier au Calvados et à la Manche. La basse Normandie est, de toutes les régions de la France, celle que le sol et le climat rendent la plus apte à la production des animaux.

« On y trouve, comme dans le Charolais et le Niver-

Fig. 622. — Vache flamande.

nais, ces couches de terrains jurassiques si favorables à la production des bonnes plantes. Ces terrains y possèdent même une plus grande fertilité, en raison des ruisseaux peu rapides qui les parcourent, et surtout à cause du voisinage de la mer (1). »

Le normand forme une race de grande taille, trop souvent disgracieuse, ayant de gros os, la tête un peu

(1) **Magne**, *Races bovines.*

lourde et longue, le pelage bringé, bonne travailleuse, mais surtout remarquable par la production du lait (*fig.* 73). Celle-ci monte jusqu'à 30 et 35 litres par jour, rendant 1 kilogr. 1/2 de beurre. C'est elle qui fournit à Isigny les 2,800,000 kilogr. de beurre que cette localité exporte. La race normande se subdivise en *cotentine* et en *augeronne* (ainsi nommée des superbes vallées d'Auge où on l'élève). Du contact incessant des races bretonne, mancelle et normande, sont sorties un certain nombre de races croisées intermédiaires, dont quelques-unes très-bonnes et fournissant une bonne qualité de lait.

En remontant vers le nord, nous rencontrons cette autre race de premier ordre qu'on appelle la *race flamande* (*fig.* 622), race laitière, dont le type persiste surtout entre Hazebrouck et Bergues, mais s'avance au midi jusque dans le département de la Somme. La femelle présente ici le plus d'intérêt; quant au mâle, son rôle principal est de reproduire la race. La vache flamande est de taille élevée, à saillies osseuses fortement prononcées. Le bassin est ample et le ventre volumineux, l'encolure grêle, la tête petite et fine. — Bouche large, lèvres épaisses, œil doux et bien ouvert, cornes courtes et cylindriques.— La vache flamande rend de 20 à 35 litres de lait par jour et, malgré l'épuisement que cause toujours une lactation trop prolongée, elle est, à la fin du temps d'activité des mamelles, dans un état de graisse qui démontre qu'elle peut fournir d'excellentes bêtes de boucherie. Mais les Flamands ne perdent guère de vue ce proverbe : *le porc pour la graisse et la vache pour le lait*. Du reste, pour la boucherie, la conformation laisse à désirer.

Laissons de côté les familles intermédiaires, obtenues

par le croisement des races normande et flamande, et occupons-nous d'un autre trésor de notre agriculture nationale, bien français, celui-là aussi, mais tout différent de la race bretonne. Il s'agit du *bœuf charolais-nivernais*, éminemment apte à la fois au travail et à la boucherie, mais apprécié seulement à sa juste valeur depuis son introduction dans les départements de la Nièvre et du Cher. Taille moyenne ou un peu forte, épine du dos bien soutenue et horizontale, croupe charnue, cuisses saillantes et bien musclées ; telle est, en quelques traits, l'esquisse de la race charolaise, si remarquable par la finesse de sa tête et de ses membres, l'épaisseur de ses muscles (*fig.* 124) ; c'est une race, du reste, qui, sans être très-bonne pour le travail, répond suffisamment aux besoins du cultivateur de la contrée, quoique un peu molle et trop exigeante pour un pays de montagnes. Les vaches sont mauvaises pour le lait. Mais, au point de vue de la boucherie, la race est tout à fait supérieure, d'une belle conformation, prenant assez facilement la graisse, même dans le jeune âge. On lui reproche néanmoins d'avoir souvent encore les membres trop gros, l'encolure forte, la peau épaisse et le poil raide. C'est ici que le croisement avec le Durham produit des merveilles. Les concours d'animaux gras en ont déjà fait foi à bien des reprises. Le *bœuf bourbonnais* tend à être supplanté par le charolais. Il n'en est pas tout à fait de même de celui *du Morvan* (page 415) ordinairement de petite ou plutôt de moyenne taille, à jambes courtes, nerveuses, très-fortes. La vache est mauvaise laitière. Malgré ces inconvénients, sa sobriété, sa rusticité et sa vigueur rendent ce type sans pareil pour le travail en France et même dans le monde entier. Malheureusement, le nombre en diminue chaque jour, car, au lieu de l'améliorer, on a trop souvent le tort de le remplacer par le charolais. En avançant vers l'est, entre les Vosges et les Alpes, nous trouvons deux races comtoises : l'une est la *race comtoise tourache* ou *race comtoise proprement dite* (*fig.* 377); l'autre est la *race comtoise fémeline* ou *race fémeline proprement dite.*

La *race comtoise* a le corps épais et trapu, les membres courts et solides, l'encolure forte et courte, la tête large et grosse, les cornes robustes. Il en existe quatre variétés : le *bœuf du Doubs et de la Haute-Saône*, celui *du Jura*, celui *de Gex* et enfin celui *du Bugey*. En somme, c'est une race généralement bonne laitière, facile à engraisser, donnant une viande abondante mais médiocre, du reste pauvre travailleuse.

La *race fémeline* occupe le nord de la vallée de la Saône, et on l'a ainsi dénommée à cause de ses formes fines, bien qu'elle ait le corps grand. Elle est élancée, à encolure et à membres grêles, à tête longue, à cornes fines, à oreilles minces, à cuisses peu charnues. Elle est d'un facile entretien et bonne laitière, mais elle a le train postérieur trop peu garni de chair.

La *race bressanne* n'a qu'une importance fort secondaire et se montre peu homogène; mais elle est réputée bonne laitière et assez apte au travail. Il en est de même des bêtes bovines du Dauphiné et, en revenant au nord, de celles de la Bourgogne, de la Lorraine et de la Champagne; ces races, dites *meusienne*, *champenoise* et *bourguignonne*, sont à peine des types distincts, confinant à la race comtoise proprement dite et tendant à être supplantés, le dernier par les charolais, le premier par les comtois. Dans les Ardennes, on rencontre une race spé-

ciale, dite *ardennaise*, bonne laitière et répandue non-
seulement en France mais aussi dans le nord de la
Belgique. On la croise avantageusement avec les races
flamande et hollandaise. La *race des Vosges* est petite,
trapue, à os saillants, à poitrail large et à croupe étroite,
du reste sobre, agile, nerveuse et robuste, mais se rapprochant beaucoup, dans les vallées, de *la race suisse*

Fig. 623. — Vache de Schwytz.

ou de la race comtoise. Quant à notre belle province d'Alsace, elle ne possède pas de races bovines propres ;
celles qu'on y trouve proviennent du croisement des
différentes races avoisinantes. Mentionnons enfin le
bœuf algérien, petit, mais d'une rare perfection de
formes. Il est trapu, a le poitrail large, l'abdomen peu
développé, le flanc court, l'épine dorso-lombaire large et
bien soutenue, caractère essentiel de toute bonne race.
C'est un animal rustique, agile, fort pour sa taille et sobre,
paissant sur les flancs des montagnes et s'y nourrissant
d'herbe sèche, de chardons durcis, de broussailles. Il

s'engraisse fort aisément, bien que le bétail vendu sur les marchés d'Algérie soit généralement maigre, parce qu'il est très-rare qu'il soit préparé pour la boucherie. Viande excellente, du reste, et suif abondant. Grande aptitude au travail, mais pas de lait.

Les races bovines étrangères peuvent présenter un grand intérêt au point de vue de l'amélioration de nos races indigènes ou même, mais rarement, pour être élevées en France à l'état de pur sang.

Ce sont d'abord les *races suisses*, au premier rang desquelles nous trouvons la *race de Fribourg* ou *de Berne*, de forte corpulence et à tête large, à encolure forte, à fanon ample ; les vaches ont un pis extrêmement volumineux et donnent beaucoup de lait. Il existe des variétés superbes de la race de Fribourg, pouvant presque lutter avec le Durham ; c'est le *bœuf de l'Immenthal*, le *bœuf de Saanen* et surtout le *bœuf du Simmenthal*, qui abonde sur le marché de la ville de Thun, où les touristes peuvent en contempler d'innombrables chaque année. Ce bœuf du Simmenthal ne sort guère de la vallée du Simmen, rivière qui se jette, à Thun même, dans le lac de ce nom et descend d'un glacier surplombant la vallée du Rhône. Le croisement par la race de Fribourg a surtout pour but de développer le train de derrière de nos races pour les mieux culotter. Toutefois la difficulté de son entretien a mis obstacle à l'usage qu'on eût pu en faire. La *race de Schwytz* (*fig.* 623) a mieux réussi. Elle est de taille moyenne, un peu forte. Corps long, tête épaisse et courte, œil vif, *épine dorso-lombaire horizontale*. Elle est aujourd'hui répandue dans toute la France. Elle est parfaite laitière et se croise volontiers avec nos races indigènes ou avec le durham.

La *race piémontaise* est de haute taille, travailleuse mais peu laitière, analogue à la race maraîchine. Celle *de la Romagne* paraît descendre du bœuf hongrois. Enfin dans les Alpes italiennes se rencontrent quelques races petites, laitières et sobres, qui sont comme un prolongement des races suisses.

Les mêmes types se retrouvent en Autriche et s'y

Fig. 624. — Bœuf hongrois.

subdivisent en : *race du Vorarlberg* (partagée en *race de Montafon* et *race d'Allgau*), *race du Tyrol* (partagée en *race de Zillerthal* et *race d'Oberinnthal*), *race de Dux* (facile à engraisser), *race de Salzbourg* (à corps épais, à encolure forte, partagée en *race de Puizgau* et *race de Pongau*), *race de Mariahof* (en Styrie et en Carinthie), *race de Murzthal*, répandue sur un espace immense de pays, jusque du côté de l'archiduché d'Au-

44

riche (trapue, forte, bonne travailleuse, facile à
engraisser, donnant beaucoup de suif et de lait, jusqu'à
3,500 litres par an); *race de l'archiduché d'Autriche* ou
de Wiener-Wald (provenant du croisement de la race
de pays avec celle de Murzthal, s'engraissant bien et

Fig. 625. — Vache hollandaise.

traînant de lourds fardeaux). Nous voilà amené à parler
de cette *race hongroise* (*fig.* 624) qui paît entre le Danube et la Theiss, race pittoresque, bien caractéristique,
essentiellement travailleuse. — Bœuf de taille moyenne,
à os saillants, à membres longs, fermement musclés, à
tête fine et légère, ornée de cornes fort longues, ayant
jusqu'à un mètre de longueur environ. Son allure est
aussi rapide que celle des bons chevaux de labour.
Après cinq ou six ans de travail, on l'engraisse facile-

ment et on en tire une viande de bon goût et fort nourrissante.

Les bœufs *du Mont-Tonnerre* et *du Glane* ou *de Bir-
kenfeld* forment deux races bavaroises, souvent importées en France pour la boucherie. Cette dernière seule
a de la valeur. Elle est robuste, de belle corpulence,
bonne travailleuse, facile à engraisser, donnant de
bonne viande et passablement de lait. Le *bœuf du Voiqt-
land* est saxon; moyen ou petit, il est très-remarquable : dos large, poitrine ample, encolure un peu
forte; viande excellente, engraissement facile, beaucoup
de lait, et du beurre de première qualité.

Au nord de la France et en France même, jusque dans
le département de Seine-et-Oise, règne cette superbe
race, qu'on appelle la *race hollandaise* (*fig*. 625). Elle s'é-
tend jusqu'à la Baltique, en Poméranie. Elle s'est formée
dans les herbages si renommés de la Hollande, pays où
elle est répandue de la manière la plus homogène. Elle
possède une grande taille ; la tête est petite et légère et
l'encolure mince, les cornes petites, le pis extrêmement
développé. Ses vaches rendent par jour 35, 40 et jusqu'à 45 litres de lait, mais il n'est pas de première qualité. On ne fait point travailler ces animaux, et leur
entretien est difficile, parce qu'ils consomment beaucoup et qu'ils exigent de bons herbages et un climat
doux et humide. On prétend que les races augeronne
et maraîchine sont sorties de cette souche.

En Danemark, on signale l'existence de trois espèces
de bœufs: celui *du Jutland occidental*, celui *du Schleswig*
ou *d'Angeln* et *celui du Holstein*. Le premier, peu développé, présente une certaine analogie avec nos bêtes
bretonnes. Le second a l'encolure fine, la tête légère,

comme les animaux hollandais, mais le développement en est moindre. Vient ensuite le bœuf du Holstein, plus petit dans le Midi que dans le Nord, constituant la *race des polders*. Il rend beaucoup de viande, mais se montre très-exigeant quant à la nouriture.

Passons enfin aux races anglaises, plus remarquables comme bêtes de rente que comme bêtes de travail, et que

Fig. 626. — Taureau Durham.

l'on emploie dans les croisements, bien plus en vue de l'amélioration pour la boucherie que de celle du lait. Elles sont au moins autant le produit du sol et du climat que celui de l'art éclairé et de la science profonde des éleveurs, qui les ont améliorées tantôt par la reproduction consanguine en dedans, et tantôt par le mélange de familles très-différentes. Le sol britannique est, en effet, entouré d'eau de toutes parts, parcouru par des rivières et des fleuves à courant peu rapide; le

climat est doux, tempéré, plutôt humide que sec, jamais ni très-chaud ni très-froid, presque toujours
des plus favorables à la production des plantes fourragères et à l'accroissement rapide d'animaux de tempérament lymphatique, très-aptes à la graisse.

La première et la plus célèbre des races anglaises est
la *race Durham*, originaire du comté de ce nom, que
les Anglais appellent encore *race courtes-cornes perfectionnée*, pour la distinguer de l'ancienne race du pays.
Ce comté de Durham, par sa température douce, son
sol bien arrosé, ses gras pâturages, était bien fait pour
servir de berceau à ces superbes bêtes de rente, dont la
formation est due aux deux frères Charles et Robert
Colling. Charles Colling choisissait toujours de préférence les individus aptes à l'engraissement et possédant
cette conformation qui indique l'exercice libre des principales fonctions de la vie et le rendement d'une grande
quantité de viande nette; puis il croisait entre eux les
animaux pourvus de ces qualités, sans s'inquiéter
des effets de la consanguinité; il communiqua ainsi
à l'ancienne race courtes-cornes cette légèreté de squelette et cette ampleur de poitrine qui caractérisent le Durham et qui se transmettent par l'hérédité. C'est par
ce moyen que les frères Colling firent leur fortune,
vendant un seul taureau, célèbre reproducteur, jusqu'à
26,000 francs.

Chez ces animaux, les muscles des cuisses et des
épaules sont des plus développés, ainsi que toutes les
régions renfermant la meilleure viande. En revanche,
les parties inutiles, sans valeur, sont extrêmement res-
treintes : le bas des membres est grêle et court, l'encolure courte et fine, la tête petite, mince et pointue;

44.

les os ont peu de volume, le squelette beaucoup de légèreté, quoiqu'il soit très-ample. Cette race est des plus précoces et atteint un degré d'engraissement incomparable, rendant beaucoup de viande nette et, notamment, de viande de première catégorie. Seulement, celle-ci est loin d'être une viande supérieure ; ces animaux ont plus de graisse extérieure que de suif. Les vaches produisent peu ; cependant on pourrait facilement en obtenir de 18 à 22 litres de lait par jour. Leurs jarrets sont trop faibles pour le travail, au point de ne pouvoir même permettre à ces animaux d'aller chercher leur nourriture dans des pâturages éloignés ou escarpés. Aussi sont-ils très-difficiles à entretenir. Les jeunes veaux exigent de bon lait pour nourriture, ainsi que des tourteaux et des farineux.

L'analogie du climat et du sol de la Normandie et d'une partie de l'Anjou avec le climat et le sol anglais font que cette race s'y reproduit avec toutes ses qualités. Cette analogie est indispensable à son élevage en France. Il n'y aurait aucun avantage à l'introduire là où, pour la conserver avec ses qualités, on devrait lutter contre les influences de climat, car les soins exigibles deviendraient par trop dispendieux. Nos plaines tempérées de l'Ouest et nos vallées du Nord peuvent seules leur convenir. En somme, elle est inacceptable pour le plus grand nombre des cultivateurs par ses nombreuses exigences, sa délicatesse vis-à-vis des intempéries et son peu de résistance à la fatigue. Aussi n'est-ce pas le durham pur qui intéresse notre élevage, mais simplement le croisement par le durham, communiquant à notre bétail de la précocité et une plus grande aptitude à l'engraissement. Il améliore aussi, au point de vue du lait, celles de nos races qui sont mauvaises laitières, mais il diminue le rendement des autres (bretonne, flamande, normande).

Le *bœuf de Devon* (*fig.* 627) fréquente la presqu'île qui s'étend entre le canal de Bristol et la Manche, ainsi que les comtés du sud-est, notamment celui d'Essex.

Fig. 627. — Bœuf de Devon.

Il a été très-perfectionné dans le nord du comté de ce nom, mais il s'est propagé, ainsi amélioré, par toute l'Angleterre. C'est une bête fine et estimée, dont les propriétaires redoutent le croisement, depuis que leurs taureaux sont fort recherchés pour améliorer les autres races. Elle est d'une grande précocité, susceptible d'un très-haut degré d'engraissement; elle rend une chair tendre et succulente; enfin elle est parfaite pour le travail, mais plus rapide que forte. Son croisement avec le bœuf de Salers donne d'excellents résultats.

Le *bœuf d'Hereford* (*fig.* 628) est, au contraire du précédent, un animal très-fort, répandu dans certaines plaines remarquablement fertiles de l'ouest de l'Angleterre, au midi du pays de Galles. Ce bœuf volumineux a la démarche fort lente, mais sa force en fait un excellent travailleur. Sa viande n'a rien de particulièrement remarquable, et il n'y a pas à s'en étonner ; on a constaté, en effet, que toutes les races des régions très-fertiles se distinguent plutôt par leur volume que par la finesse de leur chair. L'hereford prend très-facilement la graisse et est même considéré en Angleterre comme hors de rang pour ses qualités graisseuses.

Maintenant se présentent ces curiosités de l'espèce bovine qu'on appelle les *races sans cornes ;* il y en a trois : une anglaise, deux écossaises. L'anglaise est la race *sans cornes de Suffolk*, bonne laitière, mais produisant un mauvais lait. Les deux écossaises sont celles de *Galloway* et d'*Angus*, de *Forfar* ou d'*Aberdeen*. Elles ont le corps long mais bien proportionné, la région dorso-lombaire large et bien soutenue, les épaules charnues et les cuisses épaisses (*fig.* 125), le poil noir, brillant. La couleur noire sans taches est considérée comme un signe de pureté de la race. L'Angus du Forfarshire (dans le N.-E. de l'Écosse) est plus grand, plus fort, plus élancé que le sans cornes de Galloway, répandu dans les contrées montagneuses du S.-O. de l'Écosse. D'un développement tardif dans les marais ou les montagnes, ces bœufs prospèrent rapidement dans les riches herbages d'York, de Norfolk et de Suffolk. Gras, ils donnent beaucoup de viande de première qualité, entrelardée et succulente ; mais le lait est médiocre.

On a essayé, afin de parer aux accidents occasion-

nés par les cornes des animaux, d'approprier l'angus
au sol français en le croisant avec les races françaises.
M. Dutrône le tenta sur son domaine de Sarlabot
(Calvados), ce qui fit donner aux premiers produits
obtenus les noms de Salarbot Iᵉʳ, Salarbot II, etc. Les
essais n'ont pas été assez complets pour passer dans
la pratique. Dans l'Inde, il existe une race de bœufs

Fig. 628. — Bœuf d'Hereford.

sans cornes; les Indiens empêchent la croissance de
ces appendices en pratiquant une incision à l'endroit
où elles doivent apparaître. A l'école vétérinaire d'U-
trecht, on est arrivé à un résultat analogue, mais sans
lui communiquer jamais aucun caractère héréditaire.

Une autre race du S.-O. de l'Écosse, non moins
célèbre, est celle d'*Ayr* (*fig.* 629), que l'on suppose descendue de la race de *Jersey*, provenant elle-même de nos

jolies petites bêtes bretonnes. Il ne s'agit là que de la race d'Ayr moderne et non de l'ancienne qu'elle a supplantée. Cette race laitière ne paraît pas réussir en Angleterre ni convenir aux habitudes des nourrisseurs des villes anglaises. C'est le lait d'Ayr qui sert à fabri-

Fig. 629. — Vache d'Ayr.

quer le fromage de *Dunlop*, seul fromage écossais renommé (1). Le lait et le beurre de cette espèce servent à l'alimentation de la ville de Glasgow. Cette jolie race, obtenue évidemment par le perfectionnement de notre race bretonne, s'est ainsi formée grâce aux défrichements et à l'amélioration de la culture du sol du pays. On a transformé les bruyères en pâturages et l'on a pu donner une nourriture suffisante

(1) Léonce de Lavergne, *Économie rurale de l'Angleterre.*

à ce bétail, qui mourait de faim en hiver et se trouvait tout dépéri à l'approche du printemps. Elle n'est pas seulement bonne laitière ; elle est aussi très-facile à engraisser.

Quant à la race de *Jersey*, *Guernesey* et *Alderney* (Aurigny) et à celle de *Kerry* (irlandaise), elles ne méritent qu'une courte mention, quoique très-bonnes laitières et sobres toutes deux. Cette dernière est précieuse pour le cultivateur pauvre de l'Irlande, car elle convient bien à son climat.

Le *mouton* joue un rôle moins important que le bœuf dans la culture. Il n'y peut mériter une place que pour sa viande et pour sa laine. C'est un animal sans défense et, comme l'a dit Buffon, « il paraît que « c'est par notre secours seulement et par nos « soins que cette espèce a duré, dure et pourra durer « encore... Mais cet animal, si chétif en lui-même, « si dépourvu de sentiment, si dénué de qualités in- « térieures, est pour l'homme l'animal le plus pré- « cieux, celui dont l'utilité est la plus immédiate : « seul il peut suffire aux besoins de première néces- « sité ; il fournit tout à la fois de quoi se nourrir et se « vêtir, sans compter les avantages particuliers que « l'on sait tirer du suif, du lait, de la peau et même « des boyaux, des os et du fumier de cet animal...

« On livre ordinairement aux bouchers tous les « agneaux qui paraissent faibles, et l'on ne garde, pour « les élever, que ceux qui sont les plus vigoureux, les « plus gros et les plus chargés de laine. Les agneaux « de la première portée ne sont jamais si bons que les « agneaux des portées suivantes : si l'on veut élever « ceux qui naissent aux mois d'octobre, novembre.

« décembre, janvier, février, on les garde à l'étable
« pendant l'hiver, on ne les en fait sortir que le soir
« et le matin, pour téter, et on ne les laisse point
« aller aux champs avant le commencement d'avril;
« quelque temps auparavant, on leur donne un peu
« d'herbe, afin de les accoutumer peu à peu à cette
« nouvelle nourriture. On peut les sevrer à un mois;
« mais il vaut mieux ne le faire qu'à six semaines
« ou deux mois : on préfère toujours les agneaux
« blancs et sans tache aux agneaux noirs et tachetés,
« la laine blanche se vendant mieux que la laine
« noire ou mêlée. Tous les ans, on fait la tonte de la
« laine des moutons, des brebis et des agneaux; dans
« les pays chauds, où l'on ne craint pas de mettre
« l'animal à nu, on ne coupe pas la laine, mais on
« l'arrache (système anciennement suivi en Angle-
« terre, voir page 244) et on en fait souvent deux
« récoltes par an; en France et dans les climats plus
« froids, on se contente de la couper une fois par an
« avec de grands ciseaux, et on laisse aux moutons
« une partie de la toison, afin de les garantir de l'in-
« tempérie du climat. C'est au mois de mai qu'on fait
« cette opération. »

Actuellement, l'élevage de l'espèce ovine traverse en
France une crise des plus graves. Le mouvement
économique a transformé la culture et en a profondément modifié les conditions. Daubenton, en
important le mérinos dans sa patrie, avait procuré à
celle-ci un élément considérable de prospérité. La
France, par ses races ovines, tenait le premier rang
dans le monde. L'importation en Australie de nos

plus beaux béliers mérinos, effectuée par les Anglais au prix de sacrifices d'argent considérables (ils ont acheté certains de nos béliers jusqu'à 20,000 francs pièce), a régénéré les races océaniennes du tout au tout, et comme les frais d'élevage sont fort réduits, que la production n'y rencontre aucun obstacle, il en est résulté une abondance de laine qui est venue faire concurrence à nos. laines indigènes et restreindre leurs débouchés. Le morcellement et le développement de la culture intensive n'ont pas peu contribué à cet état de choses. Il faut, en effet, à l'élevage du mouton de grands espaces et de riches prairies. Or, tous les jours, la superficie de celles-ci diminue en France. En outre, l'industrie s'est transformée ; elle fabrique moins de draps superfins et beaucoup plus d'étoffes communes ; de là une réduction d'autant dans les débouchés ouverts jusqu'ici à la production de la laine française, généralement de qualité supérieure et beaucoup trop coûteuse pour pouvoir soutenir la concurrence du prix des laines australiennes et argentines. Aussi, depuis plusieurs années, beaucoup de cultivateurs tendent-ils à remplacer l'élevage des moutons par des cultures industrielles, substituées aux pâturages. C'est ainsi qu'aux environs de Paris on l'a souvent abandonné pour y substituer la production d'autres denrées animales. Il importe donc, non pas de changer la race des moutons à belle laine, si bien adaptée au sol et au climat de nos plateaux, mais de l'améliorer davantage au point de vue des formes, de la mieux approprier aux besoins de la boucherie. On peut arriver à cette fin par des croisements pratiqués méthodiquement

au moyen de reproducteurs judicieusement choi-
sis.

Le mouton, avons-nous dit, est un ruminant. Il
possède 32 dents, dont 8 incisives, toutes placées à la
mâchoire inférieure, et 24 molaires réparties également entre les deux mâchoires. Le mouton primitif
vit en famille dans les contrées montagneuses, recherchant les pelouses et redoutant l'humidité. Le poil
grossier est mêlé d'un duvet qui, chez les espèces
domestiques, est très-abondant et constitue la laine.

On distingue plusieurs races primitives : *le mouton
d'Afrique* ou *mouton barbu*, que l'on trouve aussi en
Tartarie; le *mouflon d'Amérique*, qui se plaît sur les
montagnes de l'Amérique du Nord; le *mouflon argali*,
habitant les hautes montagnes de l'Asie, remarquable
par sa force et son agilité; le *mouflon ordinaire*, fauve
sur le dos, blanc sous le ventre, qui fréquente les montagnes de Corse, de Sardaigne, des îles de l'Archipel, et
que l'on considère comme le type des races du *mouton
domestique*. Celui-ci, qui clôt notre liste, n'est donc, en
définitive, qu'un mouflon profondément modifié, ayant
parfois entièrement perdu son poil grossier. « Ici le repos et
« les pâturages rapprochés des habitations ont créé des
« races faibles, peu propres à la marche; là des cour-
« ses pénibles et souvent renouvelées en ont produit
« d'autres à jambes fortes et nerveuses. Tantôt une
« nourriture substantielle a créé des individus faciles à
« engraisser, tantôt elle a rendu les brebis plus fé-
« condes, pouvant engendrer deux fois par an et four-
« nir deux ou trois petits chaque fois. Le séjour dans
« des lieux clos, chauds et humides, un choix judi-

« cieux des reproducteurs, ont donné à la laine de la
« finesse et souplesse (1). »

Dans une race quelconque, les animaux les plus forts,
ayant généralement la peau plus épaisse que les plus
petits et les bulbes des poils plus volumineux, produisent de la laine plus grosse. Ainsi, la race mérinos électorale, très-petite, a une laine bien supérieure à celle des
forts animaux de la Beauce et de la Brie. Mais ce rapport entre la finesse de la laine et le poids du corps n'est
plus exact lorsqu'il s'agit de comparer entre eux des moutons de races différentes. Quant aux belles formes, elles
ne sont pas plus exclusives de la bonne laine que la
mauvaise laine ne l'est des mauvaises formes. Cependant, il semble établi en France que les moutons, bons
de laine, à toison tassée, sont *longs à prendre la graisse*
et ne rendent que de la *viande médiocre*. Quant à ceux
qui possèdent une laine extra-fine, que l'on n'a jamais
soignés en vue de la boucherie et que la France a
rarement intérêt à produire, il y a nombre de cas qui
semblent prouver qu'ils prennent bien la graisse, en
dépit de la grande finesse de leur laine. Les Anglais,
il est vrai, n'élèvent que des bêtes donnant de bonne
viande mais de mauvaise laine (*Dishley*, *New-Kent*,
Southdown); cela prouve, non pas que nous devons
suivre leur exemple, mais simplement que leur climat,
avec leurs moyens de production actuels, ne leur
permet point de faire autre chose.

En résumé, « la même race ovine peut être apte à
« donner de lourdes toisons en proportion de son poids,
« de la belle laine intermédiaire sinon fine, beaucoup

(1) Magne, *Races ovines.*

« de viande, et même à être aussi précoce que le com-
« porte le mode d'entretien du troupeau (1). »

La division des races ovines françaises en *races à
laine courte* et en *races à laine longue* n'a plus qu'une
faible importance, car, par l'influence d'une abondante
nourriture, la laine s'allonge pour toutes les races indistinctement.

La classification suivante est mieux établie et plus
sûre :

1° *Moutons à laine grosse* ;
2° *Moutons à laine commune* ;
3° *Moutons à laine intermédiaire et à laine fine* ;
4° *Moutons à laine extra-fine*.

Première catégorie. — Les *moutons français à laine
grosse* sont rustiques, très-résistants au froid et peu sensibles à l'humidité. En général, la tête, le ventre et les
membres de ces quadrupèdes sont couverts de poil
court, et leur laine, peu chargée de suint, est uniquement propre à confectionner des lisières de drap, des
couvertures de cheval, des tapis. Malheureusement
elle se tasse et manque d'élasticité. On pourrait améliorer les animaux de cette catégorie au moyen d'une sélection intelligente des béliers. Tels sont les moutons
flamands (divisés en *artésiens, cambrésiens, vermandois*
et *picards*); les *normands* et *angevins* (partagés en *caen-
nais, cotentins, alençonnais, percherons, manceaux,
angevins* et *choletais*), les *bretons*, les *vendéens*, les
saintongeois, les *champenois* (ainsi nommés du bourg
de *Champagne-Mouton*, situé dans le département de
la Charente); les *landais*, les *béarnais*, les *moutons*

(1) Magne. *Races ovines.*

de Faux (Faux est une petite ville située sur les confins de la Marche et du Limousin), appelés aussi *moutons de montagne*, les *marchois* (produits dans la Creuse, et dont la petite espèce porte le nom de *moutons bocagers*), enfin les *bourbonnais* ou *auvergnats*, autrefois renommés, bien à tort, pour leur lainage.

Deuxième catégorie. — La toison des *moutons français à laine commune* est employée pour la fabrication des étoffes les plus répandues dans le commerce. Le brin de laine a de $1/20^e$ à $1/35^e$ de millimètre de diamètre ; il est le plus souvent contourné et frisé. Autrefois on considérait la laine de quelques-unes de ces races comme étant d'une qualité supérieure. L'entrée en scène du mérinos l'a fait classer depuis parmi les laines plus médiocres. Les draps de troupes, les étoffes communes de grande consommation se fabriquent avec cette variété de textile. C'est ici que se classent d'abord les *moutons berrichons*, subdivisés autrefois en *fins*, *mi-fins* et *gros*, et aujourd'hui en *moutons de Champagne* (ainsi qualifiés de certaines plaines déboisées du Berry qu'on appelle du nom de *Champagne*), en *moutons de Crevant* (élevés au sud de Châteauroux et figurant en grand nombre aux foires de Crevant) et en *moutons nivernais*, plus forts et plus laineux que la race dite de Champagne. Viennent ensuite les *solognots*, les *poitevins* (*moutons de la Plaine*, *moutons de la Gâtine*), les *garonnais*, les *lauraguais*, les *ariégeois*, les *moutons de Rouergue* (partagés en deux sous-races, *celle du Causse*, forte et élevée sur les plateaux calcaires, et *celle du Ségala*, nourrie sur les coteaux schisteux), les *moutons cévenols* et ceux de *Larzac*, les *languedociens* (arrondissements de Saint-Pons, Béziers, Montpellier, etc.).

les *provençaux* (parmi lesquels on distingue ceux d'Arles et ceux des montagnes s'approchant davantage du type indigène), les races du *Vivarais*, du *Forez*, du *Lyonnais*, de l'*Auvergne*, du *Morvan* et de l'*Est* (subdivisées en *moutons de la Bresse et du Bugey*, en *lorrains* et en *vosgiens*).

Troisième catégorie.— *Les moutons français à laine*

Fig. 630. — Mouton mérinos.

intermédiaire et à laine fine ont constitué, jusqu'à ces derniers temps, l'une des plus importantes richesses de la France. Ils comprennent notamment les mérinos et leurs métis. Leur laine, quand elle est fine, a un diamètre de 1/40ᵉ ou de 1/50ᵉ de millimètre ; elle est douce et généralement courte ; elle atteint de 3 à 5 décimètres de longueur ; si elle n'est qu'*intermédiaire*, son diamètre varie entre 1/40ᵉ et 1/30ᵉ de millimètre, sa longueur entre 5 et 10 centimètres ; ses mèches sont plus ondulées et plus pointues que celles de la laine fine, les toisons plus ouvertes, moins chargées de suint et plus pâles à la surface.

Nous sommes donc amenés à dire un mot de cette *race mérinos (fig.* 426 et 630), si célèbre dans nos annales agricoles. Voilà un siècle qu'elle se reproduit en France en s'améliorant sans cesse. On l'y trouve pure ou croisée avec les moutons indigènes dans la plupart des départements. Elle paraît être originaire d'Asie et avait été importée successivement en Afrique, puis en Espagne. Les races algériennes ont une forte analogie avec le mérinos.

Jusqu'au siècle dernier, la *race mérine* n'a été entretenue qu'en Espagne. Dans ce pays, on en défendait alors l'exportation. On l'importa d'abord en Suède, puis en Saxe et en Autriche. Ce ne fut qu'en 1766 qu'elle fit une apparition sérieuse et durable en France, grâce aux expériences de Daubenton. En 1786, Louis XVI obtint du roi d'Espagne, son beau-frère, l'autorisation d'introduire dans notre pays un troupeau de cette race. Il comprenait 376 bêtes, dont 42 béliers, et était parti de Ségovie. En 1796, en vertu du traité de Bâle, le gouvernement espagnol dut fournir à la France de nouveaux mérinos ; ce ne fut guère qu'à partir de 1800 qu'on les rechercha avec empressement. En 1825, un bélier de 5 ans se payait 3,870 francs. Aujourd'hui le mérinos est répandu dans le monde entier ; mais il donnera toujours les laines les plus belles et les plus abondantes dans le midi de la Russie, de l'Afrique et de l'Amérique, ainsi qu'en Australie.

On distingue, en France, le *mérinos à laine fine* et

le *mérinos à laine superfine*. Nous ne nous occuperons en ce moment que du premier, c'est-à-dire du *mérinos commun*, ou *mérinos de Rambouillet*, ainsi nommé de la bergerie où fut introduit le premier grand troupeau de cette espèce.

La laine en est fine et douce et forme des zigzags rapprochés ; du reste, elle a beaucoup de force et d'élasticité. Le mérinos commun a produit les variétés suivantes : *mérinos à peau plissée*, le plus ancien, à tête grosse et à cornes lourdes ; *mérinos à peau lisse*, élevé de nos jours en Champagne, en Bourgogne et dans le Loiret, possédant une laine plus uniforme, et enfin généralement mieux conformé pour la boucherie que le précédent, mieux approprié à nos besoins présents.

Pour améliorer encore davantage les mérinos, on a croisé entre elles les sous-races mérines, dans l'espérance de réunir la finesse du lainage des races extrafines au poids des toisons des fortes races. On a, à cet effet, eu recours à des béliers du beau troupeau de Naz. Cet essai n'a pas réussi ; mais les croisements avec les races indigènes ont été assez généralement satisfaisants. Ils ont produit les *métis-mérinos (fig.* 631), que l'on appelle *moutons santerrois, soissonnais, champenois, beaucerons, briards* (de la Brie), *cauchois, bourguignons*, selon les provinces, et qui diffèrent notablement par la taille.

Viennent encore les *arlésiens*, élevés dans l'Hérault, le Gard, le Vaucluse, les Bouches-du-Rhône, surtout dans la Camargue et la Crau, et qui se sont substitués aux anciennes races provençales dont nous avons fait mention dans la première catégorie ; puis les

moutons du Roussillon, pays on ne peut plus favorable à l'élevage de l'espèce ovine, et *ceux des Corbières*. Il nous faut aussi faire mention des animaux
à laine soyeuse. Sous certaines influences, la laine
prend un éclat brillant et devient plus douce que ne
le comporte sa nature ; elle est alors dite *soyeuse*.
C'est un accident qui peut se produire dans toutes les
races ; elle se vend moins bien que l'autre laine, parce
qu'elle est réellement plus grosse qu'elle ne paraît et
que son éclat la rend plus *voyante*. M. Graux, de Mau-

Fig. 614. — Métis mérinos.

champ (Aisne), essaya de perpétuer cet aspect de la
laine ; il obtint quelques résultats, le gouvernement
les encouragea, ainsi que quelques industriels qui
avaient cru trouver là une laine préférable à la laine
ordinaire pour tisser leurs châles. L'expérience est venue détruire ces illusions.

Quatrième catégorie.—Les *moutons à laine extra-fine*
sont une création récente qui a promptement relégué
au second rang ceux de la précédente catégorie. Les lai-

nes appelées dans le commerce *extra-fines* ou *super-fines* possèdent des brins d'une très-grande ténacité et dont le diamètre varie entre 1/30ᵉ et 1/60ᵉ de millimètre. Les mèches en sont courtes, et même très-courtes, moelleuses, douces et élastiques. Ses toisons ont la laine peu tassée et se laissent facilement pénétrer par la terre et le fumier. On ne rencontre jamais la grande finesse réunie avec la quantité : 2 à 3 livres de laine en suint constituent tout le rapport d'une bête extra-fine. Ces races sont, pour la plupart, de simples variétés des *mérinos*, obtenues en Allemagne et en France au prix de soins extrêmement minutieux. Mais l'une des plus remarquables d'entre elles, créée en France, est la *race de Naz*, ainsi baptisée d'après le nom de la ferme de l'arrondissement de Gex (Ain), où elle a été obtenue. Elle est composée de petits animaux trapus, agiles et ardents, à grosses cornes, à laine en zigzags, à brins d'une grande finesse mais peu tassés, à toison légère. On les nourrit l'hiver avec du foin et des racines, et l'été ils paissent sur les montagnes des environs de Genève. La race de Naz a fourni des reproducteurs d'élite au monde entier.

En dehors des quatre catégories ci-dessus décrites, nous trouvons les *moutons algériens*. Il faut dire que la production des bêtes à laine doit être placée au premier rang entre toutes les branches de l'agriculture comme étant l'appropriation la plus convenable au climat et au sol de l'Algérie.

Les qualités du mouton le rendent supérieur, pour les Arabes, aux autres animaux domestiques. Il fournit peu de viande à la fois, ce qui le rend utilisable là où ne le serait point le bœuf ; et, quant à la laine, c'est incontestablement l'un des produits dont l'exportation est le plus facile. Le mouton s'accommode de la vie errante, se prête facilement à la *transhumance*; son épaisse fourrure lui permet de rester privé de logement et, par le pacage, il devient un excellent moyen de fertiliser les terres. Le mouton algérien

Fig. 632. — Race barbarine.

est, du reste, d'une force remarquable, et ses membres ont une grande solidité. Les jarrets sont larges et les tendons épais, la tête grosse et l'encolure forte. C'est une bête moyenne, pesant 40 à 50 kilogr., fournissant de 18 à 22 kilogr. de viande et dotée de muscles volumineux et fermes. L'Afrique produit des laines de toutes sortes; les variétés à laine intermédiaire ou *numides* se trouvent plus communément dans l'est de la colonie, dans les cercles de Biskra, de Batna, de Tébessa et de Constantine, tandis que les espèces communes ou *algériennes* se rencontrent surtout dans ceux d'Alger, d'Aumale, d'Oran et de Mascara. Règle générale : la laine dégénère au fur et à mesure que l'on s'avance vers l'ouest et que l'on se rapproche du rivage. Il existe encore en Algérie deux autres races : *la barbarine* (*fig.* 632), à laine grossière et à queue très-développée, répandue vers Tunis et la Calle ; c'est ici une variété du fameux *mouton à longue queue* d'Arabie, d'Egypte et de Tunis, chez qui cet appendice acquiert une énorme grosseur et arrive à peser de 15 à 20 kilogr. ; la race *touareg*, élevée sur une grande échelle dans le nord du Sahara par les Touaregs, mal conformée, à oreilles pendantes, ayant sur le corps un poil court, lisse et raide au lieu de laine. Elle est bonne pour les populations, qui s'en nourrissent actuellement, mais n'offre aucun intérêt pour nous. L'exportation des moutons algériens, de 100,000 têtes avant 1863, s'élevait en 1871 à 311,000 environ, et en 1872 à 655,642.

Les *moutons étrangers* se partagent en *mérinos étrangers*, en *moutons anglais* et *métis anglo-français*,

Les *mérinos étrangers* comprennent : les *espagnols*, dont sont sortis nos mérinos français ; les *mérinos allemands*, dont la laine donne un sérieux profit, dans une grande partie des provinces allemandes où la population est extrêmement clair-semée (subdivisés en *race negretti* et *race électorale*, race saxonne renommée, petite, à corps mince, donnant de 1 kilogr. à 1 kilogr. 1/2 de laine et de 8 à 12 kilogr. de viande).

Les *moutons anglais* sont admirablement appropriés à la boucherie. C'est là un phénomène spontané en Angleterre, se produisant par le seul effet des forces naturelles. En vain, pour se distinguer les uns des autres, ces

moutons prennent-ils les noms variés de *new-kent*, *cotswold*, *cheviot*, « partout, sur les collines du Glocestershire
« aussi bien que dans les plaines marécageuses de l'em-
« bouchure de la Tamise, on ne trouve plus aujourd'hui
« que le type *dishley*, à peine modifié par les races dont
« il porte le nom (1). »

Le *dishley* (*fig.* 633), ou *new-leicester*, a été créé dans

Fig. 633. — Mouton dishley.

le comté de *Leicester* à la ferme de *Dishley* par l'illustre
éleveur Bakewell. Il a pris naissance sur un sol fertile, dans
de riches herbages et sous un climat toujours doux.
H. Bakewell se mit à transformer la race du pays dès 1755
en louant aux agriculteurs des beliers de choix ; en 1789,
cette location lui rapportait 170,000 francs par an. Il agit
par les croisements et les appareillements, en même temps
que par le régime. Il obtint le mouton dishley, au corps

(1) Magne, *Races ovines*.

ramassé, assez court, d'aspect cylindrique, au garrot épais et peu sorti, à l'abdomen peu déve'oppé, au poitrail ouvert. Le squelette est ample et léger, car les os sont minces, ce qui rend la poitrine et le bassin spacieux, tout en offrant une large surface aux muscles qui fournissent la meilleure viande. Cette ampleur du squelette, avec la petitesse des os, forme une des plus précieuses qualités de ce bélier ; il en résulte que les viscères placés dans la poitrine peuvent fonctionner aisément et qu'il existe de vastes emplacements, sur le dos et les *lombes* (1), pour recevoir de grandes quantités de chair et de graisse. La laine est longue, grosse, rude ou soyeuse, tombant en mèches pointues et pendantes, peu tassée. Les toisons ne pèsent pas en proportion de la taille des animaux et de la longueur des brins. Vers l'âge de 4 ans, leur poids diminue et la laine perd de ses qualités. L'existence de taches foncées, brunâtres, autour des yeux et sur les oreilles, permet, conjointement avec la petitesse de la tête et la finesse des oreilles, de constater l'existence du sang dishley soit dans les métis dishley–mérinos, soit dans les races new-kent et cotswold améliorées. Le dishley ne peut nous servir que pour le croisement, car notre climat lui convient peu et ne permet pas de l'élever en grand en France avec profit.

Le *new-kent* ou *kent perfectionné* s'appelle encore race des *marais de Romney perfectionnée* ou *race du Romney-Marsh* et subsiste dans un marais du midi de l'Angleterre, formé d'une riche alluvion où pousse une herbe aussi bonne qu'abondante. Le *cotswold* est originaire des *collines à parc* de l'est du comté de Glocester ; il s'est amélioré, agrandi, et sa laine s'est allongée.

(1) Nom donné à la partie inférieure du dos.

Il diffère à peine du dishley, bien que sa laine soit plus douce, sa toison plus tassée et son corps plus laineux. Le *cheviot* enfin, autrefois à moitié sauvage et assez rustique pour vivre sur les montagnes à 700 ou 800 mètres au-dessus du niveau de la mer, est transformé aujourd'hui au point de ne pouvoir être distingué du dishley. Les vrais cheviots sont petits, passent l'hiver dans la bergerie et se nourrissent d'un peu de mauvais foin.

Nous arrivons au *southdown*, dont nous avons déjà parlé au début de ce livre. Il forme une race de montagne, à laine courte, vivant sur des dunes, ayant de 6 à 8 kilomètres de largeur et de 80 à 90 de longueur. C'est un animal perfectionné, de forte taille, au corps bien fait, au garrot épais, ayant la ligne dorso-lombaire bien soutenue, les côtes rondes, le poitrail large et saillant. Le bélier n'a point de cornes. Il n'existe pas de mouton de formes plus harmonieuses ; il porte la tête haute, et son regard est plein d'assurance, sa démarche fière, son pas relevé. Il est fort et robuste, peut accomplir de longs parcours, supporter les intempéries, résister aux fatigues et s'acclimater en France mieux que les autres races anglaises de boucherie. Il a la tête et les jambes noires ou brunes ; le reste du corps est blanc. C'est pour l'Angleterre un mouton à laine courte, comparativement aux races que nous venons d'étudier ; cette laine est, du reste, presque toujours grosse, rude et creuse, dépourvue de nerf. Sa toison est légère quoique volumineuse.

Quant aux *mélis anglo-français*, ils sont au nombre de trois principaux : le *dishley-mérinos demi-sang*, le *trois-quarts de sang mérinos* et le *trois-quarts de sang dishley*.

Le *dishley-mérinos demi-sang* tient le milieu entre les

deux types dont il procède. L'influence du sang du père se traduit par un lainage plus commun que celui du mérinos, et celle du sang de la mère par une tête plus busquée, un poitrail plus étroit.

Les *dishley-mérinos trois-quarts mérinos* sont obtenus en croisant des béliers mérinos avec des brebis de demi-sang. Ils ont le garrot moins sorti et le corps moins épais que les mérinos, la tête busquée, la laine fine, à mèche courte et carrée, la toison fermée.

Enfin, le *dishley-mérinos trois quarts dishley* est obtenu par le croisement des brebis de demi-sang avec les béliers anglais. Il a le poitrail large, le garrot bas, l'encolure fine, la laine longue et souvent d'un aspect soyeux. Il ressemble assez au mouton anglais par les formes, le tempérament et le lainage, bien que sa laine soit plus douce et sa toison moins ouverte.

En appropriant ces combinaisons le mieux possible aux conditions diverses de la culture, de la consommation et du climat, on peut arriver à considérer nos races françaises d'une manière fort satisfaisante.

L'espèce qui occupe le troisième rang dans la production agricole comme animal de consommation et d'alimentation, c'est le *porc*. Il n'est point, comme le bœuf et le mouton, l'une des bases de la production agricole. Il ne joue qu'un rôle complémentaire. « De tous les quadrupèdes, dit Buffon, le cochon paraît être l'animal le plus brut. » Il n'y a pas de travail à lui demander. Il ne possède même pas la propriété de fournir au producteur deux produits importants, comme la laine et la viande. Il ne nous donne absolument que de la viande et il est sujet à une maladie nommée *ladrerie*, qui le rend absolument insensible. On en peut attribuer l'origine à la malpropreté et à l'état de corruption de certaines nourritures infectes, dont il s'alimente parfois. On n'en préserve le jeune cochon qu'en le tenant dans une étable propre et en ne lui distribuant que des aliments sains. « Sa chair deviendra même excellente au goût, son lard ferme et cassant, si on le tient, pendant quinze jours ou trois semaines avant de tuer l'animal, dans une étable pavée et toujours propre, sans litière, en ne lui donnant pour toute nourriture que du grain de froment pur et sec et ne le laissant boire que très-peu. On choisit pour cela un jeune cochon d'un an, en bonne chair et moitié gras..... La manière ordinaire de les engraisser est de leur donner en abondance de l'orge, des glands, des choux, des légumes cuits et beaucoup d'eau mêlée de son : en deux mois ils sont gras, le lard est abondant et épais, mais sans être bien ferme ni bien blanc ; et leur chair, quoique bonne, est toujours un peu fade. On peut encore les engraisser avec moins de dépenses, dans les campagnes où il y a beaucoup de glands, en les menant dans la forêt pendant l'automne. Ils mangent également quelque peu de tous les fruits sauvages et ils engraissent dans un court espace de temps, surtout si le soir, à leur retour, on leur donne de l'eau tiède mêlée d'un peu de son et de farine d'ivraie. Cette boisson les fait dormir et augmente tellement leur embonpoint qu'on en voit ne plus pouvoir marcher ni presque se remuer. Ils engraissent aussi beaucoup plus promptement en automne, dans le temps des premiers froids, tant à cause de l'abondance de la nourriture que parce qu'à cette époque la transpiration est moindre qu'en été... On n'attend pas, comme pour le reste du bétail, que le cochon soit âgé pour l'engraisser :

plus il vieillit, plus cela devient difficile et moins sa chair est bonne (1). »

Le porc est supérieur à tous les autres animaux comme machine de transformation des matières nutritives en substances comestibles convenables pour l'homme. Il est, en outre, très-fécond et très-précoce; il a une aptitude presque indéfinie à produire de la graisse. Dans beaucoup de campagnes, il fournit la plus grande partie de la viande consommée par les paysans. Il est on ne peut plus malléable, c'est-à-dire apte à être modifié ou amélioré dans un temps très-court.

Le porc est un pachyderme. Il appartient donc à la grande famille dont font partie l'*éléphant*, le *tapir*, le *rhinocéros*, l'*hippopotame* et le *cheval*.

Les *races porcines domestiques* se divisent en deux sections :

1° Les *races porcines à corps trapu et à courtes jambes*, originaires de l'est de l'Europe et de l'Asie. Elles comprennent :

a. Les *porcs de l'Asie et de l'Europe orientale*, à savoir : le *porc de Siam* ou *porc pie d'Asie* (à poil fin mais rare), le porc *chinois*, *cochinchinois* ou *tonquin*, l'une des premières variétés asiatiques importées en Europe (petite race, touchant presque à terre, à jambes très-fines, à cou court); le *porc turc*, qui vient du bassin de la mer Noire (bien conformé pour donner beaucoup de graisse, jambes courtes et fines, soies rares et souvent frisées), objet d'un commerce considérable dans la vallée du Danube.

(1) Buffon.

b. Les *porcs napolitains*, petits, à dos larges, à joues fortes, à soies fines et rares, très-répandus en Angleterre dans les comtés de Norfolk et de Suffolk. Ils ont beaucoup contribué à former, avec les races d'Asie, les races anglaises.

c. Les *porcs anglais dérivés des précédents*, races créées par les Anglais et très-analogues, de formes et de qualités, aux races orientales. C'est le porc *new-leicester* (petit de taille, à corps épais, prenant beaucoup de graisse, au point de devenir parfois une vraie pelote, comme la variété dite *porc coleshill* (très-basse sur jambes). Il est fort répandu en France et résulte du croisement de l'ancienne race anglaise à poil blanc avec le verrat blanc de Chine. Il peut aller très-loin comme engraissement, mais sa délicatesse le rend impropre au pays où l'on envoie ces animaux dans les pâturages. C'est ensuite le *porc d'Essex*, plutôt petit que grand, à membres grêles, à soies noires, rares et fines, d'un entretien facile et d'une grande aptitude à prendre la graisse (*fig.* 227). Il n'y a pas de race noire qui soit plus estimée que celle-là, et elle est très-propre à améliorer les formes de nos porcs. Vient alors celui *du Berkshire*, comté qui possédait anciennement la meilleure race porcine de l'Angleterre. Il est de forte taille et s'élève pur ou croisé dans les départements du nord et de l'est de la France. C'est enfin le *porc du Hampshire* (*fig.* 353), semblable au précédent, de même taille et portant une robe noire parsemée de beaucoup de blanc.

Tous les animaux de la première section ont les membres mal disposés pour la marche et ne sauraient aller chercher leur nourriture au loin.

2° Les *races porcines à corps élancé et à jambes lon-*

gues, sont originaires de nos contrées. Elles ont une forte taille et possèdent des membres longs et puissants, des soies fortes et grossières. Ce sont nos *races indigènes proprement dites*. Nous ne retrouverons que peu ici la trace des influences de sol et de climat, bien moindre que pour le bœuf, le mouton ou le cheval. Ces races indigènes pourraient être divisées en *races à poil*

Fig. 634. — Porc craonnais.

blanc, ayant la taille élévée, et en *races à poil pie ou presque noir*. Les premières subsistent en Normandie, dans l'Anjou, le Poitou, l'Auvergne et la Lorraine ; les autres, dans le Limousin , le Quercy, les Pyrénées , le Dauphiné, la Bresse et le Charolais. Ces deux types se confondent souvent dans les mêmes localités. Ils forment diverses variétés qui peuvent se répartir entre les sept classes suivantes :

a. Porcs de l'Ouest, de haute stature, au corps long, répandus de la Seine à la Gironde, d'un blanc plus ou moins jaunâtre, généralement semé de quelques rares taches noires entourées de brun. C'est d'abord le *porc normand* (*fig.* 661), bien connu, avec ses sous-variétés d'*augerons*, de *cotentins*, de *cauchois*, d'*alençonnais*. C'est le *porc manceau*, grand et bas sur jambes, avec ses sous-variétés des *mortagnards*, des *porcs du Perche*, des *saumurois*. C'est ensuite le *porc craonnais*, l'un des plus beaux entre tous ceux qui sont connus et dont le centre de l'élevage est à Craon, dans la Mayenne ; c'est le type du bassin de la Basse-Loire ; l'*an gevin* est son cousin immédiat. Mentionnons encore les *poitevins*, les *vendéens*, les *angoumois*. Passons ensuite aux *porcs de la Bretagne*, ayant généralement la tête forte et longue, souvent blancs, d'aspect assez misérable du reste ; soumis au régime du pâturage, ils profitent peu. On les engraisse avec des farineux, du sarrasin et des tourteaux.

b. Porcs du Nord et de l'Ile-de-France, autrefois subdivisés en porcs *picards*, *flamands* et *artésiens*, et aujourd'hui transformés, ayant le corps épais, la tête courte et les membres fins. C'est dans cette région que l'on a opéré les plus grandes améliorations, grâce surtout au voisinage de l'Angleterre et aux croisements des races indigènes effectués avec les verrats pies du Berkshire et du Hampshire dans l'ancienne Ile-de-France, et avec le verrat de Leicester dans le département du Nord.

c. Porcs du Nord-Est, comprenant les *lorrains*, très-renommés, car ils constituent à eux seuls à peu près le quinzième du total de la population porcine en France ; puis viennent les *champenois*, dont relèvent les *artésiens bâtardés*, et enfin les *alsaciens*.

d. Porcs blancs du Centre, se divisant en *bourbonnais, marchois* et *auvergnats*.

e. Porcs de l'Est, partagés en *comtois*, en *bourguignons* (plus remarquables par la fermeté de leur chair que par leur état d'engraissement, et subdivisés en *morvandeaux*, *charolais* et *bressans*) et en *porcs du Dauphiné* (généralement noirs dans la région des montagnes).

f. Porcs pies du Centre, élevés sur le plateau central de la France et sur les coteaux qui lui servent de limites à l'ouest et au sud. Ils sont de taille moyenne, couleur pie, et possèdent de longues jambes ; la viande en est moins lâche, plus fine et plus estimée que celle des précédentes. Ils comprennent les *limousins*, les *périgourdins* (généralement pies et pesant communément 200 kilogrammes), les *agenais*, les *quercinois* et les *porcs du Rouergue*. Le Limousin et le Périgord sont, pour l'espèce porcine, un centre de production qui dépasse en importance la Lorraine, car ils possèdent, à eux seuls, le quatorzième du total de la France. On élève ces animaux avec le petit-lait, les résidus de cuisine et quelques châtaignes restées dans les bois. Cependant le pays n'offre pas les ressources nécessaires pour les engraisser, et des bandes de porcelets émigrent tous les ans en Auvergne, dans le Bourbonnais, pour y recevoir leur complément de graisse. Ce sont les périgourdins qui fournissent les *porcs truffiers*, ayant la sensibilité olfactive très-développée, qualité qui se transmet par voie d'hérédité. Ce porc peut chasser depuis l'âge de 2 ans jusqu'à 15, 20 ou 25 ; mais, comme le chien de chasse, il n'acquiert toutes ses qualités qu'à 3 ou 4 ans (1).

(1) Chatin, *la Truffe*.

g. Nous finirons par les *porcs des Pyrénées*, à longues jambes minces, à poil pie et à oreilles étroites.
On distingue trois sous-races : les *navarrins*, les *cer-
dagnais* et les *ariégeois*, nourris avec des herbes sauvages, des patiences, des asphodèles crues ou cuites.

Le *cochon de lait* n'est autre que le jeune cochon
qui tette encore. On en fait une consommation assez
importante. C'est, du reste, une viande dont on
a fort exagéré la valeur. Cuit à point, elle n'est pas
plus indigeste que celle de l'agneau; mais il ne faut
pas en abuser.

La *chèvre* est encore, bien plus que le porc, un ac-
cessoire pour l'agriculture, sauf dans les pays de montagnes. Elle est robuste, aisée à nourrir, et ne redoute
pas la grande chaleur, comme la brebis. « Lorsqu'on
« conduit les chèvres avec les moutons, elles ne res-
« tent pas à leur suite, elles précèdent toujours le
« troupeau ; il vaut mieux les mener séparément pai-
« tre sur les collines. Elles aiment les lieux élevés et
« les montagnes même les plus escarpées ; elles trou-
« vent autant de nourriture qu'il leur en faut dans les
« bruyères, dans les friches, dans les terrains incul-
« tes et dans les terres stériles. On doit les éloigner
« des endroits cultivés, les empêcher d'entrer dans
« les blés, dans les vignes, dans les bois ; elles font
« de grands dégâts dans les taillis ; les arbres, dont elles
« broutent avec avidité les jeunes pousses et les écor-
« ces tendres, périssent presque tous. Elles craignent
« les lieux humides, les prairies marécageuses, les
« pâturages gras. On en élève rarement dans les pays
« de plaines; elles s'y portent mal, et leur chair est
« de mauvaise qualité. Dans la plupart des climats

« chauds on nourrit les chèvres en grande quantité,
« et on ne leur donne point d'étable ; en France, elles
« périraient si on ne les mettait pas à l'abri pendant
« l'hiver ; et, comme toute humidité les incommode
« beaucoup, on ne les laisse pas coucher sur leur fu-
« mier, on leur donne souvent de la litière fraîche.
« On les fait sortir de grand matin pour les mener
« aux champs ; l'herbe chargée de rosée, qui n'est pas
« bonne pour les moutons, fait grand bien aux chè-
« vres... Plus elles mangent, plus la quantité de leur
« lait augmente, et, pour entretenir ou augmenter
« encore cette abondance de lait, on les fait beaucoup
« boire et on leur donne quelquefois du salpêtre et
« de l'eau salée. On peut commencer à les traire
« quinze jours après qu'elles ont mis bas ; elles don-
« nent du lait en grande quantité pendant quatre à
« cinq mois, soir et matin (1). »

La chèvre, avons-nous dit, est un ruminant et se
distingue du mouton par une face, ou *chanfrein*, droite
ou même concave, une *barbe* au menton, des *cornes*
recourbées en arrière et de grosses *mamelles*.

Le genre *chèvre* comprend : le *bouquetin* proprement
dit, dont les cornes sont plus fortes que chez le bouc
domestique ; c'est, du reste, un habitué des sommets
des Alpes et des Pyrénées ; puis le *bouquetin du Caucase*, ayant la partie supérieure du corps brune et l'inférieure blanche ; enfin l'*œgagre* ou *chèvre sauvage*, à
la taille élevée, au corps fort, à la barbe longue, aux
cornes tranchantes en avant, se plaisant sur les montagnes de l'Asie, en Perse notamment, et facile à ap-

____

(1) Buffon.

privoiser. C'est ce qu'on appelle la *chèvre ordinaire*, considérée comme la souche de nos races domestiques.

Parmi celles-ci, on trouve d'abord la *chèvre commune* (*fig.* 635), blanche, noire, marron ou pie, dont le pelage est formé de poils durs, quelquefois longs et

Fig. 625. — Chèvres.

pendants, d'autres fois presque ras. Peu différente de la chèvre sauvage, elle n'en présente pas moins des variétés infinies. Elle est facile à entretenir, même dans des pays pauvres, là où d'autres animaux ne trouveraient rien à manger, et d'un grand secours dans les pays montagneux, notamment dans le nord de l'Algérie, où les bêtes à laine ne peuvent subsister. Elle donne du lait, de la viande et du poil aux

Arabes; ils utilisent ce poil, soit seul, soit mêlé avec de la laine.

Les deux races étrangères intéressantes sont la *chèvre d'Angora* et la *chèvre de Cachemire*. L'angora est d'une taille variable, possède des cornes arquées ou contournées en spirale allongée; son pelage est d'un éclat brillant, soyeux, fin, doux, très-abondant, disposé en belles mèches ondulées. Il en existe plusieurs variétés tant aux environs d'Angora même que sur les montagnes qui s'étendent entre la Caspienne et la mer Noire. Les chèvres d'Angora sont blanches, ou rousses, ou brunes, et le poil est plus abondant chez le mâle, mais il est moins fin. On tond ces animaux comme les brebis, ce qui les a fait appeler *chèvres à laine*. La *chèvre du Cachemire* ou du *Thibet* vient de l'Himalaya. Elle ressemble fort à la chèvre commune; seulement elle a les oreilles longues, droites, penchées en arrière. Leur fourrure est leur principale caractéristique : elle est composée de poils rudes, gros, pendants, plus ou moins longs, mais non extensibles, et d'un duvet très-fin, doux, soyeux, placé entre les poils. Plus le poil est long et fin, plus le duvet l'est également, surtout chez les femelles. Ce poil, ou *cachemire*, s'enlève au peigne, et ces animaux ont reçu le nom de *chèvres à duvet*.

Il nous reste à passer la revue de la *basse-cour*. A la première place, nous plaçons l'*espèce galline*, la *poule* proprement dite, ayant pour mission de fournir des œufs et de la viande. Bien engraissée, elle donne une chair abondante et délicate sous forme de *poulets*, de *chapons* et de *poulardes*; mais elle est assez généralement mauvaise pondeuse et mauvaise couveuse.

Voici la série des principales races gallines françaises :

1° *La race du Mans ou de la Flèche*, universellement renommée pour ses chapons et ses poulardes et dont la tête est surmontée de quelques plumes tenant lieu de huppe, avec une petite crête bifurquée formant deux

Fig. 646. — Faisan commun.

cornes penchées en avant. Le plumage, du reste, est noir (*fig.* 636).

2° *La race de Barbezieux* (Charente), très-forte, basse sur jambes, sans huppe sur la tête. Pelage noir ; chair délicate.

3° *La race de Bresse*, plus petite, à plumage noir et sans huppe, facile à engraisser et n'ayant que de petits os enveloppés d'une chair abondante et fine.

4° *La race de Crèvecœur* (Oise), ayant une grande aptitude à l'engraissement et pondant des œufs d'un volume remarquable. Elle a les jambes courtes et fortes, le dos large, la poitrine charnue, le plumage noir, quelquefois panaché de blanc, la tête surmontée d'une huppe volumineuse et, sous le bec, une autre touffe qui semble être la continuation de la précédente. La collerette et les plumes du croupion du coq sont dorées ; la crête forme une sorte de double corne en croissant.

5° *La race de Houdan* (Seine-et-Oise), à plumage brillant, qui doit surtout sa célébrité à sa femelle, pondant beaucoup mais couvant mal. Sa tête porte une huppe rejetée en panache sur le dos ; sa crête est triple. Du reste, ses os sont fins et sa chair délicate ; enfin elle est d'un engraissement prompt et facile.

6° *La race de Dorking*, d'origine anglaise, une des plus grandes races, au plumage riche, abondant et varié, à la prestance magnifique et presque fastueuse, à la crête ample et élevée, avec de longs barbillons chez le coq. Les dorkings sont des *gallinacés* fort poltrons et doivent, pour cette raison, être isolés, dans la basse-cour, des autres volatiles qui les battent sans pitié.

7° *La race de Bréda*, appelée en Hollande *poule à bec de corneille*, bonne pondeuse, mauvaise couveuse, mais facile à engraisser.

8° *La race de Nankin ou cochinchinoise*, race massive, à gros squelette, n'ayant qu'une seule qualité, celle de pondre presque toute l'année (150 à 180 œufs par an) ; seulement il faut observer, en compensation, que ces œufs sont d'un fort petit volume.

9° *La race de Padoue* ou *de Pologne*, ayant une huppe d'une couleur toujours différente de celle du plumage, infatigable pondeuse, s'engraissant d'une manière fort précoce, mais mauvaise couveuse et fort délicate pendant le jeune âge.

10° *La race anglaise de Bantam*, grosse comme une

perdrix, bonne pondeuse, bonne couveuse et facile à engraisser.

« Le coq (*fig.* 638), dit Buffon, est un oiseau pesant,
« dont la démarche est grave et lente et qui, ayant
« les ailes courtes, ne vole que rarement, quelquefois
« avec des cris qui expriment l'effort... Un coq peut
« vivre jusqu'à vingt ans, dans l'état de domesticité, et
« peut-être trente dans celui de liberté... Les poules sub-
« sistent partout avec la
« protection de l'hom-
« me; aussi sont-elles
« répandues dans tout
« le monde habité. »

La poule ordinaire
se nourrit facilement.
Elle commence à pon-
dre à dix mois ou à un
an. Un coq peut suf-
fire à dix ou douze
poules; on l'utilise à
la reproduction dès

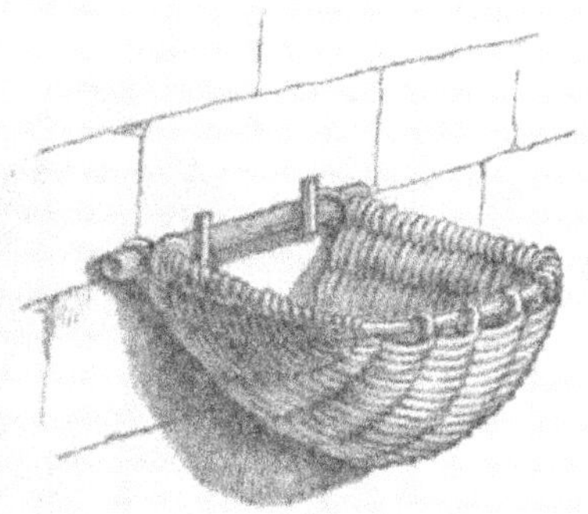

Fig. 637. — Nid de poule ou pondoir.

l'âge de trois mois, mais il est préférable d'attendre
jusqu'à six. La poule pond presque toute l'année, sauf en
octobre et novembre, époque de la mue, et moins en
hiver qu'en été. On obtient plus de produits en la nourrissant bien avec du sarrasin, du chènevis, des tourteaux, et en la préservant du froid.

Une ferme de 100 hectares, avec assolement triennal,
en bonne terre, donnant 30 hectolitres de blé à l'hectare,
peut entretenir 300 poules et 30 coqs. Le revenu, de ce
chef, se compose donc de 24,000 œufs, de 240 bêtes
grasses et de la fiente, *poulinie* ou *poulaille*, utilisée comme

engrais. On ne conserve pas les poules plus de trois ans et, si on les engraisse, il faut commencer à les y préparer à trois ou quatre mois; à six, il serait déjà trop tard ; on leur donne alors une ration journalière de 250 grammes de farine d'orge délayée avec 340 grammes de lait tiède.

Fig. 638. — Coq.

En quinze ou dix-huit jours, on peut ainsi doubler le poids de l'animal.

Le *chapon* n'est autre qu'un coq, qu'on a châtré pour rendre sa chair plus fine. Les plus estimés sont ceux du Mans et du pays de Caux (Crèvecœur). On les engraisse avec une espèce de bouillie faite au moyen des grains les plus nutritifs.

Le *dindon* (fig. 368), qui vient du Mississipi, occupe

une place bien moins importante dans la basse-cour que le coq et la poule. Il est ordinairement noir bistré. Sa tête et son cou, presque dégarnis de plumes, sont recouverts de caroncules charnues passant rapidement du blanc au rouge et au bleu. Son éducation est plus difficile, mais aussi plus profitable que celle de tout autre oiseau domestique. Sa chair est délicate, aussi bien que celle de la *dinde*, sa femelle. Celle-ci ne pond qu'au printemps et à l'automne : 20 ou 25 œufs la première fois, 10 ou 12 la seconde. Elle est, du reste, excellente couveuse, mais elle cache tellement bien ses œufs que souvent ils sont perdus. On l'utilise pour faire venir à terme les œufs de poule ; elle peut couver 20 de ses œufs ou 30 de poule.

Le *dindon* se nourrit aux champs, sur les chaumes et dans les vergers ; on lui donne avec avantage une provende. La pomme de terre cuite, le gland, la châtaigne, les noix et quelques farines de peu de valeur sont pour lui des aliments exquis, admirablement propres à son engraissement. On peut lui faire avaler jusqu'à 150 noix par jour, et elles sont digérées en moins de 12 heures. Il faut 20 ou 21 jours pour l'engraisser, soit de cette façon, soit avec de la farine d'orge. Le dindon peut, à 10 mois ou un an, peser 5 à 6 kilogrammes et, le printemps d'après, 8 à 10.

Les dindonneaux sont fort délicats : il leur faut de la chaleur, de l'ombre et de la sécheresse. Ils exigent au moins deux mois de grands soins ; on les nourrit avec des jaunes d'œufs hachés, de la mie de pain, de la viande hachée ou de la farine d'orge et des pommes de terre. Au bout de deux mois, le *rouge* (les caroncules) apparaît. On leur donne encore une pâtée salée ou vinée. A quatre

mois, on peut les manger. On doit tuer les mâles avant
2 ans, sinon leur chair devient coriace.

« L'*oie* est, dans le peuple de la basse-cour, un habitant
« de distinction ; sa corpulence, son port droit, sa dé-
« marche grave, son plumage net et lustré, et son
« naturel social, qui la rend susceptible d'un fort atta-
« chement et d'une longue reconnaissance, enfin sa
« vigilance, très-anciennement célébrée, tout concourt à
« nous présenter l'oie comme un des plus intéressants

Fig. 639. — Oie.

« et même des plus utiles de nos oiseaux domestiques ;
« car, indépendamment de la bonne qualité de sa chair
« et de sa graisse, dont aucun autre oiseau n'est plus
« abondamment pourvu, l'oie nous fournit cette plume
« délicate sur laquelle la mollesse se plaît à se repo-
« ser (1). »

La domesticité de l'oie est plus moderne que celle de
la poule. « Elle couve constamment et si assidûment,
« qu'elle en oublie le boire et le manger, si l'on ne

(1) Buffon.

« place tout près du nid sa nourriture. » Son foie peut
acquérir un développement considérable. C'est un mets
fort recherché.

La femelle pond 14 à 15 œufs et elle couve 27 a 30
jours ; pendant ce temps, le mâle ou *jars* ne la quitte
point.

En pâturage dans les prairies, ce volatile détruit les
bonnes herbes ; on lui abandonne habituellement les
terrains vagues. On peut l'engraisser avec des farineux
détrempés dans du lait. Pour développer le foie, on en-
ferme la bête dans une *épinette* ou un nid chaud, où elle
ne peut faire aucun mouvement, et on lui administre
une nourriture extrêmement substantielle. On plume
l'oie tous les trois mois, à la fin de juillet, à la fin de
l'été et au commencement de l'hiver ; les vieilles oies le
sont même quatre fois. La plume vive a plus d'élasticité. Quant au duvet, il peut se vendre 8 à 9 francs le
kilogramme ; la plume vaut environ 3 francs.

Après l'oie vient le *canard*, fort rustique et dont on
n'a guère à se préoccuper ; il sait fort bien trouver sa
nourriture seul et l'aller chercher au besoin ; pourvu
qu'il ait de l'eau, on peut, à la rigueur, se dispenser de
lui donner autre chose. Le plus souvent, cependant, on
lui distribue quelques grains. Il nuit moins que l'oie à
l'herbe des prairies. La *cane* est une mauvaise couveuse ; de plus, en allant sans cesse à l'eau, elle laisse re-
froidir ses œufs, que l'on fait couver habituellement par
une dinde. Le *canard musqué* ou de Barbarie se passe
plus facilement d'eau que les autres variétés. Il est originaire du Brésil ou de la Guyane et se baigne très-rare-
ment. Le mâle ne porte point sur la queue la petite
touffe de plumes retroussées qui dénote le *canard com-*

mun. On peut le croiser avantageusement avec la *cane ordinaire* ; les métis sont gros et bons, mais ne se reproduisent point. Sa chair est bonne, à la condition de le tuer en lui tranchant la tête pour empêcher l'odeur musquée de se transmettre au restant du corps.

Il n'y a pas de ferme sans pigeons. On en compte deux espèces domestiques distinctes : le *pigeon de pignon* ou *colombin* et le *pigeon de volière*. Le mâle adopte une femelle à laquelle il reste fidèle toute sa vie. Celle-ci ne pond que deux œufs à la fois. Il y a deux pontes par an, au printemps et pendant l'été. Ces pontes ont lieu dans des nids artificiels (*fig.* 637) ou dans des nids naturels. Il faut manger les pigeonneaux à un mois. Ce même temps est nécessaire pour les accoutumer à leur demeure ; passé ce délai, on peut les laisser sortir avec la pleine assurance qu'ils rentreront exactement au colombier. Nous avons vu déjà qu'on utilisait le fumier des pigeons ou *colombine* ; il se vend 8 francs l'hectolitre, et cent paires de pigeons en donnent 15 hectolitres par an. Nos races de pigeons proviennent, pour la plupart, du *biset*. Quant au colombier, il doit être installé loin du bruit et même loin des arbres agités par le vent. On le bâtit sur un terrain sec, exposé au midi et à l'est, de forme ronde, blanchi intérieurement au lait de chaux, dont la couleur plaît aux pigeons. Le plancher, à 2 ou 3 mètres du sol, est construit en briques ; les nids, de 25 centimètres carrés, sont en planches ou en briques, sur plusieurs rangs ; le premier est placé à 1^{m}50 du plancher, et les autres sont distants de 70 centimètres. On doit nettoyer le *colombier* quatre fois par an et éviter le plus possible d'y pénétrer.

Pour terminer notre revue des animaux de basse-cour,

il nous reste à mentionner la *pintade*, le *faisan* et le *lapin*.
Le *faisan* (*fig*. 636) est plutôt un oiseau d'ornement, car
il coûte très-cher à élever. On l'installe à cet effet dans
un lieu spécial, qu'on appelle *faisanderie*. Sa chair est
très-estimée, mais les faisandeaux ont une éducation
extrêmement délicate et sont sujets à toutes sortes de
maladies. Durant le premier âge, on les nourrit avec des
larves de fourmis ou avec une pâtée de mie de pain blanc
et d'œufs durs hachés. Dans le second âge, c'est-à-dire
entre le 6ᵉ et le 12ᵉ jour, on double cette même nourriture.
On augmente ensuite peu à peu la proportion d'œufs hachés et de pain; au 4ᵉ âge, à partir du 25ᵉ jour, on
ajoute des grains de millet, d'orge, de sarrasin et de blé.

La *pintade* a la tête nue, le plus souvent surmontée
d'une crête calleuse, des barbillons charnus au bas des
joues, la queue courte et pendante, les pieds sans épe-
rons. L'espèce la plus commune, la *pintade commune* ou
méléagride, a le plumage ardoisé, couvert partout de taches
rondes et blanches, qui donnent à son plumage un aspect
particulier. Le naturel criard et querelleur de cet oiseau le
rend incommode dans les basses-cours et près des habitations; mais, dans les grands parcs, il est utile, car sa
chair est succulente et agréable. Il pond de 15 à 20 œufs
et plus, fort bons à manger; mais il les couve fort mal.

Le *lapin*, appartient au genre *lièvre*. Restreint d'a-
bord à la Grèce et à l'Espagne, il s'est répandu de là
dans toute l'Europe. Il redoute les climats froids et ne
peut vivre qu'à l'état domestique en Suède, en Norwége
et en Russie. En Danemark même, la vie lui est difficile,
et, récemment, le roi de Danemark fit acheter en France
6,000 de ces animaux pour essayer de repeupler les
forêts de cette contrée.

On distingue trois races de lapins domestiques : les *lapins gris*, les *lapins riches* ou *argentés*, les *lapins angoras*. Les premiers sont plus gros et pèsent jusqu'à 5 et 6 kilogrammes. Les lapins argentés ont le poil mêlé de gris et de blanc et tacheté de poils noirs. Les lapins angoras sont plus petits et plus savoureux à manger ; ils ont les poils longs, soyeux, ondoyants et légèrement frisés. On élève les lapins dans des habitations appelées *clapiers*, disposées dans une cour pavée qu'on entoure de murs ayant 1ᵐ 50 de fondations, afin d'empêcher les

Fig. 640. — Lapins.

lapins de se sauver en fouissant. On leur donne à manger trois fois par jour ; on peut leur distribuer en été des herbes des jardins ou des champs, pourvu qu'elles ne soient pas mouillées ; on y ajoute un peu d'avoine ou d'orge. L'hiver, on les nourrit avec du foin et des racines. On a croisé le lapin avec le lièvre, et on a obtenu le *léporide*. Ce croisement, qui réussissait difficilement il n'y a pas encore longtemps, paraît cependant donner de meilleurs résultats dans ces dernières années et produit des animaux à longues oreilles, comme le *lapin bélier*. Il semble aussi possible d'arriver à en améliorer la fourrure, en prenant les précautions voulues.

Les *garennes*, où l'on élève des lapins sauvages, sont *libres* ou *forcées*. Ce sont, dans le premier cas, des lieux ouverts où ils se propagent en pleine liberté. Les propriétaires de ces garennes libres sont responsables des dégâts occasionnés par leurs lapins dans le voisinage. Les *garennes closes* ou *forcées* sont entourées de murs et établies sur un terrain en pente, sur un coteau peu élevé,

Fig. 641. — Chat domestique.

exposé à l'est ou au midi, de façon que les terriers soient préservés de l'eau. La garenne doit avoir au moins 2 ou 3 hectares de superficie et être garnie d'herbes en assez grande quantité. Il faut que le sous-sol en soit assez profond pour permettre à ces animaux d'y pratiquer leurs terriers. La chair du lapin de garenne est de beaucoup préférable à celle du lapin de basse-cour, vulgairement appelé *lapin de choux*.

Parmi les animaux domestiques de la ferme, nous avons à mentionner, non plus comme bêtes de produit mais simplement comme auxiliaires de l'homme, le *chien* et le *chat*. « Le chat, a dit Buffon, est un domestique infidèle qu'on ne garde que par nécessité, pour l'opposer à d'autres ennemis domestiques encore plus incommodes et qu'on ne peut chasser, » le *rat* et la *souris*. A quinze

Fig. 642. — Chien du Saint-Bernard.

ou dix-huit mois, les chats ont pris tout leur accroissement ; leur vie ne s'étend guère au delà de 9 ou 10 ans. Le *chien* est bien plus intéressant. « Indépendamment de la beauté de sa forme, de la vivacité, de la force, de la légèreté, il a par excellence les qualités inté-

rieures qui peuvent lui attirer les regards de l'homme (1). »
Et le même écrivain ajoute : « On sentira de quelle importance cette espèce est dans l'ordre de la nature, en
supposant un instant qu'elle n'eût jamais existé. Comment l'homme aurait-il pu, sans le secours du chien,
conquérir, dompter, réduire en esclavage les autres animaux ? » Les chiens de la ferme sont ou des chiens de
chasse, ou des chiens de garde (Terre-Neuve, Saint-
Bernard (*fig*. 642), chien des Pyrénées), ou enfin des
chiens de bergers. Les chiennes portent neuf semaines,
c'est-à-dire de 60 à 63 jours, mais jamais moins; elles
ont de 6 à 12 petits.

« Le *chien de berger* est la souche de la race : ce
chien, transporté dans les climats rigoureux du Nord,
s'est enlaidi et rapetissé chez les Lapons, et paraît s'être
maintenu et même perfectionné en Islande, en Russie,
en Sibérie... Ces changements sont arrivés par la seule
influence de ces climats, qui n'a pas produit une grande
altération dans la forme... Le même chien de berger,
transporté dans des climats tempérés et chez des peuples entièrement policés, comme en Angleterre, en
France, en Allemagne, aura perdu son air sauvage, ses
oreilles droites, son poil rude, épais et long, et sera
devenu *dogue*, *chien-courant* et *mâtin* par la seule influence de ces climats... Le chien-courant est celui des
trois qui s'en éloigne le plus... Le *chien-courant*, le
braque et le *basset* ne font qu'une seule et même race
de chiens, car l'on a remarqué que dans la même portée il se trouve assez souvent des chiens-courants, des
braques et des bassets simultanément. Le chien-courant,

(1) Buffon.

ransporté en Espagne et en Barbarie, où presque tous les animaux ont le poil fin, long et fourni, sera devenu *épagneul* et *barbet* (1). »

Fig. 643. — Baudet du Poitou.

Enfin, nous terminerons ce chapitre par ces animaux qui sont, avant tout, des bêtes de travail, bien que, dans

(1) Buffon.

une circonstance tristement célèbre, on les ait transformés en bêtes de boucherie, à savoir : l'*âne*, le *mulet*,
le *bardot* et le *cheval*.

Nous avons déjà dit (page 416) ce que nous pensions
des qualités réelles de l'âne. Elles sont ce que la nécessité les fait. « A considérer cet animal, même avec des
yeux attentifs et dans un assez grand détail, il paraît
n'être qu'un cheval dégénéré... Mais on est fondé à
croire que ces deux animaux sont chacun d'une espèce
aussi ancienne l'une que l'autre, et originairement aussi
essentiellement différentes qu'elles le sont aujourd'hui.
L'âne est donc un âne et n'est point un cheval dégénéré.
Il est, de son naturel, aussi humble, aussi patient, aussi
tranquille que le cheval est fier, ardent, impétueux ; il
souffre avec constance, et peut-être avec courage, les
châtiments et les coups (1). » En un mot, il a toutes les
qualités qui conviennent à un esclave et qui caractérisent les races et les individus d'ordre inférieur.

L'âne sauvage n'est autre que l'*onagre* ; on le trouve
dans le nord de l'Afrique, en Libye, et en Asie, principalement dans l'Inde. Il est fort, vigoureux et courageux, ce qui tendrait à prouver que les qualités de l'âne domestique lui viennent de la civilisation
humaine et non de la nature. Celui-ci a été importé
d'Arabie en Égypte, puis en Grèce. Les ânes domestiques de l'Arabie, de l'Égypte surtout, de la Guinée,
sont remarquables par leur taille élevée, leurs belles
formes, leur force, leur agilité. On les emploie comme
monture à la guerre. Ils trottent bien et longtemps.

L'*âne asiatique*, le plus renommé de tous, a des formes

(1) Buffon.

plus élégantes. Celui du Caire est blanc et superbe d'allure.

En France, on connaît trois races principales d'ânes : l'*âne commun*, élevé pour le travail, mais de peu de valeur. Il rend les plus précieux services aux cultivateurs, surtout dans les pays où les fourrages sont rares. Vient ensuite l'*âne des Pyrénées ou de Gascogne*,

Fig. 644. — Mulet.

que l'on élève, d'une part, en Gascogne et dans les Landes et, de l'autre, en Cerdagne et même en Espagne. On l'attelle à de petites voitures à deux roues et il trotte aussi vite qu'un cheval. On l'emploie à produire les mules dont on fait un si grand usage dans les Pyrénées, en Gascogne et dans les Landes. Enfin, la troisième race indigène, peut-être la plus belle de toutes, est celle *du Poitou*, connue sous le nom de *Baudet du Poitou* (fig. 643) ou *gros baudet*. Cette dernière paraît être originaire d'Espagne et s'étend dans le pays compris entre les départements de Maine-et-Loire et de la Charente, entre le Berry et les marais vendéens. Le centre de l'élevage se trouve surtout dans les arrondissements de Niort et de Melle, entre ces deux villes et Saint-Maixent. Quelquefois nu et épilé, le plus souvent, cet animal est revêtu d'une fourrure longue et pendante, parfois disposée en touffes irrégulières et inégales.

Le *mulet* est le produit de l'âne et de la jument; il tient le milieu entre les deux races dont il descend; sa taille est généralement en proportion de celle de sa mère. Il « supporte mieux la fatigue et la faim que le cheval; il est moins délicat sur le choix des aliments et moins maladif; il a le pied plus sûr et porte mieux les fardeaux (1). » C'est ce qui le fait préférer au cheval pour les trajets de montagnes. Il aime les pays chauds, mais s'habitue aisément aux climats froids. Il vit environ 30 ans, comme l'âne, et n'est utilisé qu'à 4 ou 5 ans. Il en existe quatre centres de production principaux en France : le Poitou, le plateau central, les Pyrénées et le Dauphiné. On sait que le mulet ne se reproduit pas, en règle générale; il existe cependant des cas tout à fait exceptionnels où il déroge à cette règle. Ainsi on peut voir encore, en ce moment, au jardin d'acclimatation du bois de Boulogne le produit d'une mule algérienne. Mais c'est un fait fort rare. Pour donner de beaux produits, les juments doivent être prises de manière à faire contraste avec les ânes reproducteurs. On les choisit de préférence à tête légère, à encolure longue, à corps trapu.

Quant au *bardot*, il est le résultat de l'union du cheval

(1) Buffon.

avec l'ânesse. Il réunit les caractères des deux espèces, ressemble beaucoup au mulet, quoique très-petit et moins bien conformé. Il faut croiser des ânesses très-fortes avec de petits chevaux. Le *part* ou l'accou-

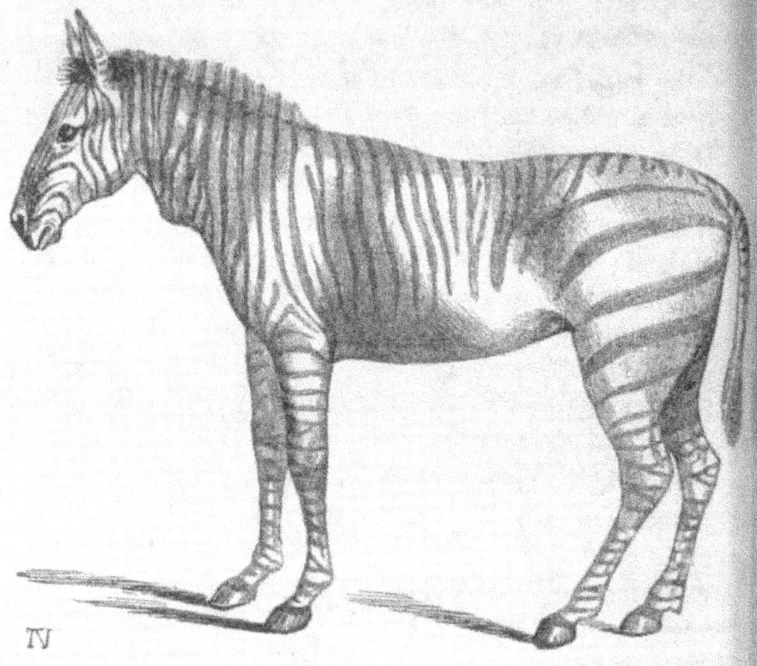

Fig. 645. — Zèbre.

chement est toutefois plus pénible que s'il s'agissait de la mise bas d'un ânon ; le bardot est sobre et facile à élever après le sevrage. Il est très-précieux pour les contrées montagneuses à chemins escarpés, où les fourrages sont rares. On le nourrit et on le soigne comme le mulet ou plutôt comme l'âne, auquel il est généralement préféré par le petit cultivateur (1).

Arrière maintenant toutes ces espèces secondaires, et place au cheval, « la plus noble conquête que l'homme ait jamais faite (2) ! » Il appartient à la famille des *pachydermes*, section des *solipèdes*, dont le caractère propre est de posséder un doigt unique, entouré d'une enveloppe cornée. Les solipèdes sont des herbivores, vivant par troupes à l'état sauvage sous la conduite d'un mâle vigoureux. Ils sont, du reste, d'humeur douce et originaires de l'Asie et de l'Afrique, supportant plutôt le chaud que le froid.

Au premier rang entre les solipèdes figure le *zèbre*, de la taille d'un mulet, principalement remarquable par sa couleur et habitant l'Afrique. Il est fort courageux et se défend vigoureusement. Il peut se dresser, mais sa tête lourde le rend moins élégant que le cheval et il n'offrirait aucun avantage de force ni de sobriété sur l'âne et sur le mulet. C'est ensuite le *couagga*, plus léger, plus élégant, à pelage brun, à zébrures presque blanches; puis le *dauw*, à poil ras, à zébrures toujours les mêmes, habitant l'Afrique, l'*hémione*, de la taille du cheval, à la tête forte, aux grandes oreilles, originaire d'Asie, très-répandu dans les déserts de Mongolie. Sa viande sert à la nourriture des Tartares. Il est fort, élégant, robuste, ce qui le rendrait précieux pour le travail, si l'on venait à perdre l'âne ou le mulet. Le *cheval* ferme la liste. « On ne connaît pas de chevaux sauvages. Ceux qui vivent en liberté descendent de chevaux do-

(1) Magne, *Races chevalines.*
(2) Buffon.

mestiques redevenus sauvages, notamment en Amérique.

Pour faciliter la compréhension de l'étude des diverses races, on fera bien de se reporter à la figure ci-dessous,

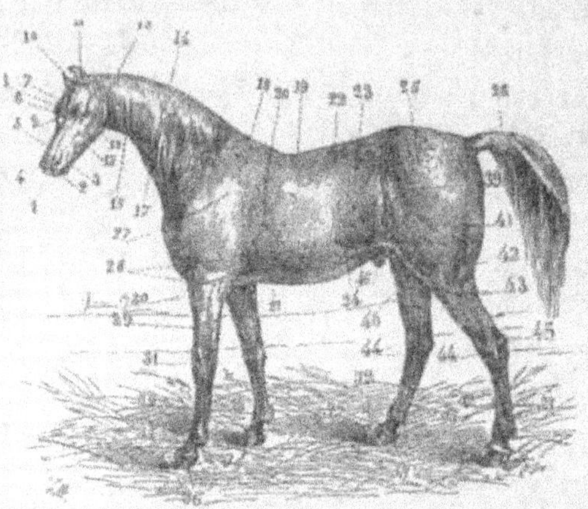

Fig. 645. — Appellations des diverses parties d'un cheval.

A. *Tête et parties qui en dépendent.*
1 Le bout du nez.
2 Les lèvres.
3 Le menton.
4 Les naseaux.
5 Le chanfrein.
6 Les yeux.
7 Les tempes.
8 Les salières.
9 Le front.
10 Le toupet.
11 Les oreilles.
12 La ganache.
13 L'auge.
     B. Encolure ou cou.
14 La crinière.
15 Le gosier.
16 La trachée
17 La veine jugulaire.
     C. Poitrine.
18 Le garrot.
19 Le dos.
20 Les côtes.
21 La veine de l'eperon.
     D. Ventre.
22 Les reins.
23 Les flancs.

24 Les parois inférieures du ventre.
     E. Bassin.
25 La croupe.
26 La queue.
     F. Membres antérieurs.
27 L'épaule.
28 Le bras, l'ars et sa veine.
29 L'avant-bras.
30 Le coude
31 Le genou
32 Le canon.
33 Les tendons
34 Le paturon
35 La couronne.
36 Le pied.
37 La muraille du sabot.
38 La sole et la fourchette.
     G. Membres postérieurs.
39 La hanche.
40 La cuisse et sa veine saphène.
41 La fesse.
42 Le grasset.
43 La jambe.
44 Le jarret.
45 Le calcanéum.
     H. Organes génitaux du mâle.
46 Le fourreau.

afin de pouvoir comprendre la signification bien exacte des diverses expressions techniques que nous allons être obligé d'employer.

Les races de chevaux françaises ont peu à peu disparu. On en a conservé les appellations pour désigner les individus qui se rapprochent le plus des anciens types purs. On est en ce moment à une époque de complète transformation, et il est très-difficile de grouper les produits français. On peut les diviser, toutefois, en *chevaux communs* et en *chevaux fins*.

Les *chevaux communs* ne sont autres que les *chevaux de diligence et d'omnibus*, qui doivent réunir force et vitesse, les chevaux de roulage, de halage, de brasseur, de meunier, ayant une taille élevée et un corps lourd, épais, trapu. Cette catégorie se subdivise : 1° en *chevaux de trait bretons* (*fig.* 88), pour diligences, élevés entre Fougères et Brest. La situation géographique de la Bretagne fait que cette race est restée à peu près pure. Les chevaux de *Lamballe* en sont une simple variété, ainsi que les *doubles bidets* et les *bidets*, petits chevaux que l'on trouve en grand nombre dans la partie méridionale de la province, dans les landes, disséminés entre Nantes et Rennes. Ces animaux pèchent par les allures et le tempérament ; ils n'ont pas le trot assez allongé. Le régime qu'on leur donne ne leur convient guère. Ce ne sera jamais avec de l'ajonc et du panais qu'on pourra faire des chevaux vigoureux. Les croisements ici ne réussiront d'aucune façon, tant que les animaux ne seront pas mieux nourris.

2° En *percherons*, constituant l'une des plus belles races de France et renommés dans le monde entier.

Elle s'étend dans tout le pays arrosé par la Maine, la Mayenne, la Sarthe et le Loiret, et déborde jusque dans les départements de l'Orne et d'Eure-et-Loir. Du moins, c'est là le centre de l'élevage ; mais il y a aujourd'hui des chevaux percherons dans tous les départements et c'est par eux que l'on cherche sans cesse à améliorer et à accroître nos races de trait. Cette race n'est pas un produit du sol, car le terrain sur lequel on l'élève est bien insuffisant ; mais on l'obtient sous l'action combinée des pâturages naturels et des fourrages artificiels, ainsi que de bons aliments distribués à l'écurie, consistant en grains et fourrages. La richesse productive de la Beauce permet ce genre de nourriture et ne le rend pas trop coûteux. Ce sera toujours à ce prix qu'on aura de beaux et puissants animaux. Le poil est gris pommelé ; les membres sont bien plantés, bien musclés, peu chargés de crins. Ce type est bien supérieur au cheval breton ; il est plus fin, plus allongé et plus large; sa croupe est caractéristique (*fig.* 232). Il y en a une espèce, du côté des montagnes, qui ressemble davantage au breton ; c'est le *petit percheron*. Le vrai percheron se trouve surtout dans l'Eure-et-Loir et le Loir-et-Cher.

Peu de chevaux dans le Berry. Le sol y offre si peu de ressources ! Il est d'une médiocre fertilité, et cela sur d'immenses surfaces. Ce serait un contresens que de chercher à y donner de l'extension à l'élève de l'espèce chevaline. Dans les vallées humides ou fraîches des arrondissements du Blanc, de la Châtre, de Saint-Amand, de Sancerre, on entretient principalement des juments, que l'on fait saillir par des étalons importés ou appartenant à l'État : ces chevaux, sans conformation caractéristique, peuvent convenir pour les postes et les omnibus ; mais on ne les prendra jamais comme améliorateurs.

Les trois régions du Poitou, qu'on appelle le *Bocage*, le *Marais* et la *Plaine*, produisent trois variétés de chevaux : les *chevaux de selle*, les *carrossiers de Saint-Gervais* et les *chevaux poitevins de trait*, employés à produire les mulets du Poitou et élevés à la fois dans le Marais et dans la Plaine. Ils sont de forte taille, hauts de jambes, à corps épais et lourd, mais décousus. Ce sont de médiocres bêtes de travail. « Figurez-vous « une barrique montée sur quatre soliveaux, a dit Jac- « ques Bujault, c'est la jument mulassière. Ce n'est « pas une belle bête ; elle n'est bonne qu'à faire des « mules. » Aujourd'hui elle se modifie. Il tend à se former deux types : le *mulassier*, d'une part, et, de l'autre, un type léger, propre à la grosse cavalerie, à la cavalerie de ligne et aux voitures de luxe. Les individus appartenant à ce dernier type sont souvent achetés par la Normandie et revendus comme carrossiers normands.

3° En *normands*.—La *Normandie* est certainement la région de France la plus apte à la production du cheval. Elle se suffit à elle-même, car elle possède des contrées favorables à la multiplication et d'autres où l'élevage réussit constamment. Le climat doux et humide, les immenses et riches pâturages, si bien arrosés, de cette contrée, en font la principale ressource chevaline de notre pays. Les chevaux normands se divisent : *a* en *augerons*, chevaux de gros trait du Calvados et de l'Eure, de forte taille, solidement constitués , plus souvent élancés que trapus, toujours

supportés par des membres bien plantés et très-so-
lides, de forme élégante, du reste, à la peau fine et
aux membres presque sans crins. Intelligents et forts,
ils servent souvent de chevaux de timon ; il n'y a pas
de race qui leur soit comparable ni pour la conformation ni pour les qualités, ni pour la force de résistance
non plus que pour l'énergie ; *b* en *bidets* ou *chevaux
d'allure*. Le bidet normand est plus léger que le précédent et se rencontre surtout dans la Manche, sur
le littoral. On le vend pour la cavalerie légère ou l'ar-
tillerie, ou bien comme bête de selle. Souvent il naît
dans les pays à pâturages et on l'importe dans l'est
de la Normandie pour l'y élever. Le meilleur *cheval
d'allure* est le *cheval de la Hague*, dont le pas est
relevé, le corps bien étoffé, la croupe forte, le poitrail
bien ouvert. Il doit son pied ample et sa peau dure
au sol humide et marécageux où il est élevé.

On a essayé de croiser cet animal avec des trotteurs ;
on obtient plus de brillant, mais moins de solidité ; le
métis va tantôt l'amble, tantôt le trot, mais le plus
souvent l'*amble rompu*, le *traquenard*. Par le dressage,
on lui rend le pas relevé, qui est héréditaire et spontané chez le cheval de la Hague.

4° En *chevaux du nord de la France*, se ressemblant
à peu près tous. Cependant ils se rattachent à des
types originaires : le *cauchois*, le *boulonnais*, le *flamand*,
le *picard*. Le *cauchois*, du pays de Caux, est épais et
trapu, bon pour le roulage ; son poil est rouan ou fleur
de pêcher. Le *boulonnais* (fig. 647) est mieux caractérisé. C'est encore une de nos bonnes races de trait,
de forte taille, entre 1ᵐ 58 et 1ᵐ 68, au corps épais,
trapu, bien pris, quoique long ; au poitrail excessive-

ment large et aux épaules charnues, aux cuisses fortement musclées. Les juments du pays sont moins
belles parce qu'elles sont insuffisamment nourries.
Bien soignée, cette race est d'une force prodigieuse
et, malgré son poids, elle a de la légèreté dans son allure. Le *flamand* est extrêmement défectueux et tend
à disparaître en se transformant. Il est élevé sur la
frontière de Belgique, dans des contrées où le sol et
l'atmosphère sont presque toujours humides. Il a de
1ᵐ 65 à 1ᵐ 72 de
taille, la croupe
double , mais
moins carrée que
le boulonnais ; son
tempérament est
lymphatique. Au-
jourd'hui on le
transforme ; mais,
originairement, il
se rapprochait
beaucoup des che-
vaux belges , qui

Fig. 647. — Cheval boulonnais.

inondent le département des Ardennes et qui constituent une détestable race. L'ancien *picard* avait
le corps plutôt court que long, le ventre bas et
volumineux, la croupe moyennement charnue et fort
inclinée. Aujourd'hui, il a disparu par son croisement
avec le boulonnais et le percheron, et les chevaux dits
picards, vendus à Paris, ne sont autres que des bêtes
de gros trait, sans distinction d'origine, dont la conformation se rapproche de cette ancienne race et les
rend trop faibles pour soutenir les brancards.

5° En *chevaux ardennais*, disparus eux aussi; malheureusement, il a fait place aux gros chevaux belges, dont la défectuosité est absolue. On trouve néanmoins dans les Ardennes quelques *carrossiers*, provenant de croisements avec les étalons de l'État ou du département, des *chevaux communs*, de forte taille et à grosse tête, utilisés pour le roulage et le camionnage, des *chevaux ardennais* proprement dits, affectés aux diligences et aux omnibus, et enfin des bêtes dites *cornues*, de petite taille, minces, à hanches saillantes, à tronc étroit, à membres faibles, mais bien d'aplomb. En général, les chevaux des Ardennes sont forts, rustiques, résistants à la fatigue, aux intempéries, aux privations, mais d'une mauvaise conformation.

Il n'y a pas de chevaux propres à l'Alsace. Pour les chevaux, comme pour les bœufs, ce pays est toujours resté un terrain neutre où ont été importées les races de toutes les contrées environnantes et où elles se sont mélangées un peu au hasard. Il n'en est pas ainsi en Lorraine. Les chevaux des bassins de la Meuse et de la Moselle constituent une *race lorraine*, de gros trait dans les larges vallées à sol gras, plus légère sur les coteaux; on prétend que cette dernière variété descend des chevaux polonais importés par Stanislas Leczinski. C'est une race commune, mais sobre et robuste, célèbre dans les annales de notre armée par sa force, sa rusticité, sa résistance aux privations, aux intempéries, aux fatigues. Sa taille varie entre 1^m 38 et 1^m 52.

La Champagne est généralement fertile. Les herbages des vallées de la Seine, de l'Aube et de la Marne sont souvent fertiles, salubres et entremêlés de plateaux argilo-calcaires propres à la culture. Ce pays convient donc bien, ici à la multiplication, et ailleurs à l'élevage. Cependant il n'y existe pas de race propre. La Champagne étant la grande route militaire de Paris, n'a pu, en présence des nombreuses invasions étrangères dont elle a été l'objet, conserver à ses chevaux un caractère propre.

6° En *chevaux nivernais*, se produisant dans l'Yonne et dans le Loiret, autant que dans la Nièvre. Le sol y est ou boisé ou herbagé et, là où il est insalubre, on travaille activement à l'assainir. L'amélioration de la terre a amené la substitution d'un cheval de forte taille, à croupe double, mais exigeant, au cheval commun et petit, sobre et rustique, en un mot, du cheval de trait au cheval de selle originaire.

Les montagnes granitiques du *Morvan* produisaient autrefois des chevaux célèbres par leur rusticité et leur résistance à la fatigue. Il s'élevaient en pleine liberté. Le bidet du Morvan est aujourd'hui remplacé par un cheval plus corsé. La race de selle *charolaise* disparaît de la même façon et pour les mêmes causes.

Mentionnons encore le cheval *bourguignon*, de petite taille, mais fort et sobre, aujourd'hui à peu près disparu.

7° En *chevaux comtois*, tendant à se régénérer. On les rencontre sur les montagnes calcaires de l'Ain, du Jura, du Doubs, dans la Haute-Saône et aussi dans les plaines des mêmes départements. Il y a deux variétés : une lourde, élevée sur les plateaux des hautes montagnes, et une légère, provenant des vallées de la Saône et du Doubs. Les comtois ont le corps long, la tête grande, les membres faibles. Leurs croisements avec les percherons et les normands les ont bien améliorés. Ils sont généralement gris.

On distinguait autrefois le *cheval du pays de Dombes* ou *Dombiste* et celui de la *Bresse*, le premier plus léger que le second. Aujourd'hui, c'est le trait léger qui domine partout, et on lui a donné le nom général de *cheval bressan*. On l'améliore assez sensiblement par le croisement, à la condition de le bien nourrir, ce que le paysan néglige trop souvent par un esprit d'économie mal entendue.

Le *Dauphiné* fournit encore une race de petite taille, à tête forte, portée par une encolure puissante, à poitrine assez développée. Elle est souvent mal conformée, mais sobre, rustique et forte, comme la plupart des petits chevaux de montagnes. Il faut faire une exception pour le cheval d'Isle d'Abeau.

Le Dauphinois, rustique, petit, noir, est élégant ; il a les jambes fines et solides, les cuisses bien musclées, la croupe charnue. Il est supérieur à celui du marais de Bourgoin.

Passons maintenant aux *chevaux fins*. Il existe dans toutes nos races communes beaucoup d'individus qui, par leurs caractères et leurs aptitudes, se rapprochent des chevaux fins. Ceux-là peuvent être montés ou attelés à des voitures de maître. En effet, les deux types de chevaux fins sont : le *cheval de selle* et le *cheval d'attelage de luxe*. Ils offrent tous les signes de distinction qui caractérisent le *cheval noble* ou le *cheval fin*. Ceux-là sont moins susceptibles que les autres d'être utilisés pour les fermes. Il n'en sont pas moins pour l'agriculteur un élément de production considérable et une source de richesse parfois fort importante. La nature et la qualité des herbages limitent cette production bien plus que leur fertilité ; ainsi, on a des races de chevaux estimées qui s'élèvent dans les contrées les moins fertiles, comme le centre de la Bretagne, les bruyères des Basses-Pyrénées, les pelouses du Limousin. Le sol humide, malsain et tourbeux, quelle que soit sa fertilité, rend la peau épaisse, le poil grossier, les formes empâtées. Des plantes ligneuses peu nutritives leur font prendre un ventre volumineux. On ne peut produire des chevaux fins dans un pays humide qu'en neutralisant l'influence du climat par des écuries et des couvertures, et celle des herbages qu'en distribuant au râtelier un foin choisi et des grains ou graines.

Les chevaux fins se subdivisent en plusieurs catégories :

1re CATÉGORIE — *Chevaux propres aux attelages de luxe*, dont le *cheval carrossier* est le vrai type. Ils doivent avoir une taille élevée, une corpulence moyenne, jointes à une certaine élégance et à de la légèreté. Le *trot* est leur allure ordinaire, la plus estimée entre toutes. Les *trotteurs hollandais* ou *hartdrawers*, les *trotteurs américains*, et surtout ceux *du Canada*, les *trotteurs de Norfolk*, les *trouvères de la Suède*, les *rissahs* de Russie ou *trotteurs d'Orloff* sont les plus beaux échantillons de ce groupe et résultent de croisements raisonnés et persévérants. Ceux du Norfolk et du Suffolk sont vraiment athlétiques. En France, les chevaux d'attelage de luxe, pouvant servir en même temps à la remonte de la grosse cavalerie et de la cavalerie de ligne, proviennent des races suivantes :

Chevaux normands (fig. 648), appellation qui ne s'applique dans l'usage à aucune des races communes dont nous avons parlé, mais seulement aux bêtes d'attelage, provenant, pour la plupart, de l'Orne, du Calvados et de la Manche. On distingue parmi eux les *chevaux de race noire* ou *grands bidets du Cotentin*, les *chevaux de race grise* ou *race du sacre*, employés autrefois aux cérémonies des rois, enfin la *grande race baie* ou *passeuse des Veys*, résultat de croisements avec les chevaux allemands ou danois.

Parmi ces chevaux on constate l'existence d'un grand nombre de variétés des plus célèbres : les *chevaux de la plaine de Caen*, les *chevaux du Merlerault* (localité située dans l'Orne), ayant moins de corpulence, mais

Fig. 648. — Cheval normand.

plus de finesse, de légèreté et de vigueur, enfin les *chevaux de la plaine d'Alençon*. Mais ces différentes races anciennes n'existent plus guère qu'à l'état de types, et c'est un croisement, celui du normand avec l'anglais, qui tend à les remplacer toutes. On cherchait à réduire le volume et le poids de la tête, et à modifier la conformation de l'encolure, qui prédisposait l'animal au *cornage*, sorte de sifflement maladif très-fréquent chez le cheval normand ; on obtint l'*anglo-normand*, ou *carrossier de demi-sang (fig. 649)*, grand, élancé, à côte moyennement ronde, à encolure droite, à tête moyenne, à chan-

frein non busqué, très-sanguin, plein d'ardeur et ayant
une grande disposition à une allure rapide.

Chevaux angevins, d'origine récente, obtenus par le
croisement d'étalons anglo-normands avec des juments
de races fort diverses, trop diverses même, car elles
n'ont pas été toujours choisies avec soin, et les étalons
de race, donnés à des juments trop communes, ont produit ainsi beaucoup de poulains décousus.

Fig. 649. — Carrossier de demi-sang.

Chevaux bretons. Il ne s'agit ici que des chevaux
d'attelage, élevés à l'extrémité de la presqu'île, sur le
sol favorable à l'élevage qui s'étend vers Saint-Renan et
le Conquet. Il y a dans cette région de fortes juments, à
corps épais et long, à membres gros et secs, ayant à la
fois beaucoup de force et de finesse. Les chevaux qui en
proviennent ont été qualifiés de *chevaux du Conquet*.
Seulement, la production en est entravée par une maladie qui y est fréquente et qu'on appelle la *fluxion
périodique des yeux*.

Chevaux de Saint-Gervais, dont nous avons déjà parlé et qui sont élevés dans les marais vendéens. Ce n'est pas une race déterminée ; elle provient des normands pur sang de l'ancienne race, ou bien des normands croisés avec des poitevins. Ce sont des animaux à taille élevée, à encolure énorme, à tête longue.

Chevaux charentais, se rapprochant plus des chevaux communs que des chevaux fins, mais en pleine voie de transformation, et appelés, par suite, à être classés parmi ceux-ci ; extrêmement variés, du reste ; chevaux de selle près du Limousin, ils deviennent, au contraire, dans les marais de Rochefort et de Marennes, des chevaux à peau épaisse, à crins forts, à pieds larges. L'assainissement des marais les transforme et ils prennent plus de légèreté.

Chevaux du Médoc, très-hétérogènes et se rapprochant beaucoup des chevaux landais.

2ᵉ CATÉGORIE. — *Chevaux de selle*, solidement constitués, à allures rapides, devant avoir la région lombaire large, courte, élevée au niveau de la croupe, un flanc étroit, enfin un garrot élevé, bien sorti et épais. C'est parmi les chevaux de selle que se trouvent rangés les *chevaux de voyage*, les *chevaux de troupe*, les *chevaux de course*, chevaux de vitesse par excellence et qui doivent, pour pouvoir user de toute la puissance de leurs organes locomoteurs en quelques instants, joindre une vigueur et une énergie excessives à beaucoup de force et de rapidité. Un corps long, élancé, plus haut vers les hanches que vers le garrot, des lombes courtes, des épaules obliques, une croupe longue et horizontale, des avant-bras et des jarrets larges, tels sont les caractères essentiels d'un bon *cheval de course.* Le rapprochement des épaules et de la croupe donne de la force au corps, quoiqu'il soit long. Le *cheval de chasse* galope le plus souvent sur un sol accidenté, boisé ou mouvementé. Il doit être énergique et rapide, apte à sauter les barrières, et cela, non plus pendant des minutes, mais durant des heures entières. Il a donc besoin d'avoir une poitrine ample, un cœur vigoureux, des jarrets puissants, des membres solides plutôt courts que longs, une taille moyenne, un corps élancé et beaucoup d'assurance. Le *cheval de chasse anglais* ou *hunters-saddle-horses* (fig. 650) est l'un des beaux types du cheval de selle et d'attelage, aux allures vives, soutenues et brillantes.

Les chevaux de selle ont toujours été élevés dans les

Fig. 650. — Cheval de chasse anglais.

régions les moins fertiles; aussi s'est-on plaint que la production n'en était pas suffisante et que les animaux étaient trop petits pour les besoins de l'armée. La vérité est qu'on n'a jamais voulu les acheter à des prix rémunérateurs et que les cultivateurs se sont rejetés sur les branches de production qui donnaient des profits plus élevés.

Les chevaux de selle proviennent principalement des races suivantes :

Chevaux limousins, considérés longtemps comme les

meilleures entre toutes nos bêtes de selle. Ils n'existent plus, à proprement parler. Ils avaient le corps svelte, un peu long, la tête longue, sèche, l'encolure mince, le poitrail étroit, des jarrets larges et des articulations nettes. L'usage de la selle a diminué, d'une part, et, de l'autre, le cheval de troupe s'est payé trop bon marché pour qu'on ait eu intérêt à y destiner le cheval limousin. Ce n'est pas, en effet, en achetant des chevaux 600 ou 650 francs que le ministère de la guerre peut avoir la prétention d'encourager la production agricole à lui fournir des animaux de qualité même moyenne. On n'a plus guère dès lors élevé de chevaux limousins que pour produire des mules ; dans tous les autres cas, on les a vendus pour y substituer l'élevage des vaches, bien plus avantageux.

Chevaux bretons. Les chevaux de selle bretons se trouvent aux environs de Rostrenen, de Carhaix ou de Corlay; on les appelle aussi *bidets de Corlay*. Ils sont distingués, ont l'encolure élevée, les hanches saillantes, et sont aux bidets des Landes ce que le carrossier est au cheval de trait. Forts, énergiques, sobres, ils résistent à la fatigue et à l'abstinence. Ce sont à la fois d'excellents chevaux de luxe et de guerre.

Chevaux vendéens. Ceux-là proviennent du Bocage ; ils sont énergiques et sanguins, malgré leur misère. Il ne leur manque que d'être bien nourris pour faire de bons chevaux de cavalerie légère.

Chevaux landais, répandus dans tout le Midi comme chevaux de selle ou d'attelage léger. Énergiques, sobres, rustiques, ayant des tissus fermes et résistants, ils se développeraient fort bien avec une nourriture meilleure que celle qu'ils peuvent trouver dans les Landes. Ils sont forts et bien constitués, mais souvent beaucoup trop petits, et on ne peut songer à les croiser pour leur donner plus de taille, puisque le sol suffit à peine à les nourrir actuellement tels qu'il sont. Dans les vallées, ils ont plus de corpulence et se vendent mieux.

Chevaux navarrins ou chevaux de Tarbes, provenant des anciennes races indigènes croisées avec des étalons anglais ou orientaux. C'est une de nos races les plus précieuses, et les plus élégantes. Les races indigènes, dont elle est sortie, descendaient elles-mêmes du cheval andalou. Les navarrins actuels ne sont pas purs (*fig.* 336). Ils ont la tête légère, le front large, la peau fine, la queue bien attachée, garnie de crins fins et soyeux, à l'orientale. Les plus beaux unissent à beaucoup de finesse une poitrine ample, des reins courts, des articulations amples ; mais ils se font généralement plutôt remarquer par leur élégance et leur gentillesse que par leur force de constitution. Leur taille varie entre 1^m 47 et 1^m 55, suivant que l'animal est de souche arabe ou de souche anglaise.

Chevaux ariégeois, élevés dans les vallées qui descendent des Pyrénées. Ils comptent moins de bons chevaux que les précédents. Ils sont petits, nerveux et assez mal conformés, mais rustiques et sobres. La variété de la *Cerdagne* est élancée ; elle a le corps long et la tête grande. Elle est de taille élevée, mais elle manque d'épaisseur.

Chevaux de la Camargue, nerveux, sobres, forts, agiles, très-durs à la fatigue, de petite taille. Ils ont le corps long, les muscles peu volumineux, le poitrail étroit, la croupe tranchante, le garrot élevé, le front large. Cette race tend à disparaître, repoussée comme elle l'est de toutes parts par l'élève des bêtes à laine et de boucherie.

Nous ne ferons que mentionner les chevaux analogues du département *de l'Aude*, excellents, mais petits, et disparaissant de plus en plus depuis la substitution de l'emploi de la machine à battre au dépiquage.

Chevaux auvergnats et du Rouergue, plus distingués en Auvergne que dans le Rouergue, analogues aux limousins, d'un poil souvent gris de fer, assez hauts de taille, étroits de corps, à hanches saillantes, sobres, forts et agiles, excellents pour les coteaux secs et rocailleux de ces contrées. Malheureusement le manque de ressources de ces pays ne permet pas à leurs habitants de se livrer à l'élevage du cheval. Les chevaux de selle en usage dans ces parages, proviennent généralement de la Bretagne. Il y a plus de profit à faire du mulet et des bêtes à cornes.

Chevaux algériens, présentant cinq principaux types : le *cheval fin du Sahara*, le *cheval barbe*, qui est le vrai cheval des côtes barbaresques, le *cheval tunisien*, le *cheval des montagnes de la Kabylie* et le *cheval marocain*. Le *cheval saharien*, ou *du petit désert*, par la finesse de sa peau et le soyeux de ses crins, rappelle les plus beaux individus du type arabe. Le *cheval barbe*, ou *race algérienne de plaine*, laisse à désirer quant aux formes, mais il est rempli de qualités ; sobre et rustique, il est moins brillant que le saharien. Le *tunisien* ou *race du Chélif, race de l'Est*, a plus d'ampleur que les précédents, une haute taille, un corps bien pris, pourvu de muscles puissants. Le *cheval marocain* est grand, fort, à hanches saillantes, à oreilles longues et pendantes ; il se rapproche du dernier par sa taille et s'en écarte par ses formes disgracieuses. En règle générale, les races du Maroc et de la Tunisie sont plus fortes que celles de l'Algérie proprement dite. Quant au cheval kabyle, ou *race des montagnes*, ce n'est autre chose que l'ancienne race africaine ou *numide* qui s'est conservée presque sans altération : il a la croupe courte, le garrot saillant, et possède plus de solidité et de flexibilité que d'élégance et de vitesse. Les guerres continuelles des Arabes ont nui au développement de l'industrie chevaline en Algérie, mais on doit reconnaître que nul pays ne saurait être plus propice à l'élevage du cheval. Mentionnons encore ici le *cheval corse*, grêle et ardent, mais rustique et sobre.

Nous en avons fini avec les races françaises. Passons aux chevaux étrangers employés à leur amélioration.

Au premier rang figure le *cheval oriental* ou *cheval arabe*, que l'on rencontre dans tous les pays situés entre la Méditerranée, la mer Noire, le Caucase, la Caspienne, la Perse, le midi de l'Arabie et une ligne droite tirée d'Aden jusqu'au midi du Maroc. Ce cheval (*fig.* 126) est produit, avec des qualités égales, dans des contrées fort éloignées les unes des autres : en Syrie, en Perse, comme en Arabie, comme en Asie-Mineure, comme en Afrique. Il réunit les qualités les plus précieuses que l'on puisse désirer rencontrer chez un cheval de selle : corps d'une régularité parfaite, aussi harmonieux dans l'ensemble qu'irréprochable dans le détail. Il est de petite taille (entre 1^m 37 et 1^m 50). La ligne dorso-lombaire est bien soutenue, et les lombes sont larges et courtes. Il a la poitrine épaisse dans la région du cœur, le poitrail large, les membres d'aplomb, forts, souples et élastiques. Tout en lui respire l'énergie, la force et la noblesse ; sa peau est fine, mince et comme transparente ; son poil bai, alezan, noir ou gris, est toujours court, doux, souple, brillant, et les crins ont une finesse, une douceur et un soyeux véritablement exceptionnels. On en connaît cinq sous-races : le *cheval de l'Irak* (bassin de 'Euphrate), grand et fort ; le *cheval de l'Oman* ou *de Mascate*, grand et fort, mais n'ayant pas le cachet du vrai type arabe ; le *cheval du Nedjed* (Arabie centrale),

Fig. 651. — Cheval tartare.

le plus fin, le plus élégant, mais le plus petit des chevaux arabes, harmonieux de formes et d'une sobriété rare ; le *cheval de l'Yémen*, supérieur en vitesse et en élégance ; enfin le *cheval de l'Hedjaz* (pays montagneux entre la Mecque et Suez), de forte taille.

L'existence de ces beaux et bons chevaux est surtout due aux soins minutieux dont on les entoure dans tout l'Orient et à la bonne nourriture qu'on ne cesse de leur prodiguer.

A cette race peuvent se rattacher les chevaux de la

Turquie d'Europe, les *chevaux circassiens*, les *tartares* (*fig.* 651), les *turcomans* (de la Caspienne), vigoureux, rustiques, mais sans mérites particuliers, les *persans*, minces, élancés, plus rapides, mais ayant moins de fond que les *arabes*, à l'exception toutefois de ceux qui proviennent des vallées fertiles. Ceux-ci, ayant plus de taille et de corps, se rapprochent de nos belles races de trait léger, mais ils ont plus de distinction.

Le grand marché des chevaux arabes se tient maintenant à Bagdad, entre le Tigre et l'Euphrate, et à Bassora, vers l'embouchure de ce dernier fleuve.

Il n'y a pas à songer à élever le cheval arabe en France. Nous n'y aurions aucun pro-

Fig. 652. — Cheval de course.

fit; du reste, il en faudrait augmenter la taille. On doit se borner à l'utiliser comme améliorateur des races qui s'en rapprochent par leur grandeur et leur conformation générale, ce à quoi le rendent admirablement propre sa tête bien conformée, sa belle encolure, ses reins puissants, sa croupe allongée et ses membres forts.

Il nous reste pour finir, à parler du *cheval de pur sang anglais* (*fig.* 361) et du *cheval de course* (*fig.* 652). C'est en améliorant la race indigène au moyen des chevaux barbes, arabes, turcs et persans, introduits dès le douzième siècle et importés régulièrement en Angleterre à partir de 1660, qu'on est arrivé à obtenir la race actuelle des *chevaux de course*, tellement homogène, que, soignée et élevée de la même manière dans tous les pays, elle se reproduit identique partout. *Noble, fine, distinguée, sanguine*, elle possède une peau fort mince, un poil fin et doux, des crins soyeux mais peu abondants, des membres secs avec les saillies osseuses, les yeux grands, vifs, bien ouverts, les oreilles longues mais fines. Les différentes régions du corps chez cet animal sont appropriées à une allure rapide. A ces qualités il joint tous les caractères de la force : corps épais, bien proportionné, ni trop long ni trop élevé, les épaules épaisses, les hanches bien sorties, le garrot haut sans être mince, le poitrail bien ouvert.

Pour apprécier un cheval de course, il y a lieu de tenir grand compte de l'origine ou *pedigree*, de ses *performances*, c'est-à-dire de ses succès d'hippodrome, et de sa conformation. Pour s'assurer de son origine, on n'admet à la reproduction ou sur certains hippodromes que des chevaux pur sang, c'est-à-dire inscrits ou descendant de parents inscrits sur le livre dressé *ad hoc* et qu'on appelle le *stud-book*. Il y a un *stud-book* en Angleterre comme en France, et les chevaux de pur sang, ainsi que leurs produits, y sont fidèlement enregistrés. C'est ce qui constitue leur état civil. De même, on tient en France, pour les bœufs de Durham pur sang, un autre livre de généalogie, qu'on appelle le *herd-book*. Le *stud-book* et le *herd-book* sont mis au courant par le ministère de l'agriculture et du commerce.

Le cheval de race est intelligent, fort, vif, vigoureux, et accomplit des prodiges de vitesse. Sur l'hippodrome, les bons chevaux doivent, à chaque temps de galop, enjamber de 5 à 7 mètres de terrain. Il est vrai que ce type a la bouche dure et les allures sans élasticité, qu'il est difficile à conduire, exigeant pour la nourriture et sensible aux intempéries. Il lui faut des soins minutieux, des écuries et force couvertures. Il est souvent ardent au point de devenir dangereux. Son utilité consiste donc surtout dans le parti qu'on en peut tirer pour régénérer une race ou tout au moins pour la compléter, surtout une race d'attelage et de selle. Il lui communique ses belles formes, sa vigueur et son énergie. Il donne ainsi les plus beaux attelages, lorsqu'il réunit à ses qualités distinctives les conditions de force dont nous parlions. Il produit des résultats merveilleux avec les juments carrossières de la Normandie, de l'Anjou, des Côtes-du-Nord, du Finistère, de la Vendée ; ce serait tout le contraire avec nos races de trait. Mais, pour que le croisement du pur sang avec des carrossiers persiste dans ses effets, il faut avoir soin d'entourer les produits de soins semblables à ceux qu'on lui prodigue à lui-même. Rappelons à ce propos que, quand on parle d'un cheval ayant du *sang*, on veut dire qu'il est susceptible de très-grands efforts par suite d'une certaine disposition générale du corps, tant du squelette que de la tête, que du cerveau, que de ses puissants muscles, que de son énergie.

Nous ne finirons pas sans faire une place au *cheval d'Islande*, un des plus petits chevaux connus (1^m 20 au plus), aux *galloways* d'Écosse, véritables bidets, aux *cabs* d'Angleterre, correspondant à nos doubles bidets, et à leurs analogues, les *chevaux des steppes de Russie* ou *chevaux cosaques*, aussi sobres et aussi rustiques que peu séduisants d'aspect. Le type des carrossiers anglais est la race de demi-sang, dite *cleveland bai*, originaire des comtés d'York, de Durham, de Lincoln et de Northumberland ; elle est brillante et pleine d'élégance, mais se reproduit moins bien que l'anglo-normand. Les *chevaux dits du Nord, hanovriens, mecklembourgeois, holsteinois, hollandais*, sont aussi des carrossiers. Généralement de haute taille, ils ont habituellement les jambes trop allongées et amincies, la poitrine serrée la côte courte, la tête souvent busquée, le tempérament mou. Ce sont des espèces relativement médiocres. Aucun pays n'égale la France en fait de chevaux de trait. Les Anglais ont comme analogue de

Fig. 653. — Cheval du nord de l'Allemagne.

notre race boulonnaise leur *cheval noir* (*blackhorse*), qui paraît descendre des races flamandes de la Belgique et de la Hollande. Il est colossal (1^{m}70 à 2^{m}10), mais lourd, très-puissant mais très-lent. Le *cheval de Suffolk* ou *Suffolk punch* (tonneau de Suffolk) est ainsi surnommé à cause de la rondeur de son corps et de son aptitude à l'engraissement ; c'est un tireur énergique, de taille moyenne, excellent pour les camions, les charrettes et les instruments de labour. Un des meilleurs chevaux de ferme anglais est *le cheval Clydesdale*, originaire de la vallée de la Clyde (Écosse), haut de 1^m 67, calme et docile, d'une marche puissante et vive pour enlever les lourds fardeaux. Mais les chevaux de trait anglais sont plus exigeants que les chevaux français sur la nourriture. En revanche, dans leurs *ponies* les Anglais ont d'excel-

Fig. 654. — Pony.

lents petits chevaux de selle que nous pouvons bien leur envier et qui sont ramassés, doublés, nerveux et durs à la fatigue (*fig*. 654). La *Suisse* élève encore une race de gros trait pour laquelle on a institué des épreuves de *tirage au pas*, analogues à celles des courses. Quant aux chevaux de Belgique et de Hollande, ils diffèrent peu de nos boulonnais.

CHAPITRE XXIV

ÉLÈVE DU BÉTAIL. — TROUPEAUX ET BERGERS. — BÊTES DE RENTE OU DE BOUCHERIE ET BÊTES DE TRAVAIL. — INSTALLATION DES ÉTABLES, DES ÉCURIES ET DES PORCHERIES. — BEURRE ET FROMAGE. — LAITERIE. — ANIMAUX DE REPRODUCTION. — ÉTALONS. — HARAS, VACHERIES ET BERGERIES. — DRESSAGE. — VIANDES DIVERSES.

Le gouvernement, dans ces dernières années, a tenté, avons-nous déjà dit, d'encourager l'élève du bétail. Il n'y a pas toujours réussi. Toutefois, les concours régionaux agricoles et les concours d'animaux de boucherie de Poissy, remplacés par celui de la Villette, puis du Palais de l'Industrie, et autres, qu'il a organisés depuis vingt-cinq ans environ, ont permis de suivre le développement de l'industrie de l'élevage du bétail en France pendant cette période.

Le relevé complet des animaux qui ont paru au concours géuéral d'animaux de boucherie de Poissy, de la Villette ou du Palais de l'Industrie depuis 1851 jusqu'en 1874, donne les chiffres suivants :

4,630 bœufs }
554 vaches } ou 5,566 sujets de l'espèce bovine.
382 veaux }

673 lots de l'espèce ovine (chaque lot comprend 10 animaux) soit 6,730 têtes.

1,939 animaux de l'espèce porcine.

Il se tient d'autres concours de boucherie dans les départements, par les soins des associations agricoles avec le concours des subventions de l'État. Le nombre et le siége en varient à l'infini. Toutes les exhibitions de ce genre ont prouvé que les éleveurs n'ont pas cessé d'ajouter à la beauté de ces animaux, qui sont restés pour nous comme un symbole d'abondance. En comparant leurs mérites, en appréciant la perfection de leurs formes, le degré de leur engraissement, on ne constate pas seulement le succès de leurs procédés et la sûreté de leur expérience ; on éprouve souvent à leur aspect quelque chose de la satisfaction d'un artiste en présence d'une œuvre remarquable. Pourquoi ne serait-il pas permis à des agriculteurs distingués d'admirer dans un concours la beauté d'un bœuf ou d'un taureau, comme on l'admire sur les toiles dues au pinceau de Troyon ou de Rosa Bonheur ?

Les formes s'améliorent et la quantité de viande produite s'accroît également en proportion. C'est une nécessité des plus urgentes pour notre pays; car l'homme est sans cesse tenu d'acquérir et de renouveler la force qui lui est nécessaire pour résister aux pénibles fatigues du travail des champs, de l'atelier et de la fabrique. Il lui faut donc une nourriture abondante, saine, nourrissante et réparatrice. Aussi le chiffre de la consommation de la viande de boucherie et de la viande de porc, qui, en 1839, dans les chefs-lieux de département et d'arrondissement, ainsi que dans les autres villes de plus de 10,000 âmes, atteignait 248 millions de kilogrammes, s'était-il élevé à 422 millions déjà en 1862. Même en tenant compte de l'augmentation de population de ces villes, cela donne un accroissement de consommation de 5 kilogrammes par tête. Pénétrant plus en détail dans l'étude des progrès accomplis, on trouve, pour la période 1839-1854, c'est-à-dire en quinze ans, un accroissement de 87 millions. A Paris, la consommation de viande de boucherie et de viande de porc, de 62 millions de kilogrammes en 1846, était montée à 84 millions en 1856 et à 141 millions en 1866, soit, pour cette dernière période de dix ans, une augmentation triple de celle qui s'était produite dans la période décennale précédente.

Laissant de côté les chiffes absolus et considérant la consommation par tête, on voit qu'en 1851 elle était de 60 kilogrammes 1/2, en 1856 de 70 kilogrammes 1/2, et en 1866 de plus de 77. Ainsi, dans l'espace de quinze ans, l'augmentation a été de 17 kilogrammes par tête ou de plus de 25 0/0. Voilà pour Paris. Dans les départements, M. Rouher constatait en 1857 que l'augmentation de 1851 à 1856 avait été de 7 0/0 en moyenne pour toute la France, malgré trois années de disette consécutives, et qu'elle atteignait 17 à 18 0/0 dans les régions favorisées. Les augmentations correspondantes des périodes 1856-1861, 1861-1866, ont été aussi élevées. Comment la production a-t-elle pu faire face à de pareils accroissements? En obtenant un rendement plus considérable du bétail. Le poids brut moyen d'un bœuf s'est élevé de 413 kilogrammes à 481; le poids net en viande de 248 à 310; pour les vaches, le poids net est monté en même temps de 144 à 156 et, pour les moutons, de 17 à 20.

Quant aux concours d'animaux reproducteurs, d'instruments et de produits agricoles, de 1849 à 1874 il y a été exposé, tant dans les exhibitions régionales que dans celles qui étaient générales :

68,275 têtes de l'espèce bovine ;

31,331 animaux ou lots d'animaux de l'espèce ovine ;

11,737 porcs ;

89,847 instruments et machines ;

41,243 lots de produits.

En même temps, le chiffre du bétail possédé par la France s'est accru considérablement. En 1852, on comptait 10,094,000 bêtes à cornes ; en 1866, on a recensé 12,733,188, soit un surplus de 2,639,188 bêtes bovines, ou de 27 0/0 environ. Malheureusement, en 1872, on a eu a constater une diminution sensible, évidemment due aux désastres qui se sont abattus sur notre pays et qui ont réduit ce nombre à 11,284,414 têtes. Quant aux espèces porcine et ovine, l'incertitude des chiffres de l'année 1852, signalée par des discussions ultérieures, ne permet pas d'établir de comparaisons sensibles. Toujours est-il que la population ovine de la France, d'après le recensement officiel de 1866, s'élèvait à 30 ou 32 millions d'animaux, et la population porcine à près de 6 millions. En 1872, on n'a plus eu à relever que 24,707,000 bêtes ovines et 5,377,000 porcs.

Le bœuf a donc acquis une valeur plus grande et comme instrument de travail et comme élément de consommation. Du reste, il se pourrait faire que la production donnât de plus grands résultats, sans que pour cela le nombre des bestiaux fût plus considérable, par suite de l'accroissement de chaque animal en poids net, comme nous l'avons vu un peu plus haut. Pour l'espèce ovine, par exemple, il est notoire qu'elle a subi en France des transformations notables. Sous l'influence du perfectionnement des systèmes de culture et des assolements, et grâce à l'extension des plantes fourragères et des plantes racines, les éleveurs ont été amenés à nourrir leurs troupeaux d'une manière à la fois plus large et plus constante.

Ces diverses causes ont eu pour effet d'abord l'amélioration, dans une certaine limite, des races indigènes et principalement celle des races mérinos et métis-mérinos au point de vue de la conformation, de la précocité et de l'aptitude à l'engraissement, puis l'introduction de reproducteurs étrangers de races anglaises. Au moyen de ces derniers, on a obtenu des croisements qui utilisent, d'une manière plus avantageuse que les races de pays, la nourriture dont les agriculteurs peuvent disposer aujourd'hui en plus grande abondance. Ces animaux donnent un rendement en viande plus important. C'est ainsi que les croisements southdowns dans certains départements, et les croisements dishley-mérinos, dans d'autres localités à la fois plus fertiles et plus avancées dans la voie du progrès, ont obtenu un incontestable succès. Les dishley-mérinos donnent, dès le jeune âge, un poids net de viande élevé.

Des progrès de même nature ont été réalisés dans les espèces bovine et porcine, par l'importation de types étrangers, anglais, suisses ou hollandais. Le plus notable de tous est assurément l'introduction du bœuf de Durham et l'amélioration des races françaises par leur croisement avec cette race perfectionnée, si précoce, susceptible d'atteindre un degré d'engraissement inaccessible aux races indigènes.

L'État, en vue d'activer ces améliorations, a créé des vacheries et des bergeries, notamment la vacherie du Pin, remplacée par celle de Corbon. Celles-ci étaient exclusivement consacrées, l'une et l'autre, à l'amélioration de la race de Durham en France. Chaque année, ces établissements produisent des types parfaits, qui sont vendus aux éleveurs et qui régénèrent ainsi les races françaises en y introduisant des éléments de pureté et d'un grand prix.

Toutefois, sous ce rapport, l'initiative industrielle a beaucoup fait. Aussi le gouvernement a-t-il cru devoir diminuer peu à peu son action, sans cependant la supprimer entièrement.

Les produits de ces établissements sont néanmoins recherchés avec plus d'ardeur par les éleveurs et, les prix de vente s'étant accrus notablement, la part de leurs dépenses qui est à la charge de l'État a diminué. De 1853 à 1867, une somme de 1,267,098 francs avait été consacrée à l'entretien des vacheries de Corbon et de Saint-Angeau et une somme de 1,267,098 francs à l'entretien des bergeries du Haut-Tingry, de Gevrolles, de Chambois et de Rambouillet.

Grâce à ces efforts de diverses natures, nos races françaises, qui se trouvaient autrefois généralement dans une très-sensible infériorité par rapport aux races étrangères, se sont relevées de cette espèce de déchéance. Les grandes races de pays se sont généralisées ; elles ont pris plus d'extension et ont pénétré dans toutes les régions qui leur étaient propres ; quelquefois même, elles se sont substituées à certaines races locales, qu'elles ont absorbées.

C'est ainsi que les bœufs charolais se sont répandus, avec le secours des chemins de fer, dans une très-grande partie de l'est et jusque dans le centre de la France. La race flamande, laitière excellente, est descendue du Nord jusqu'auprès de Paris, mais surtout dans les départements qui avoisinent la capitale. Les races normandes et les races bretonnes se sont partagé tout l'ouest de la France. Dans le midi, le progrès est moins considérable. Les races y sont très-nombreuses, très-variées et de valeur moindre; cependant des améliorations sensibles y ont été également obtenues, particulièrement dans le sud-ouest.

L'espèce porcine n'a pas échappé à l'amélioration générale ; le perfectionnement a peut-être été plus subit. Il date de l'introduction des races anglaises en France ; acceptées de bonne heure par les éleveurs pour leur précocité, elles ont rencontré plus de résistance au début dans le commerce. Aujourd'hui les résistances sont tombées. La viande des porcs anglais entre dans la consommation aussi facilement que celles des porcs français.

Les races New-Leicester, Berkshire, Yorkshire, Essex s'utilisent surtout croisées avec les races indigènes, c'est-à-dire que leur rôle principal est de servir à améliorer les races françaises et de les rendre beaucoup plus précoces ; cependant la population porcine n'a guère augmenté. Le développement de la consommation n'a point suivi celui de la production, à raison de la place chaque jour plus grande qu'occupent dans l'alimentation publique la viande de bœuf et celle de la vache.

Le progrès de la culture devait faire apporter une autre amélioration encore plus considérable à l'élevage du bétail, celle de *spécialiser* le bétail et de diriger ses aptitudes dans tel ou tel sens suivant la destination particulière qui lui est affectée, soit que l'on réclamât des animaux du travail ou du lait, ou bien encore de la viande ou de la laine.

C'est ainsi qu'on est amené à classer le bétail en *animaux de trait* ou *de travail* et en *animaux de rente* ou *de boucherie*. On entretient, pour bêtes de labour, des chevaux sur les terres fortes d'un travail difficile, et des bœufs sur les terres légères.

Cette méthode de spécialisation, qui est la méthode dominante de la production animale en Angleterre, s'applique maintenant à l'espèce ovine elle-même : les deux produits fournis par ces animaux sont la viande et la laine. On peut accroître la quantité de l'un des deux, sans sacrifier complétement l'autre. Cependant, on a surtout cherché à propager les types qui fournissent dans un moindre espace de temps une plus grande quantité de viande. Les perfectionnements apportés d'ailleurs dans la fabrication des tissus rendent les acheteurs moins exigeants sur la finesse des toisons. En outre, on peut remarquer que les pays les plus riches ont intérêt à appliquer surtout leurs efforts aux races précoces, afin de pouvoir livrer des animaux à la boucherie dès l'âge de 15 à 18 mois, après les avoir engraissés. Au contraire, les régions pauvres de la France, où les terres sont de peu de valeur locative et où l'absence de bras et de capitaux entravent la culture, trouvent un avantage sensible à chercher leur profit dans la laine.

L'amélioration des racines ovines a eu pour conséquence celle des laines.

Ainsi, la race mérinos, dont les perfectionnements sont dus, pour la plupart, à la bergerie de Rambouilllet, et dont il a été exposé à l'Exposition universelle de 1855 une collection d'échantillons de toutes les tontes faites depuis 1786, la race mérinos, à partir de 1849, portait une laine plus longue et plus abondante, sans perdre de sa finesse. Cette heureuse modification avait une immense valeur. On a cherché, non pas seulement à avoir des laines aussi propres au feutrage que celles de Saxe, de Moravie et de Silésie, dont la finesse a une réputation européenne, mais on s'est surtout préoccupé d'être en mesure de fournir aux manufactures de Reims, de Roubaix, d'Amiens, des laines fines, à la fois plus longues et plus propres au peigne. On a obtenu des brebis à laine demi-longue, qui pesaient, en moyenne, 48 à 50 kilogrammes et qui dépouillaient 3 à 4 kilogrammes de laine en suint, perdant au lavage 32 à 35 0/0 de poids.

On a, d'autre part, obtenu des béliers pesant jusqu'à 57 kilogrammes et dépouillant 6 à 8 kilogrammes de laine. Ce sont là des résultats d'un grand prix pour l'industrie française.

Cela n'empêche point de conserver les types qui fournissent des laines de la plus grande finesse, afin de faire face aux demandes de l'Autriche, de la Prusse, du cap de Bonne-Espérance, etc.

Ces races de choix se généralisent dans le pays chez les particuliers.

Ceux-ci suffisent à cette amélioration de la race ; ils suffisent à la maintenir et même à l'accroître.

D'après la statistique officielle, la production de la laine fine était de 13,824,000 kilogrammes en 1852; elle s'est élevée en 1862 à 49,420,800 kilogrammes, en même temps que celle de la laine commune passait de 37,060,000 kilogrammes, en 1852, à 53,069,500 en 1862. Enfin, sur les 30 millions de bêtes ovines dont nous avons constaté l'existence en France précédemment, les races perfectionnées comptent 2,748,000 sujets. Le progrès est sensible.

Les chiffres du commerce extérieur peuvent encore nous en donner une idée plus saisissante. En 1852, il était exporté 542,000 kilogrammes de laine et, en 1871, 29,846,000 kilogrammes, soit une augmentation de 5,500 0/0. Dans le même temps, la marche de l'importation a été celle-ci : 30,692,000 kilogrammes en 1852 contre 102,000,000 en 1871, soit une augmentation de 340 0/0 environ. L'exportation des laines a donc augmenté de plus de 5,500 0/0, pendant que l'importation ne s'est élevée que de 340 0/0. Comme, en même temps, la consommation intérieure n'a cessé de s'accroître, on peut affirmer que la production française a fait des efforts considérables. Si, au lieu de comparer les poids, nous comparons les valeurs, nous trouvons :

A l'exportation { en 1852......... 1,600,000 fr.
                 { en 1871......... 105,100,000

Augmentation, plus de 6,000 0/0.

A l'importation { en 1852. ...... 64,600,000 fr.
                 { en 1871........ 285,600,000

Augmentation, 345 0/0.

Ainsi, l'augmentation des valeurs pour l'exportation est plus grande que pour l'importation, et le rapport de ces valeurs est lui-même supérieur au rapport des poids. Cela prouve que l'étranger a acheté les laines françaises plus cher que la France n'achète les laines exotiques.

Il est vrai qu'il y a à tenir compte, dans le chiffre de l'exportation, de celui des laines exotiques réexportées ; mais cela ne change rien au fond de notre argumentation.

L'accroissement de la production du bétail a été aussi énergiquement stimulé par la multiplication rapide des chemins de fer qui, en 1850, présentaient un développement de 3,013 kilomètres, tandis qu'au 31 décembre 1873 ce développement est de plus de 18,525 kilomètres.

Ouvrant à la production du bétail un grand nombre de débouchés nouveaux, ils ont élargi le cercle d'approvisionnement des grands centres de consommation. Un animal engraissé est excessivement susceptible. Il perd en quelques instants une notable partie de son poids. Avant les chemins de fer, les transports étaient longs, difficiles et coûteux. En Angleterre, un mouton amené à Londres du comté de Norfolk diminuait, en moyenne, de 3 kilogrammes 12 en poids et de 1 kilogramme 4 en graisse ; un bœuf perdait 12 kilogrammes 7. On citait un fermier du comté de Suffolk qui perdait, par le seul fait des transports, près de 15,000 francs par an.

La production de la volaille et des animaux de basse-cour a suivi l'élan général. Les chiffres manquent, quant à la population des animaux de basse-cour, mais certains faits permettent d'apprécier l'importance de ce développement qui, du reste, s'explique facilement. Leur rôle complémentaire est bien utile pour la bourse du petit cultivateur et même pour l'économie d'une grande ferme.

Depuis vingt ans, du reste, l'espèce galline a eu sa part dans l'amélioration générale des produits alimentaires. Les chiffres d'exportation de 1852 et ceux de 1871 le démontrent suffisamment. En 1852, les exportations des œufs, commerce spécial, s'élevaient à 7,844,000 kilogrammes d'œufs; comme il faut, en moyenne, 21 à 22 œufs pour faire un kilogramme, cela donne, pour 1852, une exportation de 172,568,000 œufs, représentant une valeur de 6,700,000 francs. En 1866, le commerce spécial présente, à l'exportation, un chiffre de 20,158,000 kilogrammes, soit 443,476,000 œufs, représentant une valeur de 26 millions de francs. Or, l'importation n'a pas dépassé, en 1852, 1,261,000 kilogrammes ou 27,742,000 œufs et, en 1871, 4,671,000 kilogrammes ou 102,762,000 œufs. L'excédant de l'exportation a donc été, en 1852, de 144,826,000 œufs et, en 1871, de 340,714,000 œufs. Le chiffre de la production se compose de ce chiffre et de celui qui représente la consommation intérieure, aujourd'hui notablement supérieure à ce qu'elle était il y a quinze ans. Ainsi, Paris, en 1852, consommait près de 132 millions d'œufs; maintenant le chiffre est plus que doublé, soit 300 millions.

Les revenus que donnent les produits accessoires du bétail : le lait, le beurre, le fromage, etc., sont considérables. On évalue la valeur de la production de la laiterie à 1,600 millions de francs. Ce chiffre est sans doute fort exagéré, bien qu'il représente le total des valeurs réunies du lait, du beurre et du fromage. Le commerce des beurres s'est élevé, entre 1852 et 1871, à l'importation, de 2,200,000 francs à 8,500,000 francs, soit une augmentation de 400 0/0. Dans le même temps, l'exportation est passée de 3,800,000 fr. à 45,200,000 francs, ce qui représente une augmentation de 1,090 0/0. Le commerce des fromages s'est élevé de 1,200,000 francs à 4,300,000 francs, à l'exportation. Augmentation, 550 0/0. Les chiffres correspondants de l'importation sont 5,800,000 francs en 1852 et 23 millions en 1871. Augmentation 300 0/0 environ.

L'exportation des bestiaux s'est aussi développée dans des proportions remarquables. De 8,600,000 francs, elle est passée à 35 millions en 1869; malheureusement, les pertes de bétail, occasionnées à notre pays par la guerre, ont fait tomber ce commerce d'exportation à 7 millions 1/2 de francs en 1871. L'importation en a bénéficié d'autant; la consommation, grâce à la sécurité intérieure et au bien-être général des populations, s'étant accrue plus rapidement que la production, malgré les efforts immenses que fait celle-ci pour être à même d'égaliser l'offre et la demande. L'importation du bétail, en 1871, représente une valeur de 172 millions de francs contre 39 en 1854.

La production des peaux est simultanée de la production des bestiaux; elle en est la conséquence. L'exportation, au commerce spécial, qui, en 1852, n'était que de 600,000 francs, s'élevait en 1871 à 40 millions. L'exportation des graisses, suifs et saindoux est aussi passée de un million de francs à 6,800,000 francs en 1869; elle est retombée à 9 millions en 1871.

La production du fumier s'est également accrue.
Le fumier du cheval, avons-nous dit dans le chapitre
des engrais, est un fumier chaud. Il convient mieux
aux terres fortes, qui sont dites *froides*. Celui du
bœuf est plus rafraîchissant ; si les terres ne sont
ni fortes ni légères, on fait bien d'élever bœufs et
chevaux simultanément, en réduisant toutefois ceux-
ci au minimum ; les chevaux font les transports éloignés et les hersages, et les bœufs, les labours et les
transports rapprochés. Le cheval exécute un tiers de
travail de plus que le bœuf, mais il coûte davantage à
harnacher, à entretenir ; il est sujet à plus d'accidents
et perd chaque année une plus grande partie de sa valeur, une fois l'âge de dix ans passé. Le bœuf se contente d'une nourriture qui rebuterait souvent le cheval et, dès qu'il ne convient plus pour le travail, on
peut l'engraisser et le vendre, au moins, sans perte.
Le cheval fait tout au plus 750 kilogrammes de fumier
par tête et par an, moyennant 5 kilogrammes de litière
de paille par jour. Le bœuf de travail en donne de
10 à 15,000, et le bœuf à l'engrais, avec 10 kilogrammes de litière par tête et par jour, en fournit 25 à 27,000, sans compter les urines surabondantes qui vont à la fosse à purin. Un cheval de labour fume passablement $\frac{1}{3}$ d'hectare pour l'année ;
le bœuf de travail, $\frac{2}{3}$; le bœuf à l'engrais, un hectare entier.

Il faut encore savoir choisir ses animaux. A la pratique seule on connaît le cheval. Il doit avoir la tête
plutôt petite que grosse, sèche, courte et bien ajustée.
Une tête trop forte est le signe d'un mauvais caractère en général. Il lui faut des oreilles petites et

droites ; celui qui les couche en arrière est sujet à ruer et à mordre ; celui qui les porte en avant est le plus souvent ombrageux. Un bon cheval doit mordre son mors et le couvrir d'écume ; c'est un signe certain qu'il a la bouche bonne et fraîche. Des naseaux bien ouverts et bien fendus, des yeux vifs, à fleur de tête et de grandeur égale, sont autant de qualités importantes. Pour s'assurer qu'il a la vue bonne, on ne l'approche point d'un mur blanc ; on le conduit simplement au demi-jour. On le mène ensuite dans une écurie sombre, puis on le fait repasser tout doucement au jour. Si l'iris ou la prunelle se rétrécit à la lumière et s'élargit dans l'ombre, cela prouve que le cheval a la vue bonne.

Autres exigences : un garrot long et maigre, une crinière longue et claire, des épaules larges, plates, remuant sous la main, une poitrine bien développée ; genoux larges, aplatis, secs et bien fournis de poils ; reins courts, échine large et mince, côtes bien arquées, flancs renflés, croupe ronde, cuisses fortes et ouvertes.

On reconnaît l'*âge d'un cheval* à ses dents : à six mois, ses incisives sont sorties ; à 2 ans et $\frac{1}{2}$, les antérieures se creusent d'une fossette au milieu de la partie supérieure ; à 3 $\frac{1}{2}$, les dents mitoyennes se creusent, et les canines inférieures sortent ; à 4 $\frac{1}{2}$, apparaissent les canines supérieures. Jusqu'à 8, l'âge se reconnaît à la profondeur des fossettes, ainsi qu'à la longueur et à la couleur des incisives et des canines. Passé cette époque, le cheval ne *marque* plus, bien que des signes moins certains, tirés de la forme et de la couleur des dents, fassent encore approximativement connaître son âge. Les juments n'ont pas de canines.

Quant au choix du bœuf, il dépend de la localité où l'on se trouve, et l'on n'a à ce sujet qu'à se reporter à notre étude des diverses races bovines.

Les bonnes *vaches laitières* se reconnaissent à des signes assez nombreux. Elles doivent être longues, ce qui les rend souvent laides. Les autres engraissent trop facilement et, par suite, donnent peu de lait. Il faut les choisir avec une tête petite, sèche, maigre, expressive, les yeux doux, les cornes minces, un peu aplaties, effilées, les oreilles minces, souples, arrondies, jaunâtres en dedans, l'encolure très-fine, les épaules maigres, la poitrine parfois étroite, le ventre, au contraire, fort développé et très-long, le pis aussi gros que possible, recouvert de poils fins, longs et clair-semés, doux au toucher. Guénon a ajouté les indications suivantes : le pis des bonnes vaches laitières, ainsi que les parties avoisinantes, en allant vers la queue, est recouvert de poils, qui, au lieu de se diriger de haut en bas, sont rebroussés et réunis en plaques, de manière à former des *épis* ou *écussons* (*fig.* 655). Plus ces épis sont longs et larges, plus il y a de chances d'avoir affaire à une bonne laitière. Toutes les fois qu'il se rencontre en dessous et sur le derrière du pis des ovales assez réguliers, formés de poils couchés de haut en bas, on les considère comme des signes certains de l'excellence des vaches. Une vache est réputée bonne, quand elle rend, en moyenne, 9 à 10 litres de lait par jour ; celles qui vont à 12 ou 15 sont une exception (1).

(1) Joigneaux, *Agriculture*.

Le *lait* renferme de l'eau, du beurre, du sucre de lait, du caséum, de l'albumine et des sels inorganiques. Le lait de vache est composé de 87 0/0 d'eau, de 4 0/0 de beurre, de 5 0/0 de sucre de lait et d'autres sels. Abandonné à lui-même, il se sépare spontanément en deux couches : l'une supérieure, d'un blanc jaunâtre,

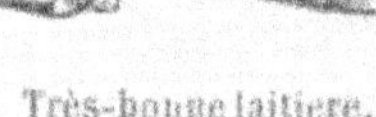

Médiocre laitière.   Fig. 655.   Très-bonne laitière.

ou *crème* ; l'autre, d'un blanc bleuâtre, plus faible et aussi d'une saveur plus acide. L'acidulation augmentant, il s'y forme du *caillé*, c'est-à-dire que le *caséum* se coagule en grumeaux à la couche supérieure ; le liquide resté en dessous s'appelle *petit-lait* ou *sérum*. Dans une même traite, le lait de la fin est bien plus riche en crème. Ainsi, on a expérimenté à Grignon que le 1ᵉʳ vase renfermait 5 0/0 de crème, le 2ᵉ 8 0/0, le 3ᵉ 11 $\frac{1}{2}$ 0/0, le 4ᵉ 13 $\frac{1}{2}$ 0/0 et le 5ᵉ 17 $\frac{1}{2}$ 0/0.

De là la nécessité de *traire à fond*. Le travail de la *laiterie* consiste à séparer grossièrement, par des moyens très simples, le lait en trois parties : 1° le *beurre*, qu'on obtient par la seule agitation du lait ou, plus généralement, de la crème qui s'est formée d'elle-même ; 2° le fromage, produit de la coagulation du lait, laissé entier ou écrémé : 3° enfin le petit-lait, résidu de la fabrication du fromage. On emploie à cet effet, le plus souvent, la *baratte à piston*, composée d'un vase cylindrique en bois, placé debout, dans lequel on agite le lait avec une planche perforée, qui a presque le diamètre du cylindre et à laquelle on adapte un long manche. L'autre système est le *baril-baratte*, vase cylindrique en bois horizontal, à travers lequel on passe un axe armé d'ailes ou de bras. En Normandie, on fait une motte de 10 kilogrammes avec 15 à 20 kilogrammes de crème.

Le lait écrémé renferme le *caséum*, avec lequel on fabrique le *fromage ;* mais les meilleurs fromages sont obtenus au moyen du lait qui a caillé avec toute sa crème, sans qu'on en ait retiré le beurre. On distingue les *fromages crus* et les *fromages cuits*. Il faut un local spécial pour mettre le lait en *présure*, c'est-à-dire pour le faire cailler ; on se sert à cette fin des *caillettes* (estomacs) de veau, vieilles d'un an. On y maintient la température ambiante à 15° Réaumur sans chauffer le liquide lui-même. On a encore à sa disposition un autre local, dit *apprêt* et divisé en deux parties : la première, où se trouvent les éviers, la presse et des claies pour recevoir les fromages pendant le premier âge ; la deuxième, garnie de claies seulement et destinée à l'affinage des fromages ; on les y laisse arriver à maturité. Il doit être frais, mais d'une humidité moyenne. Une femme ne peut conduire qu'une fabrication de 200 fromages par jour ; c'est même là un maximum fort large.

On divise les fromages en trois classes : 1° les *fromages frais*, préparés en abandonnant le lait à lui-même (*fromage à la pie, fromage à la crème, fromage de Neufchâtel, fromage de Viry*) ; 2° *fromages gras*, bien égouttés, puis salés et pressés, conservés dans les caves sur un lit de foin, où on les laisse s'amollir jusqu'à ce qu'ils deviennent gras (*fromage de Brie, fromage de Marolles, fromage du Mont-Dore*, fait avec du lait de chèvre, *fromage de Géromé* ou *Gérardmer*, aromatisé avec du cumin, *fromage de Rollo*, des *Angelots*, des *Dauphins*, etc.) ; 3° *fromages secs*, subdivisés en *fromages cuits* (*Gruyère, Parmesan* ou *Lodesan*, coloré avec du safran, *Chester*, coloré avec du *gaillet*, herbe sauvage de la famille des rubiacées), et en *fromages comprimés* (*fromages de Hollande*, du *Cantal* ou d'*Auvergne*, de *Gex* ou de *Septmoncel*, *fromage de Roquefort*, fait avec du lait de chèvre et de brebis mélangés et dont la supériorité provient des caves où on le prépare, *fromage de Sassenage* (Isère), du *Mont-Cenis*, etc.).

Toutes les bêtes qui fournissent ces revenus si précieux sont menées au pâturage sous la conduite du *berger*, du *bouvier* ou du *vacher*. Le berger doit savoir loger, nourrir, abreuver, tondre et guérir au besoin ses brebis ; il doit vivre avec elles jour et nuit, être pourvu de chiens dressés dès le jeune âge. On a, à cet effet, fondé en France une *école des bergers* au Haut-Tingry (Pas-de-Calais). L'équipement du gardien du troupeau se compose d'une *houlette*, longue canne portant à une extrémité une petite bêche, destinée à jeter de la terre aux bêtes qui s'écartent ; d'un *fouet*, pour corriger les chiens ou faire lever le troupeau ; d'une *panetière*, contenant de l'ammoniaque liquide, et d'un *trocart* (instrument de ponction) pour la météorisation ; enfin d'un grattoir et d'une petite boîte d'onguent contre la gale, d'une lancette et de bandages pour les coups de sang. Dans la panetière, il recueille aussi pour les préserver du froid, les agneaux qui viendraient à naître aux champs. Quant aux vaches, ce sont généralement des *vachères* qui en ont soin. Elles se lèvent deux heures avant le jour en hiver, et en été au point du jour. Aussitôt qu'elles sont installées dans les étables, elles doivent éponger et bouchonner toutes les vaches, leur laver les yeux, essuyer celles qui ont conservé sur la peau des traces de poussière ou de terre, étriller celles qui se sont salies sur la litière, passer un bouchon de paille rude sur la tête et le cou du taureau, donner quelques poignées de grains aux veaux, quelques pincées de sel aux génisses. La bonne vachère fait le bon troupeau.

Il faut que la *vacherie* soit propre, aérée, balayée, car elle n'est pas seulement le dortoir du bétail, elle est encore son réfectoire et en quelque sorte son parloir. Il faut que l'air intérieur y soit maintenu à une température douce et égale, plutôt basse qu'élevée, et que la litière en soit enlevée trois ou quatre fois par semaine. Chaque vache a besoin d'un espace d'environ 1^{m}33 de large, et la porte d'entrée doit avoir 1^m 66 de large, pour que les animaux ne se blessent pas en se précipitant dans l'étable ; on place l'auge et le râtelier au milieu de cet espace, de manière à avoir deux rangs de vaches nez à nez. On passe cette auge et ce râtelier à l'eau de lessive, puis à l'eau froide, une fois par semaine. C'est essentiel, car la bête perd son appétit dès qu'elle a flairé une mauvaise odeur. Le *bouvier* conduit les bœufs aux champs. Le bœuf est fort sensible à l'harmonie, et il n'a de rivaux en cela que l'ours et le cochon. Aussi choisit-on, autant que possible, des bouviers laboureurs qui joignent le talent du chant à celui du labour.

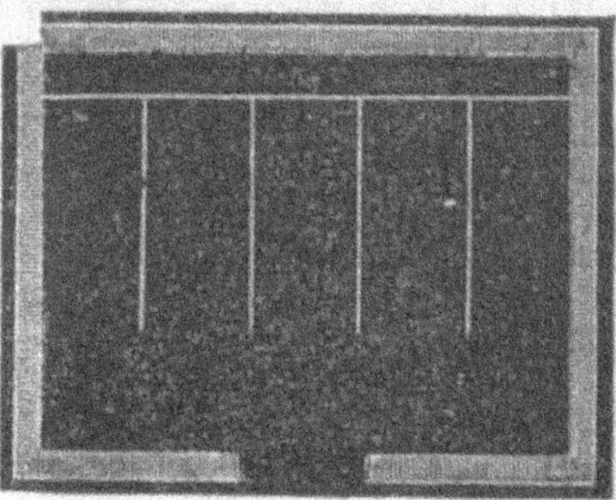

Fig. 656. — Ecurie simple.

Les *écuries* doivent être installées dans un lieu sec, jouissant d'un air libre, exposées au levant, facilement aérées pour l'été et à l'abri des vents d'hiver. On ménage le jour par en haut, de manière qu'il arrive sur la croupe des chevaux et jamais sur leurs yeux. Du reste, la plus grande propreté est recommandée, et on doit faciliter l'écoulement des urines. Il faut 4^m à 4^m 50 d'espace à un cheval en longueur, 1^m 30 à 1^m 50 en largeur, 3 à 4 mètres en hauteur. Quant aux *bergeries*, pour les rendre salubres et tempérées, on élève au besoin le sol, en le couvrant de sable, de gravier ou de pierres, afin d'éviter l'humidité. On le nivelle de manière à ménager aux urines un écoulement facile et on entoure le bâtiment de fossés pour arrêter les eaux

du voisinage. On perce les murs, aux faces opposées,
d'ouvertures destinées à renouveler l'air et ayant la
forme de simples créneaux longs et étroits, se fer-
mant avec une botte de paille.

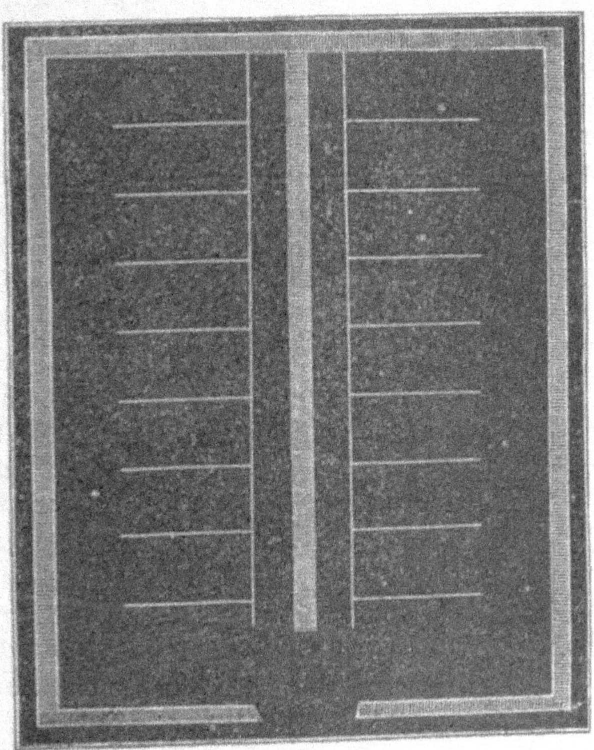

Fig. 657. — Ecurie double.

Enfin la *porcherie* doit être tenue fort proprement.
« Le porc aime la propreté; de tous les animaux domes-
« tiques, il est le seul qui, libre, ne dépose ses excré-
« ments ni sur sa litière, ni même dans son habitation

« C'est le besoin de se débarrasser des corps qui l'in-
« commodent, de nettoyer sa peau, qui le porte à re-
« chercher l'eau et même à se vautrer dans la boue.
« Nous interprétons mal son instinct, quand nous le
« considérons comme recherchant par goût la malpro-
« preté... Dans les grands établissements, la *porcherie*
« doit être composée d'une cour et de loges ; mais une
« loge assez spacieuse, *toit à porc*, constitue à elle
« seule la porcherie dans la plupart des exploitations
« rurales. Les dispositions particulières à chaque loge
« doivent être les mêmes, soit qu'on en ait une seule,
« soit qu'on puisse en utiliser plusieurs (1). »

Il nous reste à dire un mot des soins à donner aux
chevaux. Dès que le jeune cheval peut manger, il faut
lui procurer des aliments substantiels. On le sèvre à
cinq ou six mois. On le panse journellement, on le
laisse pâturer dans des herbages de première qualité ;
le poulain de trait fait un léger travail, et celui de selle,
de fréquentes promenades.

Le *pansage* consiste dans le nettoyage de la peau des
animaux. On les *bouchonne*, on les *étrille*, on les *peigne*. On emploie la *flanelle* pour les chevaux fins, dont
la peau est très-sensible. Celui qui veut panser un cheval doit d'abord visiter les pieds et les nettoyer, puis
passer le bouchon pour détacher la boue, le fumier, en
faisant aller et venir l'instrument à poil et à contre-poil
sur toutes les parties du corps qui en ont besoin. Le
pansage rend la peau propre, souple, perméable ; en
la débarrassant de la poussière qui obstrue ses pores,
il la rend plus apte à remplir ses fonctions éliminatoi-

(1) Magne, *Races porcines*.

res. Il facilite celles dont l'exercice régulier, continu,
est indispensable à l'entretien de la vie.

Le *harnachement* ne doit pas non plus être fait au

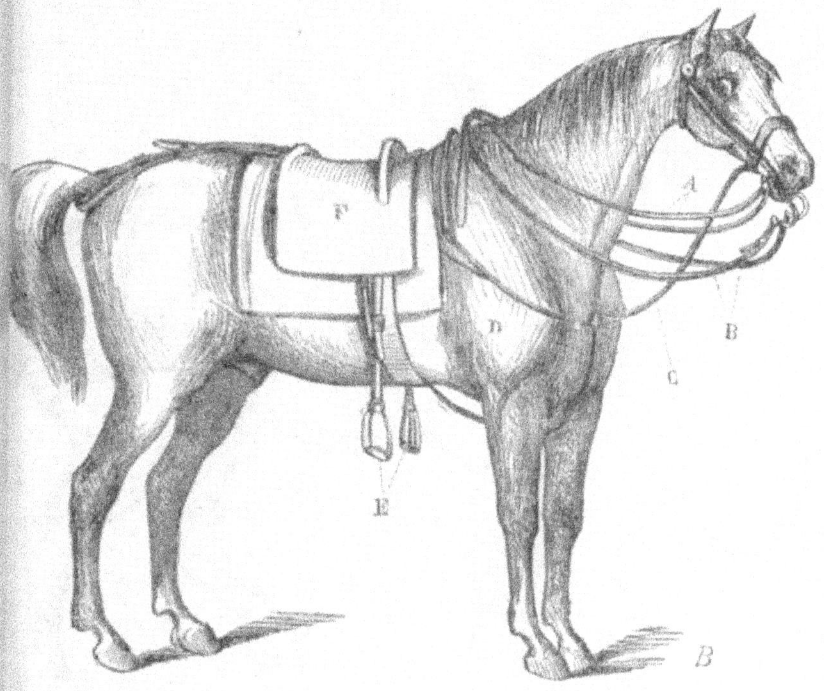

Fig. 658. — Cheval de selle harnaché.

hasard. Pour bien choisir les harnais, il faut avoir
égard à la nature de la matière avec laquelle ils sont
confectionnés, à leur forme et à leur grandeur. A l'écurie,
le cheval a besoin d'une *couverture*, préservant le
corps de la poussière, et quelquefois d'un *camail*, couvrant l'encolure et la tête jusqu'à la bouche, ou simplement d'*oreillères*, dont l'emploi préserve l'animal de

beaucoup de maladies, d'un *licou*, formé d'une muserolle, d'un *montant* comprenant la *têtière et les joues*, et d'une *longe*.

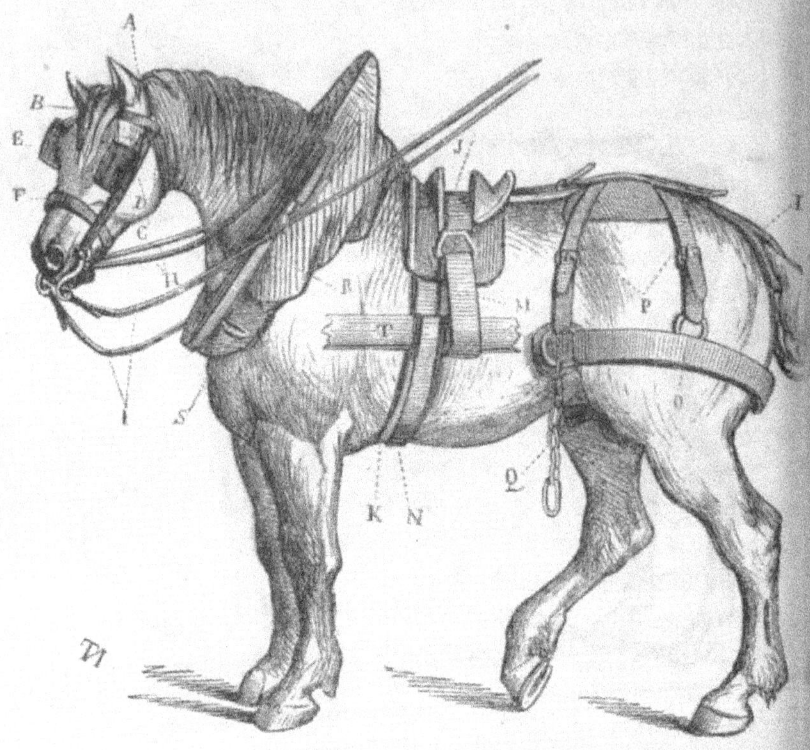

Fig. 659. — Cheval de trait harnaché.

Pour diriger le cheval, on emploie la *bride*, formée de la *monture*, des *rênes* et du *mors*. Le choix de la bride mérite une attention spéciale, car elle ne doit pas faire faire de plis aux lèvres. Quant aux autres harnais, nous ne ferons que les indiquer :

1° Pour le *cheval de selle*, ils comprennent : la *selle*,

composée des *arçons*, des *bandes*, des *panneaux*, du *siége*, des *quartiers* F, des *contre-sanglons*, des *sangles*, des *porte-étriers*, des *étriers* E, de la *croupière*, du *poitrail* D, de la *martingale* C, du *porte-manteau*, des *troussequins* et des *battes*.

Ces selles sont de quatre sortes : la *selle anglaise*, la *selle arabe*, la *selle hongroise* et la *selle française*. La selle hongroise, en usage en Hongrie et en Tartarie, est fort répandue dans nos régiments de cavalerie légère.

2° Pour les *chevaux qui tirent*, le harnachement se compose d'une *sellette*, selle forte mais étroite, destinée à porter la *dossière* U. Elle forme une gorge J ; elle est fixée au moyen de la sangle K et retenue en arrière par l'*avaloire* et la croupière L; quelquefois on y substitue le *mantelet*, petite selle qui sert à soutenir les hommes sur les chevaux d'attelage. Nous trouvons encore la *sous-ventrière* N et le *collier*, formé d'un coussin, qui embrasse l'encolure, et de deux attelles le rendant résistant et lui donnant de la solidité. Mais on emploie à la campagne un mode d'attelage plus simple, à traits brisés vers les sangles, et connu sous le nom de *système flamand*.

Il faut *ferrer* le cheval pour prévenir l'usure de l'ongle, quand l'animal marche sur les voies macadamisées ou caillouteuses. La *ferrure* prévient les contusions et les blessures par les clous, les chicots, etc. Malheureusement elle empêche le sabot de se dilater ou de se contracter suivant les diverses phases de la marche. On évite le resserrement du sabot en ne pratiquant cette ferrure que sur des pieds bien formés et en laissant les poulains sans fer le plus longtemps possible. Du reste, l'opération exige certaines précautions dont les maréchaux ferrants savent tenir compte.

La valeur des chevaux se trouve bien augmentée par le *dressage*. Il s'agit de les élever dans le premier âge, puis de les *dresser* au travail et à la selle, ou enfin de les *entraîner* s'il s'agit de chevaux de course. C'est, en quelque sorte, un assouplissement de l'animal qui le forme aux différentes occupations auxquelles on le destine. On épargne ainsi aux propriétaires bien des ennuis, bien des tracas et bien des périls. En outre, jamais un cheval ne sera dressé par un particulier comme il l'est par un homme qui en fait l'objet constant de ses études et de ses observations. Il y a en France environ 26 écoles de dressage. Le nombre n'en saurait être trop grand, pourvu qu'elles soient intelligemment dirigées. Mais, pour faciliter l'obtention de résultats satisfaisants, on fait subir la *castration* à l'animal, on le met hors d'état de se reproduire, on en fait un cheval *hongre*, ayant moins de feu, moins d'ardeur, mais aussi bien plus de docilité.

Quant à la monte des juments par les étalons, elle s'effectue autant par l'initiative de l'industrie que par les soins des départements ou des agents de l'Etat. Celui-ci possède 22 établissements ou dépôts d'étalons, répartis entre six arrondissements hippiques :

1° Arrondissement du Nord. — Dépôts de Braisne, Montier-en-Der et Blois ;

2° Arrondissement de la Normandie et de l'Anjou. — Dépôts du Pin, de Saint-Lô et d'Angers ;

3° Arrondissement de Bretagne-Vendée. — Dépôts de Lamballe, d'Hennebont, de La Roche-sur-Yon et de Saintes ;

4° Arrondissement du Sud-Ouest. — Dépôts de Libourne, de Villeneuve-sur-Lot, de Pau et de Tarbes ;

5° Arrondissement du Midi. — Dépôts de Pompadour, d'Aurillac, de Rodez et de Perpignan ;

6° Arrondissement de l'Est. — Dépôts d'Annecy, de Cluny, de Besançon et de Rosières-aux-Salines.

L'Etat y possède environ 1,100 étalons qui saillissent par an à peu près 60 juments chacun en moyenne, et celles-ci donnent généralement un produit sur deux. La nouvelle loi sur les haras élève le chiffre de ces étalons à 2,500, à atteindre dans cinq ans au plus tard. En dehors de cela, l'Etat donne des primes à des particuliers, dont les étalons sont classés comme *approuvés*. Le nombre s'en élève à environ 900.

Pour la *monte* ou la reproduction, on doit choisir un étalon ardent, vif et doux, car il dépose dans la femelle le germe qui doit communiquer au produit le courage, l'énergie, les belles formes, les qualités physiques et vitales. Il faut surtout porter son attention sur les organes de la reproduction ; les testicules doivent être gros, non douloureux. La longueur du membre reproducteur, mis en érection par le rapprochement de la jument, importe beaucoup, ainsi que sa conformation et son volume ; enfin, le canal de l'urètre doit être bien ouvert. Quand il s'agit d'un étalon de prix, il est important de s'assurer s'il s'est déjà reproduit. Le choix de la jument est, dans une certaine mesure, moins important ; il importe surtout qu'elle présente une conformation propre à faciliter la gestation. Son bassin doit être large et bien conformé, ses flancs amples, son ventre développé. Cette disposition assure à l'éleveur que le poulain sera à l'aise dans les flancs de la mère et que, par conséquent, il y trouvera les meilleures conditions pour venir à bien et avec les formes les plus satisfaisantes. La vulve doit être longue, large et sans cicatrices. En outre, il importe que l'animal soit patient et docile ; sans cela, la monte pourrait bien ne donner aucun résultat. Le cheval peut être livré à la reproduction entre 4 ans $\frac{1}{2}$ et 5 pour les races précoces, entre 5 et 6 pour les races tardives. La jument est livrée souvent trop jeune à l'étalon, entre 3 et 4 ans. C'est extrêmement fâcheux ; car, à cette époque, le bassin n'est encore que bien imparfaitement développé, ce qui rend la mise bas difficile et périlleuse. Le travail ne nuit pas à la reproduction, pourvu qu'il n'en soit fait aucun abus ; au contraire, il fortifie les muscles et a une action des plus salutaires. Quant à la monte, il est préférable qu'elle ne se fasse pas en *liberté*, mais sous la surveillance d'un palefrenier. Il y a lieu de s'assurer que la jument est disposée à l'accouplement ; on lui présente alors ce qu'on appelle un *boute-en-train*, étalon d'essai au moyen duquel on s'assure de ses désirs génésiques. On lui amène alors le reproducteur qu'on lui destine. Une fois l'acte de la reproduction accompli, il est bon de la laisser en repos à l'écurie, ce qui favorise la fécondation. Pendant la gestation, on fait faire à la jument un travail léger. Après la délivrance, on la tient chaudement à l'écurie de 10 à 12 jours. Durant les 4 jours que dure la fièvre de lait, on lui administre de l'eau blanche tiède, de la paille et un peu de foin ; on augmente la ration jusqu'au 10ᵉ jour. Cela prévient la sécrétion d'un lait trop nourrissant, qui pourrait causer des indigestions et de la diarrhée au poulain. On sèvre celui-ci entre 5 et 6 mois, mais graduellement, afin d'éviter un changement brusque de nourriture. Il y a lieu de se tenir en garde, dans l'opération de la *monte*, contre une maladie des plus graves et des plus contagieuses, la *maladie du coït*. Elle cause parfois des ravages énormes dans des districts entiers, où elle infecte toutes les juments. Il n'y a, dans ce cas, qu'à faire cesser absolument la monte dans la localité, afin de donner au fléau le temps de disparaître, sauf à ne la reprendre qu'après une visite stricte de chacun des animaux présentés à la saillie.

Nous n'aurions pas grand'chose à modifier à ce que nous venons de dire pour ce qui concerne la saillie de la *vache* par le *taureau*, dont le *bœuf* n'est que l'eunuque. Les lois de la reproduction sont toujours à peu près les mêmes dans la vie animale. Quelques détails seulement se trouvent modifiés. L'intelligence de nos lecteurs suppléera au laconisme que le manque de place nous impose.

Il peut paraître étrange qu'en présence des immenses services que rend le cheval, on puisse songer à l'utiliser pour la boucherie. Il n'y a certainement pas d'avantage à l'élever spécialement dans cette fin. On s'y ruinerait. Mais il est nombre de cas où un cheval est mis hors de service par un accident qui n'enlève à la chair rien de sa valeur. Cette viande, non préparée pour cette fin, est assurément moins bonne que celle du bœuf. Cependant elle est fort mangeable, et son bas prix en fait une ressource précieuse dans les quartiers pauvres. Depuis le siége de 1870-1871, on abat à Paris environ 2,000 chevaux par an.

Nous ne nous rendons souvent qu'un compte fort inexact de ce que représentent les appellations courantes appliquées aux diverses parties du bœuf. Ceux

qui voudront s'éclairer là-dessus n'auront qu'à se reporter à la figure ci-après et à la légende qui l'accompa-
gne pour en comprendre le sens et les poids relatifs.

Fig. 660. — Diverses catégories de la viande d'un bœuf de boucherie.

PREMIÈRE CATÉGORIE.

Poids de chaque morceau pour un bœuf
donnant 457 kil., de viande nette.

1 Gîte à la noix ; cuisse à Bordeaux ; veine à Lyon.   15 kilogr.
2 Tende de tranche ; filet à Lyon...............   20
3 Tranche grasse.........................   20
4 Pointe de culotte ; coire à Lyon, cuhaut, cou-
   haut ou culotte à Bordeaux..................   30
5. Aloyau......   50
6 Filet partie intérieure ; aloyau à Lyon, à Nantes
   et à Bordeaux..........................   7

                                    Total. ....   142 kilogr.

DEUXIÈME CATÉGORIE.

7 Paleron ; épaule à Lille ; épalard à Lyon......   70 kilogr.
8 Talon de collier ; cœur de côtes à Lyon........   5

9 Côtes couvertes.................................... 30 kilogr.
10 Côtes découvertes................................. 15
11 Plat de côtes découvert........................... 8
12 Bavette d'aloyau.................................. 13

                                   Total....... 141 kilogr.

TROISIÈME CATÉGORIE.

13 Plat de côtes couvert............................. 17 kilogr.
14 Collier ; collet à Nantes, à Lyon................ 35
15 Pis de bœuf, basse boucherie ; flanchet à Lille
      et à Bordeaux ; flanc ou la longère à Nantes ;
      hampes et petits os à Lyon ; gromeau à
      Nîmes.. 75 kilogr.
16 Gîtes { jambes de derrière....................... 13
          —   de devant......................... 10
17 Surlonge... 10

                                   Total....... 162 kilogr.

QUATRIÈME CATÉGORIE.

18 Tête ou joues.................................... 10 kilogr.
19 Queue.. 2

                                   Total......... 12

CHAPITRE XXV.

MALADIES DES ANIMAUX. — VICES RÉDHIBITOIRES — HYGIÈNE VÉTÉRINAIRE. — NOURRITURE DES ANIMAUX. — EPIZOOTIES. — TYPHUS BOVIN.

Les maladies des animaux sont trop nombreuses pour pouvoir être toutes passées en revue ici. Nous ne nous occuperons que des principales et surtout de celles dont il est fait mention dans la loi du 20 mai 1838 sur les *vices rédhibitoires*. Aux termes de l'article 1er de cette loi, « sont réputés vices rédhibitoires et donneront seuls ouverture à l'action de l'article 1641 du Code civil (pour résiliation), dans les ventes ou échanges des animaux domestiques ci-dessous dénommés, sans distinction des localités où les ventes et échanges auront lieu, les maladies ou défauts ci-après :

« A) Pour le cheval, l'âne et le mulet : la *fluxion périodique des yeux*, l'*épilepsie* ou *mal caduc*, la *morve*, le *farcin*, les *maladies anciennes de poitrine* ou *vieilles courbatures*, l'*immobilité*, la *pousse*, le *cornage chronique*, le *tic sans usure des dents*, les *hernies inguinales intermittentes*, la *boiterie intermittente pour cause de vieux mal*.

« B) Pour l'espèce bovine : 1° La *phthisie pulmonaire* ou *pommelière*; 2° l'*épilepsie* ou *mal caduc*; 3° les *suites de la non-délivrance et le renversement du vagin ou de l'utérus, après le part chez le vendeur*.

« C) Pour l'espèce ovine : 1° la *clavelée* (cette maladie reconnue chez un seul animal entraîne la rédhibition de tout le troupeau ; celle-ci n'aura lieu que si le troupeau porte la marque du vendeur); 2° le *sang de rate* (la rédhibition n'a lieu que si le quinzième du troupeau en est atteint dans le délai de la garantie et qu'autant que le troupeau porte la marque du vendeur). » Le délai pour intenter l'action rédhibitoire est de neuf jours, sauf pour la fluxion périodique et l'épilepsie ; dans ce dernier cas, la loi l'a étendu à 30 jours.

Le *cornage chronique* est un sifflement plus ou moins aigu ou grave, qui se fait entendre aux naseaux du cheval lorsqu'il a couru pendant un certain temps. C'est une maladie incurable, se terminant par un essoufflement bruyant qui oblige le cheval à s'arrêter.

La *pousse*, due à l'*emphysème pulmonaire*, caractérisée par un mouvement entrecoupé du flanc, consiste dans une toux sèche et une respiration fréquente. Cette maladie s'aggrave rapidement et empêche l'animal de rendre un long et bon service. Pour en ralentir les effets, on ne donne au cheval poussif que de la paille et de l'avoine. Le cheval *tique* lorsqu'il saisit le bout de la mangeoire ou tout autre corps résistant avec ses mâchoires, et que, contractant convulsivement l'encolure, il fait entendre un bruit plus ou moins fort qu'on appelle *rot*. Ce *tic* se reconnaît à une usure plus ou moins accentuée du bord antérieur des dents incisives, notamment à la mâchoire supérieure. Les chevaux tiqueurs sont généralement atteints de *coliques venteuses*; ils doivent être mis à part des autres chevaux, ce vice pouvant se transmettre par imitation.

Les *contusions* à la peau et aux tissus sous-jacents sont généralement suivies d'un gonflement douloureux. Il faut aussitôt éponger et nettoyer la partie malade, la bassiner avec de l'eau fraîche additionnée de sel marin, d'eau-de-vie ou de vinaigre. On l'enveloppe avec un linge imbibé de l'eau ainsi préparée, si c'est possible, et, 12 ou 15 heures après, on frotte avec de l'eau-de-vie camphrée. Pour les plaies *sérieuses*, on a recours à de la filasse mouillée d'eau-de-vie et introduite au fond de la plaie, de manière à produire un tamponnement qui arrête l'hémorrhagie. Les plaies faites à la sole du pied doivent être pansées immédiatement après l'accident. On a soin de retirer le corps étranger qui a pu les causer, s'il y est resté ; on presse pour faire saigner et on y introduit un peu d'eau-de-vie. On recouvre avec de l'étoupe. Les *entorses* surviennent souvent au *boulet* des chevaux qui se heurtent contre un corps dur, glissent ou tombent. Il faut plonger le pied de l'animal dans de l'eau très-fraîche et salée et l'y maintenir 5 à 6 heures, puis entourer la *couronne* et le *boulet* de linges pliés en plusieurs doubles et tenus constamment humides avec de l'eau salée ou aiguisée de vinaigre ou d'eau-de-vie.

La *fourbure* attaque les pieds de tous les animaux domestiques. Elle est le résultat de marches longues et pénibles ; chez le cheval, elle résulte quelquefois de l'abus de l'avoine, de l'orge ou du seigle. La couronne se tuméfie et devient sensible. Il faut déferrer le cheval ou ajuster le fer avec quelques clous seulement, pratiquer une forte saignée, asperger les pieds avec de l'eau salée très-froide pendant plusieurs heures, ou bien faire prendre 3 ou 4 fois par jour un bain de pieds dans une eau courante et froide. On doit surtout, si c'est possible, promener le cheval au pas sur une terre fraîchement labourée ou dans une prairie humide. On enveloppe ensuite le pied du cheval, les ongles du bœuf, du porc, du mouton ou la patte du chien d'un cataplasme fait de terre glaise, de suie, de cheminée et de bouse de vache délayée dans du vinaigre, tenant en dissolution une ou deux cuillerées de couperose verte.

Les *coliques* ou *tranchées rouges* résultent d'une congestion sanguine aux intestins et sont fréquentes chez les chevaux astreints à des travaux pénibles et mangeant beaucoup d'avoine ou fortement nourris dans les fermes avec des vesces et des gesses. Il faut, dès que cette maladie se déclare, ce qui arrive subitement, faire une saignée de 4 à 5 kilogrammes, même la réitérer et administrer à l'intérieur de l'animal un litre d'infusion tiède de fleurs de tilleul, additionné de 15 à 30 grammes de vin d'opium. On y adjoindra des frictions, des lavements et de fréquentes promenades.

L'*indigestion* du cheval se déclare après un repas trop copieux, surtout avec excès d'avoine, de son ou d'orge, ou après une absorption considérable d'eau froide. Il faut administrer à l'animal une bouteille de vin chaud ou de cidre miellé, ou encore de thé miellé, puis le couvrir, lui frictionner le ventre, lui administrer des lavements d'eau de son savonneuse.

Les bœufs, les vaches et les moutons sont, avons-nous dit, fréquemment atteints d'*indigestion*, ou mieux de *météorisation*, lorsqu'ils ont mangé une quantité trop notable de fourrages verts, trèfle ou luzerne. Le ventre se gonfle, le flanc gauche s'élève, se ballonne et résonne quand on le frappe. Cette maladie, qui fait périr promptement l'animal, se combat : pour le bœuf et la vache, avec un mélange formé d'un demi-litre d'eau-de-vie ordinaire et d'un demi-litre d'huile d'olive, de noix ou de navette ; pour le mouton, avec la moitié de cette dose seulement. Il faut promener la bête, lui bien frictionner le ventre et lui administrer nombre de lavements d'eau de son savonneuse. Si la maladie continuait, on ne devrait pas hésiter à enfoncer jusqu'au manche une lame de couteau dans le flanc gauche ; gaz et aliments s'échapperaient par cette ouverture et l'animal serait sauvé, pourvu que l'on eût soin de laisser le couteau dans la plaie jusqu'à l'arrivée du vétérinaire.

Passons aux *maladies contagieuses* ou *épizooties*. Nous avons d'abord la *gale* qui atteint tous les animaux. Il n'est pas besoin de la décrire. Elle est due le plus souvent à la malpropreté, à l'usage d'aliments avariés et à la contagion. Avant de traiter la maladie, il faut d'abord couper les poils ou les crins et nettoyer la peau avec de l'eau de lessive ou du savon noir, puis l'assouplir avec une friction de graisse récente. La *gale du cheval* peut se traiter par des frictions faites avec un mélange composé de deux parties d'huile d'olive, de deux parties de teinture de cantharide, d'une partie d'huile de lin et d'une partie d'essence de térébenthine. Pour le *mouton*, après avoir séparé les mèches de laine, on emploie une décoction faite de 30 grammes de racine d'hellébore blanc ou noir (*fig.* 311), bouillis dans un litre d'eau réduit par le bouillon à un demi-litre. On peut encore faire usage du bain ferro arsenical de Tessier. Enfin, chez le chien, on frotte avec une brosse rude la peau jusqu'à la faire rougir, puis on mélange une poignée de sel marin, la valeur de deux coups de poudre à tirer, 8 grammes de fleur de soufre, 2 décilitres de vinaigre ou d'essence de térébenthine. On chauffe le tout en le remuant. On en arrose avec soin toutes les parties malades, puis on frotte vigoureusement.

Quant à la *rage des chiens*, qui se communique fort bien aux autres animaux et à l'homme, jusqu'ici elle est restée incurable. Il n'y a pour s'en préserver qu'à abattre l'animal atteint et tous ceux qu'il a pu mordre. Il en est de même, quand cette maladie se manifeste chez le cheval, le bœuf ou le mouton.

La *morve* est commune au cheval, à l'âne et au mulet, et se caractérise par l'excrétion de matières jaunâtres, blanchâtres ou légèrement verdâtres, expulsées par un seul des naseaux ou par les deux simultanément, avec accompagnement d'ulcérations sur la muqueuse nasale et d'engorgement des ganglions situés sous la *ganache*. Elle est incurable et nécessite l'abatage de l'animal.

Le *farcin*, qui frappe les mêmes animaux, se signale plus spécialement, soit par la présence de boutons répandus çà et là sur la peau, soit par des engorgements allongés accompagnant la direction des veines, soit par des ulcérations cutanées.

Toutes ces maladies sont contagieuses, même pour l'homme.

Les *maladies charbonneuses*, avec ou sans éruption de tumeurs à l'extérieur, sont des affections redoutables, contagieuses pour les animaux comme pour l'homme. Elles sont difficiles à guérir, et il faut avoir soin d'enfouir les animaux qui en meurent dans des fosses profondes, éloignées des habitations.

Le *piétin* du mouton est une suppuration sous-ongulée, rendue contagieuse par le dépôt de substances purulentes, répandues dans les bergeries, sur les cours, les prés, les chemins, les pâturages. Dès qu'elle apparaît, il faut plonger le pied de l'animal dans une bouillie confectionnée avec de la chaux éteinte ; on extirpe plus tard la corne qui s'est détachée. On doit avoir soin d'isoler les bêtes malades des autres.

La *clavelée* est, en quelque sorte, la *petite vérole* des moutons, dite encore *picotte*. Elle est extrêmement contagieuse. Les vents chauds et secs peuvent en répandre au loin les émanations virulentes et volatiles. En l'inoculant, on en prévient la propagation.

La *fièvre aphtheuse* ou *cocotte* est commune au bœuf, au mouton et au porc. Elle est caractérisée par une fièvre suivie et par l'éruption d'ampoules à la face interne des lèvres, aux gencives, à la langue, aux mamelles, autour des ongles, déterminant dans ce dernier cas une boiterie accentuée. La bave et la matière suppurée des pieds répandues sur les chemins et les pâturages ne la transmettent que trop. Il faut isoler les bêtes atteintes et en mettre les fumiers à part, puis gargariser leur bouche avec du miel et du vinaigre, leur administrer des breuvages rafraîchissants ainsi que des aliments faciles à mâcher. On fait disparaître la boiterie due à cette maladie avec une bouillie faite de blanc d'Espagne et de vinaigre.

Enfin, la *péripneumonie contagieuse* du gros bétail, ou *maladie de poitrine*, cause parfois des ravages terribles dans les étables ou même dans les pâturages. Il était rare autrefois qu'on pût la combattre. Aujourd'hui, le procédé Willems, consistant originairement dans une inoculation pure et simple, mais perfectionné depuis, a réduit le mal, en permettant aux cultivateurs de s'en rendre assez souvent les maîtres. On doit tuer les bêtes atteintes pour en utiliser la chair, car elle peut être mangée sans inconvénient ; mais il y a lieu d'en interdire le commerce sur pied, même si elles sont simplement suspectes. Il suffit, en effet, d'une seule bête pour faire périr, par contagion, tout le bétail d'une ferme.

Mentionnons enfin cette terrible maladie qu'on appelle le *typhus bovin (rinderpest)*, spontané dans les steppes de la Russie et qui se répand parfois dans l'Europe occidentale de manière à y occasionner de véritables désastres. Cette maladie si subtile, qui se communique d'un troupeau à l'autre, rien que par le vent ou même simplement par les miasmes dont il imprègne les habits de l'homme, la toison du mouton, les poils du chien, est incurable. Il n'y a qu'une manière d'y porter remède : c'est d'exercer une surveillance active à la frontière dès qu'un cas se manifeste dans un pays voisin, ou bien, si l'invasion est un fait accompli, de circonscrire le foyer d'apparition dans le pays même par l'abatage des bêtes malades ou contaminées, sauf indemnité de l'État envers les propriétaires. C'est ainsi que MM. Reynal, directeur de l'école vétérinaire d'Alfort, et Bouley, inspecteur général des écoles vétérinaires, sont parvenus à étouffer promptement ce mal lors de ses derniers ravages en France ; dans ce cas, il ne faut reculer devant aucun sacrifice, ne pas perdre une seule minute et agir sans hésitation.

Parmi les autres maladies héréditaires des chevaux, il nous faut mentionner la *myopie*, *l'encastelure* (défaut du pied), la *déviation des rayons osseux*, la *phthisie pulmonaire tuberculeuse*, la *mélanose*, *l'épilepsie*, *l'immobilité* et les *tumeurs osseuses*, connues sous les noms de *sur-os*, de *formes*, de *jardes*, d'*éparvins*, de *courbes*.

Nous devons nous borner à les indiquer, ne pouvant faire plus dans l'espace restreint dont nous disposons.

Quant à l'alimentation des animaux, nous avons eu

l'occasion d'en parler déjà maintes et maintes fois. Le cheval se nourrit ordinairement de paille, de foin naturel ou artificiel et d'avoine. La ration varie suivant l'âge, la taille et le travail exigé de l'animal. La paille de blé de bonne qualité et l'avoine composent la ration du cheval de selle et de cabriolet. Le foin naturel entre dans celle du cheval de selle et de trait léger. Pour le cheval de labour, on associe le foin artificiel au foin naturel et à la paille ; mais il faut prendre garde d'abuser du sainfoin, du trèfle, des vesces et des gesses, qui sont extrêmement échauffants, très-nourrissants et très-sanguins. Ils peuvent déterminer des maladies même mortelles. Le son est un aliment complémentaire utile, mais l ne faut user qu'avec ménagement de l'orge et du seigle, qui causent souvent des indigestions et des fourbures. L'eau courante est une excellente boisson, ainsi que les eaux légères de fontaine ou de puits. Il faut éviter d'employer celles qui sont crues, très-froides et chargées de sels calcaires. Les chevaux doivent boire deux fois par jour en hiver et trois en été.

Le mouton se nourrit des pâturages qu'il se procure dans les bois, sur les gazons et les chemins, sur les chaumes, en prairie sèche et sur semailles lorsqu'elles lèvent trop dru. Le mouton moyen mange 4 kilogrammes d'herbe fraîche par jour, soit 1 kilogramme de foin. On calcule la ration d'entretien à raison de 35 ou 40 grammes de luzerne sèche pour chaque kilogramme du poids de l'animal, pesé vivant. Il est hygiénique de faire entrer les racines et les tubercules pour moitié dans la composition des rations, en remplaçant 1 kilogramme de foin par 2 kilogrammes de racines.

Le mouton supporte fort bien la *stabulation perma-*

nente et n'en souffre ni pour la viande ni pour la laine ; on trouve intérêt à ce genre de régime quand le fumier est rare et que les terres sont fécondes. Dans la petite culture il est précieux et, dans le Lyonnais, des cultivateurs élèvent ainsi de 3 à 10 brebis, dont ils retirent beaucoup de lait et de fumier.

On utilise le mouton mieux que le gros bétail pour la consommation des pâturages dans des localités d'un accès difficile. L'Espagne, l'Italie et aussi la France, dans les Cévennes et les Montagnes-Noires, pratiquent la *transhumance* des troupeaux. On leur fait passer l'hiver dans un pâturage de contrée chaude, et l'été ils se rendent sur quelques hautes et lointaines montagnes pour en consommer l'herbe. C'est ainsi que plus de 400,000 moutons, végétant l'hiver dans la Camargue et la Crau, s'en vont, par troupeaux de 2,000 bêtes, dans les montagnes des Hautes et des Basses-Alpes chercher leur existence, faisant des marches de 3 à 4 lieues par jour.

Nous ne reviendrons point sur la nourriture du porc, dont nous avons parlé précédemment, non plus que sur celle de la basse-cour. Quant au gros bétail, « partout, dit M. Moll, où viennent le trèfle, la luzerne, le sainfoin ou les vesces, on peut adopter la stabulation complète. » Les bêtes n'en éprouvent aucun inconvénient lorsque l'étable est vaste et aérée. Il faut à une vache de 7 à 800 livres, poids vivant, 90 à 100 livres de fourrage vert par jour. On peut nourrir une vache, pendant l'été, avec 30 ares de trèfle ordinaire, 20 à 25 de beau trèfle, 10 à 15 de luzerne. L'hiver, la ration se compose de foin ou de regain, de paille et de pulpe de betterave, dans une proportion de plus de moitié. 130 vaches en stabulation peuvent donner 100 veaux ; malheureusement l'a-

Fig. 661. — Porc normand.

vortement est plus fréquent avec ce mode d'élevage et se présente dans la proportion de 15 à 17 0/0.

Quant aux divers aliments, leur équivalence en substances alimentaires est la suivante :

Foin d'excellente qualité, de prés de montagne — de jeune trèfle, luzerne ou esparcette.	82
Bon foin ordinaire, de prés naturels.	100
Paille de légumineuses bien récoltée..	175
— d'orge	200
— d'avoine	225
— de blé	275
Herbe verte, trèfle, luzerne, etc.	400
Pommes de terre.	200
Betteraves.	300
Navets..	450
Choux..	500
Résidus de la distillation de la pomme de terre	350

La basse-cour a aussi ses maladies, qui la dévastent à certaines époques. Nous regrettons de ne pouvoir nous en occuper et nous renvoyons nos lecteurs aux ouvrages spéciaux.

CHAPITRE XXVI.

ANIMAUX, OISEAUX ET INSECTES UTILES. — ANI-MAUX, OISEAUX ET INSECTES NUISIBLES. — VERS A SOIE ET ABEILLES. — PISCICULTURE. — CHAS-SE ET PÊCHE.

C'est une étude immense que celle des *êtres ani-més nuisibles* à l'agriculture et de ceux qui ne lui sont pas directement utiles, mais qui jouent vis-à-vis d'elle le rôle d'*auxiliaires*, en se liguant avec l'homme instinctivement contre les ennemis de ses récoltes, de ses troupeaux ou de sa basse-cour. Mais, aupara-vant, terminons notre exposé des animaux productifs par celui de ces deux importants insectes qu'on ap-pelle le *ver à soie* et l'*abeille*.

L'industrie de la soie, qui, en France, présente une importance de plus de 4 à 500 millions d'affaires par an, tire toute sa matière première de la chenille dite *bombyx du mûrier* ou *bombyx mori*. Elle produit, à une certaine époque de son existence, un fil de soie d'une longueur considérable avec lequel elle construit sa retraite ou son *cocon*.

Jusqu'à ces derniers temps, on ne connaissait que le *bombyx du mûrier*. Depuis une vingtaine d'années, on a importé en France d'autres bombyx, tels que le *bom-byx de l'ailante* ou du *faux vernis du Japon*. Cette variété s'appelle encore *bombyx cynthia*. Il vit sur l'ai-lante, arbre qui pousse avec la plus grande facilité

dans les sols les plus ingrats. Il y a aussi l'*attacus
mylitta* ou *tusseh*, rapporté de l'Inde en 1831, et qui
est élevé dans tout le Bengale sur les feuilles du
zyzygium jambolanum et du *zyzyphus jujuba* ; puis
l'*attacus arrindia*, également originaire de l'Inde,
ou *ver à soie du ricin* ; enfin l'*attacus pernyi* et l'*attacus ya-ma-maï*, vivant tous deux sur les feuilles du
chêne. Aucune de ces espèces n'est entrée dans le
domaine de la pratique et de l'application, car aucune soie n'a pu égaler, soit comme qualité, soit comme
facilité de manipulation, la soie du bombyx mori.

Le *papillon du ver à soie* est un nocturne, classé par
Linné parmi les *phalènes bombyces*, et par Latreille
dans le genre *bombyx*. Les variétés actuellement élevées en France sont très-nombreuses. On les divise en
races à cocons jaunes et races à cocons blancs. Parmi
les races blanches, on préfère le *sina*, le *gros roque-
maure* et l'*espagnolet blanc* ; parmi les jaunes, le *cora*
le *turin* et l'*espagnolet jaune*. Le sina est une race ac-
climatée, mais originaire de Turquie ; les soies d'An-
drinople et de l'Anatolie en général sont renommées.
Le *turin* est une race italienne. L'Italie produit plus
de soie que la France, et le marché de Lyon n'a pas
de concurrent plus redoutable que celui de Milan. On
a aussi introduit en France des vers à soie de Cali-
fornie, où leur élève prend depuis quelque temps un
développement assez sérieux. On en a encore importé
d'Espagne, car la Catalogne produit une quantité considérable de soies. Enfin, la grande ressource de la
France, depuis quelques années, est le Japon, dont elle
importe pour plus de 20 millions de francs de graines
par an. Malheureusement, la grande demande qui en

est faite sur le marché de Yokohama, tant de la part de la France que de celle de l'Italie, paraît avoir surexcité la production de cette graine dans les districts séricicoles du Japon et en avoir augmenté la quantité au détriment de la qualité.

Le ver à soie sort d'un œuf, pondu par un papillon, ayant une forme arrondie. Il en faut environ 1,350 pour faire un poids d'un gramme. Généralement, ces œufs ou cette *graine* se vendent à l'*once* de 25 grammes; c'est l'unité passée en usage dans cette branche de commerce. L'œuf, brun-rougeâtre au moment de l'éclosion, devient peu à peu gris-ardoise. Le ver se forme dans l'œuf, il ronge la coquille et sort au printemps sous l'influence de la chaleur, en même temps que les feuilles du mûrier se développent. Si, par malheur, les gelées tardives brûlent les feuilles, il arrive que le ver éclôt avant celles-ci et alors il périt faute de nourriture. Il n'en faut pas plus pour ruiner ces petits paysans du Midi qui cherchent un supplément de profit dans l'élève du ver à soie.

Le ver naissant est brun, presque noir ; il doit cette couleur aux poils qui le recouvrent. Il a 2 millimètres de longueur, et 1,700 vers sont nécessaires pour parfaire un poids de 1 gramme. Il grossit rapidement. Son existence se partage en cinq âges : le 1ᵉʳ âge va jusqu'à la première mue et dure cinq jours ; le 2ᵉ âge se termine avec la seconde mue et comprend quatre autres jours; le 3ᵉ âge, six jours ; le 4ᵉ âge, six jours, et le 5ᵉ, qui commence à la quatrième mue pour finir à la métamorphose en chrysalide, neuf jours. En tout, l'*incubation* dure environ 30 jours. Chaque *mue* est une sorte de crise qui s'annonce par un changement de couleur, d'habitude, de peau et de museau. Après la dernière, il jaunit, se ride, surtout vers la tête, cesse de manger, s'arrête et relève la partie supérieure de son corps ; il jette çà et là quelques fils de soie et se glisse dessous avant de s'arrêter. Il est alors dans le plein du *sommeil ;* la vieille peau se détache et se trouve remplacée. Au 30e jour, il ne mange plus et court de tous côtés, en cherchant à *monter* à la bruyère que l'on dispose à sa portée.

Les vers à soie font leurs cocons en trois jours, d'un

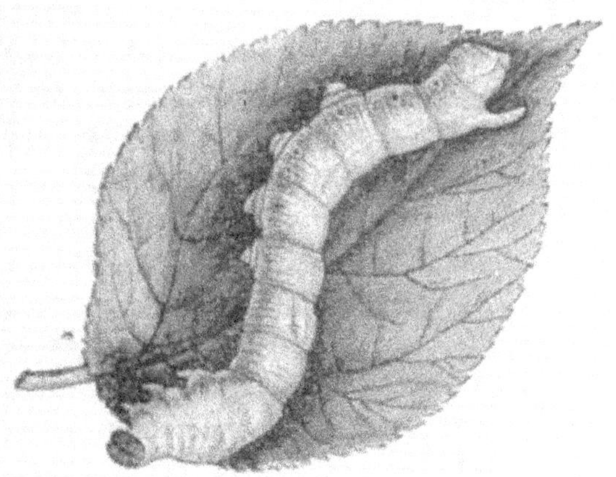

Fig. 682. — Ver à soie du mûrier.

seul fil rarement interrompu. Vingt jours après, les chrysalides se brisent et les papillons sortent. Aussitôt les *sexes* apparaissent ; ils s'accouplent et, dès que cet accouplement a eu lieu, la femelle pond sans retard. Cette ponte dure trois jours ; mais la plus grande partie en est effectuée dès le premier. La femelle dépose de 4 à 700 œufs. Cette opération une fois terminée, elle se dessèche et vit à peine quelques jours, aussi bien que le mâle. On donne au ver 12 repas en 24 heures pendant les trois premiers âges, 8 à 10 pendant le quatrième, 7 à 8 durant le cinquième.

Quand on veut recueillir la soie des cocons, il ne faut pas laisser l'insecte poursuivre son travail jusqu'au bout. Dès que la chrysalide est terminée, on la prend et on la plonge dans l'eau bouillante pour étouffer le ver, puis on la dévide. Depuis quelque temps, les cocons percés s'utilisent également ; on en fait de la *bourre de soie*.

Il y a quelques principes généraux à observer dans l'éducation des vers à soie. Ils résultent de l'expérience, mais ils n'en sont pas moins généralement assez peu suivis. La *magnanerie* (nom donné au local consacré à l'éducation des vers), doit se trouver au centre et à proximité des plantations de mûriers. Il faut qu'elle soit très-éclairée, maintenue facilement à une température constante et enfin d'une aération aisée. On y dispose les vers sur des *tables*, faites en *canevas* ou *toiles claires*, que l'on tient tendues et qui peuvent avoir de grandes dimensions. A la fin de l'éducation, on enlève ces toiles, puis on les lave. Elles offrent aux vers une couche formée des *litières* de feuilles de mûrier sur lesquelles on les place ; elles sèchent facilement et se tiennent toujours propres. Les châssis sur lesquels on tend les feuilles sont mobiles, ce qui permet d'utiliser l'atelier d'une autre façon, une fois l'éducation terminée.

Il faut environ 1,000 kilogrammes de feuilles pour 31 gr. 25 de graine de vers à soie. On taille les mûriers en conséquence, afin d'améliorer la qualité de la feuille et d'en accroître autant que possible la production.

Pour l'éclosion des papillons, on colle les cocons sur de forts papiers gris, par rangées distantes de 10 à 15 millimètres. Les papillons, sortant par l'un des bouts, trouvent ainsi toujours un espace libre.

On étouffe les cocons, avons-nous dit, pour les dévider. Ils sèchent rapidement et perdent alors 75 0/0 de leur poids. En vue de les conserver, on les range sur des tables dans des *coconnières* et on les remue de temps à autre, en veillant à les préserver des rats et des souris.

Le fil de soie est collé sur lui-même par une gomme qui l'enveloppe de toutes parts comme un vernis. Il se ramollit promptement dans l'eau chaude, et alors le brin de soie se dévide sans se rompre. On emploie pour cette immersion des bassins de cuivre étamé, de 50 centimètres de diamètre et de 7 à 8 de profondeur, que l'on chauffe à 80 ou 90° ; on *bat* le cocon pour trouver le brin de soie et, après le *battage*, on refroidit l'eau. A ce moment, les cocons sont *cuits*. La fileuse prend alors son *balai* et imprime au tas de cocons un rapide mouvement de rotation ; elle feutre ainsi les brins de soie, détachés par l'eau chaude et flottant dans la bassine, en rapprochant les cocons les uns des autres. Elle continue son opération jusqu'à ce qu'elle arrive à saisir les bouts dans sa main. Le balai employé à cet effet se compose de brins de bruyère très-fins.

Le choix des cocons n'est pas indifférent pour le *moulinage* ou la filature. On les sépare suivant leurs qualités ; on classe d'abord les *satinés*, cocons dont le tissu est lâche et comme cotonneux, et les *cocons doubles* sont mis de côté pour produire cette soie grossière qu'on appelle du nom de *douppions*.

Voici le tableau de la production séricicole en France depuis quelques années :

Production des cocons de soie (dans 4,619 communes, réparties dans 93 arrondissements).

	kilogr.	fr.	c.	fr.
Avant l'épidémie, en moyenne...	25,098,151	4	»	100,392,632
1852	12,065,542	4	62	55,742,804
1862	9,755,804	5	32	51,916,837
1866	16,436,258	6	»	98,597,548
1867	14,082,945	7	»	98,580,515
1868	10,687,054	8	»	85,496,432
1869	8,076,543	7	45	60,170,260
1870	10,186,584	6	45	65,713,464
1871	10,236,699	5	73	58,584,596

Graine mise en consommation.

	onces de 25 g.	fr.	c.	fr.
Avant l'épidémie, en moyenne...	943,985	5	»	4,719,925
1852	584,559	4	94	2,887,812
1862	724,922	13	54	9,793,686
1867	982,916	19	»	18,675,404
1868	978,418	19	50(1)	19,079,161
1869	956,612	16	14	15,439,718
1870	829,077	16	02	13,281,793
1871	791,697	16	57	13,116,799

dont 35 centièmes appartiennent aux races japonaises et 43 centièmes
aux autres races étrangères.

Consommation des feuilles de mûrier.

	kilogr.	fr.	c.	fr.
1852	4,553,230,000	0	07	33,519,000
1862	5,984,700,000	0	05	29,441,000

NOMBRE D'ÉDUCATEURS EN 1871.

223,240 éducateurs produisant des cocons.
 31,903   —   —   des graines.
 49,919   —   faisant leur graine eux-
         mêmes.

L'once de graine japonaise a rendu, en 1871, 21 kilogr. de cocons
et celui de graine française, 30 k. 13.

---

(1) Le prix moyen de la graine du Japon a été de 8 francs et celui de
graine française ou étrangère de 19 fr. 50 c.

Production en Algérie.

ANNÉES.	NOMBRE de communes séricicoles.	NOMBRE d'éducateurs.	QUANTITÉS		COCONS VENDUS	
			de graines en éclosion.	de cocons récoltés.	pour le filage.	pour le grainage.
			kilogr.	kilogr.	kilogr.	kilogr.
1867............	37	116	16,065	5,383	2,088	3,196
1868...........	37	164	15,523	10,313	5,219½	4,156½
1869..........	34	243	21,250	11,051	6,090	2,849

Le prix moyen des cocons a été, en 1871 :

de 4 fr. 63 le kilogr. pour les races japonaises;

de 5 fr. 85 pour les autres races étrangères ;

de 6 fr. 71 pour les races françaises.

Cette infériorité du prix des races japonaises provient de l'extrême petitesse du cocon et de la moindre qualité de sa soie.

La graine s'est vendue, la même année :

16 fr. 33, pour les races japonaises ;

15 fr. 42, pour les autres races étrangères ;

17 fr. 47, pour les races françaises.

On peut remarquer dans les tableaux précédents une décroissance notable des dernières années, par rapport aux années antérieures à 1852 ; cela tient aux énormes ravages causés par l'épidémie qui sévit sur les vers à soie et qui résulte de la simultanéité de plusieurs maladies diverses. C'est la *pébrine*, d'abord, reconnaissable aux corpuscules que l'on trouve en abondance dans le corps de certains vers, quand on les pile dans un mortier et qu'on les examine au microscope. M. Pasteur a permis, par cette découverte, de faire une sorte de sélection entre les reproducteurs employés et entre les chambrées mises en éclosion, de manière à exclure ceux ou celles qui sont par trop corpusculeux. On a appliqué cette découverte en Italie avec bien plus d'activité qu'en France; des sociétés par actions se sont montées pour l'exploiter et un Milanais, M. Susani, a trouvé le moyen d'en faire une application industrielle. L'autre maladie, dont se complique la pébrine, est la *flacherie* ou les *morts-flats*; sur ce point, les travaux de M. Pasteur n'ont pas abouti à une conclusion aussi nette. Toujours est-il que les mûriers s'arrachent chaque jour dans le Midi, que l'on délaisse l'éducation des vers à soie et que la maladie décroît peu grâce à la routine si enracinée de ses éducateurs. Il faut dire enfin que la flacherie paraît avoir pris, dans ces derniers temps, des proportions désolantes.

L'*abeille* est loin d'avoir pour la fortune de la France l'importance du ver à soie. Cependant le *miel*, son produit, est d'un usage général, ainsi que la *cire*. De même que l'élève du ver à soie a reçu le nom de *sériciculture*, de même celle de l'abeille s'appelle l'*apiculture*. L'abeille ou *mouche à miel* est un *hyménoptère*; elle a 4 ailes nues, sur lesquelles on voit de fortes nervures; son corps est recouvert de poils et armé d'un puissant aiguillon, dont la piqûre est rendue très-douloureuse par un venin fort subtil renfermé dans une petite vésicule intérieure communiquant directement avec le dard. On distingue parmi les abeilles des *mâles*, des *femelles* et des *travailleurs* (*fig.* 663).

La bouche de l'insecte se compose de deux mâchoires, se mouvant de dehors en dedans, et cependant les lèvres s'abaissent et se relèvent comme les nôtres. Il en sort une trompe qui sert à puiser le miel au fond des fleurs, où cette liqueur se trouve toute préparée, et à l'amener dans la bouche à l'instar des chiens qui lapent. Le miel passe dans un premier estomac. Quand celui-ci est rempli, les abeilles retournent à leurs ruches et y dégorgent leur miel dans les cellules.

Cet insecte a, encore, un second estomac, où arrive

Fig. 663 — Abeilles : 1, mâle ; 2, femelle ; 3, neutre.

une certaine quantité de miel, qui lui sert alors effectivement d'aliment. Il produit, en quelque sorte *par transpiration*, la cire, qui vient se former sous le ventre, dans de petits sacs comprimés entre les anneaux du corps. Cette cire forme là de petites lames, que l'abeille prend avec ses pattes pour les porter à sa bouche, où elle leur fait subir une nouvelle trituration en les mêlant avec sa salive ; alors seulement elle s'en sert pour construire ses édifices.

Les pattes de derrière sont disposées pour la ré-

colte du *pollen* des fleurs, destiné à servir de nourriture aux larves. En dehors se trouve une sorte de corbeille entourée de poils raides, sur laquelle l'insecte
forme de petites pelottes avec cette poussière florale,
si abondante chez le lis et le melon. Quant à la partie antérieure des pattes, elle porte une vraie brosse, avec
laquelle l'insecte enlève la poussière qui recouvre son
corps, quand il vient de se rouler dans les fleurs, pour
la recueillir et la déposer dans la corbeille. Nous n'en-
trerons pas dans le détail des mœurs des abeilles. Nous
dirons seulement qu'elles vivent par *essaims* de 1,000
à 1,500 individus, mais qu'il n'y a dans le nombre
qu'une reine fécondée par un mâle ou *géniteur*, qui en
meurt. Tous les autres mâles sont massacrés, quand
elle a commencé de pondre ou qu'elle ne veut pas
jeter d'essaim, et cela arrive bien plus fréquemment
dans les pays de culture variée que dans ceux où l'on
produit surtout le sarrasin. La reine fécondée pond 200
œufs par jour, 40 à 50,000 par an. Cette fécondité est
nécessaire, car il meurt beaucoup de mouches dans les
voyages continuels qu'elles font pour approvisionner la
ruche. Tout conspire contre elles : le mauvais temps, les
oiseaux et d'autres ennemis encore. Les ouvrières naissent dans ces innombrables petits trous que l'on distingue
sur les gâteaux. Ces trous ont 14 millimètres de profondeur et 5 de largeur ; leur circonférence est de 6 pouces,
se rétrécissant jusqu'à 3 vers le fond ; les cellules, nommées aussi *alvéoles*, disposées de chaque côté des ruches, sont construites avec une rapidité étonnante. Une
bonne ruche fait un gâteau de 30 à 34 centimètres carrés dans sa journée, et on n'y compte pas moins de 3 à
4,000 cellules ; dans chacune d'elles la reine pond un

œuf, d'où sort une larve. Toutes les ouvrières sont femelles; mais, élevées dans une cavité fort étroite, pendant qu'elles sont sous la forme de larves, et ne recevant
pas la nourriture fécondante qu'on donne à la larve de
la reine, leurs organes de génération ne se forment pas
complétement et restent *neutres*. La richesse substantielle de la nourriture donnée à la reine est si grande,
qu'il suffit d'en laisser tomber quelque peu sur une
larve pour en faire une mouche qui sortira de la ruche
et se trouvera en état de pondre.

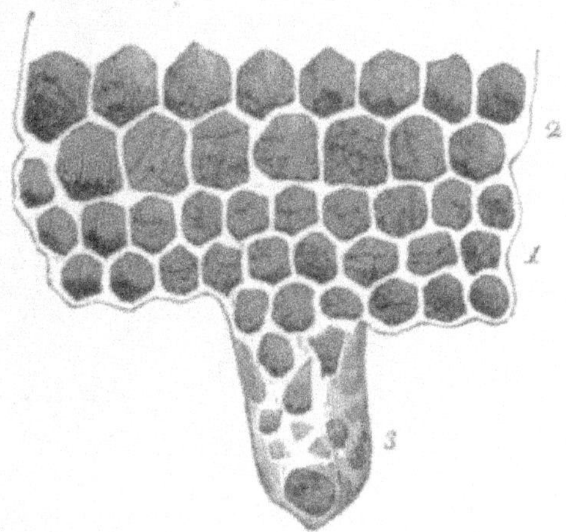

Fig. 664. — Cellules de la cire : 1, cellules des neutres ; 2, cellules de
mâles ; 3, cellule de la jeune reine.

Toutes les cellules (*fig.* 664) qui doivent recevoir les
ouvrières et les mâles ont la même forme ; mais celles
destinées à ces derniers sont plus larges et plus profondes. Toutes peuvent également recevoir du miel, des
œufs ou du pollen. Le miel, quelquefois répandu par
toute la ruche, en occupe pourtant principalement la
partie supérieure. Il est recouvert par une pellicule de

cire fort mince, plate ou même déprimée, toujours transparente, afin de laisser voir la couleur du miel.

A l'état sauvage, les abeilles se logent dans le creux des arbres, bâtissent même leurs édifices à l'extérieur, sous les grosses branches ; cependant on a pu les réduire à la domesticité. La *ruche* (*fig.* 182) le plus généralement employée est en paille, d'une seule pièce et d'une grandeur variable. Celle-là remplit mal le but poursuivi, car, pour en enlever les produits qu'elle renferme, il faut faire périr les abeilles ou les déplacer. On a donc

Fig. 665. — Ruche suisse perfectionnée.

imaginé d'autres systèmes. Dans une boîte ayant 33 centimètres de large de dedans en dedans, sur un peu plus de hauteur, surtout en arrière, se trouvent 9 cadres de bois mince, garnis de deux traverses et fixés à distance. Les abeilles bâtissent un gâteau sur chacun d'eux ; il y a toujours ainsi un intervalle suffisant entre eux pour laisser les insectes circuler librement tout autour ; on enlève chaque cadre avec la plus grande facilité, sans faire sortir les abeilles de la ruche ni les exposer à aucun risque. La ruche doit être propre, et son entrée exposée au soleil levant ou au midi, abritée au contraire

par une haie contre le nord. Elle est posée sur une
planche sans fente et sans inégalité, soutenue par 3 ou
4 pieux à environ 15 ou 20 centimètres du sol. Les entrées pour les abeilles doivent être petites et nombreuses, de 1 centimètre de largeur sur 1 $\frac{1}{2}$ ou 2 de hauteur. Il ne faut surtout pas les couvrir ni les mettre sous
des hangars.

Pour se livrer à l'éducation des abeilles, on fait bien
de mettre une blouse (*fig*. 666) et de coudre à son collet
un tulle de 50 centimètres de haut sur 120 de large.
Lorsqu'on trouve un essaim sur un arbre, on prend une

Fig. 666. — Procédé pour recueillir un essaim.

ruche vide, on la tient renversée, puis, saisissant la
branche à laquelle cet essaim est fixé, on le fait tomber
dans la ruche, en ayant soin de ne pas laisser de groupes d'abeilles sur les feuilles ni sur les branches (*fig*. 666),
car la reine pourrait bien s'y trouver. On fait tomber ces
retardataires sur un plat et on les reporte à la ruche.

L'abeille retourne facilement à la vie naturelle; aussi
un essaim se perd-il facilement. Généralement, on ne
doit avoir qu'un essaim par ruche, à moins que le pays
ne soit très-riche en plantes printanières. On peut alors

aller jusqu'à 2 ou 3. Les arbres à fruits, amandier, pêcher, cerisier, prunier, pommier ; les arbres d'ornement, tilleul, romarin, platane, érable, magnolia, laurier-thym, peuplier, ormeau, chêne, merisier, les arbres verts, la bruyère, la lavande, l'hysope, le serpolet, le thym, le réséda, le sarrasin, l'oignon et toutes les plantes qui ouvrent largement leurs fleurs, conviennent fort aux abeilles.

Pour avoir de bon miel et de bonne cire, il faut récolter en été. On transvase les abeilles dans une ruche provisoire et, avec un couteau recourbé, on arrache quatre ou cinq gâteaux sur neuf ; ou bien, dans l'autre système de ruches, on se contente de chasser la société d'un cadre sur l'autre. On ne *châtre* les autres gâteaux que quand les abeilles ont remplacé ceux qu'on a enlevés précédemment. On soumet

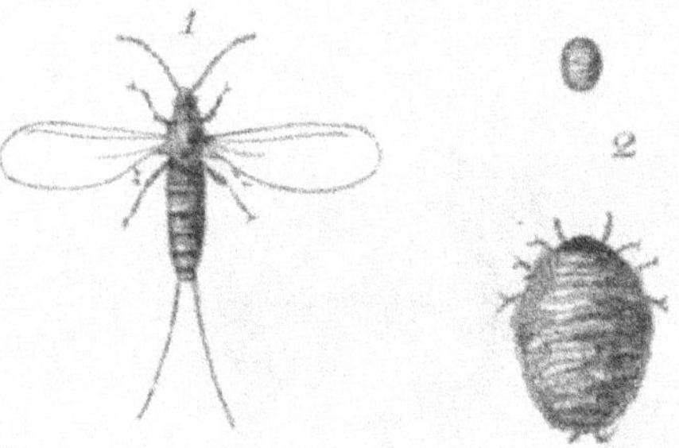

Fig. 667. — Cochenilles : 1, mâle ; 2, femelle.

es gâteaux à l'action d'un pressoir pour en obtenir tout le miel qui n'est pas tombé naturellement et qu'on appelle *miel vierge*. C'est le miel de seconde qualité. En chauffant les rayons et en pressant de nouveau, on en obtient une troisième. On met les débris dans de l'eau qu'on fait bouillir, puis on verse celle-ci dans des sacs qu'on soumet à une forte pression ; cette eau, reçue dans un vase, donne un *pain* de cire par le refroidissement.

Parmi les insectes utiles, il nous faudrait encore mentionner celui qui peut intéresser nos colonies d'Algérie ou de Cochinchine, la *cochenille* (*fig.* 667) (*Coccus Cacti*), insecte voisin des pucerons, appartenant au même genre que les *gris* ou *poux* de nos orangers, de nos figuiers et de nos vignes. Les deux sexes diffèrent sensiblement chez les insectes. Les mâles sont d'élégantes petites mouches blanches, ayant deux ailes arrondies et, à l'extrémité du ventre, deux longs filets grêles. Les femelles sont informes et arrondies. Elles restent fortement fixées par un suçoir à la place où elles doivent mourir après avoir donné naissance à la nouvelle génération ; ce suçoir est le seul point d'attache qui retienne l'insecte à la plante, au *nopal*, sorte de cactus dont nous avons fait mention au chapitre de la classification des plantes. Retirez ou rompez le suçoir, l'insecte tombe et meurt, car il est trop obèse pour pouvoir remonter sur le végétal nourricier. Il est prêt à pondre, lorsqu'il ne prend plus d'accroissement. On le récolte alors ; il est presque sphérique et gros comme un pois ; une gouttelette de liqueur qu'il porte à la partie postérieure passe du rouge clair au rouge très-foncé, puis apparaissent les œufs, réunis bout à bout en chapelet, au nombre de 250 ou 300, qui éclosent après la mort de la mère. On tue l'insecte par l'eau bouillante pour l'empêcher de pondre. On le fait sécher au soleil en l'étendant sur des toiles, puis on le vend.

Passons maintenant en revue les animaux ou insectes auxiliaires de l'homme et ceux qui lui sont réellement nuisibles au point de vue agricole.

A. — MAMMIFÈRES.

1° *Carnassiers* :

La Fouine, habitant les bois, qui se glisse de nuit dans les habitations isolées et les jardins pour y manger les volailles, les œufs et les fruits. C'est grand dommage, car, d'autre part, elle rend l'éminent service de détruire nombre de rats, de souris, de mulots et même de belettes. On peut la chasser avec des piéges; mais il vaut mieux prendre les précautions nécessaires pour la mettre dans l'impossibilité de nuire, en habituant les poules à coucher et à pondre dans le poulailler, que l'on tient bien clos pendant la nuit.

La Belette a à peu près les mêmes habitudes, mais montre encore plus de goût pour la volaille et les œufs qu'elle transporte les uns après les autres dans son trou. Sa petitesse la dérobe davantage aux poursuites de l'homme.

Le Putois est plus grand que la fouine et se reconnaît à l'odeur infecte qu'il répand. Il cause, ainsi que le furet, de grands ravages dans les garennes, aussi bien que dans les basses-cours et dans les colombiers.

Le Loup est fort redoutable pour les troupeaux, surtout l'hiver; par les temps de neige, il devient audacieux et s'avance jusqu'auprès des maisons. On a imaginé toutes sortes de moyens pour le détruire. On a institué des lieutenants de louveterie pour diriger des chasses d'extermination contre cet animal, qui se répand parfois dans la campagne, encore aujourd'hui, en bandes fort nombreuses. Il suffit d'une simple lanterne, portant qua tre verres de couleurs différentes, pour l'écarter d'un parc de brebis. On le combat, du reste, par tous les moyens possibles.

Le RENARD ravage les basses-cours, les ruches et les vignes qui se trouvent dans le voisinage des bois. La chasse du renard est une chasse des plus intéressantes.

Le HÉRISSON, longtemps considéré comme un ennemi, est, au contraire, un auxiliaire de l'homme, puisqu'il détruit force taupes, rats, mulots, escargots, limaces, vers de terre, larves de hannetons, etc. Il y a lieu d'en encourager la multiplication, car l'espèce devient rare.

La TAUPE (*fig.* 669) peut être envisagée également comme un animal plutôt utile que nuisible ; cependant il ne faudrait pas être par trop absolu à cet égard. Cet animal forme, à la surface du sol, de petites buttes de terre qui, multipliées, peuvent finir par gâter

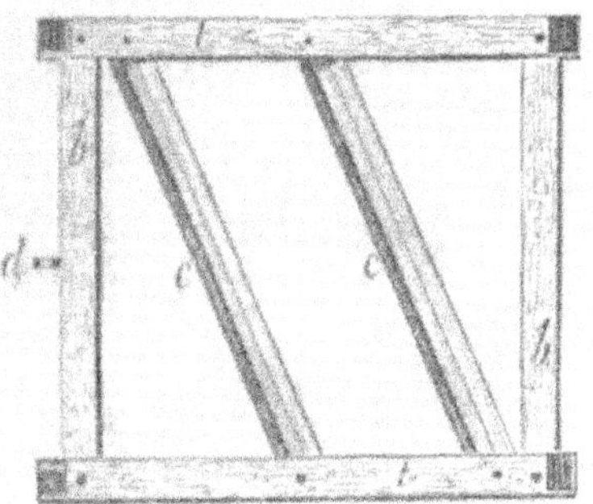

Fig. 668. — Étaupinoir.

entièrement un pâturage. Si l'on a soin de répandre la terre de ces *taupinières* de temps en temps sur la partie environnante du sol avec un *étaupinoir* (*fig.* 668), surtout au printemps, elle peut remplir l'office d'amendement. De cette façon, la taupe, qui détruit nombre de larves d'insectes, surtout de hannetons, devient plus utile que préjudiciable. Aujourd'hui, on tend à se ranger à cette opinion et il y a lieu de réduire la destruction de la taupe aux cas strictement indispensables, comme ceux où elle pourrait bouleverser des semis ou s'emparer, pour faire son nid, de graminées que l'on désire protéger. Elle coupe encore assez souvent les racines de certaines plantes cultivées en construisant des galeries.

2° *Rongeurs.* — Le *rat noir* ou *rat commun* ne dé-

Fig. 669. — Taupe.

vaste pas seulement les maisons ; il tue les poussins et les pigeonneaux, mange le grain, ronge la paille et le foin. On le combat avec des chats ou bien avec des piéges ou encore en l'empoisonnant.

La *souris* ne vit guère que dans les maisons. Le chat et les souricières constituent les meilleurs moyens de la combattre.

Le *surmulot* est plus grand que le rat noir et le détruit. Il recherche moins le grain que la chair et fait la guerre à tous les petits animaux, ce qui lui donne le droit de figurer parmi les carnassiers. Il est difficile de préserver les couvées de sa dent, car il perce les murs. Il habite volontiers dans le voisinage des cimetières, des voiries, des rivières et des grands établissements.

Fig. 670. — Mulot.

Le *mulot* (*fig*. 670), ou grand rat des champs, est plus gros que la souris. Il se plaît dans le voisinage des forêts et dans les pays de montagnes, d'où il se répand dans les champs, soit à l'époque des semailles, soit à au moment des moissons, pour manger le grain. Il fait des provisions pour l'hiver et se multiplie à l'infini. Il devient alors un fléau, surtout pour les arbres, dont il ronge l'écorce et endommage les racines.

Le *campagnol* (*arvicola*), ou *petit rat des champs*, vit principalement de grains en sapant les tiges pour les mettre à sa portée. Il se tient surtout dans les champs, mais se jette aussi dans les hautes prairies, où il ronge des racines, ainsi que dans les jardins et les bois, dont il consomme les fruits. Les oiseaux de proie, surtout les nocturnes et les petits mammifères carnassiers, détruisent beaucoup de campagnols. Les chiens et les chats leur font une guerre acharnée. Les inondations et les grandes pluies en détruisent des quantités innombrables; malheureusement, ils se multiplient dans des proportions indescriptibles.

Le *lérot* et le *loir* font la guerre aux vergers, notamment aux espaliers de pêchers ou d'abricotiers. On les chasse pendant la nuit. Leurs habitations sont faciles à reconnaître à leur mauvaise odeur.

Le *hamster commun* (*cricetus*) ou *cochon de seigle*, *marmotte de Strasbourg*, est un animal spécial à l'Alsace. Il creuse des trous de 5 à 6 pieds de profondeur, qu'il remplit de grains. Il peut en emporter jusqu'à 3 onces à la fois dans ses abajoues.

Les autres mammifères nuisibles les plus connus sont le *lapin* et le *sanglier*. On leur fait une chasse acharnée. Le lapin surtout cause des ravages immenses et désastreux à cause de sa grande multiplication. Quant au sanglier, il aime beaucoup les vers de terre et les racines. C'est pour déterrer ces vers et couper ces racines que le sanglier fouille le sol avec son buttoir. Il faut l'écarter des champs cultivés. Quand une bande de sangliers a passé dessus, ils sont absolument défoncés et bouleversés. On chasse ce quadrupède avec des chiens. Il abonde dans les grandes forêts des Ardennes, de Lorraine et de Bourgogne.

Parmi les animaux utiles, mentionnons la *musaraigne*, qui détruit force insectes et se nourrit aussi de chairs pourries. En compensation, il est vrai qu'elle mange un peu de grain.

B. — OISEAUX.

Certains oiseaux peuvent être aussi utiles que certains autres se rendent redoutables. Les insectivores sont généralement précieux à l'agriculteur, et leur disparition a toujours pour conséquence un accroissement considérable de la gent insecte. Aussi aujourd'hui se plaint-on généralement de la disparition des petits oiseaux tant dans le Nord que dans le Midi et parle-t-on de faire des lois *protectrices* en leur faveur. Par exemple, voici le *moineau*. Parfois, il fait beaucoup de mal en ravageant les récoltes de certains arbres fruitiers ; mais aussi, dans nombre d'autres cas, combien de services ne rend-il pas, par la grande masse d'insectes qu'il extermine ? Les *perdrix*, les *cailles*, les *bécasses*, les *alouettes*, vivent bien un peu aux dépens de nos récoltes, mais elles consomment un si grand nombre de fourmis funestes aux champs et aux jardins ! L'*hirondelle* est, au premier chef, un auxiliaire de l'homme, ainsi que le *martinet*, la *fauvette*, le *pouillot*, le *roitelet*, le *rossignol*, le *rouge-gorge*, la *mésange*, la *bergeronnette* et une foule d'autres à becs effilés ou très-larges.

Le gouvernement a maintes fois cherché à faire pratiquer en France un *échenillage* sérieux. Il a promulgué des lois à ce sujet et, chaque année, les préfets prennent des arrêtés pour les faire exécuter (loi du 26 ventôse an iv et art. 471 du Code pénal). Aucun échenillage ne vaudra jamais celui qui s'effectue par le soin des oiseaux, car les insectes qui s'attaquent aux arbres ont des ennemis acharnés dans le *pic*, le *pivert*, le *torcol*, le *grimpereau*. Le *faisan* est encore bien précieux à cet égard. Sans doute, quelques-uns de ces insectivores endommagent les arbres par les trous qu'ils y creusent pour faire leurs nids, mais qu'est-ce que cela en présence du nombre immense de fourmis qu'ils avalent en leur tendant pour appât une langue gluante et rétractile qu'elles prennent pour un ver et à laquelle elles viennent s'attacher. Il y aurait donc lieu d'interdire la chasse aux nids et aux couvées.

Les oiseaux granivores sont, au contraire, des ennemis qui viennent prélever un tribut parfois fort lourd sur les récoltes de l'homme. Les *pigeons ramiers* (*fig.* 86) ou *ordinaires* commettent des déprédations considérables, parce qu'ils gaspillent beaucoup de grains. Le *corbeau*, la *corneille*, abîment les champs en fouillant le sol et en déterrant les graines de pois, de haricots, de vesces, et même le blé. Les *pies* font de même, et les *geais* mangent, en outre, les fruits des vergers. Cependant, d'une autre part, le corbeau mérite une bonne note, car il se nourrit de petits animaux vivants, de charognes, d'insectes, et surtout de *vers blancs*, de *mulots*. Il est vrai qu'il détruit, par contre, des êtres utiles comme le *ver de terre*, qui aère le sol, et le *crapaud*, ce grand mangeur d'insectes, si inoffensif et si utile.

La *grive* et l'*étourneau* mangent sans doute beaucoup de fruits rouges et de raisins. Mais qu'on leur pardonne en faveur des nombreux parasites dont ils nous débarassent! Les étourneaux suivent même les troupeaux pour les délivrer des *taons*, des *asiles*, des *stomoxes*, des *mouches* et autres insectes qui les tourmentent.

Les *rapaces nocturnes, chats-huants, chouettes, hibous*, sont aussi des plus utiles. Qu'ils détruisent un peu de gibier, c'est possible; mais que de *mulots* et de gros *scarabées* ils engloutissent! C'est ce qui vient de déterminer la société d'agriculture du Gard a demander que la chasse de ces oiseaux soit interdite.

La *vipère*, au contraire, est absolument nuisible; car, nuisible à l'homme, elle l'est aussi à un grand nombre de destructeurs d'insectes.

C. — MOLLUSQUES.

Les plus nuisibles en agriculture sont les *hélices* ou *limaçons* (helix) et les *limaces* ou *loches*.

Les *limaçons* (*grand escargot des vignes, hélice chagrinée, hélice livrée, hélix rodostome*) peuvent causer d'immenses ravages quand ils pullulent, car ils vivent aux dépens des végétaux. Le *blaireau* et le *hérisson* leur font une guerre acharnée, et celui-ci s'attaque de même à la *limace*, qui mange la plupart des plantes que l'homme cultive, presque tous les fruits qu'il préfère. Elle commet surtout de grands ravages dans les semis, parce que les herbes tendres lui conviennent mieux, et il y a des cantons où elle est un vrai fléau, surtout la *limace agreste*, d'une désolante facilité de reproduction. Pour détruire la limace, le mieux parait être de mettre à sa chasse un troupeau de dindons, de poules et de canards.

D. — INSECTES PROPREMENT DITS.

Ici, nous sommes arrêté par le grand nombre d'es-

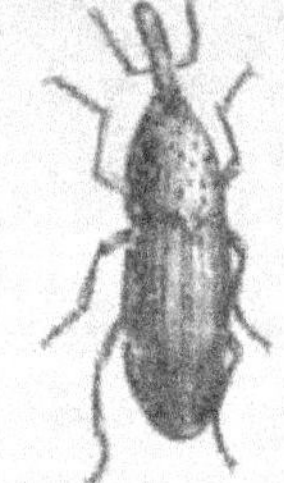

Fig. 671. — Charançon.
(calandra granaria).

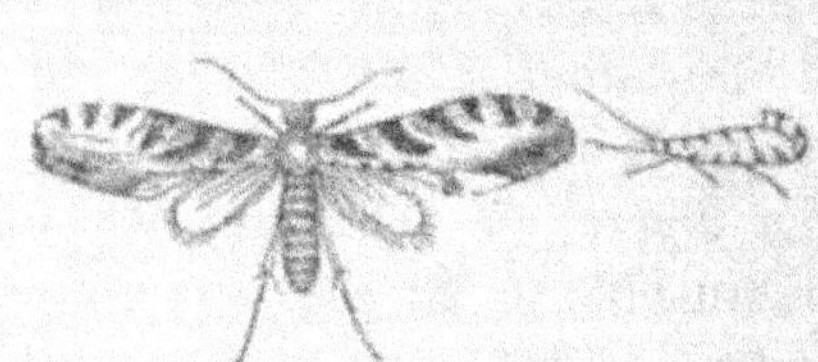

Fig. 672. — Teigne des grains.

pèces dont nous aurions à parler. Nous ne ferons que les indiquer.

Les *céréales* sont attaquées par le *taupin strié*, qui dévore les racines du blé. Leur grain a pour ennemis

Fig. 673. — Alucite des grains.

les *charançons* ou *becmares*, surtout la *calandre* (*fig.*671), qui mange, à l'état de larve, l'intérieur farineux du blé. Il y a aussi la *calandre* du riz, le *corculio sanguineus* du seigle, l'*altise azurée* (*altica cœrulea*) de l'orge.

En Provence, le grain a un autre ennemi sérieux, la cadelle (*tenebrio mauritanicus* ou *trogossite maurita-*

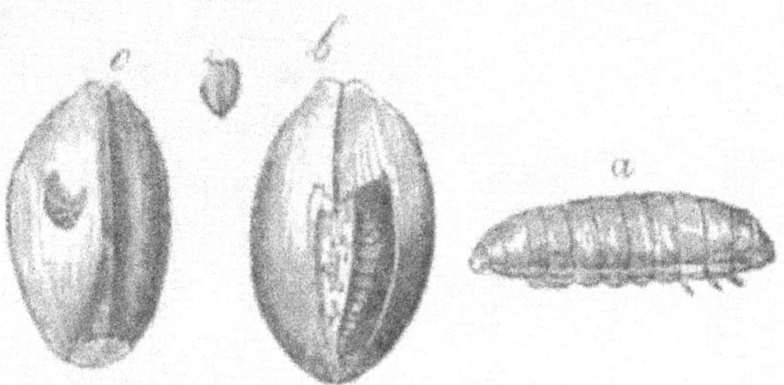

Fig. 674.— *a*, chenille de l'alucite. *b*, grain de blé renfermant la chenille.
c, trou par lequel le papillon sort du grain.

nique), qui ronge même le pain, à l'état de larve, et qui, une fois qu'il est devenu insecte parfait, ne touche plus au blé.

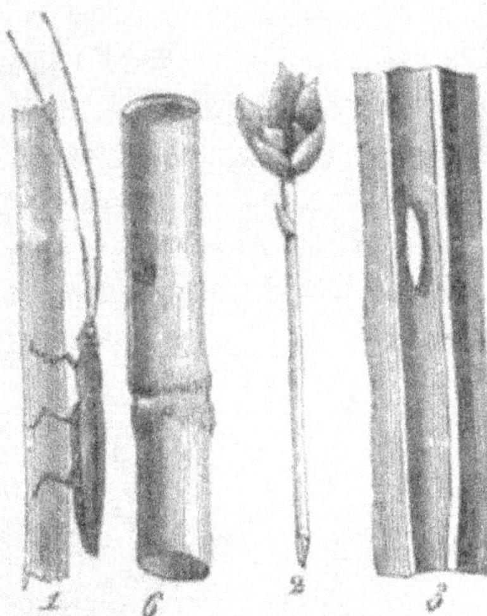

Fig. 675. — 1, *calamobie gracieux* du blé; 3, œuf déposé dans la tige du blé.

Parmi les *lépidoptères* funestes aux céréales se trouve, au premier rang, l'*alucite des grains* ou *teigne des blés*, dont la larve s'insinue seule dans chaque grain et le détruit entièrement. On ne peut exterminer l'alucite que par une chaleur de 36 à 40° Réaumur, insuffisante d'ailleurs pour altérer le germe du blé. On emploie aussi le chauffage pour le combattre. Mentionnons encore la *phalæna secolina*, qui fait avorter les épis de seigle (*pha-*

lène du seigle), les *ténébrions* et les *blaps*, ennemis des farines. La larve du *tenebrio molitor* abonde dans tous les moulins, dévore le son et la farine et est très-recherchée pour la nourriture des *rossignols*.

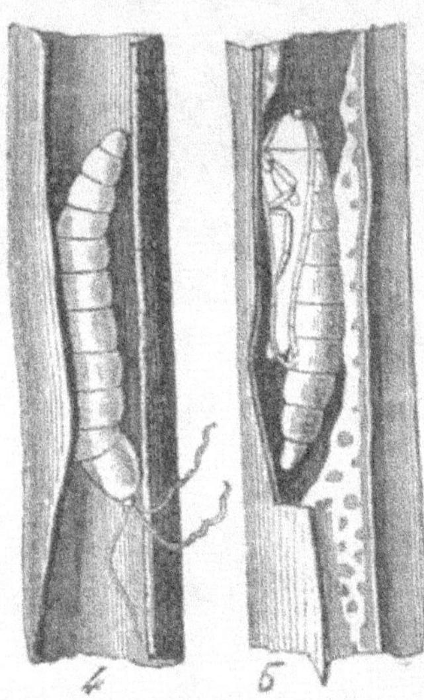

Fig. 676. — Calamobie gracieux: 4, larve ; 5, nymphe.

Les *plantes potagères* sont ravagées, dans leurs racines, par la *courtilière* ou *taupe-grillon* et par le *ver blanc*, cette larve du hanneton, qui fait perdre à l'agriculture tant de millions tous les deux ou trois ans, tant au pied des betteraves ou des tiges de blé qu'à celui des fraisiers et des rosiers. Beaucoup de *scarabées*, les *cétoines*, par exemple, coupent les feuilles et les fleurs. Les *altises* causent de grands dégâts aux légumes ; la *cassida viridis* prend surtout à partie l'artichaut ; mais ce sont des lépidoptères, des

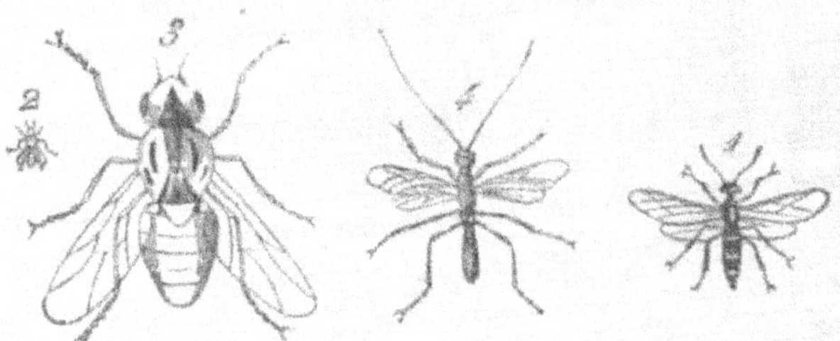

Fig. 677. — Chlorops linéaire.

papillons et des phalènes, qui attaquent de préférence les choux, les raves, etc.

Le *houblon* a pour ennemi une *pyrale* et l'insecte dit *hépiale du houblon*.

Le *cerfeuil* a pour ennemi la *phalœna umballaria*; l'*œillet*, une *chenille arpenteuse*; le *pois*, la *phalène exsoleta*, etc.

Il existe enfin des insectes nuisibles spéciaux pour les arbres fruitiers, les prairies, les provisions de ménage, et enfin ceux qui sont nuisibles aux bestiaux et aux autres animaux domestiques.

Voici une liste assez complète des insectes nuisibles classés d'après la nature des végétaux auxquels ils se rendent nuisibles.

I. — INSECTES NUISIBLES.

1. *Insectes qui nuisent aux bois.*

Bombyx	livrée.	Clytus	orné.
—	processionnaire (*fig.* 679).	Cossus	ronge-bois (*fig.* 680).
—	moucheté.	—	du marronnier.
—	zig-zag.	Cucuje	brun.
Bostriche	capucin.	—	à pieds fauves.
—	tarière.	—	unifascié.
—	du pin sylvestre.	Hanneton	commun.
—	typographe.	—	foulon.
—	rayé.	—	équinoxial.
—	du sapin blanc.	—	solstitial.
—	du mélèze.	Hylésine	piniperde.
Bupreste	du saule.	Lamie	charpentier.
Cantharide	vésicante.	—	cendrée.
—	de la chicorée.	Lepture	mélanoure.
Cécidomye	du saule.	—	hastée.
—	du pin.	—	éperonnée.
—	destructeur.	Lucane	cerf-volant.
Cérambyx	musqué.	—	parallélipipède.
—	savetier.	Lygée	du pin.
—	héros.	Nitidule	tomenteuse.
Cétoine	dorée.	—	verte.
—	velue.	—	à quatre mouchetures.
Charançon	du pin.	—	perce-oreilles.
—	du sapin.		

Phalène	nonne.	Scolyte	oléiperde.
Phymate	du bouleau.	Smérinthe	du tilleul.
Prione	artisan.	—	du peuplier.
—	corroyeur.	Sphinx	du pin.
Psylle	du sapin.	—	de la vigne.
—	du frêne.	—	petit pourceau.
—	de l'aune.	Spondyle	buprestoïde.
Rynchène	de l'aune.	Tenthrède	du pin.
Saperde	chagrinée.	—	du bouleau.
—	cylindrique.	Urocère	géant.
—	linéaire.	Vanesse	gamma.
Scolyte	destructeur.	—	Io.
—	typographe.	Zeuzère	du marronnier
—	ligniperde.		d'Inde.
—	de l'olivier.		

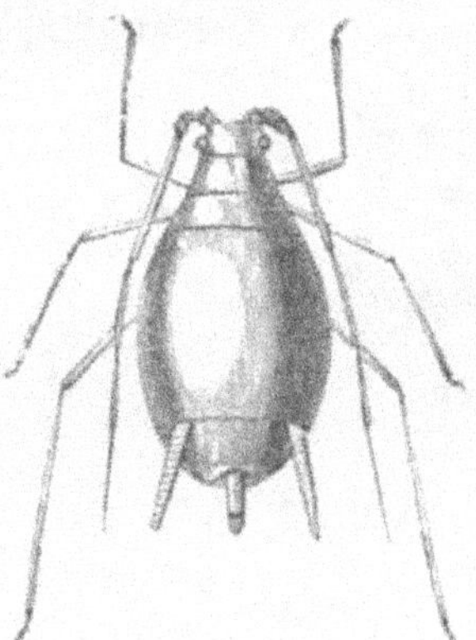

Fig. 678. — Puceron.

Fig. 679. — Bombyx processionnaire.

2. Insectes qui attaquent les arbres fruitiers et les fruits.

Attelabe	de l'alliaire.	Hépiale	du houblon.
Bibion	de Saint-Marc.	Papillon	podalyre.
—	précoce.	Piéride	cratæge.
Cochenille	de l'olivier.	Phalène	hiémale.
—	du pêcher.	—	castrale.
—	des serres.	—	géomètre.
—	de l'oranger.	Phymate	du poirier.
Dacus	de l'olivier.	Puceron	lanigère.
Forficule	grand	(fig. 678.)	
—	petit.	—	du noyer.
		—	du pêcher.

3. *Insectes qui nuisent à la vigne.*

Cochyllis	de la grappe.	Pyrale	de la vigne.
Eumolpe	de la vigne.	Rhynchite	Bacchus.
(*fig.* 684).		—	du peuplier.
Lethrus	céphalote.	—	du bouleau.
Noctuelle	fiancée.	Sphinx	Elpénor.
Phylloxera	vastatri.	—	petit pourceau.
Procris	mange-vigne (1).	Tordeuse	hépatique.

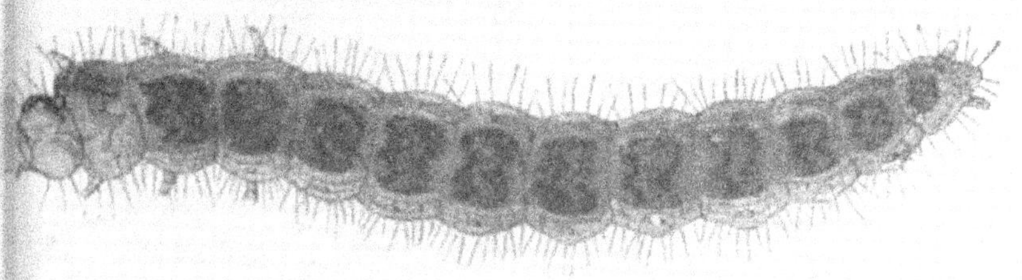

Fig. 680. — Cossus ronge bois.

4. *Insectes qui nuisent aux prairies.*

Cercope.	écumeuse.	Psyché	stomoxelle.
—	sanguinolente.	Sauterelle	verte.
Cistèle	soufrée.	—	ronge-verrue.
Colaspis	âtre.		(*fig.* 683).
Criquet	stridule.	—	porte-sabre
—	bleuâtre.	—	porte-selle.
—	à bandes.	Zygénie	de la filipendule.
Grillon	des champs.		

5. *Insectes qui s'attaquent aux racines.*

Atomaria	linéaire.	Oryctès	nasicorne.
Cléonie.		Pentatôme	des crucifères.
Courtillière (*fig.* 682).		—	gris.
Larve	de hanneton (2).	Trichie	ermite.
Noctuelle	épaisse.	Throx	horrible.
—	obélisque.	Les fourmis.	
—	aigle.		

(1) Indis si redoutable et que M. Raclet a eu l'ingénieuse idée de combattre par l'eau bouillante.

(2) *Ver blanc* ou *man.*

6. *Insectes qui détruisent les céréales.*

Alucite	des grains. (*fig.* 673 et 674.)	Elater	ferrugineux.
—	des céréales.	—	gris-souris.
Apion	du froment.	—	du maïs.
Calamobie	gracieux du blé (*fig.* 675 et 676).	—	strié.
		Jassus	cigale.
		Lepture.	cistéloïde.
Calandre	du grain (*fig.* 671).	Noctuelle	du froment.
Charançon.		—	du seigle.
Carpomyze		Phalène	à petites antennes
Cécidomye	du froment.	—	du seigle.
Cephus	Pygmée.		
Chlorops	linéaire (*fig.* 677).	Teigne	des grains (*fig.* 672).
Chrysomèle	des céréales.		
—	des grains.	Trogossite	mauritanique.
Cochenille	du maïs.	—	bleu.

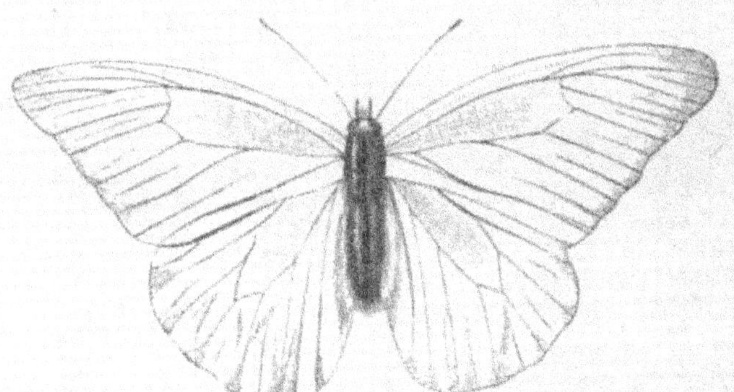

Fig. 681. — Piéride thiria (*Danaïde blanche*) de Linné

7. *Insectes qui détruisent les légumes.*

Altise	potagère.	Criocère	de l'asperge.
—	du chou.	Elater	ferrugineux.
—	noire.	Papillon	machaon.
—	du cresson.	Piéride	du chou (*fig.* 681).
—	paillette.	—	du navet.
—	bédeaude.	Rynobatus	de l'artichaut.
—	Plutus.	Sphinx	atropos.
—	à pieds jaunes	Ypsolophe	xylostelle.
Astemna	polycorne.		

8. *Insectes qui nuisent aux fleurs.*

Criocère	du lis.	Hylotome	ustulate.
Cynips	du rosier.	Pucerons.	
Hylotome	du rosier.		

Fig. 682. — Courtilière.

9. *Parasites des bestiaux.*

Asile	frelon.	Œstre	du cheval.
—	gris.	—	hémorrhoïdal.
Cestoïde ou cœnure du mouton.		Stomoxe	piquant.
Hippobosque du cheval.		—	stimulant.
—	du mouton.	Taon	du bœuf.
Fourmi (1).		—	aveuglant.
Œstre	du mouton.	Teigne (fausse) de l'abeille.	
—	du bœuf.	Trichine	du porc.

10. *Insectes qui s'attaquent aux provisions de la maison.*

Acarus	du sucre.	Bruche	des pois.
—	du fromage.	Bruche	de la semence.
Aglosse	de la farine.	Dermeste	du lard.
—	de la graisse.	—	gris souris.
Anthrène	des musées.	Grillon	domestique.
—	destructeur.	Ténébrion	meunier.
—	fascié.	Teigne	des draps.
Blaps	présage-mort.	—	des pelleteries.
Blatte	des cuisines.		

(1) Elle attaque les vers à soie et les abeilles.

II. INSECTES AUXILIAIRES.

Bethyle	fourmi.	Eumène	zonal.
Calosome	sycophante.	Fourmilion.	
Carabe	doré.	Hémérobe	perle.
Chalcide	petite.	Ichneumon	castigateur.
Cicindèle	champêtre.	—	marcheur.
—	hybride.	Lampyre	ver luisant.
Coccinelle	à 2 points.	Malachie	bronzée.
—	à 7 points.	Pimple	instigateur.
—	à 14 points.	Ptéromale	commun.
—	à 20 points.	Sphex	du sable.
—	à 4 verrues.	Syrphe	hyalin.
Diplolèpe	cuivrée.	Téléphore	livide.
Eulophe	des pyrales.		

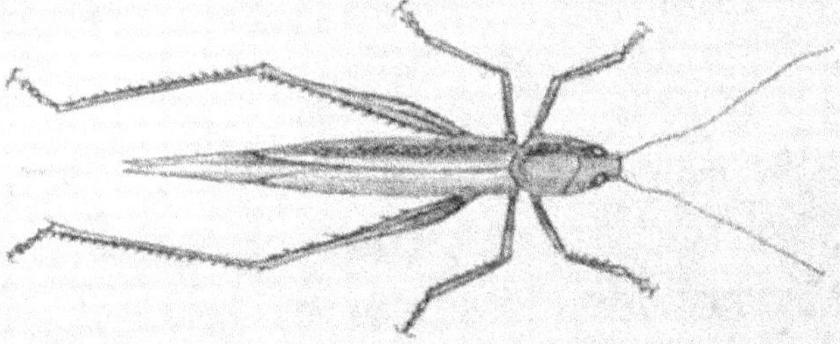

Fig. 683. — Sauterelle porte-sabre.

Nous appellerons spécialement l'attention de nos lecteurs sur le *phylloxera* qui attaque la vigne. Il a fait son apparition en 1865 dans le Vaucluse et a étendu ses ravages comme une tache d'huile, de manière à se répandre dans tout le Midi et à ravager toute la vallée du Rhône, envahissant même les plaines de Nîmes et de Montpellier. On le signale dès à présent tout aux environs de Lyon. On ne connaît pas encore de moyen efficace et en même temps économique de le combattre, si ce n'est la submersion des vignes, moyen qui malheureusement n'est pas à la disposition de tout le monde et ne peut s'employer que dans des circonstances exceptionnelles. Nous signalerons auss

la *trichine* du porc, pouvant se communiquer à
l'homme qui a le malheur de manger crue la viande
de l'un de ces animaux malades. La trichine est un ver
qui a l'aspect de filaments blanchâtres et se loge dans
les muscles pour s'y nourrir aux dépens, soit du porc,
soit de l'homme.

Fig. 684. — Feuille de vigne attaquée par l'eumolpe.

Quant aux *insectes auxiliaires*, ils sont nos alliés
en ce sens qu'ils détruisent d'autres insectes nuisibles
ou des charognes qui infectent l'atmosphère.

Nos lecteurs feront bien de se reporter à un dic-
tionnaire d'histoire naturelle ou d'agriculture, s'ils

désirent se renseigner sur les mœurs de chacune des espèces ci-dessus mentionnées et sur les moyens ou de s'en préserver ou de les détruire.

Ce qui précède nous indique combien il y a lieu d'être sage et réservé dans la chasse que l'on fait aux animaux dont est peuplée la nature et combien il y a à distinguer entre les espèces d'oiseaux ou d'animaux que l'on extermine gratuitement, sans profit pour personne.

Quant au *gibier*, il importe, lui aussi, de le ménager afin d'en protéger la reproduction et d'empêcher la destruction des couvées ou des jeunes animaux.

Comme gibier, on chasse la *perdrix grise* et la *perdrix rouge* (plus volumineuse), l'*ortolan* (de passage entre mai et septembre dans le Midi), l'*alouette* ou *mauviette*, la *grive*, la *bécassine*, un des gibiers à plumes les plus délicats, le *vanneau*, dont un proverbe populaire a dit :

> Qui n'a pas mangé du vanneau
> Ne sait ce qu'est un bon morceau,

le *pluvier doré*, le *courlis* ou *courlieu*, reconnaissable à la longueur excessive et à la forme recourbée de son bec, le *canard sauvage*, que l'on rencontre sur les mares et étangs éloignés des lieux habités, et dont le jeune caneton s'appelle *halbran*, la *bécasse*, qui se prend plus facilement au piége par le brouillard, la *caille*, plus délicate que la perdrix et naturellement assez grasse, la *pintade*, le *faisan*, qui sont à la fois des oiseaux de chasse et des oiseaux de basse-cour, la *poule d'eau* (fig. 687), etc.

Voilà pour le gibier à plume. Le gibier à poil se

compose du *cerf*, du *sanglier*, qui donne le *gros gibier* ou *venaison* et porte, jeune, le nom de *marcassin*. Après le sanglier vient le *chevreuil*, le *lièvre*, le *lapin sauvage* ou *lapin de garenne*, dont nous avons parlé, gibier fort estimé et d'une grande utilité dans la cuisine.

Fig. 685. — Poule d'eau.

La chasse n'est autorisée, pour le gibier, qu'après la terminaison de la moisson et se ferme vers le commencement de février, avant que la saison des amours des animaux et des oiseaux ne recommence et aussi avant que l'on ne procède aux travaux de culture du printemps. Il n'y a d'exception que pour la chasse de certains oiseaux, et vraiment cette exception est plutôt funeste, car elle pousse à la destruction de ces gibiers qui nous sont si réellement utiles comme mangeurs d'insectes.

Pour des raisons analogues, la *pêche* est réglementée. Ainsi, elle est interdite pendant deux mois, d'avril à juin, à l'époque du frai. C'est une sage mesure, qui, trop souvent, reste inappliquée. La fécondité des poissons est prodigieuse ; la tanche porte 12,000 œufs, et la carpe 30,000 ; malgré cela, nos étangs et nos rivières se dépeuplent. On a essayé de les regarnir, au moyen de la *pisciculture*. On élève les jeunes poissons dans des bassins disposés *ad hoc*, puis, quand ils sont assez grands et assez forts, on les porte à destination. Mais la principale préoccupation du pisciculteur est d'accroître la multiplication des poissons par une fécondation artificielle. C'est ainsi que M. Coste est arrivé à fournir à l'ensemencement du Rhône 600,000 truites ou saumons. On a obtenu quelques résultats partiels, qui eussent pu avoir une efficacité plus générale, si on avait su en tirer parti et les exploiter.

Les principes de la *pisciculture* ont permis d'établir des règles à peu près sûres pour l'*ostréiculture*, c'est-à-dire pour la culture des *huîtres*. On a installé des parcs pour faciliter leur reproduction et leur élevage tant à Arcachon qu'à Cancale. Mentionnons enfin les beaux travaux poursuivis à cet effet dans la baie de Concarneau tant sur l'ostréiculture que sur la pisciculture en général entrepris par le regrettable M. Coste avec la collaboration de M. Georges Pouchet.

Les espèces les plus recherchées, en fait de poissons d'eau douce, sont les *saumons*, les *truites* et surtout les *truites saumonées*, résultat d'un croisement artificiel, les *brochets*, les *carpes*, les *perches*, les *tanches*, les *brêmes*, les *anguilles*, les *meuniers*, les *gardons*, les *goujons*, les *loches*, les *barbeaux*, les *lotes*, les *ables* ou *ablettes*, les *lamproies*. Les ustensiles qu'on emploie pour la pêche sont l'*hameçon* ou le *filet*; et, en fait de filets, on distingue l'*épervier*, le *gille*, la *trouble*, la *senne* et le *diable à sac*.

Il serait fort à désirer que cette ressource alimentaire, elle aussi, fût accrue dans la mesure du possible. Car il y aurait là un élément de plus sur le marché qui ne pour-

rait que contribuer à accroître l'aisance de tous en faisant
baisser le prix de la viande. Il est certain qu'au point de
vue de la consommation alimentaire, la production en
France ne répond pas encore aux besoins existants et a
beaucoup à faire pour réparer son insuffisance.

NEUVIÈME PARTIE.

Comptabilité agricole.

CHAPITRE XXVII.

DE LA TENUE DES LIVRES

Il est nécessaire, en agriculture, de savoir toujours aujourd'hui ce qu'on fera demain et d'avoir sans cesse présent à l'esprit le compte de tout son avoir : argent, bétail, paille, fourrage, grains. Il faut, pour cela, tenir une *comptabilité*.

La *comptabilité agricole* est l'ensemble des écritures nécessaires au cultivateur soigneux pour apprécier la portée de ce qu'il fait, de ce qu'il dépense, de ce qu'il peut perdre et surtout de ce qu'il gagne. Son utilité est de mettre le cultivateur au courant de l'état de ses affaires, du succès ou de l'insuccès de ses opérations, afin qu'il sache quelles sont celles qu'il doit continuer et celles auxquelles il y a lieu de renoncer. La mémoire, sans l'écriture, ne peut retenir les détails et les chiffres qui décident de la perte et du gain. Un homme qui n'écrit pas n'a jamais que des idées vagues sur ses opérations ; au contraire, il est juste de répéter, avec un proverbe hollandais, *que celui qui tient des comptes réguliers ne peut pas se ruiner*.

Le meilleur mode de comptabilité agricole dépend des circonstances. Dans les grandes exploitations, on a des livres compliqués qui exigent des hommes spéciaux et occupent tout leur temps. Dans les petites exploitations, le fermier fait lui-même ses comptes ; et alors la meilleure méthode est celle qu'il invente lui-même pour son usage personnel, pourvu qu'il n'oublie rien d'essentiel.

Les éléments fondamentaux de cette comptabilité sont l'*inventaire* et les *comptes courants*.

Nous parlerons de l'inventaire au chapitre suivant.

Les éléments des *comptes courants* consistent surtout dans un *livre-journal*, sur lequel on inscrit absolument tout au fur et à mesure : les travaux, les dépenses, les recettes, les récoltes entrées à la grange ou au grenier, les récoltes vendues ou consommées, les voitures de fumier portées sur les terres, en un mot, tout ce qui entre ou passe dans la ferme. Un quart d'heure environ à la fin de chaque jour est nécessaire pour toutes ces inscriptions.

Ce journal suffirait à lui seul ; mais on peut, pour plus de clarté, le dépouiller et le transcrire sur plusieurs registres, tels que :

1° Un *livre de caisse*, enregistrant les recettes et les dépenses en argent ;

2° Un *registre des débiteurs et des créanciers* ;

3° Un *livre pour les comptes des diverses cultures*, chacune y ayant son chapitre particulier auquel on porte, en regard l'un de l'autre, ce qu'elle coûte et ce qu'elle rapporte ;

4° Un *registre pour le personnel*, sur lequel on inscrit les journées et les salaires des ouvriers, les gages des domestiques, etc. ;

5° Un *livre pour les bestiaux*, semblable à celui des cultures ;

6° Enfin un *livre pour les dépenses du ménage*.

Un cultivateur soigneux ferait bien, en outre, de consigner sur un cahier à part, chacune à sa date, les notes et les observations qu'il recueille dans le cours de ses opérations, afin de décharger sa mémoire d'autant. Il s'instruirait ainsi par la pratique, apprendrait par lui-même et pourrait enseigner aux autres ce qu'il faut faire et ce qu'il importe d'éviter.

Quant aux comptes à ouvrir, le nombre en est subordonné au plus ou moins d'importance de l'exploitation ; on peut aller jusqu'à faire un compte spécial pour chaque céréale, un pour le foin, un pour la luzerne, un pour les vaches laitières, pour le lait, pour le fromage, pour la bergerie, pour la porcherie, etc. Cependant on les remplacerait avec avantage par les quatre comptes ci-après :

1° Un *compte de caisse*, tenu jour par jour, contenant, à la date à laquelle l'opération s'est effectuée, toutes les recettes et toutes les dépenses réelles. Ces dépenses et ces recettes sont reportées, à la fin de chaque semaine, à chacun des trois autres comptes, suivant l'objet qu'elles concernent.

2° Un *compte de culture*, portant le prix d'achat, les frais d'entretien des instruments, le prix des fermages, le coût de tous les travaux des champs, le produit des récoltes *vendues, données au bétail ou consommées dans le ménage;* car, dans les deux derniers cas, les fourrages ou les céréales, par exemple, représentent toujours une *recette* pour l'agriculteur, puisque, s'il n'en avait pas, il lui faudrait en acheter.

3° Un *compte de bétail*, indiquant d'une part le prix des bêtes achetées, de leur litière, de leur nourriture, des frais d'entretien des étables, et, de l'autre, la valeur des animaux vendus et des produits accessoires en provenant, comme le lait, le fromage, le fumier, qu'il soit vendu au dehors ou simplement utilisé dans la ferme. Dans ce cas, il doit figurer à l'actif du produit auquel on l'a appliqué, non pour sa valeur de revient, mais pour le prix qu'il aurait rapporté s'il eût été vendu hors de la ferme.

4° Un *compte de ménage*, se tenant absolument comme les trois autres, comprenant également toutes les dépenses, dites *réelles* ou *fictives*.

Si le propriétaire paye, par exemple, les 380 francs qu'il doit à son charron, il a ce qu'on appelle *une dépense réelle ;* mais s'il prend dans sa grange un ou deux hectolitres de blé pour donner au meunier, cela s'appelle une *dépense fictive*, et toutes les deux doivent être portées au *débit* ou aux *dépenses* du compte du ménage. Par contre, au *compte de culture*, ces deux hectolitres de blé, ainsi que nous l'avons expliqué plus haut, sont portés au *crédit* ou *recettes* de ce compte (1).

Nous n'avons pas à nous étendre davantage à cet égard. Nous renverrons pour plus de détails nos lecteurs au *Manuel du Commerce*.

(1) Boursin, *Manuel d'agriculture.*

CHAPITRE XXVIII.

DE L'INVENTAIRE. — ÉVALUATION D'UN PRIX DE REVIENT. — PERTES ET PROFITS.

Les plus habiles en agriculture, comme en industrie, ont de la peine à réussir s'ils n'appuient leurs opérations d'un recensement régulier de leurs capitaux, sous les diverses formes qu'ils affectent. Chaque année, en hiver, alors que la besogne ne presse point aux champs et que les veillées se prolongent tard, on fait l'inventaire de la ferme, on cherche à se rendre exactement compte de son avoir et de ses dettes. Ceci ne vaut pas, à beaucoup près, une rigoureuse tenue des livres en partie double ; mais encore vaut-il mieux procéder ainsi que marcher en aveugle et à l'aventure, comme font au moins les dix-neuf vingtièmes de nos cultivateurs.

L'inventaire dira s'il y a gain ou s'il y a perte, sans toutefois indiquer les causes de succès ou d'échec, par différence avec une comptabilité régulièrement tenue. Cet inventaire consiste dans l'énumération et l'évaluation, article par article, de tous les objets qui sont consacrés à une exploitation. On doit le renouveler tous les ans. Il est divisé en *actif* et en *passif*. A l'actif, on inscrit les meubles, les outils, instruments et machines, les bestiaux, les denrées, récoltes, créances, immeubles, etc., en un mot, tout ce que possède le cultivateur. Au passif figurent les dettes.

Cet inventaire permet seul d'établir le prix de revient des produits et de s'assurer du plus ou moins de bénéfice que procure la gestion des affaires. Aussi dans les concours de *primes d'honneur*, institués par le gouvernement en faveur des exploitations modèles, exige-t-on, autant que possible, une comptabilité claire et soignée.

Ces concours ont signalé tout le profit que l'on peut retirer de la culture de la terre et démontré d'une manière éclatante que l'agriculture progressive peut être un puissant moyen de faire fortune, quand les domaines se trouvent placés sous la direction d'hommes intelligents, actifs et éclairés.

Ainsi, une prime, décernée dans le Loir-et-Cher en 1867, a fait connaître les revenus que l'on peut tirer d'une exploitation intelligente des bois. Le domaine couronné, d'une contenance de 2,913 hectares, est un exemple du placement avantageux que peuvent offrir, dans certains cas, la sylviculture et la naturalisation des arbres exotiques sur une vaste échelle.

Dans l'Eure, en 1858, on a apprécié toute l'utilité de l'emploi de la marne, qui avait été distribuée sur le sol à raison de 40 mètres cubes par hectare. La même année, la Lozère fournissait une preuve des revenus relativement fort remarquables que l'on peut obtenir de la culture des céréales dans des terres même médiocres, à force de science, d'activité et d'économie. Ces terres médiocres rendaient jusqu'à 18 hectolitres de froment à l'hectare, et le *revenu net avait été triplé* dans un espace de quinze années.

Seine-et-Marne offrait en même temps de magnifiques résultats obtenus par la réunion, dans la même exploition agricole, de l'élevage des mérinos et de l'amélioration d'une superficie de 2 hectares par le drainage.

Le lauréat des Côtes-du-Nord, encore en 1858, montrait ce que peut donner l'utilisation opportune des sables calcaires de la mer comme engrais.

C'est surtout un domaine de Seine-et-Oise, primé en 1858, qui a démontré l'utilité d'un drainage profond,

Fig. 081. — Labourage de défoncement.

(1^m 50 environ), et la possibilité d'employer les matériaux fournis par ce drainage à la construction de chemins d'exploitation. Son propriétaire en avait ainsi obtenu 10 kilomètres.

Dans Loir-et-Cher et dans les Landes, les domaines primés en 1858 avaient été conquis sur les landes de Sologne et de Gascogne, et leurs exploitants avaient trouvé une abondante source de profit dans le défrichement de ces terres incultes.

Enfin, la prime d'honneur a montré que l'agriculture est encore un moyen d'élévation pour d'autres même que les capitalistes et les grands propriétaires. Ainsi, le lauréat de Saône-et-Loire de la même année avait été, à l'origine, simple garçon de ferme, n'ayant d'autres capitaux que son intelligence et ses bras. Par sa seule activité, il était devenu fermier, puis propriétaire, et devait uniquement à son travail la fortune de 96,000 francs que représentait son domaine.

Nous pourrions en dire autant du lauréat de la prime d'honneur de la Haute-Savoie en 1865. Son domaine valait 60,000 francs et était grevé de 36,000 francs de dettes. En moins de 26 ans, les dettes étaient éteintes et le capital primitif accru de moitié.

Ce n'est qu'au moyen de livres bien tenus que des opérations semblables peuvent se généraliser sans crainte de marcher à l'aveuglette ; car ainsi seulement on peut apprécier exactement *un prix de revient*, calcul bien délicat, mais facile à établir exactement si les recommandations du chapitre précédent ont été suivies à la lettre dans l'établissement des différents comptes.

Ce n'est généralement que grâce à des comptabilités bien tenues que les lauréats des primes d'honneur ont pu se hasarder dans des innovations et des améliorations aussi considérables que celles qu'ils ont réalisées dans ces dernières années.

DIXIÈME PARTIE.

Débouchés des principaux produits agricoles de
la région.

CHAPITRE XXIX.

DIVISION DE LA FRANCE EN SIX RÉGIONS AGRI-COLES. — COMMERCE GÉNÉRAL DES PRODUITS AGRICOLES FRANÇAIS. — RÉGIME COMMERCIAL.

M. Léonce de Lavergne a partagé la France en six
régions dans son *Économie rurale de la France*, et il a
réparti entre elles les départements d'après leur
plus ou moins d'analogie de productions, d'habitudes,
de climats, et aussi d'après leur situation géographique. Nous allons les passer rapidement en revue.
Mais, auparavant, il y a lieu de dire un mot du commerce spécial des produits agricoles de la France avec
l'étranger.

Voici un aperçu rapide de ces mouvements :

IMPORTATION.

	En 1873. millions de fr.	Maximum des dix an- nées anté- rieures. millions de fr.		Minimum des dix an- nées anté- rieures. millions de fr.	
Céréales, grains et farines	206	460	(1871)	18	(1865)
Légumes secs et leurs farines .	12	18	(1871)	2,4	(1866)
Riz............................	16	19	(1871)	8,4	(1872)
Fruits de table.................	43	33	(1872)	13,5	(1870)
Fruits oléagineux (arachides et autres).....................	40	39,6	(1872)	18,3	(1864)
Vins de toutes sortes..........	23	19,4	(1872)	4,2	(1866)
Eaux-de-vie et esprits	5	12,5	(1869)	4,9	(1865)
Sucres	118	137	(1869)	88	(1867)
Mélasse.......................	1,9	6,4	(1868)	1,7	(1865)
Bestiaux......................	143	177	(1872)	72,8	(1870)
Viandes fraîches et salées......	36	36,4	(1872)	4,9	(1865)
Graisses......................	51	70	(1872)	21,5	(1865)
Fromages et beurres...........	30	31,8	(1871)	15,7	(1864)
Chevaux......................	12,6	27	(1871)	9,2	(1865)
Peaux brutes..................	150	151	(1872)	95	(1871)
Laines........................	371	335	(1872)	174	(1871)
Œufs et vers à soie	9,5	29,7	(1868)	5,5	(1864)
Jute..........................	15	13	(1872)	7,6	(1864)
Chanvre......................	14	16	(1872)	8,3	(1870)
Lin...........................	91	108	(1870)	53	(1864)
Cire non ouvrée...............	1,9	3,4	(1872)	1,8	(1868)
Guano et engrais..............	39	44	(1870)	14	(1872)
Fourrages, paille et son........	9	14	(1870)	5,3	(1864)
Os, sabots et cornes de bétail..	9	7,4	(1872)	3,3	(1864)
Graines oléagineuses...........	99	83	(1870)	37	(1866)
Houblon......................	6	9	(1872)	3,9	(1868)
Graines à ensemencer..........	4	40	(1871)	20	(1872)
Résineux exotiques	3	5,6	(1872)	2,2	(1864)
Tabac en feuilles..............	31	29	(1872)	11,8	(1870)
Bois à construire..............	72	143	(1869)	55	(1871)
Bois d'ébénisterie.............	5,5	5,5	(1867)	2,6	(1871)
Bois de teinture...............	8,9	14,1	(1870)	6,5	(1865)
Garance	4	8,8	(1867)	3,6	(1870)
Safran	1	11	(1869)	2,7	(1866)
Noix de galle.................	1	2	(1866)	0,8	(1870)

TOTAL........1,679

EXPORTATION.

	En 1873.	Maximum des dix années antérieures.		Minimum des dix années antérieures.	
	millions de fr.	millions de fr.		millions de fr.	
Grains et farines................	158	217	(1872)	34	(1870)
Autres farineux alimentaires....	33	35	(1872)	11	(1870)
Légumes........................	5,3	5,2	(1872)	1,6	(1864)
Fruits de table................	29	30,5	(1871)	17,4	(1864)
Graines et fruits oléagineux....	15	19	(1870)	8,7	(1864)
Truffes........................	5	5,4	(1872)	1,1	(1868)
Vins..........................	305	273	(1872)	223	(1870)
Eaux-de-vie....................	73	86	(1870)	59	(1865)
Sucres.........................	48	74	(1871)	6	(1864)
Bestiaux.......................	45	53	(1866)	7	(1871)
Viandes........................	10,8	14,4	(1866)	6,9	(1870)
Graisses de toutes sortes.......	17	17,4	(1870)	7,6	(1864)
Œufs..........................	33	38,9	(1866)	25,2	(1871)
Fromages......................	5,2	6,5	(1866)	4,2	(1871)
Beurres.......................	73	71	(1869)	42	(1864)
Garance.......................	9	2,2	(1868)	9,6	(1864)
Safran........................	5,9	4,4	(1869)	3,1	(1872)
Tourteaux oléagineux..........	13	17,8	(1868)	9,7	1864
Bois à construire..............	30	32	(1869)	16	(1871)
Résines indigènes..............	10,3	37	(1864)	5,6	(1869)
Chardons cardères.............	2,5	2,4	(1872)	1,7	(1864)
Houblon.......................	2,3	11,9	(1869)	1	(1864)
Graines à ensemencer..........	27,2	27,4	(1866)	16	(1870)
Peaux brutes..................	34,7	39,9	(1872)	14	(1865)
Laines........................	93	105	(1871)	33	(1865)
Crins bruts...................	1,8	3,7	(1870)	1,2	(1867)
Pois de toute sorte............	11,3	25,2	(1865)	7	(1870)
Œufs de vers à soie...........	0,7	4,9	(1866)	1	(1871)
Soie et bourre de soie........	114	181	(1870)	101	(1864)
Lin teillé et étoupe...........	18	22	(1871)	7,4	(1864)
Chevaux.......................	18	13	(1866)	4	(1870)
Mules et mulets...............	8	15	(1866)	8,5	(1872)

TOTAL........1,245

Ainsi, en 1873, le commerce agricole de la France
avec l'étranger s'est élevé à 1,679 millions de francs pour

l'importation, et à 1,246 pour l'exportation, soit, au total, 2,925 millions, près de 3 milliards de francs. Les chiffres d'une seule année étant tout accidentels, nous avons mis en regard les chiffres maximum et minimum de la période décennale précédente, afin de donner des éléments de comparaison et de permettre de se rendre un compte plus exact du mouvement de 1873, par comparaison avec celui d'autres années.

La grande masse des produits agricoles français exportés de l'Ouest s'en va en Angleterre. Nous lui envoyons surtout des graines à ensemencer, un peu de laines (11 millions en 1871), beaucoup de blé (22), de beurre (35), d'eaux-de-vie (44), d'œufs (26), de sucres (71), de vins (52), de fruits de table (18,6), enfin un peu de soie et de bourre de soie (25). Ainsi, l'Angleterre reçoit plus de 320 millions de nos produits agricoles, les vins venant de Bordeaux et de Bourgogne, les eaux-de-vie de la Charente, le blé du nord de la France, le bétail de Normandie et de Bretagne ainsi que les œufs et le beurre. Quant aux céréales et farines qu'elle nous renvoie, elles ne font que passer par les ports anglais, car elles nous parviennent, en réalité, de l'ouest des États-Unis; il en est de même, en grande partie, pour les viandes, qui nous sont expédiées de La Plata, et pour les laines, d'origine australienne ou argentine.

A la Belgique nous expédions force laine (71 millions en 1871), du lin (20), des tourteaux de graines grasses (6), des céréales (15), des fruits de table (4), 24 millions de sucre et 23 de vins. La laine provient du Nord et de l'Est, ainsi que les tourteaux et les céréales; les fruits, de la région de Paris surtout; les vins, de Bourgogne et de Bordeaux. La Belgique envoie, en échange, des bois

communs (7), des chevaux (10), des laines (69), du lin
(45), des bestiaux (27), des céréales (41), de la chicorée
(6,5), du sucre (17) et des viandes (6). Seulement, la
plus grande partie de ces expéditions n'est pas belge,
mais d'origine étrangère, et ne fait que traverser les
ports ou emprunter les chemins de fer de la Belgique. La
France reçoit beaucoup de bestiaux (20) et des céréales
(33) de l'Allemagne. Elle y réexpédie des laines (13),
de la soie (11) et des vins (27). Elle tire d'Italie du
chanvre (8,4), des graines oléagineuses (12,7), de la
soie (187), des bestiaux (73), des céréales (24), du riz (8).
Elle y renvoie des chevaux et des mulets (6), des poils
(17), de la soie (24), un peu de sucre et fort peu de
vins. Enfin, la Suisse donne à la France des bois communs (7), des peaux (11,7), de la soie (14,2), des bestiaux (8) et des fromages (12). La France y retourne de
la soie (32) et des vins (15).

Il est certain que la Suisse ne produit pas de soie ;
le chiffre qui figure à l'importation de cette matière première en France n'est qu'une réexpédition du trop
plein. Il est difficile, en effet, dans tous ces nombres,
d'établir la part des produits vraiment originaires du
pays d'importation et celle des produits qui ne font que
traverser ses ports ou ses douanes et circuler sur ses
chemins de fer ou ses canaux, venant de plus loin.

Il est intéressant de rapprocher de ce mouvement
commercial l'état de la production indigène. Nous
en avons déjà indiqué l'importance pour les bœufs,
les porcs et les moutons, pour les céréales et les légumineuses farineuses. Voici les chiffres complémentaires se rapportant à quelques autres produits :

	Millions d'hectolitres.		Millions de francs.
Pommes de terre.....	58	valant	198
Châtaignes...........	7	—	44
Plantes potagères....	55 qx. mét.	—	400
Betteraves..........	44 —	—	84
Graines oléagineuses.	6.2 —	—	161
Huiles de colza, de lin et d'olive, etc......	1.7 —	—	204
Tabac...............	0.252 —	—	21.4
Garance.............	0.168 —	—	11
Laine...............	0.530 —	—	141
Suif..	0.411 —	—	59
Œufs...............	92 millions de douz.	—	51.7
Soie grége..........	0.008 —	—	75

En résumé, la production agricole en France s'élève environ, chaque année, d'après la statistique de 1862, à 9,778 millions de francs, pour le revenu des cultures, et à 5,872 millions pour celui du bétail, soit, en tout, 15,650 millions. En retranchant certains doubles emplois et modérant certaines estimations forcées, on reste dans la vérité en adoptant le terme de 12 milliards. Il n'en est pas moins vrai que, de 1840 à 1862, le prix moyen de l'hectare cultivé s'est élevé de 154 francs à 277.

Ce grand développement commercial des produits agricoles est de date récente. Il ne remonte guère au-delà du traité du 23 janvier 1860. C'est la liberté du commerce et la franchise des douanes qui ont le plus contribué à enrichir notre agriculture depuis peu d'années.

Pour la récolte des céréales, l'administration avait réparti la France, dès 1826, entre neuf régions : nord-ouest, nord, nord-est, ouest, centre, est, sud-ouest, sud, sud-est. Pour les concours agricoles régionaux, elle l'a partagée en douze ; mais, comme nous l'avons déjà dit,

au commencement de ce chapitre, nous donnerons la
préférence au groupement adopté par M. de Lavergne,
qui nous paraît plus rationnel et plus scientifique et qui
seborne à six divisions : *nord-ouest*, *nord-est*, *ouest*,
sud-est, *sud-ouest* et *centre*.

CHAPITRE XXX.

MARCHÉS AGRICOLES. — DÉBOUCHÉS ACCESSIBLES AUX PRODUITS DES SIX RÉGIONS. — CHEMINS DE FER ET CANAUX. — RÉSUMÉ GÉNÉRAL.

1re RÉGION. — *Nord-Ouest*. Elle comprend les départements ci-après :

	Superficie.	Population en 1872.	Production des cultures en 1862.	Revenu du bétail en 1862 (1).	Totaux.
	mille hectares.	mille habitants.	millions de francs.	millions de francs.	millions de francs.
Nord	568	1448	262	175	437
Pas-de-Calais	661	761	230	131	361
Somme	616	557	186	86	272
Aisne	735	552	220	114	334
Oise	586	397	171	93	264
Seine	48	2220	33	20	53
Seine-et-Oise	560	580	291	108	399
Seine-et-Marne	574	341	167	95	262
Seine-Inférieure	603	790	190	95	285
Calvados	552	454	147	86	233
Eure	596	378	142	78	220
Orne	610	398	102	69	171
Manche	592	545	143	79	222
Eure-et-Loir	587	283	166	70	236
Loiret	677	353	135	78	213
	8,565	10,157	2,584	1,377	3,962

(1) Il se fait en ce moment une nouvelle enquête agricole dont
les résultats ne sont pas encore connus.

Cette région exporte en Angleterre ou ailleurs ses produits agricoles par les ports de Dunkerque, de Boulogne, de Dieppe, du Havre, de Honfleur, de Caen, de Granville, ou par terre, sur la Belgique. Ses produits se rendent de Normandie en Bourgogne par la Seine, approfondie jusqu'à 2 mètres bien au delà de Paris en venant de la mer grâce notamment aux barrages de Suresnes, de la Monnaie, à Paris, et de Port-à-l'Anglais, près de Maisons-Alfort. Ils vont aussi du Nord en Bourgogne, ou dans le Centre par les canaux de l'Escaut et de la Sambre, continués jusqu'à Paris par l'Oise canalisée, et au delà de Paris par les canaux du Loing et de Briare ; enfin les produits du Nord-Ouest s'en vont dans le Nord-Est par le canal de la Marne au Rhin, ou celui de l'Aisne à la Meuse. En fait de voies de fer, la région possède : le chemin de *Paris au Havre*, qui longe la Seine ; celui de *Paris à Cherbourg*, qui s'embranche à Mantes sur le précédent ; celui de *Paris à Granville*, et aussi, dans une certaine mesure, celui de *Paris à Rennes* et celui de *Paris à Orléans*, par lequel on gagne le Bourbonnais ; ceux de *Paris à Montereau*, de *Paris à Soissons*, de *Paris à Lille*, avec tous les embranchements qui s'en détachent sur les différentes villes du Nord ; enfin celui de *Paris à Boulogne* et de *Paris à Dieppe* par Gisors. Le principal débouché de la région est Paris ; vient ensuite l'étranger, c'est-à-dire la Belgique et l'Angleterre (bétail, fruits, sucre, beurre, œufs, bestiaux).

2ᵐᵉ RÉGION. — *Nord-Est.*

	Superficie.	Population en 1872.	Production des cultures en 1862.	Revenu du bétail en 1862.	Totaux.
	mille hectares.	mille habitants.	millions de francs.	millions de francs.	millions de francs.
Ardennes..........	320	523	96	57	153
Aube.............	256	600	116	63	179
Marne............	386	818	178	101	279
Haute-Marne.....	251	622	84	48	132
Yonne............	364	743	145	83	228
Côte-d'Or........	374	876	144	72	216
Doubs...........	291	523	79	48	127
Jura.............	288	400	74	60	134
Haute-Saône.....	303	534	90	57	167
Meuse...........	285	623	97	50	147
Meurthe-et-Moselle...........	365	524	120 (éval.)	71 (éval.)	191
Vosges..........	393	587	84	d° 60	d° 144
Ht-Rhin (Belfort).	57	60	18	d° 10	d° 28
Alsace-Lorraine.	1597	1447	341	d° 244	d° 585
	5 580	8 979	1 666	1 024	2 710

Cette région exporte ses produits agricoles sur Paris,
ou bien, par Paris, les dirige sur le port du Havre pour
les exporter à l'étranger, ou encore les échange avec les
pays limitrophes : la Belgique, le grand-duché de Luxem-
bourg et l'Allemagne. Le canal de la Marne au Rhin lui servait de débouché sur Paris et sur l'Alsace, puis, par l'Alsace, sur la Franche-Comté. La perte de l'Alsace-Lorraine
a brisé cette ligne de navigation, dont les lacunes seront
comblées au moyen d'un canal que l'on construit en ce
moment entre la Meuse et la Saône. La région du Nord-
Est expédie sur l'Ouest et sur l'Allemagne des laines, des
bois de construction, provenant des forêts de Lorraine et

54

des Vosges, des peaux, des cuirs, des sucres, force produits dérivés du porc, un assez grand nombre de bestiaux : bœufs, moutons et porcs. Ceux qui s'expédient sur Paris empruntent l'une des trois grandes lignes ferrées de *Verdun — Reims — Soissons*, d'*Avricourt — Nancy — Meaux* et de *Vesoul — Troyes — Nogent-sur-Seine*. Par le *canal du Rhône au Rhin* et le *canal de Bourgogne*, allant de la Saône à l'Yonne, ainsi que par les voies ferrées de *Belfort — Vesoul — Dijon*, de *Belfort—Besançon—Châlon-sur-Saône*, de *Nancy—Épinal — Vesoul — Besançon — Lons-le-Saulnier — Lyon*, il s'établit un autre courant de circulation des marchandises, qui assure des débouchés étendus aux bois et aux fromages des départements situés au pied du Jura et permet de faire concourir l'Est à l'approvisionnement de Lyon tant en céréales qu'en bestiaux.

3ᵉ RÉGION. — *Ouest.*

	Superficie.	Population en 1872.	Production des cultures en 1862.	Revenu du bétail en 1862	Totaux.
	mille hectares.	mille habitants.	millions de francs.	millions francs.	de millions de francs.
Indre-et-Loire...	611	317	107	59	166
Mayenne........	517	351	93	58	151
Sarthe..........	621	447	105	86	191
Maine-et-Loire..	712	518	210	108	319
Ille-et-Vilaine...	673	589	121	91	212
Côtes-du-Nord..	689	622	106	71	177
Finistère........	672	643	98	55	153
Morbihan.......	680	490	82	67	149
Loire-Inférieure.	687	602	153	96	249
Vendée.........	670	401	133	98	231

Deux-Sèvres....	600	331	110	55	165
Vienne.........	697	320	100	62	162
Charente........	594	367	139	64	203
Charente-Infér^e...	683	466	205	56	261
	9,106	6,474	1,762	1,026	2,789

Le nord de la région a du bétail, du beurre, du lait, des œufs, des chevaux à exporter. Il les dirige sur Paris, d'une part, par les voies ferrées de *Brest—Rennes—Chartres* ou bien de *Nantes — Tours — Châteaudun*. Il expédie aussi force céréales. Enfin, il envoie en Angleterre une quantité considérable de ces mêmes produits par le port de *Saint-Malo*, auquel aboutissent à la fois un canal, celui de l'*Ille à la Rance*, et un chemin de fer, celui de *Rennes à Saint-Malo*; il en exporte aussi par le port de *Saint-Brieuc* et par celui de *Morlaix*. Peu de marchandises s'écoulent par Brest, mais il existe une autre ligne de circulation dans le midi de la Bretagne, suivant la direction du canal de Nantes à Brest et du chemin de fer presque parallèle de *Morlaix—Quimper—Vannes—Nantes*, prolongé jusqu'à Bordeaux par la ligne de *Nantes—La Roche-sur-Yon—La Rochelle—Libourne*, au travers de la Vendée et des Charentes. Sur le canal, dans le sens de Nantes à Brest, circulent force marne, engrais et amendements de toute sorte; en retour, le chemin de fer apporte à Nantes et à Saint-Nazaire du blé et du bétail. Sur la ligne des Charentes, il se transporte des eaux-de-vie, du bétail et des chevaux, dont les débouchés se trouvent à *Nantes*, aux *Sables-d'Olonne*, à *La Rochelle*, à *Marennes*, à *Blaye* et à *Bordeaux*.

La partie Charentaise de la région dirige ses chevaux

et ses eaux-de-vie sur Paris, soit par la grande ligne de
Paris — Tours — Bordeaux, qu'elle gagne au moyen du
raccordement de *La Rochelle—Poitiers*, soit par celle de
Nantes — Le Mans — Chartres. Cette région se trouve
avoir deux grands centres à alimenter, Nantes et Bordeaux, et quelques autres moins importants comme population, mais non moins utiles comme marchés, Tours
et Le Mans.

4ᵉ Région. — *Sud-Est*.

	Superficie.	Population en 1872.	Production des cultures en 1862.	Revenu du bétail en 1862.	Totaux.
	mille hectares.	mille habitants.	millions de francs.	millions de francs.	millions de francs.
Saône-et-Loire..	855	598	161	119	280
Ain.............	580	363	110	92	202
Rhône...........	279	670	79	62	131
Loire...........	476	551	73	61	134
Isère...........	829	576	112	94	206
Ardèche........	553	380	62	42	104
Haute-Savoie...	638	273	60	49	109
Savoie.........	638	268	51	45	96
Drôme..........	652	320	103	54	157
Hautes-Alpes...	559	119	35	15	50
Vaucluse.......	355	263	73	25	98
Gard...........	584	420	84	33	117
Hérault........	620	429	190	27	217
Basses-Alpes....	695	139	45	20	65
Bouch.-d.-Rhône.	510	555	58	27	85
Var............	722	294	64	31	95
Alpes-Maritim...	384	199	28	14	42
Corse..........	875	258	44	31	75
	1 030	6 675	1 432	841	2 263

La région du Sud-Est est loin d'avoir la richesse des précédentes. Elle comprend toutes les vallées de la Saône et du Rhône. Elle possède une ligne de navigation qui n'est malheureusement pas utilisée comme elle devrait l'être et ayant pour débouché cet important port de Marseille, le premier des ports français par l'importance de ses affaires. Il s'établit par eau un courant descendant des produits de Châlon-sur-Saône à Lyon : bois, blés et bestiaux, et un courant ascendant de Marseille à Lyon, très-faible, à cause du mauvais état de la navigation du Rhône. La grande ligne de *Paris — Marseille* enlève la majeure partie du trafic. Du reste, dans le Sud-Est, il y a peu de matières encombrantes ; les graines de vers à soie, les cocons, la soie, les olives ne peuvent fournir au chemin de fer que des marchandises de peu de volume. Heureusement, il y circule des huiles, il y vient du bétail et de la soie d'Italie par la ligne du *Mont-Cenis* et la ligne de *Gênes — Nice — Marseille.* Mais il y a une immense partie de territoire montagneux, qui est absolument dépourvue de toute espèce de voies de transport, ce qui la prive de débouchés pour son blé, du reste assez maigre, et pour son bétail. Dans les vallées de la Saône et du Rhône proprement dites, et surtout à l'ouest de ces vallées, la production des vins occupe une place considérable. Il y a là pour les canaux et les chemins de fer une masse énorme de trafic encombrant Les vins de la Saône ou de *Bourgogne proprement dits* s'en vont sur Paris ou sur Lyon, et de là gagnent, au nord-ouest, le Havre et Boulogne ; Tourcoing, au nord ; Belfort et Pontarlier, à l'est ; Modane au sud-est ; Marseille, au midi. Quant aux vins de l'Hérault, ils s'en vont :

1° Sur chemin de fer, par la ligne de *Cette — Nimes —*

Tarascon, pour s'embarquer à Marseille ou gagner la grande ligne de *Lyon—Paris;* ils peuvent encore prendre à Nîmes la ligne d'*Alais — Brioude — Clermont-Ferrand — Nevers — Montargis* pour arriver jusqu'à la capitale.

2° Par canal, en suivant le *canal du Midi* pour gagner le *canal de Beaucaire* vers l'est ou la Garonne vers l'ouest et, de là, se diriger sur Toulouse et Bordeaux.

3° Sur mer, par Agde et Cette. De petits navires de 250 tonneaux viennent se charger de vins à Cette et les transporter dans toute la Méditerranée ou, en cabotant, les débarquer au Havre pour être expédiés sur Paris, ou encore les transporter en Angleterre. Le bétail, consistant surtout en moutons, se trouve plus dans le nord de la région, vers les montagnes, dans une contrée un peu dépourvue de chemins de fer. Cependant la ligne de *Nîmes — Brioude — Clermont-Ferrand* lui a ouvert un double débouché indirectement sur Paris, par la ligne du Bourbonnais, et directement sur Nîmes et Marseille, grandes agglomérations de populations, qui sont en même temps d'importants centres de consommation. La partie de la région située dans la vallée du Rhône expédie encore beaucoup de fruits sur Paris. Quant à la Corse, sa situation d'isolement la laisse sans débouchés, et c'est surtout avec l'Italie qu'elle fait un peu de commerce.

5ᵉ RÉGION. — *Sud-Ouest.*

	Superficie.	Population en 1872.	Production des cultures en 1862.	Production du bétail en 1862.	Totaux
	(mille hect.)	(mille hab.)	millions de francs.	millions de francs.	millions de francs.
Gironde............	974	705	176	96	272
Lot-et-Garonne. .	535	319	107	74	181
Lot...............	521	281	83	30	113
Tarn-et-Garonne..	372	221	60	34	94
Landes..	932	300	57	48	105
Gers.............	628	284	115	75	190
Haute-Garonne...	629	479	114	68	182
Tarn.............	574	353	84	54	138
Aveyron.........	874	402	90	68	158
Basses-Pyrénées.	762	427	88	66	154
Hautes-Pyrénées.	453	235	48	45	93
Ariége...........	490	246	48	37	85
Aude.............	632	286	94	40	134
Pyrénées-Orient..	412	192	43	24	67
	8,788	4,730	1,207	759	1,966

Le Sud-Ouest ne possède qu'une seule ligne de navigation, celle que forme la Garonne avec le canal du Midi et qui est à peu près annulée par le fait de la réunion de l'administration du canal dans les mêmes mains que celle des chemins de fer du Midi. Cependant, il y circule beaucoup de vins. D'autres de ces vins s'embarquent au port de Narbonne, *la Nouvelle*, ou à *Port-Vendres* ou bien ils empruntent la voie ferrée de *Bordeaux* à *Cette*, en passant par Agen, Toulouse, Narbonne et Béziers. Cette région cultive en grand les arbres fruitiers. On expédie journellement pendant l'été, sur Paris, des masses considérables de cerises, de pêches, de prunes, de pruneaux, de fraises, de petits pois. Les grands marchés de fraises se tiennent à Bayonne et à Toulouse, sur la place du Capitole. Celles-ci proviennent des Pyrénées. Un peu de bétail et beaucoup de chevaux circulent sur les chemins de fer de *Tarbes à Toulouse* et de *Tarbes à Agen*. Les quatre grands centres commerciaux de la région, les quatre grands marchés d'expédition au loin sont Bordeaux, Agen, Montauban et Toulouse ; Bordeaux est relié à Paris par la ligne que nous avons déjà indiquée ; Agen par celle de *Périgueux — Châteauroux — Orléans* ; Montauban et Toulouse n'ont pas de ligne de communication propre avec Paris, mais cependant ils sont placés de façon à pouvoir profiter soit de la ligne d'*Agen — Périgueux — Paris*, soit de celle de *Toulouse — Lexos — Figeac*, qui, par Brioude, s'en va rejoindre la ligne du Bourbonnais de *Clermont-Ferrand — Nevers — Montargis*. Mentionnons enfin l'exportation de la *résine* et des *bois*, provenant des forêts des Landes, par la ligne de fer de *Bayonne à Bordeaux*.

6ᵉ RÉGION. — *Centre.*

	Superficie.	Population en 1872.	Production des cultures en 1862.	Production du bétail en 1862.	Totaux
	(mille hect.)	(mille hab.)	millions de francs.	millions de francs.	millions de francs.
Loir-et-Cher......	635	269	106	57	163
Cher.............	720	335	114	83	197
Indre............	680	278	90	54	144
Nièvre...........	682	340	86	70	156
Allier...........	731	391	106	71	177
Creuse...........	557	275	63	50	113
Haute-Vienne.....	552	322	63	51	114

Corrèze	586	303	58	41	99
Dordogne	918	480	133	84	217
Puy-de-Dôme	795	516	121	119	240
Cantal	574	232	79	56	135
Lozère	516	135	36	28	64
Haute-Loire	496	309	65	48	113
	8 442	4 2.5	1 120	812	1 932

La sixième région se compose de plaines au nord,
vers la Sologne et le Berry, et à l'est vers Moulins.
Tout le reste est à peu près montagneux. Du bétail
dans les prairies du nord ; du bétail et des céréales
dans la Limagne, à l'est ; du bétail, des fromages et
des châtaignes dans tout le reste de la région, tel
est le résumé de sa production agricole. Pas de
ligne de navigation proprement dite, sauf toutefois
dans les plaines du nord, où se trouvent le canal latéral à la Loire et les canaux du Cher et du Berry.
Le premier sert surtout à ouvrir des débouchés à la
région de l'est, au travers des montagnes de la ligne de
partage des eaux, et permet aux produits apportés par
le canal du Berry de gagner la ligne de navigation formée
du *canal de Decize* et de l'Yonne, ou de prendre celle du
Loing et de Briare, pour, de là, arriver à Moret et Paris.
En somme, la région du Centre est plutôt encadrée
que traversée par les grandes lignes de navigation. Il
en était de même des chemins de fer de cette partie
de la France jusqu'à ces derniers temps. La civilisation hésitait à entamer le massif du plateau central. La
région du Centre, aujourd'hui, possède deux principales lignes de dégagement, la ligne d'*Agen — Périgueux*

Orléans et celle de *Brioude—Clermont-Ferrand—Montargis.*En outre, la ligne de *Brioude — Figeac — Lexos*, aboutissant à Toulouse et à Montauban et passant à Aurillac, la traverse de part en part et lui ouvre de nombreux débouchés au midi, rendant accessible à ses produits et à son bétail le marché de Toulouse. La Lozère est encore absolument déshéritée à cet égard. Mende, Milhau, Saint-Affrique se trouvent entièrement isolés par le manque de voies ferrées. Peu de régions doivent retirer autant de profit que celle-là de l'ouverture de nouvelles lignes de chemins de fer ; car, éloignée comme elle l'est de toute espèce de grand centre de population et de consommation, ce sera pour elle le seul moyen de pouvoir aller porter ses produits sur le marché de Toulouse et aussi sur ceux de Lyon et de Saint-Étienne par les chemins de *Brioude—Langeac — Saint-Etienne* ou de *Saint-Germain-des-Fossés — Roanne*, aboutissant aussi bien à Saint-Étienne qu'à Lyon.

En résumé, nous voyons, par l'ensemble des études renfermées dans ce volume, combien notre France est riche et prospère, combien elle possède de moyens de développement. Elle est admirablement située au centre de l'Europe occidentale et fort heureusement partagée sous le rapport des différents climats qui se la partagent. Leurs variations sont suffisantes pour déterminer un actif courant d'échanges entre les diverses parties du territoire ; elles ne sont pas assez accentuées pour compromettre l'homogénéité du pays. Mettant en œuvre les enseignements de la science et de l'expérience, elle doit arriver dans un temps fort court, avec de la persévérance et du courage, surtout avec de l'instruction et des idées progressives, à réparer complétement les pertes qu'elle a éprouvées. Elle pourra alors transformer son territoire en un vaste marché de tous les produits agricoles nécessaires à la consommation de l'Europe occidentale ou échangés dans ses ports contre les matières premières du Nouveau Monde.

TABLE ALPHABÉTIQUE

DES MATIÈRES

A

Abeilles. — 164, 914, 915, 916, 917, 918, 919, 920, 921.

Abies, larix (Voir *Mélèze*).

Abricotier. — 377. — Son origine, 394.

Absinthe. — 369.

Acacia. — (Faux), 378. — (Véritable), 378.

Acajou. — 378, 379.

Acanthacées. — 367.

Acanthe. — 367. — Sans épines, 387.

Acclimatation des plantes d'Amérique en Europe et des plantes d'Europe en Amérique, 391, 392. — En quoi elle consiste, 400, 401.

Acérinées (Voyez *Erables*).

Achillée millefeuilles. — 545, 547.

Aconit. — 372.

Acore. — 360.

Acotylédones. — 356, 357. — Limite de leur classification douteuse. — 357, 358.

Ados. — 481.

Adur, rivière. — (Voir *South-Downs*).

Agaric comestible (Voir *Champignons*). — Volvaceus. — 614.

Age (Charrue). — 238.

Agouti. — 168.

Agriculture. — Produit la matière première, 2. — En quoi se résume cette science, 70. — Ses phases diverses, 503, 504.

Agrostis. Espèces diverses. — 532, 533, 538.

Ail. — 607, 608. — Sa famille, 365.

Ailante. — 671.

Air. — Son rôle dans la végétation, 5, 8. — Moyen de faciliter ce rôle, 15. — Obstacles à son action, 17. — Influence du sous-sol, 17. — Sa composition, 47. — Action sur l'intérieur du sol, 47, 48. — Action sur les sulfures provenant de l'acide sulfhydrique, 48. — Son action sur les terrains ferrugineux, 48, 49. — Son action desséchante sur les sols, 59. — Mis à la portée des racines au moyen de la puissance d'absorption chimique des gaz par le sol, 63. — Son action sur le sol facilitée par le desséchement, 205. — Concourt à la nutrition des plantes par l'intermédiaire des feuilles, 336.

Ajonc. — 517, 518, 615.

Albâtre. — 39.

Albis (l'). — 231.

Albumine. — Du grain de blé, 52. — Du blanc d'œuf, 52.

Alcalis. — 30, 40. — Action sur l'acide sulfhydrique, 48. — Prédominants dans les plantes racines, 75. — Abondants dans les plantes potagères, 76. — Abondants dans les prairies artificielles, 76.

Alcool. — De seigle et de betterave, 420, 421. — Sa production, 485, 486.

Alex europeus (Voir Ajonc).

Alfa. — 571, 572.

Algues. — 357. — Des mers polaires, 140.

Alimentation du bétail, 902, 903, 905. — Sécheresse comparée des divers aliments, 905.

Alismacées. — 365

Alluvions. — 9, 11. — Comment elles se forment, 11. — Formées de sol-sablo-argileux, 25. — Richesse en humus, 41.

Aloës. — 378, 621.

Alose. — 168.

Alpaca. — 168

Alpiste roseau (Voir Phalaris roseau).

Alstroëmères. — 622.

Alumine. — Entre dans la composition de l'argile, 15, 39. — Sa composition, 39. — Abonde dans les cendres de tourbe et de houille, 102.

Aluminium. — 39.

Amandier. — 377, 661. — Zone de culture, 150, 151.

Amaranthacées. — 367.

Amaranthe. — 367.

Amaryllis. — 365, 621.

Amendements. — 69, 82. — Modifient la nature physique du sol, 80, 81. — Doivent être déposés avant les engrais, 82, 83.

Aménagement des forêts. — 641, 642.

Amidon. — 469, 475.

Ammoniaque. — Se rencontre dans les terres arables, 40. — Azotate d', 40, 54. — Son dégagement dans l'atmosphère, 53, 54. — Sa présence dans l'eau de pluie, 54. — Plus abondant dans l'air des villes, 56. — Sulfate d'. — Son emploi comme engrais stimulant, 97. — Sa composition, 97. — Filtre pour la doser, 130.

Amodiation. — Systèmes divers. — 692, 693, 694.

Amomées. — 365.

Amourette (Voir Brize tremblante).

Ampélidées (Voir Vinifères).

Ampélopsis. — 378.

Analyses. — De laboratoire, 45, 69. — Filtre pour l'analyse des terres, 59. — Vase en verre pour mesurer le poids spécifique des terres, 60. — Son utilité pour l'étude de la composition des plantes, 69. — Appareil pour l'analyse d'un engrais azoté, 71. — Fournit seule l'exactitude nécessaire, 71, 72. — Comment on y procède, 72, 73. — Appareil pour la lévigation des terres, 72.

Ananas. — 137, 365.

Ananchyte (Voir Oursin).

Andain. — 263, 411.

Ane. — 832, 833, 834. — Sa région, 162. — Du Poitou, 416. — Son caractère, 416.

Anémone. — 372.

Angélique. 372. — Des jardins, 376.

Anis. — 372.

Antilope. — 168.

Août. — Moyenne de température, 182. — Travaux agricoles, 183.

Apocynées. — 368.

Aptéryx. — 168.

Aquilarinées. — 378.

Aracées (Voir *Aroïdées*).

Arachides. — 558, 559.

Araire. — Dombasle, 239. — De Provence, 240.

Araliacées. — 372.

Arau. — A cheval pour façonner les sols défrichés, 303.

Araucarias. — Multipliés par des boutures, 617.

Arboriculture. — 597.

Arbousier. — 369.

Arbre de Judée. — Action des sols calcaires, 35.

Arbres. — Carbonates de potasse *et* de chaux prédominants, 76.

Arbres forestiers. — 629, 630, 631, 632, 633, 634.

Arbres fourragers. — 531, 532, 534.

Arbres fruitiers. — Action des sols argileux, 32. — Leur origine, 304.

Arbres oléagineux. — 659, 660, 661.

Arbres verts. — Action des sols granitiques, 29. — Leurs feuilles, 333.

Ardennes. — Gisements de phosphate fossile, 99.

Argile. — Entre dans la composition de la terre végétale, 8, 12, 15. — Diluvienne, 9, 12. — Plastique, 9. — Sa composition, 15. — Ses propriétés physiques, 15. — Avec le carbonate de chaux forme la marne, 16. — Sa proportion dans un bon terrain, 17. — A Londres renferme fossiles, 31. — Marneuse, 33. — Sableuse. — Se dessèche rapidement, 59, 60. — Maigre. — Sa capacité calorifique, 65. — Pure. — Sa capacité calorifique, 66. — Son rôle comme amende-

ment, 83. — Son prix, 83, 84. — Cuite. — Son rôle comme amendement, 84.

Argousier. — 367.

Aristoloche. — 365.

Aristolochées. — 365.

Armures des arbres. — 655, 656, 657.

Aroïdées. — 360.

Arrochées (Voir *Atriplicées*).

Artichaut. — 389, 601, 602, 603.

Arum. — 360. — Maculé, 388.

Asparaginées. — 364.

Asperge. — 354, 603, 604. — Sa famille, 364. — Type d'asperge, 364.

Asphodèle. — 365.

Association. — 696, 697.

Associations syndicales. — Pour le drainage, 208. — Pour les défrichements, 307, 308. — Loi du 21 juin 1865, 307.

Assolements. — 501, 593, 594, 595, 596.

Assurances agricoles. — 697, 698.

Associations agricoles. — 697.

Asters. — 389.

Astrea veridis. — 89.

Atmosphère. — Son influence sur la végétation, 547. — Renferme de la vapeur d'eau, 52. — Renferme de l'acide carbonique, 52. — De quoi dépendent ses variations, 135.

Atriplicées. — 367.

Aubier. — 322.

Aune. — 232, 383 — Action des sols marécageux, 44. — Feuilles alternes, 330.

Aurantiacées. — 373.

Aurochs. — 168.

Autocarpées. — 382.

Automne. — Moyenne de température, 183. — Sa durée, 183. — Ensemencement des prairies artificielles, 184.

Autruche. — 168.

Avant-train. — 238. — De la charrue Dombasle, 241.

Avenette (Voir *Avoine des prés*).

Avoine. — Influence de la silice, 21. — Sol qui lui convient, 21, 433. — Action des sols granitiques, 29. — Action des sols argileux, 32. — Action des sols calcaires proprement dits, 36. — Action des sols tourbeux, 43. — Commune, 92. — Action du plâtre, 93. — Dans les climats hyperboréens, 145. — De Hongrie, 148. — Craint la sécheresse, 159. — Courte, 159. — Sarclée en juin, 179. — Nue, 311. — Appartient à la famille des graminées, 361. — Les deux formes de son épi, 431. — Espèces diverses, 430, 431, 432, 433. — Fleur d'avoine, 432. — Sa production en France, 433. — Emploi comme fourrage, 529. — Fromentale, 530, 531, 538. — Jaunâtre, 533, 542. — Pubescente, 535, 542. — Des prés, 535, 542.

Avril. — 176. — Travaux agricoles, 176, 178. — Moyenne de température. — Drainage des sols exposés à des éboulements, 204.

Azerolier. — 667.

Azotates. — 40. — Difficultés de leur emploi direct, 97.

Azote. — 47. — Son action sur la végétation, 50. — Son rôle dans l'atmosphère, 50. — Action de l'électricité, 50, 51. — Son abondance dans les matières organiques, 51. — Son abondance dans les feuilles, 51. — Sa proportion dans le végétal et l'animal, 52. — Son assimilation par les plantes, 53. — Sa provenance, 53. — Sous quelle forme il est assimilable, 54. — Son absorption dans le sol au moyen de la jachère, 54, 55. — Quantité apportée au sol par la pluie, 56, 57. — Élément nécessaire de toute plante, 73. — Ses proportions, 73. — Proportion maximum dans la partie supérieure des plantes, 79. — Éléments dont il faut fournir la plus grande quantité pour la végétation après le phosphore, 81, 82.

Azotique (Acide). — Sa présence dans l'eau de pluie, 51.

B

Bactéries. — 213.

Badiane. — 374.

Baguenaudier. — 378.

Bail à ferme. — 692.

Bail emphytéotique. — 693.

Baleine. — 168.

Balisiers. — 365.

Balsamier (Voir *Baumier*).

Balsamine. — 373. — A tiges rampantes, 382.

Balsaminées. — 373.

Bambous. — 137, 362.

Bananier. — 136, 137. — Sa famille, 365. — Son acclimatation en Algérie, — 400, 401.

Baobab. — 374.

Baratte mécanique. — 287.

Bardot. — 835, 836.

Barrage. — Pour l'irrigation, 212. — Établi sur un cours d'eau, 213. — Complet pour l'irrigation, 220. — Partiel pour l'irrigation, 222.

Basse-cour. — 818.

Battage. — En travers, 276. — Par la machine à battre, 276. — Du grain, 412, 413.

Batteuse (Voyez *Machines à battre*).

Baume. — 379.

Baumier. — 379.

Bâche. — 47. — En trident, 103. — Anglaise, 103. — Employée au buttage, 179. — Pour creuser les drains, 197, 200. — Plane, 198. — Courbé, 198. — Sert au labour à bras, 238.

Bechelbronn. — 53, 54.

Begonia. — 366. — Sa famille, 367.

Begoniacées. — 367.

Beignet. — 120. — Sert au transport de l'engrais flamand, 119.

Belemnite. — Mucronatus (fossile crayeux), 16.

Belette. — 922.

Berbéridées. — 374.

Berce brancursine. — 546, 547.

Berger. — 880, 881.

Bergeres. — 867.

Besoins. — Leur étude et leur satisfaction sont l'objet du commerce. — 3.

Bétail. — S'engraisse l'hiver, 176. — Sa mise au vert, 180. — Epoque du sevrage des animaux, 184. — Effet du drainage sur sa santé, 207. — Influence du labourage à vapeur au point de vue de la boucherie, 272, 273. — Utilité de préparer les graines qu'on lui donne, 284, 285. — Préparation de sa nourriture, 285. — Appareils spéciaux pour cette préparation, 286. — Nourri avec des fanes de fèves, 458, 459. — Nourri avec des fanes de pois, 462. — Nourri avec la pulpe de la betterave, 483, 484, 485. — De la ferme, 486. — Nourri avec du trèfle, 507. — Nourri avec du sainfoin, 513. — Nourri avec des vesces, 514, 525. — Nourri avec des pois gris, 515. — Nourri avec des gesses, 515. — Nourri avec des lentilles, 515. — Nourri avec de l'ajonc, 517, 518. — Nourri avec de la chicorée, 526. — Nourri avec des feuillards, 534. — Corde pour le faire pâturer au piquet, 538. — Etude du bétail, 757 — Son amélioration, 862, 863, 864, 865, 866. — Son commerce, 874. — Son alimentation, 901, 902, 903, 904. — Sa production par départements et par régions, 959 à 969.

Betteraves, 323. — Carbonate terreux et alcalis prédominants, 75. — Longueur de sa racine, 85. — Action du plâtre, 93. — Action des cendres noires, 97. — Emploi de ses feuilles comme engrais vert, 107, 108. — Emploi des tourteaux oléagineux comme engrais, 108. — Emploi de l'engrais flamand, 119. — Quantité d'engrais chimique nécessaire, 126. — Labour de défoncement se pratique en hiver, 173. — Se repique en mai, 178. — Son buttage, 250. — Mode de respiration des feuilles, 336. — Variété de la bette, 367. — Commune, 477. — Son rôle dans l'alimentation et la culture, 477, 478. — Espèces diverses, 478, 479, 480. — Sol qui lui convient, 479, 480. — Sa culture, 480, 481. — Sa graine, 481. — Semailles, 481, 482. — Récolte, 482, 483. — Production, 484. — Richesse en sucre, 486. — Distillation, 487, 488. — Maladie brune, 720, 721.

Bétulacées. — 383.

Bétulinées. — 383.

Beurre. — Emploi des barattes mécaniques, 287. — Son commerce, 872. — Sa fabrication, 879.

Bière. — 424, 428, 429. — Importance de sa production, 430.

Bignonia. — 368.

Bignoniacées. — 368.

Billons. — Leur disposition, 195, 196.

Binage. — 313. — Ses effets, 314, 315.

Binette, Lecouteux. — 258.

Bineuses. — 258.

Bison. — 166. — Son climat, 167.

Bixinées. — 374.

Blaireau. — 929.

Blanc. — Altération du fumier, 123.

Blé. — Rendement extraordinaire obtenu en Flandre, 7. — Comment on le moud, 19. — Influence de la silice, 21. — Sujet à la verse, 21. — Sol qui lui convient, 21, 159. — Action des sols granitiques, 29. — Action des sols argileux, 32. — Action des sols argilo-calcaires, 33. — Coupe d'un grain de blé, 52. — Emprunte l'azote aux engrais, 56. — D'hiver commun, 56. — Anglais, 76. — Maturité tardive, 77. — Quantité d'eau nécessaire, 77. — Exige un sol argileux, 77. — Saumon, 79. — Répartition de l'azote dans ses différents organes, 80. — Longueur de sa racine, 85. — Influence de la chaux sur sa culture, 86, 87. — De Hongrie, 86. — Le plâtre est sans action, 91, 93. — Action des cendres noires, 97. — Action du phosphate des os, 100. — Action de la suie, 103. — Son absence en Islande, 142. — Limite de sa culture, 148. — Blé dur et blé tendre, 149. — Hérisson, 298. — Appartient à la famille des graminées, 361. — Noir (Voir Sarrasin). — Chaleur nécessaire à sa maturité, 396. — Diverses espèces, 401, 402, 403, 404, 405. — Son climat, 405, 406, 450. — On le praline et on le chaule, 407, 408. — Semailles, 408, 409, 410. — Récolte, 410, 411, 412. — Battage du grain, 412, 413. — Extension de sa culture, 414, 415. — Rendement de la récolte, 413. — Production en France, 414. — Emploi de cette récolte, 415, 416. — De Turquie, 442. — Echaudé ou retrait, 449. — Consommation annuelle, 455.

Bluet des champs. — 369, 374.

Blutage. — 450.

Bœuf. — A l'engrais enrichit les herbages, 99. — Richesse de son urine, 115. — Quantité de fumier produit, 120, 121. — Charolais, 161. — Région qui lui convient 162. — d'Angus, (sans cornes) 161, 162. — Normand. Région qui lui convient, 162. — Flamand. Région qui lui convient, 162. — Hollandais. Région qui lui convient, 162. — de Durham, 162. — du Simmenthal, 162. — Bazadais, 162, 439. — de Hongrie, 162. — Son climat, 166. — de Cafrerie, 168. — de la Charente-Inférieure, 272. — Maraîchin, 272. — Puissance comparée à celle de l'homme, du cheval et de la vapeur, 290, 291. — De Salers, 292. — du Morvan, 415. — Hollandais, 488. — Algérien, 531. — Ses congénères, 762, 763. — Ses aptitudes, 764, 765. — Races diverses, 766 à 790. — De trait et de rente, 869. — Son amélioration, 868. — Sa reproduction, 891.

Bœufs du Limousin. — A Pompadour, 29.

Bois. — Formés de couches ligneuses, 322. — Leur conservation, 753.

Bois de fer. — 371.

Bolets. — 614.

Bombacées. — 373, 374.

Bordeaux. — Maturité de la vigne, 67.

Borraginées. — 368.

Boues. Leur utilisation comme engrais, 126. — Leur richesse, 126.

Bouillon blanc. — 368.

Boulange. — 451.

Boulangerie. — 293, 294, 295, 296, 297, 298, 299, 450. — Son insuffisance, 298, 299.

Boulbènes. — (Voir *Sols sablo-argileux*).

Bouleau, 383. — Action des sols sableux, 23. — Convient aux sols sablo-argilo-ferrugineux, 30. — Action des sols marécageux, 44. — Limite de culture, 139, 148. — Chaton de bouleau blanc, 148. — Influence de l'altitude, 396.

Bourgeon, 330. — De rosier épanoui, 329.

Bourrache. — 368.

Boussingault. — 53, 58.

Boutures, 616. — De racines, 616. — De feuilles, 617, 618.

Brémontier. — 23.

Bretagne. — Sols quartzeux mouvants, 27. — Landes de.. 43.

Brise-pommes. — 287, 288.

Brisoir. — Allemand pour écanguer le lin, 285. — Pour le lin, 368.

Brize tremblante. — 537, 542.

Broches. — Pour la pose des drains, 198.

Brôme. — De Schrader, 362. Des prés, 537, 542.

Brouette ensacheuse. — 284.

Brûlis. — (Voir *Ecohuage*).

Bruyères. 42. — Son rôle comme engrais vert, 107. — Arctique, 139. — Sa famille, 369.

Budget de l'Etat. — 703, 704.

Buffle. — 168.

Buis. — Son rôle comme engrais vert, 107. — A toujours des feuilles, 333. — Sa famille, 381.

Butomées. — 365.

Buttage. — Son époque, 179. — Ses avantages et ses dangers, 315. — Sert à blanchir le céleri, 335.

Butteur ou buttoir. — (Voir *Charrue à butter*).

C

Cabiai. — 168.

Cacaoyer. — 136, 373. — Sa famille, 373.

Cachalot. — 169.

Cactées (Voir *Opuntiacées*).

Cactus. — Figuier d'Inde, 137. Les jeunes rameaux remplacent les feuilles dans leur fonction, 321. — Sa famille, 375. — En fleur, 391.

Cadastre. — 704.

Caféier. — 136, 137, 138, 371, 593. — Facultés germinatives de sa graine, 350. — Son origine, 393.

Caille. — 166.

Cailloux (Voir *Silex*). — Leur composition, 27. — Où on les trouve, 27.

Cailloux roulés. — 9, 11. — Du Rhône, 9.

Calcaire. Voir *Chaux* (carbonate de). — Tertiaire, 9. — Grossier, 9. — De sédiment, 12. — Fin. Son action sur l'humus,

59. — Fin. Absorption physique des gaz, 63.

Calcium. — Elément nécessaire de toute plante, 74.

Calycérées. — 369.

Cambium. — Cellule génératrice de la plante, 324.

Camélia. — 372. — Son origine, 394.

Caméline. — 552, 553, 554.

Camomille. — 370.

Campagnol. — 926.

Campanulacées. — 369.

Campêche (bois de). — 378.

Camphrier. — 367.

Canal. — De dérivation pour l'irrigation, 222.

Canard. — 164, 825, 826. — Sauvage du Rhin, 226, 228.

Canardières du Rhin. — 226.

Canaux. — 959.

Canche flexueuse. — 539, 542.

Candolle (de). — 354.

Canne à sucre. — 136, 137, 147, 591. — Appartient à la famille des graminées, 361. — Son origine, 393, 394.

Cannellier. — 367.

Cantaloup. — 610, 611, 613.

Caoutchouc. — 381.

Capital. — 688, 689, 694, 695, 696.

Capiton (Voir *Trèfle fraisier*).

Capparidées. — 372.

Câpriers (Voir *Capparidées*).

Caprifoliacées. — 371.

Capucine. — 373.

Carbonate terreux. Prédominant dans les plantes racines, 75.

Carbone. — 99. — Elément nécessaire de toute plante, 73. — Ses proportions, 73, 74.

Carbonifère (Terrain). — 9.

Carbonique (Acide). — Origine de celui de l'atmosphère, 52. — Sa proportion, 52. — Action des parties vertes des végétaux, 52, 53.

Cardamine multiplié par des boutures. — 618.

Cardère. — 588, 589, 590. — A foulon, 370.

Cardon. — 369.

Carduacées (Voir *Cynarocéphales*).

Carex. — Sa présence constate une mauvaise eau d'irrigation, 214. — Des rives, 216.

Carie. — Combattue par le chaulage, 407. — Des céréales, 712, 713.

Carludovica (pandanée). — 359. — Sert à fabriquer chapeaux de Panama, 359, 360.

Carotte. — 75, 323. — Carbonate terreux et alcalis prédominants, 75. — Longueur de sa racine, 85. — Emploi de ses feuilles comme engrais vert, 108. — Labour de défoncement se pratique en hiver, 173. — Sa famille botanique, 372. — Espèces diverses, 489, 490, 491. — Sa culture, 491, 492.

Cartes agronomiques. — 45.

Cartes géologiques. — 45, 46. — De la France, 46.

Carthame. — 369, 576, 577, 578.

Caryophyllées. — 375.

Caséine. — Du grain de blé, 52. — Du fromage, 52.

Cassar. — 166. — Son climat, 168.

Casse. — 378.

Castration. — Son époque, 181.

Casuarina. — 334.

Catalpa, 368.

Cèdre. — 137. — Action des sols sableux purs, 27. — Du Liban, 385, 386.

Céleri. — 372. — Se blanchit par le buttage, 235.

Cellules. — Leur action sur l'acide carbonique, 53. — Des plantes, 316. — Leur forme,

316. — A noyau, 316, 317. — De l'arum, 317. — Leur fonctionnement, 317, 318, 319.

Cendres. — Noires. — Leur emploi en Picardie, 95. — Leur mélange avec la chaux, 96, 97. — Des végétaux. Leur composition, 100. — Du bois flotté, 100 et 101. — Lessivées. Leur emploi, 101. — De tourbe. Leur emploi dans le nord, 101, 102. — Manière de les produire, 101. — De houille, 102. — Servent à colorer les terres marines, blanches, 102. — De plantes en noir, 102.

Centaurée. — 369.

Ceps (Voir *Bolets*).

Céréales. — Action de la silice, 21. — Silicates et phosphates y prédominent, 75. — Leur exportation constante appauvrit le sol, 98, 99. — Emploi de tourteaux oléagineux comme engrais, 108. — Limite de leur culture, 148. — Zone de leur culture en France, 158, 159. — Action du rouleau *Land Presser*, 252. — Leur origine asiatique, 395. — Leur étude complète, 401. — Leurs maladies, 449, 450. — Leur régime commercial, 453, 454. — Leur conservation, 727, 728, 729, 730, 731.

Cereus gigantous. — 187. — Du Colorado, 187.

Cerf. — 166.

Cerfeuil. — 372.

Cerisier. — 345, 377. — Action des sols sableux, 23. — Rapport de la fleur et du fruit, 346. — Son origine, 394.

Cévennes. — Abondance des sols granitiques, 29.

Chacal. — 166.

Chair. — C'est de l'herbe. — 2.

Chairs musculaires. — Leur utilisation comme engrais, 109, 110.

Chaleur. — Son influence sur la végétation, 5. — Son action sur la craie, 17. — Son action sur les sols tourbeux, 43. — Du sol, 64. — Influence de la couleur du sol sur son absorption, 64, 65. — Influence de la nature du sol, 65. — Influence de l'humidité sur la chaleur du sol, 66. — Influence de l'inclinaison du sol sur l'absorption des rayons solaires, 67. — Moyenne de température, 146, 147. — Température de la France, 151, 152. — Du sol accrue par le desséchement, 205. — Son influence sur les irrigations, 217.

Champagne. — Pouilleuse, 16. — Sols crayeux, 36.

Champignons. — 357, 613, 614, 615. — Polaires, 140. — De couche, 359, 613, 614. — (Blanc de), 614.

Chanterelles. — 614.

Chanvre. — Action du plâtre, 93. — Emploi de l'engrais flamand, 119. — Derniers semis en mai, 178. — Sa famille, 382. — Plante textile et oléagineuse, 561, 562, 563, 564, 565. — Pied isolé, 560. — Mâle, 562. — Femelle, 563. — Espèces diverses, 564. — De l'Inde (Voir *Jute*).

Chapon. — 819, 822.

Chara. — 357. — Fœtida, 355.

Characées. — 357.

Chardon. — 711, 712.

Chardon à foulon (Voir *Cardère*).

Chardon blanc. — 369.

Charente-Inférieure. — Animaux de boucherie élevés dans les marais, 44.

Charme. — 383. — Action des sols sableux, 23.

Charrées (Voir *Cendres les-sivées*).

Charrettes à foin. — 740, 742.

Charrue.— Son emploi dans les défoncements, 64. — Sous-sol, 174, 245, 246.—A butter, 179, 180, 258, 259.—A quatre socs, 182, 242, 243. — Drai-neuse, 198.—Taupe, 198.— Classification, 235, 236, 240. — Ce qu'elle était à l'origine, 236, 237, 238. — Ses per-fectionnements, 239, 240, 241. — A avant-train perfectionné, 236. — A avant-train, 240, 241. — Tourne-oreille, 241, 242. — Bisoc, 242, 243. — Polysoc, 242, 243. — De dé-foncement sans étançon pos-térieur, 243. — Frais d'en-tretien, 244. — Romaine, 237, 244. — Saxonne, 244. — Normande, 244. — Statis-tique, 244, 245. — Fouilleuse ou défonceuse (Voir *Charrue sous-sol*), 245. — Double Demesmay, 245.— Cotgreave, 245, 246. — Sous-sols Cla-mageran, 246. — Vigneronne, 246. — Epierreuse, 247. — Arracheuse, 247, 248. — Pour arracher les betteraves, 248. — Herse, 258, 259. — A va-peur Fowler, 269, 270, 273. — A vapeur Grafton, 270.— A vapeur Howard, 269, 271, 273. — Bonnet, 299. — Arau à cheval, 308. — Ne s'emploie pas dans les terrains caillou-teux, 308. — Pour couper et renverser le gazon, 309. — Trochu, pour le défrichement, 310, 311.

Chasse. — 940, 941.

Chat. — 839.

Châtaignier. — 383. — Action des sols sableux, 23. —Vieux châtaignier, 28. — Action des sols granitiques, 29. — Con-vient aux sols sablo-argilo-ferrugineux, 30. — Limite de sa culture, 149. — Fleurs mâles et fleurs femelles, 340. — Influence de l'altitude, 396.

Chaulage (Voir *Chaux*).

Chaux. — Son rôle comme amendement, 86. — Son in-fluence sur la culture du blé, 86, 87. — Comment on l'emploie en France, 86. — Comment on l'emploie en An-gleterre, 87. — Quantité né-cessaire, 87. — Transforme les mauvaises terres, 87. — Son influence sur la culture du seigle, 87. — Cas où elle épuise le sol, 87. — Est quelquefois remplacée avan-tageusement par la marne, 88, 89. — Son assimilation dans les prairies artificielles, 92. — Son action sur les composts, 128. — Son em-ploi dans les défrichements, 306. — Son emploi dans l'écobuage, 310.

Chaux (Carbonate de). — Entre dans la composition de la terre végétale, 8, 15. — Son aspect, 15. — Avec l'argile forme la marne, 16. — Son rôle dans un bon terrain, 17. — Forme de hautes monta-gnes, 39. — Ses diverses formes, 39. — (Silicate de).. 40. — (Phosphate de).. 40. —(Sulfate de).. 40. — (Azo-tate de)... 40. — Ses sels abondant.—Dans les légumi-neuses, 76. —Dans les prai-ries artificielles, 76. —Dans les plantes potagères, 76. — Dans les arbres, 76. — Son rôle comme amendement, 84.

Chélidoine. — 372.

Chemins de fer. — 959.

Chêne. — 142, 383. — Action des sols sableux, 23. — Ac-tion des sols granitiques, 29. — Son climat, 138. — Li-

mite de culture, 139, 146. —
Fleurs mâles et femelles, 340.
— Jeune branche de chêne.
(spirale de ses feuilles), 395.
Chêne liège. — 137, 383, 668.
Chênes truffiers. — 615.
Chêne vert. — 668.
Chènevis, 382, 563. — Donne
une huile, 563, 564.
Chènevotte. — 568.
Chénapodées. — 367.
Chérimolier. — Son acclimatation en Algérie, 401.
Chevaines. — 614.
Cheval. — Richesse de son
urine, 115, 116.—Breton, 116.
— Algérien, 162. — Arabe,
162, 168. — Percheron, 162,
289. — Carrossier normand,
162. — De Pologne, 162. —
De Hongrie, 162. — De Tarbes, 162.—Du Limousin, 162.
— Son climat, 105.— Nourri
avec du maïs et des féverolles
aplaties, 284. — Puissance
comparée à celle de l'homme
et de la vapeur, 290, 291. —
Métis-navarrin, 428. — Anglais pur sang, 435.—Boulonnais, 599.—Ses congénères,
837. — Etude d'un cheval,
838. — Races diverses,
839 à 841. — Son choix,
875, 876. — Son âge, 876,
877. — Son pansage, 884.—
Son harnachement, 885, 886,
887. — Sa ferrure, 887. —
Son dressage, 888, 889. —
Sa reproduction, 889, 890,
891. — Employé à la bou-
cherie, 891.
Cheveux. — Engrais riche en
azote, 110. — Leur prix de
vente, 110.
Chèvre. — 815, 816.— Races,
817, 818.
Chèvrefeuille. — 371.
Chicoracées. — 369.
Chicorée. — 369. — On la blanchit en la cultivant dans les
caves, 335. — Sauvage, 525,
526, 589. — A café, 590.
Chien. — 830, 831. — Arc-
tique, 164. — De berger,
831, 832.— Des prairies, 167.
Chiendent. — 31, 542. — Abonde
dans les terrains argileux, 32.
— Appartient à la famille
des graminées, 362.
Chiffons. — Engrais riche en
azote, 110.
Chinchas (Iles). — Gisements
de guano, 113.
Chlore. — Elément nécessaire
de toute plante, 74.
Chlorhydrique (Acide). — Rare
dans les plantes, 76.
Chlorures. — De potassium, 40.
De sodium, 40 (Voir *Sel marin*). — De calcium, 40. —
De magnésium, 40. — Leur
présence dans l'eau de pluie,
57, 58.
Choix.—Du cheval, 873.— Des
vaches laitières, 878.
Chou. — Action des sols argileux, 32. —Action des sols
argilo-sableux, 33. — Son
buttage, 258. — Sa famille,
372. — Cultivé comme fourrage, 520, 521, 522. — Espèces diverses, 520, 521, 522.
— De Chine, 523. — Sa
culture comme légume, 604,
605, 606.
Chou-navet. — 495, 496. —
Culture, 496, 497.
Chou-rave. — 497.
Chrysanthème. — 369. — Des
prés, 393. — Son origine,
394. — De l'Inde, 621.
Cicérole (Voir *Pois chiche*).
Cidre. — 687.
Cierge. (Voir *Cireus gigan-
tens*).
Ciguë. — 372.
Cinchona. — 371. (Voir l'*erra-
tum*).
Cirrhus. — (Voir *Nuages*).
Citronnier. — Zone de culture,

150, 151. — Sa famille, 373.
Citrouille. — 382. — De Touraine, 445.
Civette. — 167. — Son climat, 168.
Classification animale, 758, 759, 760, 761.
Clavelée. — Prévenue par le drainage, 207.
Clématite. — 372.
Climats. — 133. — Leur action sur l'homme, 133, 135, 136. — Signification de ce mot, 133, 135. — De demi-heure, 133, 135. — De mois, 135, — Carte des climats, 134. — Tempérés de l'Europe, 144. — Excessifs de l'Europe, 144. — Hyperboréen, 145. — Continentaux, 146. — Océaniques ou marins, 146. — Méditerranéens, 146. — Ses divisions, 149, 150, 151. — Ibérique, 146. — Italique, 146, 147. — Hellénique, 147, 148. — Modifient l'existence des plantes, 151. — De la France, 151. — Ses divisions, 155, 156, 157, 158. — Des Vosges, 155. — Du bassin de la Seine, 156. — De la Gironde, 156, 157. — Du plateau central, 157. — Du Rhône, 157. — De la Méditerranée, 157. — Influence sur la faune, 160, 161, 162. — Influence sur les saisons, 170, 171. — Sa modification par l'homme, 190, 225, 226, 396, 397, 398. — Action de l'irrigation, 216, 217, 225. — Influence sur l'émigration des plantes, 391, 392. — Leur altération par l'homme, 398. — Les limites de sa culture n'ont rien de fixe, 399.
Cobœa, grimpant, 334, 337.
Cochenille. — 376, 920, 921.
Cochléaria. — 372.
Cochon de lait. — 815

Cocons. — Leur production en France et en Algérie, 912, 913.
Cocotier. — 186.
Code forestier. — 232.
Cognassier. — 377. — Du Japon, 381. — Multiplié par des boutures, 617.
Colchicacées. — 365.
Colchique. — 365.
Colmatage. — 194. — Son emploi, 190, 191.
Colombine. — Son rôle comme engrais, 112
Colombo. — 374.
Coloquinte. — 382.
Colrave. — 497.
Colza. — 121. — Action du plâtre, 93. — Son rôle comme engrais vert, 106. — Emploi de ses tourteaux comme engrais, 108. — Emploi de l'engrais flamand, 110. — Se sème en mai ou en juillet, 178, 183. — Semé au plantoir en Flandre, 253. — Son buttage, 259. — Sa famille, 372. — Son emploi comme fourrage, 522, 523. — Cultivé comme plante oléagineuse, 549, 550, 551, 552. — Jeune plant bien conformé, 550. — Jeune plant à tige trop longue, 551. — Silique, 551.
Commelinées. — 364.
Commerce. — Son objet, 3. — Des produits agricoles à l'extérieur, 954, 955, 956. — Avec les pays voisins, 956, 957.
Commerce des blés, 452, 453.
Composées. — 369. — Leur caractère, 341. — Leur importance, 341, 342. — Leur classification, 369. — Des prairies naturelles, 545, 546.
Composts. — Formés de maër ou de tangue, 90. — Quantités à l'hectare, 90. — Leur composition, 128, 129. — Mode d'emploi, 128.

Comptabilité agricole. — 945.

Comptes courants. — 946, 947.

Concasseur. — Aplatisseur, 285. — De tourteaux, 285.

Concombre (Voir *Cornichon*).

Concours agricoles régionaux ; leur influence, 300, 863, 865.

Concurrence. — 455.

Condrieux. — Vignes des sols granitiques, 29.

Conferves. — Forment la tourbe, 43.

Conifères. — 383.

Conservation. — Des céréales, 727. — Des tubercules et racines, 734, 735, 736, 737. — Des fourrages, 737, 738, 739. — Des feuillards, 743. — Du colza, 743, 744. — Des fruits, 744, 745, 746, 747. — Du raisin, 748, 749. — Des figues et des noisettes, 750, 751. — Des bois, 759. — Des vins, 755, 756.

Constructions rurales. — 706.

Convolvulacées. — 368.

Coquelicot. — 35. — Caractérise les sols calcaires, 34. — Sa famille, 372.

Coquilles. — Richesse en phosphate de chaux, 90. — Leur utilisation, 90.

Corbeau. — 167.

Coriandre. — 372.

Corne. — Engrais riche en azote, 110, 111, 112.

Cornichon. — 382, 610.

Cornouailles. — Sols magnésiens, 38.

Cornouiller. — 371.

Coronille variée. — 35 et 36. — (Sols calcaires).

Corrèze. — Abondance des sols granitiques, 29.

Corymbifères. — 369.

Cotonnier. — 136, 137, 373, 569, 570. — En Sicile, 147. — Sa culture en Europe, 151.

Cotylédons. — 349. — Leur développement pendant la germination, 352. — Leur rôle dans la classification de Jussieu, 356, 357.

Coudrier. — 383.

Coulisses (Voyez *Rigoles couvertes*).

Coupe-racines. — 285.

Courges. — 382, 444, 608, 609, 610. — Culture intercalaire, 444. — Des Patagons, 611.

Courses et chevaux. — 705.

Courtillère. — 937.

Coutre. — 238. — A lame courbe, 239. — En faucille, 239.

Crapaud. — 928.

Craie. — 10, 12, 39. — Champenoise, 15. — Formée de coquillages fossiles, 16. — Ses propriétés physiques, 16, 17. — Action de la chaleur et de l'eau, 17. — Ses gisements, 46.

Crassula. — 375, 392.

Crau. — Sol caillouteux, 27.

Crédit. — Pour le drainage, loi du 17 juillet 1856, 208, 209.

Crédit agricole. — 700, 701. — Foncier, 702.

Cresson. — Sa présence signale une bonne eau d'irrigation, 214. — Sa silicule, 350. — Sa famille, 372.

Creton (Pain de). — Richesse en azote de cet engrais, 131.

Crin végétal, 572.

Cristal de roche. (Voir *Quartz*).

Cristallins (Terrains). (Voir *Terrains primitifs*).

Croton. — 381.

Croton des teinturiers. (Voir *Tournesol*).

Crucifères. — 372.

Crassulacées. — 375.

Cryptogames. — 354, 357. — (Voir *Acotylédones*).

Cubèbe. — 360.

Cucurbitacées. — 381.

Cuiller. — En forme de pioche, 198.

Culture. — Intensive, 311, 504. — Extensive, 311, 504, 505. — Dérobée, 502. — Nomade, 504. — Fourragère, 504. — Industrielle, 504. — Forestière, 507. — Maraîchère, 507.

Culture des fleurs. — 615.

Cultures fourragères. — 503. Non légumineuses, 549, 520.

Cultures sarclées. — 455, 467.

Cumins des prés. — 546, 548.

Cumulus (Voir *Nuages*).

Cumbriens. (Terrains). — 546.

Cupulifères. — 383.

Cuscute. — 283, 506, 717, 718. — On sépare ses graines de celles du trèfle avec les tarares, 283, 284.

Cuvier. — 38.

Cycadées. — 359.

Cycas. — 350.

Cycas. — 359.

Cygne. — 164. — Noir, 168.

Cynosure des prés. — 539, 542.

Cynarocéphales. — 369.

Cypéracées. — 360.

Cyperus flavescens (Voir *Souchet jaunâtre*).

Cyprès. — 383. — Action des sols calcaires, 35. — Son climat, 137.

Cytise, 378. — Action des sols calcaires, 35.

Cytoblaste (des cellules). — 317.

D

Dactyle pelotonné. — 540, 542.

Dahlia. — 621. — Racine tubéreuse, 328. — Sa famille, 369. — Son origine, 394.

Dame. — (Outil de jardinage), 198.

Darwin. — 387.

Dattier. — 137. — Zone de culture, 150. — Chaleur nécessaire à sa maturité, 396.

Déboisement. — 211. — Son influence sur le climat, 227. — Cause des inondations, 227. — Délibération du congrès forestier de Vienne, 230, 231. — Augmente parfois le profit du sol, 233.

Débouchés. — Influence sur le choix des cultures, 80. — Des produits agricoles, 959.

Décembre. — Travaux de la ferme, 183.

Déchaumage. — 313.

Déchaumeurs. — 256.

Défoncement. — Fournit des amendements au sol, 83. — De landes et de bruyères, 102. — Emploi des cendres comme engrais, 102. — Sa profondeur, 245.

Défrichement. — Définition, 303. — Emploi de l'arau à cheval, 303. — Encouragement de l'Etat, 303, 304, 305, 306. — Nécessite l'ouverture de routes agricoles, 305. — Par l'association, 307, 308. — Procédés divers, 308, 309, 310. Par l'écobuage, 308, 309, 310. — N'est pas toujours utile, 310. — Des surfaces boisées, 310, 311. — Occasionne des fièvres, 312.

Delphinium. — Multiplié par des boutures, 618.

Dépiquage. — Par le cheval, 275. — Au rouleau, 275.

Dépôts marins. — 89.

Dépulpeur. — 285.

Dessèchement, 187. — Procédés variables suivant l'origine du marais, 191, 192, 193. — Des tourbières, 203. — Leur importance en agriculture, 205. — Loi du 28 juillet 1860, 205. — Effets de cette loi, 205, 206, 207.

Dessiccation.—Moyen d'analyse des plantes, 72.

Devoniens (*Terrains*). — 46.

Diastase. — 429.

Dichotomique. — (*Clef*), 303.

Diclines. — 380.

Dicotylédones. — Faisceau fibro-vasculaire d'une tige, 324. — Mode d'accroissement, 324, 325.— Leurs racines, 327. — Leurs quatre subdivisions, 365. — Apétales, 365. — Les trois divisions de leurs apétales, 365, 367.

Digitale pourprée, 361. — Sa famille, 367.

Diluviens (*Terrains*).— 9, 12. — Leur situation, 46.

Dindon, 167, 822, 823.—Nourri au maïs, 444.

Dindonneau. — 823, 824.

Dinothérium giganteum. — Sa mâchoire, 91.

Dioscorées, 364. — (Voyez *Igname*).

Dipsacées. — 370.

Disette (Voir *Betterave*).

Distillation. — Alambic de distillerie, 419. — Du grain. Autrefois entravée, 420. — Son rôle et son état actuel, 420, 421. — De la betterave, 487, 488. — Des grains et de la pomme de terre, 489, 490.

Distilleries. — 435.

Distributeurs d'engrais. (Voir *Semoirs*).

Dolics, 462. — Paysans enfouissant le dolic à onglets comme engrais vert, 461.

Dolomie, 38. — Calcaire magnésien, 38.

Douce-amère. (Voir *Morelle*).

Dunes. — Action du pin maritime, 23. — Leurs mouvements, 24.—Formées de sable pur, 25.—Leur superficie, 304. — Leur transformation par le pin maritime, 304, 305.

Drainage, 187. — Désaère l'eau, 48. — Favorise l'aération du sol, 64. — Sa définition, 196. — Son origine anglaise, 196. — Manières de le pratiquer, 196, 197, 198, 199, 200, 201. — Complet au moyen d'un seul système de drains, 196. — Disposition des canaux, 196, 202 et 203. — Époque favorable, 203, 204. — Son prix, 207, 210. — Exécuté en Angleterre, 208. — Loi du 17 juillet 1856, 208, 209. — Loi du 10 juin 1854, 208, 209. — Loi du 29 avril 1845, 209. — Loi du 28 mai 1858, 209. — Superficie des terrains drainés, 209, 210. — Bénéfices obtenus, 210, 211.

Drains. — Proprement dits, 194, 196. — Leurs dispositions générales, 196, 197, 198, 199, 200, 201. — Leur creusage, 200. — Construits avec des gazons et des pierres, 200. — Construits avec des gazons et des fagots, 200. — Construits au moyen de gazon, 200. — Leur longueur, 201.— Primitifs, 202.— Conduits de formes diverses pour drains, 202. — Conduit munis de manchons, 202.

Draviere (Voir *Hivernage*).

Dressage du cheval, 888. — Écoles de dressage, 888.

Dromadaire. — 168.

E

Eau.—Son influence sur la végétation, 5, 187. — Dépose des alluvions à l'embouchure des fleuves, 11. — A formé les terrains de sédiment, 12. — Son action sur la craie, 17. — Obstacles à son action.

17. — Action de la silice, 20. — Son action sur les sols sableux, 21. — Désaérée par le drainage, 48. — Non oxygénée, 50. — Sa proportion dans les sols sains, frais et secs, 60. — Son influence sur le blé, 77. — Moyens de l'utiliser et de s'en préserver, 187, 211. — Son rôle comme véhicule dans la nutrition des plantes, 187. — Peut devenir un danger, 187, 189. — Utilité de réserve contre la sécheresse, 189. — Inconvénient de sa surabondance dans les prairies naturelles, 193. — Fait pourrir la semence, 193, 194. — Servitude de l'art. 640 du Code civil, 208. — De pluie, toujours chargée de substances étrangères, 212. — De source, 212. — Corrompue, renferme des parasites, 212, 213. — Des ruisseaux, 213. — De fleuve ou de rivière, 213. — Limoneuse, 213. — Limpide, 213, 214. — Goutte d'eau corrompue vue au microscope, 214. — Des marais, défavorable à la végétation, 214. — Des mares, favorable à la végétation, 214. — Manière de corriger les mauvaises eaux, 214. Réservoirs où on les laisse reposer, 214, 215, 216, 217. — Son emploi comme force motrice, 292. — Son rôle dans la culture du riz, 438, 439. — Sa distribution dans le jardin potager, 598, 599, 600.

Eau ammoniacale. Du gaz; son emploi comme engrais stimulant, 97.

Eau-de-vie de grain. — 419.

Eaux d'égouts, 126, 127. — Leur richesse, leur emploi comme engrais, 126, 127.

Eaux-vannes (Voir *Eaux d'égouts*). — De la poudrette, 131. — Leur séparation, 131.

Ébénacées. — 369.

Ebénier. — 369.

Ebranchoir à crochet. — 657.

Ecaucage. — 568, 569.

Ecangue (pour le lin). — 568, 569.

Échelle mobile. — 453.

Ecobuage, 103. — Son emploi en agriculture, 103 et 104. — Son époque, 184. — Son emploi dans les défrichements, 308. — Manière de réduire les gazons en cendres, 309, 310.

École d'irrigation du Lézardeau, 218.

Écorce. — Des arbres, 321.

Ecosse. — Prairies des sols tourbeux, 43.

Écureuil. — 167.

Ecuries. — 882, 883.

Edburton (Voir *South-downs*).

Eglantier (Voir *Rosier*).

Egreneuse (Voyez *Machines à égrener*).

Eider. — 163.

Eléments. — Au nombre de quatre, 5. — Leurs combinaisons diverses, 5. — Nécessité et manière de connaître leurs rôles, 6.

Éléphant. — 168.

Elœagnées. — 367.

Embryon, 347, 348. — Ses éléments constitutifs, 348, 349. — Son rôle, 349, 350.

Emigration. — 698, 699.

Empierrement. — 194.

Emottoir. — 450.

Encens. — 379.

Encouragements de l'Etat. — 705, 706.

Engrais, 69. — Etude préliminaire sur la composition des plantes, 71. — Modifient la nature chimique du sol, 81. — D'après quoi on apprécie leur valeur, 82. — Stimulants,

91, 93. — Proprement dits, 93. — Action des engrais stimulants, 93, 94 et 95. — Caractère distinctif des engrais stimulants, 95. — Complets, 104. — Organiques, 104. — Animaux, 104, 105. — Végétaux, 104, 105. — Influence des qualités physiques du sol sur l'application des engrais, 105. — Mixtes, 105, 120. — Qu'est-ce que les engrais verts? 105, 106, 523. — Condition d'emploi des engrais verts, 106, 107. — De poisson, 110. — De penbron (Voir *engrais de poisson*). Loi du 27 juillet 1867 contre les fraudes, 115. — Liquides, mode de distribution en Angleterre, 118. — Tonneau flamand pour répandre l'engrais liquide, 118. — Flamand, 119. — Courtegraisse (Voir *engrais flamand*). — Emploi de l'engrais flamand, 119. — Son mode de transport (Voir *Beignot*). — Chimique, auxiliaire du fumier, 125. — Son rôle, 125. — Sa composition, 125, 126. — Limite de son emploi, 126. — Ferme d'expérience, 127. — Industriels, 128. — Jauffret, 129. — Meule d'engrais Jauffret, 129. — Sa composition, 129. — Se déposant en hiver, 173. — Mode d'épandange, 256.

Enseignement agricole. — 706.
Ensilage des céréales, 732, 733. — Des tubercules et racines, 734, 735.
Epargue. — 691, 692.
Epeautres. — 401, 404, 405.
Epiderme. — De la plante, 319. — Des feuilles, 333.
Epinards, — 367.
Epine-vinette. — 334, 374.
Epis. — Influence de la silice, 21. — Richesse en azote, 79, 80.
Epizooties. — 893.
Equinoxe, 172. — De printemps, 176. — D'automne, 189.
Equisetacées. — 357.
Erables, 372. — Faisceau fibro-vasculaire d'une tige, 324. — Sycomore, 372. — Plane, 378.
Ergot du seigle. — 418, 711.
Ericinées. — 369.
Esparcette (Voir *Sainfoin*).
Espèce galline (Voir *Poules*).
Etangs. — 144 — Cultivés en poisson, 100.
Etat. — Son rôle dans le déboisement, 233. — Son rôle dans le reboisement, 233, 234.
Etaupinoir. — 923.
Eté. — Moyenne de température, 181. — Sa durée, 181. — Action sur la végétation, 181. — Saison du drainage, 204.
Eucalyptus. — 376.
Eumolpe de la vigne. — 985, 989.
Euphorbe épurge. — 320. — Les rameaux remplacent les feuilles dans leurs fonctions, 321. — Feuilles opposés, 331. — Sa famille, 381.
Euphorbiacées. — 381.
Europe, ses climats. — 143 à 148.
Extirpateurs. — 256. — Valcourt, 257.

F

Faisan. — 166, 827.
Faisanderie. — 827.
Faluns, 9. — Amas de coquilles, 90. — Leurs fossiles en Touraine, 91.
Famine. — Déterminée par la sécheresse, 211, 212. — Atténuée par les voies de commu-

nication et la liberté du commerce, 212.

Faneuse. — 265, 266. — Smyth et
Ashby, 266. — Anglaise, 266.
— Howard, 266.

Fard (des dames). — 577.

Farine. — 450. — Son rendement
en pain, 451.

Faucille. — Sans dents, 260, 411.
— A dent, 260, 411.

Faune. — Influence du climat,
160, 161, 162. — Division en
dix zones, 162, 163.

Faux. — Son aiguisage, 19. —
Champenoise, 265. — Munie
d'un ployon, 410. — Munie
d'un rateau, 410. — Bretonne,
457. — Picarde, 457.

Faux ébénier (Voir *Cytise*).

Fécule. — Accumulée dans les
racines tubéreuses, 328. — De
pomme de terre, 469, 475,
476, 477.

Féculeries. — 455. — Statistique,
477.

Fenouil. — 372.

Fer. — Elément nécessaire de
toute plante, 74.

Ferme. — D'essai, 304. — Intérieur d'une ferme à la fin
d'octobre, 185.

Ferrure du cheval. — 887.

Férule. — Ses feuilles, 331.

Fétuque. — 362. — Espèces diverses, 541, 542, 544.

Feuilles. — Influence de la silice
sur leur composition, 20. —
Riches en azote, 51. — Agglomération de cellules, 53. —
Coupe d'une feuille, 53. —
Donnent le maximum de cendres, 78. — Ramassées dans
le bourgeon, 330. — Leur
disposition sur la tige et les
rameaux, 330, 331. — Verti-
cilées, 330. — De la lysimachie, 333. — De la férule,
331. — Leur structure et
leur forme, 331 à 338. —
Leur division, 333. — Leur

durée, 333, 334. — Leur
transformation, 334, 335. —
Coupe d'un rameau montrant
la naissance du pétiole, 334.
— Nervation palmée d'une
feuille, 334. — Leurs fonctions
335, 336. — Leur transpiration, 335. — Coupe verticale
du limbe de la feuille du melon, 335. — Leur respiration,
335, 336. — Action sur l'acide
carbonique de l'air, 335, 336.
— Concourent activement
à la nutrition des plantes,
336. — Composés, 336.

Feuillards. — 584.

Feuillée (voir *Feuillards*).

Fèves. — Action des sols argileux, 32. — Action des sols
argilo-sableux, 33. — Phosphates et sels de chaux
prédominants, 75, 76. — Sol
qui leur convient, 78. —
Diverses espèces, 456,
457. — Leur récolte, 456,
457. — Production en France,
457. — Rendement, 457, 458.

Fève de loup (Voir *Lupin*).

Féverole. — 456. — Son rôle
comme engrais vert, 106. —
Se donne aplatie aux che-
vaux 284. — (Graine de) 457.
— D'hiver, 458.

Février. — 173. — Température
moyenne, 176. — Travaux
de la ferme, 176.

Fibre. — De la plante. — 316,
317.

Fibrine. — Du grain de blé, 52.
— De la viande, 52.

Ficoïdes. — Cierges, 375.

Figuier. — 666, 667 — Des Banians ou des Pagodes, 140,
329, 376. — Rapport entre la
fleur et le fruit, 346. — Sa
famille, 382. — Figues, 347.
— Leur conservation, 751.

Figuier d'Inde (Voir *Cactus*).

Filasse. — 561. — Fabrication,
564.

Filtre, pour l'analyse des terres, 59.

Flacherie. — 914.

Flandre. — Merveilles de son agriculture, 7.

Fléau. — 279. — Son emploi pour battre le blé, 278.—Comparé avec la machine à battre, 278, 279, 280.

Fléole des prés. — 534, 542, 544.

Fleur.—Ses différents éléments 336 à 340. — Son rôle, 340. — Complète et incomplète, 340. — Mâle et femelle, 340, 380. — Distribution des fleurs sur les plantes, 340 à 343. — Sa forme, 342, 343. — Organe central de la fleur de la giroflée, 343.— Réceptacle, 359. — Gynécée, 359. — Insertion des étamines monocotylédones hypogines, 359. — Insertion des étamines monocotylédones périgènes, 362, 363. — Insertion des étamines monocotylédones épygines, 365. — Divers modes d'insertion des étamines chez les dicotylédones apétales, 365, 367. — Divers modes d'insertion des étamines chez les dycotylédones monopétales, 367 à 371. — Anthère, 369. — Divers modes d'insertion des étamines chez les dicotylédones polypétales, 372 à 379. — Divers modes d'insertion des étamines chez les dicotylédones diclines, 380. — Polygame, 380, 381. — Monoïque et dioïque, 381.

Fleurs.—Leur culture, 615. — Préparation du sol qui leur convient, 615, 616. — Semailles, 616. — Boutures, 616.

Flore.—Du Spitzberg, 135.—De la Silésie, 136.—De la Suisse 136. — De la Sicile, 136. — Australe, 142, 143. — Méditerranéenne, 143.

Floriculture. — 615.

Flosculeuses (Voir *Cynarocéphales*).

Flouve odorante. — 544.

Foin.—Se fauche en juillet, 182. —Dur (voir *Flouve odorante*). — Petit (Voir *Fétuque*).

Forces naturelles. — Rendues utilisables par l'utilité, 1.— Moyens d'en tirer parti, 6.

Forêts.—Sols qui leur conviennent le mieux, 18. — Action des sols sablo-argileux, 26. — Action des sols argileux, 32. — De la zone tempérée froide, 138, 139. — Leur absence dans la zone polaire, 140.— Epoque des semis, 183. — Action sur le climat, 227. — Primitives, 397. — Leur destruction par l'homme, 398.

Fossés. — En tranchées ouvertes, 194.— Leur disposition, 194, 195, 198, 199.

Fossiles.— De la craie, 16.—Infusoires fossiles siliceux, 20. — Du Loess du Rhin, 25. — De l'argile de Londres, 31.— Des faluns de la Touraine, 91.

Fougères.— 42, 357.—Equatoriales, 136.— Arborescentes, 137, 139. — Mâles, 360.

Fouine. — 922.

Fouloir.— A raisin. — 288.

Fourche. — Employée pour le labour à bras, 238.

Fourrages.—De marais marins 44. —Leur conservation, 737 à 741.

Fraisier. — 377, 645, 646.

Framboisier. — 377, 645.

Francklin. — 91.—Son expérience sur le plâtrage du sol, 91.

Fraude. — Des engrais. —Loi de 1867, 415.

Frêne. — Action des sols calcaires, 34. — Sa famille, 367.

Fritillaire impériale. — 621.

Fromages.—879.—Leur fabrication, 879, 880. — Espèces diverses, 880.

Froment. — 401, 402, 403, 404 (Voir *Blé*).

Fruit (Voyez *Graine*). — Sa maturation, 633, 634.

Fruiterie. — 745.

Fucus. — Emploi de leurs cendres comme engrais. 102. — Vésiculosus (Voir *Varech*).

Fuligo vaporaria. — 614.

Fumeterre. — 372.

Fumiers. — De ferme. Son rôle comme engrais, 120. — Quantité produite par le bétail, 120. 121. — Des carnivores, 121. — Des granivores, 121.— Des herbivores, 121. — D'étables, 121. — Chaud, 121. — Froid, 121. — Long, 121. — Court, 121. — Mode d'emploi du fumier, 121, 122. — Quantité nécessaire, 122. — Son mode de conservation, 123, 124. — (Jus du)(Voir *Purin*). — Son rôle en agriculture, 124, 125. — Son emploi dans les Gaules, 124. — Accroissement de sa production, 875.

Furet. — 922.

Fusain. — 378.

G

Gadoue (Voir *Vidange*).

Gamopétales, — 387.

Gangrène brune des pommes de terre.— 474, 475.

Gangrène sèche, 717.

Garance.—571.—Cultivée dans les marais du Vaucluse, 44.

— Sa culture, 572, 573, 574.

Garennes. — 829.

Garvance (Voir *Pois chiche*).

Gaude.—34.—Action des sols calcaires, 34. — Sa culture et son emploi, 574, 575.

Gazelle. — 168.

Gazon. — Action du noir animal, 100.

Gazon anglais (voir *Ivraie*).

Geai. — 167.

Gelées. — Tardives. — Leurs dégats, 186.

Genêt. — 42, 378. — Son rôle comme engrais vert, 107.

Genêt épineux (Voir *Ajonc*).

Genévrier. — 383. — Influence de l'altitude, 396.

Genièvre. — 419.

Gentiane. — 368.

Gentianées. — 368.

Géraniacées. — 373.

Géranium. — 373.

Gerbes. — 412.

Gerbiers. — 730, 731.

Gerboise. — 463, 464.

Germination. — Rôle des cotylédons, 349. — Condition pour qu'elle se produise, 350, 351. — Son développement, 362. — de l'orge, 429.

Gesses. — Sans feuilles ou aphaoa, 334, 338. — Espèces diverses, 466, 467. — Chiche, 465. — Cultivée, 466. — Employées comme fourrage, 515. — Des marais, 544, 545. — Des prés, — 545.

Gibier. — 940.— A plume, 940. — A poil, 941.

Gingembres. — 365.

Giraumont.— 609.

Giroflée. — 372.—Organe central, 343. — Ovule courbe, 344.

Giroflier. — 376.

Giroles. — 614.

Glaïeul. — 365, 622.

Gloxinia. — Multiplié par des boutures, 618.

Gluten. — 452.

Gneiss. — 10, 19. — De tout âge, 46.

Goëmons. — Emploi de leurs cendres, 102, 108. — Leur emploi comme engrais, 108.

Gomme arabique. — 378.

Gomme-Gutte. — 372, 373.

Gouet (Voir *Arum*).

Goyavier. — 376.

Grain. — De blé, 52. — Richesse en acide phosphorique, 76, 80. — Sa richesse en cendre, 78. — Influence de la chaux, 87. — Leur battage s'effectue en hiver, 174. — Leur distillation, 420, 421.

Graine. — 340. — Sa formation, 340, 343. — Éléments divers du fruit, 344, 345. — Coupe d'une pomme, 344. — Rapport du pistil et du fruit, 345, 346. — Classification des fruits, 346. — Ses éléments constitutifs, 346, 347, 348, 349. — Ses facultés germinatives, 350.

Graminées. — 361. — Répartition des éléments minéraux entre leurs organes, 76. — La potasse prédomine sur la soude, 76. — Acides entrant dans leur composition, 76. — Mode de respiration des feuilles, 336. — Leur importance, 342. — Plantes dont se compose cette famille, 361, 362.

Graminées bâtardes. — 360, 361.

Granit. — 10, 12. — Cristallin, 12. — Graphique, 27. — Sa transformation en terre végétale, 29. — Carte de ses gisements, 46.

Graves. — Plaines caillouteuses, 27.

Gravier. — Son rôle comme amendement, 85, 86.

Greenstone. — 19.

Greffes. — 619, 620, 622. — Des arbres fruitiers, 647. — En écusson, 669.

Grenadier. — 376.

Greniers. — 737, 738.

Grenier-glacière. — 732.

Grenouille. — 929.

Grès. — 12. — Tertiaires, 9. — Vieux grès rouge, 9. — Des Vosges, 10, 46. — Nouveau grès rouge du Scheshire, 11. — Sert à aiguiser, 19.

Grison. — 168.

Groseillier. — 376, 645. — Multiplié par des boutures, 617. — D'ornement multiplié par des marcottes, 618.

Grossulariées (Voir *Ribésiées*).

Gruau. — 421.

Guano. — Proprement dit, 112, 113. — Sa couleur et sa composition, 113, 114. — Son emploi, 114. — D'Afrique, 113. — De Patagonie, 113. — Des Antilles, 113. — Artificiel, 114. — D'Angleterre, 114.

Guanapa (Iles). — Gisements de guano, 113.

Guède (Voir *Pastel*).

Gueule de lion. — 367, 368.

Gui. — 325, 326 (Voir *Genièvre*), 722.

Guimauve. — 373.

Guttifères. — 372.

Gypse. — 12, 37 et 38. — A ossements, 9. — Forme cinq sols secs et chauds, 59. — Puissance d'absorption de l'humidité, 61. — Capacité calorifique, 66. — Son rôle comme amendement, 90, 91. — Son abondance dans le sol parisien, 91. — Expérience de Franklin, 91. — Sa composition, 92. — Histoire de son emploi, 92, 93. — Emploi des plâtres de démolition, 96.

H

Habitations rurales. — 706, 707.
Habsia diptera. — Multiplié par des boutures, 617.
Hache-paille. — 285.
Haeckel. — 387.
Harnachement du cheval. — 885, 886, 887.
Hamster commun. — 926.
Haras. — 705, 888, 889.
Hareng. — Son emploi frais comme engrais, 110. — Son climat, 108.
Haricots. — 459. — Phosphates et sels de chaux prédominants, 75, 76. — Facultés germinatives de sa graine, 350. — Nain blanc, 350. — Sabre, 350. — Espèces diverses, 459, 460. — Soissons à rame, 459. — De culture, 461. — Production en France, 461, 462.
Heleocharis Palustris (Voir *Jonc des marais*). — 103.
Hélianthes. — 369.
Héliotrope. — 368. — Origine, 394.
Helix-plebeia (Fossile du Rhin), 25.
Helix turonensis (Coquille fossile), 91.
Hellébore. — 372, 377.
Hémione. — 165. — Son climat, 166.
Hépatiques. — 357.
Herbages (Voir *Prairies naturelles*).
Herbe. — Des sols argileux, 32. — A écurer (Voir *Chara*). — Des gazons, appartient aux graminées, 362.
Herbe à la reine (Voir *Tabac*).
Herbe au beurre (Voir *Moutarde*).
Herbe aux charpentiers. — 546.

Herd-grass (Voir *Agrostis*).
Hérisson. — 923, 929.
Hersage. — 315. — Effectué en mars et en avril, 176, 178.
Herse. — Son emploi dans les défoncements, 64. — Suédoise, 177. — Son rôle, 248. — Ses perfectionnements, 248, 249. — Triangulaire, 248. — Articulée, 249, 250. — Oblique de Valcourt, 249. — Double de Valcourt, 249. — Parallélogrammatique, 250. — Trapézoïdale ou courbe, 250. — En zig-zag, 250. — Articulée de Howard, 250. — Chaîne, 250. — Tournante, 250.
Hêtre. — 383. — Action des sols sableux, 23. — Son climat, 138. — Limite de culture, 139, 145, 146.
Hévé de la Guyane (Voir *Caoutchouc*).
Hirondelles. — 228.
Hiver. — 171, 172, 173. — Sa durée, 173. — Occupations de la ferme, 173, 174, 176. — Mise-bas des brebis et engraissement des bestiaux, 174, 176. — Moyenne de température, 173.
Hivernache (Voir *Hivernage*).
Hivernage. — 519.
Homme. — Richesse de son urine, 115, 116. — Quantité d'urine qu'il secrète, 118.
Horticulture. — 597.
Houblon. — 382, 385. — Son emploi dans la bière, 429. — Sa culture, 582 à 586.
Houe. — 63. — Son emploi dans les défoncements, 64. — Employée au buttage, 179. — A cheval, 181, 257, 258. — Pleine ou à lame, 258. — A crochet, 258. — A main de Hugues, 258. — Demesmay pour biner et butter les betteraves, 482.

Houille. — Ses gisements, 46.

Houques, laineuse et molle, 544.

Houx. — 378, 390.

Huitres. — 942. — Carinée (fossile crayeux), 16.

Humboldt. — 58, 135, 136.

Humulus lupulus (Voir *Houblon*).

Humus. — 40. — Végétal ou proprement dit, 40, 41. — Animal, 40, 41. — En général, 41. — Son influence sur la qualité des sols, 41. — Action sur l'eau, 60. — Maximum de puissance d'absorption de l'humidité, 61. — Puissance d'absorption des gaz, 61, 62. — Action de l'oxygène sur l'humus, 61, 62. — Capacité calorifique, 66. — Son rôle comme amendement, 84.

Hyacinthe (Voir *Jacinthe*).

Hydrocharidées (Voir *Nymphacées*).

Hydrogène. — Élément nécessaire de toute plante, 73. — Ses proportions, 73.

Hygiène vétérinaire. — 894.

Hypéricées. — 372.

Hypocastanées. — 372.

Hypothèque. — 701, 702.

Hysope. — 367, 368.

I

If. — 383. — Action des sols calcaires, 35.

Igname. — 322, 323. — Sa famille, 364. — Son rhizome est féculent, 364.

Impôt. — 702, 703. — Foncier, 704.

Incinération. — Moyen d'analyse des plantes, 72, 73. — Proportion des cendres provenant des différents organes des plantes, 78.

Indigotier. — 378.

Indigotine. — 579.

Industrie. Donne à la matière première le complément d'utilité, 2.

Industrie agricole, — 484.

Industrie extractive. — Extrait directement la richesse matérielle du sol, 2.

Infusoires. — Fossiles siliceux, 20.

Inondations. — 211. — Moyen de fécondation, 84. — Système d'irrigation, 220. — Déterminées par le déboisement, 227, 228, 229. — De la Seine antérieurement au défrichement, 232.

Ipécacuanha. — 371.

Insectes auxiliaires. — 938.

Insectes nuisibles. — Aux céréales. — 930, 931, 932, 936. — Aux plantes potagères, 932, 936. — Au houblon, 933. — Aux bois, 933, 934. — Aux arbres fruitiers, 934. — Aux prairies, 935. — Aux racines, 935. — Aux fleurs, 937. — Aux animaux, 937. — Aux provisions de ménage, 937. — À la vigne, 935, 938, 939.

Instruments. — Pour les travaux d'extérieur de la ferme, 235. — Leur classification, 235, 236. — Pour les travaux d'intérieur de la ferme, 271.

Intervention de l'État dans l'agriculture. — 705.

Inventaire. — 946, 949, 950. — Se fait en hiver, 174.

Iode. — Sa présence dans la pluie, 58.

Iridées. — 365.

Iris. — 622. — Sommet de sa tige, 364. — Sa famille, 365.

Irrigations. — 211. — Modifient la nature du sol, 212. — Qualité des diverses espèces

d'eau, 213, 214. — Plus nécessaires dans le midi que
dans le nord, 216, 217. — Ses
merveilles dans différents
pays, 217, 218. — (Ecole d')
au Lézardeau, 218. — Divers
modes d'arrosement, 218,
219, 220. — Epoque de la
journée la plus favorable,
221. — Epoque de l'année,
221. — Manière de les pratiquer, 221, 222, 223, 224.
Isochimènes (Lignes). — De
l'Europe, 144. — De la France,
152.
Isothères (Lignes). — 144. —
De la France, 152.
Isothermes (Lignes). — De l'Europe, 143, 144. — De la
France, 151, 152. — Influence
de l'altitude et de la latitude,
152.
Ivraie. — 362. — Espèces diverses, 528, 529, 530, 531,
544.

J

Jace œillet. — 546, 549.
Jachère. — 503, 504, 504. —
Sa raison d'être, 54, 55. —
Labourée en mai et en août,
178, 183. — Fumée en mai
et en juin, 178, 179.
Jacinthe. — 365.
Jalap. — 368.
Janvier. — 173. — Température
moyenne, 176. — Travaux de
la ferme, 176.
Jardin potager. — 598.
—   fleuriste. — 623.
—   paysager. — 623, 624,
625, 626.
—   fruitier. — 642, 643.
Jarosse (Voir Gesse chiche).
Jasmin. — 367.
Jasminées. — 367.

Jauffret (Voir Engrais).
Javelles (Voir Andain).
Jonc. — La suie le fait dispa-
raître des prés, 103. — Des
marais, 103. — Sa présence
signale une mauvaise eau
d'irrigation, 214. — Ordinaire.
Sa famille, 364.
Jonc de Bothnie. — 546.
Jonc marin (Voir Ajonc).
Joncées. — 364.
Jongermanne. — 357.
Jonquille. — 367, 621.
Joubarbe. — 375.
Juglandées. — 382.
Juillet. — Travaux agricoles,
182. — Moyenne de tempé-
rature, 182.
Juin. — 176. — Moyenne de
température, 179. — Travaux
agricoles, 179.
Jujubier. — 378.
Juncaginées. — 365.
Jurassiques (Terrains). — 40. —
Leur situation, 46.
Jussieu (de). — 354, 355, 356.
— Sa méthode, 386.
Jute. — 570.

K

Kangourou. — 168.
Kaolin. — Riche en alumine,
30.

L

Labiées. — 367.
Labour. — Dans les sols sableux, 21. — Dans les sols argileux, 31. — Aère le sol, 63.
— De défoncement. Se pratique en hiver, 173, 313, 314. —
En billons, 195, 196, 312,
314. — A bras, 238. — Prix
de revient, 240, 243, 244. —

A la vapeur, 268, 269, 270, 271, 272, 273. — En planches, 312, 314. — Variation de sa profondeur, 312, 313. — D'hiver, 313, 314. — Saison favorable, 313. — Ses effets, 313. — Cas où il peut nuire, 313. — Renversé, 313, 314. — Oblique, 313, 314. — Droit, 313, 314. — Croisé, 314.

Lacryma-christi. — Vient dans les sols volcaniques, 29.

Laine. — C'est un engrais riche en azote, 110. — (Poudre de), 110. — Son commerce, 870, 871, 872.

Lait. — 878, 879. — Renferme beaucoup de phosphore, 99.

Laiterie. — Importance de ses produits, 874.

Laitue. — 303. — On la blanchit en la liant, 325.

Lama. — 166. — Son climat, 168.

Lamantin. — 169.

Lamarck. — 387.

Landes. — De Bretagne, 43. — De Sologne, 43. — Du sud-ouest de la France, 43.

Land presser (Voir Rouleau).

Languedoc. — Sols magnésiens, 38.

Lapin. — 827, 828.

Lathyrus-aphaca (Voir Gesse sans feuilles).

Laurier. — 137. — Sassafras, 141. — Facultés germinatives de sa graine, 350. — Commun ou sauce, 367. — Est une laurinée, 367. — Rose. Sa famille, 368.

Laurinées. — 367.

Lavande. — 367.

Lave. — 29 et 30.

Laveur. — 285.

Légumes forcés. — 598.

Légumineuses. — 378. — Absorbent beaucoup d'azote provenant de l'atmosphère, 55, 56. — Phosphates et sels de chaux prédominants, 75, 76. — Influence de la chaux sur leur culture, 86. — Leur rôle comme engrais vert, 106. — Leur caractère botanique, 343. — Plantes dont se compose cette famille, 343, 505. — Farineuses, 455. — Semées mélangées, 518, 519. — Des prairies naturelles, 544, 545.

Lemna. — Leurs racines, 329.

Lenticule (Voyez Lemna).

Lentille. — Phosphates et sels de chaux prédominants, 75, 76. — Sol qui lui convient, 78. — Du Canada (Voir Vesce). — Espèces diverses, 465. — Sa culture, 465. — Commune, 464. — Emploi comme fourrage, 515.

Lepidium campestre (Voir Cresson).

Lérot. — 926.

Levain de pâte. — 452.

Levûre de bière. — 452.

L'hermitage. — Vignes des sols granitiques, 29.

Liber. — 322, 323. — Ses vaisseaux, 324.

Liberté commerciale. — Ses effets sur le prix du blé, 453, 454.

Lichens. — 143, 357. — Polaires, 140.

Lierre. — 371. — Terrestre, 367. — Commun, 372.

Lièvre. — 165, 166, 167, 827.

Polaire. — 163.

Lilas. — 367.

Liliacées. — 365.

Limace. — 929, 930.

Limaçon. — 929.

Limagne. — Sols volcaniques, 29.

Limbe de la feuille. — 332.

Limon. — Des vallées, 18. — Siliceux marins, 20. — Son rôle comme amendement, 84. — Sa richesse en débris azotés, 84. — Ses coquilles, 84. — Ressource pour l'agriculture, 190, 191. — Du Rhône, 191.

Limousin. — Bœufs de Pompadour, 29.

Limnea stagnalis (Coquille de limon). — 84.

Lin. — Action du plâtre, 93. — Emploi de ses tourteaux comme engrais, 108. — Emploi de la colombine comme engrais, 112. — Derniers semis en mai, 178. — S'égrène à la machine, 281, 282. — Brisoir allemand pour écanguer le lin, 285. — Son teillage, 287. — Sa famille, 375. — Sa culture, 565, 567. — Espèces diverses, 566. — Mode d'emploi de ce textile, 567, 568. — Battoir pour le lin, 568.

Linées. — 375.

Linné. — 353, 354.

Linéoles. — 213.

Lion. — Richesse de son urine, 115.

Lis. — 339. — Sa famille, 365. — Multiplié par des boutures, 618.

Liseron, 368, 370.

Litière. — Avec quoi elle est faite, 120.

Lizard. — Sol riche en magnésie, 38.

Lobélia. — 369, 372.

Lobéliacées. — 369.

Lobos (Iles). — Gisements de guano, 113.

Locomobile. — Son emploi en agriculture, 288, 289, 290, 291, 292. — Routière, 289. — Verticale ou horizontale, 292.

Lœss. — 25.

Logrosan. — Gisements de phosphate fossile, 99.

Loir, — 926.

Londres. — Argile à fossiles, 31.

Lotier. — Corniculé, 545. — Velu, 545. — Maritime, 545.

Lotus. — 378.

Loup. — 922.

Lune rousse, 178.

Lupin. — Son rôle comme engrais vert, 106. — A feuilles étroites, 106. — Espèces diverses, 516, 517.

Lupuline (du houblon). — 583.

Luzerne. — Action des sols sableux, 22. — Sa racine, 22, — Action de la sécheresse, 23. — cultivée, 23. — Action des sols tufeux, 37. — Répartition de l'azote dans ses organes, 51. — Sol qui lui convient, 78. — Longueur de ses racines, 78, 85. — Lupuline, 79. — Influence de la chaux sur sa culture, 87. — — Action du plâtre, 84. — Influence de l'irrigation, 230. — On nettoie sa graine avec le tarare, 283, 280. — Son climat, 509, 510. — Sa culture, 510, 511, 512. — Espèces diverses, 510, 512, 513. — Des prairies naturelles, 545.

Lycopode. — 357.

Lycopodiacées. — 357.

Lygeum spartum. — 571.

Lysimachie. — Sa famille, 367.

Lysimachées (Voir *Primulacées*).

M

Macabi (Iles). — Gisement de guano, 113.

Mâche — 371.

Machines. — Leur définition, 235, 299. — Pour les travaux d'extérieur de la ferme, 235. — Leur classification, 235, 236. — A faner (Voir *Faneuse*). Pour les travaux d'intérieur de la

ferme, 274. — A vapeur, 274.
— A battre, mue par une locomobile, 175, 277, 278. —
Classification des machines à
battre, 274, 275. — Leur emploi, 275 à 280. —Ransomme,
277. — En bout, Pinet, 277.
— Damey, 277. — Renaud
et Lotz, 175, 277. — Pour
séparer les graines de trèfle,
280, 281. — Pour égrener le
maïs, 281. — Pour égrener
le lin, 281. —A tailler le lin,
286. — A écanguer le lin,
285, 286, 287. — A égrener le
coton, 287. — A fouler ou
égrener le raisin, 288. — A
vapeur locomobile, 288, 289.
— Les machines agricoles
sont l'objet d'une grande industrie, 301.—Services qu'elles rendent au point de vue
social, 301.
Maclura aurantiaca, multiplié
par des boutures, 617.
Madère. — Maturité de la vigne, 67.
Madia-sativa (Oléifère). —559,
560, 561.
Madrepora muricata. — 89.
Madrépores. —89.—Leur existence dans le maërl, 89.
Maërl, (mélange de coquillages et de madrépores), 89.—
Sa composition chimique, 90.
— Son rôle comme amende-
ment, 90.
Magnésie. — Son action sur la
végétation, 38. — Silicate
de magnésie, 40. — Phos-
phate de magnésie, 40. —
Sulfate de magnésie, 40. —
Azotate de magnésie, 40. —
Carbonate de magnésie, 40,
59. — Puissance d'absorp-
tion de l'humidité, 61.—Absorption physique des gaz,
63. — Capacité calorifique,
66. — Abondante dans les
prairies artificielles, 76.

Magnésium. — Elément néces-
saire de toute plante, 74.
Magnolia. — 374, 379.
Magnoliacées. — 374.
Mai. —17 . — Moyenne de température, 178. — Travaux
agricoles, 178.
Maïs. — Limite de sa culture,
149. — Zone de culture en
France, 159. — Cultivé en
Bretagne et en Flandre, 160.
— Nain à poulets, 160. —
Semé au plantoir, 253. — Son
buttage, 258. — S'égrène à la
machine, 281. — Se donne
aplati aux chevaux, 284. —
Racines adventives, 329. —
Fleurs mâles, fleurs femelles,
340. — Appartient à la famille des graminées, 361. —
Chaleur nécessaire à sa maturité, 396. — Son impor-
tance, 440, 441. — Espèces
diverses, 441, 442. — De
Pensylvanie, 441. — Rendement, 442, 443, 444. — Son
emploi pour nourrir les porcs
et la volaille, 444. — Sa
tige, 443. — Sa culture, 444,
445. — Séchoir pour le maïs,
446. — Employé comme
fourrage, 446.
Maladies des pommes de terre,
474, 475.
Maladies des animaux. — 803.
Maladies déterminées chez les
plantes cultivées par les
plantes parasites. — 707.
Malaxeurs pour les terres à
drains, 259.
Malt. — 429.
Malvacées. — 373.
Mancenillier. — 381
Mancherons (Charrue). — 238.
Mandragore. — 368.
Manège (Voir *Manivelle des
maraîchers*).
Manganèse. — Elément né-
cessaire de toute plante, 74.
Manioc. — 381.

Manivelle des maraîchers. —
300, 598, 599, 600.

Mannette. — 544.

Maquereau. — 168.

Mara. — 168.

Marais. — Leur culture, 43,
44. — Leur assainissement,
44. — Marins, 44. — Animaux qu'on y engraisse, 44.
— De la Charente-Inférieure,
44. — Du Vaucluse, 44. —
Mise en culture par l'écobuage, 104. — Comment on
détache le gazon pour le
brûler, 104. — Leur superficie en France, 189, 304. —
Leur transformation en riches pâturages, 189, 190. —
Leur insalubrité, 190. —
Desséchement par le colmatage, 190, 191. — Leur desséchement varie suivant leur
origine, 191, 192, 193. — De
la Seine antérieurement aux
desséchements, 215. — Du
Rhin, 226. — Cultivés en légumes, 597.

Marbres. — 39.

Marc de colle. — Composition
de cet engrais, 129, 130 131.

Marchés agricoles. — 959. —
Marché général de la France,
970, 971.

Marcotte. — 618, 619.

Marguerite. — Reine (Voir
Chrysanthème). — Petite
(Voir *Pâquerette*).

Marmotte. — 167.

Marne. — 9. — Diluvienne,
12. — Sédimentaire, 12. —
Mélange de carbonate de
chaux et d'argile, 16. — Calcaire, 39. — Ses variations
de composition, 88. — Son
rôle comme amendement, 88.
— Sa répartition à la surface
du champ, 88. — Quantité
nécessaire, 88. — Cas où l'on
préfère la marne à la chaux,
88, 89. — Son emploi dans
les défrichements, 306.

Marronnier d'Inde. — 372.

Mars. — 173. — Température
moyenne, 176. — Travaux de
la ferme, 176.

Martre. — 164.

Matière. — Transformée en richesse par l'utilité, 1. —
N'est que de la terre, 2.

Matières fécales. — Leur composition, 118, 119. — Transformation en poudrette, 131.
— Emploi de la poudrette,
131.

Matières organiques. — Leur
composition, 51. — Leur rôle,
51.

Matière première. — Première
forme de la richesse, 2.

Maurelle (Voir *Tournesol*).

Mauvaises herbes. — Comment
elles se comportent dans les
sols sableux, 21.

Mauve. — 373.

Meandrina labyrintica. — 89.

Mélèze. — 138, 145, 383.

Mélilot. — 378.

Mélisse. — 367.

Melon. — 381, 610, 611, 612. —
Coupe verticale du limbe de
sa feuille, 335. — Facultés
germinatives de sa graine,
350. — Maraîcher, 611. —
D'Honfleur, 613.

Melon d'eau (Voir *Pastèque*).

Ménispermées. — 374.

Menthe. — 367.

Mérinos. — 799. — Brebis, 483.
Agneau, 507. — Son perfectionnement, 870.

Merisiers. — Action des sols
calcaires, 35.

Merl (Voir *Maërl*).

Métayage. — 693, 696.

Méteil. — 422, 423, 424.

Météorisation. — 507.

Meules. — 19, 412, 450, 451.

Meules. — De blé, 728, 729,
730. — De foin, 737, 738,
739.

Meules (de champignon). —
615.

Meuse. — Gisements de phosphate fossile, 99.

Micaschiste. — 10.

Micocoulier. — 382.

Microzoaires. — 213.

Mignonette jaune (Voir *Trèfle des campagnes*).

Millepores. — Leur présence dans le maërl, 89.

Millepertuis. — 372.

Millet. — 445. — Son usage, 445, 446.—Espèces diverses, 446.-Climat et sol nécessaires, 446, 447. — Commun, 447. — D'Italie, 448. — De Hongrie (Voir *Moha*). — Emploi comme fourrage, 529.

Minoterie. — 450.

Moëlle. — Des plantes, 319, 320, 321, 322. — Décompose l'acide carbonique sous l'influence de la lumière, 321.

Moha. — 527, 528.

Moineau. — 164, 166.

Moisson. — 259, 260, 410, 411, 412. — Se fait en juillet et en août, 183. — Travaux de la moisson, 184.—Les champs au moment de la moisson, 204. — Emploi de la moissonneuse, 260, 261, 262, 263, 264, 265. — Rendement de la récolte de blé, 413. — Rendement de la récolte d'avoine, 433.

Moissonneuses. — 260, 261, 262, 263, 264, 265.—Mac-Cormick perfectionnée par Burgess et Key, 263. — Servent aussi de faucheuses, 264. — Séparateur de la moissonneuse, 264. — Automate de Alkin, 265.

Molasse. — 46.

Monades. — 213.

Monères. — 387, 388.

Monocotylédones. — 356, 358. Faisceau fibro-vasculaire d'une tige, 324. — Mode d'accroissement, 323, 324. —

Ses racines, 327, 328, 329.— Quelques-unes sont classées comme acotylédones, 357. — Hypogines, 359. — Périgines, 362. — Epygines, 365.

Montagnes. — Du centre de la France (Mézenc) 156. — Versants dénudés des monts Coyrons, du côté du Rhône, 312.

Monte. — Des étalons, 889, 890, 891. — Des taureaux, 891.

Morcellement. — 690, 691.

Morelle douce-amère ou grimpante. — 308, 371.

Morgeline (Voir *Mouron des oiseaux*).

Morilles. — 612, 613. — Leur culture, 615.

Morse. — 163, 168.

Morts-flats (Voir *Flacherie*).

Morue. — 168.

Mouflon. — 166.

Moulage. — 450.

Moulins. — 19. — A eau, 292. — A bras, 292. — A vent, 293. — Leur usage, 450.

Mouron. — Des champs, 367. — Des oiseaux, 367, 375.

Mousse. — 74, 357. — La suie la détruit dans les prés, 103. — Arctique, 139. — Polaire, 140.

Mousserons. — 614.

Moutarde. — 372. — Espèces diverses, 523, 524. — Blanche, oléagineuse, 556, 557. — Noire, oléagineuse, 557, 590.

Mouton. — South-Downs, 37. — Richesse de son urine, 116. — Son parcage pour fumer les terres, 119, 120. — Quantité de fumier produite, 121. — Climat qui lui convient, 162, 166. — Brebis mettent bas l'hiver, 174. — Effet du drainage, 207. — (Parc à), 207. — Manière de les tondre, 244. — Mérinos,

483, 507, 799. — De Beauce, 511. — Espagnol, 514. — Son rôle, 791. — Crise de l'élevage, 792, 793, 794. — Ses congénères, 794, 795.— Races actuelles, 796, 797. — A laine extra-fine, 801. — D'Algérie, 803. — Anglais, 805, 806, 807.

Mouture. — 450. — Diverses opérations, 450.

Moyette. — 411, 412.

Mulet. — 835. — Sa région, 162.

Mulot. — 925.

Musacées. — 365.

Musaraigne. — 927.

Muscadier. — 382.

Muguet. — 364.

Mûrier. — 158, 503. — Action des calcaires proprement dits, 36. — Zone de culture, 149. — Zone de culture en France, 160. — Rapport entre la fleur et le fruit, 346. — Sa famille, 382. Son origine, 394. — Multiplié par des marcottes, 619. — Sa culture, 668, 669, 670, 671.

Myagrum sativum (Voir *Caméline*).

Mycelium (Voir *Champignons*).

Myosotis. — 368.

Myristicées. — 382.

Myrrhe. — 379.

Myrtacées (Voir *Myrthées*).

Myrthes. — 137, 376.

Myrthées. — 376.

N

Naples.—Sols volcaniques, 29.

Narcisse. — 365, 621.

Nautilus centralis (Fossile argileux). — 30 et 31.

Navet. — 323. — Action des sols sableux purs, 27. — Action des sols argilo - calcaires, 33. — Carbonate terreux et alcalis prédominants, 75. — Longueur de sa racine, 85. — Jeune navet, 96. — Action des cendres noires, 97. — Se sime en juillet et en août, 182, 183. — Sa famille, 372. — Espèces diverses, 497, 498.— Donne une huile, 561.

Navet de Suède (Voir *Chou-navet*).

Navet tendre (Voir *Rave*).

Navette. — 372. — Son rôle comme engrais vert, 106. — Son rôle comme fourrage, 522, 523. — Plante oléagineuse, 552, 553.

Navigation (Lignes de). — 759.

Néflier. — 377, 667.

Neige. — Action sur la chaleur du sol, 64.

Nénuphar. — 389. — Son rôle comme engrais vert, 108. — Sa famille, 365.

Népenthès. — Sa famille, 365. — Distillation, 389.

Nerprun (Voir *Rhamnus*).

New-Haven. — Tempête de sel, 57.

Nielle (des blés). — 375 (Voir *Charbon*).

Nimbus (Voir *Nuages*).

Noir animal. — Richesse en phosphate, 100. — Son mode d'emploi, 100.

Noisetiers. — Action des sols calcaires, 34, 35.

Noisettes. — Leur conservation, 751, 752.

Nopal. — 921.

Nopalées (Voir *Opuntiacées*).

Nord (Département du). — Rendement du blé, 7.

Normandie. — Sols crayeux de la Haute-Normandie, 36. — Marais où on élève des animaux de boucherie, 44.

Novembre. — Travaux agricoles, 183.

Noyer. — 382.
Nuages. — Leur direction, 153. — Leur forme, 154.
Nuages artificiels. — 178.
Nucleus (Voir *Cytoblaste*).
Nymphœa (Voir *Nénuphar*). — Alba, 107.
Nymphœacées. — 365.

O

Ocres. — Riches en alumine, 39.
Octobre. — Travaux agricoles, 183.
Octoplicata (Voir *Térébratule*).
Œillet. — 620, 621. — D'Inde, 370.
Œillette. — 109 (Voir *Pavot*). — Emploi de ses tourteaux comme engrais, 108.
Œufs. — Leur commerce, 872.
Oïdium. — 722, 723, 724, 725.
Oie. — 464, 824, 825.
Oignon. — 606, 607.
Oiseaux. — Services qu'ils rendent et dégâts qu'il causent, 927, 928, 929.
Oliette (Voir *Pavot*).
Olivier. — 137, 141. — Emploi des roseaux comme engrais vert à son pied, 107. — Zone de culture, 149. — Zone de culture en France, 160. — Sa famille, 367. — Influence de l'altitude, 396.
Ombellifères. — 372.
Onagre. — Son climat, 466.
Opium. — 555, 556.
Opuntiacées. — 375.
Oranger. — 137, 450, 503, 663, 664, 665. — Zone de culture, 149, 150. — Zone de culture en France, 160. — A toujours des feuilles, 323. — Sa famille, 373. — Exige une terre spéciale, 645.
Orchidées. — 365.

Orchis. — 365.
Oreille (Voir *Versoir*). — 238.
Orge. — Influence de la silice 21. — Sol qui lui convient, 21. — Action des sols argileux, 32. — Action des sols calcaires proprement dits, 36. — Action des sols tourbeux, 43. — Sa culture sous les climats hyperboréens, 145. — Trifurquée, 145. — Craint l'humidité, 159. — Appartient à la famille des graminées, 391. — Escourgeon, 394, 529. — Chaleur nécessaire à sa maturité, 394, 395. — En éventail, 423. — Son emploi, 424. — Diverses espèces, 424, 425, 426, 427. — Sa culture, 424, 425, 426. — Céleste, 426. — Sa production en France, 427. — Son rôle dans l'alimentation, 427, 428. — Mondé et perlé, 428. — Emploi comme fourrage, 529.
Orme. — 383.
Orobanche. — A petites fleurs, 507. — Rameuse, 561, 563, 719, 720.
Orobe. — Tubéreux, 342.
Orange. — (Vraie), 612, 613. — (Fausse), 612, 613.
Ortie. — 382.
Os (Voir *Phosphate*). — Moulin pour les broyer, 100.
Oseille. — 367.
Ostréiculture. — 942.
Oursin (Fossile crayeux), 16.
Oxyde de fer. — 40. — Son action sur les matières organiques, 48, 49
Oxyde de manganèse. — 40.
Oxygène. — Son action sur la végétation, 47, 48, 49, 50. — Son action sur l'humus, 61, 62. — Condensation par le fer, 62. — Élément nécessaire de toute plante, 73. — Ses proportions, 73.

P

Paille. — Sa richesse en silice, 21, 76. — Sa richesse en cendres, 78. — Influence de la chaux, 87. — De seigle, 421. — D'orge, 428.

Pain. — Se fait dans la ferme, 293. — Emploi du pétrin mécanique, 293, 294, 297, 298. — Sa fabrication, 295, 296, 451, 452.—Mitron pétrissant la pâte, 294.—De seigle, 421. — D'orge, 422. — D'avoine, 433.

Phalœthérium magnum. — 38.

Palissage. — 643.

Palissandre. — 378.

Palmier. — 136, 137, 188, 363. — Exige beaucoup d'eau, 187. — Ses racines, 328. — Nain, 572.

Paludina vivipara (Coquille du limon). 84.

Palus (Voir *marais du Vaucluse*).

Panais. — 372, 492. — Carbonate terreux et alcalis prédominants, 75. — Espèces diverses, 493. — Sa culture, 493.

Panais de vache (Voir *Berce branc-ursine*).

Pandanées. — 359.

Pandanus utilis. — 359, 362. — Ses racines, 329.

Pandipave. — 382, 383.

Panis (Voir *Millet*).

Pansage du cheval. — 884.

Papavéracées. — 372.

Papaver rhœas (Voir *Coquelicots*).

Papilionacées. — Leur caractère, 343.

Papyrus d'Egypte (Voir *Souchet*).

Pâquerette. — 370.

Parasites des animaux. — 987.

Parcage. — Son action sur la fumure des terres, 119, 120.

Parc à moutons. — 207.

Parelle. — Son fruit, 347.

Parenchyme. — 382.

Pariétaire. — 382.

Parisien (terrain). — 40.

Parmentières. — 470, 471.

Pastel. — 372. — Emploi comme fourrage, 524. — Plante territoriale, 578, 579.

Pastèque. — 381.

Patate. — Carbonate terreux et alcalis prédominants, 75. — Espèces diverses, 501, 502.

Pâtes alimentaires. — 452.

Patraques. — 468, 469, 470.

Pâturages (Voir *Prairies naturelles*).

Paturin. — 362. — Espèces diverses, 544.

Paulownia. — Imperialis, multiplié par des boutures, 617. — Multiplié par des marcottes, 619.

Pavot. — 372, 554, 555, 556.— Blanc. Emploi de ses tourteaux comme engrais, 108.— Œillette (Voir *œillette*).

Peaux. — Leur production, 874.

Pébrine. — 913, 914.

Pêche. — 941, 942.

Pêcher. — 377. — Son origine, 394. — Ses parasites, 721, 722.

Pelargonium. — 373.

Pelle. — 198. — A puiser pour vider les drains, 197. — Sert à creuser les drains, 200

Pénéen (Terrain). — 10. — Carte de ses gisements, 46.

Pensée. — 374, 620.

Pépinières. — 626, 627.

Perce-neige. — 365.

Perdrix. — 164, 166.

Persicaire des teinturiers. — 579, 580.

Persil. — 372.

Personnées. — 367.

Pervenche. — 368.

Pétiole. — 332.

Pétrin mécanique. — 293, 297, 298, 299, 452.

Peuplier. — Action des sols marécageux, 44. — Blanc, 23, 45. — Sa culture près de Rouen, 23. — Noir, 44. — Son climat, 138. — Limite de culture, 145, 146. — Feuilles alternes, 330. — Sa famille, 382.

Phalaris roseau. — 543, 544.

Phanérogames. — 354. — Monocotylédones, 458. — Dicotylédones, 365.

Phoque. — 163, 168.

Phosphate. — 40. — Prédominant dans les céréales, 75. — Prédominant dans les légumineuses, 75, 76. — Assimilable, 99. — Minéral, 99. — Ses gisements en France, 99. — Ses gisements en Espagne, 99. — Des os. Son emploi, 99, 100. — Son abondance dans le noir animal, — 100.

Phosphore. — 58. — Élément nécessaire de toute plante, 74. Élément dont les plantes sont le plus avides, 81, 82. — Son insuffisance stérilise le sol, 98. — Les vaches à lait en appauvrissent le sol, 99.

Phosphorique (Acide). — Abonde dans les plantes potagères, 76. — Prédomine dans le grain, 76.

Phosphorite (Fossile). — 99. — (Voir *Phosphate minéral*).

Phylloxera vastatrix. — 938, 939.

Pic, outil. — 237, 238.

Pied de veau. — 360, 363.

Pied d'oiseau. — 515, 516.

Pierre-meulière. — 9. — Sa composition, 19. — Son usage, 19. — De taille, 9, 39. —

Souvent riche en alumine, 39.

Pigeon. — 826. — Ramier, 111. — Leur climat, 164. — Migrateur, 167.

Piment. — 368.

Pimprenelle. — 526, 527, 534, 548. — Petite), 546. — (Grande) (Voir *Sanguisorbe*).

Pin. — 383. — Son climat, 138. — Limite de culture, 139, 145. — Sous les climats hyperboréens, 145. — Transformation des dunes, 304, 305. — A pignon; nombre de ses cotylédons, 349.

Pin d'Ecosse (Voir *Pin sylvestre*).

Pin Laricio. — 23. — Action des sols sableux purs, 27.

Pin maritime. — 635, 636. — Action des sols sableux, 23, 27. — Son cône, 24.

Pin sylvestre. — 24. — Rameau mâle, 25. — Action des sols sableux purs, 27.

Pingouin. — 163.

Pintade. — 166, 827.

Pioche. — 63. — Son emploi dans les défoncements, 64. — Son emploi dans le drainage, 200.

Piocheuse - défonceuse à vapeur. — 270.

Pipérinées. — 360.

Pisciculture. — 942.

Pissenlit. — 369, 373.

Pistache de terre (Voir *Arachide*).

Pistachier. — 378.

Pistil. — 340, 343, 345. — Ses éléments, 345, 346.

Pivoine. — 372.

Planche de jardinage. — 481.

Planorbis corneus (Coquille de limon). — 84.

Plantain lancéolé. — 546, 550.

Plantations d'alignement. — 636, 637, 638, 639, 640.

Plante. — Sa composition chimique, 69, 73. — Ses éléments

organiques et minéraux, 73,
74. — Son invariable composition quant aux éléments, 75.
— Combinaisons diverses de
ses éléments chimiques, 75,
76. — La composition chimique de ses différents organes
n'est pas uniforme, 78. — Éléments prédominants, 81. —
Rapports de quantité du sodium, du potassium et du
phosphore, 81.—Ses organes,
316. — Formés de deux es-
pèces de tissus, 316. — Mode
d'accroissement de la tige,
322, 323, 324, 325. — Développement des branches, 330.
— Classification du règne végétal, 353, 386, 387, 388. —
Systèmes Tournefort, Linné
et Jussieu, 353, 354, 355, 356.
— Annuelle, bisannuelle ou
vivace, 384, 385. — Vivace,
herbacée ou ligneuse, 385.—
Géographie naturelle et artificielle des plantes, 389, 390,
391, 392. — Emigration des
plantes, 391, 392. — Leur acclimatation, 392, 393. — Influence de la latitude et de
l'altitude sur leur distribution, 396.
Plantes économiques. — 581.
Plantes industrielles.—503, 547,
548.
Plantes nuisibles à l'agriculture. — 707.
Plantes oléagineuses.—548, 549.
— Emploi des tourteaux oléagineux comme engrais, 108.
Plantes parasites. — Combat-
tues au moyen du rouleau,
231. — Maladies qu'elles déterminent sur les plantes cultivées, 707.
Plantes potagères. — Alcalis,
chaux et acide phosphorique
prédominants, 76, 596.—Classification, 600, 601.
Plantes racines. —Richesse en

alcalis et en carbonates, 75.
— Arrachage à la charrue,
248.
Plantes sarclées.—467. —(Voir
Plantes racines).
Plantes textiles. — 561.
Plantes tinctoriales. — 572.
Plantoir.—253.—Flamand, 253.
— De M. Portal, 253.
Platane. — 137, 383.
Platanées. — 383.
Plâtre (Voir Gypse).
Plombage (Voir Roulage).
Ployon. — 410, 411.
Pluie. — Son action sur la vé-
gétation, 56. — Appauvrit
l'atmosphère d'ammoniaque,
56. — Quantité d'azote qu'elle
procure au sol, 56, 57.—Con-
tient substances solides, 57.
—Quantité annuelle en Fran-
ce, 57, 153. — Quantité an-
nuelle en Europe, 144. —
Quantité des matières minérales apportées au sol par la
pluie, 58. — Influence sur la
chaleur du sol, 64, 66, 67. —
Saisons(de), 144, 145. — Influence des vents, 153, 154,
155. — Influence des montagnes, 155. — Rare en été en
France, 181, 182.
Plumes. — Engrais riche en
azote, 110.
Pluviomètre. — 57.
Poils. —Engrais riche en azote,
110.
Poireau.—607, 608. — Carbonate terreux et alcalis prédominants, 75.
Poirée. — 367.
Poirier.—377, 655. — De bon
chrétien d'hiver, 77. — Sol
qui lui convient, 78. — Ses
parasites, 721.
Pois. — Action des sols granitiques, 29. — Phosphates
et sels de chaux prédomi-
nants, 75, 76. — Son rôle
comme engrais vert, 106.—

De Marly, 107. — De Clamart, 107. — Normand, 107. — Des champs, 343, 462, 515. — Ovule dans son second âge, 344. — Plantule du pois, 348. — Espèces diverses, 462, 463. — Sa culture, 463, 464. — Gris (Voir *Pois des champs*). — Cultivé, 462.

Pois blanc (Voir *Pois chiche*).

Pois chiche. — 465, 466.

Pois ciche (Voir *Pois chiche*).

Pois à crapaud (Voir *Vesce*).

Poissons. — Sa culture en Sologne, 100.

Poivre long (Voir *Piment*).

Poivrier. — 360.

Pollen. — Son rôle, 340. — Du melon, 340. — Du cerisier, 340.

Polygonées. — 367.

Polytric, mousse. — 74.

Pomme de terre. — 22. — Action des sols sableux, 22, 27. — Action des sols granitiques, 29. — Vient très-bien dans les sols volcaniques, 29. — Action des sols argileux, 32. — Action des sols argilo-calcaires, 33. — Influence de la couleur du sol sur l'époque de maturité, 65. — Plant dont quelques rameaux aériens sont devenus tuberculeux, 65. — Carbonate terreux et alcalis prédominants, 75. — Action du plâtre, 93. Action des cendres noires, 97. — Action des cendres de houille, 102. — Emploi de ses pampres comme engrais vert, 108. — Epoque du buttage, 179. — Buttée, 315. — Son origine, 394. — Se cultive fort avant dans le Nord, 393. — Sa culture, 455. — Son introduction en Europe, 468, 469. — Espèces diverses, 470, 471,

472. — Sol et climat, 472. — Comment on les reproduit, 472, 473. — Sa maladie, 474, 475.

Pommier. — 377, 654, 655, 656. — Sol qui lui convient, 78. — Zone de culture en France, 159. — Coupe d'une pomme, 344.

Pompadour. — Action des sols granitiques, 29.

Pompe. — A purin, 123, 268, 269. — Mobile, 268.

Ponce. — 29 et 30.

Population. — Des départements, 959 à 969. — Des régions, 959 à 969.

Porc. — Pauvreté de son urine, 115 — Proportion d'acide phosphorique, 116. — Son fumier est un fumier froid, 121. — Son climat, 166. — d'Essex, 284. — Préparation de sa nourriture, 285. — Du Hampshire, 425. — Nourri au maïs, 444. — Son rôle dans la culture, 808, 809. — Son engraissement, 809, 810. — Ses races, 810 à 814. — Normand, 904.

Porcherie. — 883, 884.

Porphyre. — 12. — Euritique, 13. — Sa situation, 46.

Portulaca. — 375.

Portulacées. — 375.

Potamées. — 364.

Potamogéton. — Son emploi comme engrais vert, 108.

Potasse. — Action sur les sols volcaniques, 30. — Silicate de potasse, 40. — Phosphate de potasse, 40. — Sulfate de potasse, 40. — Azotate de potasse, 40. — Son carbonate abondant dans les arbres, 76. — Prédomine dans les graminées sur la soude, 76. — Les plantes en renferment plus que de soude, 81.

Potassium. — Elément nécessaire de toute plante, 74. — Rare dans la nature, 81.

Potiron. — 382, 608, 609, 610.

Poudre d'os. — Phosphate assimilable, 99.

Poudrette. (Voir *Matières fécales*).

Poulaille. (Voir *Poule*) (*fiente de*).

Poularde. — 819 (Voir *Poule*).

Poules — 818 à 821. — Emploi de leur fiente comme engrais, 112. — Leur climat, 166. — De la Flèche, 420, 440. — Races, 819.

Poule d'eau. — 941.

Pourriture. — Du mouton préservée par le drainage, 207.

• Pourpier (Voir *Portulaca*).

Prairies artificielles. — Action des sables argileux, 32. — Action des sols crayeux, 36. — Chaux, magnésie et alcalis prédominants, 76. — Action du plâtre, 91, 93. — Son mode d'emploi, 91, 92. — Action des cendres noires, 97. — Epoque de l'ensemencement, 184. — Leur culture, 503. — Redoutent la sécheresse, 505. — Plantes dont elles sont formées, 505.

Prairies naturelles.—503.— De Pompadour, 29. — Leur rôle dans les sols calcaires, 35. —Leur rôle dans les sols tourbeux, 43. — Les sols sains leur conviennent, 61. — Action de la suie, 103. — Climat où elles apparaissent, 137. — Leur climat par excellence, 139. — Action de l'irrigation, 220. — Cas où il est nécessaire de les conserver, 311, 312. — Leurs avantages, 534, 536. — Leur classification, 534. — Sèches, fraiches et marécageuses, 536. — Leur formation, 536, 538. — Plantes qui les composent,

538. — Doivent renfermer des plantes aromatiques, 546, 547.

Pralinage. — 407.

Prèles. — Forment la tourbe, 43. — Des champs, 43. — La suie les détruit dans les prés, 103. — Des tourneurs, 357.

Prés (Voir *Prairies naturelles*).

Pressoir. — A cidre, 287, 288. — A vin, 288.

Prévalaie (la). — 542.

Prévoyance. — Rend l'homme maître des circonstances, 6. — Doit être éclairée par la science, 6.

Primes d'honneur. — 950, 951, 952.

Primeurs (Voir *Légumes forcés*).

Primevère. — 367.

Primitif (Terrain). — 10, 12. — Forme les hautes montagnes, 13. — Sa position, 12 et 14. — Sa division, 14.

Primulacées. — 367.

Printemps. — Moyenne de température, 176. — Sa durée, 176. — Action sur les plantes et les animaux, 179, 180. — Travaux agricoles, 180, 181.

Prise d'eau au moyen d'un barrage, 220.

Prix de revient. — Détermine le choix des cultures, 80. — Evaluation, 948, 952.

Production agricole.—957, 958. — Par région, 959 à 969.

Propriété.—689.—Foncière,689. — Grande, moyenne et petite. 689, 690.

Prunier. — 377.

Pucerons.— 456.

Puits absorbants.— Leur emploi pour dessécher les marais, 191, 192, 193, 195.

Pulpe de betterave, donnée au bétail. — 484.

Papa muscorum (fossile du Rhin).— 25.

Purin. —115.—(Fosse à), 116, 117, 118, 123. — Utilisation du purin, 116, 117, 118. — Son emploi pour arroser le fumier, 123. — (Pompe à), 123, 268, 269. — Répugnance de son emploi, 267, 268. — Se répand au moyen de tonneaux, 268.

Putois. — 922.

Pyrites (sulfure de fer).—50.— Cuivreuse, 49. — Leur action sur la végétation, 50.

Q

Quartz.—12.— Sa composition, 19, 39. — Terrains quartzeux, 19, 27.

Quaternaires (terrains).—9, 11.

Quillebeuf. — Culture des sols sableux purs, 27.

Quinquina. — 371.

Rabioule.—493. — (Huile de) 561.

Racines. —455; 467.—La légèreté du sol est favorable à leur extension, 8. — Leur profondeur, 8. — Action de la silice, 20. — Action des sols sableux, 21, 22. — De la luzerne, 22. — Action des sols cailloutcux, 28. — Tuberculeuses prospèrent dans les sols argileux, 32. — Influence de la sécheresse, 60. — Influence de l'absorption physique des gaz par le sol, 63.—Quand elles sont longues, exigent un défoncement, 85. — Longueurs comparées de racines de plusieurs plantes,

85. — La chaux accroît leur puissance d'absorption, 87. — Son rôle, 325, 326, 329, 330.— Mode d'accroissement, 326. — Dispositions diverses, 326, 327, 328, 329. — Pivotantes, 327. — A base multiple, 327. — Adventives, 328. — Plantes grasses vivent très-bien sans racines, 329, 330. — Différence d'un tubercule et d'une racine, 467, 468.

Radiées (Voir *Corymbifères*).

Radis.—75.—Carbonate terreux et alcalis prédominants, 75, — Différence avec les raves, 494.

Rafles. — 443.

Raie. — Batis, 168. — Son climat, 169.

Raiponce. —369.

Rateau. —266, 267.— A cheval américain, 267. — A cheval de Howard, 267.

Rat noir — 924.

Rave.—493, 494.—Aplatie globe rouge, 33. — Emploi de ses feuilles comme engrais vert, 108. — Sa famille, 372. — Espèces diverses, 494, 495. — Culture, 495.

Ravette (Voir *Navette*).

Ray-grass (Voir *Ivraie*).— Ray-grass de France (Voir *Avoine fromentale*).

Rayonneurs.—256.—Dombasle, 256.

Reboisement. —211.—Améliore le climat, 229. — Des rives du lac de Zurich, 231. — Loi du 28 juillet 1860, 233, 234.

Regards (Drainage), —203.

Régions agricoles économiques, — 953, 959.— 1º Nord-Ouest, 559; 2º Nord-Est, 961; 3º Ouest, 962; 4º Sud-Est, 964; 5º Sud-Ouest, 967; 6º Est, 968.

Réglisse. — 378.

Régulateur (charrue).— 239.

Renard. — 164, 923.

Renne. — 164.

Renonculacées. — 372.

Renoncule. — Racine à base multiple, 327. — Rapport de la fleur et du fruit, 346. — Aquatique, 346. — Sa famille, 372.

Reprise d'eau (Irrigation par), 219, 223, 224.

Reproduction. — A lieu l'été, 180.

Réséda. — 372. — Action du climat, 151.

Résédacées. — 372.

Réserves d'eau contre la sécheresse. — 189.

Réservoirs artificiels d'irrigation. — 217, 221. — Pour améliorer l'eau de source, 214, 215, 216, 127.

Restiacées. — 364.

Révolution (Voir *Charrue soussol*).

Rhamnées. — 378.

Rhamnus. — 378.

Rhizocarpe. — Géographique, 357.

Rhizocarpées. — 357.

Rhizoctone. — Du safran, 576. — De la luzerne, 719. — Du pêcher, 721.

Rhizome. — De l'igname, 364.

Rhododendron. — 42. — Sa famille, 369. — Influence de l'altitude, 396.

Rhodoracées. — 368.

Rhubarbe. — 367. — Son origine, 394, 395.

Ribésiées. — 376.

Richesse. — Provient de l'utilité, 1. — Matérielle. Provient toujours du sol, 2. — Manière directe ou indirecte dont on l'extrait du sol, 2.

Ricin. — 381, 383. — Action du climat, 151.

Rigoles. — Couvertes (de drainage), 194, 196. — D'irrigation, 221, 222, 223, 224.

Riz. — Limite de sa culture, 149. — Exige beaucoup d'eau, 187. — Déficit de sa récolte dans le Bengale, 211. — Commun, 212, 437. — Appartient à la famille des graminées, 364. — Sa culture restreinte en France, 436, 437. — Espèces diverses, 437. — Sa culture, 438, 439, 440. — Rendement, 440.

Rizières. — 437, 438.

Rocou. — 374.

Romaine. — On la blanchit en la liant, 335.

Romarin. — 367.

Ronce. — 377.

Rosacées. — 376.

Rosage. — Du chanvre, 564.

Roseaux. — Leur rôle comme engrais vert, 107.

Roseau à balai. — 362.

Rosier. — 376, 622. — Bourgeon épanoui, 329. — Des Haies ou églantier sauvage, 351.

Rostellaria ampla (fossile argileux). — 30 et 31.

Rouille des céréales. — 709.

Rouissage. — Du chanvre, 564.

Rouleau. — Son emploi en avril, 178. — Crosskill, 179, 252. — Son emploi contre les plantes parasites, 251. — Sa construction, 251, 252. — Ordinaire, 251. — Squelette de Dombasle, 251, 252. — Brisé, 252. — A disques et à charge variable, 252. — Arroseur, 252. — Land presser, 252, 253. — A dépiquer à côtes saillantes, 275. — Effets de son emploi, 315. — Plombage, 315.

Routoir. — 557, 568. — A eau dormante de la Saxe, 565. —

A courant d'eau de la Saxe, 567.

Rubiacées. — 371.

Rubia tinctorum. (Voir *Garance*).

Ruban d'eau. (Voir *Phalaris roseau*).

Ruche. — 237, 918, 919.

Rüe commune. — 375.

Rutabaga. (Voir *Chou-navet*).

Rutacées. — 375.

S

Sables siliceux. — 19, 35. — Capacité calorifique, 65. — Entrent dans la composition de la terre végétale, 8, 15.— Des alluvions, 9, 11. — Des landes, 9. — Propriétés physiques, 15. — Diminuent l'imperméabilité de l'argile, 17. — Renferment infusoires fossiles, 20. — Argileux, 29. — Calcaires, 59. — Forment sols secs et chauds, 99. —Puissance d'absorption de l'humidité par les sables siliceux, 61. — Leur rôle comme amendement, 84.

Safran. — 365, 573, 574, 575, 576. — Sa maladie, 576. — D'Allemagne (Voir *Carthame*). — (Faux) (Voir *Carthame*).

Safranum. (Voir *Carthame*).

Saillie. — Des Juments. Son époque, 180.

Sainfoin. — Action des sols calcaires, 35. — Action des sols calcaires proprement dits, 36. —Action des sols tufeux, 37. —Répartition de l'azote dans ses organes, 51.—D'Espagne, 51. — Action du plâtre, 91. — Son climat, 513, 514. — Sa culture, 513, 514.

Sainte-Lucie (Arbre de). — Action des sols calcaires, 35.

Saint-Péray. — Vignes des sols granitiques, 29.

Saisons. — Pluvieuses, 144, 145. — Leur cause, 169, 170, 172. — Leurs variations suivant les climats, 170, 171.— Influences des saisons régulières et irrégulières, 184, 185, 186.

Salades. — 613.

Salaires agricoles. — 699, 700.

Salep (Fécule). — 365.

Salicinées. — 382.

Salsepareille. — 364.

Salsilis. — Carbonate terreux et alcalis prédominants, 75. — Noir, 369.

Sang desséché. — Son emploi comme engrais, 109.

Sanglier. — 926, 927, 941.

Sanguisorbe. — 546, 549.

Sape flamande. — 409, 411.

Sapin. — 383. — Son climat, 138. — Limite de culture, 139, 145. — Dans les climats hyperboréens, 145.— Mélèze (Voir *Mélèze*). — Sapinière déboisée, 206.

Saponaire. — 375.

Sarcelle. — 166.

Sardine. — 168.

Sarclage. — 315.

Sarclées (Cultures). — 455.

Sarcloir. — A main, 258.

Sarrasin. — Action des sols granitiques, 29. — De Tartarie, 86, 435. — Action du plâtre, 93. — Son rôle comme engrais vert, 106.—Se sème en juillet, 182. — Sa famille, 367. — Commun, 434, 435.— Espèces diverses, 435, 436. —Climat qui lui convient, 435. Semailles, 436. — Production en France, 436.

Sauge. — 367.

Saule. — Action des sols marécageux, 44. — Son climat, 138. — Sa famille, 382.

Saumon. — 168.

Saururées. — 360.

Scableuse. — 341, 370.

Scarificateurs. — 256, 257. — Colmann, 257.

Schiedam (Voir *Genièvre*).

Schistes. — 12. — Riches en alumine, 39.

Scories pulvérisées. — Leur rôle comme amendement, 85, 86.

Scorpion. — 166.

Scorsonère (Voir *Salsifis noir*).

Sécheresse. — Ses effets, 211.

Séchoir pour le mais. — 446.

Secondaires (Terrains). — 10, 12,

Sédiments (Terrains de). — 9, 10. — En couches horizontales, 12. — Leur position, 12 et 14. — Leur division, 12 et 14.

Ségalas. — (Terres à seigle).

Seigle. — Influence de la silice, 21. — Sol qui lui convient, 21, 77, 78, 159. — Action des sols sableux purs, 27. — Action des sols granitiques, 29. — Action des sols argileux, 32. — Action des sols calcaires proprement dits, 36. — D'hiver, 76. — Sa maturité, 77. — Action du froid, 77. — Influence de la chaux sur son rendement, 87. — Action du plâtre, 93. — Action des cendres de houille, 102. — Son rôle comme engrais vert, 106. — Limite de sa culture, 148, 149. — Appartient à la famille des graminées, 361. — Son rôle et ses diverses espèces, 416, 417. — Rendement, 417. — Employé en fourrage, 418. — Emploi de sa farine, 419. —

Sert à faire du genièvre, 419. — Emploi de son grain grillé, 421. — Emploi de sa paille, 421. — Sa production en France, 421, 422. — Sa distillation, 420, 421, 490. — Emploi comme fourrage, 529.

Sels ammoniacaux. — Leur rôle comme engrais stimulants, 97.

Sel marin (Voir *Chlorure de sodium*). — Des marais cultivables, 44. — Sa présence dans l'eau de certaines pluies, 57. — Ses ravages, 57. — Quantité renfermée dans la pluie, 58. — Son action sur la végétation, 98.

Semence. — Nécessité de l'air et de l'eau pour sa germination, 63. — Comment elle se nourrit au début, 70, 71. — Premières semailles se font en hiver, 174. — Moment de la répandre, 253. — Répandue à la volée, 253. — Se nettoie avec le tarare et les trieurs, 282, 283, 284.

Semi-flosculeuses. (Voir *Chicoracée*.)

Semoir. — Vu par devant, 177. — Tube, 253. — Américain ou à la volée, 253, 254. — Brouette, 254, 256. — A cheval, 254, 255. — Smyth, 255. — Bodin, 255. — Rouleur, 255, 256. — Distributeurs d'engrais, 256.

Sénevé. (Voir *Moutarde*.)

Sensitive. — Facultés germinatives de sa graine, 350. —

Sep. — 238, 239.

Septembre. — Moyenne de température, 183. — Travaux agricoles, 183.

Seradelle (Voir *Pied d'oiseau*).

Sérançage. — 569.

Séron. — 569.

Sereinage (Voir *Rosage*).

Seringat. — 376.

Sésame. — 557, 558.

Sève. — Son mouvement dans les plantes, 322, 323, 324. — Descendante, 323.

Sheffield. — Emploi des boues comme engrais, 126.

Siénite. — 46.

Silex. — Formé de silice pure, 19, 39.

Silicates. — 40. — Leur composition, 19. — Prédominent dans les céréales, 75.

Silice. — Entre dans la composition de l'argile, 15. — Sa composition, 19, 39. — Son abondance, 19. — Son aspect, 19. — Cristallisée, 19. — Ses propriétés physiques, 19 et 20. — Action de l'eau, 20. — Fine, 20. — Renferme des infusoires fossiles, 20. — Actions sur les racines, 20. — Action sur les feuilles, 20. — Action sur les tiges, 20. — Son action sur les céréales, 21. — Action sur la verse des céréales, 21. — Abondance dans les plantes de forêts ou de marais, 76. — Prédomine dans la paille, 76. — Gélatineuse. Son rôle comme amendement, 84.

Silicium. — 39. — Élément nécessaire de toute plante, 74.

Lilas. — Multiplié par des marcottes, 619.

Siluriens (Terrains). — 46.

Simoun. — 146.

Sparte. — 570.

Spathes. — 443.

Spécialisation du bétail. — 869, 870.

Spargarette (Voir *Spergule*).

Spergoutte (Voir *Spergule*).

Spergule. — 524, 525, 526. — Action des sols sableux purs, 27.

Sphaignes. — Forment la tourbe. 43.

Spitzberg. — Richesse de sa flore, 136.

Spirales. — 213.

Soc. (Charrue). — 238.

Sociétés coopératives. — 696.

Sodium. — Élément nécessaire de toute plante, 74.

Soie. — Sa préparation, 911, 912.

Solanées. — 368.

Solano. (Vent brûlant de Portugal). — 146.

Sole. — 169.

Soleil. — Son mouvement apparent autour de la terre, 171. — Grand, 599. — Des jardins (Voir *Tournesol*).

Sologne, 43. — Sa transformation, 304 à 306.

Solstice. — 172. — D'été, 181.

Sol. — Son rôle, 5, 7. — Comment on peut l'étudier, 7. — Sa composition, 7, 15, 16. — Coupe du sol, 7. — Rôle des différents sols, 8. — Action mécanique ou physique du sol, 8. — Ses différents éléments, 17. — Supériorité du sol des vallées, 18. — Les plus défavorables, 18. — Les plus favorables aux forêts, 18. — Renferment tous de la silice, 19. — Rapports avec l'atmosphère, 47, 58. — Son aération, 47, 48. — Influence de leurs propriétés physiques sur l'évaporation, 58, 59. — Sec et chaud, 59. — Humide et froid, 59. — Quantité d'eau nécessaire à la culture, 60. — Sain, 60. — Frais, 60. — Sec, 60. — Culture convenant à ces différents sols, 61. — Puissance d'absorption de l'humidité, 61. — Puissance d'absorption physique des gaz, 61. — Absorption chimique des gaz, 63. — Mûr, 64. — Sa chaleur, 64. — Influence de sa couleur sur sa chaleur, 64, 65.— Utilisation de cette propriété, 65. — Influence de l'humidité sur sa température, 66. — Influence de son inclinaison sur sa chaleur, 67.— Eléments qu'il fournit à la végétation, 70.— Le même ne convient pas toujours aux plantes de même composition, 77. — Choix des cultures qui leur conviennent, 80. — Amélioration de leurs propriétés physiques et chimiques, 80, 81.— Action du phosphate des os, 99, 100. —Action du noir animal, 100. —Sa fécondité, 105.— Sa richesse, 105. — Qu'entend-t-on par sa puissance ? 105.— Inclinaison des rayons solaires, 170, 171. — Modification de ses influences par l'homme, 189. — Modes d'assainissement, 194. — Assainissement au moyen de tranchées ouvertes, 195. — Sa chaleur accrue par le desséchement, 205.— Plus-value acquise par le drainage, 210. Non caillouteux, 308.— Caillouteux, 308.— Marécageux, 308 à 310.

Sols argileux. — 17. — Favorables aux forêts, 18.— Plantes qui y croissent spontanément 30. — Action de la sécheresse, 31. — Action de la pluie, 31, 32. — Action du labour, 31. — Renferment des fossiles, 31. — Rebelles à la culture, 31.— Leur assainissement, 32. — Amendements nécessaires, 32. — Profit de leur culture, 32.— Caractères de leurs produits, 32. — Abondance du chiendent, 32. — Donnent herbe grossière, 32.— Cultures qui leur conviennent le mieux, 32. — Leurs trois divisions, 32 et 33. — Conviennent au blé, 77. — S'amendent au moyen des sables, 84, 85. — Action des cendres lessivées, 101.— Engrais verts qui leur conviennent, 106.— Mode d'emploi du fumier, 122, 123. — Mode de desséchement, 195.

Sols argilo-calcaires. — 32 et 33. — Analogie avec les sols marneux, 37.

Sols argilo-ferrugineux. — 32.

Sols argilo-sableux. — 33 et 34. — Les bois blancs y viennent bien, 33. — Leur culture, 34.

Sols caillouteux. — Difficulté de leur classement, 27. — Plantation qui leur conviennent, 28.

Sols calcaires. — 17, 34. — La végétation y est difficile, 18. — Défavorables aux arbres, 18.— Leurs propriétés physiques, 34 et 35. — Plantes qui les caractérisent, 34. — Leur culture, 35, 36. — Leurs divisions, 35, 36, 37. — Proprement dits, 35. — Mode d'emploi du fumier, 122.

Sols crayeux. — 37. — Leur culture, 36.

Sols ferrugineux. — Puissance d'absorption des gaz, 62. — Fragment d'un filon ferrugineux, 62.

Sols granitiques. — 28. — Leur composition, 29. — Cultures qui leur conviennent, 29.

Sols graveleux. — 35.

Sols humifères.—Leurs caractères, 41. — Leurs divisions, 41, 42, 43.

Sols magnésiens, 38. — Leur action sur la végétation, 38.

Sols marécageux.— Leurs caractères, 43, 44.

Sols marneux. — Leurs caractères, 37.— Leur rôle comme amendement, 37.

Sols quartzeux. — 27.

Sols sableux.—17.—Comment on les rend bons, 17. — La végétation y est difficile, 8, 18. — Défavorables aux arbres, 18. — Action de l'eau, 21. — Facilité de leur culture, 21. — Action de la gelée, 21.— Cultures qui leur conviennent, 21. — Arbres auxquels ils conviennent, 23. — Action du pin maritime, 23. — Leurs subdivisions, 24. — Purs, 24. — Ceux-ci constituent les dunes, 26.— Végétaux qui conviennent à ces derniers, 27. — Leur culture à Quillebeuf, 27. — Mode d'emploi du fumier, 122.

Sols sablo-calcaires. — 24. — Peu riches en argile, 26.

Sols sablo-argilo-calcaires. — 24. — Leur fertilité, 26. — Se rencontrent dans les vallées, 26.

Sols sablo-argileux. — 24, 33, 34. — Plantes auxquelles ils conviennent, 24.

Sols sablo-argilo-ferrugineux. — Leurs caractères, 30. — Cultures qui leur conviennent, 30.

Sols tourbeux. — 43. — Leurs caractères, 43. — Leur utilisation par la chaux, 43. — Leur utilisation en prairies, 43.

Sols tufeux.—36.—Leur culture, 36.

Sols volcaniques. — Formation et transformation, 29.— A Naples et dans la Limagne, 29.— Condition de leur fertilité, 29, 30. — Leur situation, 46.

Sorgho. —447, 448.— A sucre, 448, 449, 580, 582. — A balai, 447, 449. — Emploi comme fourrage, 529.

Souchet. — Jaunâtre, 356. — A papier, 361.

Souci. — 369.

Soude. — Action sur les sols volcaniques, 30. — Des marécages de la mer, 44. — Assez répandue dans la nature, 81.—Appareil pour son lessivage, 82. — De varech. Son emploi, 102.

Soufre. — Sa présence dans la pluie, 58. — Elément nécessaire de toute plante, 74.

Souris. — 924.

Sous-sol.— Son influence sur la valeur de la terre, 7. — Sa désagrégation produit la terre arable, 7, 8. — De la Champagne pouilleuse, 16.— Quand il améliore un sol sableux, 17. — Son rôle dans la formation d'un bon terrain, 18. — Sa culture dans les pays de forêts, 18. — Argilo-calcaire, 32. — Classification des sous-sols, 45. —Utilité de leur analyse, 45.

South-downs. — Leurs herbages, 36. — Escarpement crayeux, 40.

Stabulation permanente.—902, 903.

Station.— (Des plantes). —390.

Statistique agricole. — 704.

Steyning (Voir *South-Downs*).

Stigmate du safran. —575.

Stipa tenacissima (Voir *Alfa*).

Stomates. — Décomposent l'acide carbonique, 53. — Ce qu'elles sont, 319. — Leur rôle dans la respiration des feuilles, 335, 336.

Stramoine. — 368.

Stratus (Voir *Nuages*).

Subapennins (Terrains). —46.

Substance animale. — Simple

modification de produits végétaux, 2, 51, 52. — Sa richesse en azote, 52.
Succinea elongata. (Fossile du Rhin). — 25.
Sucre. — Sa production, 484, 485. — Sa fabrication, 486, 487, 488, 489.
Sucrerie. —455. — Statistique, 484, 485.
Suie.—Engrais stimulant, 102. Sa composition, 102, 103. — Son emploi, 103. — De houille, 103. — Sa richesse en azote, 103.
Sulfates. — 40. — Action sur les matières organiques, 48. — Leur présence dans l'eau de pluie, 57, 58.
Sulfurique (Acide). — Acide rare dans les plantes, 76. — Chambres de plomb pour sa fabrication, 94. — Sa substitution au plâtre, 95.
Sulfhydrique (Acide). — Sa formation, 48. — Action des alcalis, 48. — Action de l'oxygène, 48
Sully. — Son opinion sur l'industrie, 2.
Sumac. — 379.
Superficie.—Des départements, 959 à 969. — Des régions agricoles, 959 à 969.
Sureau. — 371. — Yeble, 30. —Durée de ses feuilles, 334.
Surmulot. — 924.
Sussex (Voir *les Southdowns*). — Ses herbages, 36.
Sycomore (Voir *Erable*.)
Synanthérées (Voir *Composées*).

T

Tabac. — A large feuille, 112. — Emploi de la colombine comme engrais, 112. — Emploi de l'engrais flamand, 119. — Son climat, 136. — Repiqué en mai, 178. — Sa famille, 368. — Son origine, 394. — Rustique, 585. — Sa culture, 586, 587, 588, 589.
Taille. — Des arbres fruitiers, 649, 650, 651, 652, 653.
Taleschiste. — 10.
Tamarin de l'Inde. — 378.
Tamaris. — 375.
Tangue. — Ce que c'est, 89, 90. — Diverses espèces, 90. — Sa richesse en carbonate de chaux, 90. — Son rôle comme amendement, 90.
Tamariscinées. — 375.
Tapioca. — 381.
Tapir. — 468.
Tarapaca. — Gisement de guano, 113.
Tarare. — Dombasle, 282. — Cylindre trieur Pernolet, 283. — Energical Selector, 283, 284. — Son emploi, 413.
Taupe. — 923, 924.
Taupinières. — 923, 924.
Taxe du pain. — 454, 455.
Teillage du lin. — 287.
Tenue des livres. — 945.
Térébinthacées. — 378.
Térébinthe (Voir *Pistachier*).
Térébratule (Fossile crayeux). — 16.
Ternstrœmiacées. — 372.
Tertiaires (Terrains). — 9, 12. — Supérieurs, 9. — Moyens 9. —Inférieurs, 9. — Leurs coquilles fossiles, 90.
Terrains. — Natures diverses, 5. — Leur classification, 9, 10, 11, 12. — Interversions, 13, 14. — Composition d'un bon terrain, 17, 18.
Terrains glaiseux. — 33.—Action sur la végétation, 8.
Terreau (Voir *Humus*).
Terre arable. — Son mode de formation, 7. — D'où vient sa coloration, 7. — Sa com-

position, 8, 15. — Sa profondeur, 8. — Son influence sur la qualité du sol, 67. — Rôle chimique de ses éléments, 15. — Ses divisions, 20. — Sa richesse en humus, 41. — Son amélioration au moyen du sous-sol, 45. — L'humus y entretient l'humidité, 60. — La plus fertile est au contact de l'atmosphère, 63. — Chaleur de la couche superficielle, 64. — Éléments qui lui font ordinairement défaut, 81.

Terres blanches (Voir *Sols sablo-argileux*).

Terres de bruyères. — 41, 42, 43, 615, 616. — Renferment sable ferrugineux, 41, 42 — Cultures qui leur conviennent, 42. — Leurs caractères, 42

Terres fortes (Voir *Terrains glaiseux*).

Terres franches. — 33. (Voir *Sols argilo-sableux*).

Terre végétale (Voir *Terre arable*).

Thé (Arbre à). — 137, 372, 591, 592, 593.

Thon. — 169.

Thym. — 367.

Tige. — Action de la silice sur sa formation, 20. — Sa richesse en azote, 51. — De la plante, 317. — Sa structure, 319, 320, 321. — Mode d'accroissement, 322, 323, 324, 325. — Ses appendices foliacés (nœuds vitaux), 330.

Tigridia. — 622.

Tiliacées. — 374.

Tilleul. — 374.

Tissu cellulaire. — 316, 317, 318. — Doit sa couleur verte à la lumière, 321, 334, 335. — Vasculaire, 316, 318, 319.

Tomate. — 368.

Tondeuse de gazon. — 268.

Tonneau. — Pneumatique pour le purin, 268. — D'arrosement, 268.

Topinambour. — 370. — Carbonate terreux et alcalis prédominants, 75. — Culture, 499, 501. — Espèces diverses, 500.

Tortue. — Petite de terre, 166.

Touraine. — Action du sous-sol argileux sur la craie, 36.

Tourbe. — Comment elle se forme, 43. — Son rôle comme amendement, 84.

Tourbières. — Mode de desséchement, 203.

Tournefort. — 353, 354.

Tournesol. — 370, 580, 581. — (Teinture de), 381. — En pain des chimistes, 580, 581.

Tourteaux. — Leur rôle comme engrais, 108.

Tranche-gazon. — 104.

Transhumance. — 903.

Transition (Terrains de). — 12. — Supérieurs, 9. — Moyens, 9. — Inférieurs, 9.

Tréaz (Voir *Trez*).

Trèfle. — Action des sols sableux, 22. — Petit trèfle. — Sol qui lui convient, 24 — Action des sols argileux, 32. Action des sols argilo-sableux, 33. — Flexueux (sols calcaires). — Action des sols tufeux, 37. — Rouge, 43, 54. — Blanc, 43, 55. — Répartition de l'azote dans ses organes, 51. — Incarnat, 54. — Sol qui lui convient, 78. — Action de la chaux, 87. — Action du plâtre, 91. — Action des cendres de tourbe, 101, 102. — Action des cendres de houille, 102. — Action de la suie, 103. — Son rôle comme engrais vert, 106. — Emploi de la colombine comme engrais, 112. — Se sème en juillet, 182. — S'é-

grène à la machine, 281. —
On nettoie sa graine avec le
tarare, 283, 284. — Espèces
diverses, 505, 506, 507, 508.
— Culture, 506. — Plantes
parasites, 506, 507.— Récolte,
507, 508. — Peigne à roue
pour le récolter, 507, 508.—
Cornu. — (Voir *Lotier corni-
culé*). — Des prairies natu-
relles, 545, 546.
Tremblette. (Voir *Brize trem-
blante*.)
Tresses (d'ail). — 608.
Trez (Mélange de sable et de
coquillages). — 89.
Triasiques (Terrains). — 10. —
Leur situation, 46.
Trichine. — 937, 938, 939.
Trieur (Voir *Tarare*).
Tripoli. — 20.
Troëne. — 367.
Tropœolées. — 373.
Troscarts (Voir *Juncaginées.*)
Truffes. — 614. — Leur cul-
ture, 615.
Truffières artificielles. — 615.
Truite saumonée. — 942.
Tubercules. — 455, 467. — Ac-
tion des sols sableux, 22. —
Différence d'un tubercule et
d'une racine, 467, 468.
Tubéreuse. — 365, 621.
Tuf. — Ce que c'est, 36.
Tuiles à drains. —201.
Tulipe. — 358, 374, 621. — Est
une liliacée, 365.
Tulipier. — 374. — De Virgi-
nie, 374.
Turbot. — 169.
Turneps. — (Voir *Rave.*) — Ac-
tion des sols argilo-sableux,
33.
Tuyaux de drainage. — Mode
de fabrication, 202, 203. —
Appareils de fabrication, 259.
Thyphacées. — 360.
Typhus bovin. — 901.

U

Ulmacées. — 383.
Urine. — Son rôle comme engrais, 115, 116. —Comment on
la recueille, 116, 117. — Richesse en azote et en acide
phosphorique, 116, 118.
Urticées. — 382.
Utilité. — Transforme la matière en richesse, 1. — De
quoi elle dépend, 3.

V

Vache. — Normande, 98. — La
vache à lait appauvrit les herbages, 99. — Son fumier est
un fumier froid, 121. — Laitière des Pyrénées, 122. —
Bretonne, 437. — Comtoise,
458. — Durham, 505. — Nourrie avec la berce brancursine, 546.
Vaches laitières. — Signes de
leur supériorité, 877, 878.
Vacheries. — 867, 881, 882.
Vachère. — 881.
Vaisseaux. — Des plantes, 310,
318, 319. — Rayés et ponctués, 319.—De trois ans, 321.
Valériane. — 371. — Des Pyrénées, 375.
Valérianées. — 370.
Valeur. — Ce qui détermine la
valeur d'une terre, 7.
Vallées. — Excellence de leur
sol, 18.—Abondantes en sols
sablo-argileux, 24. — De la
Seine, 23, 26, 27. — Du Nil,
25, 38. — De la Loire, 25. —
Du Rhin, 25. — Renferment
sols sablo-argilo-calcaires,
26.—Du Rhône, 27. — De la

Gironde, 27.— De la Dordogne, 27.

Van. — 413.

Vanille. — 328, 329. — Sa famille, 365.

Vapeur. — Transformation de l'agriculture, 289, 290, 291, 292. — Sa puissance comparée à l'homme et au cheval, 290, 291. — Prix de revient de son emploi, 291.

Varechs. — 102. — Emploi de leurs cendres, 102. — Vésiculeux, 354.

Vase. — 89. — Son rôle comme amendement, 84. — Sa richesse en azote, 128.

Vaucluse. — Marais cultivés en garance, 44.

Végétation. — Dans quelle situation elle se produit, 5. — Elle subit l'action des milieux, 6. — Rapports avec le sol, 30 et 31.—Influence de l'humus, 41. — Action de l'acide sulfhydrique, 48. — Action des pyrites, 50. — Action de l'eau non oxygénée, 50. — Action de l'azote, 50. — Se forme aux dépens du sol et de l'atmosphère, 52.—Action de la vapeur d'eau de l'atmosphère, 52.—Action de l'acide carbonique, 52, 53. — Rôle de la pluie, 56. — Influence sur l'évaporation, 60. — Action de la puissance d'absorption du sol, 61. — Emprunte tous ses éléments à l'atmosphère et au sol, 70. — Condition du sol nécessaire pour la végétation, 70. — Proportion des divers éléments chimiques, 76. — (Zones de), 136. — Influence du milieu, 395.

Végétaux. — Proviennent du sol, 2. — Éléments de leur nutrition, 15.

Vendée.—Sols quartzeux mouvants, 27.

Vent. — Son emploi comme force motrice, 292.

Ventaison. — 449.

Ver à soie.—906, 907, 908, 909, 910, 911. — Zone d'élève en France, 149. —Zone d'élève, 164. — Travaux de M. Pasteur, 913, 914.

Verbénacées. — 367.

Véronique.—367.—Sa présence signale une bonne eau d'irrigation, 214. — Petit chêne, 369.

Verse des céréales. — Sa cause, 21. — Le chaulage la rend moins fréquente, 87. — Favorisée par le sulfate d'ammoniaque, 97.—Favorisée par le guano, 114.

Versoir. — 238.

Verveine. — 367.

Vesce. — Action des sols argilo-calcaires, 33. — Son rôle comme engrais vert, 106. — Espèces diverses, 464. — Sa culture, 464, 465. — Commune, 464. — Emploi et culture, 514, 515. — Multiflore, 545. — Des haies, 545. —Des buissons, 545.

Viande. — De cheval, 891. — De bœuf, diverses catégories, 892, 893.

Vibrions. — 213.

Vices rédhibitoires. — 894.

Vidange. — Son emploi comme engrais, 119. — Sa désinfection, 119. — Son emploi en Flandre, 119. — Citerne flamande pour le recueillir, 119.

Vigne.—671, 672, 673, 674, 675, 676, 677, 678, 679, 680, 681. — Action des sols caillouteux, 28. — Action des sols granitiques, 29. — Action des sols calcaires proprement dits, 36. — Ses vrilles, 66.—Chaleur nécessaire à sa maturité, 66, 67, 396. — Influence des pluies d'automne, 67. —

Sol qui lui convient, 78. — Emploi des sarments comme engrais vert, 107. — Emploi des cheveux comme engrais, 110. — Son climat, 137. — Limite de sa culture, 149, 396, 399, 400. — Limite de culture en altitude, 152. — Vignerons transportant du raisin, 153. — Zone de culture en France, 159. — Reçoit le second labour en juin, 179. — Époque de la vendange, 183. — Époque de la taille, 183. — Emploi de la charrue vigneronne, 246, 247. — Sa famille, 373. — Son origine, 394.

Vigne vierge (Voir *Morelle*).

Vigogne. — 168.

Vin. — Sa fabrication, 683, 684, 685, 686, 687. — Sa conservation, 755, 756.

Vinifères. — 373.

Viola odorata (Voir *Violette*).

Violariées. — 374.

Violette. — 374, 620. — Parfumée, 380.

Vipère. — 929.

Vipérine. — 368.

Vitelottes. — 471, 472. — Coupe d'une vitelotte, 473.

Volaille. — Nourrie avec des grains, 421.

Vouede (Voir *Pastel*).

Vulpin, 362. — Des champs, 543, 544. — Des prés, 544. Genouillé, 544.

Y

Yak. — Son climat, 166.

Yèble (Sureau). — Caractérise les sols argileux, 30.

Yeuse. — 383 (Voir *Chêne vert*).

Yuccas. — 621.

Z

Zèbre. — 168.

Zone. — Équatoriale, 136. — Tropicale, 137. — Sous-tropicale, 137. — Première tempérée, 137. — Seconde tempérée, 138. — Sous-arctique, 139. — Arctique, 139. — Polaire, 140. — Climatérique de l'Europe, 145, 146, 147, 148, 149. — Climatérique de la France, 155, 156, 157, 158. — Agricole de la France, 158, 159, 160. — Naturelle de la faune, 162, 163. — Animale arctique, 163. — Animale tempérée boréale de l'ancien continent, 164. — Animale tempérée boréale du nouveau continent, 167. — Animale tropicale, 168. — Animale tempérée australe, 168. — Animale de l'Océan, 168, 169. — N'a rien de bien rigoureux, 169. — Agricoles générales, 396.

ERRATA

Page 36. — Figure sans légende. Lire : Fig. 26. — Coronille variée.

Page 57, fig. 44.—*Au lieu de* : A, couvercle en forme d'entonnoir percé d'un trou par lequel — eau pénètre dans le vase cylindrique. — C. Le tube en verre. — B sert à indiquer le niveau de l'eau dans l'intérieur de ce vase; lisez : A, couvercle en forme d'entonnoir percé d'un trou par lequel l'eau pénètre dans le vase cylindrique C. — Le tube en verre B sert à indiquer, etc.

Page 137. — *Au lieu de* : est constituée principalement par le *Figuier d'Inde*, lisez : par le *Figuier*.

Page 175. — *Au lieu de* : machine à battre de Renaud et Sotz, lisez : Renaud et Lotz.

Page 182. — Ajouter en tête de la légende de la fig. 145 : charrue à quatre socs.

Page 362. — Au lieu de fig. 297, lisez fig. 296.

Page 371, ligne 2. — *Au lieu de* : *cin* dont on extrait le *quinquina*, lisez : *cinchona* dont on extrait, etc.